7·9급 농업직 시험대비

박문각 공무원

기본서

합격까지 함께
농업직 만점 기본서

핵심용어로 원리를 이해하는 압축 이론서

핵심 기출문제 수록

박진호 편저

동영상 강의 www.pmg.co.kr

박진호 식용작물학

박문각

이 책의 **머리말**

시간을 훔치는 도둑인 회색신사와 그 도둑이 훔쳐간 시간을 찾아 주는 한 소녀의 이야기를 쓴 미하엘 엔데의 '모모'의 한 대목입니다. 도로 청소부 베포의 이야기가 나옵니다.

"얘, 모모야. 때론 우리 앞에 아주 긴 도로가 있어. 너무 길어. 도저히 해낼 수 없을 것 같아, 이런 생각이 들지."

"그러면 서두르게 되지. 그리고 점점 더 빨리 서두르는 거야. 허리를 펴고 앞을 보면 조금도 줄어들지 않은 것 같지. 그러면 더욱 긴장하고 불안한 거야. 나중에는 숨이 탁탁 막혀서 더 이상 비질을 할 수가 없어. 앞에는 여전히 길이 아득하고 말이야. 하지만 그렇게 해서는 안 되는 거야."

"한꺼번에 도로 전체를 생각해서는 안 돼, 알겠니? 다음에 딛게 될 걸음, 다음에 쉬게 될 호흡, 다음에 하게 될 비질만 생각해야 하는 거야. 계속해서 바로 다음 일만 생각해야 하는 거야."

"그러면 일을 하는 게 즐겁지. 그게 중요한 거야. 그러면 일을 잘해 낼 수 있어. 그래야 하는 거야."

"한 걸음 한 걸음 나가다 보면 어느새 그 긴 길을 다 쓸었다는 것을 깨닫게 되지. 어떻게 그렇게 했는지도 모르겠고, 숨이 차지도 않아."

농업직 공무원이 되고자 하는 수험생에게 조금이라도 도움이 되고자 하는 마음이 간절한 마음으로 기본서를 출간하였습니다. 한 걸음 한 걸음 나아가다 보면 좋은 결과를 얻어 우리나라의 농업에 기반이 되는 중요한 일꾼인 공무원이 되실 겁니다.

이 책은

1. 자세한 이론 설명과 아울러 핵심으로 요약하여 한눈에 쏙쏙 들어올 수 있도록 설명하여 농업전공자와 비전공자에게도 이해하고 정리하기 쉽도록 구성하였습니다.
2. 농업을 처음으로 접하는 수험생이나 전공 후 학습이라도 가장 어려워하는 것이 농업 용어 입니다. 가급적 쉬운 용어로 순화하고자 하였고 한자어로 풀이하여 학습하도록 하였습니다.
3. 자주 출제되는 기출문제를 추가하여 경향을 파악하도록 하였습니다. 합격을 위해서는 적중 문제를 많이 접하는 것이 중요하기 때문입니다.
4. 다양한 교재의 내용을 총정리하고 핵심화하여 식용작물학의 핵심을 강의를 듣고, 혼자 정리할 수 있도록 구성하였습니다.

숨차지 않게 한 걸음 한 걸음 나아가 우리의 목표인 합격까지 도달할 수 있도록 좋은 가이드가 되겠습니다.

저자 박진호

CONTENTS

이 책의 **차례**

CONTENTS
이 책의 **차례**

박진호 식용작물학

합격까지 박문각

쌀과 벼

Chapter 01 쌀과 벼의 가치와 기능

1 벼의 가치

(1) 온난 습윤한 기후에 적응하여 온대계절풍지역인 한반도에서 가장 손쉽게 생산되어 1년 동안 저장할 수 있는 유일한 작물이다.

(2) 3대 식량인 벼, 밀, 옥수수 중 하나로 주식에 따라 독특한 문화의 특색을 나타내는데, 밭농사에 비해 벼는 연작이 가능하고, 공동작업으로 지역사회의 공동체 의식 형성에 기여한다.

(3) 대장암, 콜레스테롤 저하, 중금속 체내흡수억제, 성인병 예방 효과가 다른 곡물에 비해 우수하다.

(4) 식량안보에 기여하고, 농업생산의 근본이다.

2 벼 재배의 다원적 기능

(1) **홍수조절**

(2) **지하수 저장**

(3) **토양유실 방지** 및 토양보전

(4) **수질정화**

(5) 산소발생과 탄산가스 제거하여 **대기 정화**

(6) 수증기 형태로 물이 증발산하여 **대기 냉각**

✽ 벼농사는 밭농사에 비해 공익적 기능이 크다. 재배적 특징으로 **지력보존 시스템**을 갖추고 있고, 염분이 쌓이지 않고, **염류집적을 막고, 연작(이어짓기)이** 가능하다.

벼의 기원 및 전파

1 벼의 명칭

(1) 도정여부에 상관없이 넓은 의미로는 미곡(米穀)이라고 하고, 도정 전의 종실을 벼, 도정 후 백미를 쌀이라고 한다.

(2) 거칠다는 의미의 조곡(組穀) 또는 정조(正租)로 쓰이고, 도정한 쌀은 정곡(精穀)이라고 한다.

2 벼의 분류

1. 식물학적 분류체계

> 종자식물문 > 피자식물아문 > 단자엽식물강 > 영화목 > 화본과 > 벼아과 > 벼속 > 벼종
> (자연 분류체계 종 < 속 < 과 < 목 < 강 < 문 < 계)

2. 벼의 종수

(1) 벼 속에 24종

(2) 재배종의 구분과 특징

① 아시아종(*Oryza sativa L.*), 아프리카종(*Oryza glaberrima Steud.*)

② 아시아종(*Oryza sativa*)의 야생종은 루비포곤(*Oryza rufipogon*)이고, 아프리카종(*Oryza glaverrima*)의 야생종은 브레빌리굴라타(*Oryza breviligulata*)이다.

③ 세계에서 재배하는 벼는 대부분 아시아종(메벼와 찰벼)이고, 아프리카종(메벼)은 서아프리카 지역에서 밭벼로 조금 재배한다.

④ 아프리카 벼에는 아시아 벼에 있는 이삭의 2차 지경(이삭가지)이 없고, 수확 후 그루터기에서 새로 움이 트지 않는다.

⑤ 아시아 벼와 아프리카 벼를 교배하면 잡종종자가 생기나, 그후 완전불임으로 종자를 맺지 못하는 것 등으로 보아 이들은 각각 독립적으로 진화한 것으로 보인다.

3 염색체 수

(1) 2n = 24(n = 12를 1쌍 갖는 2배체), 자가수정작물

(2) 벼에는 11종의 게놈이 존재하며 그중 *Oryza sativa, Oryza rufipogon, Oryza nivara*의 게놈은 AA이다.

(3) 벼의 게놈은 1만여 개의 염기로 구성되어 있다.

4 재배 벼와 야생 벼의 차이

1. 재배 벼의 특징

(1) 타식비율이 낮고, 탈립성이 약하며, 휴면은 없거나 약하다.

(2) 내비성이 강하고 감광성이나 감온성은 둔감한 편이고, 저온에 견디는 힘이 약하다.

2. 재배 벼와 야생 벼의 차이

♀ 재배 벼와 야생 벼의 비교

재배 벼	야생 벼
종자의 탈립성이 약하다.	종자의 탈립성이 강하다.
종자의 휴면성이 약하다.	종자의 휴면성이 강하다.
종자의 수명이 짧다.	종자의 수명이 길다.
꽃가루 수가 적다.	꽃가루 수가 많다.
종자의 크기가 크다.	종자의 크기가 작다.
종자 수가 많다.	종자수 적다.
재해에 대한 저항력이 약하다.	재해에 대한 저항력이 강하다.
내비성이 강하다.	내비성이 약하다.

5 생태종과 생태형

1. 생태종(ecospecies)

하나의 종 내에서 특성이 다른 개체군을 아종(또는 변종)이라 하고 특정 환경에 의해서 생긴 것이다.

(1) 아시아 벼(사티바의 생태종 : 인디카, 열대 자포니카, 온대 자포니카로 구분)

(2) 생태종 사이에는 교잡친화성이 낮아 유전자 교환이 어려워 생리적, 행태적 차이가 생긴다.

   ① 인디카는 내냉성이 약하고, 온대 자포니카는 강하다.

   ② 인디카는 자포니카 품종에 비해 탈립성이 강하다.

   ③ 인디카는 종자의 까락이 없는데, 열대 자포니카는 까락이 있는 것과 없는 것이 모두 존재한다.

   ④ 온대 자포니카 쌀의 형태는 둥글고 짧고, 인디카는 가늘고 길다.

2. 생태형(ecotype)

생태종 내에서도 재배 유형이 다른 것을 일컫는다.

(1) 인디카를 재배하는 인도, 파키스탄 등에서는 1년에 2~3모작으로 겨울벼, 여름벼, 가을벼 등의 생태형이 분화한다.

(2) 보리와 밀에서는 춘파형과 추파형이 생태형이다.

(3) 생태형끼리는 생태종과는 달리 교잡친화성이 높아 유전자 교환이 잘 일어난다.

Chapter 03 벼의 행태와 구조

1 벼의 종실(grain)

1. 외부 형태

☯ 벼 종실의 구조

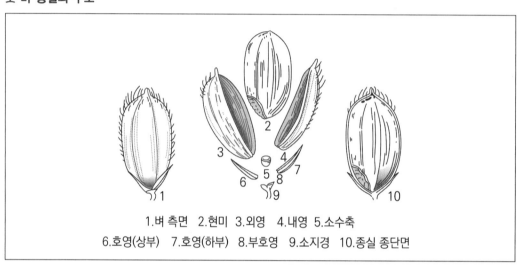

1.벼 측면 2.현미 3.외영 4.내영 5.소수축
6.호영(상부) 7.호영(하부) 8.부호영 9.소지경 10.종실 종단면

(1) **벼의 종실이란 열매인 조곡(unhulled rice)**을 말한다.

(2) 식물학적으로는 **소수**(小穗, 작은 이삭, spikelet)에 해당한다.

(3) 화본과 식물에서는 **영과**(穎果, 껍질열매, caryopsis)이다.

(4) 종실은 현미(brown rice)가 **왕겨에 싸여있고, 왕겨는 내영(작은 껍질, palea)과 외영(큰 껍질, lemma)으로 구분**한다.

(5) **외영 끝에 까락(awn)이 붙어있고,** 소수의 소수축은 소지경에 붙어 있고, 소지경은 줄기에 이어진다.

(6) **내영과 외영 밑에 1쌍의 호영**(護穎, 받침껍질, empty glume)이 있고 **호영 밑에 부호영**(副護穎, rudimentary glume)이 있다.

(7) **자포니카는 이층형성이 충분하지 않아서 볍씨가 잘 떨어지지 않아 탈립성이 낮고, 인디카형은 탈립성이 높다.**

2. 내부 구조

(1) 벼종실의 횡단면

① 최외곽층은 과피(열매껍질, pericarp)이고, 과피는 내영과 외영으로 구성된 **왕겨에 해당되며**, 종피는 현미의 껍질로 싸인 **영과**이다.

② 과피 안쪽에 종피가 있고, 종피 안에 외배유가 있고, 그 안에 호분층이 있다.

③ 현미는 배(embryo), 배유(배젖, endosperm), 종피의 세 부분으로 구성되어 있다.

(2) 종실의 내부

① 종피 아래 1층의 외배유와 그 아래에 1~4층의 호분층이 있고, 그 아래 배유에는 전분세포가 있다.

② 현미를 도정하면 멥쌀은 전분세포가 충만하여 투명하게 보이나, 찹쌀은 전분 구조 내에 수분이 빠져나간 미세공극이 있어 빛이 난반사되므로 유백색이고 반투명하다.

✱ 멥쌀 전분은 아밀로오스와 아밀로오스 펙틴(80%)으로 되어 있으나, 찹쌀 전분은 아밀로오스 펙틴 이 대부분이다.

③ 배(embryo)

㉠ 어린 식물체로 성장하는 부분이다.

㉡ **배의 구성 : 유아(plumule, 어린눈), 유근(radicle), 배축(hypocotyl)**

㉢ **유아에는 생장점과 제1본엽~제3본엽의 원기체와 본엽을 감싸 보호할 초엽(coleoptile)이 분화**되어 있다.

㉣ **유근에는 종근(種根, seminal root)과 근초(coleorhiza)가 분화되어 있다.**

㉤ 배반은 벼과 식물 종자의 한 기관으로 배와 배젖 사이에 위치하며, 배젖을 가진 벼과 식물에 존재하고, 배젖이 없는 종자에는 없다.

㉥ 배반은 변화된 잎으로 중배축의 첫 번째 마디에 붙어 있으며, 자엽초는 그다음 마디에 붙어 있다.

㉦ 배반은 배유의 영양물질을 소화할 수 있는 다양한 효소들을 갖고 있어 종자가 발아하는 동안 이들을 배유로 분비하여 저장된 영양분을 가수분해하여 배유로부터 양분을 흡수하여 배에 공급하는 역할을 한다.

2 뿌리

⚘ 뿌리의 형태

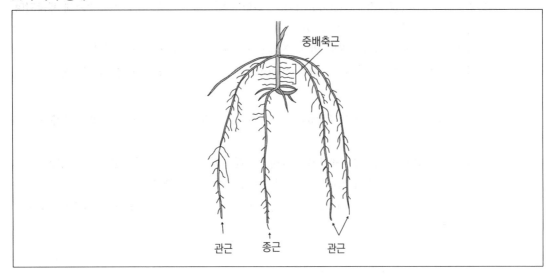

1. 외부형태

(1) 벼의 종실이 발아하여 종근, 중배축근 및 관근으로 발달한다.

(2) 종근(종자근)

 ① **초엽이 나오면서 종근이 발생, 발아 시 종자에서 근초를 뚫고 나와 가장 먼저 신장하는 1개의 뿌리로 최고 15cm까지 신장**한다.

 ② **초엽이 나오면서 종근이 발생**한다.

 ③ 발아 후 2~3일에 3~5cm씩 자라면서 기부에서는 1차, 2차 분지근이 발생한다.

 ④ 발아 후부터 양분과 수분을 흡수하는 역할로, 관근 발생 후에도 7엽기까지 기능을 유지한다.

(3) 중배축근(중배축뿌리)

 ① **정상적인 파종 조건에서는 발생하지 않는** 일종의 **부정근(不定根)이다.**

 ② 초엽절과 종자근 기부 사이의 축이 신장하여 형성되는 뿌리이다.

 ③ 중배축근에는 가느다란 뿌리가 아래로부터 위로 순차적으로 발생하는데, 수도 일정하지 않고 옆으로 뻗는 특성이 있다.

 ④ 밭못자리나 건답직파에서 너무 깊이 파종하면 발생한다.

(4) 관근(crown root)

 ① 종근보다 위쪽에 발생, 벼의 **줄기에서 나와 근계(根系)를 이루는 부정근**이다.

 ② **초엽절 이상의 마디에서 나오며, 마디 부분에 있는 근대(根帶)에서 줄기의 둘레를 따라 발근**하며, 5~25개가 나오고, 마디에서 나와 절근(nodal root)이라 한다.

 ③ 줄기의 마디에서 발생하는 뿌리는 제1차근, 1차근에서 발생한 뿌리는 제2차근, 2차근에서 발생한 뿌리는 제3차근이라고 한다.

 ④ 제일 먼저 나오는 뿌리는 초엽절근으로 하위에 3개, 상위에 2개로 모두 5개이다.

⑤ 벼 줄기의 **주간절위(主稈節位)별 관근수는 제1절부터 상위절로 갈수록 많아져** 제11절에서 가장 많다. 관근수는 제5절보다 제8절에서 많고 11절보다 상위절에서 감소하고, 뿌리의 굵기도 상위절의 것일수록 굵으나 역시 11절에서 가장 굵고, 그보다 상위에서는 다시 가늘어진다.

⑥ 관근의 신장은 상위절의 뿌리일수록 길게 신장하되, **유수분화기에 출현하는 뿌리가 가장 왕성하게 신장하고 분지근의 발달도 왕성하다.**

⑦ 지엽추출기 이후에 나오는 뿌리는 점차 신장이 둔화되면서 분지근이 발생하여 지표면 가까이에 그물을 친 것 같은 망상(網狀)분포의 형태이다.

2. 내부 구조

(1) 어린 벼 뿌리에는 뿌리털(root hair)이 발달하고 피층은 유조직으로 차 있으나, 차차 뿌리털은 퇴화하고 외피세포는 목질화(코르크화)된다.

(2) 목질화된 외피조직은 후막세포와 함께 뿌리를 보호한다.

(3) **피층은 거의 파괴되어 통기강(파생통기조직)이 형성**된다.

(4) **통기강은 잎과 줄기에 연결되어 지상부와 지하의 통로가 되어 담수 상태에서도 잘 적응**한다.

(5) **지상부에서 공급된 산소는 논토양이 환원될 때 뿌리의 세포호흡에 이용**된다.

---

3 잎

1. 외부형태

성숙한 **벼의 잎은 잎집(葉鞘 엽초, leaf sheath)과 잎몸(葉身 엽신, leaf blade)으로 구성**되어 있다.

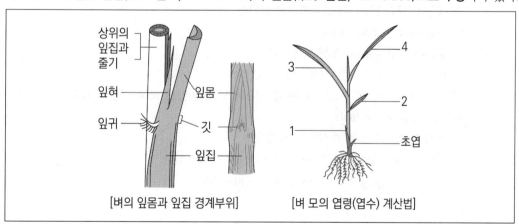

[벼의 잎몸과 잎집 경계부위]　　[벼 모의 엽령(엽수) 계산법]

(1) 잎집

① 잎집의 아랫부분은 줄기의 마디에 붙어 있고, 잎집이 겹쳐 줄기처럼 보인다.

② **절간(節間), 잎, 유수(幼穗, 어린이삭) 등을 싸서 보호하고 줄기를 감싸서 도복방지역할을 한다.**

(2) 잎몸(잎새)

① 광합성 및 증산작용을 하는 기관이다.

② 잎몸의 길이는 **최상위에서 3번째 아래 잎이 가장 길고, 그로부터 상위 또는 하위로 갈수록 짧아진다.**

③ **엽맥을 따라 나란하게 기동세포(bulliform cell, motor cell)와 기공(stomata)이 배열되어 있다.**

④ 잎몸의 표피에는 중앙에 중륵이 있고, 그 양쪽으로 **엽맥이 평행맥**으로 형성되어 있다.

(3) 깃(collar)

① **잎집과 잎몸의 경계부위의 흰 띠 모양이다.**

② 깃 부위에는 흰색의 혓바닥 모양의 박막조직인 **잎혀(葉舌 엽설, ligule)가** 있고, **잎혀의 양옆에 1쌍의 잎귀(葉耳, auricle)가** 있다.

③ 잎혀는 벼와 잡초인 피를 구분하는 일반적인 지표로 사용되는 기관으로, 빗물이 들어가는 것을 막고, 엽초와 줄기 사이의 습도를 조절한다.

④ 잎귀는 잎몸이 줄기에서 분리되지 않도록 하는 역할을 한다.

(4) 엽령(엽수) : **주간의 출엽수에 의해 산출하는 벼의 생리적인 나이**

① 초엽(鞘葉,coleoptile)

㉠ **볍씨 발아 시 가장 먼저 나오는 잎이다.**

㉡ 초엽의 모양은 관상(管狀)으로 정상적으로 광합성을 하는 잎은 아니고, **어린 줄기에 있는 본엽을 보호하는 역할**을 한다.

㉢ **1cm 정도만 자라며,** 끝은 갈라진다.

② 제1본엽(first normal leaf)

㉠ **초엽이 약 1cm 자라면 1엽이 나오기 시작한다.**

㉡ 원통형으로, 잎몸의 발달이 불완전한 침엽(針葉)이다.

㉢ **엽신이 없고 엽초(잎집)만 자라서 불완전엽이다.**

③ 제2본엽(second normal leaf)

㉠ **잎몸이 짧고 갸름한 스푼 모양**이다.

㉡ 1엽이 완전히 자리기 전에 2엽 발생한다.

④ 제3본엽(third normal leaf) : **제3본엽 이후에 나오는 잎은 모두 완전한 잎의 모양**이다.

⑤ 지엽(止葉, terminal leaf)

㉠ **가장 나중에 나오는 최상위의 잎이다.**

㉡ 지엽은 최상위의 잎으로 출수 전 이삭을 감싸고 있다.

＊ 벼의 입수 : 조생종 − 14~15매, 만생종 − 18~20매

(5) 기공

① **잎몸의 상ㆍ하 표피뿐만 아니라 녹색의 잎집ㆍ이삭축ㆍ지경 등의 표피에도 발달되어 있다.**

② 기공의 수는 **상위엽일수록 많고, 차광처리에 의해 감소한다.**

③ **온대 자포니카 벼보다 왜성의 인디카 벼, 통일계 벼가 많다.**

(6) 기동세포

① 주위 세포보다 모양이 다소 길며 기공열과 기공열 사이에 2~3열 나란히 분포되어 있다.

② **수분 부족 시 수축하여 잎을 돌돌 말리게 하여 증산작용을 줄여 수분손실을 줄이는 역할**을 한다.

(7) 수공(hydropore)

① 기공과 비슷하게 생겼으나 모양이 좀 큰 수공은 잎몸의 중륵과 대유관속 선단부에 위치한다.

② 저녁 무렵 잎 끝에 이슬방울이 맺히는 **일액현상(guttation)을 일으킨다.**

용어비교

1. 일액현상(溢液現狀)

식물에 흡수된 물 중에서 일부는 구성물이 되고 대부분은 체외로 배출되는데, 배출되는 수분의 일부가 식물체의 배수조직을 통하여 액체상태로 배출되는 현상

2. 일비현상(溢泌現象)

식물 줄기를 절단하거나 도관부에 구멍을 내면 절단 부위에서 수액이 배출되는 현상으로, 절단 부위에서 물이 배출되는 것은 수액이 새어 나오는 것이 아니라 내부의 높은 압력으로 물이 빠져나오는 것이다.

---

2. 내부 구조

(1) **통기강은 기공에서부터 줄기 그리고 뿌리까지 연결되고 담수상태에서 기공을 통해서 들어온 산소가 통기강 및 통기조직을 거쳐 뿌리로 공급**된다.

(2) 잎몸의 내부 구조는 **굵은 엽맥에는 굵은 대유관속이, 가는 엽맥에는 가는 소유관속이 발달**되어 있다.

(3) 대유관속과 대유관속 사이에는 2~4개의 소유관속이 배열되어 있다.

(4) 잎몸에서 유관속과 유관속 사이에는 엽육세포가 3~5층 치밀하게 배열되어 있다.

(5) 중앙부가 두껍고 양끝이 얇으며, 잎집 속에는 큰 공강인 파생통기강이 유관속 1개당 1개꼴로 형성되어 있다.

4 줄기

1. 외부 형태

⚭ 벼줄기의 구성

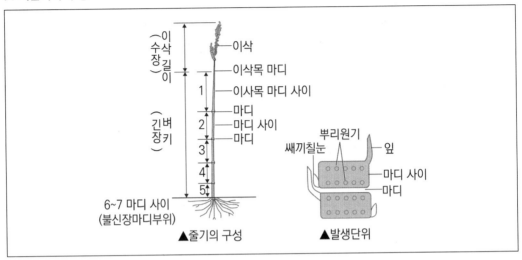

▲줄기의 구성 　　　　▲발생단위

(1) 기본 구조

① 다른 화본과 식물과 같이 줄기(徑, stem)라고도 하지만, 속이 비어 있어 간(稈, 집간)이라고도 한다. 벼의 키를 '간장'이라고 한다.

② 간은 마디(節, node)와 마디 사이(節間, internode)로 구성되어 있다.

③ 절간은 원통형이며, 잎몸으로 둘러싸여 표면에 세로로 골이 나 있다.

④ 국내 벼는 조생종이 14~15개, 만생종이 18~20개의 마디를 가지고 있다.

⑤ **마디수는 엽수와 같고,** 줄기의 각 마디에서 잎과 분얼 및 뿌리가 발생한다.

⑥ **각 마디에서 1개의 잎과 1개의 분얼눈이 발생하고, 각 마디의 상단과 하단에서 뿌리가 발생한다.**

> 줄기의 요소
> 1. 하나의 절간 상단에 하나의 잎을 가지며, 하단에는 하나의 분얼아를 갖고, 절간의 상단과 하단에는 상위근과 하위근의 뿌리를 형성하며 이들이 포개져 있다.
> 2. 줄기 마디수는 잎의 수보다 2~3개 많은데 그 이유는 수수절간에서 잎 대신에 이삭이 나오며 이앙 시 땅속 깊이 묻힌 마디에서 잎이 나오지 않기 때문이다.

(2) 기부(stem base)

① **줄기의 아랫부분 10~12개 마디는 절간이 신장하지 않고, 2cm 정도의 짧은 길이에 촘촘히 모여 있는 부위이다.**

② **간기부(稈基部), 불신장경(不伸長徑)**이라고 한다.

(3) 신장경(伸長徑)

① 생식생장기가 되면 줄기의 상위 5~6 절간이 길게 신장한다.

② 신장경, 신장절이라고 한다.

③ 신장경은 위에서 아래로 갈수록 절간장이 짧아서 상위 5절간은 길이기 1-2cm에 불과하다.

(4) 수수절(穗首節, 이삭목 마디)

신장절의 최상위 절간으로 이삭과 경계를 이룬다.

(5) 수수절간(穗首節間)

① 수수절에서 지엽절까지의 절간이다.

② 30cm 정도로 절간 중에서 가장 길다.

(6) 간장(줄기의 전장, 稈長, culm length)

줄기의 길이로서 기부에서 수수절까지의 길이를 말한다.

(7) 신장절간수

주간과 분얼경 간에 차이없이 상위 5개를 말한다.

(8) 이삭목

최상위 제1절간에 형성되어 있다.

2. 내부 구조

(1) 불신장경부 절간의 중앙에 수강(medullary cavity)이라고 하는 커다란 둥근 공간이다.

(2) 최외부는 규질화한 표피세포가 그 밑에 후막조직에 소유관속이 존재하며 마디 사이에는 수강이 있고, 표피와 수강 사이에 유관속과 통기강이 있다.

(3) 대유관속 사이의 유조직에 통기강도 발달되어 있다.

(4) 통기강의 크기와 수는 품종에 따라 다른데 수도가 밭벼보다 발달되어 있고, 하위절간일수록 잘 발달되어 있다.

(5) 유관속은 양·수분을 수송하는 통로인데, 하위절에서는 많고 상위절로 갈수록 감소하여 수수절 간에서의 대유관속의 수는 그 위의 이삭의 1차 지경의 수와 일치(1차 지경의 수가 많아서 영화수가 많으려면 수수절의 직경이 굵은 품종이 유리)한다.

5 화기

1. 이삭의 형태

(1) 벼의 **이삭은 복총상 화서**이며, **수수절(穗首節)로부터 윗부분 종실이 달린 부분이다.**

(2) **이삭축(panicle axis)에 2~3cm 간격으로 8~10개의 마디**가 있으며, 각 마디에서 2/5개도로 1차 지경이 나온다.

(3) 1차 지경에서도 기부에 2~4개의 마디가 있어서 2차 지경이 나오고, 2차 지경에는 3차 지경 및 소지경이 나온다.

(4) **소지경의 끝에 종실에 해당하는 소수(小穗, 벼알)가 달린다.**

(5) 소수의 수는 1차 지경에 4~6개, 2차 지경에 2~4개 정도이고, 이삭의 구조도 각 절에서 1개의 잎과 1개의 분얼이 나오는 줄기와 비슷하다.

(6) 이삭에서는 잎은 포엽으로 변하고, 분얼은 1차 지경으로 변한다.

(7) **소수가 곧 영화**로 한 이삭에 200개 정도 달릴 잠재능력이 있으나 재배조건이나 환경에 영향을 받아 보통 80~100개가 달리며, 국내 우량품종은 100~150개가 달린다.

2. 이삭의 내부 구조

(1) 벼 이삭의 내부구조는 줄기와 기본적으로 같은 구조이다.

(2) 이삭목의 중앙에 수강, 그 주위에 대유관속이 10~12개 줄지어 있고, 그 외부 주변에는 소유관속의 돌기가 줄지어 있다.

(3) 수수절(이삭목마디) 바로 밑 절간의 대유관속 수는 그 이삭의 1차 지경의 수와 같다.

3. 영화(穎花, 이삭 영)의 화기 구조

오 벼 꽃의 형태

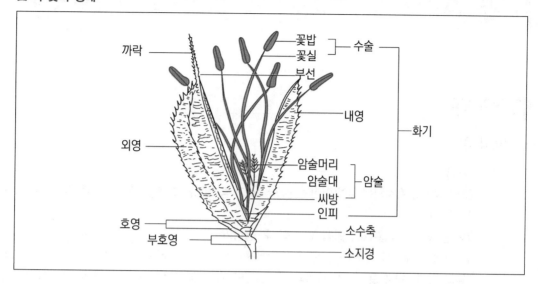

(1) 내영(작은껍질)과 외영(큰껍질)이 내부의 화기를 보호하며, 아래쪽에 호영(받침껍질)과 부호영이 붙고, 이어서 소지경이 붙어 있다.

(2) 화기는 **완전화로 수술(starmen) 6개, 암술(pistil) 1개로 구성되어 있다.**

(3) 암술은 씨방(ovary), 암술대(style) 및 암술머리(stigma)로 구성되어 있다.

(4) 암술머리(주두) : **선단은 둘로 갈라진 무색의 깃털모양으로 꽃가루가 달라붙기 쉬운 구조이다.**

(5) 씨방

곤봉형 1실배주이며, 주공은 밑을 향하고, 배주 표피(주피)가 노출된 주심(nucellus)이 있으며, 그 안쪽에서 배낭모세포가 발달하여 나중에 배낭(embryo sac)이 된다.

(6) 인피

① 내·외영의 안쪽 밑 부분에 흰색의 육질이고 난형의 인피가 2매 있는데, 이것은 개화 시 수분을 흡수하여 팽창함으로써 개영(開穎)의 기능을 한다.

② 인피는 발생학적으로 화피(꽃덮개, perianth) 또는 꽃잎에 해당한다.

(7) 수술의 꽃밥(約, 약)

4개의 방으로 구성되어 있고, 그 안에 꽃가루(花盆, pollen)가 들어 있다.

(8) 꽃실(花絲)

개화 후 급격히 신장하여 꽃밥을 비산한다.

(9) 꽃가루(화분)

두꺼운 외벽으로 싸여 있고 구형으로 되어 있다.

www.pmg.co.kr

Chapter 04 벼의 생장과 기능

1 벼의 생육

1. 발아와 휴면

(1) 발아 과정

① 종자가 수분을 흡수하여 유아(어린눈, plumule)가 종피를 뚫고 출현하는 것을 발아(germination) 라고 한다.

② 볍씨 발아 과정: **흡수기, 활성기, 발아 후 생장기**

③ 볍씨가 물질대사를 시작하며, 종자의 수분흡수는 내·외영에서 서서히 이루어지면서 **배와 배유의 경계부위로 흡수**하며 과피와 종피를 통과하는데, 과피와 종피를 통과하여 종자에 흡수된 물은 **배반 흡수세포층을 통해 배조직으로 이동**하고, **호분층을 따라 종자의 선단부로 이동**한다.

④ 발아 후 배유의 저장양분은 배에 가까운 부분부터 용해되어 배로 흡수되는데, 배유의 저장분 립은 호분층에서 합성된 가수분해효소에 의해 분해되어 소립의 전분이 되고, 이는 다시 수용성인 포도당으로 분해되어 유관속을 통해 유아와 유근의 생장에 사용된다.

⑤ **엽령지수가 3.8령 경 배유는 완전히 소모된다.**

(2) 발아에 영향을 미치는 요인

① 종자의 조건

㉠ 벼알이 이삭에 달린 위치와 발아력

이삭의 상부는 하부에 비해 충실하여 발아가 빠르고 발아율도 높다. 하나의 지경 내에서도 최선단의 종자가 발아가 빠르며, 다음은 지경 하위의 종자이고, 선단에서 2번째의 것이 가장 느리고 발아율도 낮다.

✽ 발아력의 이삭 내 분포는 강세화와 약세화의 분포와 일치, 강세화 종자가 발아력이 강하다.

㉡ 종자의 비중과 발아력

• 같은 품종이라면 **종실의 비중이 큰 것이 발아력이 강하고 생장도 좋다.**

• 볍씨의 염수선 비중: **1.13 이상**

• 수분 후 7일이면 발아가 가능하나 발아소요일수가 길고 발육이 불완전하다.

• 수분 후 14일이 되면 발아율도 높고 발아일수도 정상에 가깝다.

㉢ 종자의 저장기간과 발아력

• 종자 수명에 나쁜 영향을 미치는 중요 요인은 고온, 고수분, 고산소 농도이므로, 저온, 저수분, 저산소 농도로 보관하면 종자의 수명은 길어진다.

• 볍씨 수분 함량을 5% 이하로 과도하게 건조하는 것은 오히려 수명이 단축된다.

- 볍씨는 저장 기간이 길어질수록 발아율은 저하되고, 자연상태에서 2년 후 발아력이 급격히 감퇴된다.
- $-5 \sim -10℃$의 저온에서 저장하면 10년이 지나도 발아력을 유지한다.

② 온도

　㉠ 벼의 **발아 최저온도는 8~10℃이고, 최적온도는 30~32℃이다.**

　㉡ 발아 최저온도는 생태형이나 품종 간에 차이가 있어서 **고위도 및 한랭지 품종은 저온발아성이 강하다.**

　㉢ 종자의 활력이 강한 볍씨는 32℃에서의 침종일수(발아기간)가 아주 짧으나, 온도가 16℃로 낮으면 침종일수가 길어진다.

　㉣ **휴면이 완전히 타파되고 종자의 활력이 높으면 품종에 따른 발아력의 차이가 적으나, 휴면 타파가 충분하지 않거나 활력이 저하된 종자는 발아온도의 폭이 좁다.**

③ 수분

　㉠ **볍씨가 발아하려면 건물중(乾物重)의 30~35%의 수분흡수가 필요하다.**

　㉡ 종자 수수흡수과정은 흡수기(imbibition), 효소활성기(activation stage), 발아 후 생장기(post-germination growth stage)로 구분된다.

- 흡수기
  - 18시간의 단기간의 소요시기
  - **온도의 영향을 크게 받지 않으며, 발아에 필요한 수분량이 도달할 때까지 급속히 진행된다.**
  - 발아를 유도하는 생리적 활성유발시기이다.
  - **배의 발아활동이 시작되는 함수량은 건물중의 15%에 달했을 때**
  - **볍씨의 수분 함량은 25~50%**이다.
  - **흡수속도는 온도가 높을수록 빠르다.**
- 효소 활성기
  - **30~35%의 수분 함량 유지하며 발아를 준비하는 시기**
  - 수분흡수가 거의 정체에 가깝게 완만히 진행되는 **끝 무렵에 유아, 유근이 나타나며** 이 시기가 발아기이다.
  - **활성기는 볍씨의 수분흡수가 미미해지는 대신, 배의 호흡이 왕성하고 배반과 호분층의 효소(diastase, protease, lipase, catalase)가 활성화된다.**
  - 발아 후에는 재차 흡수가 왕성하게 이루어지면서 발아 후 생장기로 들어간다.
- 생장기
  - 유아의 유근이 종피를 뚫고 발아한 후 세포의 신장에 따라 생장이 이루어지는 시기
  - **수분 함량이 급속히 증가한다.**

종자의 흡수속도

종자의 흡수속도는 온도가 높을수록 빠르다. 배가 발아를 시작하는 15%까지의 흡수 소요시간은 30℃에서 18시간, 20℃에서는 40시간이 소요되고, 1℃에서는 80시간이 지나도 발아에 필요한 흡수량에 이르지 못한다. 즉, 수분흡수 속도는 수온에 따라 다르다.

④ 산소
　　㉠ 볍씨는 공기 중, 수중에서 발아가능하고, 낮은 농도의 산소 조건에서도 발아가능하다.
　　㉡ 산소농도가 0.7%로 낮아도 100%로 발아하며, 산소가 전혀 없는 조건에서도 무기호흡으로 80% 정도가 발아한다.
　　㉢ 다만 산소가 충분하지 못하면 산소 부족에서는 카탈라아제, 아밀라아제 등의 효소 활성이 극히 저하되어 외견상의 발아는 되나, 이 발아는 정상이 아닌 이상발아로 잎이나 뿌리의 원기는 생장하지 못한다.
　　㉣ 산소가 충분한 조건에서는 유근이 먼저 발생하고 초엽이 1cm 이하로 짧게 자라 정상이지만, 산소가 부족한 물속에서는 유근이 거의 자라지 못하고, 유아가 먼저 생장하여 초엽이 4~6cm로 길게 신장하는 이상발아현상이 나타난다.
　　㉤ 벼가 깊은 물속에서(담수직파) 발아하면 유근이 자라지 못하여 착근이 어려우므로 착근기에는 배수하여 착근을 도와야 한다.
　　　＊ 담수직파일지라도 파종 직후 낙수가 필요하다.
　　㉥ 물속에서 발아할 때 유아의 선단이 수면 위로 올라오면 산소를 흡수할 수 있어 유근 생장이 촉진된다.
⑤ 광
　　㉠ 볍씨는 광무관계 종자이므로 암흑에서도 발아한다.
　　㉡ 발아 후에는 유아생장에 큰 영향을 준다.
　　㉢ 암흑조건에서 발아하면 중배축(mesocotyl)이 도장하여 산소부족 조건에서 발아하는 것과 같은 모습이다.
　　㉣ 중배축은 파종심도가 깊어질 때 초엽을 지상으로 밀어 올리는 역할을 한다.
　　㉤ 백색광하에서는 초엽은 약 1cm 신장하고 제1엽(본엽)이 일찍 추출하여 짧게 신장하나 산소가 부족한 암조건에서는 중배축이 신장하여 정상적인 형태를 이루지 못하고, 초엽은 4~6cm로 길게 신장한다.
　　㉥ 파종 깊이 0.5cm로 산소가 풍부한 산광하에서는 발아 후 생장이 정상적이지만, 5cm 깊이에서는 종자근의 신장이 현저히 저해되면서 중배축 뿌리가 발생하여 수평으로 뻗고, 초엽은 길게 도장하며, 본엽은 추출되지 못해 출아하지 못한다.
　　㉦ 건답직파의 파종 깊이는 약 3cm가 한계이다.

(3) 벼 종자의 휴면
　① 벼의 종실은 수확 직후에는 왕겨, 즉 영에 존재하는 발아억제물질에 의해 발아가 저해되어 휴면된다.
　② 왕겨를 제거하면 휴면이 타파되고 발아가 촉진되나, 품종에 따라 과피와 종피의 일부 또는 전부를 제거해야 발아가 촉진되기도 한다.
　③ 휴면성이 약한 벼가 수확기에 비를 맞으면 수발아현상(viviparty)이 나타난다.
　④ 생태형 및 품종 간에 현저한 차이가 있다.
　　㉠ 인디카형은 온대 자포니카형보다 휴면성이 강하다.
　　　＊ 인디카 품종의 유전인자를 가진 통일벼는 일반 온대 자포니카보다 강하다.
　　㉡ 아프리카 재배벼(Oriza glaberrima)와 야생 벼는 휴면성이 매우 강하다.
　　㉢ 우리나라에서 재배되는 일반 온대 자포니카는 휴면성이 매우 약하여, 수확기에 비를 많이 맞으면 수발아 현상이 유발된다.

(4) 볍씨의 휴면타파

① 고온처리로 타파할 수 있어서 50℃의 온도에서 4~5일, 강한 것은 7~8일 처리하면 소거

② 0.1 N-HNO₃(질산)에 침지 후 천일 건조하면 휴면성이 소거되는데, 휴면성이 강한 것은 질산 처리 후 3~7일간 천일 건조한다.

(5) 벼 종자의 수명

① 종자의 수명에 영향을 미치는 가장 중요한 요인은 수분 함량과 온도이다.

② **저온 및 저수분 조건에서 산소분압을 낮추면 종자의 수명은 길어진다.**

2. 모의 생장

(1) **모(苗모, 묘, seeding) : 파종발아 후 모내기 할 때까지의 식물체**

(2) 발아와 출아

① 발아 : 배가 부풀어 외영을 밀어내면서 백색의 유아가 추출되는 것

② 출아 : 모의 선단이 토양 또는 수면으로 모습을 나타내는 것

(3) 출엽과 모의 성장

① 벼의 나이를 파종, 출아일수로 표시하는 경우 특정 품종에 대한 특정 환경 조건에서는 편리하나 생장 속도가 환경에 크게 영향을 받기 때문에 생장 속도를 비교할 때는 출엽된 엽수로 계산하는 엽령 개념을 사용한다.

　✽ 엽령 : 주간의 출엽수에 의해 산출되는 벼의 생리적인 나이

② 벼의 **이유기(weaning stage)는 3.7엽기**이다.

③ 발아한 모에는 한 개의 종근이 나오고, 이유기 무렵에는 5~6개의 관근이 출현한다.

④ **파종 후 20일 종근은 전장에 달하고 관근이 급속히 증가한다.**

⑤ **본엽이 3매 나올 때까지 주로 배유의 저장양분에 의존하며 생존하고, 4본엽 이후 새로 신장한 뿌리에서 흡수되는 양분으로 생장한다.**

⑥ 모의 질소 함량 : **제4, 5 본엽기에 가장 높고, 그 후에는 감소하면서 C/N율이 높아져 모가 건강해진다.**

⑦ 엽색이 황변하기 쉬운 3황기(三黃期)

　㉠ 첫째 시기 : **초엽에서 제1본엽이 나오는 시기**

　㉡ 둘째 시기 : **볍씨의 배유 소진기, 종속영양에서 독립영양으로 바뀌는 제4본엽 출현기**

　㉢ 셋째 시기 : **못자리 말기**

> **육묘 시 주의점**
> 밀파, 만파, 양분 부족 시에도 여러 문제가 발생하지만, 특히 광부족은 도장과 병충해 저항성이 약화되므로 육묘 관리에 주의해야 한다.

⑧ 모의 생장 정도
  ㉠ 묘령(leaf age)
  ㉡ 초장(plant height)
  ㉢ 분얼경수(分蘖莖, number of tillers)
  ㉣ 건물중(dry weight) 또는 생체중(fresh weight)
  ㉤ 주간출엽수(主稈出葉數, leaf number on main clum)

3. 잎의 생장과 기능

(1) 출엽
① 잎은 줄기의 생장점에서 차례로 원기가 분화, 발달해서 출엽하는데, **온도가 높으면 빨라지고 낮으면 늦어진다.**
② **영양생장기의 출엽주기는 4~5일이 소요되고, 생식생장기의 출엽주기는 7~8일이 소요된다.**
③ 적산온도
  ㉠ 유수분화기 이전인 영양생장기의 적산 온도는 약 100℃이고, 평균온도 20~25℃에서 영양생장기의 출엽주기는 4~5일이 소요된다.
  ㉡ 유수분화기 후 생식생장기의 적산 온도는 170℃이고, 1매의 출엽에 7~8일이 소요된다.
④ 잎의 생존기간
  ㉠ 잎이 완전히 전개된 후 광합성 기능을 수행하는 활동기간이다.
  ㉡ **잎의 활동기간(수명)은 상위엽일수록 길고 하위엽일수록 짧으며, 지엽 수명이 가장 길다.**
  ㉢ 기능을 마친 잎은 줄기의 하위로부터 순차적으로 수명이 다한다.
  ㉣ **유수분화기에서 출수기까지 약 30일 동안 대개 5매의 전개된 활동엽이 착생하여, 일생 중 가장 많은 잎을 가지는 시기이다.**
  ㉤ 개개 잎의 무게는 잎의 신장과 동시에 급격히 증가하여 최대에 달했다가 그 후에는 점차 감소한다. 생장 후기의 감소 이유는 축적되었던 양분이 상위에서 새로 전개되는 잎으로 전류되기 때문이다.

(2) 잎의 기능
① 활동중심엽
  ㉠ 벼는 생리적으로 다른 나이를 가진 잎들로 이루어져 있고 기여도가 다른데, 광합성 활성이 높은 잎을 활동중심엽이라 한다.
  ㉡ 새 잎이 상위에 전개되면 하위 잎은 고사하므로 활동중심엽은 생장이 진전됨에 따라 상위로 이동한다.
  ㉢ **광합성 활력이 높은 활동중심엽은 상위로부터 제3엽과 제4엽이다.**
  ㉣ 광합성 산물 전류 방향
    • 쌀알의 등숙은 주로 상위엽의 동화 산물
    • 뿌리의 활력은 하위엽에 의하여 유지

② 잎집(葉鞘 엽초)의 기능

    ㉠ 엽초의 광합성 능력은 미미하지만, **식물체를 기계적으로 지탱하여 도복방지의 중요한 역할을 한다.**

    ㉡ 절간신장이 시작되기 전인 유수분화기에서 엽초는 2cm 정도인 줄기를 감싸 식물체를 지지한다.

    ㉢ 절간신장이 완료된 출수기 후의 엽초는 지지작용과 아울러, **출수 전 전분이나 당으로 일시 저장 후 탄수화물로 출수 후 종실로 이전하여 수량형성에 기여한다.**

③ 군락엽의 생장

    ㉠ 개체군에서 벼잎의 생장은 단위면적당 전체 잎의 무게나 엽면적을 기준으로 측정한다.

    ㉡ **군락의 광합성과 생장연구에 엽면적 지수(leaf area index, LAI)를 이용한다.**

        • 엽면적 지수(LAI) $= \dfrac{전체\ 엽신\ 면적의\ 합계}{잎을\ 채취한\ 포장의\ 면적}$

        • LAI는 생육이 진전됨에 따라 증가하여 출수 직전(수잉기)에 최대를 보이며, 출수 후에는 하위엽이 고사하여 점차 감소한다.

        • LAI에 영향을 주는 주된 요인은 재식거리와 질소 시용량으로, 포기당 줄기 수, 줄기당 엽수, 엽의 크기에도 영향을 미친다.

4. 줄기의 생장과 기능

(1) 분얼

① 분얼의 출현

    ㉠ **분얼(tiller) : 주간이나 분얼경의 엽액(葉腋, 겨드랑이 액, leaf axil)에서 생기는 곁눈이 발달한 가지**

    ㉡ 모내기 후 활착기를 지나면 분얼이 왕성하게 증가한다.

    ㉢ **영양생장기에 불신장경절부(분얼절부)의 각 마디에서 출현하고, 초엽절이나 제1엽절에서는 발생하지 않는다.**

    ㉣ 분얼은 주간(主稈)에서 10개 정도 나오는 1차 분얼과 1차 분얼의 불신장절부에서 다시 나오는 2차 분얼, 2차 분얼에서는 또 3차 분얼이 나오므로 이론상 1개의 모에서 40개 이상이 생긴다.

    ㉤ 실제로는 모가 밀파된 상태에서 길러지기 때문에 하위절의 분얼은 휴면(주간의 경우 초엽절과 제1엽절에서 비발생)하고, 또한 이앙에 의해서도 휴면하게 되어 1주당 유효 분얼은 20개 정도이고, 묘개체당의 분얼은 4~5개 정도이다.

    ㉥ 유효분얼과 무효분얼

        • **유효분얼 : 생육 초기에 일찍 나온 것일수록 이삭이 달리므로 유효분얼이다.**

        • 무효분얼 : 생육 후기에 나온 것은 이삭이 달리지 못한 채 고사하므로 무효분얼이다.

        • 최고분얼수 = 유효분얼 + 무효분얼

    ㉦ 분얼수가 급증하는 시기가 분얼 성기이며, 이 시기를 지나 분얼수가 가장 많은 시기를 최고분얼기라 하고 **이앙 후 35~40일경에 최고분얼기에 도달한다.**

    ㉧ **유효경비율** : 최종 이삭수가 될 유효분얼수를 최고분얼수로 나눈 값(유효분얼수/최고분얼수), 보통 60~80%이다.

② 동신생장(synchronous growth) - 분얼 출현의 규칙성

   ⊙ 분얼은 잎과 뿌리와 함께 일정한 규칙에 의하여 발생한다.

   ⓒ 주간의 5엽이 나올 때 주간 제2절에서 분얼과 뿌리 발생하고, 제6엽이 나올 때 제3절에서 분얼과 뿌리가 발생한다.

   ⓒ 주간의 엽 발생 시 그것보다 3잎 아래 잎의 엽액에서 분얼과 뿌리가 발생한다.

   ⓔ n엽과 n−3엽의 엽액에서 분얼이 동시적으로 생장하는데, 이것이 동신생장(同伸生長)이다.

   ⓜ 이 규칙성은 주간에서 뿐만 아니라 2, 3차 분얼에도 적용된다.

③ 분얼의 절위별 형태

   ⊙ 분얼의 가장 기부절은 엽신이 없는 짧은 잎으로 분얼이 발생하지 않는다.

   ⓒ 분얼은 주간의 경우 제2엽절 이후 불신장경마디 부위에서 출현하여 분얼경으로 독립한다.

   ⓒ 분얼은 착생하는 절위, 차위에 따라 생장형태가 다르다. 분얼 출현은 당연히 하위의 것일수록 빠르지만, 출수가 빠른 것은 주간이 아니고 분얼경이며, 분얼경중의 출수 순서는 상위절의 분얼경이 하위절의 분얼경보다 빠르다.

   ⓔ 주간에서는 하위절의 분얼일수록, 분얼의 차위로는 저차위의 분얼일수록 유효경이 될 수 있고, 큰 이삭이 착생된다.

④ 분얼, 잎 및 뿌리의 동시생장 : 분얼과 뿌리는 같은 시기에 같은 절에서 거의 동시에 발생한다.

(2) 분얼에 영향을 미치는 환경 조건

① 온도

   ⊙ 온도의 영향은 매우 크다.

   ⓒ 분얼 적온은 18~25°C이며, 일반적으로 적온의 조건에서 주, 야간의 온도차가 클수록 분얼은 증가한다.

   ⓒ 분얼에 적합한 주, 야간 온도 교차는 10~15°C 정도이다.

      ✱ **분얼기는 비교적 저온기이고 주·야간의 온도 교차가 큰 조기·조식재배가 보통기 재배보다 분얼수가 많아진다.**

   ⓔ 분얼에 미치는 온도의 영향은 벼 뿌리 부위보다 **간기부 온도의 영향**이 더 크다.

   ⓜ 기온보다 수온의 영향이 더 큰 경향이 있다.

② 광의 강도

   ⊙ **광의 강도가 강하면 분얼수가 증가**하는데, 특히 **분얼 초기와 중기에 그 영향이 크다.**

   ⓒ 분얼 성기에 일사량이 부족하며 온도가 상대적으로 높은 경우에 초장은 도장하면서 분얼수는 현저히 감소한다.

③ 물

   ⊙ **토양수분 부족 시 분얼이 억제된다.**

   ⓒ 관개가 이루어져도 심수관개를 하면 온도가 낮아지고, 주·야간 온도 교차가 적어지므로 분얼이 억제된다.

   ⓒ 벼가 어릴 때는 5cm의 수심도 분얼을 억제한다.

   ⓔ 분얼 최성기에는 10cm 정도의 수심이 되어도 분얼을 크게 억제하지는 않는다.

④ 영양

    ㉠ 분얼이 왕성하려면 기본적으로 무기양분과 광합성 산물이 충분히 공급되어야 한다.

    ㉡ **분얼이 왕성하려면 활동엽의 질소함유율은 3.0~3.5% 정도, 인산은 분얼 발생에 중요하여 0.25% 이상되어야 한다.**

    ㉢ **질소함유율이 2.5% 이하이면 분얼 발생이 정지된다.**

    ㉣ 탄수화물도 분얼의 생장에 필요하므로 차광, 일조 부족은 분얼 발생을 저하 및 고사시킨다.

⑤ 묘령(엽수)

    ㉠ **벼는 제2절에서부터 분얼이 발생한다.**

    ㉡ 이앙재배의 경우 못자리에서 밀파상태로 생육되므로 하위절의 분얼눈이 휴면하여 이앙을 해도 분얼이 발생하지 않는다.

    ㉢ 손이앙재배 시 육묘일수 40일의 성묘를 이앙하면 활착 후 제5절부터 분얼이 나오며, 육묘일수 30일의 중묘는 제4절부터 나오기 시작하여 제5절에서 많이 나온다.

    ㉣ 육묘일수 20일의 치묘는 제1절, 2절의 분얼눈이 휴면하고, 제3절부터 나오기 시작하여 이식깊이에 따라 제4절에서 분얼눈이 생장한다.

ⓧ 이앙방법에 따른 분얼의 발생 차이

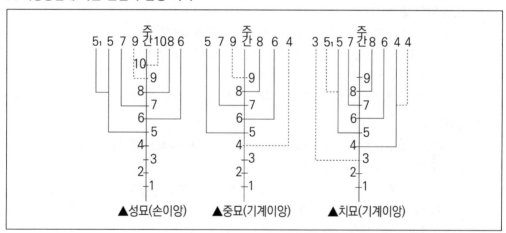

⑥ 이식 깊이 : 모를 깊게 심을수록 온도가 낮고, 주, 야간 온도 교차가 작아서 착근이 늦어지고 **분얼이 억제되며, 1차 분얼의 발생 절위가 높아져 유효경수가 적어진다.**

⑦ 재식 밀도

    ㉠ 재식 밀도가 높을수록 경쟁이 심하므로 개체당 분얼수는 감소한다.

    ㉡ 단위면적당 재식묘수(栽埴苗數)가 동일하면, 포기당 모수가 적고 재식주수(栽埴株數)가 많은 쪽이 하위절로부터 분얼이 출현하여 분얼수가 많아진다.

    ㉢ 밀파한 모를 깊이 심으면 하위 3~4절의 분얼눈이 휴면하여 분얼이 감소한다.

⑧ 직파재배

    ㉠ 이앙재배는 보통 5엽절에서 10엽절까지 분얼이 발생한다.

    ㉡ 직파재배 시 파종 깊이, 양분의 유지상태 양호 등의 이유 때문에 **통상 2엽절부터 12엽절까지 분얼이 발생하므로 직파재배가 이앙재배보다 분얼이 많아진다.**

(3) 유효분얼과 무효분얼의 진단

① 초장율

  ㉠ **최고 분얼기로부터 1주일 후 한 포기에서 가장 긴 초장 대비 2/3 이상의 크기를 가진 분얼경은 유효분얼이다.**

  ㉡ 그 이하의 것은 무효분얼이다.

② 청엽수와 발근

  ㉠ **최고 분얼기에 청엽수가 4매 이상 나온 것은 유효분얼이다.**

  ㉡ 2매 이하인 것은 무효분얼이다.

  ㉢ **청엽수가 4매라는 것은 동신생장에 의해 분얼경의 1엽절에서 발근하여 독립적 생활이 가능하다는 뜻이다.**

③ 출엽속도

  ㉠ **모든 분얼의 출엽은 주간의 상대엽과 동시에 발생신장한다.**

  ㉡ 최고 분얼기가 지나면 분얼에 따라서는 출엽속도가 교란되는 것이 있다.

  ㉢ 최고 분얼기로부터 1주간의 출엽속도가 0.6엽 이상의 분얼은 유효경이다.

  ㉣ 최고 분얼기로부터 1주간의 출엽속도가 0.5엽 이하로 출엽이 늦은 것은 무효분얼이다.

④ 분얼의 출현시기

  ㉠ 조기에 출현한 분얼은 생육량이 많아 유효분얼이다.

  ㉡ 늦게 출현한 상위분얼·고차위분얼은 생육기간도 짧고 영양적으로도 불리하여 무효분얼이 되기 쉽다.

  ㉢ 최고 분얼기보다 15일 전에 출현한 분얼은 유효분얼, 이후에 출현한 분얼은 무효분얼이다.

(4) 절간신장

① 벼의 생육이 진전되어 유수분화기경에 도달하면 영양생장은 종료되고, 생식생장이 시작되면서 줄기의 절간신장이 시작된다.

② 줄기 최선단의 절간인 **수수절간은 출수 전 10일 경에 신장이 개시**되고, 출수 전 2일부터는 신장속도가 급속해지면서 지엽의 입집 속에 있는 이삭을 위로 밀어내어 이삭이 출수(出穗, heading)하게 된다.

③ **수수절간은 출수 후에도 1~2일간 신장을 계속함으로써 약 30cm 달하여 간장(稈長)을 결정**한다.

④ **절간신장속도는 통상 1일에 2~10cm이다.**

⑤ **벼의 초장이 길어지면 도복되기 쉬운데, 지표부위의 하위 2개 절간이 길어져 구부러지고 꺾이기 때문이다.**

⑥ 절간신장은 질소질 비료의 영향을 크게 받아 과용 시 도복을 유발한다.

01

5. 뿌리의 생장과 기능

(1) 근계 형성

꙾ 생육경과에 따른 분얼과 뿌리수의 증가(1포기/1일)

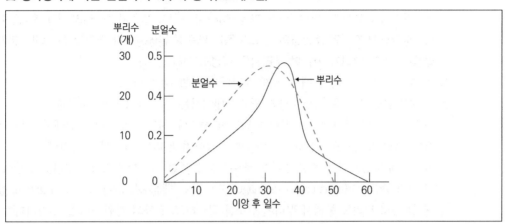

① 벼의 뿌리는 지상부와 밀접한 관계가 있다.

② 생육이 진전되면 출엽과 분얼이 증가하면서 동시에 총 뿌리수도 증가한다.

③ 생육 초기는 뿌리수의 증가가 분얼수의 증가보다 완만하지만 15~20일 뒤늦게 분얼의 증가와 같은 경향으로 급증한다.

④ **벼의 근수는 최고 분얼기 이후 약 15일경에 최대가 되고,** 절간신장이 시작되면 뿌리의 증가는 현저히 감소하며, **출수기 이후는 새 뿌리의 발생은 없다.**

⑤ 벼 뿌리의 발생은 분얼과 마찬가지로 잎의 발생과 밀접한 관계로, n마디에서 나오는 뿌리는 그 마디보다 3개의 윗마디(n+3)에서 나오는 잎과 동시에 나온다.

⑥ 품종 및 초형에 따른 벼의 뿌리

　㉠ **수수형(穗數型) 품종** : 1차 근수가 많은 품종은 일반적으로 1차 근의 지름이 가는 천근성으로, 줄기도 가늘며, 키도 작고, 분얼이 많은 특성

　㉡ **수중형(穗重型) 품종** : 1차 근수는 적으나 1차 근의 지름이 굵은 심근성으로, 이는 분얼은 적지만 키와 이삭이 큰 특성

　㉢ 벼 지상부에 대한 뿌리의 건물중 비율로 본 뿌리의 생장량

　　• 생육 초기 : 35%

　　• 출수기 : 16%

　　• 호숙기 : 7%

　　＊ 생육이 진전됨에 뿌리의 생장량이 낮아지며, 이는 성숙기까지 활력이 왕성한 뿌리를 많이 확보해야 다수확이 가능하다는 의미이다.

　㉣ 뿌리의 활력은 잎의 모양으로도 확인이 가능하다.

　　• 잎 전체가 늘어지면 가는 뿌리가 깊게 신장한 것

　　• 지엽이 늘어지면 등숙기 뿌리의 활력이 약한 것

　㉤ **직파재배는 이앙재배보다 지표층 가까이에 분포하는 뿌리의 비율이 높아** 도복에 약하고, 직파재배 중 **건답직파는 담수직파에 비하여 초기에 아래로 신장하는 뿌리가 많아** 도복에 유리하다.

(2) 뿌리의 생장에 영향을 미치는 환경 조건

① 토양의 산소 조건

　㉠ 벼 뿌리의 생장은 토양산소 조건의 영향을 크게 받는다.

　㉡ **뿌리가 밭 상태에서 자라면 토양산소가 풍부하므로 관근이 길게 자라고 여러 개의 분지근을 낸다.**

　㉢ **담수상태에서 자라면 토양중의 산소가 적기 때문에 밭에서보다 뿌리의 신장이나 분지근의 발생이 적고, 뿌리가 가늘며 뿌리털의 발생도 적다.**

　㉣ 벼 뿌리는 밭보다는 논에서 곧게 자란다고 말할 수 있다.

　㉤ 유기질 함량이 높은 습답토양의 담수상태에서는 관근의 신장이 저하된다.

　㉥ 산소가 풍부한 토양에서는 뿌리의 발달이 좋으나, 산소가 부족한 조건에서는 뿌리의 생장이 나쁘고, 발육을 저해하는 물질까지 많아져 뿌리의 발육이 나빠진다.

　㉦ 담수상태의 산소가 부족한 경우에 배수시설을 통한 건답화(乾畓化), 뿌리의 생장이 완성한 시기 중간낙수(midsummer drainage), 간단관수(間斷灌水, intermittent irrigation, 물걸러대기) 등의 관리를 통해서 뿌리에 산소를 공급하고, 토양의 환원 정도를 경감시켜야 한다.

> 벼가 산소가 부족한 물논에서 생육 가능한 이유
> 1. 피층 내에 파생통기조직이 발달
> 2. 뿌리의 선단부에서 토양을 산화적으로 교정해서 뿌리가 환원토양 속으로 신장 가능
> 3. 뿌리의 표면으로 방출한 산소가 토양 중의 철분과 결합하여 적갈색의 산화철을 만들어 뿌리의 피막으로 작용하여 유해물질(황화수소)의 침입을 막아줌.
> 4. 잎이 물에 잠겨서 뿌리에 산소공급이 안 되는 현저한 산소부족 시에는 동일한 기질로 더 적은 에너지를 얻는 손해는 있으나 무기호흡 가능

② 수분 조건

　㉠ **1일 투수량이 많은 논토양에서 자란 벼 뿌리는 투수량이 적은 토양에서 자란 뿌리에 비해 토양속 수직으로 분포하는 1차 근수의 비율이 높다.**

　㉡ **상시 담수에 비해 물이 잘 빠지는 토양이나 간단관수를 한 토양에서는 1차 근수가 많고 1차 근장이 길다.**

③ 시비 조건

　㉠ 벼의 근계형성에는 질소의 영향이 크다.

　㉡ **질소 시용량이 많아지면 1차 근수는 증가하지만 1차 근장이 짧아지므로, 근계가 작아지고 비교적 표층에 분포하게 된다.**

　㉢ 질소 시비량이 많아 근계가 작아지면 T/R율이 커진다.

　㉣ 같은 양의 질소질 비료를 줄 때 **밑거름으로 많이 시용하면 표면근이 적어지고, 추비로 많이 시용하면, 즉 분시횟수를 늘려주면 표면근이 많아진다.**

　㉤ 심층시비를 하면 표층시비에 비하여 깊게 뻗는 1차 근수가 많아진다.

④ 재식 조건

　㉠ 1주당 재식묘수를 많게 하면 주당 총 1차 근수가 증가하지만 1차근의 지름은 작아지고, 토양 깊숙이 뻗는 1차 근수는 적어진다.

　㉡ **재식 밀도가 높아지면 깊게 뻗는 1차근의 비율이 감소한다.**

6. 이삭의 발육

(1) 생육상(生育相, growth phase)의 전환

① 벼는 발아하여 출엽, 발근, 분얼이 이루어지고 최고 분얼기가 지나면 줄기의 생장점에서는 지엽의 분화가 끝나고, 이삭인 유수(幼穗)가 분화함으로써 영양생장이 끝나고 생식생장이 시작된다. **영양생장 단계에서 생식생장 단계로 전환되는 것을 생육상의 전환이라 한다.**

② 내부적인 변화도 있지만 벼가 급히 신장을 시작한다. 즉, 생육상의 전환점은 절간신장이 시작되는 시기로, 엽색도 일시적으로 엷어진다.

③ 생육상의 전환에는 일장과 온도가 관여한다.

    ㉠ 온도에 감응하여 생식생장으로 전환하는 조생종은 최고 분얼기가 끝남과 동시에 생식생장으로 전환한다.

    ㉡ 일장에 감응하는 만생종은 최고 분얼기가 지나 생식생장으로 전환하기까지 약간의 기간이 있어 영양생장이 생리적으로 정체를 보이는 영양생장정체기가 존재한다.

(2) 생육상의 전환 징후

① 출엽속도의 변화

    ㉠ 영양생장기의 출엽주기는 4~5일이다.

    ㉡ **출엽속도가 7~8일로 늦어지면 생식생장으로 전환하는 징후이다.**

    ＊ 필요 일수가 변하는 시기를 영양생장에서 생식생장으로 변화하는 출엽전환기라고 한다.

② 절간신장

    ㉠ **이삭목이 분화되는 시기에 이삭 기부의 하위절간이 신장이 시작된다.**

    ㉡ **절간신장이 시작하는 시기는 유수분화기로 생식생장으로 전환되는 시기이다.**

    ㉢ 영양생장에서 생식생장으로의 전환은 출엽속도로 나타나며, 수수절의 분화와 절간신장에 의해 알 수 있다.

③ 수수절(穗首節)의 분화

    ㉠ **수수절(이삭목마디) 분화 시기는 유수분화의 기점이다.**

    ㉡ 출엽전환기에 들어가면 제1포가 분화를 시작하고, 포(苞)는 잎이 변형된 것으로 수수절간의 잎에 해당되며, 수수절이 분화하는 시기가 포에 있는 유수의 분화이다.

    ㉢ 수수분화기가 되면 잎의 분화가 끝나고 포가 분화하기 시작하며, 이 시기를 경계로 해서 벼의 일생이 영양생장에서 생식생장으로 전환된다.

    ㉣ **이삭목 마디(수수절) 분화기는 엽령지수 76~78의 시기이다.**

(3) 이삭의 발달

① 유수(young panicle)의 발달

    ㉠ 유수(幼穗) : 이삭의 원기가 분화발달해서 출수하기까지의 어린 이삭

    ㉡ **유수의 분화는 출수 약 30일 전에 시작한다.**

    ㉢ 줄기 끝의 생장점에서 지엽의 원기가 분화된 후 측면의 포원기가 분화하여 1차 지경 원기, 2차 지경 원기, 영화 원기 등으로 분화된다.

    ̡ 일반적으로 **유수의 분화는 분얼의 증가가 정지되는 무렵에 시작하지만, 조생종을 다비재배하거나 한랭지에서 재배하는 경우 유수분화가 시작된 후에도 분얼의 발생이 계속**된다.

    ̢ 분얼과 유수분화와의 관계

- **양시기 중복형** : 최고 분얼기 전에 유수가 분화한다.
- **양시기 접속형** : 최고분얼기와 유수분화기가 일치한다.
- **양시기 분리형** : 최고 분얼기가 지난 후 다음에 유수가 분화한다.
- 지방과 재배법, 품종에 따라 다르다.

    ̣ 벼품종의 유수분화기와 영양생장 기간

- **조생종** : 최고분얼기에 이르기 전 유수형성기가 시작되어 영양생장기가 짧다.
- **중생종** : 최고분얼기와 유수형성기가 일치한다.
- **만생종** : 최고분얼기를 지나 유수형성기가 시작되어 영양생장기가 길다.

♀ 벼 품종의 이삭 생길 때와 영양생장기간

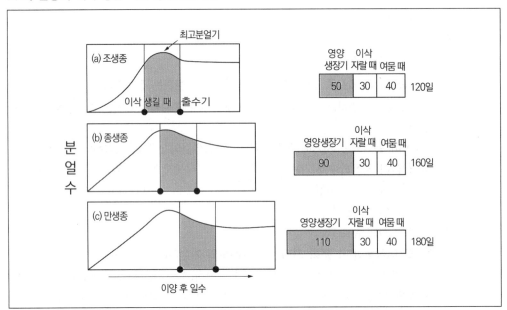

② 화기의 발달

    ㉠ 꽃가루(화분)의 형성

- 꽃밥(約, 약) 원기에 있는 시원세포층(initial cell)이 분열하여 포원세포(archeporial cell) 형성, 이것이 화분모세포(pollen mother cell)로 진행된다. 화분모세포 1개는 감수분열을 하여 4분자(tetrad) 반수염색체세포가 되어 각각 화분세포가 된다.
- **화분의 형태는 개화 전날에 완성**되며, 화분모세포 1개가 4개의 화분을 형성하며, 화분은 선황색이다.

      ⓒ 씨방(자방)의 발달
- 자방원기가 분화하여 자방벽원기가 되고 배주원기를 싸듯이 자방벽이 발달하여 씨방 (자방)을 형성한다.
- 자방내부에서 위를 향하던 배주원기(시원세포)는 오른쪽으로 비스듬히 기울면서 주피로 분화하고, 주피세포 안의 1개의 세포가 커서 포원세포로 분화하며, 그 후 포원세포는 장방형이 되어 배낭모세포(embryo sac mother cell)로 분화한다.
- 배낭을 둘러 싼 세포는 주심조직이 되고, 외주피는 발달하는 배주를 에워싸듯 막상으로 발달한다.
- 자방은 뒤집혀진 상태로 배낭의 선단에 난세포(egg cell)가, 기부에 반족세포(antipodal cell)가, 중앙에는 극핵(polar nucleus)이 형성된다.

      ⓒ 배낭 형성
- **배주 안에서 발달한 배낭모세포는 세포분열 후 배낭(embryo sac)을 형성한다.**
- **배낭의 완성은 개화 전날에 완성되고, 난세포는 개화 전일에 생리적 수정 능력을 갖춘다.**

③ 이삭의 발육과정과 진단

유수분화는 여러겹의 잎의 내부에서 이루어지고, 작아서 육안으로 식별이 불가능하다. 그러나 그 발육과정은 출수 전 일수, 출엽 등과 정확한 관련성이 있으므로 어느 단계인지를 진단이 가능하다.

      ㉠ 출수 전 일수 : **이삭의 발육과정을 진단하는데 가장 많이 사용되는 방법으로** 이삭 분화 및 발달상태의 진단이 가능하다.
- **벼의 유수 분화되는 시기 : 출수 전 30일경**
- **지경분화가 끝나고 영화원기 분화 시기 : 출수 전 24일**
- **암술 및 수술 분화시기 : 출수 전 20일**
- **감수분열 성기 : 출수 전 12일**
- **화분(꽃가루) 완성시기 : 출수 전 1~2일**

      ㉡ 출엽
- **벼의 유수분화기는 지엽으로부터 4번째 아래에 있는 잎의 추출시기와 거의 일치한다.**
- **지엽 추출기는 영화원기가 분화하여 화분모세포가 형성되는 시기이다.**
- 예년에 재배하여 총 엽수를 아는 품종이라면 엽수를 헤아려 지엽으로부터 역산하여 이삭의 발육상태 예측의 가능하다.

      ㉢ 유수의 길이 : 최고 분얼기 이후에 주간의 줄기를 절단하여 잎 속 유수의 길이로 발육상태를 예측하는 방법이다.
- **유수의 길이가 1mm 이하로 흰 털이 보이지 않으면 제1차 지경 분화기(출수 전 28일)이다.**
- **유수의 길이가 1mm 정도인 돌기가 보이고 흰 털이 밀생해서 보이면 제2차 지경분화기(출수 전 26일)이다.**
- 유수분화는 이보다 5일 전(출수 전 30일)에 시작된 것으로 예측한다.
- **유수의 길이가 1~2mm로 흰털이 덮혀있을 때가 영화분화기(출수 전 24일)이다.**
- **감수분열기는 유수의 길이가 8cm 내외로 발달하는 시기로** 저온과 가뭄에 의한 불임에 가장 민감한 시기이다.
- 유수의 길이가 전장에 달하면 출수 전 2일로 예측한다.

ㄹ 엽령지수
- 엽령(leaf number)을 그 품종의 주간 총엽수로 나눈 값에 100을 곱한 값이다.
- **그 시기까지 나올 주간 총 엽수의 몇 %가 나왔는지를 나타내는 값이다.**
- **주간엽수는 만생종이 조생종에 비하여 더 많으며 재배시기가 늦어지면 감소한다.**
- 조식이니 만식의 경우에의해 주간총엽수는 증감한다.
- 생육시기 별 엽령지수
  - **유수분화기 : 77**
  - **영화분화기 : 87~92**
  - **수잉기 : 95~100**
  - **감수분열기(수잉기의 중기) : 97~98**
  - 엽령지수가 100인 시기는 지엽이 완전히 신장한 시기이며, 꽃가루의 외각형성이 시작된다.
ㅁ 엽이간장(distance between auricles of leaf and base of panicle)
- **지엽의 잎귀와 그 바로 아랫잎 잎귀와의 간격을 가지고 이삭 발육단계를 추정하는 방법이다.**
- 엽령지수가 거의 100이 되어 엽령지수에 의한 판단이 불가능하고, 생육기간 중 외계환경이 가장 민감한 반응을 보이는 **감수분열기를 진단하는 데 매우 유효한 수단이다.**
- 지엽은 그 아래 잎의 엽초로부터 추출하게 되는데, 지엽의 엽이가 앞의 잎의 엽초 안에 있을 때는 (−)부호(負), 지엽의 엽이와 앞의 잎의 엽이가 같은 위치에 있을 때는 '0', 지엽의 엽이가 앞의 잎의 엽초보다 위에 있을 때는 (+)부호(正)가 된다.
- 감수분열 시기는 엽이간장이 −10cm 정도의 시기로부터 시작한다.
- 감수분열 성기는 0cm 시기로부터 시작한다.
- 감수분열 종기는 +10cm 정도의 시기로부터 시작한다.

④ 이삭의 발육과 환경 조건

이삭의 원기분화부터 출수까지의 발육기간은 전 생육기간 중에서 생리적 변화가 가장 복잡한 시기이다.

ㄱ 온도
- 유수는 온도에 가장 민감, 20℃ 이하의 저온에서 잎이나 줄기보다 장해를 받기 쉽다.
- **출수 전 24일경(영화분화기)과 출수 전 10~15일(감수분열기)이 저온에 약하다.**
- **특히 10~12일(감수분열 성기)은 화분모세포의 감수분열 시기로, 이 시기는 저온에 가장 약하여** 화분이 사멸하거나 화분의 수가 격감한다.

ㄴ 수분
- **특히 감수분열기에 가장 취약하다.**
- **출수 전 10~15일(감수분열기)인 수잉기에 수분이 부족하게 되면 이삭이 작아지고, 불임 영화가 증가한다.** 호흡이 왕성한 시기인 수잉기이므로 관수에도 취약하다.

ㄷ 비료
- 유수발육기에 질소가 부족하면 유수의 기부에서 분화하여 얼마 되지 않은 영화원기는 유수 선단부에서 발달하고 있는 영화로 영양을 뺏겨 발육을 정지하고 퇴화한다.
- **출수 전 25일경 또는 출수 전 17일경에 추비로 영화의 퇴화를 방지해야 한다.**

ㅇ 유수발육단계와 출수와의 관계

유수의 발육단계		출수전 일수(일)	유수길이 (cm)	엽령지수	외부형태 엽이간장
유수형성기	1. 수수분화기 (유수분화기)	30	0.02	76~78	지엽으로부터 하위 4매의 잎이 추출 시작
	2. 지경분화기 1) 1차 지경분화기 2) 2차 지경분화기	28 26	0.04 0.1	80~83 85~86	3매째 잎 추출
	3. 영화분화기 1) 영화분화 시기 2) 영화분화 중기 3) 영화분화 후기	24 22 18	0.15 0.15~0.35 0.8~1.5	87 88~90 92	3매째 잎 추출 지엽 추출
수잉기	4. 생식세포 형성기	16	1.5~5.0	95	
	5. 감수분열기 1) 감수분열 시기 2) 감수분열 성기 3) 감수분열 종기	15 10~12 5	5.0~20.0	97	엽이간장 −10cm 엽이간장 ±0cm 엽이간장 +10cm
	6. 화분외각 형성기	4	전장에 달함	100	엽이간장 +12cm 영화전장에 달함
	7. 화분완성기	1~2	전장에 달함	100	꽃밥 황변
8. 출수, 개화		0			

(4) 출수, 개화

① 출수

㉠ 출수 1~2일 전 수수절간 밑의 신장절간은 신장이 끝나고, 유수의 선단은 지엽 잎집의 상부에 도달한다.

㉡ 수수절간의 신장이 급속해지며 이삭은 지엽 엽이부(止葉 葉耳部)로부터 밖으로 나와 출현한다.

㉢ **지엽의 잎집에 들어있던 이삭이 바깥으로 밀려 나오는 것이 출수(heading)이다.**

㉣ **수수절간은 출수개화 후에도 1~2일간 신장을 계속하여 엽초로부터 10~20cm 밖으로 노출된다.**

㉤ 출수는 출수 전일 밤중이나 당일 이른 아침에 시작한다.

㉥ 외부로 나온 연하고 백색의 이삭은 내외영의 습기가 마르고 단단해져 녹색으로 되며 지경도 굳어져서 직립한다.

㉦ 한 포기 내에서 출수가 빠른 것은 주간이 아니고 분얼경이며, 분얼경 중의 출수순서는 상위절, 하위분얼경이다. 분얼차위별로는 1차, 2차, 3차 분얼 순이다.

㉧ 한 포기 출수가 완료되는 데에는 7일이 소요되고, 최초 3일간에 전체의 70%가 출수된다.

㉨ 유효분얼수가 적은 경우 1포기 출수기간이 4~5일로 짧지만, 유효분얼수가 30개 정도이면 출수기간이 약 10일이 소요된다.

ⓩ 출수시(出穗始) : 포장에서 10~20%가 출수한 날

　　출수기(出穗期) : 포장에서 40~50%가 출수한 날

　　수전기(穗煎期) : 포장에서 90% 이상 출수한 날

㉠ 출수시 ~ 수전기까지 보통 15일이 소요되지만, 1주당 수수가 적을 경우에는 짧고, 많을 경우에는 길다. 저온에서는 고온보다 길어진다.

② 개화(flowering)

㉠ 영화의 내·외영 선단부가 열리면서(개영) 수술의 꽃밥이 영 밖으로 나오는 것이다.

㉡ 벼는 **자가식물로 개영 직전에 이미 수분이 이루어진다.**

㉢ 개영 직전 내부에서는 화사가 신장하기 시작하고, 직립이었던 암술의 주두는 좌우 두 갈래로 벌어지기 시작한다.

㉣ 외영 안쪽 기부에 있던 1쌍의 인피는 급히 수분을 흡수하여 팽창하면서 그 압력으로 외영을 외측으로 밀어 개영한다.

㉤ 출수 직전 약벽이 터지면서 많은 화분이 제 꽃의 암술머리(주두)에 흠뻑 붙게 되고 화사는 6~8mm로 신장한다.

㉥ 화사가 신장하지만 벼는 개영 이전에 이미 자가수분을 하기 때문에 타가수분율은 1% 이내이다.

㉦ 폐영은 다시 인피가 수분을 잃어 오므라지므로 외영이 제자리로 복귀하는 것이다.

③ 개화 순서

㉠ 이삭이 나오면 그 선단부 영화가 개화하므로 **출수와 개화가 동시에 진행된다.**

㉡ 1이삭의 개화기간은 7일 정도이고, 1영화의 개화시간은 약 2시간 정도이다.

㉢ 한 이삭에서의 개화순서는 개화는 상위지경의 영화가 하위지경의 영화보다 빠르고, 출수 1일째 피는 것은 상위 4개의 지경뿐이며, 최하위의 지경에서는 출수 후 5일째부터 개화한다.

㉣ **1개의 1차 지경에서는 어느 것이든 최선단의 영화가 가장 먼저 개화하고, 다음은 하위 영화에서 상위로 향해 순차적으로 진행되므로, 2번째 영화가 가장 늦게 개화한다.**

㉤ 2차 지경에서도 상위의 2차 지경부터 피고, 같은 2차 지경 내에서도 최선단의 것이 먼저 핀다. 개화순서는 등숙의 순서와도 일치한다.

④ 개화의 환경 조건

㉠ 온도

　• 개화의 **최적온도는 30~35°C**이며, 지나친 고온이나 저온에서는 꽃밥의 개열이나 수분 장해가 일어나기 때문에 **50°C의 최고 온도와 15°C의 최저 온도** 범위를 벗어나면 개화가 어렵다.

　• 고온하에서는 9시경부터 시작하여 11시경까지 집중적으로 개화한다.

　• 35°C 이상에서 불임립이 발생한다.

　• 20°C의 저온에서는 11시경부터 개화하기 시작하여 17시경까지 계속된다.

　• 40°C 정도 고온에서는 개화가 촉진되지만, 개화 총수는 최적온도에서보다 적다.

ㄴ 광
- 광은 개화에 영향을 미친다.
- 주암야명으로 바꾸어 주면 개화시간이 밤이 된다.
- 30℃ 적온에서 전날에 조명을 하면 0시부터 차례로 개화하며, 광을 차단한 암흑상태에 서도 개화한다.
- 다만 광을 차단하면 총 개화수가 크게 감소하고 개화성기가 변하며, 1일 중 연속해서 조명하면 계속해서 개화한다.
- 벼는 발아에 광무관계 종자이나 광이 있으면 발아를 더 잘 한다.

ㄷ 습도와 비
- 습도의 변화는 개화를 촉진하는데, 오전 10시경이 개화 최성기이다.
- 개화시기 비가 계속 오면 인피(scaly bark)가 팽창을 못해 개영이 안된다.
- 영(穎)내에서는 화사가 신장하여 영 내벽에 닿으면 압력으로 꽃밥이 터지고, 화분이 분출되어 **폐화수분**된다.

(5) 수분, 수정

① 수분과 꽃가루 발아

ㄱ 벼는 **자가수분(self-pollination)하고, 타가수분율은 1%이내이다.**

ㄴ **화분 속에 2개의 정핵(male nucleus, sperm nucleus)과 1개의 영양핵(화분관핵, pollen tube nucleus)이 존재한다.**

ㄷ 수분된 꽃가루는 2~3분이 지나면 꽃가루의 발아공(germ pore)으로부터 화분관(pollen tube)이 나와 주두조직 속으로 신장한다.

ㄹ 화분관이 신장하면 꽃가루의 내용물인 세포질은 화분관 속으로 이동한다.

ㅁ 암술머리(주두)에는 많은 가지세포가 있고, 화분이 많지만 최종적으로 수정되어 종자를 형성하는 꽃가루는 단 한 개뿐이다.

ㅂ 암술머리에 부착된 꽃가루 수가 적으면 화분관의 발아, 신장이 늦어진다.

ㅅ 화분의 발아 최적온도는 30~35℃, 최저온도는 10~13℃, 최고온도는 50℃이다.

ㅇ 화분의 발아와 수정은 광조건, 암조건 모두에서 이루어진다.

② 수정

ㄱ 암술대 조직 내를 하강, 신장한 화분관은 배주(ovule)의 주피(integument)를 따라 내려가서 주공(micropyle)에 도달하고 주심(nucellus)을 거쳐 배낭 속으로 들어간다.

ㄴ 화분관이 배낭 내에 도달하는 시간은 빠르면 15분이고, 보통은 30분이며 저온조건에서는 60분이 소요된다.

ㄷ 배낭 속에서 2번의 수정이 일어나는 **중복수정**
- 배낭에 도달한 화분관의 선단은 조세포(synergid)를 관통해서 난세포(egg cell, ovum)과 극핵(polar nucleus)의 중간 위치에서 파열되면서 2개의 정핵을 방출한다.
- 방출된 **2개의 정핵 중 1개는 난세포와 융합하여 2배체의 수정란(2n)을** 형성한다.
- 다른 1개의 정핵은 극핵과 융합하여 3배채(3n)의 배유원핵(endosperm mother nucleus) 을 형성한다.

- 이렇게 중복수정된 난세포와 배유 원핵은 각각 세포분열을 반복해서 배(embryo)와 배유(endosperm)가 된다.
- 수분으로부터 수정이 완료되기까지의 소요시간은 일평균기온이 28℃일 때 난핵이나 극핵 모두 4~5시간 정도 걸린다.
- 온도
  - **수정 최적온도 : 30~32℃**
  - 35℃ 이상에서는 수정 장해가 발생한다.
  - 20℃ 이하에서는 무수정된다.
  - 적온보다 낮으면 수정소요시간이 길어진다.

③ 배의 발생 및 배유의 형태 형성
  ㉠ 배의 발생
  - **중복수정이 이루어진 수정란은 다음날 2개로 분열된다.**
  - 4일째에 시원생장점(initial of shoot apex)이 분화된다.
  - **수정 후 11~12일이면 형태적인 배조직의 분화가 완료된다.**
  - 이후에는 생리적으로 충실해져서 **수정 후 25일경에는 배가 완성된다.**
  ㉡ 배유의 형태 형성
  - 수정 후 배낭은 급속히 신장하고, 그 중 배유원핵은 수정 후 수 시간에 2핵으로 분열된다.
  - 그 낭핵은 세포막을 형성하지 않은 채 다시 분열을 계속한다.
  - 배유세포의 분열은 주로 최외층에서 계속하여 세포층을 늘리고, 5일째에는 배낭 내부가 세포로 가득 채워지며, 배유 조직세포는 외부로부터 중심을 향해 발달한다.
  - 세포는 계속 증가해서 9~10일째에는 중심점에서 많은 세포가 방사상으로 배열하여 분열은 완료된다.
  - 배유세포의 총수는 수정 후 9~10일에 결정된다.
  - 전체의 세포수는 총 18만 개이다.

④ 저장물질의 축적
  ㉠ 현미 내로의 물질수송통로
  - 수정 후 4일째부터 배유 세포수가 증가하고 배유에 저장물질이 축적되는데, 저장물질은 소지경(작은 이삭가지)의 유관속(관다발)을 통해 자방의 등쪽(배면) 자방벽 내 통도조직으로 들어온다.
  - 배유조직 내에는 통조조직이 없어서 배유로 이전된 저장물질은 세포에서 세포를 통과하여 배유조직 내부의 세포로 우선 보내지고, 그곳에서 저장형태로 변하여 축적된다.
  ㉡ 전분의 축적
  - 배유조직으로 들어온 저장물질은 대부분 자당과 glucose의 수용성 탄수화물이며, 이것이 세포 내에서 전분(녹말)으로 합성되어 비수용성인 전분립으로 축적된다.
  - 배유의 전분은 건물중으로 저장물질의 90% 이상을 차지한다.
  - 전분립의 축적은 개화 후 4일경부터 배유의 가장 안쪽 세포에서 시작하고, 수정 후 15일 녹말축적이 끝나고 30~35일 호분층에 인접한 세포까지 이른다.
  - 배유 전분은 복전분립(compound starch grain) 형태로 저장된다.

- 수정 후 4일째부터 현미 배유에 지름 $1\mu m$ 정도의 미세한 과립체가 다수 출현하며, 그 속에 전분소립이 나타나 전분이 축적되기 시작한다.

  ⓒ 단백과립의 발달

  - 배유조직의 가장 바깥쪽 표층세포는 수정 후 10일경 세포분열이 끝나며, 호분층(aleurone layer)으로 분화된다.
  - 호분층 세포에는 호분립(aleurone grains)으로 총칭하는 단백, 지질성 과립체가 축적된다.
  - 배유의 단백질 함량은 6~8%인데, 배유 세포질 속에 과립상으로 축적된다.
  - 쌀 저장단백질은 단백질과립에 축적되며 배유조직의 주변부일수록 많고 특히 호분층의 안쪽 세포에 많다.
  - 배유 중 단백과립은 논벼보다 밭벼에서 많고, 같은 품종이라도 밭 조건에서 재배한 벼에 많으며, 출수 후 질소 추비로 함량이 높아진다.
  - 천립중이 작고, 등숙 전반기의 적당한 고온이 단백질함량을 증가시킨다.

(6) 결실

> - 벼의 결실이 등숙(ripening, grain filling)이다.
> - 결실은 종실에 배와 배유조직 세포가 형성되고, 출수 전 줄기와 잎집에 축적되었던 전분과 출수 후 잎몸에서 동화된 전분이 이삭으로 채워지는 과정이다.

① 영과의 발달

  ㉠ 식물학적으로 영과인 쌀알은 길이, 너비, 두께의 순서로 발달한다.

  ㉡ 수정 후 5~6일이면 쌀알의 길이가 완성되고, 다음으로 15~16일이면 쌀알의 폭이 전장에 달하며, 20~25일경이면 쌀알의 두께가 완성된다.

  ㉢ 수정 후 25일 째에 현미의 전체 형태가 완성된다.

  ㉣ 수정 후 45일경이면 완숙기이다.

  ㉤ 현미의 생체중은 수정 후 20일까지 거의 직선적으로 증가하여 25일경에 최대에 달하고, 35일 이후에는 약간 감소한다.

  ㉥ 건물중은 개화 후 10~20일 사이에 현저히 증대되고 35일까지 거의 증대가 끝난다.

  ㉦ 수분 함량은 수정 후 7~8일경에 최대가 되고 그 후 계속 감소한다.

  ㉧ 건물중이 최대가 되는 개화 후 35일경에는 20% 정도까지 감소한다.

② 이삭의 성숙

  ㉠ 출수, 개화 시에 벼 이삭축과 지경은 모두 직립이다가 출수 4~5일 상위지경의 상부 벼알에 전분이 축적되며 무거워져 이삭의 상반부가 숙여지지만, 하위 지경은 개화, 개화 직후이기 때문에 직립이 유지된다.

  ㉡ 이삭에 있는 모든 영화의 개화가 끝나는 6~7일경에는 상부지경의 벼알은 이미 현미의 길이가 결정될 만큼 발달되어 있어서, 이삭은 45° 이상으로 숙어진다.

  ㉢ 10일이 지나면 이삭 전체의 무게가 가장 왕성하게 증가하는 시기로 수축은 거의 옆으로 숙어지고, 수수절간도 휘게 된다.

  ㉣ 30일이 지나면 이삭 끝은 수수절보다도 밑으로 숙어진다.

ⓜ 등숙기간은 일평균 적산온도와 관계가 있어 고온에서 등숙하는 조생종의 등숙기간은 30~
35일, 비교적 저온에서 등숙하는 만생종의 등숙기간은 50~55일이다.

ⓑ 최선단 영화가 강세영과(superior spikelet)라서 최초로 개화하고 등숙하며, 그 다음에는
하위에서 상위로 개화순서에 따라 성숙이 진행되어, 2번째 영화가 가장 늦게 개화하는데,
등숙순서도 이와 같다.

ⓢ 최선단의 벼알이 가장 풍만한 완전립으로 비대하고 2번째 벼알은 불완전 현미나 불임으로 쭉정이가 되는 경우도 있다.

③ 결실과 환경 조건 : 벼가 출수, 개화하여 수확하기까지 등숙기 환경 조건은 벼의 수량과 품질에 큰 영향을 미친다.

ⓐ 온도
- 등숙을 위해 왕성한 광합성으로 많은 광합성 산물이 생성되어 이삭으로 많이 전류축적되어야 하는데, 일사량과 온도의 영향이 크다.
- **등숙 초기인 출수 후 10일은 배와 배유세포가 발생하는 광합성이 왕성한 시기로서 일사량이 강하고 비교적 높은 온도가 유리하다.** 20℃ 이하의 저온에서는 배유조직 형성을 위한 배유세포분열이 30℃의 경우에 비해 절반으로 늦어지며, 광합성량도 적기 때문에 등숙이 지연된다.
- 배유세포 형성이 끝난 등숙 후기는 고온이 필요하지 않으며 **등숙 장해가 없는 한도 내에서 저온이 동화물질의 전류축적에 유리하다**(등숙 후기는 21℃ 정도가 적온이며 등숙 후기의 고온은 동화조직의 조기노화와 동화산물의 축적에 손해를 일으키기 때문).
- 기온이 높을수록 호흡량이 증가하므로, 야간온도가 낮으면 호흡에 의한 소모를 줄일 수 있어 등숙비율이 높아지고, 야간온도가 높으면 이삭에 축적되는 탄수화물의 양이 감소되어 등숙비율이 낮아진다.
  ✳ 주간 25℃, 야간 15℃가 가장 유리
- 벼의 등숙에 가장 유리한 온도는 등숙 초기 주간 30℃, 야간 20℃이고, 등숙 후기에는 주간 25℃, 야간 15℃이다.
- 이삭으로의 탄수화물 전류량은 17~29℃ 범위의 온도에서는 고온일수록 많다.
- 열대지역에서는 등숙기의 고온으로 총 광합성량 자체는 온대지역보다 많지만 온대지방에 비해 열대지방에서의 절대수량이 낮은 원인은 등숙기의 지나친 고온과 주야간의 온도 일교차가 적기 때문이다.
- 등숙기간의 장단은 등숙기간의 일평균 적산온도에 의해 결정되므로, **고온기에 등숙되는 조생종에서는 30~35일, 중생종은 40~45일, 저온기에 등숙되는 만생종에서는 50~55일이 소요된다.**

ⓑ 일사량
- 이삭에 축적되는 탄수화물의 20~30%는 출수 전에 줄기와 잎에 저장되어 있던 동화 산물이다.
- 나머지 70~80%는 출수 후의 동화작용에 의하여 생성되는 것이므로 일사량은 매우 중요하다.

ⓒ 양분
- 질소 시비가 가장 큰 영향을 미친다.
  - **수비(穗肥, 이삭거름)**: 출수 전 광합성 능력을 높여 불입립을 감소하고, 등숙에 기여한다.

- **실비(實肥, 알거름)**: 출수 후 활동엽의 엽록소함량을 높여 광합성 능력을 향상시켜 등숙이 증대된다.
- **출수 전부터 질소질이 지나치게 높으면 잎의 수광태세가 불량하다.**
- 질소는 사용 시기가 매우 중요하다. 수비 시기는 출수기로부터 25일~20일 전이고, 실비 시기는 출수기이다.
- 등숙 초기에 질소가 과다하면 단백질의 생산이 늘어 잎 중의 당 농도가 저하되므로 이삭으로의 동화 산물 전류가 방해된다.
- 천립중 증가를 위한 잎몸의 한계 질소함유율은 1.2% 정도이고, 수확기에는 0.9% 정도이다.
- 인산은 임실기에 급속히 이삭으로 전이되는데, 호분층의 세포과립에 피트산으로 축적된다.
- 칼륨, 칼슘, 마그네슘 등도 등숙에 기여하여 종자를 충실히 여물게 한다.

ⓒ 태풍
- **출수 직후, 특히 출수 후 3~5일 강풍을 만나면 이삭이 건조하여 백수가 발생한다.**
- 개화가 빠른 상위 1차 지경의 영화는 발육정지미가 되고, 하위의 2차 지경에 있는 영화는 수정 장해로 불임이 유발된다.

2 벼의 기본 생활작용

1. 광합성

(1) 벼의 광합성

- 벼의 수량은 단위면적당 수수(穗數), 1수입수(1穗粒數), 등숙비율, 1000립중(1000粒重)의 곱으로 성립
- 1000립중은 재배환경에 의한 변이가 극히 적어 단위면적당 입수와 등숙비율에 의해 수량이 결정
- 개체군 광합성 = [단위면적당 광합성 속도(능력) × 엽면적 지수 × 개체군의 수광태세(능률)] − 엽신 이외의 호흡량

① 단위면적당 광합성 속도(능력)

♀ 벼 개체엽에서의 광의 세기와 광합성 속도와의 관계

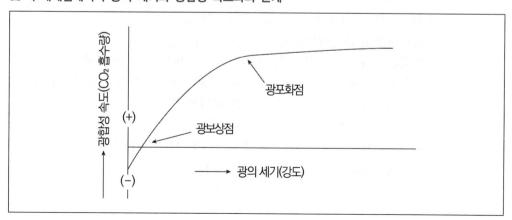

㉠ 광합성 장소는 엽록소이고, 이삭, 줄기, 엽초보다는 **대부분의 광합성은 엽신에서** 이루어지며, 여기에서 광합성량은 호흡의 5~10배이다.

㉡ **광보상점**: CO_2 배출은 광의 세기가 증가함에 따라 감소하여 광의 어느 세기에 도달하면 외견상으로 흡수도 배출도 없는 상태에 도달하는 때의 광의 세기

㉢ **광 − 광합성 곡선의 초기 구배**: 광의 세기가 광보상점을 넘으면 CO_2의 흡수가 일어나고, 광의 세기가 증가함에 따라 CO_2 흡수속도도 직선적으로 증가

㉣ **광포화점**: 광이 증가해도 더 이상 광합성은 증가하지 않는 빛의 세기

㉤ 미 전개된 어린잎은 광합성 능력이 낮고, 완전 전개가 끝난 직후는 광합성 능력이 최대이며 그 후는 노화로 점차 저하된다.

㉥ 최상위의 미 전개엽의 광합성 능력은 낮고, 그 아래의 완전 전개엽과 그 바로 아래가 광합성 능력이 가장 높고, 그 아래로 갈수록 차례로 낮아진다.

㉦ 지엽 생성 후 지엽이 계속 최고의 광합성 능력을 갖는다.

㉧ 조만성에 관계없이 분얼기에 가장 높고 그 후에는 점차 저하되는데 광합성 속도를 결정하는 가장 중요 인자는 질소이기 때문이다(분얼기에 광합성 속도가 가장 높은 것은 식물체가 작아 소량의 질소만으로도 전체의 질소 농도를 높일 수 있기 때문).

㉨ 생육 후기에는 질소 농도를 분얼기처럼 높일 수 없어 광합성 능력을 위해 질소 추비가 필요하고 뿌리의 기능을 유지하는 것이 중요하다.

㉩ 잎의 질소 농도를 높여 **광합성 능력을 높이기 위해서는 감수분열 직전 또는 수전기(전체의 80% 이상 출수한 날)의 질소추비(실비)가 필요하다.**

② 엽면적 지수(Leaf Area Index, LAI)

㉠ **단위토지면적에서 생육하는 개체군의 전체 잎면적을 단위토지면적으로 나눈 값(번무도)**

㉡ 벼가 고립상태와 군락일 때는 그 생산 메커니즘이 현저히 다르다. 잎은 광합성을 수행하는 소스(source)기관이며, 엽면적 지수는 생산량과 관련이 큰 지표이다.

- **고립상태**: 엽면적이 증가할수록 총 동화량이 증가
- **군락상태**: LAI가 커지면 광합성도 증가하지만 광합성 효율이 떨어지고, 호흡량도 증가 (LAI 증가에 정비례해서 수량이 증가하지 않는다. − 엽면적이 증가하면 광합성량과 호흡량이 직선적으로 증가하지만, 광합성량은 어느 한계에서는 더이상 증가하지 않는다.)

㉢ 광합성량에서 호흡량을 뺀 순생산량은 어느 LAI에서 최고값이 된다는 뜻으로, 순생산량에 대한 최적 엽면적 지수가 있다는 뜻이 된다.

  ＊ 최적 엽면적이란 순생산이 가장 커지는 엽면적을 말한다.

㉣ **최적 엽면적 지수**: 일정한 토지면적에서 자라는 벼의 모든 엽면적을 토지면적으로 나눈 값이다. 최적 엽면적 지수에서 순광합성량이 최대가 되므로, 높은 포장동화능력을 확보하려면 군락 내의 엽면적을 최적으로 확보하여야 한다.

㉤ 광도에 따라서 최적 엽면적 지수는 달라진다. 약한 광도에서는 낮은 LAI에, 강한 광도에서는 높은 LAI에 최적 엽면적 지수가 있다. 빛의 세기가 약하면 광합성은 일찍 광포화점에 도달하기 때문에 최적 엽면적 지수는 비교적 낮은 값을 보인다.

㉥ 일조량이 좋은 해에는 벼 잎이 무성해도 건물생산량이 증가하나, 일사량이 부족한 해에는 평년과 동일한 LAI이라도 과번무로 감수한다.

ⓢ **LAI가 최대가 되는 시기는 수잉기**이며, 이 시기에 과번무는 C/N율이 낮아 도복하기 쉬우며, 또한 호흡기질인 탄수화물의 공급부족으로 뿌리의 기능이 현저하게 약화된다. 뿌리의 기능 저하는 등숙기 질소흡입력을 감소시켜 하위엽의 조기 고사를 가져오므로 LAI의 감소 및 광합성 산물의 감소를 유발하고, 이는 등숙비율과 천립중을 크게 감소시키는 요인이다.

③ 개체군의 수광태세
  ㉠ 벼의 수광태세는 수광능률로 표시한다.
    ＊ 군락상태에 있는 벼가 그가 지닌 최대 광합성 능력을 어느 정도나 발현하고 있는지를 말해주는 계수
  ㉡ **수광능률의 최대치(값은 1)**: 고립상태에서 충분한 광을 쬐였을 때의 광합성
  ㉢ LAI가 증가할수록 개체군의 광합성은 증가하지만 동일한 LAI라도 개체군의 수광태세에 따라 개체군의 광합성 속도는 달라진다.
  ㉣ 수광태세를 좌우하는 가장 큰 요인은 개체군을 구성하는 엽신 경사각도이다. 엽신이 직립할 때 개체군 내부의 광 강도가 높아지기 때문에 광합성 속도가 증가한다.
④ 엽신 이외의 호흡량
  ㉠ 엽신이나 이삭의 호흡은 광합성이나 전류 등의 생리적 활성과 관계되므로 무조건 적어야 좋은 것은 아니다.
  ㉡ 그러나 줄기의 호흡은 명백히 소모적이다. 특히 장간종은 하부에서 빛의 투사가 극히 약하여 비광합성 기관의 호흡에 의한 손실이 크다.

(2) 광합성에 영향을 미치는 요인
① 내적 요인
  ㉠ 엽록소량
    • 엽록소 함량이 많은 잎에서는 카르티노이드 함량도 많다. 엽록소 함량이 높으면 광합성 속도도 높다.
    • 출수기 이후 등숙이 시작되면 엽신의 가용성 단백도 급격히 이삭으로 이동하며 엽록소도 분해되어 구성 성분인 질소도 이삭으로 옮겨간다.
    • **등숙기의 엽록소량을 확보 방법**: 수전기 알거름(실비)
  ㉡ 무기성분
    • 엽신의 질소 효율은 등숙 초기일수록 크며 질소 추비가 중요함을 나타낸다.
    • 질소 추비량이 증가할수록, 즉 체내 질소함유량이 증가할수록 강광하에서의 광합성 속도가 증가하고, 광포화점도 더 높으며 호흡도 체내 질소함유량이 증가하면 따라서 증가한다.
    • 질소 추비는 건물 생산량에서 플러스와 마이너스의 양면효과가 공존한다.
      − 온도가 비례적으로 낮고 일사가 강하면 질소의 추비는 건물생산을 증가시킨다.
      − 온도가 높고 일사가 약한데 질소를 추비하면 광합성은 적으면서 호흡이 많아져 건물생산량을 감소시킨다.
    • 인산과 칼리의 영향은 그다지 크기는 않으나 일정량은 필요하고, **질소 2.0%, 인산 0.5%, 마그네슘 0.3%, 석회 2.0% 이상이 필요하며, 그 이하에서는 직선적으로 감소한다.**

ⓒ 잎의 수분 함량
- 수분 감소는 기공의 폐쇄를 가져오므로 광합성을 심하게 감소시킨다.
- 생육시기나 잎의 노화에 따른 광합성 능력의 변화는 수분 함량과 관계가 깊다.
- 출수 후 엽신의 수분 함량은 상시 담수의 경우 명백히 저하하며 그 이유는 뿌리썩음이다.
ⓓ 뿌리썩음이 발생하면 상위 잎일수록 수분 함량이 저하하고, 하위의 잎은 빨리 고사하여 광합성 속도가 저하하며, 광 － 광합성 곡선은 광포화형의 모습을 보인다.
- 뿌리썩음의 발생 이유는 양분 부족이다.
  - 등숙기의 벼는 탄수화물이나 질소가 이삭으로 집중적으로 이행하므로, 뿌리의 호흡 기질인 탄수화물은 부족하게 되고, 탄수화물의 부족으로 단백질도 만들 수 없기 때문에 죽는 뿌리가 많아진다.
  - 출수 20일 전인 감수분열 전에 물 걸러대기와 질소 추비실시로 뿌리 기능을 높게 유지한다.
- 등숙 후기까지 뿌리가 건전한 수분흡수능력을 가지면 이삭이나 잎의 수분 함량도 높아지고, 여 잎의 높은 광합성 능력을 유지하고, 이삭의 광합성 산물 수용능력까지 활발해져서 등숙이 향상된다.
ⓔ 품종의 광합성 능력: 최근 육성 품종일수록 개체엽의 광합성 속도가 높다.
② 외적 요인: 온도, 광, 이산화탄소, 수분 및 습도, 바람의 환경 요인
  ⓐ 일사량
  - 벼가 고립상태일 경우 생육적온까지 온도가 높아질수록 광합성 속도는 높아지고 광포화점은 낮아지므로, 고립상태인 분얼기에서 빛의 세기가 최대 일조량의 30~40%(3~4만 Lux) 이상이면 빛의 세기에 관계없이 광합성량은 비교적 일정하다.
  - 최고 분얼기는 최대 일사량의 60% 정도를 요구한다.
  - 출수기에는 잎이 광을 충분히 받지 못하므로 광량이 7~9만 Lux까지 광합성이 증가한다.
  - 작물 군락이 무성하면 광포화점에 달하는 광의 강도가 높아지고, 군락의 엽면적이 최대인 경우에는 맑은 날에도 포장 광합성이 광포화에 도달하기 어렵다.
  ⓑ 온도
  - 18~34°C의 적온범위에서 광합성량에 온도의 영향을 크게 받지 않는다. 이유는 온도가 높아질수록 진정 광합성량은 증가하지만 호흡도 같이 늘어나기 때문에 외견상 광합성량은 변하지 않기 때문이다.
  - 35°C 이상 고온에서는 호흡을 줄이기 위해서 광도가 낮고, 18°C 이하에서는 동화 산물의 전류가 늦어져 광합성이 현저하게 떨어지므로 광도가 높은 것이 좋다.
    ＊ 동화물질의 전류가 빠르면 광합성량이 증가하며, 온난한 지대보다 냉량한 지대에서 더욱 강한 일사가 요구된다.
  - 벼의 광합성 적온은 20~33°C의 범위이다(우리나라에서는 생육 초기와 등숙 후기를 제외하면 벼의 광합성이 온도에 의해 저해받는 경우는 거의 없다).
  - 열대 원산인 벼가 온대 북부까지 생육이 가능하다는 것은 온대지방이 열대지방보다 다수확을 올리는 요소라는 것이다.

01

- 호흡량은 온도의 상승에 따라 상승하고, 광합성량은 35℃ 이상에서는 낮아지므로 건물생산은 20~21℃의 저온에서 최대가 된다.
  ＊ 엽면적당 건물생산의 효율은 비교적 저온인 우리나라에서 최대이다.
- 광도가 낮아지면 온도가 높은 쪽이 유리하고 35℃ 이상의 고온에서는 오히려 광도가 낮은 쪽이 유리하다.

ⓒ 이산화탄소
- 대기 중 **이산화탄소 농도인 300ppm보다 높은 2,000ppm에서 최대값**을 보이므로 이론상 탄산시비의 효과가 크다.
- 이산화탄소 농도를 위해 미풍이 광합성을 증가시킨다.
- 이산화탄소의 효과는 일사가 강할수록, 온도가 높을수록 크다.

ⓓ 토양수분
- 수분 부족 상태에 있던 벼에게 관수하면 잎의 수분상태가 회복되면서 기공개도가 증대하고, 그로 인하여 이산화탄소의 확산이 많아져 광합성 기능도 회복되나 이는 많은 시간이 소용되니 세심한 물관리가 필요하다.
- 기계수확에서의 편의를 위해 낙수기를 지나치게 빨리하면 광합성의 저하로 등숙장해가 우려되므로, 물걸러대기 등의 보완책이 요구된다.

(3) 벼의 포장 광합성
① 벼의 수량을 높이려면 광합성을 수행할 엽면적 확보, 수광태세 높이기, 잎의 단위면적당의 광합성 능력 향상이 필요하며 이 모두의 동시 증대는 어려우니, 최적조합을 유도해야 한다.
② 수광률을 늘리려면 **상위엽의 크기가 작으며, 두껍지 않고, 직립되어 있으며, 중첩되지 않고 개산형으로 균일하게 배치되어 있으면 하위엽도 광을 받을 수 있어 전체적으로 유리하다.**
③ 상위엽의 직립을 위해 질소과다로 인한 상위엽을 번무를 조심하고, **규산질을 충분히 흡수시킴으로써 잎몸을 꼿꼿하게 세워 엽면적이 커져도 수광률은 높아지게 한다.**
④ 내비성 품종이 대체로 초장이 작고 잎이 직립하여 수광태세가 좋다.
⑤ **엽면적이 증가하면 처음에는 직선적으로 광합성량이 증가하지만 그 증가율이 점점 감소되다가 어느 한계에서는 더 이상 증가하지 않는다. 호흡량은 엽면적 증가에 따라 광합성량이 떨어진다.**

(4) 수용기관 – 공급기관 관계
① 식물 잎의 광합성 능력은 광합성 산물을 받아들이는 수요가 많으면 크게 증대되는데, 받아들이는 곳이 없으면 감퇴된다.
② **광합성을 하는 잎이 공급기관(source)이며, 광합성 산물을 받아들이는 기관이 수용기관(sink)이다.**
③ 공급기관에 해당하는 잎의 광합성 능력이 아무리 우수해도 벼의 수용기관에 해당하는 이삭이 적으면 광합성을 많이 하지 않아 수량이 적어진다.
④ 벼 이삭을 많이 확보하면 잎이 광합성 능력을 최대로 발휘하여 수량이 많아진다.
⑤ 다만 영화수가 너무 많으면 등숙률이 낮아지고 쭉정이가 증가한다.

2. 호흡 작용

(1) 벼의 호흡량은 **모내기 후 활착기부터 최고 분얼기까지는 높아지다가 그 후부터는 서서히 감소하는 경향이 있다.**

(2) 벼 1개체당 호흡은 건물중 증가에 기인하여 출수기경에 최고에 이른다.

(3) 등숙기에 이삭의 호흡량은 전 식물체 호흡량의 1/3에 이른다.

(4) 물 속에서 **혐기호흡을 하면 호기호흡에 비해 에너지 생성효율이 낮다.**

3. 광합성과 호흡과의 관계

최대의 수량을 위해 순생산량(광합성량 − 호흡량)이 최대가 되도록 한다. 광합성량 증가에 엽면적의 증가가 필요하나 엽면적의 증가는 호흡량도 증가하여 엽면적 확보가 모두 순생산량이 증가되는 것은 아니다.

♀ 최적엽면적지수와 광합성량·호흡량·순생산량의 관계

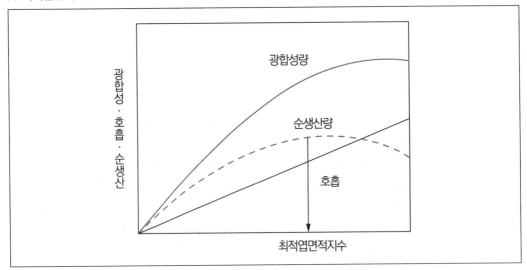

(1) 최적엽면적(optimum leaf area)

순생산이 가장 커지는 엽면적을 최적엽면적이라 한다.

(2) 엽면적 지수(LAI, leaf area)

① 벼가 재배되는 토지면적에서 자라는 벼의 모든 엽면적을 구한 후 토지면적으로 나눈 값

② 예를 들어, 엽면적지수 6은 개체군의 엽면적이 단위토지면적의 6배라는 의미이다.

(3) 최적엽면적지수(optimum leaf area index)

① **최고의 수량을 얻기위한 최적엽면적지수는 기상, 품종, 생육시기, 지력에 따라 다르다.**

② 최적엽면적지수는 일사량이 많을수록 커진다.

③ 엽면적 지수가 6이 될 때까지는 엽면적 지수가 클수록 유리하다.

④ **최적엽면적지수는 품종의 초형과 특성에 따라서도 현저히 다르다.**

⑤ 온대 자포니카형 품종은 엽면적지수 5~6에서 건물중이나 종실수량이 많다.

⑥ 잎이 직립하여 수광태세가 좋은 IR8이나 통일형 품종은 엽면적 지수 10까지도 수량이 증가한다.

⑦ 벼 식물 개체군의 최적엽면적지수가 클수록 광합성량이 많다.

4. 생육시기별 광합성과 호흡

오 벼의 생육시기별 광합성 · 수광능률 · 호흡작용의 변화

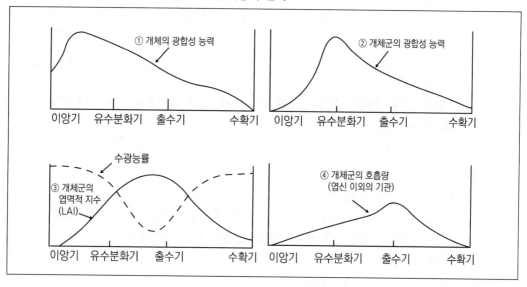

(1) 광합성 능력은 이앙 후 새끼를 칠 때까지 급격히 상승한다.

(2) 개체의 광합성은 모내기 후 얼마 후 최대로 되며, 이것은 잎새의 질소함량변화와 일치

(3) 개체군의 광합성 능력은 유수분화기(출수 30일 전)에 최고값을 보인다.

(4) 군락 광합성은 이앙에서 분얼기에 급격히 상승하여 유수분화기 전후에 최고치에 달하고, 출수기에 걸쳐 완만히 저하를 계속하다 수확기 전에 급격히 저하한다.

(5) 개체군의 엽면적 지수(LAI)는 최고 분얼기 이후(출수 10일 전)에 최고값을 보인다.

(6) 수광능률은 LAI 2.0 부근까지는 저하하지 않으나, 그 이상이 되면 LAI와 반비례적으로 저하하여 LAI가 최대가 되는 시기(출수 10일 전)에 수광계수는 최저가 된다.

(7) 등숙기에는 하위엽의 탈락으로 다시 수광능률이 향상되어 등숙 후기까지 높게 유지된다.

(8) **개체군의 호흡량은 출수기에 최고값**을 보인다. 엽신(잎몸) 이외의 부분인 엽초(잎집), 줄기 등의 호흡은 이앙 후부터 점차로 증가해서 출수기에 최고에 달하고, 등숙이 진전됨에 따라 이삭의 호흡 저하와 엽초, 줄기 등의 호흡도 감소한다.

5. 생육시기별 군락광합성을 위한 관리

(1) 이앙기 ~ 분얼기

① 개체엽의 광합성 능력과 수광능률은 높지만 엽면적 지수가 극단으로 작은 시기이다.

② 건묘 육성, 조식, 초기 생육 촉진을 위한 비배관리 등이 필요하다.

＊ 건묘는 묘의 전분과 질소함량이 모두 높은 묘이므로 건묘 육성은 밭묘로서 비교적 저온에서 육묘하는 것이 유리하다.

③ **초기 생육 촉진을 위해서 인산과 질소를 충분히 시용하고, 수온에서의 주야간 차이를 크게 하여 분얼을 촉진시킨다.**

④ 과다 질소는 과번무를 일으키므로 적정량에 유의하며 분얼수를 많이 확보가 중요한 시기이다.

(2) 유수분화기

① 군락광합성이 가장 높은 시기이다.

② 지엽, 제2, 3엽 그리고 도복과 관계가 깊은 하위절간이 신장하는 기간이므로 출수 후 건물생산 증대를 위한 준비로서 **수광태세 양호에 중점을 두는 시기이다.**

③ 수광태세 조치방법

㉠ 초기 생육의 촉진으로 충분한 생육량을 확보한 경우

유수분화기에는 체내 탄수화물의 생산량이 많아져 질소함유율은 자연히 저하하므로 특별히 질소 제한을 하지 않아도 좋고, 오히려 질소 부족으로 인한 1수영화수 감소와 뿌리의 노화에 주의해야 한다.

㉡ 초기 생육이 부족한 경우

질소를 다량 투입하면 과번무에 의한 수광태세의 악화를 가져와 출수기 이후의 군락광합성을 감소시키므로 다량의 질소추비를 조심해야 한다.

(3) 출수기

① 출수 직전은 줄기의 신장, 이삭의 발육에 다량의 탄수화물을 필요하여 **LAI가 최대가 되는 시기로 수광능률이 가장 크게 저하된다.**

② 이 시기에는 군락광합성이 저하되기 쉬운데, 저하되면 간기부의 전분이 소모되고 만다.

③ 출수 후 등숙기에는 탄수화물이 우선적으로 이삭으로 보내지므로 뿌리로의 탄수화물 공급은 극단으로 줄게 되어 호흡 곤란을 겪는 뿌리는 급격히 부패 고사한다.

④ 출수기 이후에는 하위엽이 고사하여 엽면적이 점차 감소하고 잎이 노화되어 포장의 광합성량이 떨어진다.

⑤ 뿌리 고사는 수분의 흡수 부족을 야기하고, 이는 이삭의 함수율을 저하시켜 등숙비율과 천립중의 저하를 가져온다.

⑥ **이 시기의 군락광합성을 높이기 위해서는 수광태세의 향상이 최선이다.**

⑦ 수광태세가 좋은 품종을 재배하고, 잎을 도장시켜 늘어지게 하지 말아야 한다.

⑧ 직립엽형의 수광태세를 만드는 데 엽령지수 69~92 사이는 질소 공급제한이 필요하다.

(4) 등숙기

① 등숙기 전반

㉠ 이삭이 군락 상층에 나와 있어 이삭이 광을 차단하고, 줄기가 약한 벼는 이삭 무게로 자세가 흐트러져 수광 능률이 저하된다.

㉡ **엽신의 질소는 급격히 이삭으로 이동하여, 질소 저하로 광합성 능력이 저하된다.**

㉢ 질소 추비로 엽신의 질소를 높이고 벼의 줄기를 튼튼히 기르는 대책마련이 필요하다.

② 등숙기 후반

㉠ 군락광합성 저하 원인은 개체 광합성 능력의 저하와 LAI의 감소이다.

㉡ 철저한 물걸러대기로 뿌리의 생리적 기능을 오랫동안 높게 유지하는 대책마련이 필요하다.

6. 증산작용과 요수량

(1) 증산작용의 뜻과 역할

① 증산작용(transpiration) : 벼는 흡수한 물의 약 1%만 광합성 등의 대사작용에 이용하고, 나머지는 기공 등을 통하여 대기중으로 배출한다.

② 역할

㉠ 체온을 조절한다.

㉡ **양분흡수 촉진** : 무기양분은 물과 함께 흡수되는데 증산작용으로 잎 속의 수분이 공기 중으로 방출되면 잎 세포의 수분이 적어지면서 세포액의 확산 압차가 커져 잎의 흡수력이 증대하고, 이것이 뿌리의 흡수를 촉진시키는 힘이 된다.

(2) 요수량

① 요수량(water requirement)의 뜻 : **벼의 건물 1g을 생산하는 데 필요한 수분의 양**

② 벼의 요수량은 다른 작물에 비하여 많지 않다.

③ 밭벼가 350g, 논벼가 250g으로 밭벼가 많다.

④ **모내기 직후에는 뿌리가 물을 잘 흡수하지 못하므로 물을 깊게 대어 증산작용을 감소시켜 활착을 유도한다.**

⑤ 유수분화기~출수기까지 영양생장이 왕성할 때에는 많은 물이 필요하다.

3 벼의 일생

- 벼는 1년생 작물
- 종자가 발아하고 성숙하여 결실하기까지의 생육기간은 품종과 재배환경에 따라 다르나 짧은 품종은 120일, 긴 품종은 180일 이상, 보통 품종은 150일
- 벼의 생육 기간: **영양생장기** + **생식생장기**

♀ 각 생육단계별 초장분얼 및 이색의 발육양상

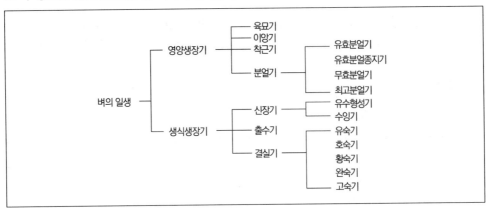

♀ 벼 일생의 구분과 명칭

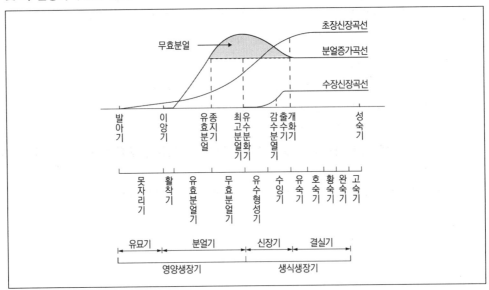

- 영양생장기 요약
  - 광합성에 의해 생성된 탄수화물을 주된 양분으로 하여 식물체의 잎, 줄기, 뿌리 등 영양기관이 양적으로 증가하는 시기
  - 발아 후 일정한 간격을 두고 잎과 뿌리 및 줄기가 나와 자라고 분얼이 왕성하게 증가하는데, 분얼수가 최고에 달했다가 감소하기 시작하면서 줄기 밑 부분에서 유수가 분화하기 시작되며, 유수분화 직전까지가 영양생장기
  - 육묘기, 이앙기, 착근기와 분얼기

- 생식생장기 요약
  - 번식을 위한 질적인 완성기로, 신장기, 출수기 및 결실기
  - 유수는 점진적으로 신장하면서 영화가 분화, 발육하고 유수가 출수하면서 수분과 수정을 거쳐 자방이 비대하고 성숙하게 되는 기간
  - 생식생장기는 다시 출수 전과 출수 후로 나눈다.
    - ☞ 출수 전 : 유수발육기(유수형성기와 수잉기)로 수량용량, 즉 수량의 잠재적 크기가 결정되는 시기
    - ☞ 출수 후 : 최종 수량인 전분의 양을 용기 속에 채워 종실의 무게가 결정되는 등숙기간
- 두 개의 생육단계는 유수분화기를 경계로 구분

1. 영양생장기(vegetative growth period)

- 기본영양생장기와 가소영양생장기로 세분화
- **기본영양생장기(basic vegetative growth period) : 질적 발육을 위한 최소한의 생장기로 환경조건에 크게 좌우되지 않는 유년기이다.** 기본영양생장기간은 온대 자포니카 등 고위도 지방의 벼는 짧고, 인디카 등 저위도 지방의 벼는 길다.
- **가소영양생장기(plastic vegetative growth period) : 환경 조건, 특히 온도와 일장에 따라 변하는 가변적 생육기간으로 고온, 단일조건에서 짧아지고, 저온, 장일조건에서 길어진다.**
- 영양생장기는 유묘기와 분얼기로 나누며, 분얼기는 이를 다시 활착기, 유효분얼기, 무효분얼기로 구분

(1) 유묘기(육묘기, 못자리기)

이앙재배를 하려면 모를 기르는 육묘기간이 있어야 한다.
① 기계 이앙 육묘기간
  ㉠ 어린모 : 8~10일
  ㉡ 치묘(稚苗) : 20일
  ㉢ 중모 : 30일
② 손 이앙 시의 성묘 육묘기간 : 35~45일

(2) 이앙기 및 착근기(활착기)

① 이앙기(transplanting stage) : 모를 논에 옮겨 심는 시기
② 착근기(rooting stage) : 모내기 후 새로운 뿌리가 내리는 기간, 활착기
③ 활착기간은 모의 소질, 이앙기의 기상 조건, 이앙작업의 정밀도 등의 영향을 받는데, 대체로 3~6일 소요되며 이 기간에는 분얼하지 않는다.

(3) 분얼기

① 활착 후에는 분얼이 시작되면서 일정한 시기까지는 급속도로 증가한다.
② 최고분얼기
  ㉠ 포기당 분얼수가 가장 많은 수에 도달했을 때
  ㉡ **동일한 경종법으로 재배할 때 품종의 조·만성에 관계없이 동일한 시기에 도달하고, 조기·조식재배는 40일, 만기 재배는 30일 경에 온다.**

③ 유효분얼종지기

  ㉠ 분얼수가 최종 이삭수와 일치된 시기이다.

  ㉡ 대체로 최고 분얼기보다 약 15일 전에 온다.

  ㉢ 유효분얼종지기 이후에 나온 분얼이 모두 무효하다는 의미는 아니다.

④ 무효분얼기

  ㉠ 늦게 출현한 분얼이 되는 시기로 분얼수가 감소한다.

  ㉡ 독립해서 생육할 수 없는 어린 가지이므로 이삭이 형성될 수 있는 시간적 여유가 없어 최고 분얼기 이후에 대부분 죽어서 이삭을 맺지 못하는 분얼기이다.

⑤ 유효분얼

  ㉠ 이삭을 맺는 분얼을 말한다.

  ㉡ 이앙 후 일찍 출현한 분얼일수록, 분얼 절위는 하위절일수록, 분얼 차위는 저차위일수록 유효화하기 쉽다.

⑥ 유효경비율

  최고 분얼수에 대한 유효분얼수의 백분율 : (유효분얼수/최고 분얼수) × 100

⑦ 분얼수 및 유효경비율은 품종, 환경 및 재배조건에 따라 달라진다.

  ㉠ 질소과다와 밀식은 최고 분얼수가 많아지고 무효분얼수가 많아져 유효경비율 낮아진다.

  ㉡ 최고 분얼기에 4매의 잎이 달린 분얼은 유효분얼이 되므로 최고 분얼기 15일 이전에 발생한 분얼은 유효분얼이다.

2. 생식생장기(reproductive growth period)

- 유수분화기 이후부터 성숙기까지의 기간
- 유수 및 화기가 형성되고 발달하는 수잉기, 출수, 개화, 수정을 거쳐 씨방이 발달하고 종실이 완성된다.
- 영양생장에서 생식생장으로 전환되면 줄기 끝의 생장점에서는 잎 대신 유수의 세포가 분화, 신장하고, 줄기의 상위 절간이 신장한다.
- **유수분화 이후 출수기까지는 영양생장과 생식생장이 함께 일어나며, 출수 후부터는 영양생장은 없고 생식생장만 이루어진다.**
- 출수 후에는 활동하는 잎과 뿌리의 수는 노화로 감소하며 양분 흡수도 저하된다.

(1) 신장기

① 유수분화기부터 출수기까지 줄기 기부의 절간(마디사이)이 신장하는 시기이다.

② **출수기까지는 상위로부터 4~5절간이 급신장하여 간장이 결정된다.**

③ 출엽 속도가 달라진다. 영양생장기에 4~5일 걸리던 것이 7~8일로 길어진다.

④ 신장기는 다시 유수형성기와 수잉기로 구분된다.

⑤ 유수형성기

  ㉠ 유수분화기로부터 감수분열기까지의 기간

  ㉡ **유수분화기는 유수가 분화되는 처음 1주일에 이삭이 분화되는데 유수의 길이가 2mm가 될 때를 말한다.**

    • 유수분화기(수수분화기) : 출수 전 30~32일경

    • 1, 2차 지경분화기 : 출수 전 25~29일. 벼꽃(영화) 착생 위치 결정시기이다.

- 영화분화기 : 출수 전 16~24일. 영화분화 전기인 출수 전 24일에는 유수의 길이가 1.0~ 1.5mm 로 육안관찰이 가능. 이 시기가 이삭거름(수비)를 주는 시기로 1, 2차 지경에 영화가 많이 착생하여 벼알수를 충분히 확보하게 된다.
- 영화분화기 후 유수는 급신장하여 약 7~10일 후에 전장에 달하고 화분과 배낭모세포 가 감수분열한다.
- 감수분열 시기 유수의 신장과 영화수, 내영과 외영의 크기가 완성된다.

⑥ 수잉기

　㉠ **감수분열 시기(출수 10~12일 전)부터 출수 직전까지를 말한다.**

　㉡ 줄기 속 이삭이 배어서 외관상 불룩하게 알아볼 수 있다.

　㉢ **이삭길이가 거의 완성되고 화분모세포와 배낭모세포가 감수분열을 하여 수정할 준비**를 갖춘다.

　㉣ 감수분열기, 수잉기는 냉해, 한해, 영양부족, 일사량 부족 등의 **환경에 가장 민감한 시기이다.**

(2) **출수기(heading stage)**

① **이삭이 지엽의 잎집 속에서 나오는 시기이다.**

② 출수한 이삭은 당일 또는 다음날에 개화하므로 출수와 개화는 같은 개념이다.

③ 출수상태 구분

　㉠ 출수시(first heading) : 전체 이삭의 **10~20% 정도가 출수**한 시기

　㉡ 출수기 : 전체이삭의 40~50% 출수한 시기

　㉢ 수전기(full heading date) : 전체이삭의 80~90% 출수한 시기

　㉣ 출수기간

- **출수시부터 수전기까지**
- 1포기당 이삭수가 적은 경우에는 짧고 많은 경우에는 길다.
- 고온하에서는 짧고 저온하에서는 길어진다.
- 한 포기의 이삭이 모두 출수하는 데는 7일, 한 포장에서 이삭이 모두 출수하는 데는 10~14일 소요된다.

(3) **결실기(grain filling stage)**

① 개화 후 수분, 수정이 되고 종실이 비대, 성숙하는 결실기 또는 등숙기가 된다.

② 결실 과정 : 유숙기, 호숙기, 황숙기, 완숙기 및 고숙기

　㉠ 유숙기(milky ripe stage) : **종실의 내용물이 백색의 젖처럼 보이는 시기**

　㉡ 호숙기(dough ripe stage) : **유숙기와 황숙기 사이의 시기로 수분이 감소되어 풀처럼 보이는 시기**

　㉢ 황숙기(yellow ripe stage) : 수정 후 10일경부터 현미의 중심부가 굳기 시작하여 수정 후 20일이 지나면 투명한 부분이 커지는데, 황숙기는 **현미 전체가 투명하게 된 수정 후 30일경**

　㉣ 고숙기(dead ripe stage) : **수확 적기가 지난 종실**

✱ 벼의 결실기간은 30~55일이 소요되며, 온도가 높으면 빨라지고 낮으면 길어진다.

(4) 유수분화기와 최고 분얼기와의 관계

① 품종에 상관없이 생식생장기간은 동일하므로, 조·만생종은 영양생장기간에 의해 결정된다.

② 조생종은 영양생장기간이 짧아 최고 분얼기 전에 유수가 분화하고, 유수분화 후에도 분얼의 발생이 계속된다. 조생종뿐 아니라 다비재배, 한랭지 재배에서도 발생하므로 출수가 고르지 못한 경우가 있다.

③ 만생종은 영양생장기간이 길어 유수분화기 전에 최고 분얼기가 온다. 최고 분얼기에서 유수분화기까지의 기간이 영양생장 정체기이며, 이삭거름을 안심하고 줄 수 있다.

4 수량 및 수량 구성 요소

1. 수량

(1) 수량과 수확지수

① 우리나라에서는 백미로, 일본은 현미로, 세계적으로는 벼(정조)의 중량으로 수량을 나타낸다.

② 수확지수

　㉠ 식물체 전체 지상부 건물중에서 실제로 먹을 수 있는 부위가 차지하는 비율로 전 건물중에 종실수량의 비율로 경제적 수량에 해당한다.

$$\text{• 수확지수(harvest index, HI)} = \frac{경제적\ 수량}{생물적\ 수량} = \frac{건조종실종}{전체\ 건물중}$$

　㉡ 벼의 수량은 전건물수량이 크고, 수확지수가 클수록 증가한다.

　　• 건조벼수량 = 전건물수량 × 수확지수

　㉢ 전건물수량이 커지면 수확지수는 감소하는 것이 벼와 곡식작물에서의 경향이니 벼의 수량을 높이려면 전건물수량과 수확지수를 동시에 증가시켜야 한다.

　㉣ 전건물수량은 포장 군락광합성의 지표이고, 수확지수는 생물적 수량 중 경제적으로 유효한 부분의 지표이다.

　㉤ 신품종은 보다 높은 개체군 광합성 속도를 지닌 것이어야 하며, 생육이 양호한 벼는 재배기술과 재배환경에 따라 다르나 전건물수량은 10~20ton/ha 정도이다.

　㉥ 수확지수

　　• 장간종 : 0.30 정도

　　• 개량된 내비성 단간종 : 0.50 정도

　　• 통일형 품종 : 0.55 정도

　㉦ 수확지수를 대신한 볏짚에 대한 정조의 무게비율을 조고비율(grain-straw ratio)이라 한다.

　　• 장간종 : 약 0.5

　　• 다수성 단간종 : 약 1.0

　　• 단간수중형인 통일형 품종 : 1.2~1.3

　　　＊ 조고비율이 큰 품종은 수확지수도 크다.

2. 수량의 사정

(1) 가장 정확한 수량의 사정을 위해서는 전수조사가 최선이나, 현실적으로 불가능하므로 표본을 선정하여 조사한다.

(2) 표본추출법은 통계적 방법을 따르며, 수량 구성 요소의 조사법은 평뜨기법, 입수계산법 또는 달 관법에 의거하여 수량을 측정한다.

3. 수량 구성 요소

(1) 수량 구성 4요소

벼의 단위면적당 수량은 단위면적당 이삭수, 1수 영화수(1이삭의 평균영화수), 등숙비율 및 1립 중의 적으로 이루어지며, 이들을 수량 구성 요소라 부른다.

> • 수량 = 단위면적당 이삭수 × 1수 영화수 × 등숙비율 × 1립중

① 단위면적당 이삭수

㉠ **포기 당 이삭수 × m²당 포기수**

㉡ m²당 포기수는 재식거리에 의해 결정되며 대체로 m²당 20~25포기이다.

㉢ **포기당 이삭수는 20포기의 평균이삭수이며, 대체로 15~20개**이며, m²당 평균 이삭수는 400~500개이다.

② 1수 영화수

㉠ **평균 이삭수를 가진 대표되는 3포기의 전체 입수를 세고, 이것을 이삭수로 나누어 구한다.**

㉡ 온대 자포니카 품종의 경우 1이삭당 입수는 **80~100립이다.**

③ 등숙비율(등숙률)

㉠ 등숙비율이란 이삭에 달린 전체 벼알 중에서 완전히 여물어 상품가치가 있는 벼알이 된 것의 비율을 말한다.

㉡ 대표되는 포기당 이삭수를 조사한 표본을 모두 탈곡, 건조하여 그중 30g정도의 일부 종실 을 무작위로 취하여 일본형 품종은 비중 1.06, 통일형은 1.03의 **소금물에 담가 가라앉은 종실수를 헤아려 영화수로 나눈 비율이다.**

㉢ 대체로 **80%** 정도이다.

④ 1립중

㉠ 종실 1,000개의 무게를 3회 세어 평균으로 나타낸 값이다.

㉡ 1립중은 값이 너무 작아 1,000립중을 단위로 산출한다.

㉢ 국내 장려품종의 천립중은 현미 18~25g, 백미 17~24g이다.

4. 수량 구성 요소의 변이계수

(1) 수량 구성 요소의 연차 변이계수를 보면 이삭수는 12%, 1수 영화수는 최장간경의 이삭에서는 13.1%, 중간경의 이삭에서는 6.5% 정도이다. 등숙비율은 최장간경의 경우는 6.8%, 중간경의 경우는 6.5% 정도이다. 현미의 천립중은 3.3%이고, 4요소의 적으로 산출되는 수량은 14.1%이다.

(2) 수량에 강한 영향력을 미치는 구성 요소의 순위는 이삭수, 1수 영화수, 등숙비율, 천립중의 순이다. 그러나 이들 수량 구성 4요소는 상호 유기적인 관련성이 있기 때문에 먼저 형성되는 요소가 과다하면 뒤에 형성되는 요소는 적어지고, 반대로 **먼저 형성되는 요소가 적으면 나중에 형성되는 요소가 커지는 상보성을 나타내어 매년의 수량은 비교적 일정하다.**

(3) 이삭수가 많아지면 1수 영화수는 적어지고, 단위면적당 영화수가 증가하면 등숙비율은 낮아지며, 등숙비율이 낮으면 천립중은 증가한다.

(4) 벼의 수량을 높이려면 4요소 중 어느 요소를 향상시키는 것이 가장 효과적인가를 결정하여, 이에 알맞은 품종 선택과 비배 관리가 필요하다.

(5) **이삭수를 많이 확보하려면 수수형 품종을 선택하고, 밀식으로 재식 밀도를 높이며, 조식, 천식 및 밑거름과 분얼비의 다량 사용 등으로 분얼 발생을 조장하는 조치가 필요하다.**

(6) 1수 영화수를 증가시키기 위해서 단간수중형 품종 선택, 이삭거름이 효과적이다.

(7) **등숙비율의 향상을 위해서는 이삭수와 1수 영화수를 조절하여 적당한 영화수를 확보하고, 안전등숙한계출수기 이전에 출수되도록 적기의 모내기가** 가장 중요하며, 무효분얼의 발생 억제 및 알거름의 시비를 통한 입중의 증가가 필요하다.

  ＊ 온대자포니카 품종 85%, 통일형 품종 80%

(8) 다수확을 위하여 영화수를 많이 확보하고자 하는 경우라도 등숙비율은 75~80% 정도가 바람직하다. 등숙비율이 이보다 낮으면 영화수가 과다하다는 뜻이다.

(9) 등숙비율을 향상시키기 위해서는 안전등숙한계출수기 이전에 출수하도록 적기에 모내기를 하여야 한다.

5 수량의 형성 과정

1. 이삭수

(1) 단위면적당 이삭수는 묘의 조건과 재식 밀도에 의해서도 어느 정도 영향을 받지만, 대부분은 모내기 후의 환경에 지배를 받는다.

(2) 분얼 성기에 강한 영향을 받으며, 영화분화기(최고 분얼기 후 7~10일)가 지나면 거의 영향을 받지 않는다.

2. 1수 영화수

(1) 이삭에 달리는 영화수는 세포가 분화된 영화수와 퇴화된 영화수의 차이에 의해서 결정된다.

(2) 영화수의 증가는 제1차 지경 분화기부터 영향을 받기 시작하고, 제2차 지경 분화기에 가장 강하게 영향을 받으며, 영화분화기 이후에는 거의 영향이 없다.

(3) 분화된 영화의 퇴화는 감수분열기 성기에 가장 많고, 출수 전 5일(감수분열 종기)이후에는 더 이상 퇴화가 없어 영화수의 결정이 끝난다.

(4) 모든 요소는 상향 부분이 클수록 수량형성에 유리하고, 하향부분이 클수록 수량형성에 불리하다.

3. 등숙비율

(1) 등숙비율이란 이삭에 달린 영화 중에서 정상적으로 결실한 영화의 비율이다.

(2) 등숙비율은 유수분화기로부터 영향을 받기 시작하여, 감수분열기, 출수기 및 등숙성기에 가장 저하되기 쉬우며, 출수 후 35일이 경과하면 영향을 받지 않는다.

(3) 정상적으로 결실하지 못하는 불등숙립은 불수정립이거나 수정 후에 발육이 정지된 영화이다. 등숙비율은 하향의 사선부분으로만 표시되어 있는데, 이것은 등숙비율이 아무리 높아도 100%를 넘을 수는 없으므로, 수량을 증가시킬 수는 없고, 퇴화방지책만이 있음을 뜻한다.

4. 입중

(1) 입중은 출수 전 왕겨의 크기에 의하여 1차적으로 규제되고, 출수 후 왕겨 속에 어느 정도 충실하게 동화 산물이 채워지느냐에 따라 2차적으로 규제된다.

(2) 왕겨가 작게 형성되면 출수 후의 환경이 아무리 좋아도 현미는 왕겨의 기계적 제약으로 더 클 수가 없다는 수용기관(sink) - 공급기관(source)이론이 적용된다.

(3) 제2차 지경 분화기부터 영화분화기 및 감수분열 전기에 걸쳐 환경을 좋게 하여 왕겨를 키울 수 있는 시기가 있지만, 그 후에는 결정된 왕겨의 크기 속에 어느 정도 현미를 채우는 작용만 있고, 적극적으로 수량을 증대시킬 수는 없다.

(4) 입중이 가장 감소되기 쉬운 시기는 감수분열 성기와 등숙성기이다.

ᄋ 벼 수량 구성 4요소 및 수량의 성립 모식도

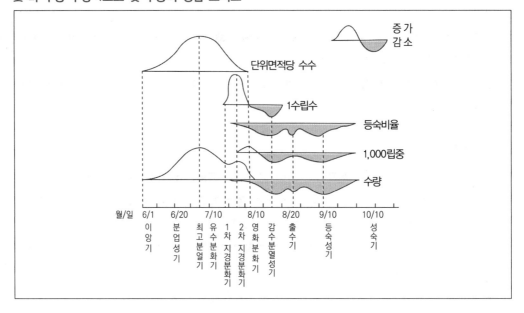

5. 수량

(1) 벼의 단위면적당 현미수량은 단위면적당 이삭수, 1이삭당 입수, 등숙비율, 1립중의 적으로 이루어지며, 이들을 수량 구성 요소라 부른다.

(2) 위로 향한 산 부분은 수량을 증대시키는 영향의 정도이며, 아래로 향한 사선의 깊이는 수량을 감소하는 영향의 정도이다.

(3) 수량곡선에서 위로 향한 부분은 이삭수와 1수 영화수이며 이 두 요인에 의해 분화영화수가 결정된다.

(4) 상향 부분은 모내기 후 급속히 증대되어 분얼 성기에 첫 번째 최고가 나타나고(분얼수 및 이삭수 증가에 의한 수량 증가), 제2차 지경분화기 다음에 두 번째 정점이 나타나며(1수 영화수 증가에 의한 수량 증가), 영화분화기 이후에는 산이 없어진다.

(5) 수량의 증대는 영화분화기까지만 작용하므로, 최대 수량도 영화분화기에 결정되며, 영화분화기 이후는 감소만 있으므로 감소를 줄이는 대책만이 필요하다.

(6) 벼 재배에서는 영화분화기까지는 목표수량을 낼 수 있을 만한 벼의 생육을 확보해야 하고, 그 후에는 확보된 수량 형성 능력이 감소되지 않도록 노력해야 한다.

6. 쌀 다수확 기록

(1) 우리나라의 다수확 최고 기록은 1984년 경북 선산에서 통일계 품종인 삼강이 1,006kg/10a이다.

(2) 전 세계적으로 1000~1100kg/10a의 범위이다.

(3) 1,000kg/10a 정도의 쌀 수량은 광합성 에너지 전환효율로 보아 약 3% 정도인데, 현재 일반 농가의 에너지 효율은 1.6~2.0% 수준이다.

(4) 이론적 최고 광합성 효율은 지표면 입사 광에너지의 14~24%로 연구되어 있으므로 증산잠재력이 높다.

01

6 물질 생산적 수량의 생성 과정

1. 수량의 용기인 capacity의 결정

(1) 수량 capacity의 구성

① 벼의 수량 capacity = 단위면적당 이삭수 × 1이삭당 영화수 × 내외영의 용적

② capacity 결정 요인의 시기

㉠ 단위면적당 이삭수 : 분얼기에서 ~ 최고 분얼기(이앙 후 약 35일)

㉡ 1이삭당 영화수 : 지경분화기 ~ 영화분화기

㉢ 내외영의 용적 : 2차 지경분화기 ~ 수잉기

＊ 수량 capacity의 큰 테두리 : 이앙 후 ~ 출수 1주일 전의 기간에 결정

(2) 수량 capacity의 결정 요인

① 밑거름과 이삭거름(수비)의 적절한 질소시비량과 이앙 후 40일간의 일사량이 가장 크게 영향을 미친다.

② 단위면적당 이삭수 = 최고경수 - 무효분얼수

㉠ 최고경수는 질소와 재식 밀도의 조건이 중요하다.

㉡ 기상요인으로는 분얼 초기의 온도는 낮은 높고, 밤은 낮은 것이 좋으며, 무효분얼의 억제를 위해 최고분얼기를 전후하여 일사량이 많고, 온도는 비교적 낮은 편이 좋다.

③ 1이삭당 영화수 = 영화 분화수 - 퇴화수

㉠ 1이삭당 영화수는 질소와 일사량이 중요하다.

㉡ 1, 2차 지경분화기 및 영화분화기 초의 질소 공급이 가장 중요하고, 영화분화기 및 감수분열기의 일사량이 중요하다.

④ 내외영의 크기 : 2차 지경분화기부터 수잉기까지 질소와 일사량이 영향을 미친다.

⑤ 물질 수용 능력을 결정하는 요인으로서의 질소시비량은 출수 전 1주일까지 시용한 양이다.

2. 내용물의 생산체제 확립

(1) 최적엽면적의 확보와 순동화율의 증대 : 이상적인 생산체제란 광합성 능력이 높은 엽면적을 확보하고, 좋은 수광태세가 되도록 배치하는 것이다.

(2) 엽면적의 확대에 밑거름으로 질소시비량의 영향이 가장 크고, 재식 밀도의 증가 효과 기상 요인으로 기온의 효과가 크다.

(3) 이상적인 수광태세의 확립

① 품종의 선택

② 밀식은 잎이 직립하여 수광태세가 어느 정도 개선

③ 지엽을 비롯한 상위엽의 발육 시기에 질소비효를 억제도 어느 정도 개선

3. 내용물의 생산

(1) 출수 전 축적분과 출수 후 동화분

① 수량 capaticy가 거의 결정되고 내용물의 생산체계가 갖추어지면 탄수화물의 생산이 시작된다.

② 수량의 내용물인 탄수화물의 유래

　㉠ 출수 전 축적분

　　• 출수 전에 엽초와 줄기에 전분 형태로 저장되었다가 출수 후에 이삭으로 전류된다.

　　• 출수, 개화기에 영화에 공급하려고 출수 3주 전경부터 왕성히 이루어지고, 출수, 개화기에 최대가 되며, 출수, 개화 후에는 급격히 감소한다.

　　• 벼 수량의 20~40% 기여한다.

　㉡ 출수 후 동화분

　　• 출수 후의 광합성에 의해 새로 합성된 것이다.

　　• 벼수량의 70% 전후로 기여한다.

　　• 출수 후 영양 조건이 좋아서 다수확이 되는 경우 출수 후 동화분은 80~90%이다.

　　• 조생종품이나 영양생장기간을 짧게 하는 재배법에서도 출수 후 동화분은 증가한다.

(2) 출수 전의 축적량과 내외 요인

① 출수 전 축적이 이루어지는 이유는 출수기에 가까워지면 LAI는 이미 충분히 확보되어 광합성이 최고인데, 벼는 생식생장기로 들어가서 잎의 생장은 감소하고, 유수의 생장은 아직 양적으로 미미하여 광합성 산물의 수지가 맞지 않게 된다. 즉, 생장이나 호흡으로 사용되고 남은 것이 축적

② 축적량을 늘리기 위해서 일사량이 많아야 하고, 영양생장이 자극되어야 하므로 영양체가 과잉생산되지 않아야 한다.

　㉠ 질소과잉은 조심해야하나, 광합성 능력을 높이기 위해서는 소량의 질소가 필요하므로 이 시기에는 질소의 세밀한 조절이 필요하다.

　㉡ 유수분화기 질소과다는 LAI를 현저하게 증가시켜 과번무를 조장하고, 광합성과 호흡 사이에는 밸런스를 잃어 출수 전 축적분이 격감하여 등숙비율의 저하와 절간신장의 촉진을 일으켜 도복이 발생하여 수량이 감소된다.

③ 등숙비율의 저하도 출수 전 전분축적의 감소에 있다.

　㉠ 수정 직후의 벼알은 탄수화물 결핍에 아주 민감하여 조기에 발육이 정지된다.

　㉡ 수정 직후 탄수화물이 부족하면 벼알 상호 간의 경쟁이 일어나 약세영화의 대부분은 발육정지미나 불완전미가 되어 등숙비율이 감소한다.

　㉢ 출수 전 축적분은 수량의 30%에 해당하는 내용물이며, 조기발육정지미를 방지하는 역할도 수행한다.

　㉣ 조기발육정지미는 훗날 기상이 좋아 탄수화물의 공급이 아무리 충분해도 정상미가 되지 못한다.

④ 재식 밀도를 높이면 출수 전 축적분을 증가

　생육 초기의 엽면적 전개 속도를 높임과 동시에, 생식생장 초기에 토양에서 질소를 부족한 상태로 유도하여 영양체의 생장을 억제시킴으로써 출수 전 축적분이 상대적으로 증가된다.

(3) 출수 후 동화량 – 수량과 일사량

① 외부환경 중 일사량이 가장 중요하며, 특히 수량생산기(출수 전 3주간, 출수 후 4주간)인 7주간의 일사량이 중요하다.

② 일사량을 증가시키는 2가지를 활용해야 한다.
  ㉠ 품종과 재배 시기를 결정함에 있어 수량생산기를 그 지역에서 일사량이 가장 많은 시기와 일치되도록 하는 것
  ㉡ 등숙기 일사량의 고저에 맞추어 밑거름 및 가지 거름의 양이나 재식 밀도를 달리하여 수량내용 생산량에 맞도록 수량 capacity 중 단위면적당 영화수를 조절하는 것
  • 일사량에 의해 수량내용생산량의 상한선이 정해진다.
  • 단위면적당 영화수를 늘려도 일사량만 높으면 증수가 가능하나, 일조량이 적을 때 단위면적당 영화수가 많으면 등숙비율의 저하로 현미수량은 낮아지므로 단위면적당 영화수를 줄여야 한다.

(4) 출수 후 동화량 – 수량과 질소 및 물 관리

① 출수 후에는 개체엽의 노화가 진향되고 엽면적당 광합성 능력이 저하된다. LAI도 현저히 감소된다.

② 개체의 광합성 능력과 LAI를 높게 유지하는 것이 출수 후 동화량을 올려 수량증대 요체
  ㉠ 질소는 광합성 능력에 매우 중요하고, 하위 엽의 조기 고사를 방지하므로 수비(이삭거름)와 실비(알거름)가 중요하다.
  ㉡ 풍부한 일사량만 제공된다면 수비와 실비는 필요하다.

③ 개체의 광합성 능력과 LAI를 높게 유지하는 물 관리
  ㉠ 지하배수 : 토양에 산소를 공급하여 환원을 막고, 유해물질을 제거함으로써 뿌리의 활력을 높여 광합성 능력을 향상한다.
  ㉡ **중간물떼기 : 지하배수와 동일한 효과. 질소 공급과 무효분얼의 발생 억제한다.**
  ㉢ 물걸러대기 : 유기물이 풍부한 비옥토에서 출수 후에도 질소의 무기화가 너무 심할 때 토양표층에 산소공급과 탈질 촉진으로 번무화를 방지에 유효하다.
  ㉣ 이 밖에 남부 평야지대에서는 등숙기에 물흘려대기를 하여 지온을 내려줌으로써 뿌리 썩음을 막아 증수한 사례가 있다.

4. 이삭으로 내용물 전류

(1) 동화물질이 이삭으로 전류하는 데 가장 큰 영향을 끼치는 것은 기온이다.

① 등숙 중 17℃ 이하는 동화 산물인 탄수화물이 이삭으로 옮겨지며 전류가 억제되며, 그보다 높은 온도에서는 온도가 높을수록 전류속도는 빨라진다.

② 지나친 고온에서는 전류될 물질이 호흡에너지로 소비되기 때문에, 실제 전류물질은 감소한다.

③ 전류의 적온 : 출수 후 40일간의 평균기온 21~22℃이다.

④ 지연형 냉해에 의한 감수는 등숙기 저온에 전류 장해에 그 원인을 제공한다.

Chapter 05 벼의 품종

1 벼의 분류

1. 생태적 특성에 의한 분류

(1) 현재 재배 중인 벼는 생태적인 분화를 기초로 한다.
   ① **온대자포니카**(temperate Japonica)
   ② **인디카**(Indica)
   ③ **열대자포니카**(tropical Japonica)

(2) 열대자포니카는 1년 중 어느 시기에 파종하여도 생육일수가 일정한 비계절성 특성이 있고 밭벼로 발달한다.

(3) 온대자포니카 재배지역은 논에 1년 1작한다.

(4) **열대자포니카와 온대자포니카는 생태형이 단순**하나 **인디카 재배지역은 우기와 건기에 모두 재배할 수 있어 1년에 2~3작이 이루어져 재배양식이 복잡하고 많은 생태형이 생겼다.**

(5) 자포니카를 일본형, 인디카는 인도형이라고 하였고, 또 자포니카를 한때 일반벼라고 부른 적이 있으나 학술적 표현이 아니다.

(6) 온대자포니카는 종실이 타원형이고 탈립이 어려우며 엽색이 진녹색이고 초장이 작다. 어린모의 내냉성이 강하나 내건성은 약한 편이다.

(7) 인디카는 종실이 세장형이고 탈립이 쉬우며 엽색이 담녹색이고 초장이 크다. 어린모의 내냉성이 약하나 내건성은 강한 편이다.

♥ 재배벼의 생태적 분화

특성		온대 자포니카	열대 자포니카	인디카
종실	모양	단원형	대형	세장형
	까락(芒)	개량종에는 없음	있음	없음
	탈립	어려움	어려움	쉬움
식물체	엽색	농녹색	담녹색	담녹색
	분얼수	중간	적음	많음
	분얼개도	폐쇄형	폐쇄형	개도형
	초장	작음	큼	큼
	식물조직	연	단단	연
생리적 형질	유묘 내냉성	강	중강	약
	유묘 내건성	약	중강	강

01

2. 재배조건에 의한 분류

(1) **논벼**(수도, paddy rice, lowland rice)

(2) **밭벼**(육도, upland rice)

3. 형태에 의한 분류

(1) 간장에 따른 분류

① 벼의 키에 따라 대도(tall rice), 중도(medium rice), 소도(short rice) 및 왜도(dwarf rice)로 나눈다.

② 장간 벼(tall rice)와 단간 벼(short rice)로 나누기도 한다.

(2) 종실의 길이에 따른 분류

① 세장립도 또는 협립도(종실의 길이가 너비의 3배 이상), 장립도(종실의 길이가 너비의 2배 이상), 단립도로 구분한다.

② 단원형(short grain), 중간형(medium grain), 세장형(long grain)으로 구분하기도 한다.

③ 우리나라 재배의 온대자포니카 품종의 현미 장폭비 : 0.62~2.05

(3) 종실의 크기에 따른 분류

① 대립도, 중립도, 소립도로 구분한다.

② 우리나라 재배의 온대자포니카 품종의 현미의 천립중은 22~23g으로 소립도에 해당한다.

③ 가공용 품종에는 천립중이 34.8g인 대립도도 있다.

(4) 까락(awn)에 따른 분류

① 유망도(awned rice)

② 무망도(awnless rice)

4. 생육기간에 따른 분류

(1) 조생종

(2) 중생종

(3) 중만생종

(4) 만생종

5. 구성 성분에 따른 분류

(1) **전분의 종류에 따라**

① **메벼**(non-glutinous rice)

② **찰벼**(glutinous rice)

(2) 향기의 정도에 따라

　① 상향미종(scented rice)

　② 고향미종(highly scented rice)

(3) 쌀알 전분의 종류에 따라

　① 멥쌀 : 아밀로오스 7~33%와 아밀로펙틴은 67~93% 로 구성되어 있다.

　② 찰벼 : 아밀로펙틴으로만 구성되어 있다.

　＊ 아밀로오스 함량이 낮을수록 찰기가 높다.

　　(7~20% : 저아밀로오스, 20~25% : 중아밀로오스, 25%이상 : 고아밀로오스로 구분)

(4) 찹쌀은 아밀로펙틴으로만 구성되어있어 찰기가 강하며 쌀알 내부까지 호화가 잘된다.

(5) 찹쌀은 구조상 소화효소인 α-아밀라아제의 작용이 용이하므로 메벼보다 소화가 잘된다.

(6) 찹쌀은 전분구조 내에 미세공극이 있어 빛이 난반사되므로 불투명한 유백색으로 보인다.

(7) 메벼보다 비중이 낮으므로 수량이 메벼보다 작다.

(8) 멥쌀과 찹쌀의 구분은 요오드(iodine) 염색법으로 구분한다. 찹쌀은 적갈색, 멥쌀은 청남색을 나타내며, 멥쌀은 아밀로오스가 요오드와 화합하여 청남색을 띤다.

6. 과피색에 따른 분류

(1) 백색미종(common colored rice)

(2) 유색미종(specially colored rice) : 흑미, 적미 등

2 우리나라 벼 품종의 변천

1. 벼 품종의 변천 과정

(1) 재래종 시대

　① 1910년 이전까지의 재래종 재배 시기이다.

　② 주요 품종 : 다다조, 맥조, 노인조, 조동지

(2) 재래종 교체시대

　① 1911~1920년까지의 일본으로부터 도입된 품종이 급속히 증가하는 시기이다.

　② 주요 품종 : 조신력, 곡량도

(3) 도입종 시대

　① 1921~1935년까지의 일본 도입종이 주류를 이루던 시기이다.

　② 주요 품종 : 곡량도, 다마금, 은방주

(4) 국내 육성종 보급시대

　① 1936~1945년까지의 시기. 1933년 국내 최초로 남선13호, 풍옥이 보급되었다.

　② 은방주, 독량도, 육우132호 등 도입종이 적지않게 재배되었다.

(5) 국내 육성종 및 도입종 병용시대

① 1946~1970년까지의 국내육성종과 도입종이 같은 시기이다.

② 국내육성종 팔달, 팔굉 등과 도입종 은방주, 농림 6호가 병용되었다.

(6) 통일형 품종시대

① 1971~1980년까지 **단간수중형 초형이고 다비성이고 내병충성이어서 수량이 높은 통일형 품종이 1971년에 장려품종으로 장려되고 급속히 재배되던 시기이다.**

② 통일벼는 찰기가 적고 냉해에 약하고, 탈립성이 큰 단점이 있었으나 보완·개선되어 통일벼의 재배는 1972년 9.3%에서 1978년에는 76.2%로 확대되었다.

③ 주요 통일형 품종인 통일, 유신, 밀양 21호, 밀양 23호 등이 보급되었다.

(7) 통일형 품종 쇠퇴시대

① 1981~1990년까지의 시기이다.

② 1978년부터 통일형 품종의 도열병 저항성이 약화되고, 1980년 심대한 냉해 피해를 입으면서 급격히 재배면적이 감소했다.

③ 경제발전으로 양질미를 선호하게 되어 통일벼의 재배면적이 나아졌다(1987년 19%).

(8) 양질, 다용도 품종시대

① 1991~2000년까지의 양질미의 보급이 크게 증가하고, 다용도미가 개발·보급된 시기이다.

② 통일벼는 1991년 4.1%로 격감한 이래 1992년 이후에는 농가재배가 전무하다.

③ 양질미와 다용도미의 개발

  ㉠ **취반용 양질미 조생종**: 오대벼, 운봉벼, 진부벼, 진미벼

  ㉡ **취반용 양질미 중생종**: 일품벼, 화성벼, 장안벼

  ㉢ **취반용 양질미 중만생종**: 동진벼, 추정벼

  ㉣ **초다수성인 통일형 벼**: 다산벼, 남천벼, 안다벼, 아름벼

④ 용도별 품종

  ㉠ **양조용**: 양조벼

  ㉡ **직파용**: 대안벼

  ㉢ **가공용 대립품종**: 대립 1호

  ㉣ **향미품종**: 향미 1호

  ㉤ **거대배미**: 오봉벼

(9) 고품질 및 기능성 품종시대

① 2000년 말부터 정부 정책이 다수확보다 고품질 정책으로 바뀌었다.

② 2003년 말부터는 각 시군별로 3종류의 고품질 품종만을 수매품으로 정해 고품질 쌀을 적극 장려한다.

③ 2004년에 선정된 고품질 18품종의 쌀

  ㉠ **조생종**: 상미벼, 오대벼, 중화벼(3개 품종)

  ㉡ **중생종**: 화성벼, 화봉벼, 화영벼, 수라벼(4개 품종)

  ㉢ **만생종**: 일품벼, 남평벼, 신동진벼, 추정벼, 새추정벼, 대안벼, 동진1호, 세계화벼, 동안벼, 주남벼, 일미벼(11개 품종)

④ 기능성 품종

㉠ 흑진주벼, 적진주벼, 흑남벼, 흑광벼 등의 유색미를 말한다.

㉡ 향미벼 1호와 2호, 미향벼, 흑향 등의 향미벼 그리고 고아미 1호와 2호 등의 비만억제용 품종이 개발되었다.

2. 벼 품종 개량

1906년 수원에 권업모범장이 설립되면서 체계적인 벼 육종이 이루어졌다.

(1) 순계 분리

① 육종을 위한 교배과정을 거치지 않고 재래종 집단이나 육성품종 중에 있는 우수한 개체들을 선발하였다.

② 벼품종 은방주가 육성되었다.

③ 재래종은 오랜 세월 그 지역의 환경 조건에 적응한 것이므로 환경적응력이 큰 이점이 있다.

(2) 교배육종

① 의의

㉠ 재래집단 등 현존하는 품종에서 원하는 유전자형을 찾을 수 있을 때 분리육종을 사용하나 현존하는 품종에서 찾을 수 없을 때의 육종방법이다.

㉡ 교잡(교배)육종이란 교잡(cross)에 의해서 유전적 변이를 작성하고 그중 우량한 유전자를 선발하여 신품종으로 육성하는 방법이다.

㉢ Mendel의 유전법칙을 근거로 하여 성립하며 가장 널리 사용되고 있는 육종법이다.

㉣ **우리나라 벼의 육성은 단교배가 많은데, 통일품종은 3원교배, 통일찰벼는 여교배육성, 새추청벼와 안성벼는 다계교배 육성품종이다.**

㉤ **특수미 품종 육성은 돌연변이 육종을 주로 하는데, 거대배, 저단백질, 고아밀로오스 함량의 형질을 찾기위해 기존품종에 돌연변이를 일으킨 후 선발하여 품종을 육성한다.**

㉥ 가공용 저아밀로오스 품종 백진주벼와 뽀얀 멥쌀인 설갱벼는 일품벼의 수정란에 NMU (nitrosomethylurea)를 처리하여 선발하였다.

② 종류

㉠ 단교배 육종

• A×B

• 자식성 식물에서 순계의 유전자형은 동형 접합체(AA, aa)이며, 두 순계를 인공교배하여 얻은 F_1의 유전자형은 이형 집합체(Aa)이다. F_2부터는 유전자형들이 분리하며 여러 종류의 변이가 생기고 이 변이 중에서 우리가 원하는 유전자형을 선발하는 방법이다.

• 유전자형을 선발하는 선발법에 따른 육종법

– **계통육종법** : 인공교배로 F_1을 만들고, F_2세대에서 개체선발을 하며, F_3세대부터 매 세대마다 개체선발, 계통재배, 계통선발을 계속하여 우수한 순계집단을 얻어서 신품종으로 육성하는 방법이다.

- **집단육종법** : $F_2 \sim F_4$세대까지는 혼합채종과 집단재배를 반복한 후, 집단의 80% 정도가 동형이 된 F_5세대에 개체선발을 하고, F_6부터 계통선발 방법으로 바꾸는 방법이다. 초기 세대에는 개체선발보다 집단재배가 효율적이라는 관점의 육종법이고, 집단재배로 자연선택을 유리하게 이용할 수 있으므로 저출현 빈도의 우량유전자형을 선발할 가능성이 높아진다.
- 단교배 방법은 육종법에서 가장 많이 이용되었다.

ⓛ **여교배 육종**
- $(A \times B) \times A$ 또는 $(A \times B) \times B$
- 한 번 교잡시킨 것은 1회친, 두 번 이상 교잡시킨 것은 반복친이라 한다.
- 한 가지의 우수한 특성을 가진 비실용품을 1회친으로 하고, 그 우수한 특성은 없지만, 전체적으로 우수하여 현재 재배되고 있는 실용품종을 반복친으로 하여 연속적으로 교배·선발함으로써 비교적 작은 집단의 크기로 짧은 세대 동안의 품종을 개량하는 방법이다.
- 연속적으로 교배하면서 이전하려는 1회친의 특성만 선발하므로 실수할 수 없어 선발효과가 확실하고 재현성이 높다는 장점이 있다.
- 목표가 너무 확실하기 때문에 목표 형질 이외의 다른 형질을 우연히 개량하기는 어렵다.
- 더 많은 수의 F_1을 취급하면 연관지체를 극복할 가능성이 커진다.
- 여교배 육종은 찰성과 같이 단순 유전하는 형질이나 내병성처럼 감별이 용이한 형질 개량에 제일 효과적이지만, 세포질 웅성불임 계통을 육성할 때 불임세포질을 도입하는 등 우수한 유전자를 점진적으로 한 품종에 집적하는 경우와 이종 게놈 식물의 유전자를 도입하는 데에도 그 효율성이 인정된다.
- 통일찰벼의 육종 방법이다.

ⓒ **3원교배 육종**
- $(A \times B) \times C$
- 1965년 국제미작연구소(IRRI)에서 육성한 IR8은 장립의 인디카로 키가 작고 다수확 품종이며, Yukara는 일본에서 육성한 자포니카 품종으로 내냉성의 키가 큰 품종이었다. 그러나 이들 품종을 직접 교배하면 불임이 심하기 때문에 온대와 열대의 중간에 위치한 대만의 재래종 TN1을 중간에 교잡하여 불임을 극복할 수 있었다.
- Yukara와 TN1을 먼저 교배하고, 다시 IR8에 교배하는 3원교배를 통하여 키가 작고 수량성이 높은 통일벼(단간 수중형 품종)를 육성하였다.
- 통일벼는 인디카의 특성을 가져, 밀로오스 함량이 높고 점성이 적으며 냉해에 약한데, 냉해에 약한 원인은 교배 모본인 Taichung Native 1 또는 IR8에서 유래한다.
- 통일벼는 다수확을 위하여 내비성이 크게 개발되었으며, 도열병 저항성도 처음에는 아주 강했었다.

ⓔ **다계교배 육종**
- $\{(A \times B) \times (C \times D)\} \times E \times F \times G$
- 다계교배는 복합저항성 품종의 육종 시 효과적이다.
- **새추정벼, 안성벼 등**

      ⓜ 반수체 육종
- 반수체의 염색체를 배가하면 바로 동형접합체를 얻을 수 있으므로 육종 연한을 크게 줄일 수 있다.
- 반수체를 만드는 방법 : 약 또는 화분배양, 반수체 유도유전자를 사용한다.
- 우리나라 벼 품종 중 화성벼(반수체로 육종된 벼 중 최초), 화진벼, 화영벼, 화선찰벼, 화남벼, 화중벼, 화신벼, 화안벼 등이 반수체육종법으로 개발된다.

3. 벼 종자 보급

(1) 종자보급 체계

① 종급체계 일반
- ㉠ 일제강점기 이후부터 국가주도로 이루어졌다.
- ㉡ 1997년 12월 31일 종자산업법이 발효되어 식물 신품종 보호제도를 담는 국제식물신품종 보호연맹(UPOV)협약기준에 맞도록 종자를 관리하였다.
- ㉢ 일정 주기마다 종자를 갱신하는데 벼종자는 4년 1기 갱신체제로 공급되었다.
- ㉣ 우리나라의 보급체계는 품종육성기관인 작물과학원에서 벼 기본식물이 육성되면 **각도 농업기술원(원원종)에서 생산하고, 각도 원종장(원종)에서 생산하고, 국립종자관리소에서 최종적으로 농가에 공급하는 보급종을 생산하여 공급한다.**
- ㉤ 벼는 보급종을 재배하면 6% 증수되며, 우리나라의 2004년 기준 종자갱신율은 28%로 일본 70%, 미국 캘리포니아의 100%에 비해 미흡하다.
  - ✳ **자식성인 벼의 종자 갱신은 4년 1기이다.**
  - ✳ **갱신에 의한 벼의 증수 효과는 6%이다.**
  - ✳ **품종개발의 기본적 육종 과정 : 잡종집단양성 → 선발 → 생산력 검정시험 → 지역적응시험 → 농가실증시험 → 품종등록**

② 우량품종의 3대 구비 조건 - DUS
- ㉠ **구별성 (Distinctness)** : 신품종은 기존의 품종과 구별되는 분명한 특성이 존재한다.
- ㉡ **균일성 (Uniformity)** : 그 특성은 재배나 이용상 지장이 없도록 균일하다. 특성이 균일하려면 모든 개체들의 유전물질이 균일해야 한다.
- ㉢ **안정성 (Stability)** : 그 특성은 세대를 반복하여 대대로 변하지 않고 유지한다.

(2) 보호품종의 5대 조건
- ① 구별성 : 신품종은 한 가지 이상의 특성이 기존의 알려진 품종과 분명히 구별된다.
- ② 균일성 : 규정된 균일성 판정기준을 초과하지 않을 때 균일성이 있다고 판정한다.
- ③ 안정성 : 1년 차 시험의 균일성 판정 결과와 2년 차 이상의 균일성 판정 결과가 같으면 안정성이 있다고 판정한다.
- ④ 신규성 : 출원일 이전에 상업화되지 않은 것이어야 하며, 신규성을 갖추려면 국내에서 1년 이상, 외국에서는 4년 이상, 과수의 입목은 6년 이상 상업적으로 이용 또는 양도되지 않았어야 한다.

⑤ **품종 명칭**: 신품종은 1개의 고유한 품종 명칭을 가져야 한다. 명칭은 숫자 또는 기호로만 표시된 것은 사용할 수 없으나, 문자와 숫자의 조합은 사용가능하다.
(캘리포니아 벼품종 A-212 : A의 조생종(2)으로 12번째 개발품)

(3) 보급용 종자의 채종기술

보급용 종자를 채종을 위해 일반재배와는 다른 조건과 기술이 필요하다.

① 지력이 중간인 논에서 질소질 비료를 적게 주어 등숙이 좋아지게 재배한다.
② 1주 1묘로 심어 이형주를 철저히 제거하고, 다른 품종의 혼입을 방지한다.
③ 종자소독과 병충해방제를 철저하게 한다.
④ 보통재배보다 다소 빠른 황숙기에 수확한다.
⑤ 탈곡기 회전수는 분당 300회 이하로 하여 종자의 상처를 최소화한다.
⑥ 화력건조를 피하고 자연건조한다.

4. 품종의 주요 특성

(1) 조만성(earliness)

① 숙기가 빠르거나 늦은 특성으로 각 품종의 고유한 성질로 생육일수에 장단의 차이가 생겨서 조생, 중생, 만생을 구별하며, 더 세분하여 극조생, 조생, 중생, 중만생, 만생, 극만생으로 구분하기도 한다.
② 지역적응성이나 작기의 적응을 지배하여 재배지역과 재배시기를 결정하는 데 중요하며, 육종에서 중요한 목표이다.
③ 벼의 발아에서 출수까지의 기간은 영양생장(발아~유수분화기)과 생식생장(유수분화기~출수) 기간으로 나누어지는데, 생식생장 기간은 품종 간 차이가 거의 없으므로, **조만성의 차이는 주로 영양생장의 기간을 결정한다.**
④ 벼의 생식생장으로의 전환은 일장과 온도가 관여한다.
　㉠ 고온과 단일 조건에서 유수분화와 출수가 촉진된다.
　㉡ 고온과 단일의 단독 조건보다는 고온, 단일의 복합 조건이 출수를 촉진시킨다.
⑤ **고온과 단일의 복합 조건에서 출수를 가장 많이 촉진시킨 경우의 영양생장은 기본 영양생장상, 가소 영양생장 중 고온에 의해서만 출수가 촉진된 기간이 감온상, 단일에 의해서만 출수가 촉진된 기간이 감광상이다.**
⑥ 온도에 의하여 생식생장이 촉진·지연되는 성질을 감온성, 일장에 따라 영향을 받는 성질을 감광성이라 하고, 온도와 일장을 변화시켜도 벼의 출수가 단축되지 않는 성질을 기본 영양생장성이라고 한다.
⑦ 벼는 기본 영양생장성, 감광성 및 감온성을 모두 가지고 있으나 그 비율은 생태형마다 다르다. 조생종은 생육기간이 짧고, 만생종은 길다. **조생종은 감온성이 상대적으로 크고, 만생종은 감온성보다 감광성이 크다. 따라서 유수분화기 이전 단일 처리에 의한 출수일수 단축 효과는 만생종이 조생종보다 크다.**
⑧ 우리나라 북부(저온 지역)는 기본 영양생장성이 짧고 감광성이 약하며 감온성이 강한 품종이 유리하고, 남부(고온 지역)는 기본 영양생장성이 짧고 감광성이 강한 품종이 유리하다.

⑨ 동남아시아 저위도 지역에서 알맞은 비계절성 품종은 감온성과 감광성이 약하고 기본 영양생장성이 긴 품종이 알맞다. 따라서 적도지역에 적응하는 기본 영양생장형 품종을 우리나라 남부에서 재배하면 출수 지연과 등숙 장해가 발생하게 된다.

⑩ **조생종은 재배기간이 짧아 수량은 적지만, 생육기간이 짧은 고위도 지방이나 한랭지에서 재배 가능**하나, 남부지역에서 재배하면 기본영양생장성과 감광성이 작아서 고온에 일찍 감응하므로 출수가 빨라져 분얼수가 감소하고 수량도 감소한다.

⑪ 만생종은 우리나라의 중남부에서 재배되는 품종으로 하지가 지나 일장이 짧아지는 시기에 감응해서 유수가 분화하는 감광형으로 수량이 많다. 감광성 품종의 유수분화는 14시간 이상의 일장보다 10시간 전후의 단일 조건하에서 촉진되므로 장일 조건에서는 영양생장이 활발하여 주간의 최종 엽수가 늘어난다.

⑫ 우리나라의 남부 평야지역에 적응하는 만생종(감광형)을 단일 조건인 동남아 저위도 지역에서 재배하면 영양생장량이 확보되지 못한 상태에서 출수되므로 수량이 현저히 낮아지고, 북부 산간지역에 재배하면 출수가 늦어 등숙 전에 추위로 수확불가능하다.

♀ 벼 화아분화를 지배하는 생태형

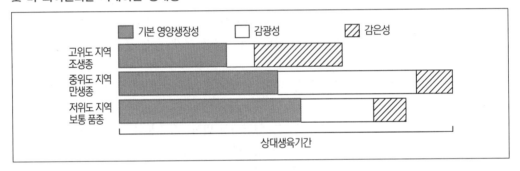

⑬ 기본영양생장성, 감광성 및 감온성의 4가지 분류
  ㉠ **기본영양생장형(Blt형)** : 기본영양생장성이 크고, 감광성과 감온성이 작은 품종
  ㉡ **감광형(bLt형)** : 기본영양생장성과 감온성이 작고 감광성이 큰 품종
  ㉢ **감온형(blT형)** : 기본영양생장성과 감광성이 작고 감온성이 큰 품종
  ㉣ **blt형** : 기상생태형을 구성하는 3가지 성질이 모두 작아서, 어느 환경에서나 생육기간이 짧은 품종

(2) **초형(plant type)**
  ① 초형이란 벼의 키, 분얼수와 분얼경의 개도, 엽각, 잎의 직립성, 이삭수 및 크기 등 식물체 각 기관의 형태와 그들의 공간적 존재 양상, 즉 생산에 관계하는 줄기, 잎, 이삭 등의 형태와 이들의 공간적 배치에 의해 규정되는 식물체의 태세이다.
  ② 광합성을 위한 수광능률과 이산화탄소 교환, 잡초와의 경쟁, 재배조건에 대한 적응 등에도 관련이 있다.

③ 벼 한 포기당 이삭수와 이삭 무게와의 사이에는 부의 상관이 있으므로 초형을 수수형, 수중형 및 중간형으로 나눈다.

　ㄱ 수수형 품종

　　•수중형에 비하여 분얼이 많아 이삭수는 많으나, 이삭이 작고 가벼우며, 종실의 크기도 작다.

　　•줄기가 가늘며, 뿌리는 천근성이고, 뿌리의 수가 많다.

　　•수수형 품종은 이삭수를 확보해야 다수확이 가능하여, 난지 비옥답 또는 다비재배에 알맞고 분얼비료의 효과가 크다.

　　•척박지에서는 이삭수의 확보가 어려워 수량을 많이 내기 어렵다.

　ㄴ 수중형 품종

　　•수수형에 비하여 이삭의 수는 적지만, 키가 크고, 이삭의 크기도 커서 도복에 약하다.

　　•비옥지나 다비재배에 적합하지 않으며, 이삭수를 확보하기 어려운 척박지, 소비재배, 만식재배 및 밀식재배에 알맞다.

　　•밑거름을 늘리고, 조기재배 시 분시량을 늘린다.

　ㄷ 수중형은 좋은 환경과 불량 환경에서의 수확량이 차이가 많이나지 않는다.

　ㄹ 수중형은 심근성이므로 노후답에 적합한 품종이다.

(3) 수량성

① 작물의 이용하는 부분의 생산능력

② 벼의 품질이나 안정성에 대한 요구가 강하지만, 수량성 향상의 다수성은 여전히 가장 중요한 육종 목표이다.

③ 벼의 수량은 환경과 재배 기술의 영향도 받지만 유전적 특성이다.

④ 광합성 능력이 높고, 이삭으로의 전이가 잘 되며, 호흡 소모가 적은 유전적 특성이 있어야 수량이 많아진다.

⑤ 수량과 품질은 역상관 관계에 있으므로 수량이 높은 품종은 대체로 품질이 낮은 경향이 있다.

⑥ 초다수성 품종 : 다산벼, 남천벼, 안다벼, 아름벼, 남일벼 등 670~740 kg/10a

(4) 품질

① 벼의 품질도 품종 고유의 유전적 특성인데, 다수유전자가 관여하여 환경의 영향을 크게 받아 육종효율은 낮다.

② 전분의 유전은 메성이 찰성에 대하여 우성이고, 고아밀로오스는 저아밀로오스에 대하여 불완전 우성으로 나타난다.

③ 단백질 함량은 저단백질이 고단백질에 대하여 우성이나, 우성 효과와 상가적 효과가 모두 나타나 유전력은 매우 낮다.

　＊ 상가적 효과 : 하나의 형질 발현에 몇 쌍의 동의유전자가 관계하고 있어서 각각의 우성 대립 유전자가 열성 대립 유전자에 대하여 우성도가 어느 경우에서나 불완전할 때 나타나는 현상으로 우성 대립 유전자의 수에 비례하여 여러 가지 정도의 중간형 형질이 발현되는 것

(5) 간장(culm length)

① 초장이 영양생장기에 지면으로부터 최상위엽 끝까지의 길이를 말한다면, 간장은 성숙기에 지면 으로부터 이삭목마디(수수절)까지의 길이를 말한다.

② 간장이나 초장은 도복과 관련이 많고, 광합성과 호흡의 주체인 잎과 줄기의 양에도 관계되므 로 중요한 형질이다.

③ 간장은 줄기의 마디와 절간으로 이루어져서 수, 길이, 굵기 등이 품종 간에 차이가 있고 시비 등 재배조건에 따라 달라진다.

(6) 내도복성(resistance to lodging)

① 도복에 견디는 성질을 말한다.

② 도복은 품종 자체의 특성뿐만 아니라 환경과 재배 조건의 영향도 같이 받는다.

③ 단간 품종(온대 자포니카)이 장간 품종(인디카)보다 도복에 강하다.

(7) 내비성

① 질소 시비량이 증가해도 질소 동화작용이 잘 되고, 생육이 저해되거나 수량이 낮아지지 않는 종합적 반응이다.

② 좁은 의미의 내비성은 생리적인 잘소동화능력만을 의미하나, 넓은 의미로는 질소다비조건 하에 서 병충해에 걸리지 않으며 도복하지 않는 특성도 포함한다.

③ 수량이 낮아지지 않으려면 도복되지 않아야 함이 매우 중요하므로 내비성 품종은 초장이 작 고, 잎이 직립하고, 수광태세가 좋은 특징을 가지고 있다.

(8) 내병성

① 병균의 침입에 저항하는 식물체의 성질을 내병성 또는 병해저항성이라 한다.

② 내병성은 형태적, 생리적 차이에 의해 나타나며 병원균의 식물체 침입을 저지하는 침입저항 성, 침입되어도 확산을 저지하는 확산저항성, 병원균이 있어도 병징이 나타나지 않는 잠복감 염, 병징은 나타나도 실제 피해가 없는 경미한 내성으로 구분한다.

③ 벼 재배 시 안전다수확의 최대 장해가 병충해이고, 안전한 쌀의 생산을 위한 무농약 생산 시스템의 최대 장해도 병충해이므로 내병충성 품종의 보급은 친환경, 안전, 다수확 생산의 기본이다.

④ 새로 개발된 저항성 품종도 몇 년 안 가서 새로운 균계(race)나 생태형의 출현으로 저항성이 무너진다.

(9) 내충성

① 해충 침입에 저항하는 식물체를 내충성 또는 해충저항성이라고 한다.

② 품종간 차이는 형태, 화학물질, 색깔 등의 차이에 의해 나타나는데, 그 내용은 해충에 대한 비선호성(non-preference), 항생작용(antibiosis), 내성(tolerance) 등이다.

(10) 내냉성

① 벼의 생육 중 저온에 의해 발생하는 피해인 냉해(cold injury)에 대한 저항성의 정도를 말한다.

② 벼의 냉해는 유묘기, 분얼기, 유수형성기, 출수기, 등숙기 모두에서 나타날 수 있다.

③ 생육단계별로 크게 달라서 내냉성 품종육성이 쉽지 않다.

④ 고랭지, 한랭지, 고위도 지역 재배는 물론 조기재배, 만기 재배에서도 중요한 특성이다며 고 랭지에서 조기 육묘 시 저온발아성이 강한 것이 아주 유리하다.

(11) 저온발아성

① 저온에서 발아가 잘 되는 성질을 말한다.

② 벼의 발아 최저온도는 8~10℃ 정도인데, 저온발아성은 품종 간의 차이가 뚜렷하다.

③ **온대자포니카 품종이 인디카 품종보다 저온발아성이 양호하다.**

④ 일본, 한국 등 고위도 지역의 품종이 인도, 필리핀 등 저위도 지역 품종보다 저온발아성이 높다.

⑤ 우리나라의 통일형 품종이 온대 자포니카 품종보다 2~3℃나 높다. 즉, 통일벼의 저온발아성 이 낮다.

⑥ 고위도 지역에서의 재배는 물론, 온대지방에서도 조기 육묘를 하려면 저온발아성이 높은 품 종을 선택함이 유리하다.

(12) 내건성(내한성)

① 건조에 잘 견디어 내는 성질을 말한다.

② 벼의 형태적, 조직학적, 생리적 특성에 기인한다.

(13) 내염성

① 염분에 잘 견디어 내는 성질을 말한다.

② 간척지에서 벼를 재배하거나, 간척지가 아니라도 장기간 염류가 축적된 염류토양에서는 내 염성이 높은 품종을 선택하는 것이 좋다.

(14) 탈립성(shattering habit)

① **성숙기에 이삭 줄기에서 종실이 떨어지기 쉬운 성질을 말한다.**

② 품종간 차이를 보여, **통일형 품종이나 인디카 품종이 온대 자포니카 품종보다 탈립성이 강하다.**

③ **선단부 종실이 밑부분 것보다 탈립되기 쉽다.**

④ 탈립성 품종은 콤바인과 같은 기계수확에는 필요한 성질이나, 인력수확에는 손실이 많고, 성 숙기에 우박과 폭풍우에 손실이 큰 단점이다.

(15) 수발아성(viviparity)

① **결실기에 종실이 이삭에 달린 채로 싹이 트는 성질을 말한다.**

② **출수 후 25일 이상 된 벼가 태풍 등으로 도복되었을 때 고온, 다습의 조건에서 잘 발생한다.**

③ 성숙이 빠른 품종이 늦은 품종보다 즉, **조생종이 만생종보다 수발아성이 강한 경향이 있다.**

④ 휴면성과 밀접한 관련이 있으므로 조생종의 발아억제물질이 만생종보다 적다.

⑤ 수발아는 배수가 불량하고 통풍이 안 되는 산간 곡간답에서 발생이 특히 심하다.

(16) 직파적응성

① 모를 길러 이앙하지 않고 볍씨를 직접 논에 파종하여 재배하는 데 알맞은 특성을 말한다.

② **직파를 위해서는 깊은 물속에서도 발아 및 출수가 양호하고, 내도복성이며, 저온발아력이 강하 고, 초기 생장력이 빠른 특성 등이 요구된다.**

(17) 묘대일수감응성

① 못자리 일수가 길어지거나 고온에서 육묘한 모를 이앙하면 활착 후 곧 분얼이 왕성하게 이루어져서 분얼이 몇 개 되지 않은 채 주간만이 출수하는 불시출수현상(premature heading)이 발생하는 경우가 있다. 이와같은 성질을 묘대일수감응성이 높다고 한다.

② 불시출수는 이상생육으로 수량과 품질이 크게 떨어진다.

③ 조생종을 늦게 이앙할 때 발생한다.

④ 묘대일수감응도는 감온형이 높고, 감광형, 기본영양생장형은 낮다.

3 품종개량의 방향

1. 고품질성

(1) 미질은 외관, 물리화학적 성질 등 여러 요소로 나타낼 수 있지만 가장 중요한 것은 먹을 때 느끼는 식미이다.

(2) 한국인은 찰기가 있고, 씹힘감이 좋으며, 윤기가 흐르고, 향기가 나는 쌀밥을 선호하므로 쌀 품종은 이러한 방향으로 개량되어야 한다.

2. 초다수성

(1) 벼의 수광태세를 개선하고, 잎의 동화능력을 증대하는 등 광합성 효율을 극대화하여야 한다.

(2) 미래식량 수요, 외국의 값싼 쌀에 경쟁력, 다양한 쌀 가공수용에 부응하기 위해 중요하다.

3. 복합내병충성

식품의 안정성, 환경, 노동력 절감을 위한 농약살포의 최소화가 필요하다.

4. 환경 내성

이상기후의 빈번과 환경오염의 증가에 맞춰 환경스트레스에 복합적인 저항성이 중요하다.

5. 신기능성

건강증진의 항산화 성분 함유, 특별한 아미노산과 무기성분을 보강한 특별 성분 쌀, 특별한 색과 향을 지닌 유색미 및 향미, 특별히 크거나 길거나 작은 쌀, 거대배미 등 다양한 용도의 품종이 개발되고 있다.

4 고품질 쌀과 품종 선택의 주의점

1. 고품질 쌀

(1) 수확량을 늘리기 위해 내도복성, 내병성 및 내비성을 갖춘 다수확 품종의 이용과 다비는 수량은 증가하나 식미는 떨어진다.

(2) 식미가 좋은 품종은 키기 크고, 줄기가 약하여 도복하기 쉽다.

(3) 식미가 좋은 품종은 쌀알의 전분이 수세미와 같은 가는 실모양의 망상구조를 보이고, 전분세포막에 단백질 과립의 축적이 매우 적어야 한다. 단백질 과립이 많으면 밥을 지을 때 전분이 잘 팽창되지 않고 찰기가 적어져서 밥맛이 나쁘다.

2. 품종 선택에서의 주의점

(1) 해당 지역의 장려품종 중 출수기가 다른 2~3개 품종을 선택하고, 농기계 이용효율을 높이며, 적기에 수확하여 각종 재해를 분산시켜야 한다.

(2) 답리작의 경우 단기성 품종 또는 만식 적응성이 강한 만생종 품종을 선택해야 한다.

(3) 도시 근교, 도로변 등 철야 점등지역에서는 출수지연의 피해를 예방하기 위하여 중만생종을 피하고, 조생종을 선택해야 한다.

(4) 가뭄 상습지에서는 적파만식 적응성이 강한 (묘대일수감응성이 낮은) 품종을 선택해야 한다.

(5) **직파재배에는 저온발아성, 담수발아성, 초기 신장성이 크며, 뿌리가 깊게 뻗고 키가 작아 도복에 강한 품종을 선택해야 한다.**

핵심
기출문제

쌀과 벼

001 벼의 식물학적 위치에 대한 설명으로 옳은 것은? 10. 지방직 9급

① 벼의 염색체수(2n)는 26개이며, 자가수정작물이다.
② 재배벼는 야생벼보다 휴면성이 강하고, 종자수명이 길다.
③ 벼의 재배종은 *Oryza sativa*와 *Oryza glaberrima*이다.
④ 벼는 식물학적으로 나자식물아문 − 화본과에 속한다.

002 재배벼의 분화와 생태형에 대한 설명으로 옳지 않은 것은? 22. 국가직 9급

① 아시아 재배벼는 수도와 밭벼, 그리고 메벼와 찰벼로 구분된다.
② 통일형 벼는 인디카 품종과 온대자포니카 품종을 인공교배하여 육성한 원연교잡종이다.
③ 인디카는 낟알의 형태가 대체로 길고 가늘며, 온대자포니카는 짧고 둥글다.
④ 인디카는 생태형이 단순한 반면 온대자포니카와 열대자포니카는 생태형이 지역에 따라 다양하다.

003 벼의 생식생장기에 해당하는 생육단계로만 짝지어진 것은? 07. 국가직 9급

① 수잉기, 유효분얼종지기   ② 유효분얼기, 수잉기
③ 유효분얼기, 신장기   ④ 신장기, 수잉기

004 다음 중 만생종 벼의 출수 조건은 무엇인가? 08. 지방직 9급

① 저온, 장일   ② 고온, 단일
③ 고온, 장일   ④ 저온, 단일

005 재배종 벼(*Oryza sativa* L.)와 식용 옥수수(*Zea mays* L.)의 염색체수(2n)는?

07. 국가직 9급

	벼	옥수수
①	12	12
②	12	16
③	24	20
④	24	22

006 벼농사의 공익적 기능에 해당하지 않는 것은?

09. 지방직 9급

① 장마철 홍수조절
② 지하수 저장 및 수질정화
③ 온실기체인 메탄 발생 저감
④ 토양유실 방지와 토양보전

007 벼의 분얼에 대한 내용으로 옳지 않은 것은?

11. 국가직 9급

① 조식재배가 보통기재배에 비하여 분얼수가 많다.
② 분얼이 왕성하게 발생하기 위해서는 활동엽의 질소 함유율이 대략 3.0~3.5%정도 되어야 한다.
③ 벼의 분얼은 주간의 경우 제1엽절 이후 신장경 마디부위에서 출현한다.
④ 재식밀도가 낮을수록 개체당 분얼수는 증가한다.

정답찾기

001 ③ 벼의 재배종은 아시아종(Oryza sativa L.)과 아프리카종(Oryza glaberrima steud.)이다.

002 ④ 열대자포니카는 1년 중 어느 때 파종하여도 생육일수가 일정한 비계절적인 특성이 있으며 밭벼로 발달하였다. 온대자포니카를 재배하는 지역에서는 대부분 1년에 한번 논에 벼농사를 짓는다. 그러므로 열대자포니카와 온대자포니카는 생태형이 단순하다.

003 ④ • 벼의 영양생장기 : 육묘기, 이앙기, 착근기 및 분얼기(유효분얼기, 유효분얼종지기, 무효분얼기, 최고분얼기)
• 생식생장기 : 신장기(유수형성기, 수잉기), 출수기, 결실기(등숙기)

004 ② 만생종 벼는 단일성작물이며 고온, 단일에 의해 출수된다.

005 ③ 벼는 2n=24, 2n=20이다.

006 ③ 담수상태에서는 토양의 환원으로 유기물 분해가 산화적으로 진행되지 못해 메탄가스 발생한다.

007 ③ 벼의 분얼은 주간의 경우 제2엽절 이후 불신장경 마디부위에서 출현한다.

정답   **001** ③   **002** ④   **003** ④   **004** ②   **005** ③   **006** ③   **007** ③

008 벼 잎의 기공에 대한 설명으로 옳은 것은?　　　　　　　　　　09. 국가직 7급

① 기공은 잎몸의 상·하 표피에만 발달하고 이삭축이나 지경의 표피에는 발달되어 있지 않다.
② 기공의 비율은 전체 엽면적에 대하여 1.6~1.8%로 다른 식물보다 월등히 높다.
③ 기공은 상위엽일수록 많고 차광처리를 하면 기공수는 증가한다.
④ 기공수는 온대 자포니카벼보다 왜성의 인디카벼에 많다.

009 재배벼의 특징을 야생벼와 비교하여 올바르게 설명한 것은?　　　　07. 국가직 7급

① 재배벼는 주로 자가수정을 하며 꽃가루 수가 적다.
② 재배벼는 종자의 탈립이 잘 되고 휴면성이 강하다.
③ 재배벼는 종자의 크기가 작고 수당 영화수가 적다.
④ 재배벼는 내비성이 약하고 종자의 수명이 길다.

010 벼에 관한 설명 중 옳지 않은 것은?　　　　　　　　　　07. 국가직 9급

① 고랭지에서 조기육묘 시 저온발아성이 강한 것이 유리하다.
② 재배벼의 유수분화는 14시간 이상의 일장보다 10시간 전후의 일장조건하에서 촉진된다.
③ 조생종은 재배기간이 짧아 고위도지대에서 재배하기에 알맞다.
④ 감온성이 큰 벼 품종(blT)은 저온에 의해 유수분화가 촉진된다.

011 볍씨의 발아에 관한 설명으로 옳지 않은 것은?　　　　　　10. 국가직 7급

① 산소가 전혀 없는 조건에서의 발아율은 30% 미만이다.
② 산소가 부족한 조건에서는 초엽이 이상 신장하고 유근은 거의 자라지 않는다.
③ 산소가 부족한 암조건에서는 중배축이 신장하여 정상적인 형태를 이루지 못한다.
④ 약 5cm 깊이에 파종하였을 때에는 중배축뿌리가 발생하여 수평으로 뻗는다.

012 벼 잎몸에 의한 영양진단 방법 중 맞는 것은?　　　　　　08. 국가직 7급

① 잎몸이 짧고 폭이 좁으며 단단하고 담록색이면 인산부족이다.
② 잎몸이 짧고 폭이 넓으며 농록색이면 칼륨부족이다.
③ 잎 전체가 늘어지면 굵은 뿌리가 깊게 신장한 것이다.
④ 지엽이 늘어지면 등숙기 뿌리의 활력이 강한 것이다.

013 벼 생육 중 영양생장에서 생식생장으로 전환되는 시기에 나타나는 특징이 아닌 것은?

07. 국가직 9급

① 출엽속도의 지연　　　　　　② 하위절간의 신장 개시
③ 이삭목마디의 분화 시작　　　④ 분얼수의 증가

014 벼의 엽이간장에 대한 설명으로 옳지 않은 것은?　　　　11. 국가직 7급

① 엽이간장은 지엽의 잎귀와 그 바로 아랫 잎 잎귀 사이의 길이를 지칭한다.
② 엽이간장이 0일 때는 감수분열 시작 단계이다.
③ 엽령지수를 더이상 사용할 수 없을 때 감수분열기를 진단하는 데 유용하다.
④ 엽이간장이 +10cm 일 때는 감수분열이 끝나는 단계이다.

015 벼의 주간엽수가 8매일 때 분얼잎이 나오는 마디는?　　　15. 국가직 9급

① 1　　　　　　　② 2
③ 3　　　　　　　④ 5

016 벼의 수량형성에 대한 설명으로 옳은 것은?　　　　08. 국가직 7급

① 입중이 가장 크게 감소되는 시기는 출수기이다.
② 우리나라 주요 벼 재배품종의 천립중은 백미로 25~30g 이다.
③ 온대자포니카 품종의 1수 영화수는 대체로 80~100립이다.
④ 등숙비율은 감수분열기, 출수기 및 등숙성기보다 수수분화기에 저하되기 쉽다.

정답찾기

008 ④ 기공수는 온대 자포니카벼보다 왜성의 인디카벼와 통일계 벼가 많다.

009 ① 재배벼는 주로 자가수정을 하고, 꽃가루 수는 최대 2,500개로 야생벼(3,800~9,000)보다 적다.

010 ④ 감온성이 큰 벼 품종은 고온에 의해 유수분화가 촉진된다.

011 ① 볍씨는 산소가 전혀 없는 조건에서도 무기호흡을 하여 80%정도의 발아율을 보인다.

012 ② 잎의 형태와 모양에 따라
1) 영양상태 양호 : 길고 폭이 넓으며 단단
2) 질소부족 : 짧고 폭이 넓으며 담록색
3) 인산부족 : 길고 폭이 좁은 잎
4) 칼륨부족 : 짧고 폭이 넓으며 농록색
5) 일조부족, 질소,규산부족 : 길고 폭이 넓으며 연한 잎

013 ④ 영양생장에서 생식생장으로 전환되는 시기의 특징 : 출엽속도의 변화, 절간신장, 수수절의 분화

014 ② 감수분열은 두 잎귀 사이의 길이가 -10cm정도 시기부터 시작한다. 0이 되면 감수분열 성기, +10cm로 벌어지면 감수분열 종기이다.

015 ④ n엽과 n-3엽의 잎겨드랑이에서 나오는 분얼의 제1엽은 동시 생장한다.

016 ③

017 벼의 출수 개화에 관한 설명으로 옳은 것은?　　　　　　　　　10. 국가직 7급

① 출수 당일 또는 다음날 개화하며 개화기간은 2일 정도이다.
② 벼의 개화 최적온도는 30~35℃이고 최고온도는 약 50℃이다.
③ 수분 후 수정까지는 약 4일이 소요된다.
④ 개화는 한 이삭에서 하위지경의 영화가 상위지경의 영화보다 빨리 일어난다.

018 벼의 수량에 영향력을 미치는 요소의 순위는?　　　　　　　　　08. 지방직 9급

① 이삭수, 1이삭의 평균영화수, 등숙률, 천립중
② 이삭수, 1이삭의 평균영화수, 천립중, 등숙률
③ 1이삭의 평균영화수, 천립중, 등숙률, 이삭수
④ 천립중, 등숙률, 이삭수, 1이삭의 평균영화수

019 벼 이앙 시 재식밀도에 대한 설명으로 옳지 않은 것은?　　　　　　20. 지방직 9급

① 비옥지에서는 척박지에 비해 소식하는 것이 좋다.
② 조생품종의 경우 만생품종보다 밀식하는 것이 좋다.
③ 수중형 품종의 경우 수수형 품종에 비해 소식하는 것이 좋다.
④ 만식재배의 경우 밀식하는 것이 좋다.

020 도정한 쌀을 일컫는 말은?　　　　　　　　　　　　　　　　　22. 지방직 9급

① 수도　　　　　　　　　　　② 조곡
③ 정조　　　　　　　　　　　④ 정곡

021 벼의 영양생장에서 생식생장으로 전환되는 징조를 설명한 것으로 옳지 않은 것은?

09. 지방직 9급

① 주간출엽전환기는 영양생장에서 생식생장으로 전환하는 징조이다.
② 절간신장이 시작되는 시기는 유수분화기, 즉 생식생장으로 전환되는 시기이다.
③ 출엽주기가 4~5일이던 것이 8일 정도로 늦어진다.
④ 수수절분화기는 출수 전 25일경으로 엽령지수는 66~68이며, 이때가 영향생장과 생식생장의 경계기이다.

022 벼 종자의 발아에 대한 설명 중 옳지 않은 것은?   08. 국가직 7급

① 볍씨는 종자 중량의 약 23%의 수분을 흡수하면 발아가 가능하다.
② 수분흡수력은 품종 간의 차이가 있고, 흡수속도는 수온에 따라 다르다.
③ 볍씨는 발아하는 데 필요한 산소의 양이 다른 작물에 비하여 크다.
④ 광선은 볍씨의 발아에 직접적인 관계가 없지만 아생기관의 생장에 영향을 준다.

023 벼의 포장동화능력을 증가시키기 위한 방안으로 옳지 않은 것은?   10. 국가직 9급

① 분얼이 개산형으로 이루어지도록 한다.
② 높은 최적엽면적지수를 확보한다.
③ 군락내의 엽면적을 최대로 확보한다.
④ 상위엽은 직립하고 잎의 공간적 분포가 균일하도록 한다.

024 벼의 등숙에 대한 설명으로 옳은 것은?   11. 국가직 9급

① 현미의 발달초기에는 배유 세포수가 증대하고, 후기에는 분화된 세포에 저장물질이 축적된다.
② 현미의 수분 함량은 수정 후 25일까지 증가하고 그 후 계속 감소한다.
③ 쌀알은 너비, 길이, 두께의 순서로 발달한다.
④ 현미의 생체중은 거의 직선적으로 증가하여 출수 후 35일경에 최대에 달한다.

정답찾기

017 ②
018 ①
019 ③ • 수수형 : 수중형 품종에 비하여 분얼이 잘되어 이삭수가 많으나 이삭이 작고 가벼우며, 종실의 크기도 작다. 줄기가 가늘며, 뿌리는 천근성이고 뿌리수가 많다. 이 품종은 이삭수를 많이 확보해야만 다수확이 가능한데, 난지 비옥답 또는 다비재배에 알맞다. 척박지에서는 수량이 적다.
• 수중형 : 수수형에 비해 키기 크고 이삭크기나 이삭수는 적다. 도복에 약하여 비옥지, 다비재배에는 적합하지 않고, 이삭수를 확보하기 어려운 척박지, 소비 재배, 만식재배, 밀식재배에 적당하다.
020 ④

021 ④ 수수절분화기는 엽령지수 76~78의 시기이다.
022 ③ 볍씨는 산소가 전혀 없는 조건에서도 무기호흡으로 80%정도의 발아율을 보인다.
023 ③ 군락 내의 광합성이 최대가 되도록 최적엽면적을 확보해야 한다.
024 ①
② 현미의 수분 함량은 결실 초기에 높다가 완숙기까지 계속 감소한다.
③ 쌀알은 길이, 너비, 두께의 순서로 발달한다.
④ 현미의 생체중은 수정 후 20일까지 거의 직선적으로 증가하여 25일에 최대에 달하고, 35일 이후에 약간 감소한다.

정답 **017** ② **018** ① **019** ③ **020** ④ **021** ④ **022** ③ **023** ③ **024** ①

025 작물의 일장 및 온도 반응에 대한 설명 중 옳지 않은 것은?   09. 국가직 9급

① 감자는 저온·단일 조건에서 덩이줄기가 형성된다.
② 고구마는 단일·변온 조건에서 덩이뿌리의 비대가 촉진된다.
③ 벼 조생종은 감광성이 강하고 감온성이 약하다.
④ 맥류에서 춘화된 식물은 고온·장일 조건에서 출수가 촉진된다.

026 다음 중 벼의 분얼기에 대한 설명으로 옳지 않은 것은?   12. 국가직 9급

① 분얼기 이전에도 분얼을 한다.
② 분얼기에 들어가서야 분얼을 시작하게 된다.
③ 모든 분얼에서 결실이 되는 것은 아니다.
④ 무효분얼기란 유효분얼종지기로부터 최고분얼기까지를 말한다.

027 벼 품종의 주요 특성에 대한 설명으로 옳은 것은?   18. 지방직 9급

① 내비성 품종은 질소 다비조건에서 도복과 병충해에 약하다.
② 수량이 높은 품종은 대체로 품질이 낮은 경향이 있다.
③ 수수형 품종은 수중형 품종에 비해 이삭은 크지만 이삭수는 적다.
④ 조생종은 감온성에 비해 일반적으로 감광성이 크다.

028 다음 중 벼의 엽면적지수(LAI)가 가장 큰 시기는 언제인가?   07. 국가직 9급

① 수잉기   ② 유효분얼기
③ 활착기   ④ 수확기

029 벼 영과에 대한 설명으로 옳지 않은 것은?   08. 국가직 9급

① 배유 조직세포는 중심으로부터 외부를 향해 발달한다.
② 이삭에 축적되는 탄수화물의 20~30%는 출수 전에 줄기와 잎에 저장되었던 것이다.
③ 배유 중 단백과립은 논벼보다 밭벼에서 많다.
④ 영과에 집적되는 단백질 중 가장 많은 것은 글루텔린이다.

030 벼 수량구성요소에 영향을 미치는 조건에 대한 설명 중 옳지 않은 것은? 08. 국가직 7급

① 등숙률은 출수기 후 35일을 지나면서 가장 큰 영향을 받는다.
② 이삭수는 분얼성기에 가장 큰 영향을 받는다.
③ 퇴화영화수는 감수분열기를 중심으로 가장 퇴화하기 쉽다.
④ 현미의 천립중이 가장 감소되기 쉬운 시기는 감수분열성기와 등숙성기이다.

031 벼의 영양생장기에 대한 설명으로 옳은 것은? 08. 국가직 7급

① 기본영양생장기간은 환경 조건에 의해 달라진다.
② 기본영양생장기간은 조생종, 중생종, 만생종의 품종에 관계없이 일정하다.
③ 광합성에 의해 생성된 탄수화물은 영양생장기의 주된 양분이다.
④ 영양생장기는 출수기 직전까지의 기간이다.

032 고위도 지대에서 재배하기에 적합한 벼 품종의 기상생태형은? 19. 지방직 9급

① 감광성이 크고 감온성이 작은 품종
② 감온성이 크고 감광성이 작은 품종
③ 감광성이 크고 기본영양생장성이 작은 품종
④ 기본영양생장성이 크고 감온성이 작은 품종

정답찾기

025 ③ 조생종은 감광성에 비하여 감온성이 상대적으로 크고, 만생종은 감광성이 크다.

026 ② 분얼기 이전에도 분얼을 한다.

027 ②
① 넓은 의미의 내비성은 질소 다비조건하에서 병충해에 걸리지 않으며 도복되지 않는 특성도 포함된다.
③ 수수형 품종은 수중형 품종에 비하여 분얼이 잘되어 이삭수가 많으나, 이삭이 작고 가벼우며 종실 크기도 작다.
④ 조생종은 생육기간이 짧고, 감광성에 비하여 감온성이 상대적으로 크다.

028 ① 엽면적지수는 벼가 생장함에 따라 증가하여 출수기경에 최고에 달한다.

029 ① 배유 조직세포는 수정 5~6일째 중심부를 향해 발달한다.

030 ① 등숙률은 유수분화기부터 영향을 받고 그 후부터는 저하된다.

031 ③ 기본영양생장기는 환경 조건에 크게 좌우되지 않는 유년기이다. 인디카 등 저위도 지방의 벼는 기본영양생장기가 길고, 온대자포니카형 벼와 고위도 지방의 벼는 기본영양생장기가 짧다.

032 ② 조생종은 감광성에 비하여 감온성이 상대적으로 크고 만생종은 감광성이 크다. 조생종은 재배기간이 짧아 수량은 적지만 생육기간이 짧은 고위도나 한랭지에 적당하다.

정답 025 ③ 026 ② 027 ② 028 ① 029 ① 030 ① 031 ③ 032 ②

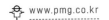

033 벼 수량구성요소의 형성시기에 대한 설명으로 옳지 않은 것은?   11. 국가직 7급

① 이삭수는 분얼성기에 강한 영향을 받으며, 영화분화기가 지나면 거의 영향을 받지 않는다.

② 이삭당 영화수는 제1차 지경분화기부터 영향을 받기 시작하고 영화 분화기 때 가장 큰 영향을 받는다.

③ 등숙비율은 유수분화기부터 영향을 받기 시작하여 출수 후 35일을 경과 하면 거의 영향을 받지 않는다.

④ 입중이 가장 감소되기 쉬운 시기는 감수분열성기와 등숙성기이다.

034 천립중에 가장 큰 영향을 주는 시기는?

① 감수분열기~등숙 초기

② 감수분열기~등숙 성기

③ 분얼기~출수기

④ 감수분열기~출수기

035 벼 이삭 발육 시기에 나타나는 현상에 대한 설명으로 가장 옳은 것은?

① 출엽속도는 영양생장기에 비해 빨라진다.

② 유수분화는 출수 전 약 10일에 시작된다.

③ 난세포는 개화 다음날 생리적 수정 능력을 지닌다.

④ 꽃가루의 형태는 개화 전날에 완성된다.

036 벼 뿌리의 생장에 영향을 미치는 환경조건에 대한 설명으로 옳지 않은 것은?

① 질소 시비량이 많아지면 1차근장이 길어진다.

② 재식밀도가 높아지면 깊게 뻗는 1차근의 비율이 감소한다.

③ 상시담수에 비해 간단관수를 한 토양에서는 1차근수가 많다.

④ 벼 뿌리는 밭 상태에서보다는 논 조건에서 보다 곧게 자란다.

037 벼의 생육기간 중 등숙률 결정에 영향을 주는 시기로 가장 적합한 것은?

① 황숙기부터 수확기까지

② 유수분화기부터 출수 후 35일경까지

③ 황숙기부터 출수 후 45일경까지

④ 출수 후 35일경부터 수확기까지

038 아시아 벼 생태종의 특징에 대한 설명으로 옳지 않은 것은? 10. 지방직 9급

① 키는 인디카가 온대자포니카보다 크다.
② 온대자포니카 쌀의 형태는 둥글고 짧고, 인디카는 가늘고 길다.
③ 밥의 끈기는 온대자포니카 > 열대자포니카 > 인디카 순이다.
④ 분얼의 발생정도는 온대자포니카 > 인디카 > 열대자포니카 순이다.

039 멥쌀과 찹쌀의 구분 기준이 되는 이화학적 특성은? 14. 지방직 9급

① 아밀로스 함량 ② 글루테린 함량
③ 올레산 함량 ④ 심복백 유무

040 벼의 분얼에 영향을 미치는 환경조건에 대한 설명으로 옳지 않은 것은? 16. 지방직 9급

① 일반적으로 적온에서 주·야간 온도교차가 클수록 분얼이 증가한다.
② 광의 강도가 강하면 분얼수가 증가하며 분얼 초·중기에 영향이 더 크다.
③ 재식밀도가 높고, 토양수분이 부족하면 개체당 분얼수는 증가한다.
④ 분얼의 발생과 생장을 위해서는 무기양분과 광합성산물이 충분히 공급되어야 한다.

정답찾기

033 ② 이삭당 영화수는 제1차 지경분화기부터 영향을 받고, 제2차 지경분화기에 가장 강한 영향을 받는다.

034 ② 입중이 가장 감소되기 쉬운 시기는 감수분열 성기와 등숙 성기이다.

035 ④
① 출엽속도가 7, 8일로 늦어지면 영양에서 생식생장으로 전환하는 전조이다.
② 유수가 분화되는 시기는 출수 전 약 30일이다.
③ 배낭은 개화 전날에 완성되고, 난세포는 개화 전날에 생리적 수정 능력을 지닌다.

036 ① 질소 시비량이 많아지면 근계가 작아지고 1차근수가 증가하고 1차근장이 짧아지며, 비교적 표층에 분포하게 된다.

037 ② 등숙률은 유수분화기부터 영향을 받기 시작하여 감수분열기, 출수기 및 등숙성기에 가장 저하되기 쉽고, 출수 후 35일 경과되면 영향이 없다.

038 ④ 분얼 발생정도 : 인디카 > 온대자포니카 > 열대자포니카

039 ① 멥쌀은 저장전분이 아밀로오스 약 8~37%와 아밀로펙틴 약 63~92%로 구성되어 있고 찹쌀은 저장 전분 대부분이 아밀로오스 펙틴으로 구성되어 있다.

040 ③ 재식밀도가 높을수록 개체당 분얼수는 감소한다.

정답 **033** ② **034** ② **035** ④ **036** ① **037** ② **038** ④ **039** ① **040** ③

041 볍씨의 발아 시 산소와 광 조건의 영향에 대한 설명으로 옳지 않은 것은?　12. 국가직 9급

① 산소가 부족하면 초엽이 1cm 이하로 짧게 자란다.
② 산소가 부족하면 물속에서는 종자근이 거의 자라지 못한다.
③ 산소가 부족하면 발아에 필요한 효소의 활성이 매우 낮다.
④ 산소가 부족한 암흑 조건에서는 중배축이 많이 신장한다.

042 벼의 수량 형성에 대한 설명으로 옳지 않은 것은?　12. 국가직 9급

① 초형, 엽면적, 엽록소 함량 등은 물질 생산에 관련된 형질이다.
② 배유 전분의 약 70%는 출수 전 축적량이고, 나머지 30%는 출수 후 동화량이다.
③ 벼의 수량구성 4요소는 단위면적당 이삭수, 이삭당 영화수, 등숙비율, 낟알 무게이다.
④ 기상 요인 중 동화물질이 이삭으로 전류하는 데 가장 큰 영향을 끼치는 것은 기온이다.

043 벼의 생육상이 전환되는 유수분화기에 대한 설명으로 옳지 않은 것은?　21. 지방직 9급

① 엽령지수가 80~83 정도이다.
② 이삭목 마디의 분화가 시작된다.
③ 주간의 출엽속도가 8일 정도로 늦어진다.
④ 주간 상위 마디의 절간이 신장된다.

044 벼의 수분과 수정에 대한 설명으로 옳은 것은?　19. 국가직 7급

① 암술머리에 부착된 꽃가루수가 적으면 화분관의 발아와 신장이 빨라진다.
② 꽃가루에서 방출된 2개의 정핵 중 1개는 난세포와 융합하여 3배체(3n)의 배유 원핵을 형성한다.
③ 꽃가루 발아의 최적온도는 25~30℃, 최저온도는 10~13℃, 최고온도는 40℃ 정도이다.
④ 꽃가루 속에는 2개의 정핵과 1개의 영양핵이 있는데, 화분관이 신장하면 꽃가루의 내용물인 세포질은 화분관 속으로 이동한다.

045 벼 잎의 생장 특성에 대한 설명으로 옳지 않은 것은?　12. 국가직 9급

① 엽령지수가 100인 시기는 지엽이 완전히 신장한 시기이다.
② 잎 1매의 출엽에 필요한 적산온도는 유수분화기 이전보다 이후에 높다.
③ 잎의 수는 줄기의 마디수보다 2~3개 많다.
④ 출엽주기는 영양생장기가 생식생장기보다 짧다.

046 벼의 생장기에 대한 설명으로 옳은 것을 모두 고른 것은?

> ㄱ. 영양생장기란 발아로부터 출수직전까지의 기간으로 주로 잎, 줄기, 뿌리 등 영양기관이 형성되는 시기를 일컫는다.
> ㄴ. 최고분얼기란 분얼수가 가장 많은 시기를 이르는 것으로 유효분얼 종지기보다 앞서 온다.
> ㄷ. 생식생장기는 벼의 생식기관이 형성되고 발육하여 쌀알이 만들어지는 시기이다.
> ㄹ. 출수기란 총 줄기수의 40~50%가 출수하는 때를 말한다.
> ㅁ. 결실기 중 호숙기란 유숙기와 황숙기 사이의 시기를 말한다.

① ㄱ, ㄴ, ㄹ   ② ㄱ, ㄷ, ㄹ
③ ㄴ, ㄷ, ㅁ   ④ ㄷ, ㄹ, ㅁ

047 우리나라 중산간지나 동북부해안지대의 벼 재배에 적합한 기상 생태형으로 가장 적절한 것은?

① Blt, bLt   ② Blt, blT
③ blt, blT   ④ blt, bLt

정답찾기

041 ① 볍씨는 산소가 전혀 없는 조건에서도 발아율이 80% 정도 되나, 산소가 부족한 물속에서는 초엽만이 이상신장하고 종자근은 거의 자라지 않는다.

042 ② 벼수량의 약 30%가 출수 전 축적량이며, 출수 후 동화량은 이삭팬 후 광합성에 의해 새로 합성된 것이며, 벼수량의 약 70%를 차지한다.

043 ① 유수분화기 : 엽령지수 77의 시기

044 ④
① 암술머리에 부착된 화분수가 적으면 화분관의 발아와 신장이 늦어진다.
② 꽃가루에서 방출된 2개의 정핵중 1개는 난세포와 융합하여 2배체의 수정란(2n)을 형성하고 다른 1개의 정핵은 극핵과 융합하여 3배체(3n)의 배유원핵을 형성(중복수정)한다.
③ 꽃가루 발아의 최적온도는 30~35℃, 최저온도 10~13℃, 최고온도 50℃ 정도이다.

045 ③ 잎의 수(조생종 11~14매, 만생종 18~20매)는 줄기의 마디수와 거의 비슷하다.

046 ④
ㄱ. 영양생장기는 발아로부터 유수분화기 직전까지의 기간이다.
ㄴ. 최고분얼기는 보통 출수 전 약 30일전쯤이고, 유효분얼종지기는 최고분얼기보다 약 15일 빠르다.

047 ③ 우리나라 중산간지나 동북부 해안지대는 서늘한 지역으로 기본영양생장성·감광성·감온성이 모두 작아서 생육기간이 짧은 blt나 기본영양생장성과 감광성이 작고, 감온성이 커서 일찍 고온에 감응하는 감온형(blT)이 일찍 출수하여 안전하게 성숙할 수 있어서 적절하다.

048 벼의 분얼에 영향을 미치는 환경조건에 대한 설명으로 옳지 않은 것은? 14. 국가직 9급

① 일반적으로 분얼은 적온 내에서 주야간의 온도 차이가 클수록 증가한다.
② 광도가 높으면 분얼이 증가하는데, 특히 분얼 초기와 중기에 영향이 크다.
③ 재식밀도가 높을수록 개체당 분얼수는 감소한다.
④ 토양수분이 부족하면 분얼이 억제되고, 심수관개(深水灌漑)를 하면 분얼이 촉진된다.

049 벼의 수분과 수정에 관한 설명으로 옳지 않은 것을 고르시오. 14. 서울시 9급

① 중복 수정으로 배와 배유를 만든다.
② 화분의 발아와 더불어 화분관 세포가 화분관을 형성한다.
③ 암술머리에는 많은 가지세포가 있어 화분세포를 잘 수용한다.
④ 자연상태에서 타가수분 비율은 1% 내외이다.
⑤ 하루 종일 비가 오는 날은 타가수분 비율이 높다.

050 벼의 발아에 대한 설명으로 옳은 것은? 21. 국가직 9급

① 발아하려면 건물중의 60% 이상의 수분을 흡수해야 한다.
② 산소의 농도가 낮은 조건에서는 발아하지 못한다.
③ 암흑상태에서 중배축의 신장은 온대자포니카형이 인디카형보다 대체로 짧다.
④ 발아온도는 품종에 따라 차이가 있지만, 일반적으로 최적온도는 20~25℃ 이다.

051 현미에 포함되는 것으로만 옳게 묶은 것은? 14. 서울시 9급

① 외영, 내영　　　　　　　② 배, 호분층
③ 과피, 까락　　　　　　　④ 내영, 배유
⑤ 호영, 호분층

052 벼 잎의 형태와 기능에 대한 설명으로 옳지 않은 것은? 15. 서울시 9급

① 성숙한 벼의 잎은 잎집과 잎몸으로 구성되어 있다.
② 제1본엽은 잎몸이 짧고 갸름한 스푼 모양이다.
③ 기공의 수는 차광처리에 의하여 감소된다.
④ 기동세포는 증산에 의한 수분손실을 줄이는 작용을 한다.

053 벼의 생육상이 영양생장에서 생식생장으로 전환하는 시기에 나타나는 특징이 아닌 것은?

15. 국가직 9급

① 주간의 출엽속도가 지연된다.
② 줄기의 상위 4~5절간이 신장하여 키가 커진다.
③ 유수의 분화가 이루어지기 시작한다.
④ 유효분얼이 최대로 증가하는 시기이다.

054 벼의 생육시기를 순서대로 바르게 나열한 것은?

14. 국가직 7급

① 수잉기 → 출수시 → 수전기
② 수전기 → 출수시 → 수잉기
③ 수전기 → 수잉기 → 출수시
④ 출수시 → 수잉기 → 수전기

055 벼의 일생에 대한 설명으로 옳지 않은 것은?

15. 국가직 7급

① 생육기간은 품종과 재배환경에 따라 다르나 짧은 품종은 120일 정도이고, 긴 품종은 180일 이상이다.
② 보통기 재배 시 이앙 후 35~40일경에 최고분얼기에 도달한다.
③ 출수기간은 1포기당 이삭수가 적은 경우에는 짧고, 많으면 길다.
④ 유수형성기는 유수의 길이가 2mm에 도달할 때로서 냉해, 한해 등의 환경 재해에 가장 민감한 시기이다.

정답찾기

048 ④ 토양수분이 부족하면 분얼이 억제된다. 관개를 해도 심수관개를 하면 온도가 낮아지고, 주야간 온도교차가 적어져 분얼이 억제된다.

049 ⑤ 개화하는 날 비가 오면 인피가 팽창하지 못하므로 개영을 못한다.

050 ③
① 볍씨가 발아하려면 건물 중의 30~35%의 수분을 흡수해야 한다.
② 볍씨는 수중이나 공기 중에서 모두 발아할 수 있고, 낮은 농도의 산소조건에서도 발아가 가능하다.
④ 벼의 발아 최적온도는 30~32°C이다.

051 ② 현미는 배, 배유 및 종피의 세 부분으로 구성되어 있고, 종실의 내부조직은 1층의 외배유와 1~4개 층의 호분층이 있고, 그 안에 전분세포가 들어 차 있다.

052 ② 제 1본엽은 원통형이고, 잎몸의 발달이 불완전한 침엽 형태이다.

053 ④ 전환의 징조
1) 출엽속도의 변화: 주간 출엽속도가 4, 5일에 1매에서 7, 8일에 1매로 지연된다.
2) 절간신장의 시작은 유수분화기, 즉 생식생장의 전환
3) 수수절(이삭목마디)분화는 유수분화의 기점

054 ① 유수분화기~출수기 사이의 줄기의 절간이 길어지는 시기가 신장기(유수형성기와 수잉기)이고 이후 출수기(출수시, 출수기, 수전기)이다.

055 ④ 유수형성기는 유수분화기 후 7~10일에 영화의 분화가 이루어지고 유수가 3~5cm로 자라 꽃밥 속에 생식세포가 나타나기 직전까지를 말한다.

056 벼의 형태와 생장에 대한 설명으로 옳지 않은 것은?　　　　　15. 국가직 9급

① 종자근은 발아 후부터 양분과 수분을 흡수하는 역할을 하며 관근이 발생한 후에도 7엽기까지 기능을 유지한다.
② 밭못자리나 건답직파에서 종자를 너무 깊이 파종하면 중배축근이 발생한다.
③ 엽신의 기공밀도는 상위엽일수록 많고, 한 잎에서는 선단으로 갈수록 많다.
④ 주간의 제7엽이 나올 때, 주간 제5절에서 분얼이 동시에 나온다.

057 벼의 이삭 발달에 대한 내용으로 옳지 않은 것은?　　　　　15. 국가직 7급

① 일반적으로 분얼 증가가 멈출 무렵에 유수가 분화한다.
② 시원세포가 분열하여 포원세포를 만들고 이것이 발달하여 화분모세포가 된다.
③ 이삭 발달 과정에서 생식세포 형성기의 엽령지수는 76 정도이다.
④ 배주 속에서 발달한 배낭모세포는 세포분열을 거쳐 배낭을 형성한다.

058 벼의 생육특성에 대한 설명으로 옳지 않은 것은?　　　　　16. 지방직 9급

① 볍씨가 발아하려면 건물중의 30~35% 정도 수분을 흡수해야 한다.
② 우리나라에서 재배하던 통일형 품종은 일반 온대자포니카 품종보다 휴면이 다소 강하다.
③ 모의 질소함량은 제4, 5본엽기에 가장 낮고, 그 후에는 증가하면서 모가 건강해진다.
④ 벼 잎의 활동기간은 하위엽일수록 짧고, 상위엽일수록 길다.

059 벼 이삭의 발육과정과 진단에 대한 설명으로 옳지 않은 것은?　　　　　15. 서울시 9급

① 유수가 분화되는 시기는 출수 전 약 30일이다.
② 지엽 추출기에는 영화원기가 분화하여 화분모세포가 형성된다.
③ 엽령지수 97~98인 시기는 감수분열기이다.
④ 엽이간장의 길이가 −10cm 정도이면 감수분열 성기이다.

060 벼의 유수 발육과 출수에 대한 설명으로 옳지 않은 것은?　　　　　22. 국가직 9급

① 수수절간의 신장은 출수와 동시에 정지한다.
② 영화분화기는 출수 전 24일경에 시작하고, 엽령지수는 87~92이다.
③ 엽이간장이 0이 되는 시기는 감수분열 성기에 해당한다.
④ 유수분화기는 출수 전 30일경에 시작된다.

01

061 벼의 호분층에 대한 설명으로 옳은 것은?   15. 서울시 9급

① 표피와 껍질세포 사이 조직으로 밑씨 껍질이 발달된 것이다.
② 배유의 가장 바깥부분으로 단백질과 지방이 가장 많은 부분이다.
③ 주로 전분이 축적되는 부분이다.
④ 백미에 가장 높은 비율로 함유되어 있다.

062 벼 분얼에 영향을 미치는 환경조건에 대한 설명 중 옳은 것은?   15. 서울시 9급

① 적온에서 주야간의 온도교차가 작을수록 분얼이 증가한다.
② 질소 함유율이 2.5% 이하일 때 분얼의 발생이 왕성하다.
③ 이앙재배 시 못자리에서 밀파상태로 생육하므로 하위절의 분얼눈은 휴면한다.
④ 모를 깊이 심을수록 유효경수가 많아진다.

063 볍씨를 산소가 부족한 심수조건에 파종했을 때 나타나는 현상은?   16. 국가직 9급

① 초엽이 길게 신장하고, 유근의 신장은 억제된다.
② 초엽의 신장은 억제되고, 유근의 신장은 촉진된다.
③ 초엽과 유근 모두 길게 신장한다.
④ 초엽과 유근 모두 신장이 억제된다.

정 답 찾 기

056 ④ n엽과 n-3엽의 잎겨드랑이에서 나오는 분얼의 제1엽은 동시에 생장하므로 주간의 제7엽이 나올 때, 주간 제4절에서 분얼이 동시 생장한다.

057 ③ 생식세포 형성기의 엽령지수는 95이다.

058 ③ 모의 질소함량은 제4, 5본엽기에 가장 높고, 그 후에는 감소하면서 C/N율이 높아져 모가 건강해진다.

059 ④ 감수분열은 두 잎귀 사이의 길이가 −10cm 정도부터 시작되며, 길이가 0이 되면 감수분열 성기, +10cm 정도로 벌어지면 감수분열 종기이다.

060 ① 수수절간은 출수, 개화 후에도 1~2일간 신장을 계속하기 때문에 이삭은 수수절로부터 추출되어 밖으로 10~20cm 노출된다.

061 ② 배유조직의 가장 바깥쪽 표피세포는 수정 후 10일경에 최후의 세포분열이 끝나 호분층으로 분화되며, 호분층 세포에는 호분립인 단백, 지질성의 과립체가 축적되어 있다.

062 ③
① 일반적으로 적온에서 주야간 온도교차가 클수록 분얼이 증가한다.
② 질소 함유율이 2.5% 이하이면 분얼의 발생이 정지된다.
④ 모를 깊이 심을수록 착근이 늦어지고 분얼이 억제되며 유효경수가 적어진다.

063 ① 산소가 충분치 못한 경우 유근의 신장은 억제되고 유아가 먼저 신장하는 이상발아현상을 보인다.

정답 **056** ④   **057** ③   **058** ③   **059** ④   **060** ①   **061** ②   **062** ③   **063** ①

064 벼 분얼의 발생에 대한 설명으로 옳지 않은 것은?　　　15. 국가직 7급

① 모를 깊게 심은 경우 1차분얼의 발생절위가 높아져 유효경수가 적어진다.
② 조기재배는 일반적으로 분얼기가 저온기이기 때문에 보통기재배보다 분얼수가 적다.
③ 심수관개를 하면 주야간 온도교차가 작아져 분얼의 발생이 억제된다.
④ 직파재배에서는 통상 2~12여벌까지, 이앙재배에서는 5~10엽절까지 분얼이 발생한다.

065 벼의 형태적 특징과 구조에 대한 설명으로 옳지 않은 것은?　　　15. 국가직 7급

① 잎몸에서 유관속과 유관속 사이에는 엽육세포가 3~5층으로 치밀하게 배열되어 있다.
② 줄기의 아랫부분 5~6개의 마디에는 신장절이 위치한다.
③ 이삭목 중앙에는 수강이 있고 그 주변에 대유관속이 10~12개 줄지어 있다.
④ 잎집 속에는 파생통기강이 유관속 1개당 1개로 형성되어 있다.

066 벼 수량구성요소에 영향을 미치는 시기에 대한 설명으로 옳지 않은 것은?　　　09. 지방직 9급

① 이삭수는 분얼기부터 영향을 받으며, 출수기 이후 30일까지 크게 영향을 받는다.
② 1이삭의 영화수를 결정하는 분화영화수는 제2차 지경분화기에, 퇴화 영화수는 감수분열기를 중심으로 가장 큰 영향을 받는다.
③ 등숙률은 유수분화기부터 영향을 받기 시작하여, 출수 후 35일을 경과하면 거의 영향을 받지 않는다.
④ 현미의 1000립중이 가장 감소되기 쉬운 시기는 감수분열성기와 등숙성기이다.

067 벼에서 종실의 형태와 구조에 대한 설명으로 옳지 않은 것은?　　　16. 지방직 9급

① 왕겨는 내영과 외영으로 구분되며, 외영의 끝에는 까락이 붙어 있다.
② 과피는 왕겨에 해당하고, 종피는 현미의 껍질에 해당한다.
③ 현미는 배, 배유 및 종피의 세 부분으로 구성되어 있다.
④ 유근에는 초엽과 근초가 분화되어 있다.

068 볍씨의 발아에 영향을 미치는 요인에 대한 설명으로 옳지 않은 것은?　　　16. 지방직 9급

① 일반적으로 발아 최저온도는 8~10℃, 최적온도는 30~32℃ 이다.
② 종자의 수분 함량은 효소활성기 때 급격하게 증가한다.
③ 볍씨는 무산소 조건하에서도 발아를 할 수 있다.
④ 암흑조건하에서 발아하면 중배축이 도장한다.

069 벼의 생육기간에 대한 설명으로 옳은 것은?

16. 지방직 9급

① 육묘기부터 신장기까지를 영양생장기라고 한다.
② 고온단일 조건에서 가소영양생장기는 길어진다.
③ 모내기 후 분얼수가 급증하는 시기를 최고분얼기라고 한다.
④ 출수 10~12일 전부터 출수 직전까지를 수잉기라고 한다.

070 벼의 생육 단계에서 (가) 시기의 물관리 효과로 옳지 않은 것은?

19. 국가직 9급

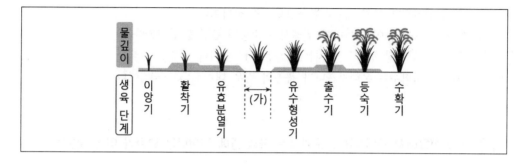

① 질소질 비료의 흡수를 촉진시켜 분얼수를 늘린다.
② 도복에 대한 저항력을 높여 수확작업을 용이하게 한다.
③ 논토양에 신선한 산소를 공급하여 유해물질을 배출시킨다.
④ 뿌리를 깊게 신장시켜 생육후기까지 양분흡수를 좋게 한다.

정답찾기

064 ② 주야간 온도교차가 큰 조기재배는 보통기재배보다 분얼수가 많다.

065 ② 생식생장기에 이르면 줄기 윗부분의 상위 5~6절이 길게 신장하는데, 이것이 신장경 또는 신장절이다.

066 ① 이삭수는 특히 분얼성기에 영향을 받으며, 영화분화기가 지나면 거의 영향을 받지 않는다.

067 ④ 유근 : 종근과 이를 보호할 근초가 분화되어 있다.

068 ② 효소활성기에는 수분 함량의 변화가 크지 않다.

069 ④
① 영양생장기는 발아부터 유수분화 직전까지 기간이다.
② 가소영양생장기는 고온단일조건에서 짧아지고 저온장일에서 길다.
③ 모내기 후 분얼수가 급증하는 분얼성기를 경과하여 분얼수가 가장많은 최고분얼기에 달한다.

070 ① 무효분얼기는 물요구도가 가장 낮은 시기이므로 5~10일간 논바닥에 작은 균열이 생길 정도로 중간 낙수를 실시한다. 중간낙수는 질소의 과잉흡수를 방지하여 무효분얼을 막는다.
중간낙수의 효과 : 질소 과잉흡수 방지, 토양 유해가스 배출, 뿌리길게 뻗어 후기까지 양분흡수 조장, 도복예방

정답   **064** ②   **065** ②   **066** ①   **067** ④   **068** ②   **069** ④   **070** ①

071 벼 품종의 주요 특성에 대한 설명으로 옳지 않은 것은?   16. 지방직 9급

① 조생종은 생육기간이 짧은 고위도 지방에 재배하기 알맞다.
② 동남아시아 저위도 지역에는 기본영양생장성이 작은 품종이 분포한다.
③ 묘대일수감응도는 감온형이 높고 감광형·기본영양생장형은 낮다.
④ 만생종은 감온성에 비해 감광성이 크다.

072 벼의 수량 및 수량구성요소에 대한 설명으로 옳은 것은?   17. 서울시 9급

① 단위면적당 분얼수는 수량구성요소의 하나이다.
② 이삭수를 많이 확보하기 위해서는 수중형 품종을 선택한다.
③ 수량에 가장 영향을 미치는 요소는 이삭수이다.
④ 1수 영화수는 온대자포니카 품종의 경우 대체로 50~70립이다.

073 야생식물에서 재배식물로 순화하는 과정 중에 일어나는 변화가 아닌 것은?   17. 국가직 9급

① 종자의 탈락성 획득
② 수량 증대에 관여하는 기관의 대형화
③ 휴면성 약화
④ 볏과작물에서 저장전분의 찰성 증가

074 벼의 광합성량에 대한 설명으로 옳지 않은 것은?   17. 지방직 9급

① 엽면적이 같을 때 늘어진 초형이 직립초형보다 광합성량이 많다.
② 최적 엽면적지수에서 순광합성량이 최대가 된다.
③ 광합성량에서 호흡량을 뺀 것을 순생산량이라고 한다.
④ 동화물질의 전류가 빠르면 광합성량이 증가한다.

075 우리나라에서의 벼 생육과 환경반응에 대한 설명으로 옳지 않은 것은?   18. 국가직 7급

① 유수분화기 이전 단일 처리에 의한 출수일수 단축 효과는 만생종이 조생종보다 크다.
② 군락의 엽면적이 최대인 경우에는 맑은 날에도 포장광합성이 광포화에 도달하기 어렵다.
③ 저온과 가뭄에 의한 불임에 가장 민감한 시기는 모두 감수분열기이다.
④ 적온 범위 내에서는 일교차가 클수록 등숙은 잘 되나 분얼은 억제된다.

076 벼 종자의 발아에 대한 설명으로 옳지 않은 것은? 17. 국가직 9급

① 저장기간이 길어질수록 발아율은 저하하고 자연상태에서는 2년이 지나면 발아력이 급격히 떨어진다.

② 이삭의 상위에 있는 종자는 하위에 있는 종자보다 비중이 크고 발아가 빠르다.

③ 광은 발아에는 관계가 없지만 발아 직후부터는 유아 생장에 영향을 끼친다.

④ 발아는 수분 흡수에 의해 시작되고 수분 흡수속도는 온도와 관계가 없다.

077 벼의 광합성에 영향을 주는 요인에 대한 설명으로 옳은 것은? 16. 지방직 9급

① 벼는 대체로 18~34℃의 온도범위에서 광합성량에 큰 차이가 있다.

② 미풍 정도의 적절한 바람은 이산화탄소 공급을 원활히 하여 광합성을 증가시킨다.

③ 벼는 이산화탄소 농도 300ppm에서 최대광합성의 45% 수준이지만, 2,000ppm이 넘어도 광합성은 증가한다.

④ 벼 재배 시 광도가 낮아지면 온도가 낮은 쪽이 유리하고, 35℃ 이상의 온도에서는 광도가 높은 쪽이 유리하다.

078 벼의 수량 형성에 대한 설명으로 옳지 않은 것은? 17. 국가직 9급

① 종실 수량은 출수 전 광합성산물의 축적량과 출수 후 동화량에 영향을 받는다.

② 물질수용능력을 결정하는 요인들은 이앙 후부터 출수 전 1주일까지 질소시용량과 일조량에 큰 영향을 받는다.

③ 일조량이 적을 때 단위면적당 영화수가 많으면 현미수량이 높아진다.

④ 등숙 중 17℃ 이하에서는 동화산물인 탄수화물이 이삭으로 옮겨지는 전류가 억제된다.

정답찾기

071 ② 동남아시아 저위도 지역에서는 기본 영양생장성이 크고 감광성이 매우 둔감한 품종이 분포한다.

072 ③
① 수량구성요소는 일정 면적당 이삭수, 1수 영화수, 등숙비율, 1립중의 적으로 나타낸다.
② 이삭수를 많이 확보하기 위해서는 수수형 품종을 선택한다.
④ 1수 영화수는 온대자포니카 품종의 경우 대체로 80~100립이다.

073 ① 야생벼에서 재배 벼로 순화되면 탈립이 쉽게 되지 않는다.

074 ① 군락상태일때 상위엽이 너무 크고 늘어지면 하위엽이 광을 받을 수 없어 수광에 불리하다.

075 ④ 분얼발생 적온은 18~25℃이지만, 일반적으로 적온에서 주야간 온도교차가 클수록 분얼이 증가한다.

076 ④ 볍씨의 수분흡수 속도는 온도가 높을수록 빠른 경향이 있다.

077 ②
① 벼는 대체로 18~34℃ 온도범위에서 광합성량에 큰 차이가 없는데 온도가 높아질수록 진정광합성량은 증가하며, 호흡량도 커지기 때문이다.
③ 이산화탄소 2,000ppm이 넘으면 광합성이 더 이상 증가하지 않는다.
④ 35℃ 이상의 고온에서는 오히려 광도가 낮은 쪽이 유리하다.

078 ③ 일조량이 적으면 물질 수용능력이 클수록 여뭄 비율이 낮아져 수량이 떨어진다.

정답 **071** ② **072** ③ **073** ① **074** ① **075** ④ **076** ④ **077** ② **078** ③

079 벼의 생육 과정에 따른 개체군의 광합성과 호흡량 변화에 대한 설명으로 옳지 않은 것은?

17. 서울시 9급

① 개체군의 광합성은 유수분화기에 최대치를 보인다.
② 개체의 광합성능력은 최고분얼기에 최대가 된다.
③ 잎새 이외의 잎집과 줄기의 호흡량은 출수기에 제일 많다.
④ 개체군의 엽면적지수는 출수 직전에 최대가 된다.

080 벼의 품종에 대한 설명으로 옳지 않은 것은?

17. 지방직 9급

① 오대벼와 운봉벼는 만생종 품종이다.
② 남천벼와 다산벼는 초다수성 품종이다.
③ 가공용인 백진주벼는 저아밀로오스 품종이다.
④ 통일벼는 내비성이 크고 도열병 저항성이 강하다.

081 벼 품종에 대한 설명으로 옳지 않은 것은?

18. 지방직 9급

① 내비성 품종은 대체로 초장이 작고 잎이 직립하여 수광태세가 좋다.
② 자포니카 품종이 인디카 품종에 비해 탈립성이 강하다.
③ 조생종 품종이 만생종 품종보다 수발아성이 강한 경향을 보인다.
④ 직파적응성 품종은 내도복성과 저온발아력이 강한 특성이 요구된다.

082 벼의 광합성에 대한 설명으로 옳지 않은 것은?

17. 국가직 9급

① 외견상 광합성량은 대체로 기온이 35℃일 때보다 21℃ 때가 더 높다.
② 단위엽면적당 광합성능력은 생육시기 중 수잉기에 최고로 높다.
③ 1개체당 호흡은 출수기경에 최고가 된다.
④ 출수기 이후에는 하위엽이 고사하여 엽면적이 점차 감소하고 잎이 노화되어 포장의 광합성량이 떨어진다.

083 벼의 뿌리에 대한 설명으로 가장 옳은 것은?

17. 서울시 9급

① 발아할 때 종근 수는 맥류 종자와 같이 3개이다.
② 종근은 관근과 같은 위치에서 발생한다.
③ 종자가 깊게 파종되면 중배축근이 생성된다.
④ 일반적으로 종근은 최고 20cm까지 신장한다.

084 벼의 분얼에 대한 설명으로 옳지 않은 것은? 17. 국가직 9급

① 적온에서 주야간의 온도교차가 클수록 분얼이 증가한다.
② 분얼이 왕성하기 위해서는 활동엽의 질소 함유율이 2.5% 이하이고 인산 함량은 0.25% 이상이 되어야 한다.
③ 모를 깊게 심거나 재식밀도가 높을수록 개체당 분얼수 증가가 억제된다.
④ 광의 강도가 강하면 분얼수가 증가하는데 특히 분얼 초기와 중기에 그 영향이 크다.

085 볍씨의 발아 과정에 대한 설명으로 옳지 않은 것은? 17. 서울시 9급

① 볍씨가 발아하는 과정은 흡수기→ 활성기 → 발아 후 생장기로 구분된다.
② 흡수기에는 볍씨의 수분 함량이 볍씨 무게의 15%가 되는 때부터 배가 활동을 시작한다.
③ 활성기가 끝날 무렵 배에서 어린싹이 나와 발아를 한다.
④ 발아 후 생장기에는 볍씨가 약 30~35%의 수분 함량을 유지한다.

086 벼 종실의 휴면에 대한 설명으로 옳지 않은 것은? 18. 국가직 7급

① 종실에 질산처리를 하면 휴면이 타파된다.
② 수확 직후에는 왕겨에 발아억제물질이 존재한다.
③ 야생벼는 휴면성이 강하여 수발아 발생 빈도가 높다.
④ 인디카형 벼는 온대 자포니카형 벼에 비하면 휴면성이 강한 것이 많다.

정답찾기

079 ② 개체군과 달리 개체의 광합성은 모내기 후 얼마 안 되어 최대가 되며, 잎새의 질소함량 변화와 일치한다.
080 ① 오대벼와 운봉벼는 조생종이다.
081 ② 일반적으로 인디카 품종이 온대자포니카 품종보다 탈립성이 강하고, 통일형 품종이 온대자포니카 품종보다 탈립성이 강하다.
082 ② 단위엽면적당 광합성능력은 분얼기에 최고로 높았다가 그 후 저하하지만, 포장의 총광합성량은 엽면적이 많은 최고분얼기와 수잉기 사이에 최대가 된다.

083 ③ 종근은 발아 시 종자에서 근초를 뚫고 나와 제일 먼저 신장하는 1개의 뿌리이며 최고 15cm까지 신장한다. 관근은 벼의 줄기에서 나와 근계를 이루는 부정근이다.
084 ② 분얼이 왕성하게 발생하기 위해서는 활동엽의 질소 함유율이 3.5% 이상 되어야 하며, 2.5% 이하이면 분얼 발생이 정지한다.
085 ④ 생장기 : 유아와 유근이 종피를 뚫고 발아한 후 세포의 신장에 따라 생장이 이루어지는 시기. 수분 함량이 급속히 증가한다.
086 ③ 휴면성이 강한 것은 수발아 발생 빈도가 낮다.

정답 **079** ② **080** ① **081** ② **082** ② **083** ③ **084** ② **085** ④ **086** ③

087 벼의 수분과 수정에 관한 설명으로 옳지 않은 것은?   17. 서울시 9급

① 배낭 속에서 2개의 수정이 이루어지는 중복수정을 한다.
② 화분발아의 최적온도는 30~35℃이다.
③ 자연상태에서 타가수정 비율은 1% 정도이다.
④ 암술머리에 붙은 화분은 5시간 정도 지났을 때 발아력을 상실한다.

088 벼의 생육과 기상환경에 대한 설명으로 옳지 않은 것은?   18. 국가직 9급

① 분얼 출현에는 기온보다 수온의 영향이 더 큰 경향이며, 일반적으로 적온에서 일교차가 클
수록 분얼수가 증가한다.
② 개화의 최적온도는 30~35℃이며, 50℃ 이상의 고온이나 15℃ 이하의 저온에서는 개화가
어려워진다.
③ 광합성에 적합한 온도는 대략 20~33℃이며, 온도가 높아질수록 건물생산량이 많아진다.
④ 온대지방보다 열대지방에서 자라는 벼의 수량이 낮은 것은 등숙기의 고온 및 작은 일교차
도 원인 중 하나이다.

089 다음 중 벼의 물질생상능력(source)과 관련된 형질만을 모두 고르면?   18. 국가직 7급

| ㄱ. 초형 | ㄴ. 낟알 무게 | ㄷ. 주당 이삭수 |
| ㄹ. 엽면적 | ㅁ. 엽록소 함량 | ㅂ. 광합성 능력 |

① ㄱ, ㄴ, ㄹ, ㅁ   ② ㄱ, ㄷ, ㅁ, ㅂ
③ ㄱ, ㄹ, ㅁ, ㅂ   ④ ㄴ, ㄷ, ㄹ, ㅂ

090 벼의 생육에 대한 설명으로 옳지 않은 것은?   18. 국가직 7급

① 종자에 흡수된 물은 배반 흡수세포층을 통해 배조직으로 이동하고, 전분저장세포를 통해
종자의 선단부로 이동한다.
② 조생종을 다비재배하거나 한랭지에서 재배할 경우에는 유수분화가 시작된 후에도 분얼의
발생이 계속된다.
③ 쌀알의 등숙은 주로 상위엽의 동화산물에 의존하고, 뿌리의 활력은 하위엽에 의하여 유지
된다.
④ 우리나라에서 출엽주기는 유수분화기 이전에는 약 4~5일이고, 그 후에는 약 7~8일이다.

091 벼의 영양기관 생장에 대한 설명으로 옳지 않은 것은? 19. 국가직 9급

① 분얼은 주간의 경우 제2엽절 이후 불신장경 마디부위에서 출현한다.
② 조기재배는 분얼기에 저온으로 인해 보통기 재배보다 분얼수가 더 적어진다.
③ 벼의 엽면적에 크게 영향을 미치는 요인은 재식거리와 질소시용량이다.
④ 같은 양의 질소질 비료를 줄 때 분시 횟수가 많을수록 표면근이 많아진다.

092 벼의 생육 및 환경에 대한 설명으로 옳지 않은 것은? 19. 국가직 9급

① 규소는 수광태세를 좋게 하고 병해충의 침입을 막는다.
② 산소가 부족한 물속에서 발아할 때는 초엽이 길게 자란다.
③ 개체군 광합성량이 가장 높은 시기는 유효분얼기이다.
④ 냉해와 건조해에 가장 민감한 시기는 감수분열기이다.

093 벼의 광합성, 호흡 및 증산작용에 대한 설명으로 가장 옳지 않은 것은? 19. 서울시 9급

① 벼가 정상적인 광합성능력을 유지하려면 잎은 질소 2.0%, 인산 0.5%, 마그네슘 0.3%, 석회 0.5% 이상이 필요하다.
② 벼 재배 시 광도가 낮아지면 온도가 높은 쪽이 유리하고, 35℃ 이상의 고온에서는 오히려 광도가 낮은 쪽이 유리하다.
③ 벼 1개체당 호흡은 건물중 증가에 기인하여 대체로 출수기경에 최고가 된다.
④ 벼의 증산량이 많아지면 벼 수량도 일반적으로 증가하고, 증산작용은 주로 잎몸에서 일어난다.

정답찾기

087 ④ 5시간이 아닌 5분이 지나면 발아력을 상실한다.
088 ③ 광합성 적온은 20~33℃ 범위인데 고온에 의해 호흡량이 증가하므로 건물생산량은 20~21℃의 비교적 저온일 경우가 더 높다.
089 ③ 벼에서 물질수용에 관련된 형질은 단위면적당 이삭수/이삭당 이삭꽃수/낟알무게/동화물질의 전류능력 등이며, 물질생산에 관련된 형질은 초형/잎면적/엽록소 함량/잎의 두께/광합성 능력/잎기능의 장기유지/뿌리활력 등이다.
090 ① 수분의 흡수는 주로 배와 배유의 경계부위를 통하여 흡수되며, 흡수된 물은 배반의 흡수세포층을 통하여 배조직으로 이동하는 한편, 호분층을 따라 종자의 선단부로 이동한다.

091 ② 분얼기가 비교적 저온기이고, 주야간 온도교차가 큰 조기재배는 보통기재배보다 분얼수가 많다.
092 ③ 벼 개체군의 광합성은 모내기때부터 새끼칠 때까지 급격히 상승하여 이삭 생길 때(유수분화기) 최고값을 보이며, 그후에는 이삭팰 때(출수기)를 지나 수확기까지 계속 낮아진다.
093 ① 벼가 정상적인 광합성 능력을 유지하려면 잎은 질소 2.0%, 인산 0.5%, 마그네슘 0.3%, 석회는 2.0% 이상이 필요하며, 그 이하에서는 광합성이 직선적으로 감소한다.

정답 **087** ④ **088** ③ **089** ③ **090** ① **091** ② **092** ③ **093** ①

094 벼의 종자 보급체계에 있어 원원종을 생산하는 기관은? 19. 서울시 9급

① 도 농업기술원
② 국립식량과학원
③ 국립종자원
④ 도 원종장

095 품종의 조만성에 대한 설명으로 옳지 않은 것은? 20. 국가직 7급

① 우리나라 북부의 추운 지역은 기본영양생장성이 짧고 감광성이 약하며 감온성이 강한 품종이 유리하다.
② 우리나라 남부의 더운 지역은 기본영양생장성이 짧고 감광성이 강하며 감온성이 약한 품종이 유리하다.
③ 동남아시아 저위도 지역에서 알맞은 비계절성 품종은 감광성이 약하고 기본영양생장성이 길다.
④ 동남아시아 고위도 및 저위도 지역에서 모두 재배할 수 있는 광지역적응성품종은 감광성과 감온성이 강하다.

096 벼의 잎면적지수에 대한 설명으로 옳지 않은 것은? 20. 지방직 9급

① 단위토지면적 위에 생육하고 있는 개체군의 전체잎면적의 배수로 표시된다.
② 잎면적지수 7은 개체군의 잎면적이 단위토지면적의 7배라는 뜻이다.
③ 최적잎면적지수는 품종에 따라 다르다.
④ 잎면적지수는 출수기에 최댓값을 보인다.

097 벼의 광합성에 대한 설명으로 옳은 것은? 19. 국가직 7급

① 18~34℃의 온도범위 내에서 광합성량은 크게 증가하는데, 이는 온도가 높아질수록 진정광합성량의 증가 때문이다.
② 잎은 광합성을 수행하는 대표적인 싱크 기관이며, 엽면적지수는 생산량과 관련이 큰 지표이다.
③ 엽면적이 증가하면 광합성량과 호흡량이 직선적으로 증가하지만, 이들은 어느 한계에서는 더 이상 증가하지 않는다.
④ 광도가 낮아지면 온도가 높은 조건에서 광합성이 유리하나, 35℃ 이상의 고온에서는 광도가 낮은 쪽이 유리하다.

098 온대자포니카형 벼와 비교할 때 인디카형 벼의 특성으로 옳지 않은 것은? 17. 지방직 9급

① 탈립성이 높다.　　　　　　　　② 초장이 길다.

③ 쌀알이 길고 가늘다.　　　　　　④ 저온발아성이 강하다.

099 다음은 벼 생육과정과 수량의 생성과정에 대한 그림이다. 이에 대한 설명으로 옳지 않은 것은?

20. 국가직 9급

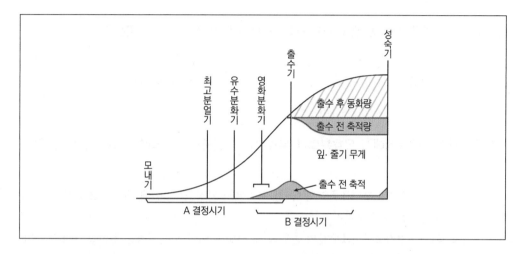

① A는 단위면적당 이삭수와 이삭당 영화수 그리고 왕겨용적의 곱으로 정해진다.

② B는 물질생산체제와 물질생산량 및 이삭전류량 등과 관련이 있다.

③ 출수 전 축적량과 출수 후 동화량을 합한 것이 벼 수량이다.

④ 벼의 식물체 내 물질전류에 있어 최적 평균기온은 30℃이다.

정답찾기

094　① 우리나라 벼 종자 보급체계는 품종 육성기관인 작물과학원에서 벼 기본 식물이 육성되면 각도 농업기술원에서 원원종을 생산하고, 각도 원종장에서 원종을 생산하며, 국립종자관리소에서는 최종적으로 농가에 공급되는 보급종을 생산하여 공급한다.

095　④ 고위도 및 저위도 지역에 모두 재배할 수 있는 품종을 광지역적응성 품종이라 하며, 벼의 감광성과 감온성이 약하면서 기본영양생장성이 적당하다. (IR36, IR72 품종)

096　④ 개체군의 엽면적지수는 출수 직전에 최대가 되었다가 다시 감소하여 수확기에는 급격히 낮아진다.

097　④

① 벼는 대체로 18~34℃의 온도범위에서는 광합성량에 큰 차이가 없는데, 온도가 높아질수록 진정광합성량은 증가하며, 호흡량도 이에 따라 커지기 때문이다.

② 잎은 공급기관(source), 광합성산물을 받아들이는 기관은 수용기관(sink)이다.

③ 엽면적이 증가하면 처음에는 직선적으로 광합성량이 증가하지만, 그 증가율은 점점 감소하다가 어느 한계에서는 더 이상 증가하지 않는다. 호흡량은 엽면적 증가에 따라 직선적으로 증가한다.

098　④ 온대자포니카 품종이 인디카품종보다 저온발아성이 강하며 양호하다.

099　④ 벼의 식물체 내 물질전류에 있어 최적 평균기온은 21~22℃이다.

100 벼의 발아에 영향을 주는 요인에 대한 설명으로 옳은 것은? 20. 국가직 7급

① 산소가 충분할 때에는 유아가 먼저 신장하고, 산소가 불충분하면 유근이 먼저 발생한다.
② 볍씨의 수분흡수 과정에서 흡수기는 온도의 영향을 크게 받는 시기이다.
③ 고위도의 한랭지품종은 저위도의 열대품종에 비하여 저온발아성이 강하다.
④ 볍씨는 발아할 때 반드시 광을 필요로 하지는 않으며, 건답직파의 파종 깊이의 한계는 2cm 정도이다.

101 벼 종자가 수분을 흡수하여 가수분해효소를 주로 합성하는 곳은? 20. 지방직 9급

① 표피   ② 중과피
③ 호분층   ④ 전분저장세포

102 벼의 생육과정에서 유효분얼과 무효분얼을 진단하는 방법으로 옳지 않은 것은?
20. 국가직 7급

① 최고분얼기로부터 1주일 후에 한 포기에서 가장 긴 초장에 대하여 2/3 이상의 크기를 가진 분얼경은 유효분얼이 된다.
② 최고분얼기로부터 1주간의 출엽속도가 0.6엽 이상의 분얼경은 유효분얼이 되지만, 0.5엽 이하의 분얼경은 무효분얼이 된다.
③ 최고분얼기 15일 이전에 발생한 분얼은 유효분얼이 된다.
④ 최고분얼기에 청엽수가 2매 이상 나온 것은 유효분얼이 되고, 그 미만인 것은 무효분얼이 된다.

103 벼의 기공에 대한 설명으로 옳지 않은 것은? 20. 지방직 9급

① 기공의 수는 생육조건에 따라 다른데 하위엽일수록 많다.
② 기공의 수는 품종에 따라 다른데 차광처리에 의해 감소된다.
③ 기공의 수는 온대자포니카벼보다 왜성의 인디카벼에 더 많다.
④ 기공은 잎몸의 표피뿐만 아니라 녹색을 띠는 잎집, 이삭축, 지경 등의 표피에도 발달한다.

104 아시아벼(O.sativa)와 아프리카벼(O.glaberrima)에 대한 설명으로 옳지 않은 것은?
21. 국가직 7급

① 아시아벼는 수확 후 벼그루터기에서 새로 움이 트지 않는다.
② 아프리카벼는 잎혀가 작고 이삭이 곧추서며 2차 지경이 없다.
③ 아시아벼와 아프리카벼는 모두 2배체로 기본 염색체수 n = 12이다.
④ 아시아벼와 아프리카벼의 교잡종자를 파종하면, 생육은 정상이나 종자는 형성되지 않는다.

01

105 벼의 화기 구성요소 중 발생학적으로 꽃잎에 해당하는 것은?

21. 국가직 9급

① 호영
② 주심
③ 내영
④ 인피

106 벼의 분얼에 대한 설명으로 옳지 않은 것은?

17. 지방직 9급

① 생육적온에서 주야간의 온도차를 크게 하면 분얼이 감소된다.
② 무효분얼기에 중간낙수를 하면 분얼을 억제시킬 수 있다.
③ 벼를 직파하면 이앙재배에 비해 분얼이 증가한다.
④ 모를 깊이 심으면 발생절위가 높아져 분얼이 감소한다.

107 모의 생장에 대한 설명으로 옳지 않은 것은?

17. 국가직 9급

① 출아한 볍씨에서 초엽이 약 1cm 자라면 1엽이 나오기 시작한다.
② 초엽 이후 발생한 1엽은 엽신과 엽초가 모두 있는 완전엽이다.
③ 초엽이 나오면서 종근이 발생한다.
④ 엽령이란 주간의 출엽수에 의해 산출되는 벼의 생리적인 나이를 말한다.

정답찾기

100 ③
① 산소가 충분할 때에는 유근이 먼저 신장하여 정상적이지만, 산소가 충분하지 못한 경우에는 유근의 생장이 억제되고 유아가 먼저 신장하는 이상 발아현상이 나타난다.
② 흡수기는 온도의 영향을 크게 받지 않으며 발아에 필요한 수분 함량에 달할 때까지 급속히 진행된다.
④ 볍씨는 발아 시 반드시 광을 필요로 하지 않으며 암흑상태에서도 발아한다. 건답직파 파종깊이는 3cm 정도가 한계이다.

101 ③ 종자가 수분을 흡수하면 호분층에서 가수분해효소를 합성하며, 합성된 효소는 배유로 이동하여 고분자의 저장 물질인 탄수화물, 단백질 및 지방을 저분자물질로 가수분해시킨다.

102 ④ 최고분얼기에 청엽수가 4매 이상 나온 것은 유효분얼이 된다.

103 ① 기공의 수는 엽위, 생육조건 또는 품종에 따라 다른데 상위엽일수록 많고 차광처리에 의하여 감소되며, 온대자포니카벼보다 왜성 인디카벼 또는 통일계벼에 많다.

104 ① 아프리카벼에는 아시아벼에 있는 이삭의 2차 지경이 없으며, 수확 후 벼 그루터기에서 새로 움이 트지 않는다.

105 ④ 내·외영 밑에 흰색에 육질이고 난형인 인피가 2매 있는데, 이것은 개화할 때 흡수·팽창하여 개영하는 기능을 하며, 인피는 발생학적으로 화피 또는 꽃잎에 해당한다.

106 ① 분얼발생 적온은 18~25°C 이지만, 일반적으로 적온에서 주·야간 온도교차가 클수록 분얼이 증가한다.

107 ② 1엽은 엽신이 없고 잎집(엽초)만 2cm정도 자라기 때문에 불완전엽이고, 1엽이 완전히 자라기 전에 2엽이 나타난다.

정답　**100** ③　**101** ③　**102** ④　**103** ①　**104** ①　**105** ④　**106** ①　**107** ②

108 벼의 결실과 환경조건에 따른 영향에 대한 설명으로 옳지 않은 것은?   20. 국가직 7급

① 쌀알의 외형적 발달은 길이, 너비, 두께의 순서로 형성되며, 수정 후 25일 정도면 현미의 전체 형태가 완성된다.

② 현미의 건물중은 개화 후 10~20일 사이에 현저하게 증대되어 25일경에 최대에 달하고, 35일 이후에는 약간 감소한다.

③ 결실기의 고온은 일반적으로 벼의 성숙기간을 단축시키며, 이삭으로의 탄수화물 전류량은 17~29℃ 범위의 온도에서는 고온일수록 많다

④ 이삭수는 분얼성기에 환경에 강한 영향을 받으며, 최고분얼기 후 10일 이후는 거의 영향을 받지 않는다.

109 벼의 품종에 대한 설명으로 옳지 않은 것은?   21. 지방직 9급

① 비바람에 잘 쓰러지면 내도복성이 높은 품종이다.

② 온도와 일장으로 결정되는 생육 일수가 짧은 것은 조생종이다.

③ 저온에 피해를 입지 않고 잘 견디면 내냉성이 높은 품종이다.

④ 특정 병에 대한 저항성이 있으면 내병성이 높은 품종이다.

110 여교배 육종으로 개발된 품종은?   21. 국가직 9급

① 화성벼   ② 통일찰벼
③ 새추청벼   ④ 백진주벼

111 벼의 품종에 대한 설명으로 옳은 것은?   21. 국가직 7급

① 질소다비조건에서 다수를 올리는 품종은 초장이 길고 잎이 만곡형이다.

② 열대지역인 동남아시아 저위도 지역에서는 기본영양생장성이 작고, 감광성이 매우 둔감한 품종이 분포한다.

③ 직파적응성 품종은 내도복성이고, 고온발아력이 강하며, 초기 생장이 빨라야 한다.

④ 조생종은 감광성에 비하여 감온성이 상대적으로 크고, 만생종은 감온성보다 감광성이 상대적으로 크다.

112 멥쌀과 찹쌀에 대한 설명으로 옳은 것은?   21. 국가직 7급

① 멥쌀의 아밀로오스 함량은 70~85% 이다.

② 멥쌀보다 찹쌀의 비중이 높다.

③ 찹쌀은 유백색이고 불투명하다.

④ 요오드 반응에서 멥쌀은 붉은색으로, 찹쌀은 청남색으로 염색된다.

113 벼의 광합성에 대한 설명으로 옳은 것은?

20. 국가직 9급

① 군락상태로 있을 때, 상위엽은 크기가 작고 두껍지 않고 직립되어 있으면 전체적으로 수광에 유리해진다.

② 18℃ 이하의 온도에서는 광합성이 현저히 떨어지고, 광도가 낮아지면 온도가 높은 조건이 유리하다.

③ 정상적인 광합성 능력을 유지하려면 잎이 질소 2.0%, 인산 0.5%, 마그네슘 0.3%, 석회 2.0% 이상 함유해야 한다.

④ 이산화탄소 농도 2,000ppm이 넘으면 광합성이 더 이상 증가하지 않는다.

114 벼의 생장과 발육에 관한 설명 중 옳지 않은 것은?

09. 국가직 7급

① 감광성 품종은 단일조건에서 주간의 최종 엽수가 늘어난다.

② 깊게 파종하면 초엽과 중배축이 모두 신장한다.

③ 적온 범위에서는 일교차가 커야 분얼이 많아진다.

④ 질소 시비량이 많으면 지상부/뿌리부(T/R율)가 커진다.

정답찾기

108 ② 현미의 건물중은 개화 후 10~20일 사이에 현저하게 증대되고 35일까지 거의 증대가 끝난다. 건물중이 최대가 되는 개화 후 35일경의 수분 함량은 20%정도로 감소된다.

109 ① 내도복성은 쓰러짐에 견디는 능력을 말한다.

110 ② 통일품종(3원교배 육성 품종), 통일찰벼(여교배 육성품종), 새추청벼·안성벼(다계교배 육성품종)

111 ④
① 내비성 품종은 대체로 초장이 작고, 잎이 직립하며, 수광자세가 좋은 초형을 가지고 있다.
② 열대지역인 동남아시아 저위도 지역에서는 기본영양생장성이 크고 감광성이 매우 둔감한 품종이 분포한다.
③ 직파적응성 품종은 깊은 물속에서도 발아 및 출아가 양호하고, 내도복성이며, 저온발아력이 강하고, 초기 생장력이 빠른 특성이 요구된다.

112 ③
① 멥쌀의 녹말은 아밀로오스가 7~33%이고 아밀로펙틴이 67~93%이며, 찹쌀은 아밀로펙틴뿐이다.
② 찹쌀은 전분구조 내에 미세공극이 있어 빛이 난반사하므로 유백색이고 불투명하고, 비중이 낮으므로 찰벼의 수량은 메벼보다 낮은 것이 일반적이다.
④ 멥쌀과 찹쌀의 구분은 요오드 염색법으로 구분되며 요오드용액을 처리하면 멥쌀은 청남색으로, 찹쌀은 붉은색(적갈색)으로 염색된다. 멥쌀의 아밀로오스가 요오드분자와 결합하면 청남색을 띠기 때문이다.

113 ① 수광에 유리한 조건
1) 상위엽의 크기가 작으며, 두껍지 않고, 직립되어 있으며, 중첩되지 않고 개산형으로 균일하게 배치되어 있으면 하위엽도 광을 받을 수 있어 전체적으로 유리하다.
2) 질소과다로 인한 상위엽을 번무를 조심하고, 규산질을 충분히 흡수시킴으로써 잎몸을 꼿꼿하게 세워 엽면적이 커져도 수광률은 높아지게 한다.
3) 내비성 품종이 대체로 초장이 작고 잎이 직립하여 수광태세가 좋다.

114 ① 감광성 품종은 단일조건에서 생식생장기로 전환하여 더이상 주간엽수가 늘지 않는다.

합격까지 함께
농업직 만점 기본서 ✦

박진호 식용작물학

합격까지 **박문각**

벼의 재배

Chapter 01 벼의 재배환경

1 기상환경

1. 기상환경과 벼의 재배

ℚ 기온과 수온이 벼의 수량에 미치는 영향

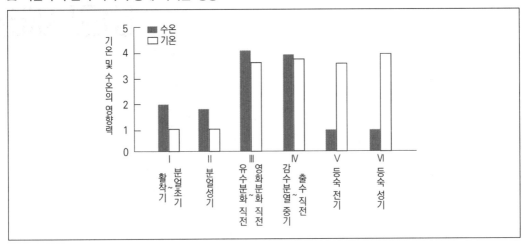

(1) 온도

① 우리나라는 위도가 높은 지역이고 산지가 많아 저온이 벼의 안정적 재배에 큰 제약요인이다.

② **벼의 생육 최저온도는 8~10°C, 최적온도는 25~32°C, 최고온도는 38°C이며, 35°C 이상에서는 생육이 저조해진다.**

③ **발아 후 32°C까지는 온도가 높을수록 생육이 촉진된다.**

④ 온도가 벼의 생육에 미치는 온도의 영향을 알아보는 척도가 적산온도인데, 벼 생육기간 중 매일의 평균기온을 적산한 온도는 2,500~**4,400°C**이다.

⑤ 기온의 일교차는 최저기온이 한계온도 이하로 내려가지 않는 한 교차가 클수록 분얼 발생 및 등숙에 유리하다.

⑥ 벼는 담수조건에서 생육하므로 기온의 영향뿐만 아니라 수온의 영향도 받는데, 생장점의 위치에 따라 다르다.

  ㉠ 분얼성기까지 벼의 생장점이 수면하에 있어 수온의 영향을 더 크게 받는다.

  ㉡ 이삭이 신장하는 유수분화기부터 출수기에는 점차 생장점이 수면 근처에 위치하므로 수온의 영향이 감소하면서 기온과 수온이 거의 같은 정도로 영화의 분화와 화분모세포의 분화 형성에 기여한다.

  ㉢ **등숙기에는 수온의 영향은 현저히 줄고 기온이 등숙을 지배한다.**

02

ⓔ 수온의 효과 중 특히 **감수분열기에 기온이 저온 한계 이하로 낮아질 경우, 논물의 깊이를 15~20cm로 깊게 대주는 것이 저기온으로부터 유수를 보호하여 불임을 방지하는 효과적인 물관리 기술이다.**

(2) 광

① 작물의 생산에 대한 광의 영향은 일사량과 일장으로 구분하여 생각할 수 있다.

② **벼는 일사 에너지가 강할수록 군락 내부의 잎까지 광에너지가 도달하여 광합성이 잘되고, 건물 축적이 늘어 수량이 증가한다.**

③ **최고분얼기 이후 질소과다는 지상부의 과번무로 군락광합성이 저하되어 수량이 낮아진다.**

④ 벼군락 내의 광합성은 일사량뿐만 아니라 온도와 상호작용의 영향이 크다.

⑤ **약광하에서는 온도가 높을수록 광합성은 증가하고 광도가 높아지면 18~33°C 사이에서는 온도가 높아지면 광합성량도 증가하다가, 생육적온보다 높은 고온에서의 강광은 광합성이 저하된다.**

⑥ 일장은 출수기를 결정하는데, 벼의 단일 조건에서 출수가 빨라진다.

(3) 강우

① 벼는 담수식물이므로 물이 충분해야 이앙 시 활착이 잘되고 식물체가 튼튼하여 병충해가 강해지고 잡초발생이 적다.

② 강우가 지나치게 많으면 광합성이 잘되지 못하여 벼가 연약해지는 등의 여러 문제가 발생한다.

(4) 대기

① **가벼운 바람** : 이산화탄소를 군락 내부로 공급하여 광합성을 촉진하고, 공기습도를 낮추어 증산작용을 조장함으로써 양분의 흡수를 많게 하고, 병충해의 발생도 줄인다.

② 강풍

ⓐ 수분 스트레스를 유발하여 기공을 닫게 함으로써 광합성을 방해하고, 기계적 상해도 일으켜 병균의 침입을 유발한다.

ⓑ 개화와 수정을 방해하고, 도복을 조장한다.

ⓒ **출수기를 전후하여 고온 건조한 강풍이 불면 백수현상이 유발된다.**

③ 최고분얼기 이후 등숙초기까지 무성하여 군락 내에 통풍이 되지않고, 온도와 일사량이 풍부하면 광합성이 활발하여 이산화탄소가 부족하기 쉬운데 이때 환기는 광합성을 촉진한다.

2. 우리나라의 기상조건과 벼농사

(1) 우리나라의 기상조건

① 우리나라의 4~6월은 일사량은 충분하나 강우량이 부족하고, 7~8월은 고온이나 비가 너무 많아 일사량이 부족하며, 9~10월은 일사량은 충분하나 비교적 저온이다.

② 봄철 처수답이나 수리불안전답은 물이 부족해 모내기가 어렵고, 한랭지의 발아기와 못자리기의 저온이 문제가 된다.

③ 여름에는 고온과 일사량 부족으로 동화 − 호흡의 균형이 깨져 식물체가 연약해지기 쉽고 건물 축적이 불리할 수 있다.

④ 가을은 일사량이 풍부하고 기온교차가 커 등숙에 알맞으나 산간고랭지, 모내기가 늦어 출수가 지연된 곳은 저온의 피해도 있다.

(2) 기상조건과 쌀의 품질

① 쌀의 품질은 출수 전 환경의 영향도 있긴하나 출수 후 등숙기간의 기상조건에도 영향을 받는다.

② 고품질 쌀의 생산지역은

   ㉠ 일반적으로 **결실기의 평균기온이 너무 높지 않다.**

   ㉡ **일교차가 크며, 일조시수가 길다.**

   ㉢ **상대습도와 증기압이 낮은 특징이 있다.**

(3) 우리나라 벼 재배지대 구분

① 기후요소를 종합하여 11개의 기후지대로 구분한다.

② 호남평야나 영남평야 및 남부해안지대는 중만생이, 중부평야는 중생종이 적합하다.

③ 중부 산간지나 동북부 해안은 조생종이 적합하다.

④ 평창, 인제, 정선 등 고랭지는 극조생종이 권장된다.

(4) 이상기상과 벼 재배

① 온실 효과와 벼 재배

   ㉠ 온실 효과(greenhouse effect)로 기온이 상승하는 경우 안전출수기가 현재보다 늦어져 벼 재배 가능지가 확대되고, 품종과 재배양식의 변동이 일어난다.

   ㉡ 벼의 연중 생육기간이 연장되므로 조생종 재배지대는 중생종으로, 중생종 재배지대는 만생종으로 바뀌며, 표고 600m 이상의 산간지에도 일부 조생종 재배가 가능하다.

   ㉢ **쌀 수량은 등숙기의 고온으로 감수가 예상**되나, 등숙 온도에 알맞게 재배시기를 변경하면 증수도 가능하다.

② 엘리뇨 현상과 벼 재배

   ㉠ 엘리뇨 현상은 열대 태평양 적도 부근인 남아메리카 해안~중태평양에 이르는 넓은 범위에 해수면 온도가 지속적으로 높아지는 현상을 말한다. 2~7년마다 한 번씩 불규칙하게 일어나고, 주로 9월에서 3월 사이에 일어난다.

   ㉡ 엘리뇨 현상이 발생한 해에는 쌀 작황이 큰 차이가 없으나 국지적으로 보면 엘리뇨가 쇠퇴하는 해에는 기상조건이 좋지않아 작황이 불안정하다.

   ㉢ 엘리뇨 현상이 발생한 해에는 심한 가뭄으로 모내기를 못하거나 집중호우 또는 여름철 저온과 일조 부족 현상 등이 발생하여 큰 피해를 입힌다.

02

2 토양환경

1. 논토양의 일반 특성

(1) 토양이 담수되면 호기성 미생물의 호흡으로 수 시간 후에는 토양 중의 산소가 소진되어 용존산소가 없어도 호흡이 가능한 혐기성 미생물이 번성하여 환원 조건이 된다.

(2) 산소 등 가스 교환은 확산에의해 이루어지는데, 담수 중의 산소 이동속도는 공기보다 훨씬 느려 담수토양 내에서는 산소부족 상태가 되며 토양 중 호기성 미생물의 밀도는 감소하고 혐기성 미생물의 밀도가 증가한다.

(3) 혐기성 미생물은 대사에 필요한 전자수용체를 용존철이나 질소산화물처럼 산화물 중에 결합하고 있는 산소를 사용하므로 토양의 황, 철, 질소화합물 등이 환원되어 **토양의 산화환원전위(Eh)가 낮아지며, 토층은 산화층과 환원층으로 분화된다.**

(4) 산화층은 논토양과 물이 만나는 표층부로 물의 용존산소에 의하여 호기성 미생물의 활동이 왕성하며, 환원층보다는 얇게 형성된다.

(5) 토양의 황, 철 또는 망간이 환원되면 유해한 **황화수소(H_2S)**가 생기고, 철이나 망간이온이 증가하여 식물에 해로운 영향을 미친다. 이런 현상은 담수상태에서 유기물이 과다하면 심해진다.

(6) 담수에 의하여 산성 및 알칼리성 토양이 중성으로 변하면 토양 중 인산과 규산의 유효도가 증가하여 벼의 흡수량이 증가한다.

(7) 토양 중 질산태 질소는 암모니아태 질소로 환원되기도 하고, 질산환원세균의 작용을 받아 질소가스로 탈질된다.

2. 논에서 무기양분의 동태 – 논에서의 질소 순환

담수상태에서 질소는 무기태와 유기태의 형태 중 주로 유기태 질소가 주가되며, **유기태 질소는 무기태로 전환되어야 식물체가 흡수할 수 있다.**

☙ 논토양의 구조와 탈질작용

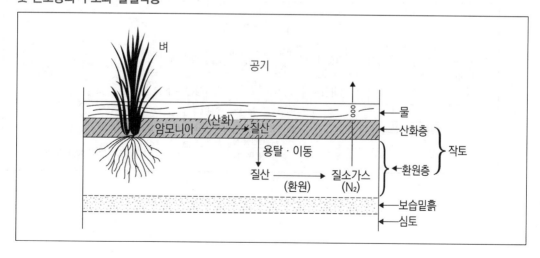

(1) 암모니아화성작용(ammonification)

① 토양 중의 유기질소화합물인 단백질은 토양미생물에 의해 아민기 형태의 아미노산으로 분해되고, 아미노산은 물과 반응하여 암모니아(NH_3)로 변하며, 이는 다시 물과 반응하여 가급태 무기성분인 NH_4^+가 되어 벼가 이용

② **암모니아화의 촉진요인 : 건토효과, 지온상승효과, 알칼리효과 등**

(2) 질산화성작용(nitrification)

① 암모니아태질소(NH_4^+)는 산소가 충분한 산화적 조건하에서 호기성 무기영양세균인 아질산균과 질산균에 의해 아질산(NO_2^-)로 변화한다.

② 가급태 무기질소이므로 작물(대부분의 작물)에 흡수 이용되나 전기적 음성이므로 토양교질물에 흡착되지 않아 하층토로 용탈될 수 있다.

(3) 질산환원작용

질산이나 아질산이 호기적 조건하에서 질산환원균에 의해 암모니아(NH_3)로 환원된다.

(4) 탈질작용

① **암모니아태 질소를 산화층에 시용하면 암모니아태 질소가 질산태 질소로 산화되고, 질산태 질소는 다시 환원작용을 받아 아질산, 질소가스(N_2) 및 아산화질소(N_2O) 등으로 되어 날아가는 현상이다.**

② 탈질작용은 담수상태의 논에서와 같이 산소가 부족한 조건에서 혐기성균인 탈질균에 의하여 발생한다. 탈질현상은 질소비료 경제상 큰 손실이므로 NH_4-N 비료의 심층시비가 필요하다. 보통답에서 밑거름의 전층시비는 탈질을 방지하므로 표층시비보다 질소비료의 이용률을 높여준다.

(5) 공중질소고정작용(nitrogen fixation)

표면산화층에 질소를 고정하는 남조류가 번식하면 햇볕을 받아 **공중질소가 암모니아태 질소로 고정된다.**

♧ **논토양의 질소 순환도**

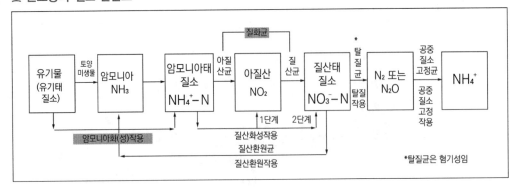

3. 논의 종류와 특성

(1) 건답(dry paddy field, 보통논)

① 관개를 하면 논이 되고, 배수하면 밭이 되는 논

② **물이 풍부하고 배수가 잘되어 생산성이 높은 논으로 우리나라 논의 약 1/3로 밥맛이 좋다.**

③ 건답은 **생산력이 높으며 답리작, 답전윤환재배가 가능한 논**을 말한다.

④ 건답은 유기물의 분해속도가 빨라 지력이 낮아지기 쉬워, 유기질을 다량 시용하고, 필요시 토양개량제를 사용하며, 심경해야 증수가 된다.

(2) 사질답(누수답, 시루논)

① **모래가 많아 물이 잘 빠지는 논**

② 사질답은 용수량이 많고, 양분 보유력이 약하므로 요소비료를 심층시비하는 것이 불리하다.

③ 물빠짐을 개량하려면 점토가 많은 토양으로 객토해야 한다.

④ 양분 보유력을 보완하기 위해서는 녹비작물을 심고, 비료는 분시하며, 완효성 비료를 사용해야 한다.

(3) 미숙답

① **논의 개답 역사가 짧고 유기물 함량이 적은 식양질 또는 식질토양으로 배수가 불량한 논**

② 개량하기 위해서는 유기물의 다량 시용으로 토양을 입단화해야 한다.

③ 심경으로 토양물리성을 개선한다.

(4) 습답

① 습답은 지하수위가 높고, 배수불량, 포화상태 이상의 수분을 가진 논이다.

② **수분이 많아서 지온이 낮고, 환원상태로 청색토양이다.**

③ 유기물의 분해속도가 느리고, 유기산, 황화수소 등의 유해물질이 생성되며, 부식이 축적되며 **토양의 이화학적 성질이 나쁘다.**

④ 유해물질이 작토에 집적되어 뿌리 발달이 나쁘다.

⑤ 논에서 **H_2S 등 유해한 환원성 유해물질의 발생에 의한 뿌리장해로 추락의 원인**이 된다.

⑥ 칼리와 규산 등 양분흡수가 저해된다.

⑦ 암거배수 등으로 지하수위를 낮추고, 미숙유기물의 시용은 피하여야 한다.

(5) 추락답(노후화답)

① 영양생장기까지 잘 자라다가 **출수기 이후에 아래 잎이 일찍 고사하고, 뿌리의 활력이 저하되며, 망간 결핍으로 깨씨무늬병이 발생하여 수확량이 급감하는 현상**을 추락이라 하며, 이런 현상이 나타나는 논이다.

② 추락은 작토층이 얕고 담수에 의한 환원에 의하여 활성철, 가용성 인산과 망간 및 석회 등이 하층으로 용탈되어 부족한 경우 발생하며, 속효성 비료를 조기에 사용하거나 다량으로 사용한 경우에도 잘 나타난다.

③ 노후논은 표층에 철이 부족하여 흙이 회백색을 띠고, FeS(황화철) 부족으로 뿌리가 해를 받아 칼리와 규산의 흡수가 저해된다.

④ 개량법
  ㉠ 무기성분이 풍부한 흙으로 객토한다.
  ㉡ **토양개량제 및 유기물을 시용한다.**
  ㉢ 경운을 깊게 심경한다.
  ㉣ **황화수소의 발생원인이 되는 황산근을 가진 비료의 사용을 금지한다.**

(6) 특수성분 결핍 또는 과잉토양
  ① 아연 결핍 논
    ㉠ 석회암 지대나 염해지에서 발생한다.
    ㉡ 개량으로 황산아연 3Kg/10a 사용한다.
  ② 중금속 오염 논
    ㉠ 광산지대나 공장폐수가 유입되는 곳의 카드뮴(Cd), 구리(Cu), 비소(As), 납(Pb), 아연(Zn) 등의 피해가 나타나는 논
    ㉡ 대책 : 객토, 석회나 유기물시용으로 중금속 흡수를 막는 방법

(7) 염해답
  염해답은 간척지에 많으며, **염분농도가 0.3% 이하일 때 벼의 재배가 가능**하다. 일반적으로 토양입자가 미세하여 통기가 불량하고, 높은 지하수위에 의한 환원으로 유해가스 발생에 의한 뿌리 썩음이 심하며, 물에 의한 제염 과정에서 무기염류의 용탈이 심하다.
  ① **염도 0.1% 이하 : 벼 재배에 큰 지장이 없다.**
  ② **염도 0.1~0.3% : 염해가 나타날 수는 있으나 벼 재배는 가능하다.**
  ③ **염도 0.3% 이상 : 정상적인 벼 재배는 어렵다.**
  ④ 개량법
    ㉠ 관개수를 자주 공급하여 제염하는 것이 최선이다.
    ㉡ 생짚이나 석고, 석회와 토양개량제를 시용한다.

4. 우리나라 논토양의 특성

(1) 우리나라 논토양은 **보통답이 32%에 불과하고, 미숙답(23%), 사질답(32%), 습답(9%), 염해답(4%) 등 생산력이 떨어지는 논이 68%**에 달한다.

(2) 우리나라 논토양은 작토층이 낮고, 유효 규산, 치환성 석회 및 마그네슘 함량도 낮고, pH가 다소 낮다.

(3) 논토양의 경우 담수상태에서는 인산의 흡수율이 높아지므로 논에서 인산의 별도 시비는 필요하지 않지만, 밭의 유효인산함량은 적정범위보다 낮은 편으로 시비가 필요하다.

◎ 우리나라 논토양의 유형별 면적

구분	보통답	미숙답	사질답	습답	염해답	특이산성답	계
비율(%)	32	23	32	9	4	0.2	100

02

5. 논토양의 개량

논토양이 불량하여 생산성이 낮은 논을 저위생산답이라고 한다. 개량하기 위해서 심경, 객토 및 환토, 유시물 사용, 녹비작물의 재배와 규산질 비료의 시용 등의 방안이 있다.

(1) 심경(deep plowing)

① 작토 깊이가 18cm 이상이 되도록 깊게 경운하는 것이다.

② 보통답과 미숙답에서 경토가 얕아 비료 효과가 일찍 떨어짐으로써 추락이 쉽게 발생되는 논에서 실시한다.

③ **유기물을 증시하고 비료를 20~30% 증시**해야 증수로 이어진다.

④ 심경은 보통답과 미숙답에서 주로 실시하며, 사질답에서는 누수의 위험이 있어 심경하지 않는다.

(2) 객토

① 배수 속도가 지나치게 빠른 사질토는 점토함량이 15% 이상 되도록 객토한다.

② 배수가 극히 불량한 중점토에서는 모래를 객토하여 점토함량이 15% 정도가 되도록 한다.

③ 객토한 논은 **18cm 이상 심경**하고 유기물 증시하며 시비량을 다소 늘린다.

④ 객토용 흙은 점토함량이 25%이상이 좋고 20%이상이면 무방하다.

(3) 유기물 시용

① 유기물은 토양의 물리성을 개선하며, 양분의 공급원이되며 토양 중 효소의 활성을 높인다.

② 비료의 효율을 높이고 제초제 등의 약해를 감소시키며 토양온도를 높여 쌀의 품질향상에 기여한다.

③ 유기물 함량이 2.5%에 미달하는 논은 볏짚, 보릿짚, 두엄 등을 사용한다.

④ 유기물이 너무 지나치면 벼의 생육후기에 지나친 질소과다로 도복되거나 밥맛이 떨어진다.

(4) 녹비작물의 재배

① 지력증진을 목적으로 **호밀, 헤어리베치나, 자운영** 등 녹비작물을 재배하는 경우 결실기에 담수 후 로터리 경운하여 분해를 촉진시켜야 한다.

② **부숙을 촉진하기위해 규산질 비료나 석회질 비료가 도움이 된다.**

③ 화본과 녹비작물의 경우는 C/N율을 낮추기 위해 질소비료를 3~4Kg/10a 주면 부숙에 도움이 된다.

(5) 규산질 비료 시용

① 규산은 화본과 식물의 세포를 튼튼히 하여 병해충과 도복을 방지하고 식물체의 자세를 개선하여 **광합성 효율을 높여 수량과 품질향상에 기여**하는 역할을 한다.

② 우리나라의 논은 천연공급 만으로는 규산이 부족한 경우가 많은데, 병충해, 냉해 및 도복의 상습 발생지와 규산을 시용한 후 4년이 경과한 논에 주면 좋다.

③ 규산함량 130ppm 미만의 논에 시용한다.

④ 질소질이 과다할 경우 **규소/질소비를 높여 벼를 튼튼하게 하기 위해 규산을 시용한다.**

⑤ 규산질 비료의 시용시기는 춘경, 추경 전으로 최소한 밑거름 시용 2주 전까지이다.

(6) 염해답 개량

① 염해가 나타나는 논을 개량하려면 가을에 10cm 정도 깊이로 얕게 춘경한 후 자주 물을 갈아
대어 염분을 제거한다.

② **질소질은 황산암모늄(유안)으로, 인산질은 과석으로, 칼리는 황산칼륨으로 주고, 황산아연
3Kg/10a을 주어도 효과적이다.**

6. 토양 조건과 쌀의 품질

(1) 토성이 미질에 미치는 영향과 지력배양

① 품종과 재배기술이 개선되어 토성이 미질에 미치는 영향은 크지 않으므로, 산지에 따른 미질
의 차이는 토질의 차이라기보다 작기나 시비법 등 재배법의 차이가 더 큰 경향이 있다.

② **습답은 건답보다 비옥도는 높으나, 질소흡수가 후기에 집중되어 수량과 식미가 떨어지기 쉽다.**

③ 고품질 쌀을 생산하려면 유기물에 의한 지력을 높여 화학비료의 사용을 줄이는 것이 필요하다.

④ 벼에는 비료의 3요소인 N, P, K 이외에도 20~40여 종의 미량요소도 함께 공급되어야 하기
때문에 유기질비료가 필요하다.

⑤ 객토와 규산질비료의 시용이 중요하다.

(2) 우리나라에서 식미가 좋은 쌀이 생산되는 산지토양의 특성

① **지온과 관계수온이 낮고 일교차가 크다.**

② **관개수에 무기성분 함량이 높다.**

③ **관개수의 투수성이 낮아 양분 보유력이 강하다.**

④ **토양이 비옥하여 질소비료의 공급이 적어, 벼의 건실한 생장이 가능하다.**

Chapter 02 벼의 재배기술

1 벼의 재배양식

1. 직파재배

(1) 물의 유무에 따라 건답직파(30%)와 담수직파(70%)가 있다.

(2) 우리나라 직파재배의 90%는 호남지방이다.

(3) 최근 직파재재가 다시 시작될 때 처음에는 작업편의상 건답직파였으나 1990년 중반부터 이상기후의 여파로 봄철 파종기에 강우가 빈번하여 담수직파가 증가하는 추세이다.

2. 이앙재배

(1) 손이앙과 기계이앙이 있다.

(2) 1977년 이앙기 보급으로 대부분 기계이앙이다.

2 종자 준비

1. 종자 선택

(1) 종자는 전년도에 생산된 것으로 병해가 없는 것을 사용한다.

(2) 벼는 자가수분작물로 자연교잡률이 0.9%고, 돌연변이가 일어나며 부주의로 혼종의 경우가 있어 **4년 주기로 종자를 갱신**하여 유전적 퇴화에 대처해야 한다.

2. 선종

(1) 볍씨가 발아하여 3~4엽이 자랄 때까지 배유의 양분에 의존하기에 충실하게 등숙한 볍씨를 선택한다.

(2) 충실한 종자는 내용물이 많은 무거운 종자를 의미하므로 비중을 이용한 염수선을 이용한다.

(3) 까락이 없는 메벼는 비중 **1.13**, 까락이 있는 메벼는 비중 1.10, 그리고 찰벼와 밭벼는 비중 1.18에서 가라앉는 볍씨를 쓴다.

(4) 소금물(물 18L + 소금 4.5Kg)에서 달걀의 뜨는 모습으로 비중을 결정한다.

3. 소독

(1) 종자로 전염하는 도열병, 깨씨무늬병, 키다리병 등을 예방하기 위하여 볍씨를 소독한다.

(2) 발아 시 약해를 피하기 위하여 침종 전에 실시한다.

4. 침종, 최아

(1) 소독이 끝나면 발아에 필요한 수분을 흡수시키고, 종피에 있는 발아억제물질을 제거하기 위하여 침종한다.

(2) 발아에 필요한 침종은 최소 1일이고, 수분흡수 속도는 수온의 영향에 차이가 없다.

(3) 볍씨는 건물중의 15%의 수분을 흡수하면 배의 발아활동 시작하고, 완전히 발아까지는 건물중의 30~35%의 수분 흡수가 필요하다.

(4) 15%까지 수분을 흡수시키는 것이 침종의 목적인데, 볍씨의 흡수 속도가 일정하지 않아, 발아 기간의 차이가 크게 나면 좋지 않기 때문에 흡수는 하지만 발아활동은 시작하지 않는, 수온이 13℃ 이하의 낮은 온도에서 실시한다.

(5) 볍씨가 발아에 필요한 수분을 흡수하면 신속, 균일하게 발아할 수 있도록 싹을 틔우는 최아를 실시한다.

(6) 최아기간은 통일계 품종이 온대자포니카 보다 1~2일 늦다.

(7) 최아정도는 유아의 길이가 1~2mm가 좋으며 2mm이상 되면 작업 도중 유아가 상처나고 다루기도 어렵다.

(8) 침종기간이 길어지면 발근불량으로 이어져, 농가에서 대량의 종자를 침종, 최아시키는 경우 침종 적산온도로 100℃를 맞추는데, 수온 10℃에서는 10일, 15℃에서는 7일, 20℃에서는 5일이 필요하다.

3 본답 준비

1. 경운

(1) 경운 시기

① 경운은 벼가 잘 자라도록 토양을 갈아주는 적업으로, 시기는 가을(추경)과 봄(춘경) 두 시기가 있다.

② 건답이며, 유기물이 많은 토양은 추경한다.

③ 추경은 건토효과로 유기물이 빨리 부식되어 다음 해에 양분공급이 많아지며, 월동해충을 죽이는 효과도 있다.

④ 추경 논은 봄에 다시 경운을 해야하므로 양분 소모가 많으니 2모작답, 사질답처럼 양분이 부족한 논이나 겨울과 봄철에 물에 의한 양분의 유실이 많은 습답에서는 춘경만 실시한다.

(2) 경운 깊이

① 양분이 흡착되고 뿌리가 뻗는 공간인 작토층을 확보하는 것이므로 벼의 생산에 중요한 의미를 가진다.

② 식토나 식양토에서는 물빠짐을 좋게 하기 위하여 깊게 간다.

③ 사질토는 물빠짐을 방지하기 위하여 얕게 가는 것이 좋다.

④ 습답은 너무 많은 미숙 유기물의 토양혼입을 방지하기 위하여 얕게 가는 것이 좋다.

⑤ 보통논에서 권장하는 경운 깊이는 18cm 이상의 심경을 한다.

⑥ 심경만으로는 효과가 약하여 심경다비가 되어야 증수된다.

✽ 심경은 벼의 초기 생육이 떨어지나 양분이 생육후기까지 지속되어 유효경이 증가하고 출수는 지연되어도 도복이 적고 임실이 좋아져서 증수된다.

2. 정지(land preparation)

벼농사에서 정지란 관개수가 새는 것을 막기 위해 논두렁을 바르고, 물을 대어 논써리기(pudding and leveling)를 하는 것이다.

① 논써리기의 효과

㉠ 흙을 부수어 부드럽게 하고, 비료가 골고루 섞인다.

㉡ 흙탕물을 만들어 잡초를 고사시킨다.

㉢ 물이 잘 빠지는 논에서 곱게 써리면 입자가 고운 점토가 가장 늦게 가라앉아 표층에 쌓여 누수를 막을 수 있고, 배수가 불량한 논에서 거칠게 써리면 배수를 촉진하는 효과가 있다.

㉣ 제초제의 약효를 높이는 효과가 있다.

㉤ 지면을 평평하게 하여 모내기 후 활착을 양호하게 한다.

② 써래질 후 담수상태에서의 논토양의 변화

㉠ 입자가 작은 점토가 늦게 표층으로 가라앉아 누수를 막는다.

㉡ 담수로 산성 및 알칼리성 토양이 중성으로 변하여 인산과 규소의 유효도 증가한다.

㉢ 산소부족상태의 혐기성 미생물의 밀도가 높아지며 유기물의 혐기적 분해가 진행되고, 산소 대신 다른 화합물이 전자수용체로 이용되어 환원된다.

㉣ 시간이 지나며 호기성 미생물의 밀도는 감소하고 혐기성 미생물의 밀도가 증가한다.

4 육묘(seedling rasing)

1. 육묘 양식 및 특징

육묘는 벼 이앙재배 시 모를 기르는 작업이고 못자리는 모를 기르는 장소로 육묘 양식은 못자리 육묘(손이앙)와 상자육묘(기계이앙)가 있다.

(1) 못자리 육묘

손이앙을 위한 육묘법으로 물못자리, 밭못자리, 절충못자리로 나뉜다.

① 물못자리

㉠ 장점

- 물에 의한 보온효과가 있다.
- 볍씨의 **발아와 생육이 균일하며, 잡초발생이 줄고**, 쥐, 새 및 병충해의 피해가 적다.

㉡ 단점

- **산소 부족으로 뿌리의 생장이 나빠** 벼가 연약해진다.
- 모내기 후 식상이 많고, **만식적응성이 낮다.**

② 밭못자리

㉠ 장점

- 물못자리에 비하여 키가 작고, 튼튼하며, 식물체 내에 질소와 전분함량이 높아 **발근력도 크고 내건성도 강하다.**
- 본답에 이앙하면 **식상이 적고 초기 생육이 왕성하다.**
- 초기 생육이 왕성하므로 한랭지나 비옥지같은 만식되기 쉬운 조건에서 유리하다.
  - ＊ 밭못자리는 초기 생육이 왕성하므로 만식적응성이 높은 반면, 물못자리는 식상이 많고 만식적 응성이 낮다.

㉡ 단점

- 밭모는 규산 흡수량이 적어 **세포의 규질화가 미흡하여 초형이 늘어지고 도열병에 약하다.**
- 잡초, 쥐와 새 등의 피해와 **발아와 생육이 불균일**하다.

③ 절충못자리

㉠ 물못자리와 밭못자리의 장점만을 이용한 방식이다.

㉡ **육묘전반기는 물못자리로, 후반기에는 밭못자리 양식이거나 그 반대의 경우도 가능하다.**

㉢ 비닐을 덮는 보온절충못자리는 통일벼가 보급된 1972년부터 최근까지 가장 흔하게 사용하는 양식이다.

㉣ 2모작이나 다수확을 위한 조기재배와 한랭지에서 활용가능하다.

(2) **상자육묘**

① 상자육묘는 기계이앙을 위한 육묘법으로 못자리 모에 비해 20배로 밀파된다.
(상자당 200g 파종하면 약 7,000개의 모, 220g 파종하면 약 8,000개의 모 형성)

② 기계이앙용 상자 육묘란 일반적으로 중모이고, 치묘나 어린모도 기계이앙용으로 사용된다.

③ 육묘일수에 따라

㉠ **중모(30일 묘) :** 초장 15~20cm, 출엽수 3.0~4.5엽의 모

㉡ **치묘(20일 묘) :** 초장 10~15cm, 출엽수 2.0~2.5엽의 모

© 어린모(10일 묘) : 초장 5~10cm, 출엽수 1.5~2.0엽의 모

② 성묘(40일 묘)

- 초장 20~25cm, 출엽수 6.0~7.0엽의 모
- 과거 손으로 이앙할 때의 모
- 성묘는 하위마디가 휴면하여 발생하는 분얼수가 적으나 중모, 치묘 및 어린모로 갈수록 하위마디에서 분얼이 나와 줄기수가 많아진다.

④ 어린모의 사용은 분얼수가 증가 이외에도 장점이 많아 사용이 늘고 있는 추세이다.

⑤ 손이앙재배는 기계이앙재배에 비하여 유효수수 확보가 불리하여 기계이앙재배보다 수량이 떨어진다.

♀ 기계이앙중모 · 치묘 · 어린모와 손이앙용 성묘의 특성

구분		기계이앙용			손이앙용
		중모	치묘	어린모	성묘
파종량		100~130 g/상자	150~180 g/상자	200~220 g/상자	300g(3홉)/ 3.3m²
육묘일수(일)		30~35	20~25	8~10	40이상
소요육묘상자(개/10a)		30	20	15	–
모 소 질	초장(cm)	15~20	10~15	5~10	20~25
	묘령(엽)	3.0~4.5	2.0~2.5	1.5~2.0	6.0~7.0
	배유 잔존량(%)	0	10	30~50	0
저온활착력		++	+++	+++	+
분얼발생 절위(마디)		5~6	2~3	2~3	5~6
분얼수(개)		26~28	30~33	35~40	9~10
출수 지연일수(일)		0	1~2	3~5	0

⑥ 어린모 재배

- 관수저항성이 강하고, 내도복성인 품종을 선택한다.
- 2모작지대의 어린모 재배는 만식적응성이 높은 조 · 중생종을 선택한다.

⊙ 어린모 재배의 장점

- 배유가 종자에 30~50% 남아 있어 모내기 후 식상이 적고 착근이 빠르다.
- **내냉성이 크고 환경적응성이 강하며 관수저항성이 크다.**
- 이앙 시 흙속에 얕게 묻히므로 **분얼이 증가한다.**
- 육묘 기간이 단축되고 육묘 노력도 절감된다.
- 농자재가 절감효과 : 육묘 상자수는 중모보다 반으로 줄어들고(중모는 10a당 30개, 어린모 육묘 시 15개), 육묘 상자의 이용횟수는 중모보다 3배 증가한다.
- 육묘 면적이 축소(중모는 10a당 7m² 필요하나 어린모 육묘시 다단식 육묘가 가능하여 1m²로 가능)된다.
- 이앙 기간의 확대로 이앙기의 가동 횟수가 증가되고 노동력 집중이 완화된다.

ⓛ 어린모 재배의 단점
- 중모보다 출수가 3~5일 지연되어 그만큼 조기에 이앙하여야 한다.
- 이앙 적기의 폭이 좁다.
- 모의 키가 작으므로 논바닥 정지가 균일해야 한다.
- 제초제에 대한 안전성이 약하다.

2. 육묘의 진행방법

(1) 상자육묘

① 상토

ㄱ 상자육묘의 상토는 **배수가 양호하고 뿌리 매트 형성이 잘 되는 점질토양이다.**

ㄴ 토양산도는 pH 4.5~5.5 정도가 적절한데, 이는 모마름병의 발생을 억제하기 위함이다.

ㄷ **상토소요량은 중모 산파가 5L, 어린모 산파가 상자당 3L이다.**

② 육묘상자

ㄱ 가로 × 세로 × 깊이가 60cm × 30cm × 3cm 크기의 상자를 사용한다.

ㄴ 이앙기의 규격에 맞아야 하고, 깊이는 뿌리가 매트처럼 엉켜자라도록 최소한의 토양을 담도록 되어 있다.

③ 파종

ㄱ 파종기: **이앙일로부터 역산하여 25~30일이다.**

지역	구분	조생종	중생종	중만생종
북부(한강 이북)	중모	4. 15. ~ 4. 30.	—	—
	어린모	5. 5. ~ 5. 15.	—	—
중부(수원)	중모	4. 10. ~ 5. 5.	4. 10. ~ 4. 30.	4. 10. ~ 4. 25.
	어린모	5. 1. ~ 5. 20.	5. 1. ~ 5. 15.	5. 1. ~ 5. 10.
중남부(대전)	중모	4. 10. ~ 5. 10.	4. 10. ~ 5. 5.	4. 10. ~ 4. 30.
	어린모	5. 0. ~ 5. 25.	5. 1. ~ 5. 20.	5. 1. ~ 5. 15.
남부(익산, 대구)	중모	4. 5. ~ 5. 15.	4. 5. ~ 5. 10.	4. 5. ~ 5. 5.
	어린모	4. 25. ~ 6. 1.	4. 25. ~ 5. 25.	4. 25. ~ 5. 20.
극남부(광주, 진주)	중모	4. 1. ~ 5. 20.	4. 1. ~ 5. 15.	4. 1. ~ 5. 10.
	어린모	4. 20. ~ 6. 5.	4. 20. ~ 6. 1.	4. 20. ~ 5. 25.

ㄴ 파종량: 상자당 100~130g(4,000립)이 적당하나, 벼의 입중에 따라 다르다.
- 비닐피복 산파 시의 파종량
  - 상자당 1,000립중이 22~23g인 소립종: 100~120g
  - 상자당 1,000립중이 24~26g인 중립종: 120~130g
  - 상자당 1,000립중이 28~30g인 소립종: 140~150g
  - 초파 시에는 파종량을 줄인다.
  - 어린모는 뿌리 매트형성을 위해 더욱 밀파하여 상자당 200~220g(상자당 8,000립)을 파종한다.
  - 어린모는 실내 다단식 선반에서 육묘가 가능하다.

④ 육묘 관리

　㉠ 파종 후 생육과정

　　• 중모 : 파종 → 출아 및 녹화(2일) → 경화 및 육묘(26~31일) → 모내기

　　• 어린모 : 파종 → 출아 및 녹화(2일) → 경화 및 매트형성(4~6일) → 모내기

　㉡ 출아(emergence)

　　• **모의 초장 신장을 위해 암흑에서 싹 5~10mm 생장**

　　• **출아적온은 주간 30°C, 야간 20°C로 2일이면 출아한다.**

　　• **출아장이 지나치게 길어지면 백화묘가 발생하므로 주의해야 한다.**

　㉢ 녹화(greening)

　　• **출아한 모에 엽록소가 형성되도록 광을 쪼여주는 과정**

　　• 광도 2,000~3,5000 lux의 약광에서 광을 쪼여준다.

　　• 40,000lux 이상, 10°C 이하에서 저온은 스트레스로 인하여 백화묘가 발생한다.

　　• 온도조선

　　　－ **녹화 기간(2일) : 주간/야간 25/20°C**

　　　－ **경화 초기(8일) : 주간/야간 20/15°C**

　　　－ **경화 후기(10~25일) : 주간/야간 20~15/15~10°C**

　㉣ 치상

　　• 녹화된 육묘 상자를 논의 못자리에 놓는 것

　　• 비닐터널과 10cm 이상 거리를 두고 상자 밑면 구멍이 상토와 밀착되어 모관수 상승이 용이해야 한다.

　　• 관개는 고랑에만 하고 수위가 모판 바닥 밑 2~3cm가 되도록 한다.

　　• 모내기 5~7일 전 완전 물떼기를 한다.

　㉤ 육모 중 시비

　　• 밑거름으로 질소를 상자당 1~2g 시비한다.

　　• 3엽 출현 시(모내기 전 5~7일) 추비로 질소 1~2g을 100배로 희석하여 준다.

　㉥ 병충해 방제

　　• 종자로 전염하는 도열병, 깨씨무늬병, 키다리병 등 곰팡이병과 세균성 벼알마름병의 종자소독에 특히 유의한다.

　　• 모가 들뜨는 것은 과습, 과건, 미세한 흙 복토 시 발생하며 관수에 유의한다.

　　• 기계이앙모는 비닐하우스 등에서 육묘하므로 손이앙모보다 병해와 생리장해가 잘 나타난다.

(2) 못자리육묘

① 물못자리, 밭못자리, 절충형못자리 등 전통적인 모판을 만들 때에는 너비 120cm, 통로를 30~40cm로 한다.

② 시비량 3.3m²당 질소 38~50g, 인산 20~40g, 칼리 48~60g

③ 파종량 80g/m² : 3,200립(3.6~5.4 dL)

5 모내기

1. 이앙기

(1) 모내기(transplanting) : 상자나 못자리에서 기른 모를 본답에 옮겨심는 것이다.

(2) 모내기를 너무 일찍 하게 되면
　① 육묘기가 저온이어서 좋지 않고, 본답에서 영양생장기간이 길어져 비료와 물 소모량이 많고 잡
　　초 발생도 많아진다.
　② 과번무로 인한 무효분얼이 많아지고, 도복과 병충해가 증가한다.

(3) 너무 늦게 모내기를 하면
　① 불충분한 영양생장으로 수량은 감소한다.
　② 심백미와 복백미가 증가하여 쌀의 품위가 낮아진다.

(4) 벼의 결실 기간 중 등숙에 적합한 온도는 21~23°C인데, 안전출수한계기란 출수 후 40일 간의 등
숙온도가 평균 22.5°C 이상 유지될 수 있는 출수기를 말한다.

(5) 최적의 이앙기는 중부지방 기준 중만생종, 중모를 기준으로 5월 20일 ±10일경이고, **이앙적기란**
가을에 기온이 낮아지기 전에 안전한 등숙을 할 수 있는 출수기 즉, 안전출수한계기 내에 출수할
수 있는 **이앙기**를 말한다.

♉ 지역별, 품종별 벼 이앙적기(단위 : 월, 일)

지역	구분	조생종	중생종	중만생종
북부(한강 이북)	중모	5. 15. ~ 5. 30.	—	—
	어린모	5. 15. ~ 5. 25.	—	—
중부(수원)	중모	5. 10. ~ 6. 5.	5. 10. ~ 5. 30.	5. 10. ~ 5. 25.
	어린모	5. 10. ~ 5. 30.	5. 10. ~ 5. 25.	5. 10. ~ 5. 20.
중남부(대전)	중모	5. 10. ~ 6. 10.	5. 10. ~ 6. 5.	5. 10. ~ 5. 30.
	어린모	5. 10. ~ 6. 5.	5. 10. ~ 5. 30.	5. 10. ~ 5. 25.
남부(익산, 대구)	중모	5. 15. ~ 5. 30.	5. 5. ~ 6. 10.	5. 5. ~ 6. 5.
	어린모	5. 5. ~ 6. 15.	5. 5. ~ 6. 5.	5. 5. ~ 5. 30.
극남부(광주, 진주)	중모	5. 1. ~ 6. 20.	5. 1. ~ 6. 15.	5. 1. ~ 6. 10.
	어린모	5. 1. ~ 6. 15.	5. 1. ~ 6. 10.	5. 1. ~ 6. 5.

＊ 파종기는 **이앙일로부터 역산하여 25~30일로 계산**하면 된다.

(6) 최적이앙기는 안전출수한계기의 출수기로부터 역산하여 지역별, 지대별로 결정한다.

(7) 모가 뿌리를 내리는 한계최저온도를 고려해야 하며, 묘의 종류별 활착가능한 저온 기온은 성묘,
중묘, 치묘, 어린모의 순으로 낮아지는데, 이는 식물체가 어릴수록 작아서 에너지 소모가 적기 때
문이다.

(8) 같은 엽령의 묘라도 묘의 소질이 불량한 것은 저온활착성이 떨어진다.

(9) **기계이앙모는 손이앙모보다 어려서 활착 한계온도가 1~2°C 낮다.**

02

⑽ 기계이앙재배는 모가 얕게 심어져서 분얼절위가 낮아 유효수수의 확보가 유리하고, 기계이앙재배와 손이앙재배의 생산성은 동일하다.

⑾ 기계이앙재배의 출수기는 손이앙재배보다 3~7일 늦어지고, 어린모가 중간모보다 더 지연된다.

⑿ 어린모 이앙은 중모 이앙보다 출수기가 3~5일 지연되므로 그만큼 조기에 이앙해야 한다.

⒀ 기계이앙모는 비닐하우스에서 싹틔우기와 녹화를 거치기 때문에 웃자라기 쉽고, 식물체가 연약하여 노지에서 자라는 손이앙모보다 병해와 생리장해를 받기 쉽다.

2. 재식 밀도 및 거리

⑴ 손이앙 시 표준 재식밀도는 30cm×15cm 간격으로 1포기에 3~4모가 적당하며 평당 72포기이다.

⑵ 기계이앙 시는 평야지 1모작 기준 평당 75~85포기, 1포기에 3~4모가 적당하며, 중간지, 답리작지대는 평당 80~90포기에, 1포기당 4~5모가 적당하다.

⑶ 산간 고랭지, 만식 시에는 평당 100~130포기에, 1포기당 6~7모가 적당하다.

⑷ 비옥지에서는 척박지에 비해 소식한다.

⑸ 조생품종은 만생품종보다 밀식한다.

⑹ 만식재배의 경우 밀식한다.

♨ 지대별 적정 벼 재식밀도

지대	산간고랭지, 만식재배	중산간지	중간지, 보리뒷그루재배	평야지 1모작 재배	채소 뒷그루재배
평당 포기수	100이상	90~100	80~90	75~85	85~95

3. 이앙심도

⑴ 이앙 깊이는 2~3cm가 적당하다.

⑵ 너무 깊으면 활착이 늦고 분얼이 감소하며, 너무 얕으면 물위에 떠서 결주되기 쉽다.

4. 모내기 직후 관리

⑴ 이앙하면 먼저 있던 뿌리는 흡수기능을 잃게 되므로 새 뿌리가 나오기 전까지는 식물체가 시드는 식상(transplanting injury)이 나타난다.

⑵ 식상이 완화되게 하기 위해 물을 깊게 대 주어야 한다.

⑶ 모내기 직후에 물을 대면 모가 물 위로 뜨므로, 뿌리가 약간 안정화되는 모내기 24시간 후에 심수관개한다.

6 무기영양 및 시비

1. 무기양분 흡수

(1) 벼의 조성분

일반식물들과 마찬가지로 벼는 9개의 필수 다량 원소와 7개의 필수 미량 원소가 필요하다. 벼는 특히 필수 원소가 아니지만 **규소(Si)는 다량필요(질소보다 10배 이상)**하다.

① 다량필수원소(9종) : 탄소(C), 수소(H), 산소(O), **질소(N), 황(S), 칼륨(K), 인산(P), 칼슘(Ca), 마그네슘(Mg)**

② 미량필수원소(8종) : **붕소(B), 염소(Cl), 몰리브덴(Mo), 아연(Zn), 철(Fe), 망간(Mn), 구리(Cu), 니켈(Ni)**

③ 필수광물원소 : 물과 공기에서 공급되는 C, H, O를 제외한 13개 원소

(2) 무기양분 흡수 부위

① **양분흡수는 뿌리 끝 2~3cm 부위에서** 주로 이루어진다.

② 뿌리의 무게보다 뿌리 선단의 수가 더 중요하다.

③ 새로 나온 뿌리일수록, 영양상태가 좋은 뿌리일수록, 양분흡수력이 강하다.

(3) 무기양분 흡수 장해

① 벼가 양분을 잘 흡수하려면 유효태 양분이 충분하고, 뿌리의 흡수기능이 좋아야 한다.

② 뿌리의 흡수기능이 좋으려면 뿌리가 건강하며, 뿌리조직 내에 호흡기질이 충분하고, 흡수에 필요한 에너지 발생을 위하여 산소가 충분히 공급되어야 한다.

③ 생리 반응에 필요한 효소의 활성도 필요하고 세포 내의 생리반응에 적합한 온도도 필요하다.

④ 지나친 토양환원에 의한 황화수소(H_2S), 아세트산 등의 유기산은 효소작용을 방해하기 때문에 양분 흡수가 저해(H_2S은 0.1ppm의 낮은 농도에서도 양분흡수 저해)된다.

2. 무기양분과 벼의 생장

(1) 벼의 생육과 영양

① 벼 생육과정의 특징 : 생육의 3상(영양생장, 생식생장, 등숙)

㉠ 생육 초기인 영양생장기 : 경수(분얼수) 증가

㉡ 생육 증기인 생식생장기 : 경엽중 증가

㉢ 생육 후기인 등숙기 : 수중 증가

② 유기물의 집적으로 본 생육의 3상

㉠ **영양생장** : 원형질의 구성 성분인 단백질 합성이 왕성하며, 활발한 광합성에 의해 다량의 단백질이 축적되고, 새로운 줄기, 잎, 분얼이 발생(질소, 인산, 칼리를 많이 흡수)한다.

㉡ **생식생장** : 건물중이 증가하며, 리그닌, 셀룰로오스, 헤미셀룰로오스 등의 세포벽 물질이 발생한다.

㉢ **등숙** : 전분집적, 동화 산물은 대부분 전분으로서 이삭에 축적되고, 전분은 생육 중기까지는 비교적 많은 양이 줄기나 엽초에 축적되지만 출수와 함께 이삭으로 이전된다. 줄기와 엽초의 전분함량은 출수할 때까지 높다가 등숙기 이후에는 감소한다.

③ 무기양분의 흡수경과

    ㉠ 질소, 인산은 단백질 구성 요소로서 생육 초기에 왕성한 흡수를 보인다.

    ㉡ 동화작용과 동화 산물의 전류에 관계하는 칼리, 마그네슘은 생육 중, 후기에 흡수된다.

    ㉢ 전분의 운반자인 석회는 생육 후기인 등숙기까지 왕성한 흡수를 보인다.

> **벼의 생육시기에 따른 식물기관의 비료 3요소 함량**
>
> 1. 생육 초기에 질소와 칼리의 함량은 모두 잎새에서 가장 높고, 줄기 · 잎집이 그다음이며 뿌리가 제일 낮다.
> 2. 인은 뿌리에 가장 많고 줄기 > 잎집 > 잎새의 순서이다.
> 3. 칼리는 이삭팬 후 줄기와 잎집의 칼리함량이 잎새보다 높다.

(2) 생육 시기별로 뿌리의 양분흡수

① **질소, 칼륨은 흡수가 가장 빨리 이루어지며 1일당 흡수량은 출수 전 20~30일에 최고에 달하**고, 새 뿌리의 발생이 거의 없는 출수 이후 격감하고, 인은 질소, 칼륨보다 다소 늦게 최고치에 달한다.

② 한 포기당 발근수는 출수 전 20~30일에 가장 많아서 이것이 질소, 인, 칼리의 흡수량의 최고치와 일치하여, 비료 3요소의 흡수와 새 뿌리 발생과 관련이 있다.

③ 질소의 흡수 속도는 발근수와 건전근단중과도 밀접한 관계를 가지고 있어 새 뿌리에 의해서만 흡수되며 인은 발근이 정지된 후에도 어느 정도 흡수되므로 오래된 뿌리에서도 흡수된다.

④ **생식생장기에 접어들면 질소와 인산의 흡수량이 적어지며 칼슘, 마그네슘, 규산의 농도가 높아진다.**

⑤ **철과 마그네슘은 출수 전 10~20일에, 규소와 망간은 출수 직전에 1일당 흡수량이 최대가 된다.**

⑥ 철과 마그네슘의 흡수 최고점은 발근수의 최다 시기보다 약 10일, 규산과 망간은 약 20일 늦어진다.

    ＊ **철, 마그네슘, 규산, 망간은 오래된 뿌리에서도 흡수된다.**

(3) 무기양분의 이동

① 뿌리에서 흡수되는 무기양분 중 일부는 뿌리에 머물러 광합성 산물과 뿌리의 대사활동에 기여하고 나머지는 대부분 지상부로 이동한다.

② **벼가 흡수하는 양분 : 질소 > 칼륨 > 인 > 칼슘 > 마그네슘**

③ **무기양분 흡수는 유수형성기까지는 급증하나, 유수형성기 이후 출수기 사이에 감소되고, 출수기 이후에는 급감한다.**

④ 벼에서 양분의 체내 이동률은 인, 질소, 황, 마그네슘, 칼륨, 칼슘의 순으로 저하된다.

⑤ 체내에서 이동이 잘 되는 무기양분(N, P, K, S 등)의 결핍증상은 하위엽에서 먼저 나타나고, 과잉증상도 하위엽에서 나타난다.

⑥ 이동성이 약한 무기양분(Fe, B, Ca 등)의 결핍증상은 상위엽에서 나타난다.

⑦ 이동성이 좋은 인, 질소, 황 등의 단백질 구성 성분은 생육 초기부터 출수기까지 상당 부분 흡수하며, 출수 후에는 잎과 줄기에 축적되어 있던 것을 이삭으로 이동시킨다.

⑧ 이동성이 약한 칼슘과 규산은 생육 초기부터 완료시까지 흡수되어 생육과정의 각 시기에 필요한 양을 흡수시켜야 한다.

⑨ 칼륨과 칼슘은 생육초기부터 완료시까지 흡수시켜야 한다.

⑩ 마그네슘은 유수발육기에 많은 양이 필요하여 이 시기에 많이 흡수시켜야 한다.

⑪ **벼 생육시기별 무기성분의 농도 : 생육 초기에는 질소 및 칼리가 높다가, 생육 후기 호숙기에 체내 농도가 가장 높은 무기성분은 규소이다.**

3. 무기양분의 생리 기능

(1) 질소

① 질소는 원형질(핵과 세포질)의 구성 성분이므로 엽면적과 분얼 형성에 가장 큰 영향을 미친다.

② 엽록소의 주성분으로 엽록소의 형성에도 결정적인 영향을 미친다.

③ 질소 결핍 시

ㄱ **생육과 수량이 크게 저하되고, 분얼생성이 정지되며 잎이 좁고 짧아진다.**

ㄴ 결핍증상은 오래된 잎의 가장자리부터 시작하여 잎의 가운데 부분까지 황백화 현상이 발생한다.

④ 질소과잉

ㄱ 엽면적을 지나치게 크게 하여 과번무로 수광태세가 나빠지므로 광합성을 저하시키고, 호흡량을 증대시켜서 건물생산이 저하된다.

ㄴ **다량의 암모니아는 결합해야 할 탄수화물이 부족을 야기하여 유리된 아미노산이나 아미드의 축적으로 도열병에도 취약하다.**

ㄷ 이화명충의 피해와 뿌리의 활력도 조기에 쇠퇴하여 풍수해에도 약해진다.

(2) 인산

① 인은 핵산의 구성 성분으로 세포분열에 영양을 주며, 세포막의 구성 성분으로 막의 터과성에 관여한다.

② 인산은 체내에 질소나 칼륨의 1/5 정도만 함유되어 있으나, 생육 전기의 분얼과 뿌리 자람을 위한 필수 요소이다.

③ 인산 결핍

ㄱ 잎이 좁아지고 농록색으로 변하고, 키가 작고 가늘어지며, 출수와 성숙을 저해한다.

ㄴ 분얼이 적어지고, 호흡작용이나 광합성을 저하시켜 도열병을 유발한다.

④ **한랭지에서는 저온으로 인하여 인의 흡수가 나쁘므로 인산질 비료를 충분히 사용할 필요가 있다.**

⑤ **일반적인 논토양의 경우에는 담수 후에 인의 유효도가 증가하므로 균형시비를 위하여 인산질 비료의 시비가 중요하다.**

(3) 칼륨

① 단백질 합성에 필요하므로 질소가 많을수록 칼륨의 필요량도 많아진다.

② 질소 함량이 많을 때에는 칼륨 결핍이 일어나기 쉬우므로, 벼 생애 중 질소 함량이 가장 높은 분얼 성기와 유수형성기에 칼륨 결핍이 일어나기 쉽다.

③ 칼륨이 결핍되었을 때

ㄱ **하위엽에 있던 칼륨이 상위엽으로 이동하여, 하위엽 선단부터 황변하여, 점차 담갈색이 되어 조기 고사하며, 결실이 잘 이루어지지 않는다.**

ⓛ 섬유소 및 리그닌의 합성이 부진하여 줄기가 약해지고 도복되기 쉽다.

ⓒ 칼륨이 부족하면 엽색이 진해지고 초장이 짧아진다.

ⓔ 인산 결핍과는 달리 분얼의 감소는 없으며 출수는 오히려 빨라진다.

④ 칼륨의 흡수가 저해되면 체내에 암모늄태 및 가용태 질소 함량이 증가되어 질소를 과잉 흡수한 것과 같아 병에 걸리기 쉽고 리그닌 합성이 진하여 줄기가 약해지며 도복을 유발한다.

⑤ 벼는 수잉기까지 흡수한 칼리가 일생동안 흡수한 양의 75%에 달한다. 대부분 왕겨에 집중되며 벼 알에는 극히 적은 양이 있다.

(4) 칼슘

① 세포막 구성 성분으로 분열조직의 생장에 크게 영향을 미치며, 토양 산도를 교정한다.

② 벼의 다수확재배를 위하여 주기적인 석회 시용이 필요하다.

③ 유수형성기~등숙기에 광합성 산물의 작물체 내 전류를 원활하게 한다.

④ 칼륨, 마그네슘 및 나트륨과 길항작용을 한다.

(5) 마그네슘

① 엽록소의 구성 성분이므로 결핍되면 잎이 아래로 처지고, 엽맥 사이에 황백화 현상과 하위엽이 황변하며, 병에 잘 걸린다.

② 줄기나 뿌리 생장점의 발육도 나빠진다.

③ 칼륨과 길항작용을 한다.

(6) 규소

① 벼에서 수확기까지 질소보다 10배 이상 많이 흡수된다.

② 필수 원소는 아니지만 잎을 꼿꼿하게 세워 수광태세를 좋게 하며, 증산을 경감하여 한해를 줄이는 효과가 있고, 잎의 표피세포에 축적되면 수분 스트레스를 방지함으로써 광합성이 양호하게 한다.

③ 병원균과 해충의 침입을 막고, 줄기에 축적된 규소는 도복에 대한 저항성을 높인다.

④ 규소의 효과는 대체로 질소와 반대되므로 규소/질소 비율이 높으면 벼는 건실하게 자란다.

⑤ 질소 비료의 다비 시에 규소를 많이 흡수하는 벼는 건강해진다.

⑥ 토양에는 규소의 산화물인 규산의 함량은 높지만 가용성의 유효 규산은 다소 부족하므로 별도시용이 필요하다.

⑦ 규소는 잎새와 줄기 및 왕겨의 표피조직에 많다.

⑧ 논토양이 담수되어 환원되면 가용태 규산은 증가된다.

⑨ 규산은 잎새의 표피세포에 있는 각피층의 내측에 침적하여 단단한 실리콘층을 형성화고, 또한 세포막 부분에서 Silica-cellulose 혼합층을 형성하여 과잉의 각피 증산을 막고, 병원균이나 해충의 침입을 막는 작용을 한다.

(7) 철, 망간, 아연

① 철과 망간은 담수환원조건에서 가용성이 증가하여 일반논에서는 결핍증이 나타나지 않는다.

② 노후토양의 용탈과 석회암지대의 배수불량지는 철이 부족한 경우가 많은데 철분 결핍은 뿌리 썩음 현상이 나타나고 어린잎부터 엽록소 함량이 낮아져 황백화한다.

③ 철은 같은 양이온인 칼륨, 망간과 길항작용을 한다.

④ 망간은 여러 가지 효소작용을 촉진하는 효과를 지니므로 망간이 결핍되면 엽록소 함량과 광합성 능력이 현저하게 감소한다.

⑤ 석회암 지대에서는 아연의 결핍이 나타난다.

4. 시비

(1) 시비량의 결정

① **시비량의 결정은 목표수량에 필요한 성분량에서 천연공급량을 빼고, 시용한 비료성분의 흡수율로 나누어 산출한다.**

$$시비량 = \frac{(필요성분량 - 천연공급량)}{시용한\ 비료성분의\ 흡수율}$$

② 현미 100kg 생산에 필요한 비료성분량 : 10a당 질소 2.4kg, 인산 0.8kg, 칼리 2.2kg

③ 천연공급량 : 장소에 따라 다르나 10a당 질소 4.2~7.2kg, 인산 1.1~4.9kg, 칼리 3.4~6.0kg

④ 비료성분의 흡수율 : 토양, 기상, 재배법에 따라 다르나 10a당 질소 50~60%, 인산 20%, 칼리 40~50%

(2) 시비 시기

① 비료는 벼의 생육량에 맞추어 분시해야 한다.

② **모가 활착 후 바로 흡수하여 벼이삭을 내는 줄기수로 확보하기 위해 모내기 전에는 기비(밑거름)를 주고, 모내기 후 12~14일에 분얼비(새끼칠거름)를 준다.**

③ **출수 전 24~25일경 유수가 1~1.5mm 자란 때에는 1수 영화수를 증가시키기 위하여 수비(이삭거름)를 준다.**

④ **출수기(수전기)에는 종실의 입중을 증가시키기 위하여 질소질 비료 총량의 10% 정도 범위에서 실비(알거름)를 준다.**

⑤ 알거름은 활동엽의 질소 함량이 2.0% 이하일 때 효과가 크므로 질소 함량이 높거나 일조부족 및 저온하에서는 생략한다.

⑥ **고품질 쌀 생산의 목적인 경우 알거름을 생략한다.**

(3) 권장시비 기준

① 지대별 추천 시비량(단위 : Kg/10a)

지대별	논 종류	질소 (N)	인산 (P₂O₅)	칼리 (K₂O)
평야지 및 중간지(표고 250m 이하)	보통답, 미숙답	11	4.5	5.7
	사질답, 습답	13	5.1	7.1
중간지, 냉조풍지(표고 250~400m)	−	11	6.4	7.8
산간 고랭지(표고 400m 이상)	−	11	7.7	9.3
간척지	염해답	20	5.1	5.7

② 기계이앙하는 일반논은 $N - P_2O_5 - K_2O$가 각각 11 − 4.5 − 5.7Kg/10a를 추천한다.

③ 쌀이 남고 친환경농업과 품질이 중시되는 2000년 이후는 농가의 질소질 시비량이 크게 감소한다.

02

(4) 분시 비율

① 질소질 비료의 분시 비율은 평야지 적기이앙의 경우, '기비 : 분얼비 : 수비 = 50 : 20 : 30'이나 이는 단순 권고 기준일 뿐 품종, 재배양식, 환경조건, 쌀의 용도에 따라 다르다.

② **수중형 품종은 많은 이삭수의 확보가 필요없어 분얼비를 줄여 기비를 늘리고, 조기재배는 생육 기간이 늘어나는 만큼 분시량을 늘린다.**

③ **사질답 또는 누수답에서는 밑거름을 줄이고 자주 나누어 주는 것이 좋다.**

④ 기상 조건이 좋아서 동화작용이 왕성하다면 추비량을 늘리는 것이 증수에 도움이 된다. 추비로 잎이 무성해져도 광합성의 증가량이 호흡 증가량을 상회하기 때문이다.

⑤ 인산질 비료는 전량 밑거름으로 준다.

⑥ 칼리질 비료는 기비와 수비(이삭거름)를 70 : 30의 비율로 준다.

(5) 합리적 시비법

① 중요한 것은 토양검정결과 시비처방서에 맞춘 시비가 중요하다.

② 합리적 시비의 요점

　㉠ 수량을 위한 엽면적과 벼 이삭수를 충분히 확보해야 한다.
　　• 기비 및 분얼비는 분얼 발생에 적당한 질소가 유효분얼 종지기까지만 유지해도 된다.
　　• **비효가 출수 전 32일의 수수분화기까지 가지 않도록 시비량을 조절해야 한다.**
　　• **모내기 전에 밑거름을 주고 모내기 후 12~14일경에 새끼칠거름을 주며, 늦게 이앙할수록 새끼칠거름의 시비량을 줄인다.**

　㉡ 도복 방지
　　• 상위 4~5절간 신장기에 질소 과다를 방지하기 위한 이삭거름 양을 조절한다.
　　• 이삭거름은 쌀알의 단백질 함량에도 영향을 미친다.

　㉢ **식미저하를 막기 위해 쌀알의 단백질 함량을 높이지 않는다.**
　　이삭거름이 부족할 때 실비(알거름)를 주면 다수확에는 도움이 되나 단백질 함량을 높여 식미를 저하하므로 고품질 쌀생산이 목표라면 알거름을 생략한다.

③ 냉수가 유입되거나 냉해가 우려되는 논에는 인산이나 칼리질 비료를 늘리고 질소질 비료는 감소한다.

④ 객토한 논이나 심경 한 논에는 질소질, 인산질 및 칼리질 비료는 20~30% 늘리는 것이 증수에 도움이 된다.

⑤ 일조 시간이 적은 논이나 냉해, 침관수 도복 발생이 잦은 논은 질소질 비료를 20~30% 감비하고, 인산질 및 칼리질은 20~30% 증비한다.

(6) 비료의 종류와 사용법

① 질소질은 요소, 인산질은 용성인비, 칼리질은 염화칼리를 단비로 사용하며, 시비횟수를 줄이기 위해 복합비료를 사용한다.

② N, P, K가 단독으로 있는 것은 단비이고, N, P, K가 혼합된 것은 복합비료이다.

③ 단비는 속효성이고 시비 직후 일시에 비효가 나타나는 단점이 있어 이를 개선하여 서서히 비효과 나타나도록 고안해 낸 것이 완효성 비료이다.

④ 토양검정을 기초로 부족한 성분만을 배합하는 주문배합비료(BB비료 : bulk blending)도 있다.

7 논의 물 관리

1. 벼농사와 물

(1) 관개의 의의 및 효과

① 논벼의 요수량은 300g 정도로 낮으므로 포장용수량 정도의 수분상태에서도 생육이 가능하기에 밭재배도 가능하다.

② 벼를 논에서 재배하는 이유는 생리적 필요에 의해서가 아니라, 재배의 편의성 때문이다.

③ 관개의 효과

  ㉠ **양분 공급**

  ㉡ **수온 및 지온 조절**

  ㉢ **토양 환원을 조장하여 부식의 과도한 분해 방지**

  ㉣ **토양을 부드럽게 하여 경운, 써레, 제초 등 농작업이 용이**

  ㉤ **병해를 예방하고 잡초 발생 억제**

(2) 용수량과 관개수량

용수량은 기계이앙재배에 비하여 경운직파재배는 40% 증가하고, 무경운직파재배는 62%가 증가한다고 보고되었다. 논토양 배수정도는 1일 감수심 20~30mm 정도이다.

① 용수량

  ㉠ **벼를 재배하는 데 필요한 물의 총량**

  ㉡ 벼의 잎으로 증산되는 물의 량은 494mm이고, 논의 수면으로 증발하는 양은 381mm, 그리고 지하로 투수되는 양은 650mm이기에 총 요수량은 1,525mm이다.

  ＊ 벼 용수량(1,525mm) = 엽면증산량(494mm) + 논 수면 증발량(381mm) + 지하투수량(650mm)

  ㉢ 논두렁 누수량은 양이 많지 않고, 관리하면 방지가 가능하므로 따로 계산하지 않는다.

  ㉣ 실제로 관개해야 할 물의 양은 용수량에서 유효강수량을 뺀 나머지의 부족분이다.

  ＊ 벼 관개수량(1,070mm) = 용수량(1,525mm) − 유효 강수량(455mm)

  ㉤ 유효강수량은 관개기간 중 평균강수량 650mm의 70%로 본다.

  ㉥ 용수량 1,525mm는 논 10a에 1,525kL의 물이 필요하다는 뜻이고, 관개수량 1,070mm는 1,070kL의 물을 관개해야 함을 뜻한다.

② 생육시기별 용수량

  ㉠ **수잉기 > 유수발육 전기 및 활착기 > 출수개화기**

  ㉡ 세부적인 벼 생육시기별 용수량

  수잉기 > 이앙활착기, 유수발육 전기 > 출수기 > 분얼감소기 > 유효분얼기 > 등숙 전기 > 무효분얼기

2. 이앙재배 물 관리

(1) 이앙기

① **이앙작업 시에는 물깊이를 2~3cm로 얕게 하여 작업의 편의를 도모한다.**

② 물이 깊으면 모가 잘 심어지지 않고 심은 모가 떠서 결주가 발생한다.

③ 물이 너무 없으면 이앙작업은 쉬우나, 모내기 직후에는 관개를 할 수 없으므로 모의 식상이 심해진다.

(2) 활착기

① 이앙 직후 물 관리의 최대 목표는 가능한 한 빨리 뿌리의 활착을 하는 것이다.

② **이앙 후 7~10일은 식상방지를 위해 6~7cm 정도로 깊게 관개한다.**

③ **모 키의 1/2~2/3 정도를 물에 잠기게 하여 증산억제로 식상을 방지한다.**

④ 활착기에 물을 깊게 대야 하는 이유

  ㉠ 이앙 직후 햇빛이 강하고 바람이 강한 경우 식상을 방지하는 효과가 있다.

  ㉡ 물을 대어 고온을 유도하여 활착을 좋게 한다.

(3) 분얼기

① 활착이 끝나고 새뿌리가 나와 신장하면서 분얼기에 들어가면 **수심을 1~3cm 정도로 얕게 관개하여 분얼을 증대시킨다.**

② **분얼을 촉진하기 위해서는 줄기 기부의 주야간 온도 교차가 클수록 유리하기 때문에 물을 얕게 대는 것이 좋다.**

③ **관개수심이 얕으면 낮에는 수온보다 기온이 높으므로 햇볕이 쬐여 생장점 부근의 온도가 올라가고, 밤에는 수온과 동일하게 온도가 낮아져 온도 자극에 의한 분얼이 촉진된다.**

④ **수온보다 기온이 낮아 냉해가 우려될 때는 심수관개로 보온한다.**

⑤ 분얼기는 제초제의 사용시기이므로 약효가 떨어지지 않도록 물을 관리한다.

(4) 무효분얼기

① 출수 전 45일경이 되면 유효경이 결정되고, 그 후 발생하는 분얼은 무효경이 되므로 **무효분얼기인 최고 분얼기 10일 전부터 최고 분얼기까지 중간낙수로 무효분얼의 발생을 억제시킨다.**

② 전체의 생육기간 중 용수량의 요구가 가장 적은 시기이므로 낙수가 가능하다.

③ 지온 상승으로 토양 중 질소의 비효가 강하게 나타나는 시기이므로, 과잉흡수의 해를 막기 위해 중간낙수를 하면 토양 중 암모늄태 질소가 질산태로 산화되고 탈질된다.

④ 중간낙수의 효과

  ㉠ **질소의 과잉흡수를 방지하여 무효분얼을 막는다.**

    • 탈질을 위한 중간낙수는 비옥하고 잠재지력이 높은 땅에서 효과가 크다.

    • 탈질을 시키면 칼륨·질소 비율이 증가되어 벼 조직이 강해지는 효과도 있다.

  ㉡ **토양의 유해가스를 배출하여 뿌리의 활력을 증진** : 지온 상승으로 토양 중 미생물의 활동이 왕성해져 산소 부족에 의한 토양의 환원이 일어나 황화수소나 유기산 등의 유해물질이 생성되는데, 중간낙수로 산소를 공급하여 토양이 산화되면 뿌리의 활력을 증진시킨다.

  ㉢ **뿌리가 깊게 신장하여 생육 후기까지 양분흡수를 좋게 한다.**

  ㉣ **논의 바닥흙을 굳히고 줄기 밑 간기부를 튼튼하게 하여 도복을 줄인다.**

⑤ 중간낙수의 실행

　㉠ **직파재배, 도장한 논에서는 보다 강하게 실시한다.**

　㉡ **사질답, 염해답 등 생육이 부진한 논에서는 생략하거나 약하게 해야 한다.**

　　→ 단근으로 오히려 생육에 해가 되기 때문이다.

　㉢ **중간낙수가 끝난 후에는 간단관수를 하는 것이 근권에 산소를 공급하여 뿌리의 노화를 방지하는 데 도움이 된다.**

　㉣ 간단 관수

　　• 물을 2~4cm로 관개한 후 방치하였다가 논물이 마르면 다시 2~4cm 깊이로 관개하는 것

　　• 근권에 물과 함께 산소를 공급하는 방식

(5) 유수형성기 ~ 출수기

① 최고의 LAI(엽면적지수), 기온도 높아 엽면증산량이 가장 많은 시기이며, 지경 및 영화가 분화, 발육하고 출수, 개화, 수정하는 시기로 외계환경에 가장 민감하고 **수분 부족과 저온이 영화의 분화를 적게 하고 수정장해를 일으키는 등 감수의 위험이 가장 큰 시기이다.**

② **저온의 피해를 가장 많이 받는 시기가 수잉기이므로 저온의 피해를 막기 위하여 6~7cm 깊이로 관개하는 것이 좋다.**

③ 한랭지에서 저온과 흐린 날이 계속될 경우 유수발달기에도 담수를 계속하고, 특히 수잉기에 20℃ 이하일 때는 15cm 이상의 심수관개로 유수를 보호하여 불임장해를 막는다.

(6) 등숙기

① 동화작용과 동화전분을 이삭으로 이동하는 시기로 수분이 필요하나 이때는 엽면증산량이 적고, 고온이 아니라 수면증발량도 적으므로 많은 물이 필요하지 않다.

② 뿌리보호를 위한 **산소공급과 양분의 전류 및 많은 양의 축적을 위해 물을 얕게 대거나 걸러대기를 한다.**

③ 토양환원이 심한 습답에서 등숙기의 상시담수는 뿌리의 기능을 크게 저하시켜서 수량이 감수한다.

④ **출수 후 30일까지는 반드시 관개해야 미질이 좋아진다.**

　벼베기 작업의 동력화, 논 뒷구루의 파종, 이식작업을 위해서도 조기낙수는 바람직하나 등숙비율에 대한 영향은 출수 후 35~40일까지도 영양조건이 관계한다. 이 기간 중에도 등숙과 1000립중에 가장 강하게 영향을 주는 시기는 유숙기로서 일반으로 낙수적기는 출수 후 30일이다.

⑤ **낙수시기가 적기보다 빨라지면 1,2차 지경의 벼알이 충실치 못하고 사미, 다미, 청미 등 불완전미가 증가해서 등숙비율이 낮아지고, 수량과 품질이 떨어지며, 목도열병에도 걸리기 쉽다.**

8 수확

1. 수확 시기

(1) 수확을 너무 빨리하면 광택은 좋으나 청미(청치), 사미, 파쇄립 등이 증가한다.

(2) 수확이 늦으면 쌀겨층이 두꺼워지고 투명도, 광택이 나빠지며, 동할미, 복백미가 많아져 품질이 저하된다. 또한 탈립에 의한 손실이 많아지고 새나 쥐와 같은 야생동물에 의한 피해를 입게 되며, 도복도 발생하고 벼베기도 어려워진다.

(3) 출수 후 35~40일이면 수확이 가능하다.

(4) 출수 후 50일이 넘어 수확하면 도정 시 동할미가 증가하고 쌀의 식미가 떨어지며, 탈립이 증가하기도 한다.

(5) 수확의 적기는 외견상 이삭목이 녹색을 잃고 황변한 때이며, 90%의 종실이 성숙하면 수확해도 무방하고, 이때 현미의 수분 함량은 22~26%이다.

♀ 벼 품종군별 수확적기

구 분	극조생종	조생종	중생종	중만생종 만식논
출수기	7월 하순~8월 상순	8월 상순	8월 상순	8월 하순
수확 적기 (출수 후 일수)	40일	40~45일	45~50일	50~55일

(6) 적산등숙온도로 본 수확의 적기는 800~1,100°C 정도일 때이다.

(7) 고온에서 등숙하면 수확이 빨라지고, 저온에서 등숙하면 수확이 늦어진다.

2. 수확방법

(1) 수확작업의 기계화율은 거의 100%이며, 1980년 중반부터 예취와 탈곡을 동시에 수행하는 콤바인 사용이 보편화되었다.

(2) 탈곡 시 회전속도가 빠르면 작업능률은 높으나 종실에 상처가 나고 싸라기가 증가하므로 분당 500회전이 적당하다.

(3) 종자용으로 쓸 종실은 분당 300회전 정도로 해야 상처가 없어 발아율이 높아진다.

Chapter 03 벼의 직파재배

1 직파재배

1. 직파재배의 일반

(1) 육묘와 이앙을 하지 않고 직접 논에 볍씨를 파종하여 기계이앙재배에 비해 25%의 생력효과가 있다.

(2) 파종 시 논물의 유무에 따라 마른논(건답)직파와 무논(담수)직파로 나눈다.

(3) 건답직파논은 토양이 침수되면 싹이 잘 트지 않으므로 휴립(畦立) 줄파(줄뿌림)로 얕게 파종한다.

(4) 물빼기가 불량한 논은 2~5m 간격으로 배수로를 설치하여 마른논 상태를 유지한다.

(5) 수량성은 두 방법 모두 관행의 기계이앙 재배에 비하여 크게 떨어지지 않는다.

2. 직파재배의 특징

(1) 이앙재배는 취묘 시 뿌리가 절단되고 이앙이라는 과정이 있어 일정 기간 생육이 정체되지만, 직파재배는 파종 후 수확까지 동일한 장소에서 생육하므로 정체 없는 생육이 가능하다.

(2) 파종이 동일할 때 직파재배는 이앙재배에 비해 출수기가 다소 빠르다.

(3) 직파재배 벼는 출아와 입모가 부량하고 균일하지 못해 유효경비율이 낮고, 줄기가 가늘고 뿌리가 토양표면에 분포하여 도복이 쉽다.

(4) 직파재배 벼는 간장과 수장이 짧고 한 이삭당 영화수가 적은 편이나 단위면적당 이삭수가 많아 벼 수량은 기계이앙재배와 큰 차이가 없다.

(5) 직파재배의 경우 저위절에서도 분얼이 발생하므로 절대 이삭수(전체 분얼수)가 많다.

(6) 전체 분얼수가 많다보니 과번무에 의한 양분 부족으로 무효분얼이 많아져 유효경비율은 낮다.

(7) 벼 마른논줄뿌림재배는 대형기계를 이용하는 장점이 있으나 잡초발생이 많으며 정밀한 논고르기가 중요하다.

(8) 벼 마른논줄뿌림재배는 초기에 탈질현상이 일어나고 물을 대면 비료분의 유실량이 많으므로 이앙재배에 비해 질소비료를 40~50% 증시하며 토양종류에 따라 분시비율을 달리한다.

(9) 벼 요철골직파재배는 다른 직파재배보다 생력효과가 크고 잡초발생이 적으며, 입모의 안정성이 높고, 도복에 강하다.

(10) 벼 무논표면뿌림재배는 파종작업이 간편하고 노력과 생산비 절감효과가 크지만, 이끼, 괴불 발생과 새의 피해가 생기고, 입모율이 낮으며, 이삭수는 많으나, 이삭당 영화수가 적다.

(11) 벼 무논표면뿌림재배는 줄뿌림과 같이 입모가 균일하고, 광투과와 통풍이 좋아 잎집무늬마름병 등 병해발생이 적다.

2 직파재배의 유형별 특성

1. 건답직파

(1) 건답직파의 장점

① 건답상태에서 경운, 파종하고 2~3엽기에 담수하므로 **기계작업능률이 향상된다.**

② 복토를 하여 **뜸모가 없고 도복이 감소한다.**

(2) 건답직파의 단점

① 비가오면 파종이 어렵고 발아가 불량하다.

② **출아일수가 10~15일로 담수직파 5~7일보다 길다.**

③ **물이 없는 상태라 논바닥을 균일하게 하는 정지작업이 곤란하다.**

④ 써레질이 없어 용수량이 많이 소요된다.

⑤ 흙덩이의 쇄토작업에 노력이 많이 든다.

⑥ **담수직파보다 잡초발생이 많다.**

2. 담수직파

(1) 담수직파의 장점

① 비가 올때도 파종이 가능하고 배수에 신경을 안써도 된다.

② 소규모는 손으로 파종하고, **대규모일 때 항공파종이 가능하다.**

③ **건답직파보다 잡초발생이 적다.**

(2) 담수직파의 단점

① **산소부족으로 발근 및 착근이 불량하고 뜸묘가 발생한다.**

② **파종 후에 지나치게 깊게 관개하면 입모율이 저하된다.**

③ 종자가 깊이 심어지지 못해 **결실기에 도복되기 쉽다.**

④ **건답직파보다 분얼절위가 낮아 과잉분얼에 의한 무효분얼이 많다.**

3. 직파재배의 문제점

직파재배는 육묘 및 모내기에서 생력효과가 크지만 단점이 있어 보편화되지는 못하고 있다.

(1) 이앙재배에 비해 **출아 및 입모가 불량하고 균일하지 못하다.**

(2) 이앙재배에 비해 **도복이 증가한다.**

(3) 이앙재배에 비해 **잡초 발생이 증가한다.** 이앙재배에 비하여 담수직파는 약 2배, 건답직파는 약 3배의 잡초가 증가한다.

4. 직파재배의 문제점의 대책

(1) 입모율 향상책

① 담수직파에서는 저온발아성이 강하고 낮은 용존산소농도에서도 발아가 잘되는 품종을 선택하고, 균평하고 정밀한 정지와 써레질이 필요하다.

② 건답직파에서는 토양수분이 부족하면 출아율이 저하되고, 과다하면 작업이 곤란하므로 사양토 등 적합한 토질에서 실시한다.

③ 파종 깊이는 3cm 정도가 좋다.

(2) 도복 경감책

① 파종량 및 시비량이 증가할수록 그리고 상시 담수할수록 도복은 증가하므로 박파, 감비, 분시 및 간단관수를 실시한다.

② 파종 후 30일부터 2~3회 중간낙수를 하며, 도장하여 도복의 우려가 있으면 간장의 단축을 위해 도복경감제를 출수 전 40~20일에 살포한다.

③ 담수직파에서는 써레질 후 가급적 빨리 파종하여 종자가 깊이 묻히도록 유도한다.

(3) 잡초 경감책

① 현재 직파재배의 가장 큰 난제는 잡초를 효율적으로 방제하지 못하는 것이다.

② 최근 우수한 제초제가 개발되었다.

5. 직파재배의 입지

(1) 기상환경

① **일찍 파종하면 저온으로 발아율 감소와 출아기간도 길어져 입모가 불량하고, 늦은 파종은 고온으로 입모가 불균일과 출수가 늦어져 수량이 감소하기 쉽다.**

② **일 평균기온이 12°C 이상일 때 파종**(발아최저온도는 8~10°C, 최적온도는 30~32°C)이 안전하다.

③ 강우량은 담수직파에는 별 영향이 없으나, 건답직파에서는 매우 중요한 요인이다.

④ 건답직파에서 강우량이 많으면 경운, 정지하기 어렵고 쇄토가 어려워 파종이 거의 불가능하다.

⑤ 파종 후 큰비가 오면 볍씨가 물에 잠겨 산소 부족으로 발아가 불량해지기 쉽다.

⑥ 비가 그치면 토양의 표면을 굳게 하여 입모율이 현저하게 떨어진다.

(2) 토양환경

직파재배를 위해서는 기본적으로 평야지, 평탄지, 수리 안전지대이어야 하므로 우리나라의 직파재배 가능지는 전체 논면적의 약 60% 정도이다.

① 건답직파의 재배지

㉠ 적지는 지하수위가 높아 배수가 약간 불량한 사양질 토양이 알맞다.

㉡ 점토가 많을수록 경운과 로터리 작업(쇄토 및 논고르기)이 어렵고, 비가 오면 작업에 애로가 많다.

㉢ 배수가 약간 불량한 토양이 좋은 이유는 건답으로 해도 수분공급이 좋기 때문인데, 파종 시에는 이랑을 세우고 그 위에 얕게 파종한다.

② 담수직파의 재배지

㉠ 배수가 약간 불량한 미사식양질이나 식양질 토양이 적합하다.

㉡ 점토가 너무 많으면 써레질 후 파종하였을 때 종자가 너무 깊게 묻혀 입모율이 저하된다.

3 건답직파재배

1. 품종

(1) 건답직파 품종은 저온발아성이 높고, 초기 신장이 좋은 품종을 선택한다.

(2) 숙기를 고려하여 2~3개의 품종을 선택하고 가급적 직파 전용품종을 선택한다.

2. 파종

직파재배의 파종적기는 일평균기온이 13~15°C 되는 날로부터 역산하여 15일 전이다.

♀ 건답직파의 파종적기(단위 : 월, 일)

지역	조생종	중생종	중만생종
중북부	4. 20. ~ 5. 15.	4. 20. ~ 5. 10.	4. 20. ~ 5. 5.
중부	4. 10. ~ 5. 20.	4. 10. ~ 5. 15.	4. 10. ~ 5. 10.
남부	4. 1. ~ 5. 25.	4. 1. ~ 5. 20.	4. 1. ~ 5. 15.

3. 파종방법

(1) 건답조파

① 평면조파

㉠ 트랙터 등에 조파 파종기를 부착하여 한 번에 6줄 또는 12줄씩 파종하는 방법이다.

㉡ 파종통에 넣은 볍씨가 튜브를 통하여 파종홈으로 떨어지면 기계가 복토를 하게 된다.

㉢ 파종 시 이랑 사이는 25cm가 적당하고, 파종 심도는 3cm 정도가 적당하다.

② 휴립조파

㉠ 고랑을 만들어서 파종한다.

㉡ 폭 1.7m의 조파 파종기의 중앙부에서 너비 45cm, 깊이 15cm로 흙을 파서 좌우 양쪽으로 편평하게 파상면을 만들면서 3열씩 조파한다.

㉢ 왕복주행으로 6열마다 1개의 고랑이 만들어지는 파종법이다.

㉣ 고랑을 이용하여 수분을 조절할 수 있어 평면조파에 비하여 입모 안전성이 높고, 모의 생육이 균일하며, 입모 후에도 물관리를 효율적으로 할 수 있다.

③ 요철골직파

㉠ 파종 후 고랑이 매몰되면서 종자가 2~4cm 깊이로 깊게 파종되는 효과를 얻는 건답직파의 변형된 방법이다.

㉡ 요철골직파는 건답요철골직파와 담수요철골직파 모두 가능하다.

㉢ 건답요철골직파는 골타기와 동시에 침종종자를 골에 파종하고 5~10cm 깊이로 바로 담수하였다가 배수하여 습윤상태를 유지한다.

　　　　ⓔ 담수에 의하여 골이 매몰되므로 3~4cm의 파종 깊이가 확보되어 도복이 크게 경감되고, 초기가 담수상태이므로 잡초 발생은 건답조파보다 크게 감소한다.

　　　　ⓜ 건답조파에서의 잡초문제를 50~70% 개선한 방법이다.

　④ **부분경운직파**

　　　　㉠ 논을 경운하지 않은 무경운 상태에서 파종, 시비할 부분만을 경운하고 직파하는 방법이다.

　　　　㉡ 경운되는 부분은 전체의 약 1/3 정도이다.

　　　　㉢ 파종 직전까지 무경운 상태이므로 비가 와도 배수가 잘 되어 파종작업에 지장이 없다.

4. 시비

(1) 직파재배는 이앙재배보다 생육기간이 길어 질소 시비량을 30~50% 증비한다.

(2) 도복 가능성이 높아 밑거름은 반드시 전층시비하여 도복을 방지한다.

(3) 인산은 전량 밑거름으로 주고, 칼리는 70(밑거름):30(이삭거름)으로 분시한다.

(4) 건답조파와 건답요철골뿌림은 입모 후 2~3엽기까지 건답상태로 유지하기 때문에 출아기간에 탈질현상이 심하고, 입모 후 담수 시 누수되는 비료량이 많아 토성별로 시비량을 달리 한다.

(5) 시비량은 토양검정 결과에 따라 결정한다.

오 벼 건답직파재배 권장시비(단위 : Kg/10a)

토양구분	질소	인산	칼리
보통답, 미숙답	15~18	4.5	5.7
사양질답	17~20	4.5	5.7

5. 재배관리

(1) 입모확보, 착근, 생육조절 및 도복방지를 위한 물관리의 중요성은 이앙재배보다 크다.

(2) 건답직파는 건답상태에서 파종하고, 발아 후 1~3엽기에 담수하여, 이후 물관리는 담수직파재배와 같다.

(3) 건답조파 시 파종 후 가물어지면 휴립조파에서는 고랑에만 물을 대어 발아를 촉진시킨다.

(4) 평면조파에서는 물이 고이지 않도록 배수에 신경쓴다.

4 **담수직파재배**

담수직파란 통상적으로 담수표면직파를 뜻하며 담수표면직파는 보통 담수상태의 산파이다.

1. 품종

건답직파에서 요구되는 저온발아성과 초기 신장성 이외에도, 내도복성이고 담수토중발아성이 높은 품종을 선택한다.

2. 파종

(1) 파종기

♀ 담수직파의 지역별 파종적기(단위 : Kg/10a)

지역	조생종	중생종	중만생종
중북부	5. 1. ~ 5. 25.	5. 1. ~ 5. 20.	5. 1. ~ 5. 15.
중부	5. 1. ~ 5. 30.	5. 1. ~ 5. 25.	5. 1. ~ 5. 20.
남부	5. 1. ~ 6. 5.	5. 1. ~ 5. 30.	5. 1. ~ 5. 25.

(2) 파종량

① 적정파종량은 3~4Kg/10a이다.

② 적정입모수 80~120개/m²를 확보하는 것이 유리하다.

(3) 파종 준비

① 볏짚은 C/N율이 높아 토양 투입 후 바로 부숙되지 않으므로 암모니아 가스 등이 나와 해로우니 부숙을 위한 추경을 실시하며, 춘경도 도움이 된다.

② 볏짚을 사용하지 않은 논은 경운 시기를 늦추어 잡초성 벼의 발생을 억제한다.

③ 토양반응을 중성(pH 7)으로 하면 미생물의 발육이 증가하여 볏짚이 빨리 부숙되어 석회와 규산질을 시비한다.

④ 담수재배에서 입모율의 향상을 위해 로터리가 필요한데 지나치면 논 굳히기가 곤란하다.

⑤ 써레질 후 일직 파종하면 종자가 깊게 묻혀 발아가 불량해지고, 늦게 파종하면 발아는 좋아지나 도복의 위험이 증가한다. 일찍 파종하여 도복을 방지함이 유리하다.

3. 담수직파의 종류

(1) 담수표면산파(무논표면뿌림)

① 담수직파란 통상 담수표면직파를 말하는 것이며, 담수표면직파란 담수표면산파를 의미한다.

② 담수표면산파는 손이나 동력살분무기로 산파하고, 파종 직후 낙수하여 출아를 도운 뒤 7~10일 후 담수하는 방법이다.

③ 담수조건에서의 파종이므로 건답직파보다 출아기간이 짧고, 분얼절위가 낮으며 조기에 분얼이 시작되므로 절대이삭수의 확보에 유리하나 이끼나 괴불의 발생이 많다.

④ 파종 직후 낙수로 산소 부족이나 모썩음병을 예방하여 입모율을 높이고, 바람에 의해 종자가 한쪽으로 몰리는 현상을 방지한다.

⑤ 이 방법은 도복에 약하므로 다른 방법을 개발해야 한다.

(2) 담수요철골직파(담수요철골뿌림, 무논골뿌림)

① 고랑을 만들고 담수 후 산파하는 방법이다.

② 종자의 대부분이 자연적으로 골에 몰려 조파한 모양이 된다.

③ 종자 깊이는 2~2.5cm 정도가 되므로, 담수표면산파에서의 도복이 쉽고 입모가 불리한 점을 개선한 방법이다.

④ 담수표면산파에 비해 입모도 균일하고 통풍이 양호해 병해 발생이 적다.

(3) 무논골직파

① 써레질한 논을 배수하여 논바닥을 두부모 정도로 굳힌 후 3~4cm 깊이의 파종골을 만들고 여기에 파종하는 방법이다.

② 사질토양에서는 써레질 후 배수하고 1~2일간 논바닥을 굳힌 후 일시관수하고 파종한다.

③ 점질토양은 써레질 후 배수하고 논굳히기를 5~6일 논바닥을 굳힌 후 일시관수하고 파종한다.

(4) 담수토중직파

전용 직파기로 토중에 파종하므로 도복에 강하다.

4. 시비

담수직파는 건답직파와 달리 탈질이 적고, 도복의 위험성이 건답직파보다 높으므로 도복방지 차원에서도 시비량이 많지 않다.

5. 재배관리

(1) 이끼 및 괴불 방지

① 이끼가 발생하기 쉬운 시비 조건은 질산태 질소와 인산이 과다할 때이므로, 적당량을 주되 표층 시비를 피하거나, 질소는 밑거름으로 주지 않는 관리법이 필요하다.

② 이끼는 발생 후 반제대책이 마땅치 않아 사전대책이 중요하다.

(2) 도복 경감

파종 후 30일부터 2~3회 중간낙수를 실시하면 벼의 키가 작아지고, 뿌리가 심층으로 발달하여 도복이 경감한다.

(3) 물 관리

① 파종 후 지나치게 관개하면 산소부족, 모썩음병으로 입모율이 낮아지고, 바람이 불면 종자가 한쪽으로 몰린다.

② **저온 시에는 파종 후 10cm 내외로 관개하여 보온효과를 낸다.**

③ **이앙재배와 마찬가지로 도복방지를 위해 파종 후 30일경 2~3회 중간낙수를 실시한다.**

무논의 특징

1. **벼를 재배하기 위해 물을 상시 담아두는 무논에서는 양분이 관개수에 씻겨 내려가지 않으므로 비료의 천연공급량이 밭보다 많다.**

2. 물은 공기보다 비열이 크기 때문에 온도가 높아지면 담수된 논물이 증발하여 대기온도를 낮추고, 온도가 낮을 때에는 논물의 보온력에 의해 식물체를 보호한다.

3. 토양유실을 경감한다.

4. **무논에서는 상시 담수이므로 기지현상을 일으키는 병·해충이나 독성 물질이 줄어들어 연작이 가능하다.**

Chapter 04 병충해 및 잡초와 기상재해

1 병충해 방제

1. 종합적 방제(IPM : integrated pest management)

효율적인 병충해 방제를 위해서는 종합적 방제가 필요하다.

⑴ 인축, 어류, 토양 등에 대한 영향이 적어야 한다.

⑵ 병해충을 박멸하려는 것이 아니라, 감당할 수 있는 경제적 수준을 유지하는 선으로 병해충수를 관리해야 한다.

⑶ 특정 병해충만을 관리하는 것이 아니라 천적, 생태계 등까지를 고려한 방제계획을 실행해야 한다.

⑷ 안전사용수칙을 준수해야 한다.

⑸ 예방적, 경종적, 생태적 방제법을 우선 사용해야 한다.

2. 병해와 방제

> **벼의 병해의 주요사항**
> 1. 종자전염 : 도열병, 깨씨무늬병, 키다리병
> 2. 곰팡이에 의한 병 : 키다리병, 잎집무늬마름병, 도열병
> 3. 바이러스병 : 줄무늬잎마름병과 검은줄무늬오갈병(애멸구가 매개), 오갈병(번개매미충과 끝동매미충)

⑴ 도열병(rice blast)
　① 병원균은 균류(곰팡이)이다.
　② 발병 요인
　　㉠ 균류가 약해진 세포에 쉽게 침입하고, 침입한 균이 살기 좋은 환경이기 때문이다.
　　㉡ 흐린 날의 지속으로 일조량이 적고 광합성량이 적어 세포벽이 약해졌기 때문이다.
　　㉢ **지나친 질소질 비료의 시비로 세포벽이 약해졌기 때문이다.**
　　㉣ 비가 오거나 다습하여 균류의 활동성이 증가하기 때문이다.
　　㉤ 질소 비료가 과다한데, 광합성 미흡으로 질소가 단백질까지 동화되지 못하고 아미드 형태로 존재하므로 도열병균이 쉽게 먹을 수 있기 때문이다.
　　㉥ 전생육기를 통해 발생하며 대표적인 병반은 갈색의 방추형 무늬이다.
　　㉦ **볍씨를 비롯하여 대부분의 기관을 침해**하며, 분생포자 형태로 월동하여 1차 전염원이 된다.

◎ 발병 부위에 따라 잎도열병, 이삭목도열병, 이삭가지도열병이 있다.
- 잎도열병
  - 평균기온 20℃가 되는 6월 중순 이후 잎에 발생하며 심하면 잎새가 갈색으로 변해 피해가 커진다.
  - 질소비료가 과다하거나 비가 자주 오거나 흐린 날 발생한다.
  - 균사상태로 피해 짚이나 볍씨 등에서 월동한다.
- 이삭도열병
  - 출수 할 때부터 10일 동안 가장 많이 발생한다.
  - 이 시기에 비가 오고 강풍이 불어 이삭도열병에 걸리면 치명적인 피해를 입는다.
  - 출수 후 15일 이내에 발생한 이삭도열병은 수량감소율의 약 65%를 차지한다.
  ㉧ 병든 볏짚이나 볍씨 속에서 균사나 **분생포자로 월동하여 1차 전염원이** 된다.

(2) 잎짚무늬마름병(sheath blight)
  ① 병원균은 균류이다.
  ② 발병 요인
    ㉠ 지표면에서 월동한 균핵이 담수 시 수면에 떠올라 잎짚 아랫부분에 부착하여 감염된다.
    ㉡ 조기이앙, 밀식, 다비재배 등 다수확재배로 발생이 증가한다.
    ㉢ 7월 중순 이후 분얼이 많아지고, 기온이 30℃ 이상되는 조건에서 발생이 증가한다.
    ㉣ 발병최성기는 고온 다습(최적온도 30~32℃, 습도96% 이상)한 7~8월이다.
    ㉤ 고온다습 조건에서 잎집에 발생하여 구름과 같은 무늬를 만들면서 점차 상위 잎으로 번져간다.

(3) 흰잎마름병(bacterrial leaf blight)
  ① 병원균은 세균이다.
  ② 발병 요인
    ㉠ 볍씨, 볏짚, 잡초 등에서 월동하여 1차 전염원이 된다.
    ㉡ 발병시기는 7월 상순~8월 중순이다.
    ㉢ 병징은 잎 가장자리에 황색의 물결같은 줄무늬가 생기고, 급성으로 진전되면 황백색 및 백색의 수침상 병반을 나타내다가 잎 전체가 말리고 오그라들면서 고사한다.
    ㉣ 병원균은 잎의 수공이나 기공, 절단된 뿌리로 침입하므로 병이 발생하면 잎 가장자리가 물결모양으로 하얗게 마른다.
    ㉤ 지력이 높은 논, 다비재배 시 발생하기 쉽다.
    ㉥ 특히 저습지대의 침수나 관수(풍수)피해를 받았던 논에서 주로 발생한다.

(4) 깨씨무늬병(brown spot)
  ① 병원균은 균류이다.
  ② 발병 요인 및 증상
    ㉠ 1998년 이후 점차 증가하고 있다.
    ㉡ 이병된 잎이나 볍씨에서 균사 또는 포자상태로 월동하여 1차 전염원이 되고, **분생포자의 공기전염에 의하여 2차 전염원이** 된다.

ⓒ 전 생육기간에 걸쳐 발병이 가능하지만 주로 출수기 이후에 발생한다.

ⓔ 주로 잎에 발생하며 잎이나 벼알 표면 등에 갈색 반점이 나타난다.

ⓜ 출수 후 비료분이 부족할 때 주로 잎에 발생한다. 즉 사질답 또는 노후화답인 추락답에서 발병한다.

(5) 오갈병(rice dwarf virus)

① 병원균은 **바이러스이다.**

② 발병 요인 및 증상

ⓐ **번개매미충과 끝동매미충을 매개로 전염되는 바이러스병이다.**

ⓑ 매개충은 월동작물이나 잡초에서 월동한다.

ⓒ 발병 시 잎이 농녹색을 띠고 엽맥을 따라 황백색 반점이 나타난다.

ⓓ **초장이 건전벼의 1/2에도 못 미치는 앉은뱅이가 된다.**

ⓔ **이삭이 전혀 나오지 않거나 출수해도 여물지 않는다.**

(6) 갈색잎마름병(brown leaf blight(spot))

① 병원균은 세균이다.

② 발병 요인 및 증상

ⓐ 출수기를 전후하여 노숙엽에서 발생한다.

ⓑ 사질답에서 질소다비, 저온, 다습 시 많이 발생한다.

(7) 이삭마름병(ear blight)

① 병원균은 균류로 이삭마름현상을 총칭하여 사용한다.

② 발병 요인 및 증상

ⓐ 도열병균, 깨씨무늬병균, 갈색무늬병균 등이 관여한다.

ⓑ 많은 병원균이 관여한다는 점이 다른 병과 다르다.

ⓒ 일기가 불순할 때 발생한다.

ⓓ 출수 후 2주부터 성숙기 사이에 발생한다.

(8) 모마름병

① 병원균은 균류이다.

② 발병 요인

ⓐ 병원균은 토양 속에 서식하며 종자의 상처로 침입한다.

ⓑ 상토가 건조, 과습, 오염되었거나, 질소 과용 시 많이 발생한다.

ⓒ 토양산도(pH)가 4 이하 또는 5.5 이상이거나 저온, 과습, 밀파의 조건 등에서 발생한다.

(9) 세균성 벼알마름병(bacterial grain rot)

① 병원균은 세균이다.

② 발병 요인 및 증상

ⓐ 벼알에만 발생하고, 다른 부위에는 잠복만 하고 병징은 나타나지 않는다.

ⓑ 벼 출수 후부터 약 1주일간에 걸쳐 강우가 지속되는 고온, 다습한 환경에서 발생한다.

(10) 키다리병(bakanae disease)

① **병원균은 진균류이고 우리나라 전지역의 유묘기~출수기까지 발생한다.**

② 발병 요인 및 증상

    ㉠ 병원균이 종자에서 월동하여 전염된다.

    ㉡ 엽색이 담록색이되며 가늘고 길게 자라는 **이상도장현상이 나타난다.**

    ㉢ **종자 전염을 하는 병**으로 감염 시 모가 **건전묘의 2배 이상으로 신장된다.**

    ㉣ 고온성 병으로 30℃ 이상에서 잘 발생하고, 종자소독을 하지 않거나, 고온육묘, 조식재배에서 잘 발생한다.

    ㉤ 발생이 많은 지역에서는 파종할 종자를 침지소독한다.

(11) 줄무늬잎마름병(rice stripe virus)

① 바이러스를 지닌 **애멸구에 의해 전염된다.**

② 발병 요인 및 증상

    ㉠ **애멸구는 잡초나 답리작 작물에서 유충형태로 월동한다.**

    ㉡ 분얼성기에 많이 발생한다.

    ㉢ **수잉기에 발생하면 잎에 황백색 줄무늬가 나타나고 출수하지 못하거나 출수하더라도 기형이 되어 충실한 벼알이 형성되지 못한다.**

(12) 검은줄오갈병(rice black streaked dwarf virus)

① 병원균은 바이러스이다.

② 발병 요인

    ㉠ **월동 애멸구를 매개로 한다.**

    ㉡ 애멸구는 잡초나 답리작물에서 유충형태로 월동한다.

    ㉢ **키가 작고 잎집 표면 및 줄기 엽맥위에 작은 흑갈색의 물집모양의 융기가 생긴다.**

(13) 뜸모와 백화묘

① 병원균에 의한 병해는 아니고, 환경조건이 나쁘면 발생한다.

② 뜸모의 발생 요인

    ㉠ 초기 증상은 이른 아침에는 잎이 정상이나, 낮에는 잎 끝이 말리고 시든다.

    ㉡ 뿌리는 점차 수침상으로 되어 흰색~담갈색으로 부패된다.

    ㉢ 이상 저온, 일조 부족, 고온 다조 등 기상변동이 심할 때 많이 발생한다.

③ 백화묘의 발생 요인

    ㉠ 녹화기간 중 낮에는 햇볕이 강하고 밤에는 10℃ 이하의 저온일 때 많이 발생한다.

    ㉡ 밀파, 상토의 과습 및 과건, 미세한 흙으로 복토 시 발생한다.

3. 충해와 방제

(1) 벼멸구(brown planthopper)

① 우리나라에서 월동하지 못하고 매년 6~7월에 중국에서 날아와 2~3세대를 경과하며 폭발적인 피해를 일으키는 비래해충이다.

② 유충과 성충이 벼 포기 밑부분 잎집에서 즙액을 빨아먹어 자세히 헤쳐보지 않으면 피해가늠이 어렵다.

③ 가해를 당한 벼는 벼 줄기의 밑부분이 약해져 주저앉고, 벼멸구가 집중 가해하면 그을음병도 발생한다.

(2) 끝동매미충(rice green leafhopper)

① 유충상태로 월동한다.

② 유충과 성충이 못자리 때부터 잎집에서 양분을 빨아먹어 잎이 황변하고 생육이 불량하게 된다.

③ 끝동매미충의 분비물로 그을음병을 일으켜 광합성이 저해되며, 바이러스병인 오갈병을 매개로 한다.

(3) 혹명나방(rice leaf roller)

① 우리나라에서 월동하지 못하고 매년 6~7월에 중국에서 날아오는 비래해충이다.

② 유충은 벼 잎몸을 세로로 말아 통처럼 만들고 그 속에서 표피를 갉아 먹어 잎이 백색으로 변하여 고사한다.

③ 벼잎말이 나방과 비슷하나 돌돌 말은 잎의 위아래를 막지 않는 점이 다르다.

(4) 벼물바구미(rice water weevil)

① 1988년 경남 하동군에서 처음 발견된 해충으로 단위생식을 한다.

② 성충 형태로 월동하며 성충은 잎을 가해하고 유충은 뿌리를 가해한다.

③ 성충은 잎의 엽육을 엽맥을 따라 너비 1mm, 길이 1cm 내외의 직사각형 모양으로 갉아먹는다.

④ 유충은 뿌리를 갉아 생육을 저해하고 분얼 감소를 유발한다.

⑤ 줄기나 이삭을 가해하지는 않으므로 백수가 되지는 않는다.

(5) 흰등멸구(white-backed planthopper)

① 우리나라에서 월동하지 못하고 매년 6~7월에 중국에서 날아오는 비래해충이다.

② 유충과 성충이 잎집을 빨아먹는다.

③ 벼멸구처럼 집중 피해를 주지 않고 전면 피해를 주나, 경우에 따라서는 벼멸구보다 피해가 크다.

(6) 멸강나방(rice army worm)

① 우리나라에서 월동하지 못하고 중국에서 날아오는 비래해충이다.

② 유충은 잡식성이며 집단을 이루어 이동하면서 가해한다.

③ 4령 후의 유충은 밤에만 식해한다.

(7) 애멸구(smaller brown planthopper)

① 제방, 잡초 등에서 월동한다.

② 바이러스병인 줄무늬잎마름병, 검은줄오갈병을 매개로 한다.

(8) 벼이삭선충(벼잎선충 : rice white-tip nematode)

① 볍씨에서 월동한다.

② 잎이 자람에 따라 상위의 잎으로 이동하여 피해를 준다.

③ 수잉기에는 유수에 피해를 주고, 출수 후는 벼알 속으로 들어간다.

(9) 이화명나방(rice stem borer)

① 볏짚이나 벼 그루터기의 볏대 속에서 유충의 형태로 월동하고 연 2회 발생한다.

② 제1화기 성충은 잎몸을 갉아먹다가 벼 줄기 속으로 먹어들어가 갈변하며 새로운 줄기는 황백색으로 고사한다.

③ 제2화기 성충은 8월 상순에 가장 많은데, 성충이 되기 전의 유충은 벼줄기 속으로 집단적으로 들어가 줄기를 먹기 때문에 벼 줄기가 황변하여 말라 죽으며 이삭은 백수가 된다.

(10) 벼줄기굴파리(rice stem maggot)

① 화본과 잡초에서 유충으로 월동한다.

② 조식재배지대 및 고랭지에서 발생하는 저온성 해충이다.

③ 유충이 줄기 속으로 들어가 새로 나오는 잎을 식해하므로 잎이 나왔을 때 세로로 가늘고 긴 구멍이 생긴다.

(11) 벼애잎굴파리(small rice leaf-miner)

① 저온성 해충이다.

② 유충이 잎 속에 굴을 파고 들어가 먹으므로 늘어진 잎이 황백화되며 고사한다.

(12) 벼잎벌래(rice leaf beetle)

① 저온성 해충이다.

② 잎 끝에서부터 아래쪽을 향해 잎 표면의 엽육만 갉아먹고 잎 뒷면을 남기므로 흰색의 흔적이 남는다.

③ 유충은 항상 등에다 똥을 얹고 다닌다.

(13) 벼애나방(rice green caterpillar)

① 잎집 및 볏대 사이에서 월동한다.

② 본답 초기에는 피해를 주고, 그 후에 큰 피해는 없다.

③ 벼 잎 끝을 2번 꺾어 삼각형을 만들고 그 속에서 번데기가 된다.

(14) 먹노린재(rice black bug)

① 1998년 처음 발생하여 점차 확산되었다.

② 낙엽 밑이나 잡초, 토양틈새에서 월동한다.

③ 비가 적은 해에 특히 많이 발생한다.

④ 작은 충격이나 소리에도 줄기 속이나 물속으로 숨는다.

(15) 흑다리긴노린재

① 해안가 사구지에서 주로 발생하며, 우리나라 서해안 일대에서 발생 증가한다.

② 이삭을 가해하면 쭉정이나 반점미를 만들어 미질을 떨어뜨린다.

＊ **중국에서 날아오는 비래해충 : 벼멸구, 흰등멸구, 흑명나방**

2 잡초 방제

1. 제초의 필요성 및 효과

(1) 논잡초를 포함한 대부분의 경지잡초들은 광발아성 종자로서 광에 노출되는 표토에서 발아한다.

(2) 잡초는 양수분의 경합을 일으키고 수광과 통풍불량, 병해충의 서식이 조장되며 벼의 생육저하와 잡초종자의 혼입으로 수량과 품질을 저하시킨다.

(3) 잡초를 제거하지 않을 경우 수량 감소율은 손이앙재배는 10~20%, 기계이앙재배는 25~30%, 담수직파는 40~60%, 건답직파에서는 70~100%에 달한다.

2. 주요 논잡초

(1) 우리나라의 논잡초(20~30종)

① 일년생잡초

㉠ 피: 화본과 잡초이다.

㉡ 물달개비: 전국 논에 우점하고 있다.

㉢ 사마귀풀: 줄기마다 뿌리를 내리며 재생력이 강하다.

㉣ 가막살이와 자귀풀: 직파재배논에서 큰 문제가 된다.

㉤ 올챙이고랭이: 다년생과 일년생이 있으나 보통논에서 종자번식의 1년생이다.

② 다년생잡초: 모두 사초과(벼목의 과) 잡초

㉠ 알방동사니: 종자가 매우 작고 가벼워 바람이나 물로 전파된다.

㉡ **올방개: 괴경(덩이줄기)으로 번식, 1개가 수십개의 덩이줄기를 생산하며, 한 번 형성된 덩이줄기는 5~7년 생존한다.**

㉢ 벗풀: 덩이줄기마다 휴면이 달라 지속적으로 발생, 초장이 벼와 비슷하여 볕쪼임 방해와 양분탈취가 심하다.

㉣ 개구리밥: 수면에 생육, 수온하강유발과 기계이앙논에서 어린모에 물리적 상처를 유발한다.

㉤ 물달개비, 물옥잠, 올챙이고랭이, 알방동사니 등은 설포닐우레아계 제초제에 저항성을 나타내는 생태형 출현이다.

🌿 주요 잡초

	1년생	2년생	3년생
화본과	피, 강피, 물피, 돌피, 조개풀, 논둑외풀		나도겨풀, 드렁새
방동사니과	알방동사니, 바람하늘지기, 바늘골, 나도방동사니		올챙이고랭이, 물고랭이, 올방개, 쇠털골, 너도방동사니, 매자기, 새섬매자기, 파대가리
기타 광엽잡초	물달개비, 물옥잠, 가막사리, 여뀌, 여뀌바늘, 자귀풀, 사마귀풀, 큰고추풀, 곡정초, 중대가리풀, 등에풀	생이가래	올미, 벗풀, 가래, 네가래, 수염가래꽃, 개구리밥, 미나리, 애기수영, 보풀

(2) 우리나라의 논잡초 천이

① 잡초군락의 천이가 이루어지는 요인

　㉠ 제초제의 변화

　㉡ 기상변화

　㉢ 경운, 물관리, 시비, 농기계 및 작부체계의 변화 등 재배법의 변화

　㉣ 벼 품종의 변화

② 2000년대 우점잡초

물달개비(12.7%) > 올방개(9.5%) > 피(9.5%) > 벗풀(9.1%) > 가막살이(5.8%) > 여뀌바늘(4.9%) > 사마귀풀(4.4%)

③ 직파재배의 우점잡초

　㉠ 건답직파 23종, 다수직파 16종으로 직파재배를 계속하면 피가 우점한다.

　㉡ **직파재배 시에 일반잡초 외에 잡초성벼(앵미, red rice)의 증가가 문제로 대두된다.**

　㉢ 앵미는 가늘고 길며, 현미의 색이 적색이니 갈색이다. 탈립이 잘되고 휴면이 강하며 담수상태에서는 발아하고 있지 않다가 건답상태에서 출아하여 크게 증가한다.

④ 잡초성 벼의 증가 조건

　㉠ 경운, 로터리재배보다 **무경운 시에 증가한다.**

　㉡ 담수조건보다 **포화수분 시에 증가한다.**

　㉢ 담수재배보다 **건답재배 시에 증가한다.**

　㉣ **파종기가 빠를수록 증가한다.**

　㉤ 다양한 작부체계 조건보다 **벼단작 시에 증가한다.**

3. 제초제

(1) 처리 시기별 구분

① 못자리용 제초제: 모내기 전 처리용이다.

② 초기 제초제: 모내기 후 3~7일(= 써레질 후 5~9일) 처리용이다.

③ 초중기 제초제: 모내기 후 5~12일(= 써레질 후 7~14일) 처리용이다.

④ 중기 제초제: 모내기 후 10~15일(= 써레질 후 12~17일) 처리용이다.

⑤ 후기 제초제: 모내기 후 20~30일 경엽처리용이다.

(2) 제초제 사용법

① 제초제 사용일반

　㉠ 발생하는 잡초의 종류와 생육상태 및 처리시기에 따라 적절히 선택한다.

　㉡ 과거에는 단제 중심이었으나 최근에는 합제가 개발되었다.

　㉢ 잡초 발생이 많은 경우 제초제를 이양재배 시 2회, 직파재배 시 3회를 사용한다.

　㉣ 제초제를 유제나 수화제로 살포할 때 분무입자가 작을수록 효과는 좋으나, 비산에 의한 해가 발생할 수 있으므로 제초제 분무기는 분무 입자가 굵어서 비산 약해가 일어나지 않아야 한다. 어린 모는 제초제에 특히 약하다.

② 이앙재배 제초

　　㉠ 발생잡초의 종류를 고려하여 생육단계별로 적절하게 사용한다.

　　㉡ 제초제 약효증진과 약해를 최소화하기 위해 논바닥을 균평하게 하여 깊이가 일정하도록 한다.

　　㉢ 제초제를 시용한 논은 논물을 3~4cm 깊이로 1주일 이상 유지되도록 하는 것이 약효 발현에 좋다.

③ 건답직파 제초

　　㉠ 건답직파가 담수직파보다 잡초발생이 많다.

　　㉡ 벼 파종 후 5일, 10일, 20일에 사용하는 약제가 있고, 관개 후 5일, 10일 및 유수형성기에 사용할 수 있는 약제가 있다.

④ 담수직파 제초 : 파종 전 5일, 파종 후 10일, 15일 및 유수형성기에 사용할 수 있는 약제가 있다.

(3) 제초제 저항성

① 기존에 효과적으로 방제되던 잡초가 생존, 결실하고, 이런 능력이 후대까지 유전되는 것을 말한다.

② 최초의 저항성은 1960년대 개쑥갓에서 발견된 트리아진에 대한 저항성이다.

③ 현재는 대부분 설포닐우레아계 제초제 저항성 잡초이고 이들은 밀, 콩밭에서 연용되는 클로로설프론에 대한 저항성 잡초로 우리나라에서도 발생이 급증하고 있다.

④ 제초제 저항성 잡초가 발생하는 원인은 동일 계통의 제초제를 연용하고, 불완전 방제가 계속되었기 때문이다.

⑤ 화학적 방제법 이외에도 기계적, 생태적, 생물적 방제법이 함께 사용되는 종합방제법(IPM)이 사용되어야 한다.

3 기상재해와 대책

1. 한해(旱害)

(1) 발생과 피해상황

① 가뭄해(drought injury)

② 한해의 초기 증상은 주간 위조 : 야간 회복이나, 더 심해지면 상위엽도 고사하며, 논토양은 백건 균열된다.

③ **벼의 생육시기별 한해는 감수분열기에 가장 심하고, 그 다음이 출수개화기, 유수형성기, 분얼기의 순이며, 무효분얼기는 중간낙수도 하는 시기이므로 그 피해가 가장 적다.**

④ 감수분열기가 포함된 수잉기의 한해는 영화의 퇴화 및 불임이 증가한다.

⑤ 유수형성기에는 1수 영화수가 크게 감소하고 출수가 지연된다.

⑥ 못자리에서는 육묘기간이 길어짐으로 묘가 노화하고 불시출수의 가능성이 높아진다.

⑦ 분얼기에는 초장이 작아지고 분얼이 억제되며 출수가 지연된다.

(2) 한해(旱害) 대책

① 사전대책

㉠ 논물 가두기와 관개수원 확보를 해둔다.

㉡ 한발 저항성 품종을 선택한다.

㉢ 유기물 시용을 통한 토양 입단화로 토양의 보수력을 증대한다.

㉣ 질소질 비료를 줄여 과번무에 의한 증산 손실을 예방하고, 인산, 칼리를 증시하여 작물체를 튼튼하게 유도한다.

㉤ 절수재배법을 사용하여 벼의 내한성을 증가한다.

② 한해 발생 시의 대책

㉠ 가뭄으로 인한 만파, 만식 시 빠른 출수를 위한 소비재배와 이삭수를 확보를 위한 밀식을 한다.

㉡ 수분증발량을 줄이기 위하여 웃자란 모는 잎 끝을 잘라낸 후 이앙한다.

㉢ **한발이 오면 본답생육기간이 짧아지고, 건토 효과가 발생하므로 질소질 비료를 20~30% 줄인다.**

2. 풍수해

(1) 침관수해

① 발생과 피해

㉠ 벼의 수해는 식물체 일부가 물에 잠기는 침수해와 전체가 잠기는 관수해로 구분한다.

㉡ 보통은 두 가지가 동시에 나타나므로 침관수해로 표현하고, 폭풍우도 동반하여 풍수해로도 볼 수 있다.

㉢ 수해는 수질과 벼의 상태에 따라 다양하고 복합적이다.

㉣ **침관수 시 벼는 광합성이 정상적으로 이루어지지 않는 상태에서 산소공급이 충분하지 못하여 무기호흡을 하여 호흡기질이 소모되어 생육 저해, 병충해에 약해져서 수량 감소를 일으킨다.**

㉤ 침수보다는 관수가, 청수보다는 탁수가, 유수보다는 정체수가, 저수온보다는 고수온에서 피해가 크다.

㉥ 청고현상과 적고현상

• **침관수해로 벼가 고사할 때 오탁수, 정체수, 고수온이면 산소결핍이 심하여 무기호흡에 의한 호흡기질로 단백질은 분해되지 않은 채 탄수화물만 소모되어 청고현상을 유발한다.**

• **일시적 관수, 맑은 물의 침관수 등의 경우에는 부분적으로 광합성을 하면서 호흡기질로 서서히 탄수화물을 소비하므로 나중에는 단백질까지 소모되어 엽색이 적고현상을 유발한다.**

㉦ 벼의 관수저항성은 탄수화물량/호흡량의 크기와 밀접한 관계가 있다.

㉧ **생육시기별 침관수의 피해에서도 감수분열기가 가장 큰데, 탁수에 3~4일 관수될 경우 50~70%나 감수된다.**

㉨ **동일한 조건에서 출수기에는 60%, 등숙기에는 40% 감수된다.**

② 수해 대책

㉠ 사전대책으로 관수저항성, 내병충성 및 내도복성 품종을 선택하는 방법이 있다.

㉡ 근본대책으로 치산치수, 하천정비 등이 필요하다.

ⓒ 수해대책으로 **질소를 줄이고, 칼리와 규산질 비료를 증시한다.**

ⓔ 사후대책으로 관수된 논은 신속히 배수하고 깨끗한 물로 씻어낸다.

ⓓ 완전 도복된 벼는 4~6포기씩 묶어 세운다.

ⓗ 병해충 방제를 한다.

(2) 풍해 및 도복

① 발생과 피해

ⓐ 풍해를 입으면 광합성이 저해되고, 병해가 심해지며, 도복까지 되면 등숙이 불량해진다.

ⓑ 출수기 전후에 이상건조풍이 불면 수정이 안되거나 수정이 되어도 씨방의 발육정지로 **백수현상**이 일어난다.

ⓒ 이상건조풍을 휀(föhn)이라고 하며, 상대습도가 매우 낮은 건조풍이다.

ⓓ 백수현상은 **야간에 25°C 이상의 온도, 습도 65% 이하, 풍속 4~8m/s에서 발생하는데, 출수 후 3~4일 이내에 이 바람을 맞을 때 가장 많이 발생한다.**

ⓔ 벼의 도복은 풍해와 함께 발생하는데, 출수기 이후에 주로 발생한다.

ⓕ 질소시비량이 많은 논, 모내기가 늦고 재식 밀도가 높을 때 주로 발생한다.

ⓖ 등숙초기의 강풍은 기계적 마찰과 2차감염으로 **변색립이 발생한다.**

② 벼의 도복

ⓐ **풍해와 함께 발생하며 줄기의 신장이 완료된 출수기 이후로 발생한다.**

ⓑ 질소 시비량이 많은 논에서 모내기가 늦고 재식밀도가 높을 때 많이 발생한다.

③ 풍해대책

ⓐ 내도복성 품종을 선택하고, 가급적 출수기와 내도복성이 다른 2~3품종을 혼식한다.

ⓑ 밀식을 피하고, 질소과용을 피한다. 특히 절간신장기에 영향을 미치는 질소를 제한한다.

ⓒ 간단관수와 중간낙수로 줄기의 기부를 튼튼히 한다.

ⓓ 태풍 통과 시 물을 깊이 대면 백수현상 및 도복이 경감한다.

3. 냉해

(1) 발생과 피해

① 냉해(chilling injury)는 기온, 수온이 적온보다 낮아서 생육이 저해되는 피해이다.

② **벼가 17°C 이하의 저온에 7일간 놓이면 유수형성기에는 20~35% 정도 감수하고, 감수분열기인 출수 전 10~15일에는 55% 감수로 피해가 가장 크고, 출수개화기에는 20%, 등숙초기에는 35% 감수된다.**

③ 냉해를 이기 쉬운 시기

ⓐ 유묘기: 모내기 후 본답 초기의 저온은 활착이 불량하거나 분얼이 감소된다.

ⓑ 수잉기: 지경퇴화, 영화감소, 영화발육부진, 수정불량, 출수지연과 불능

ⓒ 등숙기: 등숙불량과 벼알의 변색이 발생한다.

(2) 냉해의 구분

지연형, 장해형, 병해형 및 혼합형 냉해로 구분된다.

① **지연형 냉해**

　ⓧ **영양생장기의 저온에 의한 모내기 지연, 활착 및 생육지연으로 출수지연 및 등숙률 저하로 수량이 감소한다.**

　ⓒ 등숙기 18℃ 이하를 말한다.

② **장해형 냉해**

　ⓧ **영양생장기간에는 정상적으로 생육하였으나, 생식생장기 중 수잉기와 개화 · 수정기에 저온으로 수분 · 수정 장해가 발생하여 불임 유발 및 출수개화기에 냉온 피해로 인한 이삭추출의 불량으로 감수하는 냉해이다.**

　ⓒ 지연형 냉해와 달리 기온이 정상이 되어도 회복되지 않는다.

③ **병해형 냉해** : 저온에서 생리작용 저하로 인한 냉도열병의 발생 등을 말한다.

④ **혼합형 냉해** : 영양생장기에서 생식생장기에 걸친 장시간의 저온으로 나타나는 피해로 1980년대의 대냉해를 말한다.

(3) 냉해대책

① 냉해가 상습적으로 발생하는 지역은 안전한 조생종을 재배한다.

② 건묘를 육성하고 조기에 이앙하여 활착시킴으로써 초기 생육을 촉진한다.

③ **보통재배보다 다소 밀식하여 수량을 확보한다.**

④ **질소과비를 피하고, 인산과 칼리를 증비하고, 유기질 및 규산질 비료를 시비한다.**

⑤ 산간고랭지에서는 인산과 칼리를 20~30% 더 시용한다.

⑥ **장해형 냉해가 우려되면 이삭거름을 주지 말고, 지연형 냉해가 예상되면 알거름을 생략한다.**

⑦ 기온이 갑자기 낮아지면 심수관개로 보온한다. 특히 이삭이 밸 때 저온인 경우에는 논에 물을 대어주는 것이 좋다.

⑧ 냉수가 관개되는 논은 수온 상승대책을 강구해야 한다.

Chapter 05 쌀의 친환경재배, 작부체계, 재배형 특수재배

1 쌀의 친환경재배

1. 친환경 농업의 개념

(1) 친환경 농업이란 저투입, 지속가능한 농업(Low Input Sustainable Agriculture:LISA)을 말한다.

(2) 우리나라는 1997년 제정된 친환경농업육성법에 근거하여 운영되고 있다.

> 친환경 농어업 육성 및 유기식품 등의 관리·지원에 관한 법률
> **제1조(목적)** 이 법은 농어업의 환경보전기능을 증대시키고 농어업으로 인한 환경오염을 줄이며, 친환경 농어업을 실천하는 농어업인을 육성하여 지속가능한 친환경 농어업을 추구하고 이와 관련된 친환경 농수산물과 유기식품 등을 관리하여 생산자와 소비자를 함께 보호하는 것을 목적으로 한다.
>
> **제2조(정의)** 이 법에서 사용하는 용어의 뜻은 다음과 같다.
> 1. "친환경 농어업"이란 생물의 다양성을 증진하고, 토양에서의 생물적 순환과 활동을 촉진하며, 농어업 생태계를 건강하게 보전하기 위하여 합성 농약, 화학비료, 항생제 및 항균제 등 화학자재를 사용하지 아니하거나 사용을 최소화한 건강한 환경에서 농산물·수산물·임산물(이하 "농수산물"이라 한다)을 생산하는 산업을 말한다.
> 2. "친환경 농수산물"이란 친환경 농어업을 통하여 얻는 것으로 다음 각 목의 어느 하나에 해당하는 것을 말한다.
>   가. 유기농수산물
>   농림축산식품부령(고시), 유기농산물은 화학비료·합성 농약 또는 합성 농약 성분이 함유된 자재를 전혀 사용하지 아니하여야 한다.
>   나. 무농약 농산물
>   농림축산식품부령(고시), 화학비료는 농촌진흥청장·농업기술원장 또는 농업기술센터소장이 재배포장별로 권장하는 성분량의 3분의 1 이하를 범위 내에서 사용 시기와 사용 자재에 대한 계획을 마련하여 사용하여야 한다 합성 농약 또는 합성 농약 성분이 함유된 자재를 사용하지 아니하여야 한다.
> 3. "유기"(Organic)란 생물의 다양성을 증진하고, 토양의 비옥도를 유지하여 환경을 건강하게 보전하기 위하여 허용물질을 최소한으로 사용하고, 제19조 제2항의 인증기준에 따라 유기식품 및 비식용 유기가공품(이하 "유기식품 등"이라 한다)을 생산, 제조·가공 또는 취급하는 일련의 활동과 그 과정을 말한다.

(3) 환경에 영향을 미치는 농업의 영향
  ① 긍정적 영향 – 논농사 중심으로 설명
    ㉠ **수자원보전**: 논은 홍수조절, 지하수 함양, 수질정화 등의 소규모 댐의 역할을 수행한다.
    ㉡ **국토보전**: 집중 호우 시 토양의 침식과 토사유출을 방지한다.
    ㉢ **대기보전**: 식물의 잎은 여름에 기화열 흡수를 통한 대기온도를 낮추고, 광합성에 의한 온실가스의 주범인 이산화탄소를 흡수하고 산소를 배출한다.

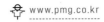

    ㉣ 생물자원의 보전: 논은 야생 동식물의 서식지를 제공하여 생태계 보전에 기여한다.

    ㉤ 보건휴양: 논농사 중심의 독특한 농업경관을 형성한다.

② 부정적 영향

    ㉠ 농약의 사용: 과도한 농약의 사용은 중금속 축적과 수질·토양오염, 생물의 사멸을 조장하기 때문에 생태계를 파괴하여 환경문제를 야기한다.

    ㉡ 화학비료의 사용: 토양의 산성화, 특정 병해충의 창궐, 토양양분의 결핍 등은 토양의 지력을 약화시킨다.

    ㉢ 농업자재의 사용: 시설재배에 사용되는 비닐하우스와 폐기된 농약병의 방치로 농촌의 토양오염을 일으키고 있다.

    ㉣ 산폐수의 방류: 부영양화와 같은 수질오염과 공기오염, 악취 등의 피해를 입힌다.

2. 친환경농업의 구분

(1) 유기농업

① 작물생산, 가축의 사육, 농업생산물의 저장 및 유통·판매에 이르는 전 과정 중에서 어떠한 인공적·화학적 재료를 사용하지 않고 자연적 산물만을 사용하는 농업이다.

② 화학비료와 유기합성농약(농약, 생장조절제, 제초제) 및 가축사료첨가제 등의 합성화학물질을 사용하지 않는다.

③ 유기농업의 목적: 국제유기농업운동연맹(IFOAM: International Federation of Organic Agriculture Movements - 1972년 독일에서 설립된 유기농업 관련 단체 중 세계 최대 규모의 조직)에 명시되어 있다.

    ㉠ 영양가 높은 음식의 충분한 생산

    ㉡ 토양비옥도의 장기적인 유지

    ㉢ 자연생태계와 협력

    ㉣ 농업체계 내의 모든 생물적 순환을 촉진하고 개선

    ㉤ 재생가능한 자원을 최대한 이용

    ㉥ 가급적 폐쇄된 체계 내(축산과 윤작에 의한 토양비옥도 향상)에서 유기물과 영양소를 이용

    ㉦ 모든 가축의 본능적 욕구를 최대한 펼칠 수 있는 환경조건을 조성

    ㉧ 농업에서 파생된 모든 형태의 오염을 피함

    ㉨ 농업과 관련된 환경의 유전적 다양성을 유지

    ㉩ 농업관련 종사자에 안전한 환경을 제공하고 적당한 보답과 만족을 제공

④ 유기농 재배의 원칙: 국제식품규격위원회(Codex 혹은 CAC: Codex Alimentarius Commission - 1962년 UN의 식량농업기구가 설립한 위원회로 국제적으로 통용될 수 있는 식품별 기준규격을 제정·관리하는 정부 간의 모임)에 명시되어 있다.

    ㉠ 생물다양성 증진

    ㉡ 토양생물의 활력 증진

    ㉢ 장기적 토양비옥도 유지

    ㉣ 동식물 부산물의 재활용 및 재생불가능한 자원이용의 최소화

    ㉤ 재생가능한 자원이용

02

  ⓗ 농업과 관련한 모든 오염의 최소화

  ⓢ 현존하는 농장에서의 유기생산체계 확립

  ⓞ 윤작 : 작무체계 내 두과작물 재배

  ⓩ 녹비작물의 재배

  ⓒ 저항성 품종

  ⓚ 화학비료 · 농약 · 제초제 금지

  ⓣ 공장식 축산 분뇨 금지

(2) 저투입 농업

① **대체농업** : 기존의 농업방식을 탈피한 환경친화적인 농업으로 윤작, 농약 및 화학비료의 투입량 감소 등이 있다.

② **저투입성 농업** : 인공적으로 합성한 화학물질에 대한 의존도를 감소시킨 농업이다. 화학비료와 유기합성농약(농약, 생장조절제, 제초제) 및 가축사료첨가제 등의 합성화학물질을 사용은 하되 사용량을 최소화하여 농업환경오염을 경감하고 자연생태계를 유지, 보전하며 잔류독성 허용기준치 이하의 안전농산물을 생산하는 농업이다.

(3) 기존농업과의 차이점

① 단기적인 이익보다 장기적 이익을 추구한다.

② 경제성과 안정성 간의 균형을 추구한다.

③ 환경에 대한 부하가 작은 시스템으로의 전환을 지향한다.

④ 농업생산, 환경, 안전성에 대한 중요성을 요구한다.

3. 친환경 쌀의 종류와 품질기준

(1) 유기농쌀

① 화학비료와 합성농약을 전혀 사용하지 않는 농법을 3년 이상 실시한 포장에서 재배하며, 생산, 가공, 유통과정에서 유해물질을 사용하지 않은 쌀을 말한다.

② 잔류농약은 허용기준의 1/10 이하이다.

③ 주요 품질인증 기준

 ㉠ 재배포장, 용수, 종자

  • 유기쌀 재배 논토양은 토양환경보전법 규정에 의한 토양오염우려기준을 초과하지 않아야 한다.

  • 용수는 환경정책기본법 및 지하수의 수질보존등에 관한 규칙에 정한 용수 이상이어야 한다.

  • 논은 최초 수확 전 3년의 기간 동안 규정에 의한 재배방법을 준수한 포장이어야 한다.

  • 유기농산물 인증기준에 맞게 생산된 유기종자를 사용하고, 유전자변형농산물(GMO)종자를 사용해서는 안 된다.

ⓒ 재배방법
- 화학비료와 유기합성농약을 사용할 수 없고, 적절한 윤작체계에 의한 콩과작물, 녹비작물, 심근성작물을 재배한다.
- 토양에 투입하는 유기물은 유기농산물의 인증기준에 맞게 생산된 것이어야 한다.
- 축산분뇨는 완전히 부숙시킨 것을 사용해야 한다.

ⓒ 생산물의 품질관리
- 해충방제 및 식품보존목적의 방사선을 사용할 수 없고, 포장제는 식품위생법의 관련규정에 적합하고, 가급적 생물분해성, 재생이 가능한 자재를 이용하여 제작된 것을 사용해야 한다.
- 잔류농약 허용기준은 식품의약품안전청장이 고시한 농산물의 잔류허용기준의 1/10 이하이어야 한다.

(2) 무농약 쌀
① 유기합성농약을 전혀 사용하지 않고, 화학비료는 사용권장량의 1/3 이하인 쌀을 말한다.
② 잔류농약은 허용기준의 1/10 이하이어야 한다.
③ 주요 품질인증 기준
ⓒ 재배포장, 용수, 종자
- 논토양은 토양환경보전법 규정에 의한 토양오염우려기준을 초과하지 않아야 한다.
- 용수는 환경정책기본법 및 지하수의 수질보존 등에 관한 규칙에 정한 용수 이상이어야 한다.
- 유전자변형농산물(GMO)종자를 사용해서는 안 된다.

ⓒ 재배방법
- 화학비료는 농촌진흥청장, 농업기술원장 또는 농업기술센터 소장이 재배포장 별로 권장하는 성분량의 1/3 이하를 사용해야 하며 유기합성농약을 사용하지 않아야 한다.
- 장기간의 적절한 윤작체계에 의한 콩과작물, 녹비작물, 심근성작물을 재배해야 하며, 축산분뇨는 완전 부숙한 것을 사용하고, 과다한 사용, 유실 및 용탈로 환경오염을 시키지 않아야 한다.

ⓒ 생산물의 품질관리
- 병해충 서식처의 제거 및 시설에의 접근방지, 기계적, 물리적 생물학적 방법을 사용하며, 사용이 인가된 친환경자재만을 사용할 수 있다.
- 해충방제 및 식품보존목적의 방사선을 사용할 수 없다.
- 잔류농약 허용기준은 식품의약품안전청장이 고시한 농산물의 잔류허용기준의 1/10 이하이어야 한다.

2 논 작부체계

1. 작부체계의 개념

(1) 작물의 종류별 재배순서를 뜻하는 작부체계는 농경지의 이용률을 높이고 농업소득을 올리고, 지력을 유지·증진시켜 지속적 농업을 가능하게 하는 매우 중요한 농업체계이다.

(2) 이상적 작부체계는 경지를 3, 4 또는 5등분하고 화본과 작물과 콩과 작물을 교대로 심으며, 몇 년에 한 번은 지력 증진 작물을 도입하고, 또 몇 년에 한 번은 심경 효과를 가져올 수 있는 뿌리 작물을 재배하는 것이다.

(3) 담수 조건인 논에서의 작부체계는 매우 한정적일 수밖에 없어서 답리작과 답전윤환을 시행할 수 있다.

2. 논 작부체계

(1) 답리작(논 뒷그루재배)

겨울 동안 논에 재배할 수 있는 작물은 추위에 강한 맥류(특히 호밀)와 자운영 및 헤어리베치 등이다.

① 호밀

㉠ 호밀은 환경 조건이 불량해도 잘 자라고 추위에도 아주 강하므로 우리나라 중북부 지역에서 벼의 후작물로 재배하여 봄에 조사료로 사용한다.

㉡ 적정 파종량은 10a에 12~15kg이다.

② 자운영

㉠ 녹비작물로 자운영을 재배하려면 파종 시기는 입모 중으로 8월 하순~9월 상순이고, 파종량은 10a에 3~4kg이다.

㉡ 파종 후 10일 내에 논물을 낙수해야 하는데, 낙수 시기가 빠르면 벼에 문제가 생기고, 늦으면 생육이 저하된다.

㉢ 수확 즉, 논에 투입하는 것은 벼 이앙 10일 전에 해야 벼의 생육에 해를 끼치지 않는다.

③ 헤어리베치

㉠ 녹비작물로 헤어리베치를 재배하려면 파종 시기는 9월 하순~10월 상순이고, 파종량은 10a에 6~9kg이다.

㉡ 파종법은 입모 중 산파나 벼 수확 후 로터리 산파가 모두 가능하다.

㉢ 벼 이앙 2~3주 전에 로터리로 갈아엎어 녹비로 쓰는데, 10a에 1,500~2,000kg이 질소질 비료를 사용하지 않을 수 있는 적정선이다.

3. 답전윤환

(1) 답전윤환을 하면 토양이 입단화되어 물리적으로는 심토의 기상률과 공극률이 증가되고, 화학적으로는 비옥도가 증가한다.

(2) 답전윤환 작물로 가장 바람직한 작물은 콩이다.

3 벼의 재배형

재배시기가 다른 것을 재배형이라 한다.

1. 조기재배

(1) 기본영양생장성과 감광성이 작고, 감온성이 높은 조생종을 가능한 일찍 파종, 육묘하고, 조기에 이 앙하여, 조기 수확하는 재배법이다.

(2) 주로 벼의 **생육기간이 짧은 북부지역 및 산간 고랭지에 알맞고 남부 평야지에서는 답리작으로 사용되었다.**

(3) 남부 평야지대에서 조기재배하면 고온기에 등숙기를 통과하게 되므로 자연건조에서도 동할미가 생기고, 현미의 쌀겨층이 두꺼워지는 등 쌀의 품질이 나빠진다.

(4) 조기재배의 효과
① 생육기가 빨라지므로 8월 중순~9월 상순에 빈도가 높은 태풍을 피한다.
② 고랭지에서는 등숙기 추냉을 피한다.
③ 남부지방에서는 후작으로 추작물의 도입이 가능하여 토지생산성을 높인다.
④ 뿌리의 활력이 생육 후기까지 높게 유지되어 추락을 예방한다.
⑤ 고온에서 재배되어 생리활성이 높아 1일 생산효율이 높다.

2. 조식재배

(1) 조식재배는 평야지 1모작지대의 주된 재배형이다.

(2) 단작지대에서 표준재배형으로 실시되고 있는데, 한랭지에서 보온하여 파종, 육묘하고, 가능한 한 일찍 이앙하여 영양생장기간을 최대한 연장시키는 재배형이다.

(3) 출수가 1주일 정도 빨라져 수확이 당겨지긴 하지만 수확의 조기화가 목적은 아니고 **다수확이 목적이므로 영양생장기간이 긴 중·만생종 품종이 적합하다.**

(4) 조식재배가 다수확을 가져오는 기타 이유
① 분얼기가 저온이라 일교차가 커져서 분얼이 많아지므로 이삭수 확보에 유리하다.
② 출수기가 일사량이 많은 시기이므로 광합성량이 늘어 등숙을 좋게 한다.

(5) 조식재배의 단점
① 생육기간이 모든 재배형 중 가장 길어지므로 보통재배보다 시비량을 20~30% 늘려야 한다.
② 생육기간이 길어 영양생장량이 많으므로 과번무로 도복되기 쉽고, 잎집무늬마름병의 발생이 많으며, 남부지방에서는 벼멸구에 의한 직접 피해와 바이러스에 의한 피해가 있다. 조식재배는 병충해 방제에 불리하다.
③ 조기재배와 조식재배 모두 저온기에 육묘하므로 못자리 보온에 유의해야 하고, 저온발아성이 높은 품종을 사용해야 한다.

3. 보통기재배

보통기 재배는 안전출수기 내에 이삭이 팰 수 있도록 제때 모내기하는 재배형으로 모내기 적기는 지대와 품종에 따라 다르다.

4. 만기재배

(1) 주로 **중남부 평야지대에서 과채류, 감자 등의 후작으로, 늦모내기 재배형을 말한다.**

(2) 계획적으로 파종기와 이앙기를 늦추는 것이므로 만파만식재배 또는 정시만식재배라고도 한다.

(3) 고온과 단일이 시작되어서도 영양생장을 해야하므로 **감온성과 감광성이 낮고,** 등숙이 늦어지므로 저온에서도 등숙력이 양호한 품종을 선택해야 한다.

(4) 전체 생육기간이 짧아지므로, 이앙묘는 어린모보다 육묘일수가 긴 성묘가 유리하다.

5. 만식재배

(1) **파종은 적기에 했으나 관개용수의 부족, 전작물의 수확 지연, 병충해 회피 등으로 이앙이 현저하게 늦어지는 재배법을 말한다.**

(2) 적파만식재배 또는 불정시만식재배라고도 한다.

(3) **묘의 노화가 문제이므로, 만식의 우려가 있는 경우 노화방지를 위한 박파, 절수, 절엽과 단근 등의 특별한 육묘방식이 사용되어야 한다.**

(4) **본답에서는 밀식과 질소의 감비가 필요하다.**

(5) 가뭄으로 늦심기할 때 본답생육기간이 짧아지므로 **질소질 비료는 기준 시비보다 20~30% 줄인다.**

(6) 만식에서도 수량의 감수가 적은 **감광형의 내만식성 품종이 적합하다.**

(7) 적파만식은 불시출수의 위험이 있고, 만파만식은 수량 저하의 우려가 있다.

6. 2기작재배

(1) 1년에 2번 재배하는 것을 말한다.

(2) 열대지방에서는 1년에 벼를 2회 재배하는 2기작 재배가 일반적이지만 우리나라에서는 경제성이 낮다.

(3) 논에서 벼와 다른 작물을 1년에 2번 재배하는 양식은 이모작 재배이다.

4 벼의 특수재배

1. 간척지재배

(1) 간척지 토양의 특징

① 생육을 위한 유효토심이 낮다.

② 염류가 많아 pH가 높으며, 염분 농도도 높다.

③ 지대가 낮아 지하수위가 높으므로 환원조건의 가능성이 많다.

④ **간척지 토양은 단립구조이고 염분농도가 높으며, 점토가 과다하여 입자가 미세하여 투수력, 공극률 등의 물리적 성질이 나쁘다.**

⑤ **실용적인 재배가 가능하려면 염분이 0.3% 이하이어야 한다.**

⑥ **염해는 생식생장기보다 모내기 직후 활착기와 분얼기에 심하다.**

⑦ **축적된 염분, 특히 염소이온의 집적으로 엽록소의 기능이 줄어들고, 효소활력의 저하로 동화작용이 저해된다.**

⑧ **염해는 질소의 과잉 축적으로 생육 및 출수가 지연되어 수량이 감소된다.**

⑨ **염해의 발생 과정**

㉠ 저 줄기와 잎의 수분 함량이 감소하고, 많이 흡수 축적된 염분, 특히 염소(Cl^-) 이온의 직접적인 해로 엽록소의 감퇴 또는 소실이 발생하며, 염소에 의한 효소의 활력 저하로 동화작용이 저해되어 탄수화물의 생성이 감소된다.

㉡ 상대적으로 나트륨보다 많이 흡수된 염소(Cl^- : 염화이온은 음이온)와 균형을 맞추기 위해서 흡수된 암모늄태 질소($NH4^+$ 양이온)의 과잉축적에 의하여 벼 생육 및 출수가 늦어짐으로써 수량 감소가 발생한다.

(2) 제염방법 및 토양개량

① **염도 0.1% 이하에서 벼 재배에 큰 지장은 없고, 0.1~0.3%에서도 정상적인 재배가 가능하므로 벼를 재배하려면 0.3% 이하로 제염하여야 한다.**

② 제염은 논을 자주 경운하여 물을 갈아주는 횟수가 증가할수록 촉진된다.

③ 모내기 후에도 물을 자주 갈아주는 것이 제염에 효과적이지만, 자주 환수하면 비료의 유실이 크므로 시비량은 늘려야 한다.

④ **경운 및 관개 횟수가 많을 때는 깊게 경운하는 것이 효과적이다.**

⑤ 경운 및 관개 횟수가 적을 때는 얕게 경운하는 것이 효과적이다.

⑥ 토양개량을 위해서 석고, 퇴비시비와 객토하며, 석회 시용은 제염 효과도 있고 증수에도 도움이 된다.

⑦ 간척지는 대부분 토양반응이 알카리성이므로 아연이 결핍되어, 황산아연의 시비가 중성화 및 아연 공급에 도움이 된다.

02

(3) 벼 재배기술

① 간척지에서는 내염성 품종을 선택하여야 한다.

② 재배법으로는 일반 논과 같이 기계이앙 및 직파재배가 모두 가능하다.

③ 기계이앙재배

    ㉠ 간척지 토양은 단립구조이고 염분 농도가 높아 정지 후 토양 입자가 가라앉아 급격히 굳으므로 뜬모와 결주가 많아진다. 따라서 로터리와 동시에 모내기를 하는 것이 좋다.

    ㉡ 염해는 생식생장기보다는 모내기 직후 활착기와 분얼기에 심하게 나타나 분얼이 억제되므로 보통답에서보다 재식 밀도를 높인다. (재식주수 90~110, 1주묘수 5~6묘)

    ㉢ 이앙 후 활착기는 벼의 전 생육기간중 염해를 가장 받기 쉬운 시기이다. 못자리에서 모판을 뗄 때 뿌리가 잘리면 수분흡수 부족으로 인한 수분대사의 불균형과, 잘린 부분이 염분 농도가 높은 토양용액과 직접 접촉되어 피해가 가중된다.

    ㉣ 간척지에서는 환수에 따른 비료 유실량이 많으므로 보통 재배보다 1.5~2배 증비와 분시를 하여야 한다.

    ㉤ 토양반응이 알카리성이므로 질소는 생리적 산성 비료인 황산암모늄(유안)을, 인산도 산성 비료인 과석을, 칼리도 황산칼리를 써서 토양의 pH를 중성으로 산도를 조절한다.

    ㉥ 위 사항은 직파재배에도 적용된다.

2. 밭벼

(1) 논벼와 밭벼를 구분하는 기준은 없다.

(2) 밭벼는 논벼에 비해 잎이 커서 늘어지고, 뿌리는 심근성이며 잔뿌리가 많아 수분 부족에 강한 특성을 보인다.

(3) 생리적으로 논벼에 비해 산소요구도가 크고, 쌀의 찰기가 논벼보다 적다.

(4) 시비량은 논 재배보다 30% 증비하고, 내건성과 내도복성을 크게 하는 칼리질도 증비한다.

(5) 밭벼를 연작하면 토양의 양분소모가 많아 수량이 감소하므로 윤작을 고려한다.

3. 무경운재배

(1) 무경운재배는 경운하지 않으므로 토중 잡초씨가 광을 받지 못해 발아하지 못한다. 따라서 전해 출수기에 잡초를 철저히 제거하면 잡초 발생은 점차 감소한다.

(2) 무경운재배의 장점

① 경운용 농기계운영 비용이 절약된다.

② 경운 노력이 절감된다.

③ 잦은 경운에 의한 토양의 물리성 악화가 방지된다.

(3) 무경운재배의 단점

① 초기 잡초방제가 어렵다.

② 용수량이 증가한다.

③ 시비 효율이 저하된다.

④ 수량이 다소 감소한다.

핵심
기출문제

벼의 재배

www.pmg.co.kr

001 벼의 재배 시 유수형성기에 주는 거름은 무엇인가?   07. 경북 9급

① 분얼거름   ② 이삭거름
③ 알거름   ④ 밑거름

002 벼의 생육과 재배환경에 대한 설명으로 가장 옳지 않은 것은?   19. 서울시 9급

① 벼의 분얼성기까지는 기온보다 수온의 영향을 더 크게 받고, 등숙기에는 수온보다 기온의
영향을 더 크게 받는다.
② 벼의 생육적온보다 온도가 높으면 광도가 높을수록 오히려 광합성이 저하된다.
③ 건답은 생산력이 높으며 답전윤환재배가 가능하고, 유기물의 분해속도가 빨라 지력이 낮
아지기 쉽다.
④ 습답은 건답보다 비옥도가 낮고, 질소흡수가 전기에 집중되어 수량과 식미가 떨어지기 쉽다.

003 벼의 영양성분 결핍장해에 대한 설명으로 옳지 않은 것은?   22. 국가직 9급

① 질소가 결핍되면 분얼생성이 정지되고 잎이 좁고 짧아진다.
② 인이 결핍되면 분얼생성이 정지되고 잎이 암녹색으로 변한다.
③ 마그네슘이 결핍되면 잎이 아래로 처지고 엽맥 사이에서부터 황변이 나타난다.
④ 철이 결핍되면 잎들이 붉게 변하고, 이때 철을 사용하면 새로 나오는 잎은 백화현상을 보
인다.

004 잡초성 벼에 대한 설명으로 옳지 않은 것은?   12. 국가직 7급

① 벼 이앙재배 논보다는 직파재배 논에서 문제가 되고 있다.
② 일반적으로 잡초성 벼는 탈립이 잘 되지 않는다.
③ 수확 후 볏짚을 태워버리는 것도 자초성 벼를 줄이는 데 효과적이다.
④ 일반적으로 잡초성 벼는 종피색이 자색을 띠며, 저온출아성이 좋고, 토심이 깊은 곳에서도
싹이 잘 튼다.

005 벼의 조식재배에 관한 설명으로 옳은 것은?   08. 국가직 7급

① 조생종 품종을 조기에 이식하여 조기수확을 목적으로 하는 재배방식이다.
② 한랭지에서 만생종 품종을 조기에 이식하여 수량을 높일 목적으로 하는 재배방식이다.
③ 조식재배는 저온기에 영양생장기가 경과하므로 분얼수 확보에 불리한 면이 있다.
④ 조식재배는 생육기간이 짧아지므로 보통재배보다 시비량을 20~30% 줄인다.

006 품종 조건이 동일할 때 도복의 위험성이 가장 큰 벼의 재배양식은?   09. 국가직 7급

① 기계이앙재배   ② 담수직파재배
③ 건답직파재배   ④ 손이앙재배

007 우리나라에서 월동하지 못하는 비래(飛來)해충으로만 묶은 것은?   11. 지방직 9급

① 벼멸구, 애멸구, 이화명나방
② 벼멸구, 혹명나방, 멸강나방
③ 흰등멸구, 혹명나방, 이화명나방
④ 애멸구, 벼줄기굴파리, 벼물바구미

정답찾기

001 ② 이삭거름 : 출수 전 24~25 유수가 1~1.5mm 자란 때(유수형성기)에 1수 영화수를 증가시키기 위해 준다.
① 새끼칠거름(분얼거름) : 모내기 후 12~14일
③ 알거름 : 출수기(수전기) 종실의 입중을 증가하기 위해 질소비료의 총량대비 10% 시비한다.
④ 밑거름 : 작물을 심기 전에 주는 비료이다.

002 ④ 습답은 건답보다 비옥도는 높으나, 질소흡수가 후기에 집중되어 수량과 식미가 떨어지기 쉽다.

003 ④ 철이 부족하면 어린잎부터 엽록소 함량이 낮아져 황백화한다.

004 ② 일명 앵미벼라고도 하는 잡초성 벼는 가늘고 길며, 현미의 색은 적색이나 갈색을 띤다. 탈립이 잘 되고 휴면이 강하며 담수상태에서는 잘 발아하지 않으나, 건답 상태에서는 출아가 용이하여 건답직파에서 크게 증가한다.

005 ②
① 조생종 품종을 일찍 파종, 육묘하고 조기에 이앙하여 조기에 수확하는 재배방식은 조기재배법이다.
③ 조식재배는 영양생장 기간이 길어 유효분얼수 확보가 유리하다.
④ 조식재배는 생육기간이 연장되어 지력이 높은 논에서 효과적이고, 시비량을 20~30% 늘린다.

006 ② 담수직파재배의 경우 종자가 깊이 심어지지 못하므로 뿌리가 얕게 분포하고 약하여 결실기에 도복되기 쉽다.

007 ② 우리나라에서 월동하지 못하는 비래해충 : 벼멸구, 흰등멸구, 혹명나방, 멸강나방 등

정답   **001** ②   **002** ④   **003** ④   **004** ②   **005** ②   **006** ②   **007** ②

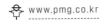

008 벼의 영양과 시비관리에 대한 설명으로 옳은 것은?   11. 지방직 9급

① 비료 삼요소 중에서 체내 이동률이 가장 높은 것은 칼륨이다.
② 잎에 함유된 질소와 칼리의 농도는 생육초기보다 성숙기가 더 낮다.
③ 비료 삼요소의 1일 흡수량은 유수형성기부터 출수기로 갈수록 증가한다.
④ 냉해가 우려되는 논에는 인산이나 칼리질 비료를 줄이고 질소질 비료는 증가시켜야 한다.

009 벼 재배 양식을 비교한 설명으로 옳은 것은?   11. 국가직 7급

① 만파만식재배가 조식재배보다 재배일수가 길다.
② 보통기재배가 조식재배보다 재배일수가 길다.
③ 적파만식은 불시출수의 위험이 있고, 만파만식은 수량 저하의 우려가 있다.
④ 조식재배는 조기재배보다 수확기가 빠르다.

010 벼 재배 중 물관리에 대한 설명으로 옳지 않은 것은?   14. 국가직 7급

① 무효분얼기에는 중간낙수를 하여 분얼을 억제한다.
② 유수형성기에는 수분이 많이 필요한 시기이므로 물이 부족하지 않도록 한다.
③ 활착기에는 물을 낮게 대어 식상을 방지하고 뿌리내림을 촉진한다.
④ 등숙기에 조기낙수하면 수량과 품질이 저하될 수 있다.

011 벼의 생육과정 중 양분의 흡수·이용에 대한 설명으로 옳지 않은 것은?   11. 국가직 9급

① 벼의 무기양분 중 단백질의 구성성분인 질소는 생육초기보다 생육후기에 많이 흡수된다.
② 양분 흡수는 뿌리 끝 2~3cm 부위에서 이루어진다.
③ 벼의 생식생장기에는 건물중이 증가하며, 세포벽 물질인 리그닌과 셀룰로오스 등이 많이 만들어진다.
④ 벼에서 양분의 체내 이동률은 인, 황, 마그네슘, 칼슘 순으로 저하된다.

012 다음의 벼 해충 중 우리나라에서 월동하는 것만을 고른 것은?   09. 지방직 9급

| ㄱ. 끝동매미충 | ㄴ. 벼멸구 | ㄷ. 벼줄기굴파리 |
| ㄹ. 흰등멸구 | ㅁ. 이화명나방 | ㅂ. 애멸구 |

① ㄱ, ㄴ, ㄹ, ㅂ ② ㄱ, ㄷ, ㅁ, ㅂ
③ ㄴ, ㄷ, ㄹ, ㅂ ④ ㄴ, ㄹ, ㅁ, ㅂ

013 친환경 쌀 생산에 대한 설명으로 옳은 것은?   11. 지방직 9급

① 유기인증 쌀의 경우에도 해충방제 및 식품보존을 목적으로 한 방사선의 사용은 허용된다.
② 유기인증 쌀을 생산하기 위해서는 원칙상 유기종자를 사용하여야 한다.
③ 무농약 쌀 생산에는 유기합성농약을 사용할 수 없으나, 화학비료는 권장량의 1/2이하에서 사용할 수 있다.
④ 저농약 쌀 생산에는 유기합성농약과 화학비료의 사용량을 권장량의 1/2이하로 제한하고 있으나, 유기합성제초제의 사용량은 제한하지 않는다.

014 벼 농사 기간 중 실제로 관개해야 할 물의 양(mm)이 가장 큰 것은?   11. 지방직 9급

	엽면증산량	수면증발량	지하침투량	유효유량
①	480	400	400	300
②	540	450	600	400
③	600	500	500	300
④	660	550	400	400

정답 찾기

008 ②
① 벼 체내 이동률은 인, 질소, 황, 마그네슘, 칼륨, 칼슘의 순으로 저하된다.
③ 유수형성기까지는 양분흡수가 급증하지만, 유수형성기 이후 출수기 사이에는 감소하며, 출수기 이후에는 양분흡수가 급감한다.
④ 냉해나 침관수 및 도복발생 상습지는 질소질을 20~30% 낮추고, 인산질 및 칼리질은 20~30% 늘린다.

009 ③
① 조식재배가 만파만식재배보다 재배일수가 길다.
② 조식재배가 보통기재배보다 재배일수가 길다.
④ 조식재배와 조기재배는 수확기가 비슷하다.

010 ③ 활착기에는 모내기 후 7~10일 간은 식상방지를 위해 6~10cm 정도로 깊게 관개하고, 모 키의 1/2~2/3 정도가 물에 잠겨야 증산이 억제되어 식상이 방지된다.

011 ① 벼의 생육 초기에는 질소, 칼리의 농도가 높으나, 생육 후기에는 규산의 농도가 높다.

012 ② 우리나라에서 월동하지 못하는 비래해충: 벼멸구, 흰등멸구, 혹명나방, 멸강나방 등

013 ② 유기인증 쌀의 벼 종자는 원칙상 유기농산물 인증기준에 맞게 생산, 관리된 유기종자를 사용하며, 유전자변형농산물종자의 사용을 금한다.
① 유기인증 쌀은 방사선의 사용이 금지된다.
③ 무농약 쌀은 화학비료의 권장량의 1/3 이하에서 가능하다.
④ 저농약의 개념은 친환경에서 폐지되었다.

014 ③ • 관개수량 = 용수량 − 유효강우량
• 용수량 = 엽면증산량 + 논 수면증발량 + 지하투수량

015 벼의 물관리에서 중간낙수의 효과로 옳지 않은 것은?

09. 국가직 9급

① 뿌리의 신장 억제 ② 질소의 과잉흡수 억제
③ 내도복성 증가 ④ 무효분얼 억제

016 벼 직파재배에 대한 설명으로 옳지 않은 것은?

10. 국가직 9급

① 직파재배는 육묘와 이앙에 드는 노력을 절감할 수 있다.
② 이앙재배에 비해 무효분얼이 적어 유효경비율이 높아진다.
③ 이앙재배에 비해 도복하기 쉽고 잡초가 많이 발생한다.
④ 파종이 동일한 경우 이앙재배에 비해 출수기가 다소 빨라진다.

017 벼에서 지연형 냉해의 피해 양상에 해당하는 것은?

07. 국가직 9급

① 수잉기와 개화 · 수정기에 화기피해에 따른 불임 유발
② 영양생장기의 저온에 의한 출수지연 및 등숙률 저하
③ 출수개화기에 냉온피해로 인한 이삭추출의 불량 유발
④ 저온에서 생리작용 저하로 인한 냉도열병의 발생

018 벼 재배 시 발생하는 기상재해와 그 대책에 대한 설명으로 가장 옳지 않은 것은?

19. 서울시 9급

① 한해 대책으로 질소질 비료를 줄인다.
② 수해 대책으로 칼리질 비료와 규산질 비료를 증시한다
③ 풍해 대책으로 밀식하고 질소 과용을 피한다.
④ 냉해 대책으로 다소 밀식하고 규산질과 유기물 시용을 늘린다.

019 벼의 무기양분과 시비에 대한 설명으로 가장 옳지 않은 것은?

19. 서울시 9급

① 벼의 양분흡수는 유수형성기까지는 급증하나 이후 감소한다.
② 철과 망간은 담수환원 조건에서 가용성이 감소하며, 철은 칼륨, 망간과 길항작용을 한다.
③ 마그네슘은 유수발육기에 많은 양이 필요하며, 질소, 인, 황 등은 생육 초기부터 출수기까지 상당 부분 흡수된다.
④ 칼륨이 결핍되면 단백질 합성이 저해되고 호흡작용이 증대되어 건물생산이 감소된다.

020 온실효과로 인해 벼 재배에서 나타나게 될 예측 현상으로 옳지 않은 것은? 10. 국가직 9급

① 안전출수기가 현재보다 빨라진다.
② 벼 재배 가능지가 확대된다.
③ 벼의 생육기간이 연장된다.
④ 등숙기의 고온으로 수량 감수가 예상된다.

021 벼의 재배환경에 대한 설명으로 옳은 것은? 19. 국가직 7급

① 유수형성기~수잉기의 생육에서 수온과 기온의 수량에 대한 영향은 비슷한 수준이다.
② 지구 온난화는 벼의 생육기간을 단축시키고, 등숙기의 고온으로 수량 증대가 예상된다.
③ 토양의 환원조건에서 황화수소, 철 이온 등의 증가는 벼 생육에 해로우나, 유기물 사용으로 경감된다.
④ 염도 0.1% 이하에서 벼 재배에 큰 지장은 없고, 0.1~0.5%에서도 정상적인 재배가 가능하다.

022 벼의 건답직파에 대한 설명으로 옳지 않은 것은? 16. 지방직 9급

① 출아일수는 담수직파에 비해 길다.
② 담수직파에 비해 논바닥을 균평하게 정지하기 곤란하다.
③ 결실기에 도복발생이 담수직파에 비해 많이 발생한다.
④ 담수직파보다 잡초발생이 많다.

정답찾기

015 ① 토양의 유해가스를 배출하여 뿌리의 활력을 증진시킨다.
016 ② 절대이삭수는 많으나 무효분얼이 많고 유효경비율이 낮다.
017 ② 지연형 냉해 : 저온으로 인해 모내기가 지연되거나 활착 및 생육이 지연되어 저온등숙됨으로써 수량이 감소되는 냉해이다.
018 ③ 풍해 대책으로 내도복성 품종 선택과 가급적 출수기와 내도복성이 다른 2~3품종을 혼식한다. 또한, 밀식을 피하고 질소 과용을 피하며, 특히 절간신장기의 질소를 제한한다.
019 ② 철과 망간은 담수환원 조건에서 가용성이 증가하여 일반 논에서는 결핍이 잘 나타나지 않으나, 노후토양에서는 용탈로 인하여 결핍증이, 특히 석회암지대의 배수 불량지에서 결핍증이 나타난다. 철분이 부족하면 뿌리 썩음현상이 나타나며, 같은 양이온인 칼륨, 망간과 길항작용을 한다.

020 ① 온실효과로 기온이 상승하는 경우 안전출수기가 현재보다 늦어져 벼 재배 가능지가 확대되어 품종과 재배양식의 변동이 일어난다.
021 ①
② 지구 온난화는 벼의 생육기간을 단축시키고, 쌀 수량은 등숙기의 고온으로 감수된다.
③ 환원조건 또는 낮은 토양산도에서는 황화수소, 철 및 망간이온이 증가하여 식물에 해로우며, 특히 유기물 사용 시 이러한 경향이 심해진다.
④ 염도 0.3% 이상에서는 정상적인 벼 재배가 어렵다.
022 ③ 건답직파는 복토를 하므로 뜸모가 없고 도복발생 감소한다.

023 벼에서 흡수되는 무기영양성분에 대한 설명으로 옳지 않은 것은?

① 벼에서 칼륨은 출수기 이전보다 출수 후 등숙기에 상대적으로 흡수량이 증가하여 등숙에 크게 영향을 미친다.
② 칼슘은 벼의 유수형성기~등숙기에 광합성 산물의 작물체 내 전류를 원활하게 한다.
③ 벼의 질소 흡수가 과다하면, 다량의 암모니아는 결합해야 할 탄수화물의 부족을 야기하고, 도열병에도 취약해진다.
④ 벼에서 인산이 부족하면, 잎이 좁아지고 분얼이 적어지며, 호흡작용이나 광합성을 저하시킨다.

024 벼의 병해충에 대한 설명으로 옳지 않은 것은?

① 벼멸구는 유충과 성충이 벼 포기 밑 부분 잎집에서 즙액을 빨아먹고, 가해 당한 벼는 벼 줄기의 밑 부분이 약해져 주저앉는다.
② 도열병은 일조량이 적고 비교적 저온이면서 다습할 때 많이 발생하고, 질소질 비료를 과다하게 사용하면 발병이 증가한다.
③ 혹명나방은 볏짚이나 벼 그루터기의 볏대 속에서 유충의 형태로 월동하고 연 2회 발생한다.
④ 벼물바구미는 성충의 형태로 월동하며 성충은 잎을 가해하고 유충은 뿌리를 가해한다.

025 다음 보기의 설명을 모두 포함하는 무기요소는?

> • 세포핵을 구성하는 주성분이다.
> • 생육전기의 분얼과 뿌리 자람을 위한 필수요소이다.
> • 결핍 시 광합성과 호흡작용이 저하되고, 도열병에 걸리기 쉽다.

① 인산　　　　　　　　② 질소
③ 칼리　　　　　　　　④ 규산

026 논토양의 종류별 특성에 대한 설명으로 옳지 않은 것은?

① 고논은 지온이 낮고 공기가 제대로 순환하지 않아 유기물의 분해가 늦다.
② 모래논은 양분보유력이 약하고 용탈이 심하므로 객토를 하여 개량한다.
③ 미숙논은 토양조직이 치밀하고 영양분이 적으며 투수성이 약한 논이다.
④ 우리나라의 60% 정도인 보통논에서 생산된 쌀의 밥맛이 가장 좋다.

027 벼 중간낙수에 대한 설명으로 옳지 않은 것은?　　　　　　　　　　　　　07. 지방직 7급

① 중간낙수는 비옥하고 잠재지력이 높은 땅에서 효과가 크다.
② 중간낙수를 하면 토양 중 암모늄태질소가 질산태로 산화되고 탈질된다.
③ 칼륨/질소 비율을 감소시키므로 벼 조직이 약해진다.
④ 최고분얼기를 중심으로 무효분얼기로부터 분얼감퇴기에 실시한다.

028 벼의 냉해피해 및 대책에 대한 설명으로 옳지 않은 것은?　　　　　　　20. 지방직 7급

① 건묘를 육성하여 조기에 이앙하여 활착시키고 초기생육을 촉진시킨다.
② 질소과비를 피하고 인산과 칼리를 증비하며 규산질과 유기물 시용을 늘린다.
③ 감수분열기인 출수 전 10~15일에는 55% 정도 감수되어 피해가 가장 크며, 다음으로 출수 개화기에 35% 정도 감수된다.
④ 지연형 냉해는 저온으로 생육이 지연되고 저온에서 등숙됨으로써 수량이 감소되는 냉해로, 특히 등숙기 기온 18℃ 이하에서 피해가 크다.

029 우리나라에서 월동하는 벼의 해충을 고른 것으로 옳은 것은?　　　　　　09. 지방직 7급

ㄱ. 이화명나방	ㄴ. 혹명나방	ㄷ. 멸강나방
ㄹ. 벼줄기굴파리	ㅁ. 벼멸구	ㅂ. 벼애잎굴파리

① ㄱ, ㄴ, ㄷ　　　　　　　　　　　② ㄱ, ㄹ, ㅂ
③ ㄴ, ㅁ, ㅂ　　　　　　　　　　　④ ㄷ, ㄹ, ㅁ

정답찾기

023 ① 벼는 수잉기까지 흡수한 칼리가 일생 동안 흡수하는 양의 75%에 달한다. 흡수된 칼리는 대부분 잎과 줄기 그리고 왕겨에 집적되며, 벼 알(현미)에는 극히 적은 양이 들어 있다.

024 ③ 혹명나방은 우리나라에서 월동하지 못하는 비래해충으로, 주로 6월 중순~7월 상순경에 날아와 연 3회 발생한다.

025 ① 인산은 세포핵, 분열조직, 효소 등의 구성성분으로, 어린 조직이나 종자에 많이 함유되어 있다. 광합성, 호흡작용, 녹말과 당분의 합성분해, 질소동화 등에 관여한다.

026 ④ 우리나라 논토양은 보통답이 32%에 불과하고 생산력이 떨어지는 미숙답, 사질답, 습답 및 염해답 등이 68%에 달한다. 보통답은 건답이라고 하며 우리 나라 논의 약 1/3은 보통논이며 여기에서 생산된 쌀의 밥맛이 가장 좋다.

027 ③ 중간낙수는 칼륨/질소 비율이 증가시켜 벼의 지상부를 강건하게 하여 도복 저항성을 증대시킨다.

028 ③ 벼는 17℃ 이하의 저온에 7일간 놓이면 유수형성기에는 20~35% 정도 감수, 감수분열기인 출수 전 10~15일에는 55%나 감수하여 피해가 가장 크며, 출수개화기에는 20%, 등숙 초기에는 35%가 감수한다.

029 ② 우리나라에서 월동 못하는 비래해충 : 벼멸구, 흰등멸구, 혹명나방, 멸강나방 등

정답　　**023** ①　　**024** ③　　**025** ①　　**026** ④　　**027** ③　　**028** ③　　**029** ②

030 벼 뿌리의 양분 흡수에 대한 설명으로 옳지 않은 것은? 20. 국가직 9급

① 질소와 인의 1일 흡수량이 최대가 되는 시기는 포기당 새 뿌리수가 가장 많을 때이다.
② 철의 1일 흡수량이 최대가 되는 시기는 유수형성기이다.
③ 규소와 망간의 1일 흡수량이 최대가 되는 시기는 출수 직전이다.
④ 마그네슘은 새 뿌리보다 묵은 뿌리에서 더 많이 흡수된다.

031 벼의 병해충에 대한 설명으로 옳은 것은? 11. 지방직 9급

① 애멸구와 벼멸구는 우리나라에서 월동을 하지 못하며, 중국 등지에서 비래한다.
② 줄무늬잎마름병과 오갈병은 매개충을 방제함으로써 예방할 수 있다.
③ 잎도열병은 균사상태로 피해엽이나 볍씨 등에서 월동하며, 질소비료를 다량 사용하면 발생이 경감된다.
④ 벼물바구미의 유충은 잎을 가해하고, 성충은 뿌리를 가해한다.

032 벼 기계이앙재배에 대한 설명으로 옳은 것은? 12. 국가직 9급

① 기계이앙모는 손이앙모보다 어려서 모낸 후의 활착 한계온도가 1~2°C 높다.
② 기계이앙재배는 손이앙재배에 비하여 유효수수 확보가 불리하므로 벼 수량은 손이앙재배보다 떨어진다.
③ 기계이앙모는 비닐하우스 등에서 육묘하므로 손이앙모보다 병해와 생리 장해가 잘 나타나지 않는다.
④ 기계이앙재배에서 출수기는 손이앙재배보다 지연된다.

033 벼의 수광능률을 높이는 데 가장 필요한 영양성분은 어느 것인가? 14. 서울시 9급

① 규산   ② 질소
③ 칼륨   ④ 인산
⑤ 석회

034 벼의 조기재배에 대한 설명으로 옳은 것은? 09. 국가직 9급

① 한랭지에서 만생종을 조기에 육묘하여 일찍 이앙하는 재배법이다.
② 생육기간이 짧은 북부지역 및 산간고랭지에서 알맞은 재배법이다.
③ 출수기를 다소 늦게 되므로 생육 후기의 냉해를 줄일 수 있다.
④ 고온발아성이 높은 품종을 선택하는 것이 유리하다.

035 벼 재배 시 발생하는 병해 중에서 세균에 의해 감염되는 것은? 08. 국가직 9급

① 잎집무늬마름병
② 흰잎마름병
③ 도열병
④ 줄무늬잎마름병

036 벼 재배 시 발생하는 병해에 대한 설명으로 옳지 않은 것은? 12. 국가직 9급

① 키다리병은 종자 전염을 하는 병으로 감염 시 모가 이상 신장한다.
② 이삭도열병은 출수할 때부터 10일 동안 가장 많이 발생한다.
③ 깨씨무늬병은 출수 후 비료분이 부족할 때 주로 잎에 발생한다.
④ 잎집무늬마름병은 6월에 이상 기온으로 온도가 낮을 때 주로 발생한다.

037 논토양의 특성에 관한 설명으로 옳지 않은 것은? 07. 국가직 7급

① 논에 담수가 되면 산소 공급이 억제되어 산화환원전위가 낮아진다.
② 습답은 건답에 비하여 환원성 유해물질 생성에 의한 추락을 일으키기 쉽다.
③ 염해답은 일반적으로 통기가 불량하고 제염과정에서 무기염류의 용탈이 심하다.
④ 사질답은 양분 보유력이 약하므로 요소비료를 심층시비하는 것이 유리하다.

🌾 정답찾기

030 ② 철과 마그네슘은 3요소보다 흡수가 늦어 출수 전 10~20일에 최대 흡수량이 된다.

031 ②
① 애멸구는 우리나라에서 월동하는 해충이다.
③ 잎도열병은 질소비료를 다량 사용하면 발생이 증가한다.
④ 벼물바구미의 유충은 뿌리를 먹다가 번데기로 되고, 새로 발생한 성충은 벼잎을 갉아 먹다가 낙엽이나 흙 속에서 월동한다.

032 ④
① 기계이앙모는 손이앙모보다 어려서 모낸 후의 활착 한계온도가 1~2℃ 낮다.
② 기계이앙재배는 모가 얕게 심어져서 분얼절위가 낮아 유효수수의 확보가 유리하고, 기계이앙재배와 손이앙재배의 벼생산성은 동일하다.
③ 기계이앙모는 비닐하우스 등에서 싹키우기와 녹화 등을 거치기 때문에 웃자라기 쉽고, 식물체가 연약하여 손이앙모보다 병해와 생리장해를 받기 쉽다.

033 ① 화본과 식물에서 규소는 필수 구성성분이 아니나 흡수되어 표피세포에 축적되면 식물체가 규질화되어 강건해지고 수광자세가 개선되고 도복이 억제되며 병충의 침입으로부터도 보호된다.

034 ② 조생종을 가능한 한 일찍 파종, 육묘하고 조기에 이앙하여 조기에 벼를 수확하는 재배법을 조기재배라 한다.

035 ② • 잎집무늬마름병, 도열병 : 곰팡이균
• 줄무늬잎마름병 : 바이러스를 지닌 애멸구

036 ④ 잎집무늬마름병은 7월 중순 이후 고온다습할 때 잎집에 발생하여 구름과 같은 무늬를 만들면서 점차 상위 잎으로 번진다.

037 ④ 사질답은 양분 보유력이 약하고 용수량이 많으므로, 점토함량이 높은 토양으로 객토, 녹비작물 재배, 비료는 분시하여 완효성 비료를 사용한다.

038 벼 직파재배에 대한 설명으로 옳지 않은 것은? 20. 지방직 9급

① 담수직파에서 건답직파보다 도복이 더 발생하기 쉽다.
② 담수직파는 논바닥을 균평하게 정지하기 곤란하다.
③ 담수직파는 대규모일 때 항공파종이 가능하다.
④ 담수직파에서 건답직파보다 분얼절위가 낮아 과잉분얼에 의한 무효분얼이 많다.

039 벼의 육묘에 대한 설명으로 가장 옳은 것은? 19. 서울시 9급

① 성묘는 하위마디가 휴면을 하지 않아 발생하는 분얼수가 많다.
② 어린모는 내냉성이 작지만 분얼이 증가하고 이앙적기의 폭이 넓다.
③ 밭못자리에서 자란 모는 규산 흡수량이 적어 세포의 규질화가 충실하지 못하여 도열병에 약하다.
④ 상토 소요량은 중모 산파가 상자당 3L, 어린모 산파가 상자당 5L이다.

040 중간낙수에 대한 설명으로 옳지 않은 것은? 12. 국가직 7급

① 실시 시기는 출수 전 30~40일이다.
② 산소공급으로 뿌리의 활력저하를 막는다.
③ 질소 과잉흡수를 방지한다.
④ 염해답에서는 강하게 실시해야 한다.

041 이론적으로 단위면적당 시비량 계산식은? 14. 서울시 9급

① 시비량 = 천연공급량 − 비료요소흡수량/비료요소흡수율
② 시비량 = 비료요소흡수율 − 천연공급량/비료요소흡수량
③ 시비량 = 비료요소흡수량 − 천연공급량/비료요소흡수율
④ 시비량 = 천연공급량 − 비료요소흡수량/비료요소흡수량
⑤ 시비량 = 비료요소흡수량 − 비료흡수율/천연공급량

042 벼의 재배에 있어서 물의 이용에 대한 설명으로 올바른 것을 고르시오. 14. 서울시 9급

① 요수량은 생육기간 중 전체 소비된 수분량이다.
② 벼의 요수량은 콩보다 많다.
③ 관개수량은 용수량에서 유효강우량을 빼준 것이다.
④ 유효강우량은 일반적으로 강우량의 30% 정도이다.
⑤ 수잉기에는 물이 가장 적게 요구된다.

043 벼 냉해의 방지 및 피해경감에 대한 설명으로 옳지 않은 것은? 15. 국가직 9급

① 유기질 및 규산질비료를 시비하여 작물체를 튼튼하게 한다.
② 장해형 냉해가 우려되면 이삭거름을 주지 않도록 한다.
③ 이삭이 밸 때 저온인 경우에는 논에 물을 대어주는 것이 좋다.
④ 냉해가 상습적으로 발생하는 지역은 안전한 만생종을 재배한다.

044 벼 생육장해 중 한해의 피해가 가장 심한 시기는? 15. 국가직 9급

① 감수분열기 ② 유수형성기
③ 유효분얼기 ④ 출수개화기

정답찾기

038 ② 건답직파가 물이 없으므로 논바닥을 균평하게 정지하기 곤란하다.

039 ③
① 성묘는 하위마디가 휴면하여 발생하는 분얼수가 적으나 중묘, 치묘 및 어린모로 갈수록 하위마디에서 분얼이 나와 줄기수가 많아진다.
② 어린모는 내냉성이 크고 환경적응성이 강하여 관수저항성이 커서 물속에 잠겨도 잘 소생하며, 분얼이 증가하나 이앙적기의 폭이 좁다.
④ 상토 소요량은 중묘 산파가 상자당 5L, 어린모 산파가 상자당 3L이다.

040 ④ 사질답, 염해답, 생육이 부진한 논에서는 생략하거나 약하게 한다.

041 ③ 시비량의 결정은 목표수량에 필요한 성분흡수량에서 천연공급량을 빼고, 시용한 비료성분의 흡수율로 나누어 산출한다.

042 ③ 실제로 관개해야 할 물의 양은 용수량에서 유효강우량을 뺀 나머지 부족분이다.
① 요수량은 건물 1g을 생산하는 데 소요되는 수분의 양이다.
② 벼의 요수량은 콩보다 현저히 낮다.
④ 유효강우량은 평균 강우량의 70%이다.
⑤ 물 요구도가 가장 낮은 시기는 무효분얼기로 중간낙수를 실시하며, 수잉기는 물의 요구량이 높다.

043 ④ 냉해가 우려되는 지역은 출수기를 앞당기거나 초기생육을 촉진하는 방향으로 조식재배를 한다.

044 ① 벼의 생육시기별 한해는 감수분열기에 가장 심하고, 그 다음이 출수개화기, 유수형성기, 분얼기의 순이며, 무효분얼기에 그 피해가 가장 적다.

정답 **038** ② **039** ③ **040** ④ **041** ③ **042** ③ **043** ④ **044** ①

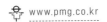

045 벼에서 발생하는 병의 특징으로 옳은 것은?   15. 국가직 9급

① 잎도열병은 출수할 때부터 10일 동안 가장 많이 발생한다.
② 흰빛잎마름병은 저습지대의 침수나 관수피해를 받았던 논에서 주로 발생한다.
③ 줄무늬잎마름병은 세균에 의한 병이고 끝동매미충이 매개한다.
④ 키다리병의 병원균은 토양전염성으로 저온조건에서 주로 발생한다.

046 벼 재배과정 중 규소의 역할에 대한 설명으로 옳지 않은 것은?   15. 서울시 9급

① 엽록소를 구성하며 광합성에 직접 관여한다.
② 벼 잎을 곧추서게 하여 수광태세를 좋게 한다.
③ 잎 표피의 증산을 줄여 수분스트레스를 방지한다.
④ 병해충에 대한 저항력을 증진시킨다.

047 벼 재배 과정에서 가장 많은 물이 필요한 시기로 물 부족에 특히 유의해야 하는 시기는?   15. 서울시 9급

① 활착기   ② 분얼기
③ 수잉기   ④ 출수기

048 이앙재배와 직파재배를 비교 설명한 것으로 옳지 않은 것은?   15. 서울시 9급

① 직파재배는 이앙재배에 비하여 잡초방제가 어렵다.
② 직파재배는 이앙재배에 비하여 입모가 불량하고 균일하지 못하다.
③ 직파재배 벼는 뿌리가 토양표층에 많이 분포하고 줄기가 가늘어 쓰러지기 쉽다.
④ 직파재배 벼는 이앙재배 벼에 비하여 간장과 수장은 길며 이삭당 이삭꽃(영화) 수는 많은 편이다.

049 벼에서 수량구성요소에 대한 설명으로 옳지 않은 것은?   15. 국가직 7급

① 수량에 강한 영향력을 미치는 구성요소의 순위는 이삭수, 1수 영화수, 등숙비율, 천립중 순이다.
② 많은 이삭수를 확보하기 위해서는 재식밀도를 높이거나 분얼 발생을 조장하는 조치가 필요하다.
③ 등숙비율을 향상시키기 위해서는 안전등숙한계출수기 이전에 출수하도록 적기에 모내기를 한다.
④ 등숙비율의 연차 변이계수는 이삭수의 연차 변이계수보다 크다.

02

050 모내기 시기에 대한 설명으로 옳은 것은? 15. 국가직 7급

① 너무 일찍 모내기를 하면 과번무하고 무효분얼이 많아져 잡초 발생이 적어지나 도복의 위험이 커진다.

② 너무 늦게 모내기를 하면 불충분한 영양생장으로 수량은 적어지나 등숙기의 낮은 온도로 쌀의 품위는 좋아진다.

③ 최적이앙기는 출수 후 40일간의 등숙온도가 평균 22.5℃ 이상 유지될 수 있는 출수기로부터 역산하여 지역별, 지대별로 결정한다.

④ 어린모는 본답에서의 과번무를 방지하기 위해서 중모이앙과 같은 시기에 이앙한다.

051 벼의 직파재배와 이앙재배에 대한 설명으로 옳지 않은 것은? 16. 국가직 9급

① 파종이 동일할 때 직파재배는 이앙재배에 비해 출수기가 다소 빠르다.

② 직파재배는 이앙재배에 비해 잡초가 많이 발생한다.

③ 직파재배는 이앙재배에 비해 분얼이 다소 많고 유효분얼비가 높다.

④ 직파재배는 이앙재배에 비해 출아 및 입모가 불량하고 균일하지 못하다.

정답 찾기

045 ② 흰잎마름병은 지력이 높은 논, 다비재배에서 발생하고, 특히 저습지 지대의 침관수피해지, 해안풍해지대에서 급속히 발전한다.
① 이삭도열병은 출수할 때부터 10일동안 가장 많이 발생한다. 잎도열병은 평균기온 20℃가 되는 6월 중순에 발생한다.
③ 줄무늬잎마름병은 바이러스를 지닌 애멸구에 의해 전염된다.
④ 키다리병은 진균성병으로 종자로 전염되어 종자소독으로 방제한다.

046 ① 규소는 필수원소는 아니나 화본과 식물에 함량이 높다.

047 ③ 물을 가장 많이 필요로 하는 시기 : 수잉기 > 유수발육기, 활착기 > 출수개화기

048 ④ 직파재배 벼는 간장과 수장이 짧고 한 이삭당 이삭꽃(영화)수가 적은편이나 단위면적당 이삭수가 많아 벼 수량은 기계이앙재배와 큰 차이가 없다.

049 ④ 수량구성요소의 연차 변이계수를 보면 이삭수는 12% 정도이고, 1수 영화수는 최장간경의 이삭에서 13.1%, 중간경의 이삭에서 6.5%, 등숙비율은 최장간경의 경우 6.8%, 중간경의 경우에는 6.5%이고, 현미의 천립중은 3.3%이고, 수량은 14.1%이다.

050 ③
① 너무 일찍 모내기를 하면 육묘기가 저온이어서 좋지 않을 뿐만 아니라 본답의 영양생장기간이 길어지므로 비료, 물 소모량이 많고 잡초가 발생한다.
② 너무 늦게 모내기를 하면 충분한 영양생장을 못하여 수량이 적어지고, 심·복백미가 증가로 품질이 저하된다.
④ 어린모 이앙은 중모이앙보다 출수기가 3~5일 정도 지연되므로 그만큼 조기에 이앙한다.

051 ③ 직파재배는 절대 이삭수는 많으나 무효분얼이 많고 유효경비율이 낮다.

정답   **045** ②   **046** ①   **047** ③   **048** ④   **049** ④   **050** ③   **051** ③

052 벼 재배 시 물관리에 대한 설명으로 옳지 않은 것은?　　　　16. 국가직 9급

① 물을 가장 많이 필요로 하는 시기는 수잉기이다.
② 무효분얼기에 중간낙수를 하는데 염해답과 직파재배를 한 논에서는 보다 강하게 실시한다.
③ 분얼기에는 분얼수 증가를 위해 물을 얕게 대는 것이 좋다.
④ 등숙기에는 양분의 전류·축적을 위해 물을 얕게 대거나 걸러대기를 한다.

053 벼에서 키다리병에 대한 설명으로 옳지 않은 것은?　　　　16. 국가직 9급

① 우리나라 전 지역에서 못자리 때부터 발생한다.
② 병에 걸리면 일반적으로 식물체가 가늘고 길게 웃자라는 현상이 나타난다.
③ 발생이 많은 지역에서는 파종할 종자를 침지소독하는 것이 좋다.
④ 세균(Xanthomonus oryzae)의 기생에 의해 발병한다.

054 벼의 생육기간 중 무기양분과 영양에 대한 설명으로 옳지 않은 것은?　　　　17. 국가직 9급

① 호숙기에 체내 농도가 가장 높은 무기성분은 질소이다.
② 체내 이동률은 인과 황이 칼슘보다 높다.
③ 줄기와 엽초의 전분 함량은 출수할 때까지 높다가 등숙기 이후에는 감소한다.
④ 철과 마그네슘은 출수 전 10~20일에 1일 최대흡수량을 보인다.

055 다음에서 설명하는 잡초는?　　　　17. 지방직 9급

> 한 개의 덩이줄기에서 여러 개의 덩이줄기가 번식되며 한 번 형성되면 5~7년을 생존할 수 있다. 이렇게 형성된 덩이줄기는 다음해 맹아율이 80% 정도이며 나머지 20% 정도는 토양에서 휴면을 한다.

① 돌피　　　　　　　　　② 물달개비
③ 사마귀풀　　　　　　　④ 올방개

056 벼의 상자육묘 생육관리에 대한 설명으로 옳은 것은?　　　　17. 서울시 9급

① 출아적온은 25~27℃로 유지한다.
② 녹화는 약광조건에서 1~2일간 실시한다.
③ 상자육묘 상토의 PH는 6 이상이어야 한다.
④ 경화는 통풍이 잘되는 저온상태에서 시작한다.

057 모내기 시기에 대한 설명으로 옳지 않은 것은?

17. 서울시 9급

① 모내기 시기는 안전출수기를 고려해야 한다.
② 모내기 적기보다 너무 일찍 모를 내면 영양생장기가 길어진다.
③ 안전출수기는 출수 후 20일간의 일평균 기온이 22.5℃가 되는 한계일로부터 거꾸로 계산한다.
④ 모가 뿌리를 내리는 한계 최저온도를 고려해야 한다.

058 벼 재배 시 담수상태에서 나타나는 현상으로 옳지 않은 것은?

17. 서울시 9급

① 산소의 공급이 억제되어 토층분화가 일어난다.
② 암모니아태질소(NH_4)를 표층에 시용하면 산화층에서 탈질 작용이 일어난다.
③ 수중에 서식하는 조균류에 의해 비료분의 간접적 공급이 이루어진다.
④ 토양이 환원상태가 되어 인산의 유효도가 증가한다.

059 다음 벼의 병해 중 곰팡이에 의한 병이 아닌 것은?

17. 서울시 9급

① 키다리병
② 잎집무늬마름병
③ 도열병
④ 줄무늬잎마름병

정답찾기

052 ② 출수 전 30~40일의 무효분얼기는 물 요구도가 가장 낮은 시기이므로 5~10일 간 논바닥에 작은 균열이 생길 정도로 중간낙수를 실시하여야 한다. 사질답, 염해답, 생육이 부진한 논은 생략하거나 약하게 한다.

053 ④ 키다리병균은 Gibberella fujikuroi로, 진균(곰팡이)이다.

054 ① 벼에서 양분의 체내 농도는 인, 질소, 황, 마그네슘, 칼륨, 칼슘의 순으로 저하된다.

055 ④ 올방개는 대부분 덩이줄기(괴경)로 번식하고, 1개가 수십 개의 덩이줄기를 생산하며, 한 번 형성된 덩이줄기는 5~7년 생존할 수 있다.

056 ②
① 출아적온은 주간/야간 32/30℃로 2일이면 출아한다.
③ 모마름병균의 발생을 억제하기 위해 토양산도는 4.5~5.5로 조절해야 한다.
④ 온도관리는 녹화 기간(2일 간)에는 주간/야간 25/20℃가 적당하고, 경화 초기(8일간)에는 주간/야간 20/15℃, 경화 후기(10~25일간)에는 주간/야간 20~15/15~10℃가 적당하다.

057 ③ 벼의 결실기간 중 등숙에 적합한 온도는 21~23℃인데, 안전출수한계기란 출수 후 40일 간의 등숙온도가 평균 22.5℃ 이상 유지될 수 있는 출수기이다.

058 ② 암모니아태 질소를 처음부터 토양 속의 환원층에 넣어주면 토양에 잘 흡착되고 질산태로 산화되어 용탈되지도 않으므로 비효가 높아진다.

059 ④ 줄무늬잎마름병은 바이러스를 지닌 애멸구에 의하여 전염된다.

060 벼의 재배에 대한 설명으로 옳지 않은 것은?   17. 서울시 9급

① 조기재배는 감온성 품종을 보온육묘한다.
② 조식재배는 영양생장 기간이 길어 참이삭수 확보가 유리하다.
③ 만기재배는 감광성이 민감한 품종을 선택한다.
④ 만식재배는 밭못자리에 볍씨를 성기게 뿌려 모를 기른다.

061 벼의 냉해를 경감시키기 위한 방법으로 옳지 않은 것은?   17. 서울시 9급

① 지연형 냉해가 예상되면 알거름을 준다.
② 규산질 및 유기질 비료를 준다.
③ 저온으로 냉해가 우려되면 질소시용량을 줄인다.
④ 장해형 냉해가 우려되면 이삭거름을 주지 않는다.

062 벼의 시비에 대한 설명으로 옳지 않은 것은?   18. 지방직 9급

① 모내기 전에 밑거름을 주고 모내기 후 대략 12~14일 경에 새끼칠거름을 준다.
② 고품질의 쌀을 생산하는 것이 목적인 경우에는 알거름을 생략하는 것이 좋다.
③ 기상조건이 좋아서 동화작용이 왕성한 경우에는 웃거름을 늘리는 것이 증수에 도움이 된다.
④ 심경한 논에는 질소질, 인산질 및 칼리질 비료를 줄이는 것이 증수에 도움이 된다.

063 간척지 벼 기계이앙재배에 대한 설명으로 옳지 않은 것은?   18. 국가직 9급

① 간척지 토양은 정지 후 토양입자가 잘 가라앉지 않으므로 로터리 후 3~5일에 이앙하는 것이 좋다.
② 간척지에서는 분얼이 억제되므로 보통답에서보다 재식밀도를 높여주는 것이 좋다.
③ 간척지에서는 환수에 따른 비료 유실량이 많으므로 보통재배보다 증비하고 여러 차례 분시하는 것이 좋다.
④ 간척지 토양은 알칼리성이므로 질소비료는 유안을 사용하는 것이 좋다.

064 벼물바구미에 대한 설명으로 옳은 것은?   09. 지방직 9급

① 매년 5월경 일본 남부에서 월동한 성충이 날아와 가해한다.
② 유충은 벼 뿌리를, 성충은 벼 잎을 가해한다.
③ 우리나라에서는 알로서 월동한다.
④ 도입해충으로 연 3~4회 발생한다.

065 다음은 [자유게시판]에 올라온 질문이다. 이에 대한 답변으로 가장 적절한 것은?

자유게시판		
제목	논에서 재배하는 벼에 이상이 생겼어요.	
작성자	○○○	등록일 2018.0.0.
질문내용	안녕하세요. 올해 귀농한 새내기 농부입니다. 벼농사를 짓고 있는데 벼에 이상 증상이 나타나기 시작했습니다. 잎의 엽색이 담녹색을 띠며 가늘고 길게 자랍니다. 그러다가 도장현상까지 나타납니다. 벼의 키가 건전모의 약 2배에 달하고, 키가 커진 벼는 분얼이 적게 발생합니다. 이러한 증상을 막을 수 있는 방제 방법을 알고 싶습니다.	

① 발생 초기에 물을 깊게 대고 조식재배를 한다.
② 볍씨를 5℃ 이하의 물에 10분 담가 저온침법을 실시한다.
③ 진균성 병이며 종자를 소독하고 병든 식물체를 뽑아 제거한다.
④ 고온에서 육묘를 실시하고 질소질 비료를 충분히 사용한다.

정답찾기

060 ③ 만기재배는 감온성과 감광성 모두 둔한 품종을 선택하고, 모내기 한계기는 6월 하순~7월 상순이다.

061 ① 저온으로 냉해가 염려될 때는 질소시용량을 줄이며, 장해형 냉해가 우려되면 이삭거름을 주지말고 지연형 냉해가 예상되면 알거름을 생략한다.

062 ④ 냉수가 유입되는 논은 인산질 및 칼리질 비료를 증비하면 효과가 있고, 객토한 곳, 경지정리를 한 곳, 심경한 곳은 질소질, 인산질 및 칼리질 비료를 20~30% 정도 증비하는 것이 수량확보에 도움이 된다.

063 ① 간척지의 토양은 단립구조이고 염분농도가 높아 정지 후 토양 입자가 가라앉아 급격히 굳어 기계이앙 시 뜸모와 결주가 많아지므로 로터리와 동시에 모내기하는 것이 좋다.

064 ② 벼물바구미의 유충은 뿌리를 먹다가 번데기로 되고, 새로 발생한 성충은 벼 잎을 갉아 먹다가 낙엽이나 흙 속에서 월동한다.
① 벼물바구미는 우리나라에서 단위생식하는 해충이다.
③ 성충의 상태로 월동한다.
④ 우리나라 해충으로 연 1회 발생한다.

065 ③ 키다리병: 종자월동 후 전염, 고온성 병, 엽색이 담녹색으로 이상도장현상, 분얼이 극히 저조하고 출수하지 못하거나 출수해도 충실하지 못한다.
방제법: 종자소독으로 방제가 가능하므로 염수선을 하고 철저히 소독한다. 무병지에서 상처가 없는 종자를 채종하고 병든 포기는 뽑아서 태운다.

066 벼 생육기 중 용수량이 큰 순서부터 바르게 나열된 것은?

10. 국가직 7급

ㄱ. 이앙활착기	ㄴ. 무효분얼기
ㄷ. 수잉기	ㄹ. 출수기

① ㄱ > ㄴ > ㄷ > ㄹ
② ㄱ > ㄹ > ㄷ > ㄴ
③ ㄷ > ㄱ > ㄹ > ㄴ
④ ㄷ > ㄴ > ㄱ > ㄹ

067 벼의 직파재배에 대한 설명으로 옳지 않은 것은?

19. 지방직 9급

① 마른논줄뿌림재배는 탈질현상이 발생하고 물을 댈 때 비료의 유실이 많다.
② 요철골직파재배는 다른 직파재배보다 생력효과가 크고 잡초발생이 적다.
③ 무논표면뿌림재배는 이삭수 확보에 유리하나 이끼나 괴불의 발생이 많다.
④ 무논골뿌림재배는 입모는 균일하지만 통풍이 불량해 병해발생이 많다.

068 작물의 병해에 대한 설명으로 옳은 것은?

11. 지방직 9급

① 콩의 탄저병은 주로 꼬투리에 발생하며, 토양으로만 전파된다.
② 감자 바이러스병이 발생되면 이병주를 제거하는 것보다 약제살포가 효과적이다.
③ 벼 모마름병의 발병유인은 토양산도(pH)가 4이하 또는 5.5 이상이거나 저온, 과습, 밀파조건 등이다.
④ 보리 등 맥류의 붉은곰팡이병은 고온 건조한 날씨가 계속되는 해에 많이 발생한다.

069 벼의 환경 스트레스에 대한 설명으로 옳지 않은 것은?

19. 지방직 9급

① 영양생장기 때 저온은 초기생육을 지연시켜 분얼을 억제하며 단위면적당 이삭수를 감소시킨다.
② 가뭄에 의해 이앙이 지연되면 불시출수의 원인이 되며, 만생종 일수록, 밀파 할수록 피해가 심하다.
③ 침관수에 의한 수량 감소는 감수분열기~출수기에 영화의 퇴화 등으로 피해가 가장 크게 나타난다.
④ 풍해에 의한 주요 피해는 잎새가 손상되고 벼가 쓰러지며 백수(흰 이삭)와 변색립이 생긴다.

070 벼 재배에 따른 시비 방법으로 옳은 것은?   19. 국가직 7급

① 수해대책으로 질소와 규산질 비료를 증시하며, 칼리질 비료를 줄이고 균형시비를 한다.

② 장해형 냉해가 예상되면 알거름을, 지연형 냉해가 우려되면 이삭거름을 생략한다.

③ 가뭄으로 늦심기할 때 본답생육기간이 짧아지므로 질소질 비료는 기준시비보다 20~30% 늘린다.

④ 수중형 품종은 밑거름을 늘리고, 조기재배를 할 때에는 분시량을 늘리는 것이 좋다.

071 벼 재배 시 본답의 물 관리에 대한 설명으로 옳은 것은?   20. 국가직 9급

① 이앙 후 7~10일간은 1~3cm로 얇게 관개한다.

② 유효분얼기에는 6~10cm로 깊게 관개한다.

③ 무효분얼기는 물 요구도가 가장 낮은 시기이다.

④ 수잉기와 출수기에는 물이 많이 필요하지 않다.

🌾**정답찾기**

066 ③ 수잉기(24) > 이앙활착기, 유수발육전기(18) > 출수기(15) > 분얼감소기(11) > 유효분얼기(7) > 등숙 전기(4) > 무효분얼기(3)

067 ④ 벼 무논골뿌림재배는 마치 줄뿌림한 것처럼 되어 입모가 균일하며, 광투과와 통풍이 좋아 잎집무늬마름병 등 병해발생이 적다.

068 ③
① 콩의 탄저병은 꼬투리를 중심으로 잎, 줄기 등에 발생하며 종자 및 토양 전염을 한다.
② 감자 바이러스병은 아직 치유법이 없다.
④ 형성된 분생포자는 비가 올 때 빗물이 튀거나 바람에 불려서 전파되므로 음습한 날씨가 계속되는 해에 많이 발생한다.

069 ② 못자리일수가 길어지거나 고온에서 육묘한 모를 이앙하면 활착한 후 곧 왕성하게 분얼하면서 분얼이 몇 개 되지 않은 채 주간(원줄기)만 출수하는 경우가 있는데, 이와 같은 현상을 불시출수라고 하고 이와 같은 성질을 묘대일수감응성이 높다고 한다. 조생종을 늦게 이앙할 때 발생한다.

070 ④
① 수해대책으로 칼리질 비료와 규산질 비료를 증시하며, 질소를 줄이고 균형시비를 한다.
② 장해형 냉해가 우려되면 이삭거름을 주지 말고 지연형 냉해가 예상되면 알거름을 생략한다.
③ 한발이 오면 본답생육기간이 짧아지고 건토효과가 나타나므로 질소질 비료를 20~30% 줄인다.

071 ③
① 모내기 후 7~10일간은 식상방지를 위해 6~10cm 정도로 깊게 관개한다.
② 분얼기는 물을 1~3cm 정도의 깊이로 얇게 관개하여 분얼을 증대시킨다.
④ 유수형성기~출수기는 유수가 발육하고 개화, 수정하는 데 물의 요구량이 많은 시기이므로 부족하지 않도록 한다.

072 그림은 벼의 생육과정에서 초기신장, 분얼증가, 수장신장의 곡선을 나타낸 것이다. 용수량이 가장 큰 생육시기부터 가장 적은 생육시기 순으로 바르게 나열한 것은? 　19. 지방직 7급

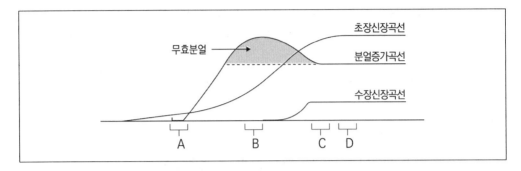

① A > B > C > D
③ C > A > B > D
② A > C > D > B
④ C > A > D > B

073 벼의 병해에 대한 설명으로 옳은 것만을 모두 고르면? 　19. 국가직 7급

> ㄱ. 도열병은 볍씨를 비롯하여 대부분의 기관을 침해하며, 분생포자 형태로 월동하여 1차 전염 원이 된다.
> ㄴ. 잎집무늬마름병은 월동한 균핵이 잎집에 부착하여 감염되며, 다비밀식인 다수확재배를 하면서 발생이 증가한다.
> ㄷ. 깨씨무늬병은 분생포자의 공기전염에 의해 2차 전염되고, 주로 사질답 또는 노후화답인 추락답에서 발병한다.
> ㄹ. 흰잎마름병은 월동한 세균에 의해 1차 전염되고, 지력이 높은 논 및 해안풍수해 지대에서 급속히 발생한다.

① ㄱ
③ ㄱ, ㄴ, ㄷ
② ㄱ, ㄴ
④ ㄱ, ㄴ, ㄷ, ㄹ

074 간척지 토양에서 벼 재배 방법에 대한 설명으로 옳은 것만을 모두 고르면? 　19. 국가직 7급

> ㄱ. 질소질 비료는 생리적 산성비료인 유안을 시용하는 것이 좋다.
> ㄴ. 염해는 생식생장기보다는 모내기 직후의 활착기와 분얼기에 심하게 나타난다.
> ㄷ. 염해는 질소의 과잉 축적으로 생육 및 출수가 지연되어 수량이 감소한다.
> ㄹ. 관개 및 경운 횟수가 많을 때는 얕게 경운하는 것이 제염에 효과적이다.

① ㄱ, ㄴ, ㄷ
③ ㄱ, ㄷ, ㄹ
② ㄱ, ㄴ, ㄹ
④ ㄴ, ㄷ, ㄹ

075 우리나라 논토양의 개량방법과 시비법에 대한 설명으로 옳은 것은? 20. 국가직 9급

① 사질답은 점토질토양으로 객토를 하고 녹비작물을 재배하여 토양을 개량한다.

② 습답은 토양개량제와 미숙유기물을 충분히 주고 질소, 인산, 칼리를 증시한다.

③ 염해답은 관개수를 자주 공급하여 제염하고, 석고시용은 제염효과를 떨어뜨린다.

④ 노후화답은 생짚과 함께 토양개량제와 황산근 비료로 심층시비 한다.

076 다음 벼 병해 중 바이러스에 의한 병만을 모두 고르면? 20. 지방직 9급

ㄱ. 도열병(곰팡이)	ㄴ. 오갈병
ㄷ. 줄무늬잎마름병	ㄹ. 흰잎마름병(세균병)

① ㄱ, ㄴ   ② ㄱ, ㄷ

③ ㄴ, ㄷ   ④ ㄷ, ㄹ

정답찾기

072 ④

수잉기 > 유수발육전기, 활착기 > 출수개화기 > 무효분얼기

출수 전 30~40일의 무효분얼기는 물요구도가 가장 낮은 시기로 중간낙수를 실시

073 ④

074 ① 경운 및 관개 횟수가 많을 때는 깊게 경운하는 것이 제염에 효과적이다.

075 ①

② 습답은 암거배수 등으로 지하수위를 낮추어야 하고, 미숙유기물의 시용을 피한다.

③ 염해답은 생짚과 함께 석고, 석회 등 토양개량제를 뿌려주는 것이 바람직하다.

④ 노후화답은 토양개량제, 유기물을 시용하고 황화수소의 발생원이 되는 황산근을 가진 비료의 시용은 피한다.

076 ③ 바이러스 병

1) 오갈병 : 번개매미충과 끝동매미충에 의해 전염되는 바이러스병으로 월동작물과 잡초에서 월동한다.

2) 줄무늬잎마름병 : 바이러스를 지닌 애멸구에 의해 전염, 애멸구는 잡초나 답리작물에서 유충형태로 월동한다.

3) 검은줄오갈병 : 월동 애멸구에 의해 매개되는 바이러스병이다.

077 벼의 물관리 방법으로 적당하지 않은 것은? 07. 국가직 9급

① 유효분얼기에 중간낙수를 한다.
② 분얼기에는 수심을 3cm 정도로 얕게 한다.
③ 착근기까지는 물을 깊게 댄다.
④ 수잉기 전후에는 담수하여 충분한 물을 공급한다.

078 벼의 생육시기별 본답 물 관리 방법으로 옳지 않은 것은? 20. 국가직 7급

① 이앙시에는 물깊이를 2~3cm 정도로 얕게 한다.
② 활착기인 모내기 후 7~10일간은 물을 2~4cm 정도로 얕게 관개한다.
③ 분얼기에는 1~3cm 정도의 깊이로 얕게 관개하여 분얼을 증대시킨다.
④ 등숙기에는 출수 후 30일경까지는 반드시 관개해야 미질이 좋아진다.

079 논토양에 대한 설명으로 옳지 않은 것은? 21. 국가직 9급

① 논토양은 담수 후 상층부의 산화층과 하층부의 환원층으로 토층분화가 일어난다.
② 미숙논은 투수력이 낮고 치밀한 조직을 가진 토양으로 양분 함량이 낮다.
③ 염해논에 석고, 석회를 시용하면 제염 효과가 떨어진다.
④ 논토양의 지력증진 방법에는 유기물 시용, 객토, 심경, 규산 시비 등이 있다.

080 논토양에서 무기양분 동태에 대한 설명으로 옳지 않은 것은? 22. 국가직 9급

① 유기태 질소는 암모니아화 작용에 의하여 암모니아로 변한다.
② 질산태 질소는 토양교질에 흡착되지 않으므로 토양 속으로 용탈된다.
③ 유기태 질소는 무기태로 전환되어 식물체로 흡수된다.
④ 암모니아태 질소는 환원층에서 환원되어 질산태로 변한다.

081 벼의 병해충 및 잡초에 대한 설명으로 옳지 않은 것은? 22. 국가직 9급

① 잎집무늬마름병은 조기이앙, 밀식, 다비재배 등 다수확재배로 발생이 증가한다.
② 검은줄오갈병은 애멸구에 의해 매개되며, 벼의 키가 작아지고 작은 흑갈색의 물집모양 융기가 생긴다.
③ 끝동매미충은 유충상태로 월동하며, 유충과 성충이 잎집에서 양분을 빨아 먹는다.
④ 직파재배를 계속하면 일반적으로 피와 더불어 올방개와 벗풀과 같은 1년생 잡초가 우점한다.

082 벼의 조식재배에 대한 설명으로 옳지 않은 것은? 22. 지방직 9급

① 수확기의 조기화가 목적이 아니고, 다수확이 주된 목적이다.
② 분얼이 왕성한 시기에 저온기를 경과하여 영양생장기간의 연장으로 단위면적당 이삭 수 확보가 유리하다.
③ 생육 기간이 길어지기 때문에 시비량은 보통기 재배보다 감소할 수 있다.
④ 일사량이 많은 최적 시기로 출수기를 변경시켜 줌으로써 생리적으로 체내 탄수화물이 많게 되어 등숙비율이 높아진다.

정답찾기

077 ① 무효분얼기에 5~10일 간 논바닥에 작은 균열이 생길 정도로 중간낙수를 실시한다.

078 ② 활착기인 모내기 후 7~10일간은 식상방지를 위해 6~10cm 정도로 깊게 관개한다.

079 ③ 염해답의 개량은 관개수를 자주 공급하여 제염하는 것이 최선이며, 생짚과 함께 석고, 석회 등 토양개량제가 바람직하다.

080 ④ 암모니아태 질소는 산화층에서 산화되어 질산태로 변한다.

081 ④ 직파재배를 계속하면 일반적으로 피가 우점한다. 피는 1년생이고, 올방개와 벗풀은 다년생이다.

082 ③ 조식재배는 영양생장 기간이 길어 참이삭수 확보가 유리하고, 최적 잎면적지수가 높아 광합성량이 많으며 여뭄비율이 좋고 수량이 많아진다.

정답 **077** ① **078** ② **079** ③ **080** ④ **081** ④ **082** ③

083 벼 특수재배양식에 대한 설명으로 옳은 것은? 22. 지방직 9급

① 조기재배는 감광성품종을 보온육묘하는 중남부 및 산간고랭지 재배형이다.

② 조식재배는 조생품종을 이용하는 평야지 2모작지대 재배형이다.

③ 만기재배는 콩, 옥수수 등의 뒷그루로 늦게 이앙하는 중남부 평야지 재배형이다.

④ 만식재배는 적기에 파종했으나, 물 부족이나 앞그루 수확이 늦어져 늦게 이앙하는 재배형
이다.

084 무기양분과 벼의 생장에 대한 설명으로 옳지 않은 것은? 20. 국가직 7급

① 벼에서 양분의 체내 이동률은 인 > 질소 > 황 > 마그네슘 > 칼슘 순이다.

② 무기양분의 흡수는 유수형성기까지 양분 흡수가 급증하나, 유수형성기 이후 출수기 사이
에는 감소한다.

③ 일반적으로 질소, 인, 황 등의 단백질 구성성분은 생육 초기부터 출수기까지 상당 부분 흡
수된다.

④ 벼의 생육시기별 체내 무기양분의 농도는 생육 초기에는 질소와 칼리의 농도가 높으나, 생
육 후기에는 인과 칼슘의 농도가 높다.

085 벼의 재배양식에 대한 설명으로 옳지 않은 것은? 21. 국가직 7급

① 만식재배는 적기에 파종하였으나 늦게 모내기하는 재배양식으로 못자리에서 밀식하여 모
의 노화를 경감시킨다.

② 만기재배는 감자, 채소 등의 후작(後作)으로 늦게 모내기하는 재배양식으로 감온성과 감광
성이 모두 둔감한 품종을 선택해야 한다.

③ 조기재배는 벼 생육가능기간이 짧은 북부 및 산간고냉지에 알맞은 재배양식으로 감온성
품종이 적합하다.

④ 조식재배는 중·만생종을 조기에 이앙하여 다수확을 목적으로 하는 재배양식으로 유효분
얼 확보에 유리하다.

086 벼의 병해충과 기상재해에 대한 설명으로 옳지 않은 것은? 21. 국가직 7급

① 줄무늬잎마름병은 잡초나 답리작물에서 바이러스를 지닌 애멸구에 의하여 전염된다.

② 혹명나방은 우리나라에서 월동하지 못하는 비래해충으로 잎집을 흡즙하여 고사시키며 그을음병을 발생시킨다.

③ 백수현상은 출수 3~4일 이내 야간에 25℃ 이상, 습도 65% 이하, 풍속 4~8m/s의 이상건조풍이 불면 발생한다.

④ 침관수해로 수온이 높으면 청고현상이 나타나고, 수온이 낮으면 적고현상이 나타나 고사한다.

02

정답 찾기

083 ④

① 조기재배는 벼의 생육기간이 짧은 북부지역 및 산간 고랭지에 알맞은 재배형이다. 감온성품종을 보온육묘하고 저온장해를 받지 않는 범위에서 일찍 모내기하여 빨리 수확한다.

② 조식재배는 평야지 1모작지대의 주된 재배형이다.

③ 만기재배는 주로 중남부 평야지대에서 감자, 채소 등의 뒷그루로 특정한 시기에 늦모내기를 하는 재배형이다.

084 ④ 벼 생육시기별 무기성분의 농도는 생육 초기에는 질소 및 칼리의 농도가 높으나, 생육 후기에는 규산의 농도가 높다.

085 ① 만식재배는 적기에 파종하여 기른 모를 물부족 또는 앞그루의 수확이 늦어 어떨 수 없이 늦게 모내기하는 재배형이다. 만식재배는 모내기가 늦어질수록 못자리 기간이 연장되어 모가 노화하기 때문에 만식재배가 불가피한 지대는 내만식성 품종을 선택하고, 밭못자리에 벼씨를 성기게 뿌린다.(박파)

086 ② 혹명나방은 6월 중순~7월 상순쯤 중국에서 날아오는 비래해충이다. 유충이 벼잎새를 세로로 말아 둥근 통처럼 만들고 그 속에서 표피를 갉아먹으며, 잎은 흰색으로 변하여 말라 죽는다.

합격까지 함께
농업직 만점 기본서 ✦

박진호 식용작물학

합격까지 박문각

쌀의 품질과 이용

Chapter 01 쌀의 수확 후 관리

1 건조

1. 건조의 수분 함량

(1) 수확기 쌀알의 수분 함량은 보통의 경우 22~25%이나, 극단의 경우는 최저 15%에서 최고 39%에 달하는 경우도 있다.

(2) 벼의 수분 함량을 15~16%까지 말려야 저장이 가능하다.

(3) 수분 함량이 15% 이하가 되면 식미가 떨어진다.

2. 건조 방법

(1) 천일 건조

건조하는 벼의 두께는 5cm가 적당하다.

(2) 건조기 건조

① 콤바인으로 수확과 동시에 탈곡한 벼는 통상 건조기로 건조한다.

② 화력건조(열풍건조)와 상온통풍건조(개량곳간 건조)가 있다.

개량곳간
농가식 소형 저장고에 무가온 송풍장치를 설치한 저장고이다.
공기만을 이용하여 수분 함량 15%로 저장한다.

3. 건조기술

(1) 목표 수분 함량

① **수분 함량은 15~16%가 되도록** 말려야 한다.

② 수분 함량이 14% 이하가 되면 저장은 안전하지만 식미가 크게 떨어진다.

③ **수분 함량 16% 이상으로 건조하면 도정 효율이 높아지고 식미도 좋아지나 변질되기 쉽다.**

④ 쌀의 수분 함량은 15~16% 정도일 때 도정 효율이 높다.

(2) 건조온도

① **화력(열풍)건조기를 이용할 때의 건조온도는 45℃ 정도가 알맞다.**

② 45℃ 정도면 도정률과 발아율이 높고, 동할률과 쇄미율이 낮으며 건조시간도 6시간으로 길지 않다.

③ **55℃ 이상으로 올리면 동할률과 쇄미율이 급격히 증가한다.**

④ 건조온도가 높을수록 단백질이 응고되며, 전분이 노화되어 발아율이 떨어지고, 취반 시 찰기가 없다.

⑤ 수분 함량이 낮은 벼는 고온건조에도 식미가 떨어지지 않으나, 수분 함량이 높은 벼는 식미가 떨어진다.

⑥ 이상적 건조는 최대 45℃, 수분 함량은 15~16%로 유지하는 것이다.

(3) 승온조건 및 건조속도

① 화력건조기로 건조할 때 승온조건은 시간당 1℃ 정도가 적당하다.

② 건조속도는 시간당 수분감소율 1% 정도가 알맞다.

4. 건조와 품질

(1) 건조과정이 적절하지 못할 때 쌀의 품질이 저하되는 요인

① 급속한 건조는 동할미를 다량 발생시켜 품질을 저하시킨다.

㉠ 동할미는 밥이 꺼칠꺼칠한 촉감을 주고, 단면에서 전분이 유출되어 밥맛이 좋지 않다.

㉡ 동할률이 높아지는 이유는 건조 시 현미와 왕겨가 붙은 부착점 통하여 수분이 증발되어 나가기 때문이다.

㉢ 현미에서의 부착점 아래쪽 반은 마르고, 위쪽 반은 마르지 않아 수분 차이가 나게 되어 한계를 넘으면 금이 간다.

㉣ 건조 지연은 수분 함량이 높은 벼의 변질을 유발시킨다.

㉤ 과도한 가열은 열손상립을 발생시킨다.

㉥ 과도한 건조는 식미를 저하하고 수분 함량이 낮아서 도정 효율도 감소시킨다.

2 쌀의 저장

1. 저장 중 쌀의 변화

(1) 호흡소모와 수분증발 등으로 중량 감소가 일어난다. 양적 손실률은 3~6%이다.

(2) 생명력의 지표인 발아율이 떨어진다.

(3) 자연상태에서 2년이 지나면 발아력은 급격히 떨어지고, 4년 이상이면 발아력이 상당히 감소된다.

(4) 지방의 자동산화로 산패가 일어나므로 유리지방산이 증가하고, 고미취가 나타난다.

(5) 전분(포도당)이 α-아밀라아제에 의해 분해되어 환원당 함량이 증가된다.

(6) 비타민 B1이 감소한다.

(7) 미생물, 해충, 쥐 등에 의한 손해가 발생한다.

(8) 장기저장은 색, 찰기, 맛, 냄새 등이 종합적으로 나빠져서 식미가 저해된다.

2. 저장성에 영향을 미치는 중요 요인

(1) 수분

① 현미의 수분 함량이 15%이면 저장고의 공기습도가 80% 이하로 유지되므로 곰팡이가 발생하지 않는다.

② 수분 함량이 16%이면 공기습도가 85% 정도가 되므로 곰팡이가 발생할 가능성이 높다.

③ 벼의 수분 함량을 15% 정도로 유지하면 고온, 다습하에서도 안전저장이 가능하다.

(2) 온도

① 저장온도 15℃ 이상에서는 쌀바구미와 곡식좀나방 등의 해충이 쌀겨나 배아부에서 증식한다.

② 쌀겨나 배아부를 제거한 백미에서는 해충이 잘 발생하지 않는다.

(3) 산소 : 산소농도를 낮추면 호흡소모나 변질이 감소된다.

♀ 쌀의 저장성에 영향을 미치는 요인

요인	인자
물리적	온도, 습도, 곡물
화학적	수분, 산소, 산화, 훈증제
생리적	호흡, 발열, 효소작용
생물적	해충, 미생물, 쥐, 새

3. 쌀의 형태와 저장성

(1) 조제형태에 따라 벼, 현미, 백미가 있다.

(2) 벼는 단단한 왕겨층으로 덮여 있어 현미나 백미보다 저장성이 좋은 반면, 현미 부피는 벼 부피의 1/2에 불과하여 보관과 유통비용을 줄일 수 있다.

(3) 우리나라는 벼로 저장하는 데 현미로 저장하는 것보다 2배나 많은 저장고 면적이 필요하다.

(4) 백미는 외부 온도와 습도의 변화에 민감하게 반응하여 변질되기 쉽다.

♀ 쌀의 형태 별 저장성

구분		벼	현미	백미
형태		벼 + 표피 + 내피 + 전분층	표피 + 내피 + 전분층	전분층
저장성	생명력	생명체(발아가능)	반생명체(발아가능)	무생명체 (발아불가능)
	흡습성	둔함(14.8%)	벼보다 민감(15.4%)	현미보다 민감(16.4%)
	병충해	강함(표피, 생명력, 공극)	벼보다 약함(내피, 기찰, 밀착)	현미보다 강함 (도정 시 기계적 손상, 밀착)
	성분변화	거의 없음(일정기간)	벼보다 변화 심함	현미보다 변화 심함
	색깔변화	거의 없음(일정기간)	내피 색택이 변하여도 도정하면 정상	현미보다 심함

경제성	저장용적	용적이 큼	벼보다 45% 감소	현미보다 약간 감소
	중량	표피로 중량이 많음	벼보다 20% 감소	현미보다 약7% 감소
	조직비	부피가 커서 수송비용이 많음	벼보다 수송비용이 적음	현미보다 약간 적음
식미		상온저장 시 밥맛이 좋은 고품질 쌀 공급	상온저장 시 밥맛이 벼보다 못함	상온저장 시 밥맛이 현미보다 못함

4. 저장조건

(1) 장기 안전저장을 위해서는 쌀의 수분 함량을 15% 정도로 건조하고, 저장온도는 15°C 이하로, 상대습도는 70% 정도로 유지하고, 공기조성은 산소 5~7%, 이산화탄소 3~5%로 조절하는 것이 가장 좋다.

(2) 현미저장 시 수분 함량이 20% 이상일 때에는 10°C 미만에서, 수분 함량 16% 미만일 때는 15°C에서 저장하는 것이 좋다.

5. 쌀 저곡해충

(1) 쌀 해충은 화랑곡나방, 보리나방, 쌀바구미, 거짓쌀도둑, 톱가슴머리대장, 쌀도둑장수 등이 있고, 양적손실, 배설물에 의한 오염과 냄새, 이에 따른 2차 감염과 오염으로 피해를 준다.

(2) 대부분의 해충은 곡물의 수분 함량이 12% 이하(상대습도 55% 이하)에서는 번식하지 못하나, 수분 함량 14%(상대습도 75%)일 때부터 왕성하게 번식한다.

3 쌀의 도정

1. 도정의 뜻

(1) 벼는 과피인 왕겨, 종피인 쌀겨층, 그리고 배와 배젖으로 구성되어 있다. 왕겨를 제거하면 현미가 되고, 현미에서 종피 및 호분층을 제거하면 백미가 된다.

(2) 도정(milling)은 벼에서 왕겨와 쌀겨층을 제거하여 백미를 만드는 과정이다.

(3) 도정부산물로는 왕겨, 쌀겨(미강), 싸라기(배아) 등이 있다.

(4) 도정의 과정과 개념

① 벼에서 왕겨를 제거하면 현미가 되고, 현미를 만드는 것을 제현이라 한다. 제현률은 중량으로는 78~80%, 용량으로는 약 55%로 저장 시 공간을 크게 줄일 수 있다.

② 현미에서 강층(종피, 호분층)을 제거하면 백미가 되고, 백미를 만드는 것을 현백 또는 정백이라고 한다. 현백률은 중량으로 90~93%이다.

③ 현백률은 쌀겨층을 깎아내는 정도에 따라 달라진다.

㉠ 백미는 현미중량의 93%가 남도록 7%를 깎아낸 것이다. 백미는 제거해야 할 겨층을 100% 제거한 것이므로 10분도미라고도 한다.

ⓛ 제거해야 할 겨층의 70%를 제거한 것, 즉 현미 중량의 95%가 남도록 도정한 것은 7분도미라 한다.

ⓒ 제거해야 할 겨층의 50%를 제거한 것, 즉 현미 중량의 97%가 남도록 도정한 것은 5분도미또는 배아가 붙어 있다고 하여 배아미라고도 한다.

④ 제현과 현백을 합하여 벼에서 백미를 만드는 전 과정이 도정이다.

⑤ 도정률(제현률×현백률)은 벼(조곡)에 대한 백미의 중량이나 용량 비율을 말하는 것으로, 일반적으로 74% 전후가 된다.

⑥ 도정에 의해 줄어드는 양, 즉 쌀겨, 배아 등으로 떨어져 나가는 도정감량(도정감)이 현미량의몇 %에 해당하는가를 도감률이라 한다.

⑦ 도정감을 작게 하기 위한 방법
  ㉠ 미숙미가 아닌 완숙미를 도정한다.
  ㉡ 원료곡립을 충분히 건조한다.
  ㉢ 수확 후 충분히 건조한 후 일찍 도정한다.
  ㉣ 도정방법은 가볍게 여러 번 한다.

⑧ 쌀의 도정도 결정법에는 색에 의한 방법, 도정시간에 의한 방법, 도정횟수에 의한 방법, 전력소비량에 의한 방법, 쌀겨층의 벗겨진 정도에 따른 방법, MG 염색법, ME 시약법 등이 쓰인다.

⑨ ME 시약 처리를 하고 쌀겨층의 박리정도를 표준폼과 비교, 감정하는 것을 원칙으로 하되,보통 요오드염색법(iodine)을 이용한다.

2. 도정의 주요 전문용어

(1) 제현율 : 벼의 껍질을 벗기고 이를 1.6mm의 줄체로 칠 때 체를 통과하지 않는 현미의 비율

(2) 현백률 : 현미 1kg을 실험실용 정미기로 도정하여 생산된 백미를 1.4mm의 줄체로 쳐서 통과하지않는 백미의 비율

(3) 쇄미율 : 도정된 백미를 1.4mm의 줄체로 쳐서 체를 통과한 작은 싸라기양의 비율

(4) 설미율 : 벼 시료 1kg을 탈부한 후 1.6mm의 줄체로 쳐서 통과된 미성숙의 작은 쌀알 비율

(5) 착색립 : 표면의 전부 또는 일부가 갈색 또는 적색으로 착색된 낟알로 쌀의 품질에 영향을 미치지 않을 정도의 것은 제외한다.

(6) 돌 : 광물성 고형물로 1.4mm 줄체로 쳐서 통과하지 않고 체 위에 있는 것

(7) 정립 : 피해립, 사미, 착색립, 미숙립, 뉘, 이종곡립, 이물 등을 제거한 낟알

(8) 분상질립 : 체적의 1/2 이상의 분상질 상태의 낟알

4 도정 과정

1. 일반적인 도정의 과정

> 벼 → 정선 → 제현 → 현미분리 → 현백 → 쇄미분리 → 백미

2. 도정의 요인과 품질

(1) 도정을 위한 원료벼의 적정 수분 함량은 16%이다.

(2) 수분 함량이 낮을수록 전기소모량이 많아진다.

(3) 현대적 도정은 마찰, 찰리, 절삭, 충격작용 등을 이용하는데, 가장 많이 사용하는 작용은 마찰과 충격작용이다. 이런 원리에 의해 도정기는 마찰식과 연삭식 도정기로 대별된다.

(4) 도정은 겨층 세포를 손상시키는 것으로 손상된 세포막의 지방이 쉽게 산소와 결합하여 산패(산화)되므로 도정 후 오래 경과될수록 맛이 떨어진다.

5 포장

1. 주요 포장재료

(1) 플라스틱 포장

지대포장에 비해 수분 함량 저하를 방지하여 중량을 보존하는 효과는 있으나, 산패를 촉진하는 단점이 있다.

(2) 금속코팅 포장

해충방지에 효과적이고 이산화탄소와 질소가스를 주입하면 더욱 효과적이다.

2. 포장단위

(1) 과거에는 80Kg 또는 40Kg이었으나, 지금은 10~20Kg이 대부분이다.

(2) 포장단위의 소형화가 바람직하다.

6 쌀의 유통

1. 우리 쌀의 유통실태

(1) 산지유통

① 농가는 자사소비를 제외하고 정부수매, 임도정공장, 미곡수집상 또는 미곡처리장(RPC : rice processing complex) 등에 판매한다.

② 산지유통의 단점

㉠ 저장시설이 부족하다.

㉡ 생산농가의 약한 경재력으로 수확후 5개월 이내에 90% 이상을 판매해야하나 농가의 쌀 수탁은 한계가 있다.

㉢ 쌀가격의 계절 변동이 확실하지 않아 RPC의 경영이 악화될 수 있다.

㉣ RPC 간의 과잉경쟁과 판로확보가 어렵다.

㉤ 고품질 원료곡 확보를 위해 시가이상을 지불하여 원가압박을 받는다.

㉥ 품질평가에 의한 가격 차별화가 미흡하다.

(2) 도매유통

① 직거래 비중이 계속 증가되고, 전자상거래 비중이 확대될 전망이다.

② 우리나라의 품질등급이 주관적, 자의적 요소가 많아 객관화되지 못하고 있다.

③ 품질에 따른 가격형성이 모호하다.

(3) 소비자유통

① 소규모 양곡상은 없어지고, 수퍼마켓, 대형할인점, 백화점에서 취급한다.

② 소비자의 이용정보가 많지 않고, 포장지에서 고품질 표시가 미흡하다.

2. 쌀의 품질과 식품안전 확인제도 도입

(1) 우수농산물관리제도(GAP : good agriculture practices)

소비자에게 안전하고 위생적인 농, 축산물을 공급할 수 있도록 생산자 및 관리자가 지켜야 하는 생산 및 취급과정에서의 위해요소 차단규범이다.

(2) 농산물이력추적관리제도(생산이력제 : traceability system)

생산단계에서 유통 및 최종소비자에게 이르기까지의 정보를 기록, 관리하여 안정성 등에 문제가 발생할 경우 해당 농산물을 추적하여 원인규명과 필요한 조치를 취할 수 있도록 하는 제도이다.

Chapter 02 쌀의 품질과 기능성

1 품질과 기능성의 개념

1. 쌀 품질의 개념

쌀의 품질은 1차적 품질과 2차적 품질로 나눈다.

(1) 1차적 품질

① 외형, 색, 크기, 충실도 등과 같이 식물 자체의 외관품질을 말한다.

② 생산자의 관심대상이다.

③ 과거에는 정부와 농업인 등 공급자의 의지에 의해 품질이 좌우되었다.

(2) 2차적 품질

① 맛, 영양성분, 저장성, 가공성, 이용성, 기능성 등과 같이 식품재료로서의 품질을 말한다.

② 소비자와 가공업자의 관심대상이다.

③ 현대는 2차적 품질이 중시되고 있다.

2. 고품질 쌀의 기준

(1) 일반적 기준

외관 품위가 우수하고, 도정 특성이 양호하며, 취반 후 밥 모양이 매우 옅은 담황색을 띠고, 윤기가 있으며, 밥알의 모양이 온전하고, 구수한 밥 냄새와 맛이 나며, 찰기와 탄력이 있고, 씹히는 질감이 부드러운 쌀을 고품질 쌀이라 한다.

(2) 이화학적 기준

① 단백질 함량은 7% 이하이어야 한다.

② 아밀로오스 함량이 20% 이하이어야 한다.

③ 수분 함량은 15.5~16.5%의 범위이다.

④ 알칼리 붕괴도가 다소 높아야 한다.

⑤ 호화 온도는 중간이거나 다소 낮다.

⑥ Mg/K비가 높은 편이다.

⑦ 지방산가(mgKOH/100g)는 8~15의 범위이어야 한다.

⑧ 취반 후 밥이 식을 때 전분의 베타(β)화가 느려야 한다.

3. 기능성 쌀의 개념

기능성 쌀이란 밥을 짓거나 가공하여 먹었을 때 노화나 질병이 억제 혹은 예방되거나, 개선되는 쌀을 말한다.

2 쌀의 품질

1. 품질 요소

(1) 외관 및 형태

① 취반 전 쌀의 외관 특성은 입형(쌀알의 크기, 모양), 심·복백의 정도, 투명도, 완전미 비율 등이 중요하다.

② **우리나라의 좋은 쌀은 일반적으로 단원형이고, 심·복백이 없으며, 투명하고 맑으며, 광택을 보유한 것이다.**

(2) 이화학적 특성

① 쌀의 경도, 호화온도, 알칼리붕괴도, 호응집성, 아밀로그램 특성 등의 물리적 성질은 맛과 감각에 영향을 미치는 품질 요소이다.

② 수분, 탄수화물, 단백질, 지질, 무기질, 향기 및 감칠맛 성분 등의 화학성분 함량의 다소도 맛과 감각에 영향을 미치는 품질 요소이다.

(3) 안전성

① 출하 또는 저장 중인 농산물은 식품의약품안전처장이 고시한 농산물별 농약 잔류허용기준을 적용한다.

② 생산 단계의 농산물은 농림축산부장관이 고시한 생산단계 잔류허용기준을 적용한다.

③ 쌀은 도정하여 먹으므로 경엽체류나 과채류에 비하여 식품안전도가 매우 높다.

(4) 영양성 및 기능성

과거에는 영양소 함량이 높을수록 고품질로 분류되었지만, 최근은 영양소 함량이 높은 것이 반드시 선호도가 높다고 하기가 어렵다.

(5) 식미

(6) 상품성

저장성, 도정성, 시장성 등이다.

(7) 가공성

(8) 취반 특성

수침조건, 가수량, 취빈용량, 취빈용기(압력, 온도) 등 밥 짓는 조건에 따라 찰기(부착성), 경도, 응집성 등이 달라져서 밥맛이 달라진다.

2. 완전미와 불완전미

(1) 완전미 : 품종 고유의 특성을 지니며 풍만하게 여물고 광택이 있으며 외견상 장해가 없는 쌀

(2) 불완전미 : 품종 고유의 특성을 나타내지 못하는 쌀

    ① 심백미(white core rice)

        ㉠ 전분의 축적이 불충분했던 세포층이 건조 후 빛이 난반사되어 속이 백색 불투명하게 보이는 쌀이다.

        ㉡ 수분흡수와 미생물 번식이 양호하여 양조용으로 적합하다.

        ㉢ 출수기에서 출수 후 15일 사이의 고온기에서 많이 발생한다.

    ② 기백미(white based rice)

        ㉠ 쌀의 아랫부분(쌀눈 부위)의 양분 축적이 불량할 때 발생한다.

        ㉡ 등숙기에 고온 시 발생하고 전분집적이 가장 늦은 상부지경에 많다.

    ③ 복백미(white belly rice)

        ㉠ 쌀의 중앙부인 복부의 백색이 투명한 쌀이다.

        ㉡ 대립(大粒)종에서 발생률이 높고, **조기재배, 전엽, 질소다비 및 질소 추비량 증가 시 발생한다.**

        ㉢ 인디카 품종에는 발생이 없다.

        ㉣ 품질면에서는 완전미와 차이가 없다.

    ④ 배백미(white backed rice) : 조기재배 등으로 고온등숙 시 약세영화에 많이 발생한다.

    ⑤ 유백미(mikky white rice)

        ㉠ 우윳빛처럼 백색의 불투명한 색의 쌀로, 광택이 있어 사미와 구분된다.

        ㉡ 약세영화에 많이 발생하고 도정하면 싸라기로 된다.

    ⑥ 동절미[notched(belly) rice]

        ㉠ 복절미라고도 하며, **쌀알 중앙부가 잘록하게 죄어진 쌀이다.**

        ㉡ 등숙기 저온, 질소 과다, 인산 및 칼리 결핍으로 발생한다.

    ⑦ 동할미(cracked rice)

        ㉠ 쌀 입자 내부에 균열이 있는 쌀이다.

        ㉡ 급속 건조, 과도한 건조, 고온 건조에서 주로 발생하며, 장폭비가 작을 때 발생한다.

        ㉢ 정미할 때 싸라기로 변한다.

    ⑧ 싸라기(broken rice) : 급격하거나 과도한 건조, 고속탈곡 등으로 잘라지고 부서진 쌀이다.

    ⑨ 착색미(colored rice)

        ㉠ 곰팡이와 세균이 번식하여 배유 내부까지 착색된 것으로 도정을 거쳐도 반점이 남으며, 크게 다미와 소미로 구분된다.

        ㉡ 다미는 태풍으로 생긴 상처부로 균이 침입하여 색소가 생긴 쌀로 도정해도 쉽게 제거할 수 없다.

        ㉢ 소미는 갈색, 자색, 흑색 등의 반점이 있어 다미와 비슷하나 착색이 더 강하고 역시 도정으로 제거되지 않는다. 소미는 수확 후 퇴적이나 생벼 저장 시 균의 침입을 받아 발생한다.

⑩ 청미(green rice)

ㄱ 과피에 엽록소가 남아있는 쌀이다.

ㄴ 약세영화, 조기수확 시, 다비재배, 도복 시에 발생한다.

⑪ 사미(opaque rice), 반사미

ㄱ 쌀알이 불투명하고 유백미와는 달리 광택이 없으며, 내부까지 백색인 발육 정지립이다.

ㄴ 조제 시 쭉정이로 제거한다.

⑫ 설미(immature rice) : 배유가 충실하게 채워지지 못하여 종실이 작은 쌀로, 설미를 도정하면 가루가 된다.

⑬ 미숙립(immature kernel) : 완전히 등숙되지 못한 쌀이다.

⑭ 이병립(rusty kernel) : 병에 걸려 생육에 문제가 있는 쌀이다.

3. 고품질 쌀, 탑라이스

농촌진흥청에서 상표권으로 등록하여 관리하고 있는 탑라이스 상표권을 활용하기 위한 준수사항

(1) 탑라이스 협회에 가입이 필수다.

(2) 해당시군농업기술센터의 기술지도를 받아 아래의 사항이 포함된 탑라이스 재배 매뉴얼에 따라 재배해야 한다.

① 집단재배 및 생산이력제를 실시한다.

② 재배 시 질소 비료 10a당 7kg 이하를 사용한다.

③ 질을 중시해 평당 포기수를 줄인다.

(3) 쌀의 단백질 함량은 6.5% 이하이고, 갈라지고 깨지지 않은 완전미 비율이 95% 이상이어야 한다.

(4) 쌀의 품질유지를 위해 저온 저장하여야 한다.

3 쌀의 품질에 영향을 미치는 요인

ⵯ 쌀 식미의 변동 요인과 영향도

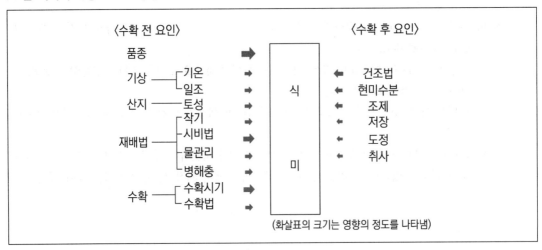

- 쌀의 품질에 영향을 미치는 요인은 품종, 재배환경, 재배기술 및 수확 후 관리기술의 4가지인데, 이들은 각각 1/4 정도의 중요도와 영향력을 갖는다.
- 단독이 아닌 상호 밀접하게 관련되어 복합적으로 영향을 미친다.
- 쌀의 품질에 영향을 미치는 요인은 수확 전 요인과 수확 후 요인으로 구분한다.
  ① 수확 전 요인 : 품종, 기상, 토양, 시비
  ② 수확 후 요인 : 건조, 저장, 도정, 취사방법
- 단일요인으로는 품종의 영향이 가장 크고, 다음이 시비법이며 수확시기, 건조법, 작기의 영향도 크다.
- 기온, 일조, 토성 등 단일요인의 영향도는 큰 편이 아니나 이들을 합한 자연환경의 영향은 품종 못지않게 큰 영향을 미친다.

1. 품종

(1) 식미가 좋은 품종은 전분 세포에 단백질 과립의 축적이 매우 적으며, 밥을 했을 때 전분 세포가 가는 실 모양을 나타내는데 이는 유전적 특성이다. 따라서 맛에 대한 고품질을 확보하려면 유전적으로 고식미 품종을 선택해야 한다.

(2) 고식미 품종은 키가 크고 줄기가 약하여 도복의 위험이 크고, 병해에도 약한 특성적 특징을 가지고 있다. 따라서 육종기술은 물론 재배환경이나 재배기술로 이 문제를 해결해야 한다.

2. 재배환경(기상, 토양)

(1) 기상 조건

ꑀ 등숙기 기온이 벼 수량에 미치는 영향

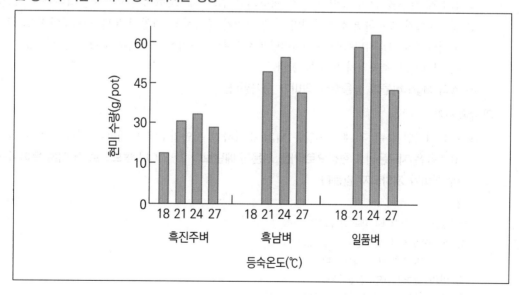

① 등숙기의 지나친 고온은 동할미, 배백미, 유백미를 증가시키며, 특히 등숙 전반기에 기온이 높으면 단백질 함량이 증가한다.

② 등숙기의 지나친 저온은 동절미, 복백미, 미숙립을 증가시킨다.

③ 우리나라에서 고품질 쌀이 생산되는 지역의 결실기 기상 조건은 일반적으로 평균기온이 다소 낮고, 주, 야간 기온 교차가 크며, 일조시간이 길고, 상대습도와 증기압이 낮은 특성이 있다.

(2) 토양 조건

우리나라에서 고품질 쌀이 생산되는 지역의 토양 조건은 지온과 관개수온이 낮고, 관개수 중에 무기성분의 함량이 높으며, 논의 관개수 투수성이 낮은 특성이 있다.

(3) 기상과 토양 조건이 어우러져 벼의 건실한 생육이 유도되고, 질소의 흡수를 제한할 때 좋은 식미가 나온다.

3. 재배기술

(1) 작기

① 작기에 의한 미질변동은 기상조건, 특히 등숙기간의 기온과 일조변화에 따라 나타난다.

② 일반적으로 작기가 빠르면 고온등숙에 의하여 아밀로오스 함량이 증가하고, 동할미가 증가하는 등 미질이 저하된다.

③ 우량한 쌀 재배를 위해서는 알맞은 온도에서 등숙이 되도록 재배시기를 조절해야 한다.

(2) 시비

① 질소와 칼륨은 식미에 부의 영향을 미치고, 인과 마그네슘은 정의 영향을 미친다.

② 질소와 칼륨을 많이 주면 식미가 저하되고 인과 마그네슘을 많이 주면 식미가 좋아진다.

③ 질소시비가 증가하면 심·복백미 및 동할미가 증가하고, 쌀알의 투명도가 낮아진다. 식미를 좋게 하려면 질소시비량을 표준시비량까지 낮추고 시비한 질소성분이 출수 후 쌀알로 전이되어 단백질로 축적되지 않도록 한다.

④ 쌀의 Mg/K비율이 높을수록 식미가 증가한다.

(3) 수확시기

① 수확적기인 출수 후 40~50일을 넘겨 수확하면 지연일수에 비례하여 식미가 저하한다.

② 요즈음은 지구온난화 현상으로 가을 기온이 예년보다 2~3°C나 높으므로 더 이른 듯이 수확해야 식미가 저하되지 않는다.

> 온실효과로 인한 벼 재배의 영향
> 1. 안전출수기가 늦어진다.
> 2. 벼 재배 가능지가 확대된다.
> 3. 벼의 생육기간이 연장된다.
> 4. 등숙기의 고온으로 수량 감수가 예상된다.

(4) 병충해

① 잎도열병은 변색미, 쭉정이, 기형미를 유발시킨다.

② 이삭도열병은 갈변미를 만들며 나쁜 냄새가 나게 하여 종합식미가 낮아진다.

③ 깨씨무늬병은 광택을 없애고 갈변미, 사미, 심·복백미 증가된다.

④ 벼멸구는 심백미, 유백미, 동할미를 증가시킨다.

⑤ 흰잎마름병은 쌀알의 성숙을 방해한다.

⑥ 벼물바구미는 청미와 사미를 증가시킨다.

4. 수확 후 관리기술

(1) 건조 조건

① 수확한 쌀을 화력건조할 때 45°C 이하로 하여야 한다.

② 쌀의 건조는 수분 함량 15%까지 하여야 한다.

(2) 저장 조건

① 저장고 내의 온도는 15°C, 습도 70%를 유지하여야 한다.

② 공기조성은 산소 5~7%, 이산화탄소 3~5%로 하여야 한다.

③ 저장 중 쌀의 수분 함량은 15~16%이어야 한다.

(3) 유통 조건

변질을 피하기 위하여 도정 후 빨리 유통되어야 하며, 빨리 소비되도록 포장단위를 소형화하여야 한다.

4 쌀의 품질평가 측정법

쌀의 품질평가법은 겉으로 보는 외관품위 검사법, 기기로 성분을 분석하는 성분분석법, 맛을 검정하는 식미검정법이 있다.

5 쌀의 기능성

1. 기능성 종합

(1) 항산화 효과

현미의 호분층에 비타민 E, 토코트리에놀, 오리자놀, 페룰산 등의 강한 항산화제가 있어서 인체 내에서 생체막의 손상이나 지질의 관산화를 억제하여 노화방지에 중요한 역할을 한다.

(2) 콜레스테롤 저하 효과

   ① **쌀겨는 혈중 콜레스테롤을 낮추는 효과가 있다.**

   ② 쌀겨에 있는 헤미셀룰로오스는 담즙산의 배설을 촉진하여 콜레스테롤 상승을 억제하며, 오리자놀, 불포화지방산, 토코트리에놀, 쌀 단백질 등도 혈중 콜레스테롤을 저하한다.

(3) 혈압 조절 효과

   현미 중에 가바(GABA) 및 백미나 쌀겨의 단백질 분해산물 중 혈압을 낮추는 효과가 있다.

(4) 장내 균총 개선

   쌀에 함유된 올리고당이나 쌀겨 중의 식이섬유는 락토균, 비피더스균과 같은 장내 유익균의 활동을 이롭게 한다.

(5) 당뇨 예방 효과

   ① **쌀밥은 식빵, 감자 등 다른 식품에 비하여 혈당량을 급격하게 증가시키지 않으므로 당뇨 예방에 효과적이다.**

   ② 인슐린 분비를 자극하지 않으므로 지방의 합성과 축적이 억제되어 비만이 예방될 수 있다.

   ③ 죽이나 떡의 형태보다 밥의 형태가 상기 효과를 더 증진한다.

(6) 항암, 돌연변이 억제 효과

   ❦ 쌀 추출물의 돌연변이 억제 효과

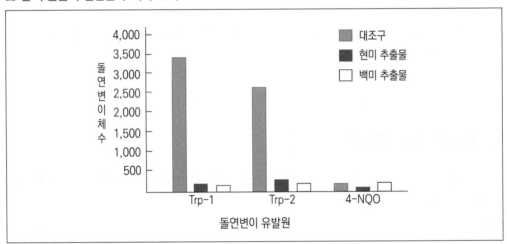

   ① 백미와 현미는 돌연변이 유발원에 대한 돌연변이 억제 효과, 즉 항암 효과가 있다고 한다.

   ② 이 항암 효과는 쌀에 함유된 피트산, 아라비녹시란 등에 의한 것으로 보고되었다.

2. 쌀에 함유된 주요 기능성 성분

(1) 식이섬유

   ① 쌀알의 호분층에 주로 함유되어 있는 식이섬유는 셀룰로오스, 헤미셀룰로오스, 팩틴 등 세포벽을 구성하는 물질들이다.

   ② **쌀겨는 식이섬유를 20%나 함유하고 있고, 콜레스테롤 저하에 효과가 있는 헤미세룰로오스도 다량 함유하고 있다.**

③ 쌀겨의 식이섬유는 혈중 콜레스테롤의 증가를 억제하고, 중성지질의 함량을 낮추며, 임파구와 백혈구를 증가시킨다.

④ 장내 환경을 개선하여 대장암 발생을 억제하고, 변비를 억제한다.

(2) 피트산

① 쌀알의 호분층에는 이노시톨, 헥사포스페이트 형태의 피트산이 과립형태로 존재한다.

② 쌀겨의 피트산은 다른 어느 곡류보다 많다.

③ 의학적 효과로는 발암 억제, 혈중 콜레스테롤 상승 억제, 혈전 형성 억제, 지방간 억제, 면역 기능 강화 등이 있다.

④ α-아밀라아제 등 소화효소의 작용을 저해하므로 비만 방지와 당뇨 예방에도 효과가 있다.

⑤ 곡류에서 피트산은 인의 저장고와 같은 역할을 한다.

⑥ 피트산 1분자는 6개의 인산기를 가지고 금속이온과 킬레이트 결합을 하므로 항산화 효과도 강하다. 쌀겨의 이런 특성을 이용하여 연근의 갈변 방지 및 어류의 품질 유지 등에 이용한다.

(3) 지용성 성분

① 현미에 함유된 기름의 함량은 약 2%이고 그 중 1/3 정도가 배와 호분층에 분포하며, 쌀겨 성분 중 약 20%가 기름이다. 쌀 지방의 지방산 조성은 불포화지방산인 올레산과 리놀레산이 70% 이상이고, 포화지방산인 팔미트산이 20%, 스테아르산이 2% 정도이다.

② 쌀알의 호분층에 함유되어있는 여러 지용성 성분 중 ɣ-오리자놀, 페롤산, 토코페롤은 강한 항산화 물질이다. 쌀을 도정하면 나오는 쌀겨에 다량함유되어 있다.

③ ɣ-오리자놀은 동물의 성장에 효과가 있는 일종의 비타민으로, 벼의 학명에서 유래되었다. 성장촉진작용, 간뇌기능 조절작용, 혈중 콜레스테롤 억제, 성선자극(性腺刺戟)이 보고되었다.

④ 비타민 E의 화학명인 토코페롤은 쌀의 배아 및 쌀겨에 주로 함유되어 있으며, 항산화작용, 콜레스테롤 저하작용(고지혈증 개선), 콜레스테롤합성, 저해작용, 함암작용이 있다.

⑤ 쌀기름은 불포화지방산이 77%로 많기 때문에 반건성유이며, 리놀레산은 공기 중 산소와 결합하여 묵은쌀 냄새가 난다.

(4) 이소비텍신

① 벼 왕겨의 저장성이 좋은 이유가 이소비텍신 때문인데, 이소비텍신은 항산화 물질이다.

② 백미에는 이소비텍신 함량이 아주 적다.

(5) 페놀 화합물

① 유색미의 현미 껍질층에 있는 색소 성분은 주로 카네틴, 타닌 등의 떫은맛을 내는 페놀 화합물과 안토시아닌이다.

② 폴리페놀(페놀 화합물)은 충치 예방, 심장병 예방, 항산화 효과가 있다.

③ 안토시아닌은 항산화, 항염, 심혈관 질환 예방 등에 효과가 있다. 흑진주벼, 흑남벼, 흑향벼 등 흑미는 안토시아닌을 많이 함유한 품종으로 개발되었는데, 안토시아닌의 종류에는 C3G와 P3G가 있다.

(6) 기타 생리활성 물질

신경전달물질인 가바(GABA, gamma-aminobutyric acid)는 아미노산의 일종으로 배아를 고온에서 처리하면 많이 생성되는 것으로 알려져 있다. 가바는 고혈압 예방에도 효과가 있다.

3. 쌀의 기능성 성분에 영향을 미치는 조건

(1) 품종

① 품종은 기능성 성분에 가장 큰 영향을 미친다.

② 흑진주벼, 흑남벼, 흑향벼는 검은 자색 쌀로서 안토시아닌을 많이 함유한 품종이다.

③ C3G 함량이 가장 높은 품종은 흑진주벼이다.

④ 황금쌀(Golden rice)은 비타민 A를 보강한 GM(genetically modified) 작물로 생산량 증대를 목적으로 하는 제1세대 형질 전환 작물이 아니다.

(2) 재배 조건

항산화 성분을 증가시키는 재배 조건에는 질소시비량 및 퇴비시비량의 증가가 있다.

(3) 쌀의 도정도

백미의 기능성 성분은 현미에 비하여 70~80% 정도 감소된다.

(4) 노동력과 생산비

① 벼농사의 노동투하시간

㉠ 벼농사 노동투하시간의 많은 부분이 육묘와 모내기라 직파재배에 대한 연구가 이루어고 있으나 전면 보급되지는 못한다(입모확보부족, 결실기 도복, 잡초방제의 어려움).

㉡ 생력화 노력에 집중한다.

② 쌀 생산비

㉠ 한국의 쌀 생산비

• **토지용역비**: 우리나라의 농지가격은 미국의 50배, 유럽의 7배로 경영규모 확대는 이모 작 등 작부체계의 도입으로 비용절감을 고려할 수 있다.

• **농구비**

− 거의 완전 기계화를 이룬다.

− 기계화율이 높아지며 농구비의 비중도 급속히 커졌다.

• **노력비**: 괄목할 만큼 절감된다.

• **농약비**: 1990년대 중반 이후 친환경 분위기에 맞춰 사용량이 감소하였다.

• **비료비**: 1995년 기점으로 감소추세이다.

㉡ 주요국의 쌀 생산비

• 토지용역비를 포함한 우리나라 생산비 1,082원/kg을 100%로 보면 미국 27.3%, 캘리포 니아 쌀 32.5%, 중국 15.3%, 태국 12.2%, 베트남은 8.7%, 일본은 우리 쌀보다 3.26배 비싸다.

• 토지용역비를 제외한 우리나라 생산비 589원/kg을 100%로 보면 미국 40.7%, 캘리포니 아 쌀 45.4%, 호주 15.5%, 중국 24.8%, 태국 18.9%, 베트남은 15.3%, 일본은 우리 쌀보 다 5.13배로 격차가 벌어졌다.

Chapter 03 쌀의 이용 및 가공

1 쌀의 영양학적 특성

1. 쌀의 일반 성분

(1) 백미 기준으로 전분 77.6%, 단백질 6.7%, 지방 0.4%, 조섬유 0.3%, 조회분 0.5%, 기타 비타민 등이 함유되어 있다.

(2) 현미에는 단백질, 조지방, 조섬유, 조회분 등의 함량이 백미보다 더 높다.

(3) 쌀겨나 쌀눈에는 단백질의 경우 백미보다 2배 이상 많고, 조지방, 조섬유, 조회분, 중성섬유의 함량이 훨씬 높으며, 백미에는 들어있지 않은 헤미셀룰로오스, 셀룰로오스, 리그닌이 다량함유되어 있다.

(4) 지방함량은 백미는 0.3~0.5%, 현미는 1.6~2.8%이고, 쌀눈과 쌀겨는 15.0~19.7%나 된다. 지방은 호분층에 많이 분포한다.

(5) 쌀기름에는 리놀레산, 올레산 등 양질의 필수 불포화지방산이 많아 콜레스테롤 농도를 낮추는 등의 기능이 있다. 그러나 지방은 저장중 변질되기 쉽고 가수분해되면 묵은내가 난다.

(6) 쌀겨에는 비타민 E가 다량 존재하고 비타민 A, D도 상당량 있는데, 백미에는 비타민이 거의 전무하다.

(7) 쌀은 밀과 비교할 때 단백질, 회분, 무기질 및 비타민 함량은 적으나, 필수아미노산의 함량은 높고 쌀의 단백질 함량은 7%로 밀보다 낮다.

(8) 특히 어린이 성장에 필요한 라이신 함량은 2배 정도나 많고 밀보다 아미노산가와 단백가가 높으며, 소화흡수율 및 체내이용률도 좋다.

아미노산가

식품의 영양가를 그 식품에 함유되어 있는 아미노산의 조성에 따라 평가하기 위하여 도입한 수치로, 난단백질과 같은 이상적인 아미노산 조성을 표준으로 하고, 어떤 식품 중의 단백질 100g당 아미노산 조성을 표준 아미노산 조성과 비교하여 각 아미노산의 표준에 대한 값이 가장 적은 것을 백분율로 나타낸 값이다.

(9) 쌀, 밀, 옥수수, 콩 중에서 단백질의 생물가가 가장 높은 것은 쌀이다.

단백질의 생물가

소화하는 동안 단백질에 있는 질소의 손실이 없다고 가정하고 단백질의 체내 이용률을 판정하기 위한 수치로, 식품 단백질의 영양품질을 나타내는 지표이다.
• 달걀(0.9~1.0), 우유(0.85), 고기와 물고기(0.7~0.8), 곡류(0.5~0.7)

(10) 쌀을 포함한 영과에 집적되는 단백질 중 가장 많은 것은 글루텔린으로, 이는 글리아딘과 함께 곡류 단백질의 주성분을 이룬다.

2. 도정과 영양성분

(1) 현미를 백미로 도정하면 영양성분이 손실된다.

(2) 손실량은 탄수화물이 24%, 단백질이 68%, 회분이 58%, 비타민이 70~80%이다.

2 취반

1. 밥이 되는 원리

(1) 호화

① 쌀에 적당량의 물을 붓고 가열하면 전분이 팽윤하고 점성도가 증가하여 밥이 되는데, 이를 화학적으로 호화(gelatinization)라 한다.

② 호화란 생전분인 β전분의 쌀이 α전분의 형태로 변화되는 것으로, 2중 결정성을 잃어버리면서 풀처럼 되는 현상이다.

③ 전분립 단독으로 충분한 수면에서 호화가 일어나면 용적이 약 60배 증가하지만, 실제 팽창도는 세포벽과 단백질입자의 작용으로 2.5배이다.

(2) 노화

① 호화된 전분(α전분)을 실온에 방치하면 점차 굳어지면서 식미가 저하되는데, 이를 화학적으로 노화(retrogradation)라 한다.

② 열에너지와 수분을 잃으면서 다시 결정 구조를 만들어 전분이 엉켜붙기 때문에 전분의 β화라고도 한다.

③ 노화된 밥이나 떡을 가열하면 여기에 물분자의 영향으로 β전분이 다시 호화, 팽창한다.

④ 밥을 밥솥에 저장하면 색이 누렇게 되면서 냄새가 나고, 맛, 질감, 영양, 소화성이 저하되는데 밥의 아미노산과 당이 반응하여 갈변물질이 형성되기 때문이다.

(3) 밥의 향

① 쌀에는 생쌀이든 밥이든 특징적인 향이 있다.

② 쌀의 휘발성 성분은 호분층에 있으므로 도정률이 높을수록 휘발성 서운이 감소하고, 밥향의 강도가 낮아진다.

③ 밥의 향은 단일이 아닌 여러 가지 휘발성 성분의 균형에 의해 좌우되며 중요한 성분은 2-acety-1-pyrroline(2-AP) 등이다.

④ 쌀의 저장 기간이 길어지면 불포화지방산인 리눌레산이 산화되어 묵은내가 난다.

2. 취반과정

(1) 온도 상승기

강한 열을 가하여 물이 끓기 시작할 때까지의 기간으로 쌀의 호화는 60~65℃에서 시작한다.

(2) 끓는 시기

호화 후에 남는 수분이 유리되는 기간이다.

(3) 쪄지는 시기

유리된 수분이 수증기로 없어지는 기간이다.

(4) 뜸들이는 시기

일정 시간 고온에서 쌀알 중심부의 전분이 완전 호화되는 기간으로 구수한 향기가 밥 전체에 퍼지는 기간이다.

3. 취반에 영향을 미치는 요인

(1) 수침조건

① 가열하기 전에 물에 적당히 불리면 전분이 고르게 호화되어 밥맛이 좋아지고, 취반시간도 단축된다.

② 물에 담그면 수분흡수 속도는 수침 후 30분까지는 35% 내외로 급격히 증가하다 그 후에 완만하게 증가한다.

③ 현미는 쌀겨가 있어 수침시간은 14~15시간이 적당하다.

(2) 취반용수 및 가수량

① 밥을 짓는 물은 pH 6.7~7.1의 중성에 가깝고 수용성 고형물이 많으면 좋으며, 약수가 좋다.

② 가수량은 쌀 부피의 1.2배 또는 쌀 중량의 1.4배이다.

(3) 취반용기

① 열전도도가 낮은 무쇠솥이나 솥밑이 두꺼운 스테인리스 솥이 좋고, 일반솥보다 압력솥이 더 식미가 있다.

② 무쇠솥이나 솥밑이 두꺼운 솥이 좋은 이유는 가열이 끝난 후에도 일정한 고온이 지속되어 뜸을 들일 수 있고, 누룽지가 발생되어 밥 전체에 구수한 향취가 퍼지기 때문이다.

③ 일반솥보다는 압력솥의 밥맛이 좋은데, 이유는 압력솥에서는 고압이 유지되므로 쌀알 내부의 고형물이 외부로 유출되지 않고 내부까지 신속히 호화되기 때문이다.

3 쌀 가공식품의 분류와 특성

(1) 주·부식류, 쌀밥류, 떡류, 죽류, 국수류, 빵류가 있다.

(2) 주류

(3) 국수류

쌀국수 제조에는 아밀로오스 함량이 높은 경질품종이 좋다.

(4) 음청류(주류를 제외한 기호성 음료)

(5) 과자 및 스낵류

쌀과자류, 엿류, 스낵류가 있다.

(6) 장류

(7) 기타

쌀가루, 식초류, 식해류가 있다.

4 쌀 부산물

1. 볏짚

2. 왕겨

식물학적으로 벼 종실의 과피를 말한다.

3. 쌀겨

(1) 식물학적으로 벼 종실의 종피와 호분층이 깎인 분쇄혼합물이다.

(2) 껍질층이므로 단백질, 지방질, 무기물, 비타민, 섬유질 등의 함량이 높아서 과거 식량이 부족했던 시기에는 보조식량으로 이용하였다.

(3) 현미에 함유돈 기름 함량은 약3%이고, 그중 1/2정도가 배와 호분층에 분포하며, 쌀겨의 성분 중 약 20%가 기름이다.

(4) 쌀지방의 지방산은 불포화지방산인 올레산과 리놀레산이 70%이상이고 포화지방산인 팔미트산이 20% 차지하는 매우 양질의 기름으로 조성되어 있다.

(5) 현미의 호분층, 배, 배유의 무게비율은 평균 5:3:92이다.
이론적으로 보면 백미(10분도미)를 만들 때 부산물로 나오는 쌀겨는 현미중량의 8%이나 실제로는 10%정도 된다.

(6) 우리나라의 쌀겨 생산량의 약 30%를 쌀기름 원료로 사용한다.

⑺ 쌀겨에는 기름뿐만 아니라 헤미셀룰로오스를 비롯한 식이섬유와 이노시톨, 콜린, 판토텐산 등 다양한 비타민류와 함께 감마오리자놀, 토코페롤, C3G(흑자색미의 안토시아닌 색소),페룰산, 피틴산 등 여러 가지 생리활성물질을 포함하고 있다.

⑻ 피틴산(피트산 : $C_6H_{18}O_{24}P_6$)은 금속이온을 흡착하는 기능을 가지고 있어 농수산 식품의 변색과 변질을 방지하는 첨가제로 이용되고, 항암효과가 있는 것으로 밝혀졌다.

⑼ 쌀겨의 성분으로 토코트리에놀과 오리자놀을 추출하여 건강기능식품을 만든다.

⑽ 쌀겨는 저장 중 리파아제의 작용으로 산패되어 변질되기 쉬우므로 가공원료로 이용할 때 변질 방지에 유의하여야 한다.

03

핵심 기출문제

쌀의 품질과 이용

001 쌀 저장 시 변화에 대한 설명으로 옳지 않은 것은? 22. 국가직 9급

① 호흡소모와 수분증발 등으로 중량의 감소가 나타난다.
② 현미의 지방산도가 25KOHmg/100g 이상이면 변질의 징후를 나타낸다.
③ 배유의 저장전분이 분해되어 환원당 함량이 증가한다.
④ 현미의 수분 함량이 16%이고, 저장고의 공기습도가 85%로 유지되면 곰팡이 발생의 염려
가 없다.

002 알벼(조곡) 100kg을 도정하여 현미 80kg, 백미 72kg이 생산되었을 때 도정의 특성으로 옳
은 것은? 17. 지방직 9급

① 도정률은 72%이고, 제현율은 80%이다.
② 도정률은 72%이고, 제현율은 90%이다.
③ 도정률은 80%이고, 제현율은 80%이다.
④ 도정률은 80%이고, 제현율은 90%이다.

003 고품질 쌀의 특성으로 옳지 않은 것은? 11. 국가직 7급

① 심백미와 유백미의 비율이 낮다.
② 무기질 중에서 Mg/K의 비율이 높다.
③ 단백질 과립의 축적이 많고, 아밀로오스 함량이 20% 이상이다.
④ 취반 후 밥이 식을 때 전분의 베타(β)화가 느리다.

004 벼의 도정에 대한 설명으로 옳지 않은 것은? 11. 국가직 9급

① 쌀의 수분 함량이 16% 정도일 때 도정 효율이 높다.
② 벼의 도정률은 (제현율 × 현백률)/100으로 나타낸다.
③ 품종에 따라 다소 차이가 있으나 현백률은 제현율보다 높다.
④ 현미 중량의 93%가 남도록 깎아낸 것을 7분도미라 한다.

005 고품질 쌀의 이화학적 특성으로 옳지 않은 것은?

08. 국가직 7급

① 알칼리붕괴도가 다소 높아야 한다.
② Mg/K 비가 높은 편이어야 한다.
③ 호화온도는 중간이거나 다소 낮아야 한다.
④ 단백질 함량이 높아야 한다.

006 쌀의 호화와 취반에 대한 설명으로 옳은 것은?

14. 국가직 7급

① 호화란 생전분인 α전분의 쌀이 호화전분인 β전분의 형태로 변화하는 것이다.
② 노화된 밥이나 떡을 가열하면 여기(勵起)된 물 분자의 영향으로 β전분이 다시 호화, 팽창한다.
③ 쌀의 휘발성 성분은 전분층에 들어 있으므로 도정률이 높을수록 휘발성 성분이 증가하여 밥 향의 강도가 강해진다.
④ 밥 짓는 물은 중성(pH 6.7~7.1)에 가깝고 취반 용기는 열전도도가 높은 솥을 이용할 때 밥맛은 더 좋아진다.

정답찾기

001 ④ 현미의 수분 함량이 15%이면 저장고의 공기습도가 80% 이하로 유지되므로 곰팡이가 발생할 염려가 없으나, 현미의 수분 함량이 16%이면 공간습도가 85% 정도 되므로 여름 고온 시에는 곰팡이가 발생할 수 있다.

002 ①

003 ③ 고품질 쌀의 단백질 함량은 7% 이하이고, 아밀로오스 함량은 20% 이하이다.

004 ④ 제거해야 할 겨층의 70%를 제거한 것, 즉 현미 중량의 95%가 남도록 도정한 것이 7분도미이다.

005 ④ 고품질 쌀의 단백질 함량은 7% 이하이고, 아밀로오스 함량은 20% 이하이어야 한다.

006 ②
① 호화란 생전분인 β전분의 쌀이 호화전분인 α전분의 형태로 변화하는 것으로, 이중결정성을 잃어버리면서 풀처럼되는 현상을 말한다.
③ 쌀의 휘발성 성분은 호분층에 들어 있으므로 도정률이 높을수록 휘발성 성분이 감소하여 밥 향의 강도가 약해진다.
④ 밥 짓는 물은 중성(pH 6.7~7.1)에 가깝고 취반 용기는 열전도도가 낮은 무쇠솥이 좋고, 일반솥보다는 압력솥이 밥맛은 더 좋아진다.

정답   **001** ④   **002** ①   **003** ③   **004** ④   **005** ④   **006** ②

007 쌀의 기능성에 대한 설명으로 옳지 않은 것은?

15. 국가직 7급

① 쌀에 함유된 올리고당이나 쌀겨 중의 식이섬유는 락토균, 클로스트리디움균과 같은 장내 유익균의 활동을 이롭게 한다.
② 현미의 호분층에는 비타민 E, 오리자놀, 토코트리에놀, 페룰산 등 강한 항산화제가 함유되어 있다.
③ 쌀겨는 혈중 콜레스테롤을 낮추는 효과가 있다.
④ 쌀밥은 식빵, 감자 등에 비하여 혈당량의 급격한 증가를 초래하지 않는다.

008 불완전미에 대한 설명 중 옳지 않은 것은?

07. 국가직 7급

① 기백미는 쌀눈 부위의 양분 축적이 불량할 때 주로 발생한다.
② 동절미는 쌀알이 잘라지고 부서진 것으로 등숙기 저온이나 영양 부족 시 주로 발생한다.
③ 복백미는 대립종에서 발생율이 높고, 질소 시비량이 많을 때 주로 발생한다.
④ 동할미는 쌀 입자 내부에 균열이 있는 쌀로 부적합한 건조조건에서 주로 발생한다.

009 쌀의 건조 및 저장에 대한 설명으로 옳은 것은?

20. 국가직 7급

① 쌀을 건조할 때 건조온도는 45℃ 이하에서 수분 함량 15~16% 정도가 알맞으며, 수분 함량이 낮은 벼를 고온건조하면 식미가 크게 떨어진다.
② 쌀의 안전저장을 위해서는 수분 함량을 15% 정도로 건조하고, 저장온도를 15℃ 이하로 유지하며, 공기 조성은 산소 2~4%, 이산화탄소 6~8%로 조절하는 것이 좋다.
③ 대부분의 해충은 곡물의 수분 함량이 15%(상대습도 75%)에서는 번식하지 못한다.
④ 현미 저장 시 수분 함량이 20% 이상일 때에는 10℃ 미만에서 저장하는 것이 적당하고, 수분 함량이 16% 미만일 때에는 15℃ 정도에서 저장하는 것이 바람직하다.

010 쌀의 이용과 가공특성에 대한 설명으로 옳지 않은 것은?

15. 국가직 9급

① 현미를 백미로 도정하면 비타민 > 단백질 > 탄수화물 순으로 감소율이 크다.
② 쌀의 호화는 β 전분이 α 전분의 형태로 변화되는 것을 말한다.
③ 쌀겨에는 감마오리자놀, 토코페롤, 피틴산, C3G색소 등의 생리활성물질이 포함되어 있다.
④ 쌀의 휘발성 성분은 대부분 배에 존재하므로 도정률이 높아지면 밥의 향이 약해진다.

011 쌀의 수확 후 관리에 대한 내용으로 옳지 않은 것은?　　　15. 국가직 7급

① 저장 기간이 오래될수록 지방산도는 높아지고 α-아밀라아제의 활성으로 환원당의 함량은 감소한다.
② 급속하게 건조할 경우 동할미가 많이 발생하여 품질이 저하된다.
③ 벼의 도정률은 제현율과 현백률에 의해 결정된다.
④ 건조 시 수분은 현미와 왕겨가 붙은 부착점을 통하여 집중적으로 증발된다.

03

012 쌀의 도정에 대한 설명으로 옳지 않은 것은?　　　12. 국가직 7급

① 벼에서 과피인 왕겨만 제거한 것을 현미라고 한다.
② 종피 및 호분층을 제거한 것을 조곡이라고 한다.
③ 5분도미를 배아미라고도 한다.
④ 벼에서 백미가 만들어지는 비율을 도정률이라 한다.

013 우리나라 고품질 쌀의 이화학적 특성으로 옳지 않은 것은?　　　16. 국가직 9급

① 단백질 함량이 10% 이상이다.
② 알칼리붕괴도가 다소 높다.
③ Mg/K의 함량비가 높은 편이다.
④ 호화온도는 중간이거나 다소 낮다.

정답 찾기

007 ① 쌀에 함유되어 있는 올리고당이나 쌀겨 중의 식이섬유는 비피더스균과 락토균과 같은 장 내 유익균의 활동을 이롭게 한다.

008 ② 동절미는 쌀알 중앙부가 잘록하게 죄어진 쌀로서, 등숙기 저온, 차광, 질소과다, 인산 및 칼리 결핍, 개화기토양, 수분부족, 영양 불충분 시 많이 발생한다.

009 ④
① 수분 함량이 낮은 벼는 고온으로 건조해도 식미 저하가 그리 심하지 않다.
② 장기 안전저장을 위해서는 공기조성은 산소 5~7%, 이산화탄소 3~5%로 조절하는 것이 가장 좋다.
③ 대부분의 해충은 곡물의 수분 함량이 12%이하(상대습도 55% 이하)에서는 번식하지 못한다.

010 ④ 쌀의 휘발성 성분은 호분층에 들어 있으므로 도정률이 높을수록 휘발성 성분이 감소하고 밥 향의 강도도 약해진다.

011 ① 저장 중 전분(포도당)이 α-아밀라아제(α-amylase)에 의하여 분해되어 환원당의 함량이 증가한다.

012 ② 벼에서 과피인 왕겨만 제거하면 현미가 만들어지고, 현미에서 종피 및 호분층을 제거하면 백미가 만들어진다.

013 ① 단백질 함량은 7% 이하이다.

정답　**007** ①　　**008** ②　　**009** ④　　**010** ④　　**011** ①　　**012** ②　　**013** ①

014 쌀의 영양적 특성에 대한 설명으로 옳은 것을 모두 고른 것은?   11. 지방직 9급

> ㄱ. 현미는 백미보다 조지방 함량은 높으나, 조섬유 함량은 낮다.
> ㄴ. 찹쌀의 전분은 아밀로스가 대부분이다.
> ㄷ. 쌀기름의 지방산 조성은 불포화지방산이 70% 이상이다.
> ㄹ. 쌀겨가 백미보다 단위무게 당 비타민 E 함량이 많다.
> ㅁ. 쌀겨나 쌀눈은 백미에 비해 단위무게 당 단백질 함량이 높다.

① ㄱ, ㄴ, ㅁ   ② ㄱ, ㄷ, ㅁ
③ ㄴ, ㄷ, ㄹ   ④ ㄷ, ㄹ, ㅁ

015 쌀과 밀의 단백질에 대한 설명으로 옳지 않은 것은?   19. 국가직 9급

① 쌀 단백질의 소화흡수율은 밀보다 높다.
② 쌀의 단백질 함량은 7% 정도로 밀보다 낮다.
③ 단백질의 영양가를 나타내는 아미노산가는 쌀이 밀보다 높다.
④ 쌀의 글루텔린에는 필수아미노산인 리신(lysine)이 밀보다 낮다.

016 쌀알의 호분층에 함유되어 있는 기능성 성분에 대한 설명으로 옳은 것은?   19. 지방직 9급

① 과립상태로 존재하는 피트산은 황을 많이 포함하고 있는 항산화물질이다.
② 식이섬유가 2% 정도 포함되어 있어 변비와 대장암의 예방효과가 크다.
③ 유색미에 들어 있는 카테킨과 카테콜 − 타닌은 베타카로틴과 이노시톨이다.
④ 지용성 성분인 γ-오리자놀과 토코페롤은 콜레스테롤 저하 작용이 있다.

017 저장 중인 쌀의 변화에 대한 설명으로 옳지 않은 것은?   09. 지방직 9급

① 비타민 B1이 감소한다.
② 유리지방산이 증가한다.
③ 지방산의 산화로 식미가 낮아진다.
④ 환원당이 감소한다.

018 〈보기〉에서 설명하는 불완전미에 해당하는 것은?

〈보기〉

쌀알 아랫부분에서 양분축적이 불량할 때 발생하는 쌀이다. 등숙기 고온 시 발생하는데, 전분 집적이 가장 늦은 상부 지경에 많이 생긴다.

① 복백미
② 유백미
③ 배백미
④ 기백미

019 작물의 수확 후 관리에 대한 설명으로 옳지 않은 것은?

① 벼를 열풍건조할 때 알맞은 건조온도는 60℃이다.
② 쌀의 수분 함량을 17% 이상으로 건조하면 도정효율이 높고 식미가 좋다.
③ 감자는 수확 후 직사광선을 오랫동안 쬐면 녹변하고 식미가 불량해진다.
④ 백미는 외부 온도와 습도의 변화에 민감하게 반응하여 변질되기 쉽다.

020 쌀의 불완전미에 대한 설명으로 옳지 않은 것은?

① 동할미는 등숙기 저온과 질소 과다 시 많이 발생한다.
② 복백미는 조기재배 및 질소 추비량 과다 시 발생한다.
③ 심백미는 출수기에서 출수 후 15일 사이에 야간온도가 고온인 경우에 많이 발생한다.
④ 배백미는 고온 등숙 시 약세영화에 많이 발생한다.

정답찾기

014 ④
ㄱ. 백미는 현미보다 조지방, 조섬유, 조화분, 중성섬유의 함량이 낮다.
ㄴ. 찹쌀의 전분은 아밀로펙틴이 대부분이다.

015 ④ 쌀은 밀보다 성장기 어린이에게 좋은 리신함량이 2배 정도 많고, 아미노산가와 단백가가 높으며, 소화흡수율 및 체내 이용률이 좋다.

016 ④
① 피트산은 인의 저장고와 같은 역할을 한다.
② 쌀겨는 식이섬유를 20~21%나 함유하고 있고 헤미셀룰로오스를 다량 함유하고 있는 중요한 식이섬유 소재이다.
③ 유색미에 들어 있는 성분은 주로 카테킨, 카테콜 – 탄닌 등의 짧은 맛을 나타내는 페놀 화합물과 안토시아닌이다.

017 ④ 저장중인 쌀은 비타민 B1이 감소하고 환원당과 유리지방산이 증가하며, 지방산의 산화로 식미가 낮아진다.

018 ④

019 ① 화력건조기를 이용할 때의 건조온도는 45℃ 정도가 알맞다. 45℃ 건조는 도정률과 발아율이 높고, 동할률과 쇄미율은 낮으며, 건조기간도 6시간으로 그다지 길지 않다.

020 ① 등숙기에 지나친 고온 조건에서는 동할미, 배백미, 유백미가 증가된다.
지나친 저온조건에서는 미숙립, 동절미, 복백미가 증가하여 품질이 떨어지기 쉽다.
질소시비 과다 시에는 심·복백미 및 동할미가 증가하고, 쌀알의 투명도가 낮아진다.

정답 **014** ④ **015** ④ **016** ④ **017** ④ **018** ④ **019** ① **020** ①

021 고품질 쌀의 재배환경 조건으로 적절하지 않은 것은? 18. 국가직 7급

① 상대습도와 증기압이 낮아야 한다.
② 결실기 주야의 평균기온이 높아야 한다.
③ 관개수 중 무기성분 함량이 높아야 한다.
④ 논토양의 관개수 투수성이 낮아야 한다.

022 미곡의 도정감에 관여하는 요인에 관한 설명으로 옳지 않은 것은? 08. 국가직 9급

① 미숙미가 완숙미보다 도정감이 크다.
② 원료곡립의 건조가 잘 된 것은 도정감이 작다.
③ 수확 후 충분히 건조한 후 일찍 도정하면 도정감이 크다.
④ 도정방법에 있어서 가볍게 여러 번 쓸어내면 도정감이 작다.

023 쌀의 이용과 가공에 대한 설명으로 옳지 않은 것은? 20. 국가직 9급

① 전분이 팽윤하고 점성도가 증가하여 알파전분 형태로 변하는 화학적 현상을 호화라고 한다.
② 노화된 밥이나 떡을 가열하면 물분자의 영향으로 베타전분이 다시 호화, 팽창한다.
③ 향미에서 2-acetyl-1-pyrroline(2-AP)이 가장 중요한 향 성분이다.
④ 쌀국수류 제조에는 아밀로오스 함량이 낮은 품종이 좋다.

024 쌀의 품질과 기상조건에 대한 설명으로 옳은 것은? 10. 국가직 9급

① 등숙기에 지나친 고온조건에서는 미숙립, 동절미, 복백미가 증가하여 품질이 저하되기 쉽다.
② 등숙기에 지나친 저온조건에서는 동할미, 배백미, 유백미가 증가하여 품질이 저하되기 쉽다.
③ 등숙 전반기에 기온이 높으면 단백질 함량이 증가하여 식미가 저하된다.
④ 등숙기에 주야간의 기온차가 적은 것이 고품질 생산에 유리하다.

025 현미 배쪽의 겨층을 완전히 제거하여 현미중량의 95%가 남도록 도정한 것은? 09. 지방직 9급

① 5분도미 ② 7분도미
③ 9분도미 ④ 10분도미

026 불완전미에 대한 설명으로 옳지 않은 것은?   21. 지방직 9급

① 동절미는 쌀알 중앙부가 잘록한 쌀로 등숙기 저온, 질소 과다, 인산 및 칼리 결핍이 원인이다.

② 청미는 과피에 엽록소가 남아있는 쌀로 약세영화, 다비재배, 도복이 발생했을 때 많아진다.

③ 다미는 태풍으로 생긴 상처부로 균이 침입하여 색소가 생긴 쌀로 도정하면 쉽게 제거할 수 있다.

④ 동할미는 내부에 금이 간 쌀로 급속건조, 고온건조 시 발생한다.

027 제시된 기능성 물질 중 벼 종실에 함유된 것만을 모두 고른 것은?   14. 지방직 7급

| ㄱ. 이소비텍신 | ㄴ. 가바 |
| ㄷ. 토코페롤 | ㄹ. 토코트리에놀 |

① ㄱ, ㄷ   ② ㄴ, ㄹ
③ ㄴ, ㄷ, ㄹ   ④ ㄱ, ㄴ, ㄷ, ㄹ

정답찾기

021 ② 일반적으로 벼 생육기간 중, 특히 결실기에 평균기온이 너무 높지 않아야 한다.

022 ③ 수확 후 도정시기가 빠를수록 도정감이 감소한다.

023 ④ 쌀국수류 제조에는 아밀로오스 함량이 높은 경질품종이 바람직하다.

024 ③
① 등숙기에 지나친 고온조건에서는 동할미, 배백미, 유백미가 증가한다.
② 지나친 저온조건에서는 미숙립, 동절미, 복백미가 증가한다.
④ 평균 기온이 다소 낮고, 주야간 기온교차가 크며, 일조시간이 길고, 상대습도와 증기압이 낮은 것이 고품질 생산에 유리하다.

025 ② 제거해야 할 겨층의 70%를 제거한 것, 즉 현미 중량의 95%가 남도록 도정한 것이 7분도미이다.

026 ③ 착색미는 곰팡이와 세균이 번식하여 배유 내부까지 착색된 경우를 말하며 도정해도 반점이 남는다. 반점미, 흑점미, 다미, 홍변미 등이 있다.

027 ④ 쌀에 함유되어 있는 기능성 성분: 식이섬유, 피트산, 지용성 성분, 페룰산, 토코페롤, 이소비텍신, 페놀 화합물, 기타 생리활성 물질 등

정답   **021** ②   **022** ③   **023** ④   **024** ③   **025** ②   **026** ③   **027** ④

박진호 식용작물학

전작(田作) 일반

CHAPTER 01 전작(田作)

Chapter 01 전작(田作)

1 전작물의 뜻과 범위

1. 전작물의 뜻

밭에서 재배되는 작물 중 식용작물을 관습적으로 전작물이라 부르고, 이들의 재배를 전작이라 한다.

2. 전작물의 분류

(1) 맥류

보리, 밀, 호밀, 귀리, 트리티케일, 화본과(벼과)작물

(2) 잡곡

옥수수, 메밀, 수수, 조, 기장, 율무, 피

(3) 두류

콩, 땅콩, 강낭콩, 팥, 녹두, 동부, 완두

(4) 서류

감자, 고구마, 마(yam)

3. 전작물의 몇 가지 주요특성

(1) 이용면에서 호밀·옥수수·수수·진주조 등은 사료작물이고, 땅콩은 공예작물이다.

(2) 맥류는 벼과(화본과)이며, 외떡잎식물인 다른 잡곡류와 달리 메밀은 쌍떡잎식물로서 종실의 주성분이 전분이며 이용은 벼과작물과의 유사성이 있다.

(3) 옥수수는 자웅동주 이화이며, 암꽃은 줄기의 마디에 달리는데 수염이 암꽃이다.

(4) 서류는 지하의 덩이줄기(괴경, 감자)나 덩이뿌리(괴근, 고구마), 감자는 가지과이고, 고구마는 메꽃과이다.

(5) 개화촉진 보리·감자는 장일조건이고, 콩·옥수수·고구마는 단일조건이다.

(6) 보리와 밀은 추위에 강하며 감자는 서늘한 기후, 콩은 적응범위가 넓고, 옥수수와 고구마는 고온에 잘 적응한다.

(7) 파종적기

보리나 밀은 늦은 여름이나 이른 봄, 감자·메밀·완두 등은 이른 봄이나 초가을이 파종적기이다.

2 전작의 경제성

1. 수익성 현황

(1) 우리나라 주요 전작물의 수확량과 가격을 미곡과 비교하여, 전작화곡의 경우 수확량과 가격이 모두 낮아서 수익성이 낮다.

(2) 콩과 같이 미곡보다 가격이 높은 것도 있으나 이런 경우는 수확량이 매우 적어서 역시 수익성이 낮다.

(3) 농작물의 전체 재배 면적에 대한 전작물의 재배 면적 비율은 약 19%인데, 호당 평균 농작물 조수입 중의 전작물 비율은 6% 정도에 불과하여 전작의 수익성이 다른 농작물보다 매우 낮다.

2. 전작의 수량이 낮은 이유

(1) 우리나라 밭은 산간 경사지에 많은데, 이런 곳에서는 토양침식이 많아 지력이 낮고, 기계작업이 불편하다. 즉, 생산기반이 불량한 곳이 많다.

(2) 우리나라 밭은 산성이 강하고, 작토가 얕고, 부식이 적고, 비료성분이 부족한 곳이 많다.

(3) 봄에는 가뭄해, 여름에는 수해, 가을에는 한해 등의 기상재해가 심하다.

(4) 재배 정도 및 노력의 투입이 적다.

3. 전작 개선의 기술적 방향

(1) 침식으로부터의 토양보호

(2) 지력 배양

(3) 관개시설의 구축

(4) 생력 재배

(5) 재배 정도를 높여 증수 재배

4. 파종기 결정 요인

(1) 환경요건

　　중부지방 · 남부지방, 평야지 · 산간지

(2) 시장가격과 수익성 및 토지 효율성

(3) 재배시설 여건

　　온실, 비닐하우스 · 자연상태

(4) 작업 효율성

　　과습에 약하면 비가 많이 오는 시기를 피하고, 고구마는 비가 온 후나 토양수분이 충분한 시기가 좋다.

(5) 병이나 해충의 발생시기, 도복이나 수확기의 불량환경을 회피한다.

(6) 각종 재해를 최소한으로 줄이기 위한 조절

저온으로 인한 발아불량이나 초기 생육장해의 우려가 있을 경우는 늦춘다.

(7) 다수량을 위해 가능한 한, 최대한 일찍 파종한다.

(8) 파종 한계기 고려

적정 파종기를 놓쳤거나 그보다 일찍 심어야 할 경우, 피해를 최소화시킬 수 있는 시기를 고려한다.

5. 밭작물의 주요 수확시기

(1) 일반적으로 수확은 목표로 하는 이용부위가 충분히 성숙한 시기에 한다.

(2) 성숙기는 식물체나 열매의 색깔과 형태 변화 등을 육안으로 관찰하나 보다 정확한 수확기를 택하기 위해 종실의 수분 함량을 조사하거나 개화 후의 경과일수를 근거로 결정한다.

(3) 보리 수확

종실의 수량이나 수확작업 등을 고려해 출수기로부터 35~45일 경과한 시기가 수확 적기이며, 이때 가운데 이삭의 종실 수분 함량은 24% 정도이다.

(4) 용도 별 옥수수의 수확

① 사일리지용: 종자가 누렇게 변하면서 종자를 손톱으로 누르면 약간 들어갈 정도로 딱딱해지는 호숙기 말기(수분 함량 65~70%)일 때 수확한다.

② 찰옥수수와 단옥수수: 유숙기 초기나 중기(수염이 나온 후 24~27일)일 때 수확한다.

③ 종실용: 알이 단단해지고 이삭껍질이 누렇게 변하는 시기(수분 함량은 약 30%)일 때 수확한다.

④ 콩: 잎이 떨어지고 꼬투리 색깔이 변하며 고유의 색이 나타날 때 수확한다.

(5) 고구마

일찍 수확하면 고구마의 크기가 작거나 길쭉한 모양을 가지며 수량이 적은 반면, 늦게 수확하면 고구마가 커지고 수량이 많아진다. 추위에 약하여 서리 전 10월 상순에서 중순에 수확한다.

(6) 감자

지상부가 거의 말랐을 때 수확한다. 지상부가 마르면 감자의 껍질이 단단해지며 식물체에서 쉽게 떨어지므로 수확 작업도 쉽고 상처도 감소한다. 평야지의 봄 재배 6월 하순, 고랭지 여름 재배 10월 상순에 수확한다.

(7) 작물 수확 시기의 기상환경이 좋지 않은 지역에서는 이상적인 수확 적기 못지않게 수확 전후의 환경을 고려한다.

3 쌍떡잎식물과 외떡잎식물

1. 구조적 특징

싹이 날 때 배에서 제일 먼저 나오는 떡잎이 수가 외떡잎식물은 1장이고, 쌍떡잎식물은 2장이다.

2. 외떡잎식물

(1) 종자 안쪽에 1장의 떡잎이 있다.

(2) 잎맥이 평행하며 줄기의 관다발이 복합적으로 배열(산재유관속)되어 있다.

(3) 꽃잎은 주로 3의 배수이다.

(4) 뿌리는 수염뿌리를 형성하며 지지역할과 뿌리의 표면적을 넓혀 물과 무기염류를 흡수한다.

3. 쌍떡잎식물

(1) 종자 안쪽에 2장의 떡잎이 있다.

(2) 잎맥은 망상구조(그물맥)이며, 줄기의 관다발은 원통형으로 배열(병립유관속)조직되어 있다.

(3) 꽃잎은 주로 4~5의 배수이다.

(4) 뿌리는 은뿌리(원뿌리, 주근)에서 형성된 곁뿌리가 물과 무기염류를 흡수한다.

4. 쌍떡잎식물과 외떡잎식물의 분류

(1) 맥류와 잡곡류는 외떡잎식물이고, 콩과(두과) 및 감자, 고구마는 쌍떡잎식물이다. 다만 메밀은 다른 잡곡류와는 달리 쌍떡잎식물이다.

(2) 외떡잎식물에 속하는 맥류와 잡곡류는 모두 벼목 벼과에 속한다.

(3) 서류 중 고구마와 감자는 모두 통화식물목으로 분류되고, 고구마는 메꽃과(나팔꽃과)로, 감자는 가지과(감자과)로 분류된다.

(4) 메밀은 마디풀목, 마디풀과에 속한다.

핵심
기출문제

전작(田作) 일반

001 다음과 같은 개화 특징을 갖는 작물은?

20. 지방직 9급

> 1년차 귀농인 이정국씨는 집 근처 텃밭에 들깨를 심었다. 식재 전 토양검정을 통해 부족한 양분이 없도록 밑거름을 주고, 가뭄의 피해가 없도록 관수관리를 잘했는데 꽃이 피기 시작할 때 밭 가장자리의 일부가 꽃이 피지 않고 무성히 자라고 있었다. 자라는 형태가 다른 듯 보여 농업기술센터에 문의했더니 야간에 가로등 불빛이 닿는 부분이 꽃이 피지 않고 잎이 무성해지는 것이라는 답변을 받았다. 귀농인 이정국씨는 빛이 꽃이 피는 것을 억제할 수 있다는 것을 알게 되었다.

① 콩   ② 아주까리

③ 상추   ④ 시금치

002 식량작물의 수확 적기에 대한 설명으로 옳지 않은 것은?

19. 국가직 9급

① 콩은 종자의 수분 함량이 18~20% 정도일 때 수확한다.
② 메밀은 종실의 75~80% 정도가 검게 성숙했을 때 수확한다.
③ 보리는 출수 후 35~45일 정도일 때 수확한다.
④ 종실용 옥수수는 수분 함량이 15% 정도일 때 수확한다.

003 식용작물의 형태적 특성에 대한 설명으로 옳지 않은 것은?

17. 지방직 9급

① 옥수수는 유관속이 분산되어 있다.
② 벼꽃의 수술은 6개이고 암술은 1개이다.
③ 고구마는 잎이 그물맥으로 되어 있다.
④ 콩은 수염뿌리로 되어 있다.

004 다음 작물들의 형태적 특징에 대한 설명으로 옳지 않은 것은?   17. 국가직 9급

> *Arachis hypogeal, Pisum sativum, Phaseolus vulgaris, Vigna unguiculata*

① 엽맥은 망상구조이다.
② 관다발은 복잡하게 배열된 산재유관속으로 이루어져 있다.
③ 종자에는 안쪽에 두 장의 자엽이 있다.
④ 뿌리는 크고 수직으로 된 주근을 형성한다.

005 외떡잎식물과 쌍떡잎식물에 대한 설명으로 옳지 않은 것은?   17. 국가직 9급

① 벼, 보리, 밀, 귀리, 수수, 옥수수 등은 외떡잎식물이다.
② 외떡잎식물의 뿌리는 수염뿌리이며 꽃잎은 주로 3의 배수로 되어 있다.
③ 쌍떡잎식물은 잎맥이 망상구조이고 줄기의 관다발이 복잡하게 배열되어 있다.
④ 쌍떡잎식물의 뿌리계는 곧은뿌리와 곁뿌리로 구성되어 있고 기능면에서 물과 무기염류를 흡수하는 데 효과적이다.

006 식물조직배양의 목적과 응용에 대한 설명으로 옳지 않은 것은?   17. 지방직 9급

① 기내배양 변이체를 선발할 때 이용한다.
② 유전자변형 식물체를 분화시킬 때 이용한다.
③ 식용작물의 종자를 보존할 때 이용한다.
④ 번식이 어려운 식물을 기내에서 번식시킬 때 이용한다.

정답찾기

001 ① 보리, 감자는 장일조건에서 개화가 촉진되나 콩, 옥수수, 고구마는 단일조건에서 개화가 촉진된다.

002 ④ 종실용 옥수수 수확 시 종실 수분 함량은 약 30% 정도 된다.

003 ④ 콩은 쌍떡잎식물이고, 쌍떡잎식물은 곧은 뿌리이다.

004 ② Arachis hypogeal(땅콩), Pisum sativum(완두), Phaseolus vulgaris(강낭콩), Vigna unguiculata(동부) 콩과는 쌍떡잎식물이다. 줄기의 관다발은 원통형으로 배열(병립유관속)된 조직이다.

005 ③ 쌍떡잎식물의 종자는 안쪽에 2장의 떡잎이 있다. 잎맥은 망상구조(그물맥)이며, 줄기의 관다발은 원통형으로 배열(병립유관속)된 조직이다.

006 ③ 조직배양의 목적 : 번식이 어려운 식물의 기내 영양번식, 상업적 목적의 기내 대량생산, 무병주생산, 퇴화되는 배나 배주의 배양, 반수체 식물의 생산, 유전자조작 식물체 분화, 기내배양변이체 선발, 유전자원의 보존

정답 **001** ①   **002** ④   **003** ④   **004** ②   **005** ③   **006** ③

007 다음 설명에 해당하는 작물로만 묶은 것은?

20. 지방직 9급

> 중복수정의 과정을 통해 종자가 만들어진다.
> 그물맥의 잎을 가지고 있으며, 뿌리는 원뿌리와 곁뿌리로 구분할 수 있다.

① 콩, 메밀
② 콩, 옥수수
③ 메밀, 보리
④ 보리, 옥수수

008 작물명과 학명이 일치하는 것은?

① 밀 – *Hordeum vulgare* L.
② 수수 – *Zea mays* L.
③ 벼 – *Triticum aestivum* L.
④ 감자 – *Solanum tuberosum* L.

009 밭작물 품종에 대한 설명으로 옳지 않은 것은?

① 풋콩은 일반적으로 조생종이며 당 함량이 높고 무름성이 좋다.
② 사료용으로 많이 재배되는 옥수수의 종류는 마치종이다.
③ 2기작용 감자 품종들은 괴경의 휴면기간이 120~150일 정도이다.
④ 밀에서 직립형 품종은 근계의 발달 각도가 좁고 포복형 품종은 그 각도가 크다.

정답 찾기

007 ①

008 ④
- 밀: *Triticum aestivum* L.
- 수수: *Sorghum bicolor* L.
- 벼: *Oryza sativa* L.

009 ③ 2기작 품종의 경우에는 휴면기간이 50~60일 정도로 짧다.

정답   **007** ①   **008** ④   **009** ③

박진호 식용작물학

05

맥류

Chapter 01 보리

1 보리의 기원과 전파

1. 보리의 기원

(1) 학명

① 보리 : barley, 대맥(大麥)

② 학명 : 2조종(두줄보리) : *Hordeum distichum* L.

6조종(여섯줄보리) : *Hordeum vulgare* L.

(2) 식물적 기원

① **2조종과 6조종이 별개의 야생원종으로부터 발생했다는 이원발생설**이 가장 유력한 다수설

② 맥류나 그밖의 화곡류에서는 야생종에서 재배종으로 진화하는 가장 기본적인 과정을 소수의 자연탈락성이 비탈락성으로 변하는 것을 보고 있다.

③ 야생원종

㉠ 2조종 : *Hordeum spontaneum* C. KOCH

㉡ 6조종 : *Hordeum agriocrithon* E. ABERG

(3) 지리적 기원

① 2조종 : 홍해로부터 카스피해에 이르는 지역

② 6조종 : 양쯔강 지역

(4) 쌀보리의 분화

① 쌀보리는 껍질보리보다 내한성이 약하여 따뜻한 곳에 분포하며 비옥한 토양에서 잘 된다.

② 쌀보리는 껍질보리가 재배된 후 일본의 따뜻한 지역에서 분화한 것으로 보고 있다.

2. 전파

(1) 동양의 보리재배 역사는 기원전 2,700년경으로 중국 신농시대에 보리가 오곡에 포함되었고, 6조종이 재배되었다고 한다.

(2) 우리나라는 기원전 600년경 보리 탄화립이 출토된 것으로 보아 약 3000년 전에 재배를 시작한 것으로 보고 있다.

(3) 삼국시대 보리는 5곡의 하나이다.

2 생산 및 이용

1. 세계의 생산

(1) 보리는 옥수수, 벼, 밀 다음가는 세계 4위의 곡물이다.

(2) 비교적 서늘하고 건조한 기상에 적응한 작물이다.

(3) 세계의 주산지는 30~60°N, 30~40°S의 지역으로, 연평균 기온은 5~20°C이며, 연평균 강수량은 1,000mm 이하이다.

(4) 보리는 밀이나 호밀보다 더위에 견디는 힘이 강하여 저위도지대(북반구)에도 적응이 가능하다.

(5) 재배면적은 러시아(38%), 유럽(24%), 중·북아메리카(15%) 순이다.

(6) 생산량은 유럽(39%), 러시아(28%), 중·북아메리카(16%), 아시아(10%) 순이다.

(7) 가을보리는 가을밀이나 가을호밀보다 추위에 약하여 고위도 지대에서는 재배가 어렵다.

(8) 봄보리는 봄밀이나 봄호밀보다 생육기간이 짧아 아주 고위도에서도 재배가 가능하다.

(9) 지구상의 분포 가능 범위는 보리가 밀이나 호밀보다 크다.

2. 우리나라의 생산

(1) 가을보리

① 껍질보리 : 쌀보리보다 추위에 강하여 재배의 북한선이 1월 최저평균기온 −9°C선 정도로 높은 산간지대를 제외한 남한 전역에서 재배가 가능하다.

② 쌀보리 : 재배 북한선이 1월 최저평균기온 −5°C선으로 충남과 경북의 중부 이상에서는 거의 재배하지 못한다.

(2) 맥주보리

① 재배의 북한선이 1월 최저평균기온 −3°C이다.

② 추위에 약해 따뜻한 지방에서 재배하고, 단백질 함량이 낮으며, 수확기가 빨라 장마를 거치지 않는다.

(3) 우리나라 보리재배의 이점

① 일부 산간지대를 제외하면 전국에서 재배가 가능하다.

② 겨울작물이므로 여러 종류의 여름작물과 결합한 1년 2작이 가능하다.

③ 동작물 중에서는 수량과 품질면에서 주식량으로 가장 적합하며, 대량 생산이 되어도 안전하게 소비가 가능하다.

④ 맥류 중에서 수확기가 가장 빨라(밀보다 약 10일 빠름) 두과 등과의 2모작이나, 논에서 답리작을 할 때 유리하다.

⑤ 재배가 극히 용이하며, 내도복성 품종은 기계화 재배가 가능하므로 생산비를 줄일 수 있다.

⑥ 보리는 사용 용도가 다양하여 건강을 위한 쌀과 혼합하는 주식용 뿐만 아니라 사료용 또는 주정 용으로도 활용한다.

3. 이용

(1) 성분

① 당질(전분)이 주성분으로 약 68%이고, 단백질은 약 11%, 지방은 약 2%이며, 비타민 B가 풍부하다.

② 베타글루칸(β-glucan)이 5% 차지(LDL감소, HDL증가시켜 콜레스테롤과 지방의 축적을 억제하여 성인병 예방)한다.

③ 껍질보리 쌀의 단백질 함량은 10%, 쌀보리 쌀의 단백질 함량은 10.6%이다.

④ 눌린보리쌀의 주성분은 당질(74.7%)이다.

⑤ 사료로 이용하는 보릿겨의 성분은 가용무질소물이 주성분(44.5%)이고 조섬유는 23.6%를 함유하고 있으며, 단백질과 지방은 적다.

(2) 용도

구미에서는 주로 사료로 사용하고, 동양에서는 일부는 식량으로, 일부는 사료로 사용한다.

3 분류 및 품종

1. 분류

분류의 기준은 껍질이 벗겨지지 않거나 벗겨지는 것에 따라 껍질보리(皮麥)와 쌀보리(裸麥)로 구분한다. 이 외에도 조성 및 수형, 춘파성 정도, 초형, 숙기, 간장의 크기, 입의 크기, 까락의 길이 등을 기준으로 구분한다.

2. 품종의 특성

(1) 형태적 특성

대, 잎, 이삭, 까락, 종실 등과 같은 형태를 기준으로 품종을 분류한다.

(2) 재배적 특성

① 내한성 : 각 지방별로 월동이 안전한 정도의 내한성을 가지면서 춘파성 정도가 상대적으로 높은 품종이 월동에 안전하고 성숙도 빨라 좋다.

② 조숙성 : 조숙일수록 작부체계상 유리하다.

③ 초형 : 맥류의 재배양식이 밀식, 다비, 세조파 및 생력화의 방향으로 바뀌므로 키가 작은 직립형 품종이 알맞고, 추운 지방에서는 내한성이 강한 포복형 품종이 알맞다.

④ 내도복성 : 키가 작고 대가 충실하며 뿌리가 잘 발달하는 내도복성 품종이 좋다.

⑤ 내습성 : 습답이 많은 답리작 재배를 위해서는 내습성 품종이 필수적이다.

⑥ 다수성이 좋다.

⑦ 수발아성이 작아야 한다.

⑧ 내병성 내건성, 내산성 및 내충성이 있어야 한다.

(3) 품질

① **영양의 관점**: 영양가(열량, 단백질, 필수 아미노산, 비타민, 무기물 등)가 높은 것은 용적중이 무겁고, 경도가 크며, 백도가 낮은 것이다.

② **식미의 관점**: 경도는 작고 백도가 높은 것, 물의 흡수율이 높은 것, 풍만도가 좋은 것, 호화온도가 낮은 것, 단백질과 아밀로스 함량이 적은 것 등이 식미가 좋다.

4 형태

1. 이삭, 꽃, 종실

(1) 이삭

① 보리, 밀, 호밀의 이삭은 **이삭줄기(수축:穗軸)에 종실이 직접 달려 밀집된 형태(수상화서)이고** 벼와 귀리의 이삭은 종실이 수축에서 뻗어 나온 긴 지경에 달린 형태이다.

② 수축에 12~20개의 마디가 대각선으로 교호로 있으며, **각 마디에는 3개의 이삭(小,穗, spikelet) 이 달려 있다.**

③ **1개의 작은 이삭은 1쌍의 받침껍질(護穎)로 싸여있고 1개의 영화로 되어있다.**

④ 보리의 이삭의 길이는 3~12cm이고, 품종과 환경에 따라 다르다.

⑤ 작은 이삭의 수직 배열 밀도에 따라 빽빽한 형태를 가진 밀수형과 성긴 형태를 가진 소수형으로 구분되며 밀수형은 마디사이의 거리가 짧다.

⑥ 여섯줄보리(6조종)

　㉠ **각 마디에 있는 3개의 작은 이삭 모두가 종실을 맺을 수 있는 능력이 있고 이삭줄기를 중심으로 양쪽에 3줄씩 달리는 이삭형태이다.**

　㉡ 식용, 엿기름, 주정원료로 사용된다.

⑦ 두줄보리(2조종)

　㉠ **각 3개의 작은 이삭 중 바깥쪽 2개는 퇴화하여 종실을 맺지 못하고 중앙의 한 개의 영화만이 종실을 맺어 이삭줄기 양쪽으로 2줄의 종실이 달리는 이삭 형태이다.**

　㉡ 맥주제조용으로 사용된다.

⑧ 보리의 수형(4가지)

　㉠ 6각종 : 1마디에 있는 3개의 꽃이 다 같이 크고 완전한 임성을 지니고 있는 것은 이삭이 6줄로 되어 있는 6조종인데 3개의 종실 중 중앙의 종실이 밖으로 나와 전체가 6각 모양이다.

　㉡ 4각종 : 6조종인데 중앙의 종실이 밖으로 나오지 않아 전체가 4각인 것이다.

　㉢ 중간종 : 3개의 꽃 중 2개의 곁꽃이 임성은 있으나 작아서 6줄이기는 하나 정상적인 6조와는 다른 모양이다.

　㉣ 2조종 : 3개의 꽃 중 2개의 곁꽃이 거의 퇴화하고 불임이며, 이삭의 단면이 두 줄로 되어 있다.

(2) 꽃

① 꽃은 바깥껍질(외영)과 안껍질(내영) 안에 **1개의 암술과 3개의 수술** 및 1쌍의 인피(鱗被)가 있다.

② 1쌍의 받침껍질에 싸여 있는데, 받침껍질은 보통은 가늘고 길지만, 밀처럼 받침껍질이 커서 껍질을 완전히 덮고 있는 품종도 있다.

③ 암술머리는 벼처럼 둘로 갈라져 깃털모양이며, 씨방의 기부에는 1쌍의 인피가 있어 개화 시 껍질을 벌린다.

(3) 까락

① 바깥껍질의 끝에는 까락이 있는데, 까락의 길이에 따라 장망, 중망, 단망, 무망 등으로 구분되며, 변형되어 3차망이라는 특이한 모양을 나타내는 것도 있다.

② 외영 끝에는 까락(芒, awn)의 유무에 따라 유망(有芒)과 무망(無芒)이 있다. 까락은 세 개의 유관속을 갖는 유조직세포로 이루어져 광합성에 관여한다.

③ 이외에 까락에 후드와(hood)와 바깥껍질 날개가 붙어있는 삼차망(三叉芒, hooded awn)과 1개의 까락이 3가닥으로 나뉘어 1개의 외영에 3개의 까락이 있는 삼지망(三枝芒, triple-awned lemma)이 있다.

④ **맥류의 까락은 벼보다 굵고 엽록소량이 많은데, 까락이 길수록 호흡량보다 광합성량이 많아지므로 유망종이 무망종보다 4~14%의 증수를 보인다.**

⑤ **까락을 제거하면 1000립중이 저하된다.**

⑥ 도복, 냉해, 고온, 가뭄 등의 장해가 있을 때 이를 완화시킨다.

(4) 종실

① **보리의 종실은 영과(穎果, caryopsis)로 외영과 내영에 싸여 있다.**

② 겉(껍질)보리에서는 자방벽으로부터 분비물질이 나와 내영과 외영이 입의 과피에 붙어 있어 종실이 껍질과 쉽게 분리되지 않으나, 쌀보리는 완숙, 건조 후에는 외부의 충격에 의해 종실이 껍질과 쉽게 분리된다.

③ 종자의 크기는 1000립중으로 나타내는데, 껍질보리가 28~45g, 쌀보리가 22~40g으로 껍질보리가 쌀보리보다 무게가 가볍다.

④ **종실의 구조 : 껍질은 표피, 후각 조직 및 유조직으로 되어있고, 과피와 종피가 붙어있고 영관의 내부구조는 호분층과 배, 배유로 구성되어있다.**

⑤ 종실의 등 쪽 아래에 배가 있으며 배 쪽으로 밑에서 위로 생긴 골이 종구(groove)이며, 종구의 발달정도는 품조에 따라 차이가 크다.

⑥ **껍질보리(겉보리)의 껍질을 제거한 종실은 쌀보리에 해당하는 부분인데, 쌀보리에도 과피가 있으므로 보리는 식물학상 과실에 해당한다.**

⑦ **과피 아래의 종피부터가 종자에 해당하며, 밀과는 다르게 약 3층의 호부 세포로 된 두꺼운 조직의 호분층이 있고, 그 아래에 전분층(전분저장세포)이 있다.**

⑧ 호분층에 청색 색소가 있으면 보리쌀이 청색이고, 그렇지 않으면 황갈색, 자색을 보인다.

2. 뿌리

뿌리에는 종자 발아 시에 발생하는 종자근(seminal root)과 줄기마디의 첫째 마디 이상에서 발생하는 관근(crown root)이 있다.

ꘟ 보리의 중경

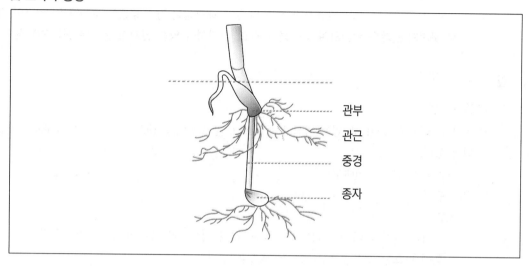

(1) 종자근

① 수 cm이상 크면 지근을 발생시켜 전체 길이가 15~20cm로 신장하여 작물체를 지지한다.

② 유식물 시대에 양, 수분을 흡수하고, 벼와 달리 등숙기까지도 활력을 유지한다.

③ 5~7본 정도 발생하지만 저장 양분에 따라 그 수가 변한다.

(2) 관근

① 제1절 이상의 각 절에서 나오는 부정근으로, 이것이 뿌리의 주체이며 섬유근으로서 근군을 형성한다.

② 관근은 종자근보다 굵고 길게 발달하여 근계를 형성하며 하위절로부터 상위절로 발근이 진행하는데, 순차적으로 일정한 주기를 가지고 발근한다.

③ 관근의 지근은 비교적 짧고 뿌리의 선단 가까이에서는 근모가 발생하는데 뿌리 1mm당 700~1000본 정도가 발생한다.

(3) 지중경

① 종자를 파종하거나 복토가 깊으면 종자와 관부 사이에 일종의 줄기인 지중경(地中莖, rhizome)을 형성하고 관부에서 관근이 형성된다.

② 맥류의 파종깊이가 2cm 이상일 때 중경이 발생한다.

③ 6조종보다 2조종이, 내한성이 약한 품종일수록 토양수분이 많거나 그늘이 질 때 같은 깊이로 파종해도 관부가 얕고 중경이 길어진다.

④ 중경발생은 발아가 늦어져 분얼이 적지만, 도복에 강해진다.

⑤ 뿌리의 발달과 환경조건

㉠ 토양이 습윤하면 호흡이 어려워 근계의 발달, 특히 지근의 발달이 지표 가까이에 한정되어 발생 빈도가 낮고, 근모도 발생이 감소한다.

     ⓛ 감소의 정도는 수분이 같을 경우 쌀보리 > 껍질보리 > 밀의 순으로 수분이 많은 경우 쌀보리의 근모가 가장 적다.

     ⓒ 토양이 건조하면 퇴비가 많은 부분에서 지근이 밀생하나 너무 건조하면 근계 발달이 적어진다.

     ⓔ 근계의 모양은 품종의 내한성에 따라 다른데, **내한성이 강한 품종은 종자근 및 관근이 깊은 곳까지 근계를 형성하여 심근성이 되고, 내한성이 약한 난지형 품종은 천근성이 된다.**

3. 잎

(1) 보리잎의 일반

    ① 잎집(엽초, leaf sheath)과 잎몸(엽신, leaf blade), 잎귀(엽이, auricle), 잎혀(엽설, ligule)로 구성되어 있다.

    ② 줄기당 잎의 수는 5~10매이다.

    ③ 잎의 구성

       ㉠ 초엽

          • 종자가 발아할 때 맨 처음에 땅 위로 나타나는 잎은 뾰족한 원추형의 잎이다.

          • 후에 나오는 정상엽을 보호하는 역할을 한다.

       ㉡ **본엽** : 초엽 다음부터 줄기 마디에서 줄기 양쪽으로 교대하여 발생한다.

       ㉢ **지엽(止葉)** : 이삭 바로 아래에 있는 마지막 잎으로 유수를 보호하고 성숙을 돕는다.

       ㉣ **전엽** : 분얼경의 맨 아래에 초엽과 비슷한 잎이다.

       ㉤ **잎집(엽초)** : 줄기마디의 바로 위에 있는 생장성 엽침(葉針)이 신장하여 발생하며 마디 상부줄기를 감싸 줄기를 기계적으로 지탱한다.

       ㉥ **잎몸(엽신)** : 잎몸, 잎집의 표면은 납물질로 덮여있고, 그 양은 품종 간 차이가 크며, 특히 잎몸이 없는 것을 광택잎이라고 한다. 엽신은 광합성의 주체이다.

       ㉦ **잎귀(엽이)** : 잎집과 잎몸의 연결 부분 양쪽 끝에 있고 줄기를 잡고 있다. 맥류에서 엽이의 크기는 보리 > 밀 > 호밀의 순서이고, 귀리에는 엽이가 없다.

       ㉧ **잎혀** : 엽초 안으로 물이 들어가는 것을 막는다.

4. 줄기

(1) 보리의 주간에는 12~18개의 마디가 있다. 이 마디 중 상부의 4~6개의 마디는 마디 사이가 자라므로 신장절이며 보리의 키를 결정한다.

(2) 신장절 아래의 마디는 불신장절 또는 분얼이 발생하여 분얼절이다.

5 생리 및 생태

1. 발아

(1) 발아 과정

맥류의 발아 모양

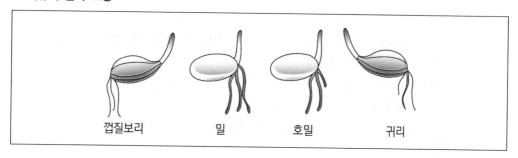

껍질보리   밀   호밀   귀리

① 종자가 물을 흡수하고 온도, 산소 등의 조건이 맞으면, 배 전면의 과피가 터지고 종자근이 유아보다 먼저 출현한다.

② **겉보리(껍질보리)는 껍질을 쓰고 있어 싹이 과피 밑으로 자라서 나오므로 뿌리가 나오는 배의 끝 반대쪽으로 나온다. 즉, 겉보리와 귀리의 유근은 배단에서 나오고 유아는 배의 반대단에서 나온다.**

③ 껍질이 없는 쌀보리는 뿌리와 싹이 모두 배의 끝에서 나온다. 나출된 밀과 호밀의 경우도 유근과 유아가 모두 배단에서 나온다.

④ 종자가 발아할 때는 배유의 저장양분이 배에 이행하여 호흡재료나 식물체 구성 재료로 이용되는데, 대체로 종자가 큰 것이 출아력이 강하다.

(2) 발아와 환경

① 온도 : 맥류의 발아온도는 일반적으로 최저 0~2℃, 최적 25~30℃, 최고 40℃ 정도이다. 온도가 낮으면 발아 기간이 길어진다.

② 수분 흡수 : **쌀보리는 종자 무게의 50%를 흡수해야 발아하고, 밀은 30%를 흡수해야 발아하는데, 밀의 경우 40%의 수분 흡수 시 발아가 가장 좋다.**

③ 토양수분과 공기 : **맥류는 토양용수량의 60%의 수분을 가질 때 모두 발아가 양호하지만, 토양이 30%의 건조상태인 경우 보리의 발아가 밀보다 늦다. 즉, 밀이 보리보다 토양의 수분환경에 적응하는 힘이 강하다.**

④ 광 : 맥류는 광 무관계 종자이다. 다만 암흑 조건에서는 초엽과 제1절간이 현저히 신장한다.

⑤ 시비 : 다량의 화학비료를 종자 부근에 시용하면 토양의 염류 농도가 높아져 발아 장해가 발생할 수 있다.

⑥ 출아력 : 쌀보리는 종자가 큰 것이 출아력이 강하다. 파종 후 진압하면 보리에서는 출아력이 강해지는데, 벼에서는 강해지지 않는다.

(3) 종자의 휴면
  ① 휴면의 정의와 맥류의 휴면
    ㉠ 휴면의 원인은 종자에 있는 저장물질이나 효소가 미숙상태이거나 발아억제물질이 존재하기 때문이다.
    ㉡ 발아에 필요한 생리적 성숙이 일어나는 것을 후숙이라 한다.
    ㉢ 후숙이 일어나는 기간을 후숙 기간 또는 휴면기간이라 한다.
    ㉣ **미숙종자는 대개 휴면하나 후숙과정을 거쳐 휴면이 사라지며, 생육일수가 짧은 조숙종 품종일수록 휴면정도가 강하다.**
    ㉤ **휴면기간은 맥류의 종류와 품종에 따라 큰 차이가 있는데, 수확 후 60~90일이 경과하면 밀과 보리의 모든 품종은 휴면이 타파된다.**
    ㉥ 맥류에서의 발아억제물질은 물, 에테르, 메틸알코올 등에 녹는다.
  ② 휴면타파
    ㉠ **맥류종자의 휴면은 건조종자의 경우는 고온에서 빨리 끝나고, 수분을 흡수한 종자는 저온에서 일찍 끝난다.** 즉, 후숙이 끝나지 않은 수분이 많은 종자는 저온에서 발아가 양호하지만, 후숙이 진전되어 건조됨에 따라 발아 가능한 온도범위는 높아진다.
    ㉡ 종자수분 함량이 10~12%로 40℃의 고온에서 건조한다.
    ㉢ 6시간의 짧은 침윤은 발아조장되나 긴 시간의 침윤은 발아에 유해하고 어린묘생장도 불량하다.
    ㉣ 과산화수소와 고압산소 처리, 36%의 산소가 최적이다.
    ㉤ 2~7℃의 저온이 효과적이다.
  ③ 수발아
    ㉠ 휴면기간이 짧은 품종이 성숙기에 오래 비를 맞으면 종실이 수분을 흡수한 채로 낮은 온도에 처하게 되고, 발아억제물질은 비에 씻겨 내려가므로 포장에 서있는 상태로 발아하는 수발아 현상이 나타난다.
    ㉡ **수확이 늦거나 이삭에 털이 많은 것이 빗물이 더디게 빠져 수발아가 조장된다.**
    ㉢ 수발아 방지
      • 수발아성이 낮고, 조숙종인 품종을 재배하는 것이 가장 효과적이다.
      • 수발아를 피하고 수확을 빨리하기 위해 성숙할 무렵 작물건조제를 살포하면 효과적인데, 성숙기의 5일전 살포로 성숙이 2~3일 촉진되고 입중의 감소도 없고 기계수확에도 편리하다.
    ㉣ 수발아의 응급대책 : 발아억제제 살포가 효과적이다. 출수 후 20일에 0.5~1.0%의 MH를 10a당 90L 살포하면 억제효과가 크다.

4. 종자의 수명
  (1) **맥류의 종자는 콩이나 땅콩보다 지방의 양이 적어 산패가 적어 상온에서 보관하면 2년 정도 발아력이 유지되는 상명종자이다.**
  (2) 종자수명은 저장고의 온도와 상대습도에 반비례한다. 보관 시 온도와 종자수분 함량을 낮게 할수록 종자의 수명이 길어진다.

6 맥류의 생육

1. 생육과정

(1) 출아기

① **초엽이 지상에 출현하여 발아하는 시기이다.**

② 온도와 토양수분의 영향을 받으며 10월 초 수원에서 파종 시 적산온도는 124~145℃, 출현 소요일수는 7~9일이다.

(2) 아생기

① **발아 후 주로 배유의 양분에 의하여 생육하는 시기이다.**

② **주간의 엽수는 증가하나 분얼은 아직 발생하지 않는다.**

(3) 이유기

① **주간의 엽수가 2~2.5장인 시기로 발아 후 약 3주일에 해당한다.**

② 배유전분의 85% 정도가 소실되고 뿌리의 기능이 종자근으로부터 관근 위주로 이행하며 뿌리로부터 흡수되는 양분에 의존하는 전환기이다.

(4) 유묘기

① **이유기 이후 주간의 본엽수가 4매(엽령이 4매)인 시기이다.**

② 유묘기 말기에는 분얼이 시작되고, 주간에서는 유수가 분화된다.

③ 내한성은 이유기에 가장 약하고 말기에는 다시 강해지므로 유묘기를 지나 추위를 맞아야 안전하다.

(5) 분얼기

① 엽령이 3~6매인 시기는 1차 분얼이 발생하는 분얼전기이다.

② 엽령이 7~8매 때는 1차와 2차 분얼이 함께 일어나는 분얼최성기이고, 분얼수가 최고인 시기가 최고분얼기이다.

③ 분얼최성기의 전반까지 분얼한 것이 유효분얼기이다.

(6) 유수형성기

① **넓은 의미로는 유수시원체의 분화 초기부터 소수의 영화가 분화를 끝내는 기간이고, 좁은 의미의 유수형성기는 유수의 길이가 1.5~2.0mm로 자란 시기이다.**

② 좁은 의미의 유수형성기는 보리는 출수 전 30~35일이고, 밀은 출수 전 35~40일로 수원에서 보리는 3월 하순, 밀은 4월 상순에 해당한다.

③ 이 시기부터 무효분얼기가 되며, 이때는 지상부의 신장은 급진적으로 커지는데, 새뿌리의 발생은 어려워진다.

④ 이 시기부터는 추비로 토양의 비료가 충분하게 한다.

⑤ 이후에는 뿌리가 많이 끊기는 김매기 작업을 피하고, 무효분얼을 억제하기 위하여 흙넣기, 밟기작업을 한다.

(7) 신장기(절간신장기)

① 절간신장이 개시되어 출수와 개화에 이르기까지 줄기 신장이 지속되는 기간이다.

② 절간은 하위 절간부터 신장하며 보리는 3월 하순, 밀은 3월 하순~4월 상순으로 좁은 의미의 유수형성기보다 약간 빠르다.

③ 절간신장의 최성기는 유수형성기 이후이다.

(8) 수잉기

① 넓은 의미의 수잉기는 유수형성기 이후부터 출수 직전까지의 기간이며 좁은 의미는 출수 전 이삭이 상당히 커져서 지엽의 잎집(엽초) 속에 이삭이 들어있는 것이 외부로부터 식별되는 후반기를 말한다.

② 유수형성기 이후 이삭과 영화가 커지며 생식세포가 형성되며 말기에 암수의 생식세포가 완성된다.

(9) 출수 · 개화기

① 이삭이 저엽 밖으로 나오는 것을 출수라 하는데, 밀이 보리보다 약간 늦다.

② 보리는 출수 후 곧 개화하여 수정이 이루어지지만, 밀은 출수 후 3~6일에 개화하는 경우가 많다. 출수에서 등숙까지 보리는 30~35일, 밀은 33~38일이 소요된다.

(10) 등숙기(결실기)

맥류종실의 성숙 과정이다.

① 유숙기: 배유의 내용물이 굳지 않아 유상 상태이다.

② 황숙기: 이삭이 황화되기 시작하며 이 시기의 전반부가 호숙기이다.

③ 완숙기: 종실이 거의 굳어 손으로 터트릴 수 없으며 포장에서 종실을 수확하는 예취적기이다.

④ 고숙기: 종실이 쉽게 떨어지고, 잎이 수축된다.

2. 분얼의 발달과 재배환경

(1) 파종의 깊이와 분얼

① 종자를 깊이 파종하거나 복토를 두껍게 하면 저위분얼의 발생이 억제되어 분얼수가 감소한다.

② 종자를 깊이 파종하여 분얼 발생이 억제되는 경우는 밀보다는 맥주보리, 쌀보리에서 크다.

③ 월동 전후의 한발해와 동해 피해를 고려할 때 2.5~3cm 깊이로 하는 것이 유리하다.

(2) 분얼과 초형, 재배환경

① 분얼이 직립으로 자라면 직립형 초형, 분얼이 포복하여 자라면 포복형 초형, 그 중간을 중간형 초형이라 한다.

② 분얼의 발생은 품종과 환경에 따라 크게 다르나 일반적으로, 추파성의 만생종에서 분얼의 수가 많고, 춘파성인 조생종에서 분얼수가 적다.

③ 재배적으로는 조파, 소식, 비옥지의 경우가 만파, 밀식, 척박지의 경우보다 많다.

(3) 분얼의 기호와 규칙성

① 기호로 주간은 O로 표시하고, 맥류 분얼은 벼와 달리 초엽절부터 발생하는데 주간 초엽절에서의 제1차 분얼은 C, 각 분얼의 전엽에서의 분얼은 P, 정상엽절에서의 분얼은 엽위에 따라 Ⅰ, Ⅱ, Ⅲ, Ⅳ로 표시한다. 2차분얼 이후의 것은 1, 2, 3, 4, 5, , , n으로 나타낸다.

② 맥류의 초기 생육은 분얼의 증가와 잎의 전개 및 신장에 의해 나타나는데, 주간 및 분얼에서 상사생육(相似生育)의 법칙이 적용되어 벼처럼 주간의 잎 또는 분얼은 모두 일정한 간격으로 나타나고, 모든 분얼의 출현도 모간에서의 잎의 출현과 병행적, 규칙적으로 나타난다.

③ 주간에 제3본엽(3/O)이 나올 때, 주간의 초엽절에서 나온 제1본엽(1/C)이 동시에 나타난다. 다시 주간의 잎이 1매 증가하여 4/O가 나올 때는 C대의 잎도 1매 증가하여 2/C가 나오게 되고, 동시에 1/Ⅰ도 나오게 된다. 다시 주간의 잎이 1매 증가하여 5/O가 나올 때는 C대와 Ⅰ대의 잎도 1매씩 증가하여 3/C와 2/Ⅰ가 나오며, 다시 1차분얼의 두 번째 분얼경 제1엽(1/Ⅱ)도 동시에 나오게 된다.

④ 어느 대의 제3본잎이 나올 때 그 대에서의 첫 번째 분얼(제1본엽)이 나오고 그 후 나란히 잎이 1매씩 동시에 증가하는데 이와 같이 각분얼경에서 같은 시기에 출현하는 잎들을 동신엽이라고한다.

⑤ **상사생육의 법칙** : 주간의 잎 또는 분얼은 모두 일정한 간격으로 나타나고, 모든 분얼의 출현도 모간의 잎의 출현과 병행적으로 규칙적이다. 어느 대의 3본엽이 나올 때 그 대에서 첫 번째 분얼이 나오고, 그후 나란히 잎이 1매씩 동시에 증가한다.

⑥ 분얼간의 엽수는 어느 대이든 동신엽이 출현한 이후에 나타나는 엽수는 같다.

3. 유수분화

(1) 영양생장기에 발생한 분얼은 모두 이삭을 형성하지 않고 분얼최성기의 전반(수원 3월 하순)까지 발생한 것이 유효분얼이다.

(2) 출수 전 30~35일경은 영화분화 후기에 해당하며 호영, 외영, 망의 생장이 현저하고, 암술, 수술이 발달하여 작은 이삭당 영화수가 결정된다. 이삭의 길이는 2.5~5mm이다.

(3) 출수 전 2주일까지 화가가 발육되어 화분모세포 및 배낭세포가 나타나고 출수전 7~10일경 생식세포의 감수분열이 일어나 계속해서 생식기관이 발달·완성되어 출수기에 이른다.

4. 출수

(1) 출수와 관련이 있는 성질

① 맥류의 출수기와 관련이 있는 생리적 요인은 파성, 감광성, 감온성, 협의의 조만성(벼의 기본 영양생장성에 해당되는 성질), 내한성, 최소엽수 등이 있다.

② 밀은 포장출수기와 파성, 단일반응, 협의의 조만성과는 정(正)의 상관, 내한성은 부의 상관을 보인다.

③ 보리는 포장출수기와 단일반응, 협의의 조만성과는 정(正)의 상관이 있다.

(2) 파성

① 파성 : 보통 가을에 파종하는 맥류는 겨울에 저온을 받아 이듬해 정상적으로 출수하지만, 같은 종자를 이듬해 봄에 파종하면 경엽만 무성하게 자라고 출수하지 못하는 좌지현상이 발생한다. 가을보리가 출수하기 위해 생육 초기에는 일정기간 낮은 온도 환경을 필요로 하는데 이를 파성(播性)이라 한다.

② 춘파형과 추파형
  ㉠ 춘파형 : 저온요구도가 작고, 늦은 봄에 파종해도 정상적으로 출수하여 결실한다.
  ㉡ 추파형 : 저온요구도가 높은 맥류도 있는데, 이와 같은 맥류를 춘파형이라고 한다.
  ㉢ 양절형 : 봄에 파종해도 결실할 수 있고, 가을에 파종해도 월동이 가능하여 결실할 수 있다.

③ 추파성
  ㉠ 맥류의 영양생장만 지속시키고 생식생장으로의 이행을 억제하며 내동성을 증대시키는 성질로, 추파성은 유전적 특성이며 환경에 의해서도 영향을 받는다.
  ㉡ 추파형 품종을 가을에 파종하면 월동 중에 저온단일 조건으로 추파성이 소거되므로 정상적으로 출수, 결실하지만 봄에 파종하면 저온단일의 환경을 충분히 만나지 못하므로 추파성이 소거되지 못한다.
  ㉢ 춘파형 품종은 추파성이 없으므로 봄에 파종해도 정상적으로 출수, 결실하는데, 이와 같이 추파성이 없는 것을 춘파성이라고 하며, 추파성이 낮은 품종은 따뜻한 지역과 늦은 봄 파종에 적합하다.
  ㉣ 양절형 품종은 봄의 저온단일에서도 소거될 수 있는 정도의 추파성만을 가지고 있어 봄에 파종도 가능하고, 어느 정도의 내한성이 있어 가을에 파종도 가능하다.

④ 품종의 추파성 정도
  ㉠ I ~VII의 7등급으로 대별한다.
  ㉡ I은 추파성이 없거나 아주 적고, VII로 갈수록 추파성은 점점 높아진다.
  ㉢ 대체로 I, II급은 춘파형, III급은 양절형(중간형), IV~VII급은 추파형이다.

⑤ 파성과 조만성
  ㉠ 맥류 품종의 파성과 조만성과는 밀접한 관계가 있다. 즉 추파성이 낮고 춘파성이 높을수록 출수가 빨라지는 경향이 있다.
  ㉡ 추파성에 따른 품종의 출수일수는 파종기에 따라 달라지는데, 월동 중 추파성 소거를 위해 가을 적기에 파종하는 것이 출수일수를 가장 많이 단축시킨다.
  ㉢ 적기보다 일찍 파종하면 출수기는 빨라지지만, 출수일수가 연장되고, 적기보다 늦게 파종하면 출수기도 늦어지고 출수일수도 연장되므로, 적기파종이 아니면 출수일수가 연장된다.
  ㉣ 파종적기는 추파성과 관련이 있는데, 추파성이 높은 것일수록 추파성의 소거에 필요한 월동기간이 길어져야 하기 때문에 추파성이 높은 것일수록 파종의 적기가 빨라진다.

⑥ 춘화처리
  추파성을 춘파성으로 전환시키기 위하여 추파맥의 최아종자를 저온에서 일정기간 보관하는 방법이 춘화(버널리제이션, 저온 처리)이다.

(3) 춘화의 방법

① 종자춘화

   ㉠ 추파형 종자를 최아시켜서 일정기간 저온에 처리하여 추파성을 제거하는 것이다.

   ㉡ 종자의 저온 감응은 종자생중량 대비 65% 이상의 함수량을 가진 종자일 때 춘화 효과가 나타난다.

   ㉢ 적당한 온도와 기간은 작물에 따라 다르다.

     • **추파형 호밀**: 적정온도는 1~7℃이고, 0℃ 이하 및 8℃ 이상에서는 효과가 적어진다.

     • **춘파형 밀**: 적정온도는 10℃이다.

     • 저온 처리 기간은 품종의 추파성 정도에 따라 다르다.

       – Ⅰ~Ⅲ급: 저온 처리없이 출수

       – Ⅳ급: 10~20일

       – Ⅴ~Ⅵ급: 50일

       – Ⅶ급: 60일 이상

   ㉣ 저온처리 기간 중에 종자가 건조하면 안 되고, 산소 공급이 필요하다.

   ㉤ 광은 저온춘화와 무관하나, 고온춘화는 암흑 조건이 필요하다.

   ㉥ 저온처리가 끝난 다음에 종자를 18℃ 이상에서 오래 보관하거나, 건조시키면 저온 처리의 효과가 없어지는 이춘화 현상이 발생한다.

② **녹체춘화**: 녹체춘화란 맥류의 발아 후 어느 정도 생장한 녹체기에 저온으로 춘화하는 것이다.

   ㉠ 1엽기 녹체춘화

   ㉡ 최아종자 녹체춘화

③ 단일춘화

   ㉠ 맥류의 유식물을 단일 조건에서 처리하여 추파성을 소거시킴으로써 유수분화를 촉진시키는 방법이다.

   ㉡ 추파형 호밀을 봄에 파종하여 유식물체 시기에 단일 처리를 하면 춘화가 되어 정상적으로 출수된다.

④ **화학적 춘화**: 지베렐린이나 옥신과 같은 화학물질로 춘화하는 것이다.

⑤ 춘화 후 온도와 일장

   ㉠ **추파형 품종의 생육초기에는 저온단일 조건이 추파성 제거에 효과적이고, 완전히 춘화된 식물은 고온장일에 의해서 출수가 빨라지고, 저온단일에 의해서 출수가 지연된다. 즉, 춘화된 후의 출수의 빠름과 늦음은 춘파성이나 추파성과는 무관하고, 일장과 온도에 관계된다.**

   ㉡ 일장 중 장일에 의해 출수가 빨라지는 정도가 높은 것은 감광성이 높다고 한다.

   ㉢ 춘화된 후의 출수의 빠름과 늦음은 춘파성이나 추파성과는 무관하고, 온도 중 고온에 의해 출수가 빨라지는 정도가 높은 것은 감온성이 높다고 한다.

   ㉣ 감온성은 출수기 차이에 큰 영향을 미치지는 못하므로, 맥류 출수에 대한 감온성의 관여도는 매우 낮다.

⑥ 최소엽수

　　㉠ 출수를 가장 빠르게 하는 환경을 부여했을 때, 이삭이 분화될 때까지 분화되는 주간의 엽수, 즉 환경조건에 의하여 감소시킬 수 없는 주간의 엽수를 말한다.

　　㉡ 밀, 호밀의 최소 엽수는 5매이다.

⑦ 자연포장에서의 출수

　　㉠ 맥류의 출수에는 추파성, 일장반응, 협의의 조만성, 내한성 등이 관여하며 감온성의 관여는 낮다.

　　㉡ 품종선택에 있어서는 월동이 안전한 정도의 내한성을 가지면서, 춘파성 정도가 비교적 높아 월동 중에 추파성이 완전히 소거될 수 있고, 단일에 둔감하면서(단일 반응이 짧으면서), 협의의 조만성 정도가 낮은 것이 출수가 빠르다.

　　㉢ 남부지방의 경우 월동에 큰 문제가 없으므로 춘파성이 높을수록 좌지현상이 발생하지 않고 출수가 빨라진다.

5. 개화 및 수정

(1) 개화

① 발육과정에서 밀은 출수부터 개화까지 걸리는 시간이 보리보다 길다. 보리는 출수와 동시에 개화, 수분이 일어나지만, 밀은 출수 후 3~6일에 걸쳐 개화하기 때문이다.

② 개화의 최적온도는 18~21℃, 최저 10~13℃, 최고 31~32℃이다.

③ 습도가 70~80%일 때 개화가 많이 이루어지고, 비가올 때도 개화하는데 개화기에 비가 내리면 빗물이 꽃 속으로 들어가 수정이 저해됨으로써 씨방이 발육하지 못하고 껍질만 팽대해진 초롱이삭이라는 불임수가 발생한다.

④ 보리나 보통밀의 개화는 중앙부 부근의 꽃부터 시작하여 점차 상하로 진행하며, 밀은 1개의 소수 안에서는 맨 아래에 있는 제1소화로부터 개화해 올라간다.

⑤ 보리, 밀 모두 1포기 전체 이삭의 개화일수는 약 8일, 한 이삭의 평균 개화일수는 보리 4~5일, 밀 2~7일이다.

⑥ 보리는 대부분 아침부터 개화하여 주로 오전 중에 개화가 끝나고, 밀은 오후에 개화하는 것이 많다.

(2) 수정

① 1개의 정핵이 난핵과 융합하여 배(2n)을 형성하고, 1개의 정핵은 극핵(2n)과 융합하여 배유(3n)를 형성하는 중복수정이 이루어진다.

② 온도가 35℃ 이상이거나 9℃ 이하인 경우 수정되지 않는다.

③ 보리의 자연교잡은 0.15% 미만이고, 밀은 0.3~0.5%이다.

(3) 종자의 형성

① 출수기에서 성숙기의 기간을 등숙기라고하고 보리의 등숙일수는 30~35일이다. 25℃가 적당하고, 20℃에는 등숙기간은 길어지나 천립중이 증가하고, 30℃에서는 등숙기간은 단축되나 천립중은 낮아진다.

② 보리종실의 발아력은 수정 후 20~25일경이다.

③ 종실의 성숙과정은 유숙기, 황숙기, 완숙기, 고숙기이고, 수확은 황숙기부터이나 적기는 완숙기이다.

7 환경

1. 기상

(1) 온도

① 맥류는 서늘한 기상을 좋아한다. 가을 밀의 경우 연평균 기온이 18°C 이상이면 수량이 저해되고 20°C 이상이면 재배되지 않는다.

② 맥류 최저적산온도 : 벼의 3,500°C에 비교하여 봄보리 1,200°C, 봄밀 1,500°C, 가을보리와 호밀 1,700°C, 가을밀 1,900°C로 극히 낮다.

③ 출수, 개화기의 고온은 수정이 저해되어 불임을 유발하고, 등숙기의 고온은 겉마르기 쉽고 등숙기간이 단축되어 종실발달이 불량하다.

(2) 일조

① 일조는 온도와 불가분의 관계로 생육초기의 강한 일조가 필요하지 않은 경우라도 햇볕이 잘 쬐면 기온이 상승하여 생육을 촉진한다.

② 등숙기는 특히 일조시간이 많아야 하고, 부족하면 표피세포의 규질화가 저해되어 도복을 유발한다.

(3) 강수

① 맥류의 연강수량 750mm에서 최고의 수량이고, 400mm 이하에서는 관개가 필요하다.

② 맥류의 등숙기에 과도하게 비가 내리면 발생하는 피해

㉠ 종실이 변색되므로 맥주맥에서는 큰 문제가 야기된다.

㉡ 붉은 곰팡이병이 만연하여 종실이 부패된다.

㉢ 용적중, 1000립중, 배유율 등이 감소하므로 수량 및 제분율이 감소한다.

㉣ 밀의 경우 전분과 단백질 모두가 감소하고, 악변된다.

㉤ 수발아가 발생한다.

㉥ 발아력이 저하된다.

2. 토양

(1) 토성과 토양구조

① 맥류 재배 시 양토~식양토의 토양조건이 알맞으며 토양부식이 풍부하고, 입단구조가 잘 형성되어 있어야 한다.

② 사질토는 수분과 양분의 부족을, 식토는 토양공기의 부족을 초래할 우려가 있다.

③ 사질토, 점질척박토, 산성토 등 나쁜 토양에 대한 적응성은 보리, 밀, 호밀의 순으로 높다.

(2) 토양반응

① 생육에 가장 적합한 pH는 보리 pH7.0~7.8, 밀 pH6.0~7.0, 호밀 pH5.0~6.0, 귀리 pH5.0~8.0이다.

② 보리는 5.5 이하, 밀은 5.0 이하에서는 생육이 저하되고 수량이 감소한다.

③ 강산성에 견디는 정도 : 호밀, 귀리 > 밀 > 껍질보리 > 쌀보리

④ 보리는 강산성 토양에 극히 약한데, 쌀보리는 껍질보리보다 더 약하다. 강산성 토양에 약하다는 의미는 알루미늄과 망간의 독해를 견디지 못한다는 것으로 퇴비를 10a당 1,000kg 이상, 석회시비로 pH 6.5를 유지하는 방안을 마련한다.

⑤ 붕소의 결핍 시 불임이 되므로 붕소의 용해도가 낮은 산성 토양에서는 충분히 시용해야 한다.

(3) 토양의 수분과 공기

① 맥류의 정상적인 생육에 필요한 토양수분 최대함수율은 40~80%이다.

② 생육에 알맞은 토양의 최적수분 함량은 최대용수량의 60~70%이다.

③ 답리작의 생육 및 수량은 지하수위에 따라 민감한 영향을 받는데, 생육초기부터 중기까지는 피해가 경미하지만, **절간신장 이후 수수와 입수를 결정하는 생육 후기에 지하수위가 높으면 피해가 크다.**

3. 수분

(1) 증산과 요수량

① 건물 1g을 생산하는 데 소요되는 증산수분량(g)을 증산계수 또는 요수량이라고 한다.

• 보리: 170~188, 밀: 160~190(벼에 비해 낮다.)

② 지하부의 온도가 35℃까지는 고온일수록 흡수·증산이 모두 증대되고 차광하면 흡수·증산이 모두 감소되는데, 특히 흡수작용의 저하가 증산보다 현저하여 증산·흡수비가 커진다.

③ 증산작용을 주관하는 기공은 잎의 이면에 70% 정도가 분포하고, 기공의 수는 고정된 것이 아니라 건조환경에서는 적어지고, 습윤환경에서는 많아진다.

(2) 흡수량

① 수분흡수량은 절간신장의 증가와 더불어 급증하고, 출수기에 최대가 되었다가 등숙기에는 급감하므로 맥류의 한발에 대한 관수 효과는 출수기에 가장 크다.

② 토양중 인산, 질소, 황이 결핍 시 흡수가 감소되고 특히 인산결핍은 현저한 영향을 받는다.

4. 광합성과 물질생산

(1) 맥류는 겨울동안 저온 때문에 생육이 정체되어 엽면적 확대가 억제되며 수명이 긴 소수의 잎에 의해 광합성이 이루어지며, 광합성 산물이 새로운 광합성 기관의 형성에 이용되지 못하고 뿌리, 엽초 등에 축적된다.

(2) 봄이되면 축적된 광합성 산물과 기온상승으로 급격한 생장을 한다.

(3) 수량 증대를 목적으로 밀식, 다비재배로 개체군의 물질생산을 늘리는 것이 중요하다.

(4) 종실생산의 부위별 광합성 공헌

① 이삭

㉠ 맥류의 종실생산에 이삭의 광합성 공헌도가 커서 보리는 25~55%, 밀은 10~15%이다.

㉡ 보리의 광합성 공헌도가 큰 이유는 이삭에 긴까락의 표면적이 넓기 때문이다.

② **지엽의 엽신과 엽초**: 종실 탄수화물의 60%가 지엽에서 유래된다.

5. 영양

(1) 양분 흡수

종자근의 양분 흡수는 절간신장기에 최대가 된다. 관근의 양분 흡수는 절간신장기부터 종자근보다 많아지고, 출수기부터 유숙기에 최대가 된다.

(2) 양분 요소

중요한 양분 요소는 질소, 인산, 칼리, 석회 등이다.

6. 등숙

(1) 등숙과 성분 집적

밀의 경우 조단백질과 글루텐은 출수 후 45일까지 영과에 집적되며, 전탄수화물 및 전분은 42일까지 영과에 집적된다.

(2) 등숙과 기상

등숙기간이 고온(주온/야온이 30℃/25℃)이면 생장(등숙)기간이 단축되어 입중이 감소되고, 등숙기간이 저온(주온/야온이 15℃/10℃)이면 생장기간이 연장되어 입중이 증가한다. 광이 강해도 생장(등숙)기간이 단축된다.

8 **재배**

1. 종자

(1) 선종

① 보통 비중선으로 선종한다.

② 비중선은 껍질보리 1.13~1.15, 쌀보리, 밀, 호밀은 1.22

(2) 종자소독

① **내부 부착균의 소독** : 겉깜부기병의 병균은 종자 내부에 있으므로 외부소독만으로는 효과가 없다.

    ㉠ 친환경재배 시에는 냉수온탕침법 등을 사용하나 번거로워 이용하지 않는다.

    ㉡ **약제소독** : 카보람분제(비타지람)를 분의소독한다.

② **외부부착균의 소독** : 병균이 종자 외부에 있는 속깜부기병, 붉은 곰팡이병, 줄무늬병 등에는 소량의 카보람분제를 분의소독한다.

(3) 최아

① 최아를 통해 파종하면 발아를 2~3일 당길 수 있다.

② 토양이 너무 습한 경우나 종자가 비료에 직접 접할 염려가 있을 때도 최아하여 파종하면 좋다.

2. 정지

(1) 경운

① 지력이 높고 작토가 깊은 것은 맥작에서도 다수확의 기본 요소이므로 심경과 유기질 비료의 다용이 필요하다.

② 답리작의 경우 심경하면 비효가 늦어져 맥류의 등숙률을 저하시킬 수 있고, 벼 재배 시에는 누수의 우려가 있다.

(2) 이랑

① 종자가 뿌려지는 '**골**'과 그 사이에 비어 있는 '**골 사이**'를 합한 한 단위를 이랑이라 말한다.

② 골 사이가 높을 때 골 사이를 이랑이라고도 하며 높이(휴립)를 이랑높이라고한다.

③ 골 사이가 편평할 때는 평휴, 골 사이를 높게 할 때는 휴립이라고 한다.

(3) 작휴법과 맥작

① 이랑의 방향

ㄱ) 경사지에서는 침식방지를 위하여 등고선으로 이랑을 만들지만, **평지에서는 이랑을 남북향으로 내는 것이 수광량이 좋다.**

ㄴ) 남북이랑은 동서이랑에 비하여 겨울에는 수광량이 40% 정도 적지만, 봄과 여름의 수광량은 70% 정도 많고, 지온도 1~3℃ 높다.

ㄷ) 월동이 문제되는 곳은 동서이랑으로 수광량을 많게 하고 이랑을 높게 하여 서북풍을 막아 지온을 높이는 것이 좋다.

② 이랑의 높이

ㄱ) 이랑 너비와 골 너비가 같을 때는 이랑이 높고 골이 깊어야 골의 지온이 높아져서 월동 중 유리하며, 흡수량이 많은 등숙기에는 골의 수분 함량이 높아서 유리하다.

ㄴ) 맥간작으로 두류, 목화 등을 심을 때에는 이랑을 넓게 하고, 골을 좁게하는 것이 유리

③ 이랑 너비와 골 너비

ㄱ) 골 너비가 같을 때에는 이랑 너비가 좁은 것이 증수된다.

ㄴ) 관행재배(60cm × 30cm 이나 60cm × 18cm)는 국소적으로 밀식이 되나, 협폭파(40cm × 18cm)나 세조파(30cm × 5cm) 등의 드릴파재배를 하면 밀식이 완화된 균등 배치가 되므로 수광이 유리하게 되어 총수량이 많아지고 도복에 강해진다.

3. 파종

(1) 파종기

① 파종 적기는 월동률이 높고 안전하며 한해를 받지 않는 범위 내에서 엽면적이 가장 많게 되는 시기이다.

② 묘령이 2~3엽기에 달한 이유기에 저온에 약하고, 분얼기, 특히 분얼최성기에 최고로 강해지며, 유수분화기가 되면 저온의 피해가 심하다.

③ **월동 전에 분얼 최성기인 주간엽수가 5~7개 나올 수 있도록 파종기를 정한다. 주간엽수가 5~7매인 시기에 월동하면 유수의 발육은 아직 덜 되고, 뿌리도 깊게 뻗어 월동에 유리하다.** 유효분얼은 많아지고 무효분얼이 적어져 수량도 증대하고 성숙도 촉진된다.

④ 지역별 파종 적기는 중부지방의 평야지는 10월 상순 ~ 중순이고, 남부지방의 평야지는 10월 중순 ~ 하순이다.

⑤ 파종 적기보다 일찍 파종하면 월동 전에 유수의 발육이 진전되어 피해가 크다.

⑥ 적기보다 늦게 파종하면 분얼이 발생하지 못한 채 이유기 근처에서 월동하므로 수량이 감소되고, 어느 한계기를 지나면 수량이 급진적으로 감소하는데, 이 한계를 한계파종기라고 한다.

⑦ 파종기가 적기보다 늦은 경우

    ㉠ **파종량을 늘려 파종한다.**

    ㉡ **월동이 안전한 범위에서 추파성 정도가 낮은 품종을 선택한다.**

    ㉢ **최아하여 파종한다.**

    ㉣ **골을 낮추고, 부숙퇴비를 충분히 준 다음, 월동 관리를 잘한다.**

(2) 파종량

① 현재의 맥작은 세조파 재배이므로 작물의 상태가 균등 배치로 바뀌며, 시비량과 파폭률이 증가하므로 1주당 분얼수를 늘리기 보다는 1수당 입수와 1000립중의 감소가 적은 초기 분얼을 많이 확보하기 위하여 파종량을 늘리는 방향으로 발전하고 있다.

② 한계파종기정도로 늦어지고 초기의 생육조건이 불리한 답리작의 경우 파종량을 양을 30%까지 늘려주고, 질소 시비량은 10~20% 줄여준다.

③ 시비량을 거의 2배 늘려 다수확을 시도하는 경우 등에서는 파종량을 30% 정도 늘리는 것이 좋다.

④ **파종량이 적으면 천립중은 무거워지지만 수수가 감소한다.**

⑤ 파종량이 많으면 수수는 증가하나 천립중 및 일수립수가 적게 되고 도복과 병해도 발생하기 쉽다.

⑥ 채종용이 아니고 청예용, 녹비용인 경우, 척박하고 시비량이 적은 경우, 조파보다 산파의 경우, 발아력이 감퇴한 종자의 경우, 분얼성이 적은 경우 등도 파종량을 적당히 늘린다.

(3) 파종법

① 퇴비는 종자 위에 덮어 주어야 발아가 고르고 빠르게 되며, 월동 중에는 관부 속의 생장점을 보호하여 월동에 도움이 된다.

② **파종 깊이 3cm 정도가 건조와 추위, 발아와 분얼, 제초제의 약해를 피하기 적당하다.**

4. 시비

(1) 시비량

① 비료 3요소 중 무질소의 수량 감소가 가장 크고, 다음이 무인산이며, 무칼리의 감수 정도는 그리 크지 않다.

② 보리에 있어 유효인산농도가 300ppm 이상이면 인산시용효과가 없다.

(2) 시비

① 기비

    ㉠ 질소를 전량 기비로 하면 생육 초기에 과다 현상이 나타나고, 유실량도 많아지며, 생육 후기에는 결핍되므로 중부지방에서는 기비와 추비로 반씩 주고, 남부지방에서는 기비로 40%를 준다.

ㄴ 남부지방에서 기비를 줄이는 이유는 월동 전에 생육을 촉진시켜야 할 이유가 없고, 따뜻하기 때문에 토양에서 질산화가 많이 이루어져 유실이 많기 때문이다.

ㄷ 인산과 칼리는 보통 전량을 기비로 주는데, 산성토양인 경우 인산은 염기성인 용성인비로 준다.

ㄹ 인산은 불용태가 되는 경우가 많은데, 퇴비와 혼합하여 주면 킬레이트 효과에 의하여 토양의 인산 흡착과 고정이 감소되므로 불용태가 되는 것을 줄일 수 있다.

② 추비

ㄱ 일반적으로 2회로 나누어 주는 것이 좋다.
- 제1회의 추비 : 분얼을 많게 하기 위한 것으로 남부지방에서는 2월 하순에 실시한다.
- 제2회의 추비 : 소수 분화 후기에 시용하는데, 남부지방에서는 3월 하순에 실시한다.

ㄴ 다수확 재배의 경우에는 제3회 추비로 출수 후 10일경에 질소를 추비하는데, 이는 지엽의 질소 함량을 증가시킴으로써 녹엽기간이 연장되어 입중을 높일 수 있다.

5. 관리

(1) 김매기(중경제초)

① 김매기의 효과

ㄱ 김매기는 제초와 중경을 겸한 작업으로, 제초에 의한 효과는 절대적이다.

ㄴ 중경은 부정지파의 경우처럼 토양이 단단하고 토양통기가 나쁠 때는 효과가 있으나 보통의 경우는 효과가 없고, 토양수분의 증발을 막는 효과도 미미하며, 깊은 중경은 뿌리만 많이 절단하므로 큰 의미가 없다.

② 제초제에 의한 제초

ㄱ 제초제에는 파종 전 경엽처리형제와 파종 후 토양처리제가 있다.

ㄴ **파종 전 경엽처리제** : 파종 5~7일 전 잡초에 처리하여 잡초를 고사시킨 후 경운 후 파종하는 것으로 파라코액제, 글라신액제가 있다.

ㄷ **파종 후 토양처리제** : 파종 후 4~5일 이내에 토양에 처리하여 잡초 발생을 예방하는 것으로 부타입제, 부타유제, 메타벤수화제, 터브란수화제, 벤티오입제, 트리린유제, 펜디유제가 있다.

ㄹ 우리나라 맥류 포장에서 주로 발생하는 잡초는 광대나물, 괭이밥, 냉이, 둑새풀이다.

(2) 토입(흙넣기)

① 이랑의 흙을 곱게 부셔서 보리골에 넣어주는 것을 말한다.

② 2~3회 토입으로 6~9%의 수량증가 효과가 있다.

③ 흙넣기의 생육상 효과

ㄱ **월동의 조장** : 생장점이 추위로부터 보호된다.

ㄴ **잡초 억제** : 골에 토입하면 잡초가 억제된다.

ㄷ **월동 후의 생육조장** : 월동 직후 해빙기에 토입하면 겨울에 생긴 토양의 균열 부위가 메워져 생육이 조장된다.

ㄹ **무효분얼의 억제** : 무효분얼기에 토입하면 무효분얼이 억제된다.

ㅁ **도복방지** : 포기의 밑동이 고정되어 도복이 방지된다.

(3) 북주기

북주기는 이랑의 흙을 긁어 보릿골의 양쪽을 돋우어 주는 것으로 비교적 단근이 적은 시기에 해야 하며, 도복경감, 무효분얼 억제, 잡초 경감의 효과 등이 있다.

(4) 답압(밟기)

① 생육이 왕성할 때에는 흙넣기와 밟기를 함께 실시한다.

② 답압 시 토양이 질지 않게 하고, 이슬이 마르지 않은 이른 아침은 피하고, 바람이 부는 방향으로 밟아주면 좋다.

③ 밟기의 효과

㉠ 월동의 조장

월동 전 생장이 과도할 때 밟아주면 유수의 분화가 늦어져 월동이 조장되고, 서릿발이 있는 경우에는 밟음으로써 맥체를 토양에 고정시켜 월동에 안전하게 한다.

㉡ 한해의 경감

밟아주면 뿌리가 발달하고 조직이 건생화되므로 내건성이 증대하고, 토양수분은 골 가까이로 유도되며, 토양의 균열도 메워져 한발의 피해가 경감된다.

㉢ 분얼의 조장과 출수의 균일화

밟아주면 먼저 발생한 분얼자의 유수분화가 억제되고, 향후의 분얼이 조장되어 수수가 증대되며, 출수도 균일하다.

㉣ 도복과 풍식의 경감

밟아주면 뿌리가 발달한다. 절간신장이 시작된 이후와 생육이 불량한 때에는 밟기를 하면 안 된다.

9 장해

1. 한해(cold injury)

저온에 의해 받은 피해를 말한다.

(1) 동해(freezing injury) 조직이 동결되고 체내에 결빙이 생겨 얼어 죽는 피해

① 내동성의 생리적 증대 요인

㉠ 체내의 수분 함량이 적어야 한다.

㉡ 식물체의 건물중이 커야 한다.

㉢ 세포액의 친수교질이 많고 점성이 높아야 한다.

㉣ 세포액의 삼투압이 높아야 한다.

㉤ 체내의 당분 함량이 많아야 한다.

㉥ 발아종자에서 아밀라제의 활력이 커야 한다.

㉦ 체내의 단백질 함량이 많아야 한다.

㉧ 세포액의 pH값이 커야 한다.

       ⓩ 세포의 탈수저항성이 커야 한다.

       ⓒ 원형질 단백질에 -SH기가 많아야 한다.

       ㉠ 저온 처리 시 원형질 복귀시간이 빨라야 한다.

       ⓔ 체내 원형질의 수분 투과성이 커야 한다.

  ② 내동성의 형태적 증대요인

       ㉠ 초기 생육이 포복성이다.

       ⓛ 관부가 깊어서 초기 생장점이 흙속에 깊이 박혀 있다.

       ⓒ 엽색이 진하다.

  ③ 경화와 유화

       ㉠ 경화(hardening) : 맥류를 저온에서 생육시키면 체내의 생리 및 생태가 세포동결을 힘들게 하는 방향으로 변화되어 내동성이 증대된다. 경화에는 2℃보다 5℃가 더 좋다.

       ⓛ 유화(dehardening) : 경화된 것이라도 다시 고온으로 생육시키면 내동성이 감소된다.

  ④ 동해의 유인

       ㉠ 파종기가 아주 늦어서 충분히 경화되기 전에, 즉 경화되지 않아 내동성이 약한 어린 시기에 월동기에 들어가면 동해가 심해진다.

       ⓛ 파종기가 너무 빠르거나 따뜻한 날씨가 계속되어 월동 전에 도장하고 유수가 분화된 경우에도 동해가 심해진다. 내동성이 약하고 춘파성이 높은 품종을 가을에 만파하거나, 이듬해 봄에 조파해도 동해가 심해진다.

       ⓒ 작물의 내동성 : **맥류의 내동성은 호밀, 밀, 껍질보리, 쌀보리, 귀리** 순으로 강하다.

(2) 상해(동상해)

  ① 조생품종의 재배 시 유수형성이 일찍 시작되어 저온으로 유수가 고사하거나 불임수가 생기는 경우가 있는데, 이런 피해는 주로 맑고 바람이 없는 밤에 서리가 내리기 때문에 발생하므로 상해(frost injury)라 한다.

  ② 한해의 보상작용 : 상해를 입은 보리는 수확기까지 보상작용으로 수량은 상당히 회복된다.

       ㉠ 피해를 입은 후 무효분얼의 유효화가 이루어진다.

       ⓛ 지연유효분얼이 발생한다.

       ⓒ 입중 및 입수의 보상적 증가가 발생한다.

(3) 한해 대책

  ① 품종 : **내한성이 높은 품종의 사용**이 가장 효율적인 대책이다. 껍질보리의 내한성이 쌀보리보다 높으므로 껍질보리의 재배 가능 지역의 위도가 쌀보리보다 높다.

  ② 파종기 : 과도한 조파 및 만파를 피하고 **적기에 파종한다.**

  ③ 파종량 : 파종기가 **늦은 경우 파종량을 늘린다.**

  ④ 파종법 : **파종기가 많이 늦게 되면 최아하여 파종하면 좋다. 토양이 건조하거나 겨울이 몹시 추운 지방에서는 이랑을 세우고 골에 파종하는 휴립구파가 좋고, 서릿발이 많이 설 경우에는 광파재배가 좋은데 광파하면 토양수분이 감소하여 서릿발이 줄어들기 때문이다.**

⑤ 피복 : 파종 후 퇴비나 왕겨 등을 뿌려두면 월동에 도움이 된다.

⑥ 시비 : 특히 칼리질 비료를 충분히 시용한다.

⑦ **밟기 : 서리발이 섰을 때나 월동전 도장했을 때 효과적이다.**

2. 도복해

(1) 도복의 피해

① 도복하여 잎이 엉키면 광합성이 감퇴되고, 대나 뿌리 등의 상처로 인하여 호흡이 증대되므로 저장 양분의 축적이 줄어들며, 대가 꺾여서 잎에서 이삭으로의 양분 전류가 감소된다.

② 도복에 의한 감수는 출수 후 10일경 일찍 발생할 때가 가장 커서 40~50%의 감수를 가져온다.

③ 황숙기의 도복은 별로 감수를 초래하지 않으나, 기계수확을 하는 경우는 결정적인 불편을 가져온다.

(2) 도복의 발생

① 출수 후 비를 맞고 센 바람을 만날 때 발생하며, 도복 조장은 키가 크고, 대가 약하며, 이삭이 무겁고, 뿌리가 약한 것에 발생한다.

② 맥류의 뿌리가 가장 약한 시기는 출수 후 40일 경이다.

③ 도복의 발생은 기상조건의 영향이 매우 크고, 뿌리의 역할도 크다.

④ 뿌리의 개장각도가 좁은 것이 도복에 약하므로 개장각도와 도복정도는 부의 상관이다.

(3) 도복대책

① **품종 : 내도복성 품종을 선택해야 한다.**

② **파종 : 파종은 약간 깊게 하여야** 중경이 발생하여 밑동을 잘 지탱하므로 도복에 강해진다. 밀식하면 수광이 적어 뿌리와 대가 연약해져서 도복이 발생한다.

③ 시비

㉠ 질소 비료를 많이 사용하면 간장, 수수, 수중 등이 증가하여 도복을 조장한다.

㉡ 수량 증대를 위한 질소의 추비기도 너무 빠르면 하위절간의 신장을 유발하여 도복되므로 **추비는 절간신장개시기 이후 또는 유수형성기 25일 전에 주는 것이 도복을 경감시킨다.**

㉢ 인산, 칼리, 석회는 줄기의 충실도를 증대시키고 뿌리의 발달을 조장하여 도복을 경감시키므로 충분히 주어야 한다.

④ **협폭파 : 협폭파재배나 세조파재배 등으로 뿌림골을 잘게 하면 수광이 좋아져 키가 작고, 대가 실하며, 뿌리의 발달이 좋아서 도복이 경감된다.**

⑤ 흙넣기 및 북주기 : 대의 밑동이 고정된다.

⑥ **밟기 및 진압 : 밟기 및 진압은 뿌리를 발달시켜 생육을 건실하게 하며, 흙을 다져 밑동을 잘 고정시킨다.**

3. 습해

(1) 습해의 발생

습해는 동계와 춘계의 습해로 나눈다.

① 동계의 습해

㉠ **동계의 토양이 과습할 경우, 통기성 저해로 뿌리에 산소공급이 되지 않아 신진대사와 관계가 깊은 효소의 작용력이 약해지고, 세포의 산화환원전위(Eh)가 저해된다.**

㉡ **산화환원전위(Eh)가 낮아져서 뿌리조직의 괴사 또는 목화가 촉진되고 뿌리의 신장이 정지된다.**

② 춘계의 습해

㉠ 춘계에 과습해지면 토양 미생물의 활동에 의하여 토양의 Eh가 점차 저하되고, 환원조건에 의하여 황화수소와 유기산 등의 유해물질이 발생하므로 심한 경우 위조 또는 고사한다.

㉡ 춘계의 습해대책으로 미숙 유기물이나 황산근 비료를 시용하지 않아야 한다.

(2) 습해의 피해

① **맥류의 습해는 유수형성기로부터 출수기에 가장 심하다.**

② 맥류 재배 시 지하수위의 고저에 따라 습해의 유무가 결정되는데, **대체로 지하수위가 50cm** 이상에서 습해가 발생하고, 50cm 이하에서는 습해가 발생하지 않는다.

③ 답리작의 경우 생육 초기에 지하수위가 높은 것이 생육 후기에 높은 지하수위의 영향을 받는 것보다 감수가 크지 않다.

(3) 습해 대책

① 내습성 품종의 사용

㉠ 습지에서는 보리보다 밀이, 쌀보리보다 껍질보리가 유리하다.

　• 밀 > 껍질보리 > 쌀보리

㉡ 보리의 습해 대책은 내습성 품종으로 까락이 긴 것, 뿌리의 분포가 얕고 넓은 것과 어린 식물의 건물률이 높은 것이 적합하다.

② 배수 : 습답에서는 이랑을 세워 파종하거나 지하배수를 꾀한다.

③ 휴립

㉠ 높게 휴립하여 토양 용기량을 증대시킨다.

㉡ 좋은 생육에 필요한 토양 용기량은 보리 15~20%, 밀 10~15%이다.

＊ 밀의 환경적응성이 높다.

④ 경운 : 경운하면 공극량과 토양 용기량이 증가된다.

⑤ 토양개량 : 객토, 토양개량제 등을 시용하여 토양개량을 하고, 토양의 입단화를 통한 토양 통기를 증가시켜야 한다. 보리가 습해를 피하려면 토양공극량은 30~35%이어야 한다.

⑥ 시비상의 주의

㉠ **미숙유기물, 황산근 비료의 시용을 금지한다.**

㉡ **천층시비로 뿌리의 분포를 천층으로 유도한다.**

㉢ **습해가 나타나면 엽면시비하여 활력을 회복한다.**

(4) 겨울철 건조해

토양이 깊이 얼면 날씨가 따뜻해지더라도 표면만이 녹기 때문에 모세관 현상이 발생하지 않아 표토가 건조해지기 쉽다. 또한 월동 중에 땅이 얼어 갈라지는 곳에서 뿌리가 노출되거나, 식물체가 솟구쳐 뿌리가 노출되는 경우에도 건조해를 입는 경우가 많다.

4. 한해(旱害)

(1) 한해의 발생기작

한발의 피해는 토양수분의 감소로 뿌리세포의 삼투압이 떨어져 뿌리가 양, 수분을 흡수하지 못해 발생한다.

(2) 한해의 대책

① 충분한 관수의 여건이 못 되면 토양표면을 긁어 주어 모세관을 차단하고, 유기물의 피복, 토입 등으로 수분증발을 억제시키며, 답압으로 모세관 현상을 유발시켜 수분을 공급하여야 한다.
② 뿌림골을 낮으면서도 좁게 하고 소식하며, 질소의 다용을 피하고 퇴비, 인산, 칼리를 증시하여야 한다.

10 병충해 방제

1. 병해

(1) 깜부기병

① 종류

　⊙ 겉깜부기병 : 보리, 밀, 귀리에 발생하며, 검은 가루를 비산하여 감염된다.
　ⓒ 속깜부기병 : 보리, 귀리에 발생하며, 수확 때까지 검은 가루 비산하지 않는다. 밀에는 발생하지 않는다.
　ⓒ 비린깜부기병, 줄기깜부기병 : 밀에만 발생한다.

② 병원균의 위치 : 겉깜부기병의 병원균은 종자의 내부(배)에 있고, 다른 것은 종자의 표면이나 토양 등에 있다.

③ 방제법

　⊙ 종자소독 : 카보람분제, 비타지람, 방제효과가 가장 크다.
　ⓒ 이병식물의 제거 : 가루가 날리기 전에 병든 부위를 제거한다.

(2) 바이러스

① 맥류에서의 종류 : 병징은 모자이크 등의 반점, 줄무늬, 황화, 위축현상 등

　⊙ 맥류오갈병 : 보리, 밀, 호밀 발생하며, 토양전염을 한다. 위축, 담록색의 줄이 엽맥을 따라 생기면서 비틀린다.
　ⓒ 밀줄무늬오갈병 : 밀에 발생하며, 토양전염을 한다. 잎에 담황색의 얼룩이 엽맥을 따라 생긴다.

　　　　ⓒ 보리누른모자이크병 : 보리에 발생하며, 토양전염을 한다. 황백색의 줄무늬 또는 반점

　　　　ⓔ 맥류북지모자이크병 : 맥류에 발생하며, 애멸구의 충매전염을 한다. 위축이 심하고, 황록색의 반점이 엽맥을 따라 발생한다.

　　　　ⓜ 보리호위축병 : 보리에 발생하며, 토양전염을 한다.

　　② 방제법

　　　　㉠ 내병성품종을 선택하여야 한다.

　　　　㉡ 윤작 : 심하면 2~3년정도 다른 작물을 재배하여야 한다.

　　　　㉢ 조파회피 : 유묘기의 지온이 10~16℃ 일 때 많이 발생하고, 10℃ 이하일 때 적게 발생하므로 조파를 피한다.

　　　　㉣ 토양소독 : 베이팜을 살포하여야 한다.

(3) 붉은곰팡이병(적미병)

　　① 밀, 보리, 호밀, 귀리 등의 맥류와 벼, 옥수수에도 발생한다.

　　② 출수기 이후 며칠 동안 비가 계속 오면 잘 발생한다.

　　③ 방제법은 옥수수밭 주위에서 맥류재배를 피하고 콩과 작물을 윤작한다. 종실 수확 후 번지는 것을 막기 위해서는 수확 즉시 철저히 건조한다.

(4) 맥류흰가루병(맥류백분병)

　　① 분생포자인 흰가루가 잎, 줄기, 이삭에 나타나며, 밀가루를 뿌린 모양을 한다.

　　② 음습하고 바람이 불지 않은 날씨가 계속될 때 많이 발생한다.

　　③ 강우가 많은 해, 다비재배, 만파, 연작 및 일조부족 시 발병이 조장된다.

(5) 녹병류

　　① 맥류의 녹병에는 줄기녹병, 좀녹병, 줄녹병이 있다.

　　② 봄철 기온이 15℃ 이상이고 습도가 80% 이상 높을 때, 출수기 전후 축축한 날씨가 지속될 때, 질소과용이거나 만기추비 및 포장의 과습 등이 녹병 발생을 조장한다.

　　③ 내병성 품종을 선택, 적기파종, 질소과용과 만기추비를 피하고 배수관리한다.

(6) 잎집눈무늬병

최근 발병이 확인된 토양전염성병으로, 잎집의 하위에 렌즈 모양의 병반이 생긴다. 심하면 도복되며 이삭은 마른 채 정상적으로 여물지 못한다.

(7) 줄무늬병(대맥반엽병)

잎, 이삭에 줄무늬가 생긴다.

2. 충해

맥류의 해충으로는 땅강아지, 보리나방, 보리굴파기, 진딧물, 밀씨알선충 등이 있다.

11 수확 조제 및 저장

1. 수확

(1) 보리의 종실의 길이가 최대가 되는 시기는 수정 후 7일째, 입폭은 13일째에 최고에 달하고, 두께는 성숙기까지 증가하지만 그 후 약간 작아진다.

(2) 쌀보리, 껍질보리는 종실이 빨리 증대되고, 완숙기에 달하지만, 밀은 완숙기까지 증대가 계속된다.

(3) **맥류의 수확적기는 종실의 건물중과 입중이 최대가 되는 시기이고 출수 후 껍질보리와 쌀보리는 35~40일, 밀은 40~45일이 된다.**(보리는 남부지방의 경우 5월 말에서 6월 상순, 중부지방은 6월 상순에서 중순)

(4) **보리는 출수 후 35일이면 종실수분이 40%가 되는데, 이때 예취한 후 종실 수분 함량이 20% 이하가 되도록 한 후 탈곡한다.**

(5) **예취적기는 종실의 건물중과 입중이 최고가 되는 시기로서 종실 내의 각종 성분의 함량이 안정되고, 종실의 수분 함량이 기계수확을 할 수 있는 35~40%로, 수수가 황화되고 종실이 초 모양으로 단단하게 되었을 때이다.**

(6) 보리가 수확 시기가 밀보다 10일 정도 빨라 답리작으로 보리가 밀보다 많이 재배되는 이유이며 두과작물 등과의 이모작이 가능하다. 조숙할수록 작부체계상 유리하므로 보리 춘파재배 시 파종기는 월동 후 빠를수록 좋다.

(7) 종실을 목적으로 수확할 경우 수확기는 밀이 호밀보다 빠르므로 종실을 목적으로 하는 호밀재배는 답리작에서는 불가능하다.

2. 탈곡 및 조제

(1) 예취 후 현장에서 3일 정도 말려 수분 함량이 20% 이하가 되었을 때 묶어 회전탈곡기로 탈곡한다.

(2) 탈곡기의 회전속도는 식용의 경우는 분당 650회전, 종자용은 600회전으로 한다.

(3) 탈곡한 보리는 선풍기로 조제하고 다시 2~3일 건조하여 수분 함량이 14% 이하가 되면 저장한다.

3. 저장

(1) 수분

① 곡물의 종류가 달라지면 저장장소의 상대습도와 그 곡물의 수분 함량이 각각 다른 평현관계를 가지게 되는데 이것을 상대습도에 대한 그 곡물의 평형수분이라고 한다.

② **곡립의 수분 함량이 적을수록 저장이 양호한데, 맥류는 14% 이하가 좋다.**

(2) 호흡

저온일수록, 수분 함량이 적을수록 호흡이 적어진다.

(3) 온도

곡립은 저장 시 수분과 온도가 올라갈수록 호흡이 증가하고, 이에 따라 발열이나 수분 발산이 많아져서 변질이 많아지므로 **가능한 한 저온에 저장해야 장시간 보존할 수 있다.**

(4) 해충 및 미생물
① 해충은 곡물의 온도가 12~13℃ 이하일 때에는 활동이 둔하지만 20℃ 이상일 때에는 생육과 번식이 왕성하여 피해를 준다.
② 곡물을 가해하는 미생물에는 곰팡이와 박테리아가 있는데, 곰팡이는 곡립의 수분 함량이 14% 이하이고, 보관온도가 15℃ 이하일 때는 생육과 번식이 억제되며 박테리아는 이보다 약간 저온이고 다습인 것을 좋아한다.

12 특수재배

1. 맥주보리 재배

(1) 품종
두줄보리인 두산 8, 12, 22호, 사천 2, 6호, 향맥, 황금보리

(2) 품질

> • 맥아로 맥주를 만들므로 맥아의 품질은 중요하다.
> • 품질조건의 확보를 위한 맥주보리의 검사항목 : 수분 함량, 정립률, 피해립의 비율, 발아세와 색택 등

① 양적 품질 조건
ㄱ **종실이 굵을 것**
종실이 굵어야 전분 함량이 많아 맥아수율, 맥즙수량, 맥주량이 높아진다. 1000립중이 40g 이상이어야 좋다.
ㄴ **전분 함량이 많을 것**
전분 함량은 58% 이상부터 65% 정도까지 높을수록 좋으며 이와 같은 경우에 맥즙수량이 많아진다.
ㄷ **곡피가 얇을 것**
곡피의 양은 8% 정도가 적당한데, 곡피가 두꺼우면 곡피 중 성분이 맥주의 맛을 저하시킨다.
② 질적 품질 조건
ㄱ **발아가 빠르고 균일할 것**
ㄴ **효소력이 강할 것**
• 아밀라아제의 활성이 강해야 전분에서 맥아당으로의 당화작용이 잘 이루어진다.
• 맥아중 베타아밀라아제(β-amylase)의 당화력이 주체이다.
ㄷ **단백질 함량이 적을 것**
• 단백질 함량은 8~12%인 것이 알맞다.
• 단백질 함량이 높으면
  − 전분 함량이 적고 곡피가 많다.
  − 발아 시 발열이 많고, 불량한 발아로 맥즙수량이 적어진다.

- 초자질의 양이 많아 제맥하기 어렵다.
- 맥주에 침전오탁이 생기기 쉽다.

- 종실에 단백질 함량이 증가하는 이유
  - 종실이 작거나 성숙이 덜 된 경우
  - 질소 비료를 과다, 추비횟수를 늘렸거나, 추비가 늦은 경우

ㄹ **지방 함량이 적을 것** : 지방 함량은 약 1.5~3.0%인 것이 알맞으며, 그 이상이면 맥주의 품질이 저하된다.

ㅁ **색택이 양호할 것**

ㅂ **향기가 좋을 것**

ㅅ **건조, 숙도, 순도 등이 좋을 것**

(3) 재배 적지

① 기상

ㄱ 맥주맥의 기후적인 재배 적지는 해양성 기후인 곳이 좋으며, 한랭지역, 내륙지역은 부적당하다.

ㄴ 전남, 경남의 남부지역과 제주도에서 재배된다.

② 토양

ㄱ 충적지대의 모래가 섞인 비옥한 논이 좋고, 숙전화된 식양토의 밭이 좋다.

ㄴ 논에서 생산된 맥주맥의 단백질 함량이 적어 양질의 맥주맥이 생산된다.

2. 기계화생력재배

(1) 맥작 기계화의 효과

① 노력 절감 : 맥작생산비의 30~40%가 노력비인데, 소형기계화는 30~60%, 대형기계화는 70~90% 절감된다.

② 수량 증대 : 심경다비, 적기적작업, 재배양식의 개선 등에 의하여 수량이 증대된다.

③ 농지이용도의 증대 : 작업기간의 단축으로 전·후작을 더 정밀히 할 수 있고, 인력으로는 힘든 경지도 활용할 수 있어 농지이용도가 증대된다.

④ 농업수지 개선

(2) 기계화 적응 품종

① 기계화재배에서는 수량 확보를 위하여 다비밀식재배를 하므로 우선 내도복성 품종을 선택하여 식재한다.

② 기계화재배에서는 대체로 골과 골 사이가 편평하게 되므로 한랭지에서는 내동성이 강한 품종이 요구된다.

③ 다비재배에서는 수광자세가 좋아야 하므로 초형이 직립형이며 잎도 짧고 빳빳하게 일어서는 것이 알맞고, 다비밀식에서 내병성이 강해야 한다.

④ 기계수확을 위해서 초장이 70cm 정도의 중간 크기가 알맞다.

⑤ 조숙성, 다수성, 내습성, 양질성 등도 요구된다.

(3) 세조파(드릴파)재배

① 관행재배에서는 60cm에 1줄이 파종되지만 세조파재배에서는 60cm에 3줄이 파종되기 때문에 재식 양식이 균등 배치가 된다. 이런 재배방법은 밭이나 질지 않은 논에서 기계파종을 할 때 이용된다.

② 세조파재배는 관행재배보다 수량이 증대되고 노력도 절감이 가능하다.

③ 세조파재배의 수량이 증가의 이유

㉠ 다비, 밀식, 균등 배치 등의 효과로 수수가 증대된다.

㉡ 100%의 군락피도(군락완성정도)가 되는 시기가 관행재배보다 40일 정도 빨라 총광합성량이 증가한다.

㉢ 수수가 많아져도 입의 중량 감소가 저하된다.

㉣ 수광자세의 개선으로 순동화율이 높다.

㉤ 도복에 잘 견딘다.

(4) 경운기를 이용한 휴립광산파재배

경운기를 이용하여 파종 및 시비하는 경우 수량 증가 효과는 거의 없지만, 파종 및 시비 노력은 80% 정도 절감된다.

(5) 전면전층파재배

① 맥류의 종자를 포장 전면에 산파하고, 포장을 일정한 깊이로 갈아 종자가 전층에 있게 한 다음 적당한 간격으로 배수구를 설치하는 방법이다.

② 수량은 관행과 비슷하나 파종 노력이 많이 절감된다.

③ 표층 1~2cm의 종자는 제초제의 약해와 한해로 발아가 저해되고, 반대로 심층의 종자도 발아가 나빠진다.

Chapter

02 밀

1 종의 분류와 기원

1. 계의 분류

가장 대표적인 재배종인 보통밀의 학명은 *Triticum aestivum* L.이며, **밀속에는 A, B, D, G 4종류의 게놈이 있다.**

2. 주요 종

(1) 밀은 2배체, 이질 4배체, 이질 6배체 종으로 구분되는데, 가장 널리 재배되고 있는 종은 보통계 이질 6배체(AABBDD, 2n = 42)인 보통밀(빵밀)이다.

❦ 밀속의 분류

구분	1립계 (Einkorn)	2립계 (Emmer)	보통계 (Dinkel)	티모피비계 (Timopheevi)
게놈 구성(2n)	AA	AABB	AABBDD	AAGG
2n 염색체수	14	28	42	28
배수성	2배체	이질 4배체	이질 6배체	이질 4배체

(2) 보리와 비교한 품종

① 품종특성은 보리에 준한다.

② 형태적 특성인 수형, 망형, 초엽색 등이 보리와 다르다.

③ 품종분류인 적소맥과 백소맥, 경질맥과 연질맥, 초자질 밀과 분상질밀로 나누는 것이 보리와 다르다.

④ 품질의 특성이 보리와 다르며, 품질의 중요성이 보리보다 더욱 크다.

⑤ 트리티케일

ㄱ 트리티케일은 밀과 호밀의 속간잡종이다.

ㄴ 밀의 단간, 조숙, 양질성과 호밀의 내한성, 완성한 생육력, 긴수장, 내병성 등을 조합시킬 목적으로 만들어졌다.

ㄷ 자가임성을 가진다.

ㄹ 호밀 × durum = 6배체 트리티케일(AABBRR)

ㅁ 호밀 × 보통밀 = 8배체 트리티케일(AABBDDRR)

3. 기원

(1) 유래

① 보통밀은 A, B, D 3종의 게놈으로 구성된 이질 6배체(AABBDD)이다.

② 2배체 밀(BB, 2n = 14)이 자연적으로 잡종을 형성하여 에머밀(AABB, 2n = 28)이 생겼으며, 약 8,000년 전 에머밀이 또다른 2배체의 야생밀(DD, 2n = 14)과 자연적으로 잡종을 형성해 지금의 빵밀(보통밀)이 탄생하였다.

③ 빵밀(보통밀)의 진화에 참여한 야생밀 AA종과 BB종, DD종은 중동지역에서 야생으로 발견되었고, 에머밀은 유라시아와 북아메리카의 서부에서 널리 재배되며 주로 마카로니 등의 면류로 이용된다.

(2) 지리적 기원

보통밀의 원산지는 아프가니스탄에서 코사서스에 이르는 지역, 특히 코카서스 남부 아르메니아 지방으로 추정된다.

2 재배와 경영상의 특성

(1) 보리보다 토양적응성이 강하다.

(2) 다비재배에 강하다.

(3) 만파재배에 강하다.

(4) 밀은 용도가 다양한 상품으로 분화되어 품종선택과 재배에 고려해야 한다.

3 분포와 생산 및 이용

1. 세계의 분포 및 생산

(1) 밀은 서늘한 기후에 적합하다.

(2) 세계의 주산지는 25~60°N, 25~40°S의 지대이다.

(3) 연평균 기온이 3.8°C 이하와 18°C 이상이면 부적당하다.

(4) 밀은 건조에 잘 견디므로 연강수량이 750mm 전후인 지역에 적합하다.

2. 우리나라 분포

(1) 가을밀의 재배북한계는 1월 평균 최저 기온이 −14℃이므로 보리보다 넓어 평안남도와 함경남도의 남부지역이 재배 가능지이다.

(2) 밀은 보리에 비해 숙기가 1주일 늦지만 재배상 장점과 수량이 많고 영양가가 높다.

(3) 밀이 보리보다 재배가 적은 이유
　① 수확기가 보리보다 늦어 논과 밭의 윤작이 체계상 불리하다.
　② 보리보다 수익성이 낮고, 값싸고 품질 좋은 밀이 수입되기 때문이다.

3. 성분과 이용

(1) 성분
　① 밀은 단백질과 탄수화물이 높은 특징이고, 탄수화물이 약 70% 함유되어 있고(전분이 90%), 단백질은 10~14%, 지질은 2% 함유되어 있다.
　② 칼슘과 인이 다른 곡류에 비해 많다.
　③ 전분의 아밀로오스 함량이 낮을수록 호화전분의 점도가 높아진다.
　④ 비타민 B_1은 배아에, 비타민 B_2는 전 곡립에 분포
　⑤ 단백질 함량은 품종 및 생육환경에 따라 6~20%정도 차이를 보인다.
　⑥ 단백질은 초자율이 높고 경질이며 한랭지 재배, 조기 수확, 질소의 적기적량 사용 시 많아진다.
　⑦ 종실의 발달시기에 적절한 요소 엽면시비는 단백질 함량을 높이며, 종실 발달기에 많은 강우는 단백질 함량을 낮게 하고 건조하면 높아진다.
　⑧ 보리와 밀에 함유된 피틴산(phytin acid)은 나트륨과 결합하여 나트륨 체내 흡수를 줄이고, 혈압상승을 억제하며 방사선물질인 스트론튬(Sr), 중금속을 체외로 배출한다.

(2) 밀가루의 단백질
　① 글루테닌과 글루아딘이 주요 단백질이고, 이외에 일부민, 글로블린, 프로테아제로 구성된다.
　② 글루테닌과 글루아딘은 불용성단백질로, 이 혼합물이 글루텐(gluten, 부질)이고 전체 종실 단백질의 80%를 차지하는데, 밀가루가 빵, 국수, 과자의 원료로 알맞은 이유이다.
　③ 글루테닌의 탄력성과 글리아딘의 점착성이 제빵제조에 이용되며, 글루테닌과 글루아딘은 추파밀보다 춘파밀에 다소 높다.

(3) 용도
밀가루의 단백질은 부질로서 빵, 면 등을 만들기에 알맞고 영양가도 우수하여 가장 많은 인구의 주식원이다.

4 형태

1. 종실

(1) 밀의 종자는 식물학적으로 과실(영과, caryopsis)에 해당하고 엷은 과피(벼의 왕겨)에 종자가 싸여 있다.

(2) 과피는 외표피, 중간조직, 횡세포, 관세포(내표피) 등으로 되어 있고, 그 내부에는 종피가 있는데, 이것은 극히 얇은 2층의 세포로 되어 있다.

(3) 종피에 접하여 대부분 퇴화된 외배유가 있는데, 이것은 주심의 표피에서 유래한 것이다.

(4) 내배유는 호분층과 전분 저장 조직으로 나뉘는데, 전분 저장 조직에는 전분, 단백질, 판토텐산, 리보플라빈 및 무기질을 함유하고 있다. 배유는 영과 전중량의 87~89%이고 우리나라의 밀은 제분율이 낮다.

2. 뿌리, 줄기 및 잎

(1) 종자근은 보통 3본이지만 6본까지 나오는 종도 있다.

(2) 밀은 보리보다 더 심근성이므로 수분과 양분의 흡수력이 강하고 건조한 척박지에서도 잘 견딘다.

(3) 밀은 보리보다 줄기가 더 빳빳하여 도복에 잘 견딘다.

(4) 밀의 초엽은 적자색의 줄이 있는 것도 있고, 정상엽도 보리보다 엽색이 더 진하며 그 끝이 더 뾰족하고 늘어진다.

(5) 엽설과 엽이의 발달은 보리만 못하다.

3. 이삭 및 꽃

(1) 밀의 꽃은 수축의 각 마디에 소수가 호생하는 복수상 화서이며, 수축에는 약 20개의 마디가 있고, 각 마디에 1개의 소수가 달린다.

(2) 소수에는 보리와 달리 1쌍의 넓고 큰 받침껍질 속에 4~5개의 꽃이 들어 있는데, 결실되는 것은 보통 3~4개이다.

(3) 밀의 수형 및 망형
  ① 곤봉형(완전무망) : 이삭기부에 소수가 성기게 착생하여 가늘고 상부에는 배게 착생하여 굵어 이삭 끝이 뭉툭하다.
  ② 봉형(무망, 흔적망) : 이삭이 갸름하고 소수가 약간 성기게 고루 착생하여 이삭 상·하부의 굵기가 거의 같다.
  ③ 방추형(유망) : 이삭이 길지 않고 중심부에 약간 큰 소수가 조밀하게 붙으며, 상·하부에는 약간 작은 소수가 성기게 착생하여 이삭 가운데가 굵고 끝으로 갈수록 가늘다.
  ④ 추형(반망) : 이삭기부에는 약간 큰 소수가 조밀하게 착생하고, 상부에는 약간 작은 소수가 성기게 착생하여 이삭이 상부로 갈수록 가늘며, 밀알이 대체로 굵고 고르다.

5 생리 및 생태

1. 발아

발아온도는 최저 0~2°C, 최적 25~30°C, 최고 40°C이고, 종자 풍건중의 30%의 수분흡수로부터 발아가 시작되며, 40% 흡수되었을 때가 최적이다.

2. 개화

(1) 보리는 출수와 동시에 개화하나 밀은 출수 후에 개화한다.

(2) 개화시간은 아침이고 오후에 가장 많이 개화하며 밤에는 적다.

(3) 개화 온도는 최저 10~13°C, 20°C 내외가 최적이며, 최고온도는 31~32°C이다.

(4) 습도는 70~80%, 맑은 날 개화가 많다.

3. 수발아 및 후숙

(1) 후숙기간이 짧은 품종이 성숙기에 비를 맞으면 포장상태에서 발아하는데, 우리나라는 수확기 직전에 장마로 인해 수발아 피해가 크다.

(2) 밀의 휴면기간은 1개월 미만부터 3.5개월까지 다양하다.

(3) 백립종이 적립종에 비해 수발아율이 높다.

(4) 이삭껍질에 털이 많거나 초자질인 것이 수발아 위험이 크다.

(5) 후숙이 끝나지 않은 종자는 저온에서 양호하게 발아하지만 후숙이 진전되면서 발아가능한 온도 범위가 높아진다.

(6) 후숙과정을 빨리 끝내려면
　① 1일간 실온에서 흡수시키고 6시간 5°C의 저온처리한다.
　② 풍건상태의 종자는 45°C에 3~4일 처리한다.

(7) 수발아 억제 방법
　① 수발아성이 낮은 품종을 선택한다.
　② 조숙종을 선택한다.
　③ 응급대책 : 발아억제물질을 살포한다.

6 품질

1. 품질의 요인

(1) 토양수분

① 수량 및 1,000립중은 토양수분이 75%일 때 최대이나 단백질 함량은 최소가 되므로, 수분이 75%보다 감소하거나 증가하면 단백질 함량은 증가한다.

② 가물어서 관개를 하면 일반적으로 토양수분이 75%에 근접하므로 관개 전에 증가했던 단백질 함량은 저하된다.

(2) 기상환경

① 등숙에 냉량한 지역에서는 저단백질의 밀이, 고온 지역에서는 고단백질의 밀이 생산된다.

② 고온, 건조한 지대에서는 단백질 함량이 높은 밀이 생산된다.

③ 등숙기에 비가 자주 오면 종실 외관이 나빠지고, 1L중이 저하되며 단백질 함량과 회분함량은 증가되지만 제분률과 밀가루 성상이 현저하게 불량해진다.

(3) 재배 시기 및 시비

① 춘파밀은 추파밀보다 비수용성인 글루테닌과 글리아딘 함량이 높다.

② 질소시비량이 많으면 단백질이 증가하는데, 출수기 전후의 만기추비가 단백질 함량을 가장 많이 증가시킨다.

2. 밀알의 품질

(1) 배유율

① 배유율 = (배유중량/전입중) × 100

② 전입중에 대한 거피(맥피), 배 등을 제외한 배유의 중량비를 배유율이라 한다.

③ 밀알이 굵고 껍질이 얇은 것이 배유율이 높고 양조용으로도 유리하다.

④ 보통밀의 배유율은 81~91%이다.

(2) 제분율

① 제분율 = (밀가루의 중량/밀기울의 중량 + 밀가루의 중량) × 100

② 밀가루와 밀기울의 총중량에 대한 밀가루의 중량을 말한다.

③ 밀알이 굵고 통통하여 1,000립중이 크고, 밀알이 단단하여 1L중도 크며, 껍질이 얇아서 배유율이 높은 것일수록 제분율이 높다.

④ 제분을 할 때에는 밀알의 수분 함량은 일정하게 조정(강력분 15%, 중력분과 박력분은 14%)하므로 밀알의 건조가 좋을수록 동일 중량의 원료밀에 대한 제분율은 높아진다.

⑤ 품종 간 차이가 심하고 우리나라 장려품종은 대부분 연질품종으로 제분율이 63~70%이다.

⑥ 등숙기의 기상조건이 고온, 건조, 과조하면 제분율이 떨어진다.

(3) 잔분율

① 제분을 할 때 배유 중에서 밀기울로 묻어가는 전분의 비율

② 밀의 호분층 바로 아래에는 전분저장세포가 있고 이 세포 중에는 단백질이 많으면서 전분을 싸고 있는 경질전분세포가 있는데, 이것은 호분층에 강하게 고착되어 있어 제분 시 밀기울로 묻어간다. 즉, 경질전분세포가 발달되어 있으면 잔분율이 높으며 제분율이 낮아진다.

(4) 입질

① 밀 배유부의 물리적 구조를 입질(grain texture)이라고 하며, 초자질, 중간질, 분상질로 구분한다.

② **초자질일수록 치밀한 세포가 많은 것이므로 세포간극이 분상질보다 적으며, 종자 저장 단백질 함량은 높고, 지방·전분 함량이 낮으며 종자의 비중이 크다.**

③ **전체 단백질의 80%가 부질이기 때문에 종자 저장 단백질 함량이 높으면 부질 함량도 높아진다.**

④ 품종의 입질은 초자율로 정한다.

> 밀알 횡단면은 반투명한 초자질부와 흰가루 바탕의 분상질부로 구성되어 있다.
> - 초자질부가 반투명으로 보이는 이유는 세포가 치밀하고 광선이 잘 투입되기 때문이다.
> - 분상질부가 흰가루로 보이는 이유는 세포간극이 많은데 그 간극에 공기가 함유되어 있어 광선이 난반사하기 때문이다.

ㄱ 초자질립: **초자율이 70% 이상**
ㄴ 중간질립: **30~70%가 초자질부나 분상질로 되어있는 것**
ㄷ 분상질립: **초자율이 30% 이하, 70%이상이 분상질**

⑤ 초자질립은 분상질보다 질소가 더 많이 단백질로 전환되었으므로 조단백질 함량은 높은데, 고온, 건조지대에서 질소과다나 성숙기에 한발로 임실이 충실하지 못했을 때 많이 생산된다.

⑥ 질소시용이 많을수록 단백질 함량이 증가하고, 출수기 전후의 만기추비가 가장 단백질 함량을 증가시키는 경향이 있다.

3. 밀가루 품질

(1) 단백질 및 부질(글루텐)의 함량

① **밀에는 7~15%의 단백질이 있는데, 이 단백질의 80%가 글루텐(부질)이며 글리아딘과 글루테닌으로 구성되어 있다.**

② 밀가루가 빵, 면, 과자 등의 원료로 적합한 것은 부질로 되어 있기 때문이며, 밀가루 반죽에 효모나 소다를 넣어 이산화탄소가 발생할 때 부질의 점성과 신축성에 의하여 반죽이 부풀어 다공질로 된다.

③ **부질의 양과 질이 밀가루의 가공 적성을 지배한다.**

(2) 분질(flour texture)

① 밀가루의 이화학적 특성이 분질이며 경질, 반경질, 중간질, 연질 등으로 구분한다.

　　㉠ 경질분(반투명성) : **제빵(고급빵), 마카로니(강력분)**
　　　　• 초자율이 높아 배유의 투명도가 높은 밀로 만든 경질분을 손가락으로 비벼보면 단백질 등의 결정 입자가 있어 거친 감이 있다.
　　　　• **경질분은 단백질과 글루텐 함량이 많고 장시간에 걸쳐 신전성(펴는 성질)이 있어 빵을 만들 때 잘 부풀어서 제빵용으로 적합하다.**
　　　　• 경질분은 회분과 단백질 함량이 높고, 초자율도 높아 밀알의 압쇄강도가 크기 때문에 경질소맥(경질분)이라고 한다.

　　㉡ 반경질분 : **빵 해합용(준강력분)**
　　　　결정입자 및 단백질과 부질의 함량이 경질분보다 다소 적으므로, 일반적으로 빵 배합용으로 적합하다.

　　㉢ 중간질분 : **국수, 과자(중력분)**
　　　　• **단백질 함량이 연질분보다 다소 높고, 반경질분보다 다소 낮다.**
　　　　• 중간질분 중 신장력이 강한 것은 가락국수용으로, 신장력이 약한 것은 제과용으로 적합하다.
　　　　• 중간질분이 되는 것이 중간질소맥이다.

　　㉣ 연질분(흰색) : **튀김용, 카스테라, 비스킷 등 제과용(박력분)**
　　　　• 손가락으로 비벼보면 매우 매끄럽고 부드럽다.
　　　　• **연질분(박력분)은 단백질과 부질의 함량이 낮아서 신전성이 다소 강한 것은 가락국수로, 신전성이 약한 것은 카스텔라, 비스킷 같은 제과용이나 튀김용으로 적합하다.**
　　　　• 연질준이 되는 것이 연질소맥(연질밀, 분상질밀)이며 경질밀보다 전분함량이 높다.

㋡ 밀가루의 분질과 용도

제품의 양적 조건		제품의 질적 조건						용도	생산지
		분질	입질	단백질 함량 (%)	습부율 (%)	건부율 (%)	밀가루 종류		
제분	제분율	경질	초자질	12 이상	36 이상	12 이상	강력분	제빵용	캐나다, 한국밀
		반경질	초자질	11~12.5	중간	중간	준강력분	빵배합용	호주, 아르헨티나, 미국밀
		중간질	중간질	10.5~11	중간	중간	중력분	국수용	한국밀
		연질	분상질	8.5~10	25 이하	8 이하	박력분	제과용	미국, 한국밀
양조	배유율	부질함량이 많은 것이 좋다.						간장, 된장	

(3) 습부율

① 밀가루 25g에 물 15cc로 반죽하여 실온 1시간 물속에 두었다가 손으로 눌러서 부착수를 완전히 제거 후 중량을 측정하여 밀가루에 대한 중량비를 구한 값을 말한다.

② 대체로 21~39%이다.

(4) 건부율

① 습한 거괴(麩塊, 일종의 반죽)를 100℃ 건조기에 넣고 항량이 될 때까지 약 1시간 건조하여 냉각시킨 후 중량을 측정하여 밀가루에 대한 중량비로 추정한 값을 말한다.

② 습부율의 1/3이다.

(5) 회분 함량

① 일정량의 밀가루를 600℃에 5시간 회화(灰化)하고 냉각시켜 밀가루 공시량에 대한 회분의 중량비로 회분함량이 적은 것이 좋은 밀가루이다.

② 회분 함량은 품종적 특성과 토양 조건에 의해 지배되기도 하지만 제분율에 의하여 크게 영향을 받는다.

③ 제분율을 높이려고 밀기울을 밀가루에 혼입하면 회분량은 크게 증가한다.

④ **회분 함량이 높으면 부질의 점성이 낮아져 가공 적성이 낮아지고, 백도도 낮아지므로 회분 함량이 높을수록 나쁜 밀가루가 된다.**

(6) 분색

① 밀가루는 희고 맑은 것이 좋다.

② **회분 함량이 많으면 분색이 검어지고 배유에 카르티노이드 색소가 많으면 누른빛이 난다.**

(7) 가공 적성

① 가공 적성은 1차 가공 적성과 2차 가공 적성으로 구분한다.

② 1차 가공 적성은 제분 적성을 말하는데, 제분의 난이 및 제분 비율과 관계가 있는 성질, 즉 용적중, 입중, 수분, 회분, 피해립이나 협잡물의 양, 껍질의 두께, 제분 시 껍질이 벗겨지는 정도 등을 말한다.

③ 2차 가공 적성은 가루의 적성으로서 단백질의 질이나 함유량에 관계된다. 밀가루를 물과 혼합하여 반죽을 만들경우 단백질의 80% 정도가 탄력성과 점착성을 유발하는 부질(글루텐)을 형성하는데, 각종 Test를 통해 반죽의 점탄성, 신장성, 효소력, 단백질의 양과 질 등을 조사하여 평가하는 것이 2차 가공 적성의 평가이다.

④ 제빵성은 일정한 기준으로 빵을 구워 평가한다.

Chapter 03 호밀

1 기원

1. 식물적 기원

- 호밀(胡麥, 중국밀)은 벼과의 월년생 작물이다.
- 학명 : *Secale cereal* L.
- 염색체수 : 보리와 같은 2n = 14
- 영명 : rye

2. 지리적 기원

호밀의 원산지는 트랜스코카서스, 터키 및 이란 북서부에 이르는 지역이다.

2 생산 및 이용

1. 생산

(1) 세계의 분포 및 생산

호밀은 밀보다 추위에 훨씬 강하므로 그 주산지는 밀보다 북쪽에 있고, 토양적응성도 강해 밀을 재배할 수 없는 건조한 사질의 척박지에도 잘 적응한다.

(2) 한국의 분포 및 생산

① **호밀은 밀, 보리보다도 수확기가 늦고, 수량과 품질도 낮고, 수익성도 낮고, 수확기가 늦어 작부 체계가 불리하다.**

② 밀 재배가 곤란한 산간 척박지나 사질인 하천부지 등에서 조금 재배하고 있다.

③ 강산성에 강하고, 충남북 이남지방에 분포하며, 녹비 및 청예사료로 조금씩 재배하고 정부 권장으로 답리작 녹비작물로 이용된다.

④ 재배면이 다른 맥류보다 낮은 이유

㉠ 단위면적당 생산량과 수익성이 보리나 밀에 비해 현저히 낮다.

㉡ 식용적 가치가 용도면이나 품질에서 보리나 밀에 비해 떨어진다.

㉢ 풋베기 호밀의 사료적 가치도 좋지 않다.

2. 타 맥류와 비교한 환경

호밀은 가을호밀과 봄호밀로 구별되며 우리나라는 주로 가을호밀이 재배된다.

⑴ **내동성이 극히 강하여 −25°C에서도 월동이 가능하다.**

    ✽ **내동성 호밀 > 밀 > 보리 > 귀리**

⑵ 추파 시 조파나 만파에 대한 적응성이 보리나 밀보다 높다.

⑶ 저온발아성이 높다. 발아 최저온도는 1~2°C이며, 저온에서 밀보다 발아가 **빠르다.**

⑷ 척박지에 대한 적응성이 매우 높아 사질토양이나 점질의 척박지까지 재배가 가능하다.

⑸ 다습한 환경을 꺼리고, 내건성이 극히 강하여 사질토에서도 재배가 가능하다.

⑹ 토양반응에 대한 적응성이 매우 높아 알카리성부터 산성까지 다 적응이 가능하다.

⑺ 흡비력이 강하여 척박지에서도 잘 적응한다.

⑻ **강우, 바람 등에 의하여 도복이 잘 된다.**

3. 이용

⑴ 호밀의 성분은 밀과 거의 같이 당질이 주성분으로서 약 70% 함유되어 있고, 단백질은 10~14%, 지질은 1.1~2.3% 함유되어 있으며, 비타민의 B가 풍부하다.

⑵ 호밀의 단백질은 부질이 형성되지 않으므로 빵이 부풀지 않고 빛깔도 검어 호밀로 만든 **빵은** 흑빵이 된다.

3 형태

⑴ 밀의 종실과 유사하지만 좀 더 가늘고 길며 표면에 주름이 잡힌 것이 많다.

⑵ **뿌리, 줄기 및 잎**

    ① **뿌리**: 종자근은 4본이며 근계발달이 좋고 밀보다 더 심근성으로 2m까지 자란다.

    ② **줄기**: 밀보다 약하고 길어서 도복되기 쉽다.

    ③ **잎**: 지엽이 다른 잎보다 작고 엽설과 엽이의 발달은 밀보다 못하다.

⑶ 호밀의 꽃도 밀과 같은 수상화서로, 수축에는 25~30개의 마디가 있고, 각 마디에는 1개의 소수가 착생한다.

⑷ 소수는 3개의 소화로 되어 있으며, 이들은 1쌍의 받침껍질로 싸여 있다.

⑸ 소화 중 최상부의 것은 보통 불임이므로, 1이삭에 50~60립의 종자가 달린다.

⑹ 꽃은 외영, 내영, 암술 및 3본의 수술(맥류는 3본, 벼는 6본)로 되어 있으며, 꽃밥은 보리보다 크고 까락은 굵고 길다.

4 생리 및 생태

1. 개화 및 등숙

(1) 호밀도 보리나 보통 밀의 개화처럼 먼저 분얼한 대의 이삭부터 개화가 시작되는데, 한 이삭의 개화는 중앙부 부근의 꽃부터 시작하여 점차 상하로 진행한다.

(2) 1개의 소수 안에서는 기부의 제1소화로부터 개화해 올라간다.

(3) 1포기 전체 이삭의 개화일수는 약 8~14일(보리, 밀은 8일)이고, 한 이삭의 개화일수는 3~4일이다.

(4) 보리는 대부분 아침부터 개화하여 주로 오전 중에 개화가 끝나고, 밀은 오후에 개화하는 것이 많은데, 호밀은 풍매화이기 때문에 오전에 반쯤 개화하고 야간까지 하루 종일 개화한다.

(5) 호밀은 1이삭에 두 가지의 입색이 혼재하는 경우도 있고 다른 맥류와 달리 타가수정을 하며, 자식하면 임실율이 현저히 낮아진다.

(6) **호밀은 풍매화이므로 채종 시에는 품종유지를 위해 300~500m의 격리가 필요하다.**

2. 자가불임성

(1) **호밀을 타화수정작물로 자가수분시키면 화분이 암술머리에서 발아는 하지만 화분관이 난세포에 도달하지 못하므로 자가불임성이 매우 높다.**

(2) 품종의 자가임성 정도는 야생종보다 재배종에서 높고, 러시아에서는 남방보다 북방의 품종이 높다. 북방이 높은 이유는 나쁜 기상 때문에 정상적인 개화가 안 되므로 자가수분의 기회가 많고, 그것이 유전되기 때문으로 생각된다.

(3) **호밀의 자가불임성은 우성인 경향이고, 개체 간의 유전적 변이가 인정된다.**

3. 결곡성

(1) 호밀에서 나타나는 불임현상을 말한다.

(2) 결곡성이 나타나는 원인은 미수분이다.

(3) 미수분은 포장 주위의 개체나 바람받이에 있는 개체에서 발생되기 쉽고, 개화 전의 도복이나 강우 등에 의해서도 발생한다.

(4) 호밀의 결곡성의 두가지 화분불임성과 자성불임성이다.

5 재배

1. 파종

밀, 보리 보다 조파나 만파에 대한 적응성은 높지만, 밀이나 보리의 파종기에 준한다.

2. 맥각병

(1) 맥각병이란 이삭에 모가 난 검은 덩어리가 생기는 병으로 때로는 밀과 보리에서도 발생한다.

(2) 맥각에는 유독 성분이 있어 인축에 해롭지만, 에르고톡신이 있어 수축제나 혈압상승제 등의 약으로 이용된다.

(3) 방제
① 무병지에서 채종한다.
② 비중선으로 피해종자를 제거한다.
③ 월동 균핵의 자낭체형성이 억제되어 전염성이 적어지도록 심경한다.
④ 휴반잡초제거로 매개 곤충을 적게 한다.

3. 수확, 탈곡 및 조제

호밀은 밀보다 등숙기간이 길기 때문에 종실을 목적으로 수확할 경우 수확기는 호밀이 밀보다 늦다. 탈곡 및 조제는 밀에 준하면 된다.

6 청예(풋베게) 재배의 이용성

1. 사료로 이용

청예사료로 이용할 때는 먹기 좋고 양분도 풍부한 수잉기가, 엔실리지로 이용할 때는 발효에 적합한 수분을 가진 유숙기가 적기이다.

2. 녹비로 이용

(1) 호밀은 논에서 녹비로 쓰면 지력증진은 물론, 누수방지의 효과가 커서 사질누수답에 매우 유리하다.

(2) 충분한 부숙을 위하여 이앙 전에 되도록이면 빨리 시용하여야 한다.

3. 토지이용도의 증대

(1) 종실생산을 위한 답리작은 어렵지만, 청예재배를 하면 전국적으로 답리작이 가능하다.

(2) 정부에서 권장하며 벼의 후작으로 중부지방은 호밀, 남부지방은 이탈리안라이그래스를 재배한다.

귀리

1 기원

1. 식물적 기원

> • 귀리(연맥, 燕麥)
> • 학명: *Avena sativa* L.
> • 영명: oat

(1) **염색체수에 따라 2배종, 4배종, 6배종으로 구분한다.**

　① 2배종: *A. strigosa*

　② 4배종: *A. abyssinica*

　③ 세계적으로 많이 재배되는 6배종: *A. sativa* (oat), *A. byzantia* (red oat)

(2) 염색체수 7을 기본으로 $2n = 14, 28, 42$의 변이를 보인다.

(3) 재배종은 $2n = 42$이다.

(4) 보리, 밀처럼 주 맥류가 흉년이 되는 해에 호밀과 귀리는 풍년이 들기 때문에 식용으로 발전한 2차 작물이다.

2. 지리적 기원

귀리의 원산지는 중앙아시아 및 아르메니아 지역이다.

2 이용

(1) **귀리의 주성분은 당질(전분65%)이고, 단백질, 비타민 B 등은 밀과 유사하며, 지질은 5% 정도로 밀(2%)보다 많다.**

(2) 독특한 맛과 영양가 풍부하고 소화율이 높아 밥으로 먹거나 오트밀을 만들어 조식용으로 하기도 한다.

(3) 귀리의 겉곡은 말의 사료로 좋다.

(4) 경영상의 특성

　① 사료나 녹비로 우수한 특성을 가진다.

　② **토박한 땅, 산성이 강한 땅에 잘 견디고, 특히 다른 맥류가 적응하기 어려운 여름철의 냉습한 기후에 잘 견딘다.**

3 형태

(1) 종실은 영과이고, 1,000립중은 보리나 밀과 비슷한 값으로 35~45g이다.

(2) 종자근은 중앙의 1본 이외에도 2~4본 더 발생한다. 초엽절로부터 위로 각 마디에서는 관근이 발생한다.

(3) 줄기에는 6~12마디가 있는데, 하위 3~6절간은 불신장부이다.

(4) 잎은 밀보다 넓으며 엽신의 기부 및 초엽에 단모가 있는 것도 있고, 엽설은 희고 짧은 박막으로서 주변에 톱니모양이며 엽이는 없다.

(5) 귀리의 이삭에서는 벼처럼 지경이 길게 자라 복총상화서가 되는데, 이것은 다른 맥류가 수상화서인 것과 기본적으로 다르다.

(6) 한 이삭에 20~40개의 소수가 착생하고, 이삭의 수형은 소수가 펴진 모양에 따라 산수형과 편수형으로 구분된다.

(7) 소수는 넓고 긴 한 쌍의 받침껍질로 싸여 있고, 그 속에는 3개의 꽃이 들어 있는데 최상의 꽃은 주로 불임이다.

(8) 꽃의 기본 구조는 다른 맥류와 같이 안껍질(내영), 바깥껍질(외영), 1개의 암술, 3개의 수술 및 1쌍의 인피가 있다.

4 생리 및 생태

1. 개화

(1) 다른 맥류와 달리 선단의 꽃부터 개화하기 시작하여 점차 밑으로 진행하며, 1개의 지경 내에서는 선단의 소수로부터 꽃이 피므로 벼의 개화와 유사하다.

(2) 1개의 소수 내에서는 밀과 같이 하부의 소화로부터 꽃이 핀다.

(3) 귀리는 밀처럼 주로 오후에 개화한다.

(4) 귀리는 자가수정을 원칙으로 하지만 타가수정도 이루어진다. 1% 내외의 자연교잡이다.

2. 백수성

(1) 출수 시 수분이나 양분이 부족한 경우 및 주간에 소수화가 많거나 약소화일 경우에 꽃이 다 자라지 못하고 퇴색, 위축되어 떨어지는 백수가 발생한다.

(2) 발생률은 품종에 따라 2.3%에서 많은 것은 50% 이상 발생하기도 한다.

(3) 한 이삭 중의 백수의 분포는 상부 4%, 중부 20%, 하부 40%로 하부로 갈수록 수광이 어렵기 때문에 백수율은 증가한다.

5 타 맥류와 비교한 환경

(1) 내동성이 약하여 봄귀리만 재배한다.

(2) 내건성이 약하여 건조지역에서는 재배가 어렵다.

(3) 허밀과 같이 내도복성이 약하여 다비재배 시 도복의 우려가 크다.

(4) 냉습한 기후에 적응하므로, 냉습한 산간지에서는 맥류 중 귀리만 재배할 수 있다. 따라서 여름철 기후가 고온건조한 지대보다 다소 서늘한 곳에서 잘 적응한다.

(5) 토양적응성이 강해 척박지와 산성토양에 대한 적응성이 크다.

　＊ 산성토양에 대한 적응성: 귀리 > 밀 > 보리

6 청예재배

귀리도 호밀처럼 사료용이나 녹비용으로 청예재배에 알맞다.

핵심 기출문제

맥류

05

001 보리의 파성과 출수에 대한 설명으로 옳지 않은 것은? 12. 국가직 9급

① 출수하기 위한 생육초기의 저온요구도가 낮은 것을 추파형이라 한다.
② 추파성 소거 후에는 고온 및 장일 조건이 출수를 촉진한다.
③ 협의의 조만성은 추운 지방보다 따뜻한 지방에서 조숙화에 대한 기여도가 낮다.
④ 추파성이 낮고 춘파성이 높을수록 출수가 빨라진다.

002 맥류의 출수에 대한 설명으로 옳지 않은 것은? 17. 지방직 9급

① 춘화된 식물체는 고온 및 장일조건에서 출수가 빨라진다.
② 최아종자 때와 녹체기 때 춘화처리 효과가 있다.
③ 종자를 저온처리 후 고온에 장기보관하면 이춘화가 일어난다.
④ 추파성이 강한 품종은 추위에 견디는 성질이 약하다.

003 호밀의 환경적응 특성에 대한 설명으로 옳은 것은? 10. 국가직 9급

① 겨울에 −25℃ 정도의 저온지대에서도 월동이 가능하다.
② 내건성이 매우 강하지만 사질토양에 대한 적응성이 낮다.
③ 산성토양에는 잘 적응하지만 알칼리토양에 대한 적응성은 낮다.
④ 흡비력이 강할 뿐만 아니라 강우나 바람에 의한 도복에도 강하다.

정답찾기

001 ① 출수하기 위한 생육초기의 저온요구도가 높은 것이
추파형이다.

002 ④ 추파성 정도가 높은 품종은 대체로 내동성이 강하
여 월동이 안전하다.

003 ① 호밀은 내동성이 강하여 겨울에 −25℃의 저온으로
내려가는 지대에서도 월동이 가능하다.
② 내동성이 극히 강하고, 내건성도 강하며, 건조한 척
박지에서의 적응성도 높다.
③ 알칼리성부터 산성토양까지 잘 적응한다.
④ 흡비력이 강하나 강우나 바람에 도복이 잘 된다.

정답   **001** ①   **002** ④   **003** ①

004 맥류의 휴면에 관한 설명 중 옳지 않은 것은?

09. 국가직 7급

① 발아억제물질의 존재는 휴면의 한 원인이 된다.
② 효소가 생리적으로 미숙할 경우에도 휴면이 일어난다.
③ 발아억제물질은 물, 에테르, 메틸알코올 등에 녹는다.
④ 수분흡수종자를 저온에 보관하면 휴면이 오래 지속된다.

005 밀의 품질과 관련된 설명 중 올바르지 않은 것을 고르시오.

14. 서울시 9급

① 고온건조한 지역에서는 저단백질의 밀이 생산된다.
② 등숙기에 서늘하면 저단백질의 밀이 생산된다.
③ 강우가 잦을수록 밀알의 외관이 나쁘다.
④ 강우가 잦을수록 단백질 함량이 증가한다.
⑤ 질소 시비량이 많을수록 단백질 함량이 증가한다.

006 추파성인 밀과 춘파성인 밀 품종 간 인공교배를 위한 개화기 조절을 위하여 추파성 밀에 이용되는 방법은?

14. 서울시 9급

① 춘화처리   ② 웅성불임
③ 단일처리   ④ 밀식재배
⑤ 질소시비

007 맥류의 내동성을 증대시키는 체내의 생리적 요인이 아닌 것은?

14. 서울시 9급

① 체내의 수분 함량이 적다.
② 체내의 단백질 함량이 적다.
③ 체내의 당분 함량이 많다.
④ 세포액의 pH 값이 크다.
⑤ 발아 종자의 아밀라아제의 활력이 크다.

008 맥류의 파성에 관한 설명으로 옳지 않은 것은?

10. 국가직 7급

① 보리 품종 중 올보리가 오월보리보다 추파성이 높다.
② 추파성이 높을수록 추파성 소거에 필요한 월동기간이 길다.
③ 추파성이 낮고 춘파성이 높을수록 출수가 빨라지는 경향이 있다.
④ 추파성 품종을 적기보다 빨리 파종하면 출수기는 빨라지고 출수일수는 단축된다.

009 밀의 단백질 함량에 대한 설명으로 옳지 않은 것은?

① 종실발육시기에 건조하면 단백질 함량이 높아진다.
② 종실발달 과정 중 요소를 엽면시비하면 단백질 함량이 증가한다.
③ 한랭지에서 재배할수록, 조기수확할수록 단백질 함량이 높아진다.
④ 초자율이 낮고 연질일수록 단백질 함량이 증가한다.

010 맥류의 내동성에 관한 설명으로 옳지 않은 것은?

① 초기생육이 포복성인 것이 직립성인 것보다 내동성이 강하다.
② 엽색이 진한 것이 내동성이 강한 경향이 있다.
③ 호밀의 내동성은 보리나 귀리보다 강하다.
④ 내동성이 약한 품종을 만파하면 동해가 적어진다.

05

011 맥류의 중경 발생에 대한 설명으로 옳지 않은 것은?

① 종자를 깊게 파종할 때 발생한다.
② 토양수분이 많을수록 길어진다.
③ 추위에 약한 품종일수록 길어진다.
④ 2조종보다 6조종이 대체로 길게 발생한다.

정 답 찾 기

004 ④ 수분흡수종자를 고온에 보관하면 휴면이 오래 지속된다.

005 ① 등숙기가 냉량하고 토양수분이 적당할 경우에는 저단백질의 밀이 생산되고, 고온건조한 지대에서는 고단백질의 밀이 생산된다.

006 ① 춘화 : 추파성을 춘파성으로 전화시키기 위하여 추파성의 최아종자를 저온에 일정기간 보관하는 방법

007 ② 체내의 단백질 함량이 많아야 한다.

008 ④ 적기보다 일찍 파종하면 출수기는 빨라지지만 출수일수가 연장되기 쉽다.

009 ④ 초자율이 높고 연질일수록 단백질뿐만 아니라 부질의 함량도 높은 편이다.

010 ④ 내동성이 약한 품종을 조파 또는 만파하면 동해가 심해진다.

011 ④ 6조종보다 2조종이, 내한성이 약한 품종일수록 토양수분이 많거나 그늘이 질 때, 같은 깊이로 파종해도 관부가 옅고 중경이 길어진다.

정답 **004** ④   **005** ①   **006** ①   **007** ②   **008** ④   **009** ④   **010** ④   **011** ④

012 보리의 식미를 향상시키기 위한 품종의 종실 특성을 올바르게 기술한 것은?   11. 지방직 9급

① 단백질 함량이 높아야 한다.
② 백도가 높은 것이 좋다.
③ 호화온도가 높아야 한다.
④ 아밀로오스 함량이 높아야 한다.

013 맥류의 파성에 대한 설명으로 옳은 것은?   09. 지방직 9급

① 춘파성이 낮은 품종이 내동성이 강하다.
② 추파성이란 생식생장을 촉진시키는 성질이다.
③ 춘파성이 낮고 추파성이 높을수록 출수가 빨라진다.
④ 추파형은 저온·장일 조건에서 추파성이 소거된다.

014 전 세계적으로 보리 주산지에 대한 설명으로 옳지 않은 것은?   09. 지방직 9급

① 생산량은 북아메리카 > 아시아 > 유럽의 순이다.
② 30~60°N, 30~40°S의 지역이다.
③ 연 평균 기온은 5~20℃이다.
④ 연 평균 강수량은 1,000mm 이하이다.

015 보리의 시비에 대한 설명 중 옳지 않은 것은?   09. 국가직 7급

① 소수분화후기의 질소추비는 이삭당 소수를 증가시키는 효과가 있다.
② 출수 후 10일경의 질소추비는 지엽의 질소함량을 증가시킨다.
③ 인산은 퇴비와 섞어주면 불용화되기 쉽다.
④ 시비한 비료 3요소 중 일반적으로 인산의 흡수율이 가장 낮다.

016 맥류의 수확과 탈곡에 대한 설명으로 옳은 것은?   11. 지방직 9급

① 수확적기는 종실의 무게면에서는 건물중의 약 80%가 될 때이다.
② 종실의 길이가 완성되는 시기가 수확적기이다.
③ 보리는 수분 함량의 20% 이하가 되도록 한 후 탈곡한다.
④ 수확적기는 종실의 수분 함량이 16% 이하로 떨어질 때이다.

017 껍질보리와 쌀보리에 대한 설명으로 옳은 것은? 08. 국가직 9급

① 껍질보리의 재배가능지역의 위도가 쌀보리보다 낮다.
② 껍질보리의 종실에는 종피가 있으나 쌀보리는 없다.
③ 껍질보리 쌀의 단백질 함량이 쌀보리 쌀보다 훨씬 높다.
④ 껍질보리가 쌀보리보다 1L 중의 무게가 가볍다.

018 다음 중 자연교잡률이 가장 높은 작물은? 14. 서울시 9급

① 밀   ② 호밀
③ 콩   ④ 귀리
⑤ 조

019 맥류의 도복에 관한 설명으로 옳지 않은 것은? 10. 국가직 7급

① 도복으로 상처가 생기면 호흡이 증대되어 저장양분의 축적이 적어진다.
② 도복되어 양분 전류가 저해되면 종실의 단백질 함량이 감소된다.
③ 파종을 다소 깊게 하면 도복방지에 효과가 있다.
④ 중경은 도복발생을 줄인다.

정답찾기

012 ② 백도가 높은 것, 흡수율이 높은 것, 풍만도가 좋은 것, 호화온도와 경도가 낮은 것, 단백질 함량과 아밀로스 함량이 적은 것 등이 좋다.

013 ① 춘파성이 낮은 품종이 내동성이 강한 경향이 있다.
② 추파성이란 영양생장을 지속시키고, 생식생장을 억제하는 성질이다.
③ 춘파성이 낮고 추파성이 높을수록 출수가 늦어진다.
④ 추파형은 저온·단일 조건에서 추파성이 소거된다.

014 ① 보리생산량: 유럽 > 중·북아메리카 > 아시아

015 ③ 인산은 토양 중에서 불용태로 되는 양이 많은데, 그대로 토양에 주지 말고 퇴비와 혼합하여 주는 것이 불용태로 되는 것을 경감시켜 비효가 커진다.

016 ③ 밀이나 보리를 수확하면 현장에서 3일 정도 잘 말려 종실의 수분 함량이 20% 이하가 되었을 때 묶어 회전 탈곡기로 탈곡한다.
① 맥류의 수확적기는 건물중과 입중이 최대가 되는 시기이다.
② 밀은 출수 후 40~45일, 껍질보리와 쌀보리는 35~40일이 수확적기이다.
④ 종실의 수분 함량이 기계수확을 할 수 있는 양인 35~40%일 때가 수확적기이다.

017 ④
① 껍질보리의 재배가능지역의 위도가 쌀보리보다 높다.
② 껍질보리와 쌀보리 종실 모두 종피가 있다.
③ 껍질보리 쌀의 단백질 함량이 쌀보리 쌀보다 약간 적다.

018 ② 호밀은 타화수정작물로서 자가불임성이 매우 높다.

019 ② 도복에 의하여 양분의 전류가 저해되면 종실의 비대가 불충분해져서 단백질 함량이 증대되어 품질이 저하된다.

020 **귀리의 재배적 특성으로 옳지 않은 것은?**

21. 지방직 9급

① 내동성이 약하다
② 내건성이 약하다.
③ 냉습한 기후에 잘 적응한다.
④ 토양적응성이 낮아 산성토양에 약하다.

021 **맥류의 수발아 대책으로 옳지 않은 것은?**

09. 국가직 7급

① 도복방지에 힘쓴다.
② 조생종보다 만생종을 선택한다.
③ 휴면기간이 긴 품종을 선택한다.
④ 출수 후 수발아 억제제를 살포한다.

022 **맥주용 보리의 품질조건으로 가장 적합한 것은?**

08. 국가직 7급

① 종실이 크고, 전분함량이 높은 것
② 종실이 크고, 단백질 함량이 높은 것
③ 종실이 작고, 지방함량이 높은 것
④ 종실이 작고, 미숙립이 많아 특수향기를 지닌 것

023 **밀의 품질에 대한 설명으로 옳지 않은 것은?**

11. 지방직 9급

① 밀알 단면의 70% 이상이 초자질부로 되어 있으면 초자질립이다.
② 초자율이 30% 이하이면 분상질소맥이다.
③ 초자질소맥은 분상질소맥보다 단백질 함량이 높고, 지방함량이 낮다.
④ 연질분은 경질분보다 단백질과 부질 함량이 많아 신전성이 강하므로 제과용으로 알맞다.

024 **보리의 종실에 대한 설명으로 옳지 않은 것은?**

22. 지방직 9급

① 쌀보리는 유착 물질이 분비되어 성숙 후에 외부의 물리적 충격에도 쉽게 분리되지 않는다.
② 바깥껍질과 안껍질에 싸여 있는 영과를 형성한다.
③ 등 쪽 기부에 배가 있으며, 배 쪽에는 기부에서 정부로 길게 골이 있는데 이것을 종구라 한다.
④ 내부구조는 종피 안쪽에 호분층과 배, 배유로 이루어져 있다.

025 보리의 발육과정에 대한 설명으로 옳은 것은? 20. 지방직 9급

① 아생기 - 배유의 양분이 거의 소실되고 뿌리로부터 흡수되는 양분에 의존하는 시기
② 이유기 - 주간의 엽수가 2~2.5장인 시기로 발아 후 약 3주일에 해당하는 시기
③ 신장기 - 유수형성기 이후 이삭과 영화가 커지며 생식세포가 형성되는 시기
④ 수잉기 - 절간신장이 개시되어 출수와 개화에 이르기까지 줄기 신장이 지속되는 시기

026 맥류의 추파성 제거에 대한 설명으로 옳지 않은 것은? 21. 지방직 9급

① 추파성 품종을 가을에 파종하면 월동 중의 저온단일조건에 의하여 추파성이 제거된다.
② 추파성의 제거에 필요한 월동기간은 추파성이 높을수록 짧아진다.
③ 춘화처리는 추파형 종자를 최아시켜서 일정기간 저온에 처리하여 추파성을 제거하는 것이다.
④ 추파형 호밀의 춘화처리 적정온도는 1~7℃의 범위이다.

027 밀의 품질에 대한 설명 중 옳은 것은? 09. 국가직 9급

① 밀알이 굵고 껍질이 얇으면 배유율이 낮다.
② 강력분은 박력분에 비해 부질 함량이 높다.
③ 회분함량이 높을수록 좋은 밀가루가 된다.
④ 질소시용량이 적을수록 단백질 함량이 증가한다.

정답찾기

020 ④ 귀리는 토양적응성이 강하며, 척박지나 산성토양에 대한 적응성이 밀보다 크다.

021 ② 맥류는 조생종이 만생종보다 수확기가 빠르므로 수발아의 위험이 적다.

022 ①

023 ④ 연질분은 단백질과 부질의 함량이 적다.

024 ① 쌀보리는 유착 물질이 분비되지 않아 성숙 후에 외부의 물리적 충격에 의해 껍질이 쉽게 떨어진다.

025 ②
① 아생기 - 발아 후 배유의 양분에 의하여 생육하는 어린 시기
③ 신장기 - 절간신장이 개시되어 출수·개화에 이르기까지 줄기의 선장이 지속되는 시기
④ 수잉기 - 유수형성기 이후 이삭과 영화가 커지며 생식세포가 형성되는 시기

026 ② 맥류의 파종적기는 추파성이 높은 것일수록 빨라지게 되는데, 이것은 추파성의 소거에 필요한 월동기간이 추파성이 높을수록 길어지기 때문이다.

027 ②
① 밀알이 굵고 껍질이 얇으면 배유율이 높다.
③ 회분함량이 적을수록 좋은 밀가루가 된다.
④ 질소시용량이 많을수록 단백질 함량이 증가된다.

028 맥류의 내동성 정도를 바르게 나타낸 것은?

08. 국가직 7급

① 호밀 > 밀 > 귀리
② 밀 > 호밀 > 보리
③ 보리 > 밀 > 호밀
④ 귀리 > 호밀 > 밀

029 호밀의 특징에 관한 내용으로 옳은 것은?

07. 국가직 9급

① 발아할 때 종근은 1개이다.
② 풍매수분을 하며 자가불임성이 높다.
③ 저온발아성이 밀보다 약하다.
④ 내건성이 약하다.

030 호밀의 임성에 대한 설명으로 옳은 것은?

09. 지방직 9급

① 다른 개체의 꽃과 교잡이 잘 이루어지지 않는다.
② 자가임성정도는 야생종이 재배종보다 높다.
③ 자식하면 임실률이 현저히 낮아진다.
④ 자가불임성으로 열성인 경향이며, 개체 간에 변이가 거의 없다.

031 맥주맥의 품질조건에 관한 설명으로 옳지 않은 것은?

10. 국가직 7급

① 아밀라제 작용이 강해지면 단백질 함량이 증가해 좋지 않다.
② 종실의 단백질 함량이 8~12%인 것이 적합하다.
③ 종실의 지방함량이 1.5~3.0%인 것이 적합하다.
④ 종실의 전분함량은 58% 이상부터 65% 정도까지 높을수록 좋다.

032 보리의 습해대책으로 옳지 않은 것은?

09. 국가직 9급

① 미숙유기물이나 황산근 비료를 사용하지 않는다.
② 객토, 토양개량제 등을 시용한다.
③ 휴립하여 토양용기량을 증대시킨다.
④ 내습성 품종으로 까락이 짧은 것이 적합하다.

033 **맥류의 추파성에 관한 설명으로 옳지 않은 것은?**
08. 국가직 7급

① 추파형 맥류는 봄 늦게 파종하면 좌지현상이 생긴다.
② 추파성은 맥류의 영양생장을 억제하는 성질이다.
③ 추파성은 맥류의 내동성을 증가시키는 경향이 있다.
④ 추파성 정도는 품종에 따라 차이가 크다.

034 **맥주보리의 품질조건으로 옳은 것은?**
20. 지방직 9급

① 곡피의 양은 16% 정도가 적당하다.
② 전부 함량은 58% 이상부터 65% 정도까지 높을수록 좋다.
③ 단백질 함량은 15% 이상으로 많을수록 좋다.
④ 지방 함량은 6% 이상으로 많을수록 좋다.

035 **맥류에 대한 설명으로 옳지 않은 것은?**
12. 국가직 7급

① 동양에서 보리재배 역사는 기원전 2,700년 경으로 중국 신농시대에 보리가 오곡에 포함되어 있었으며, 우리나라의 경우 보리는 중국으로부터 전파된 것으로 보고 있다.
② 트리티케일은 밀과 호밀의 속간잡종으로 보통밀에 호밀을 교배하여 육성한 8배체와 듀럼밀과 호밀을 교배하여 육성한 6배체가 있다.
③ 밀은 2배체, 이질4배체, 이질6배체종으로 구분되는데, 가장 널리 재배되고 있는 종은 보통계 이질6배체(AABBDD, 2n = 36)인 보통밀이나 빵밀이다.
④ 귀리는 식물 분류학상 Avena속에 속하며, 세계적으로 많이 재배되는 것은 6배체인 ㉠ sativa(oat)와 ㉠ byzantia(red oat)이다.

정답찾기

028 ① 맥류의 내동성: 호밀 > 밀 > 보리 > 귀리
029 ②
① 종자근은 4본이다
③ 저온발아성이 밀보다 강하다.
④ 내건성이 강하다.
030 ③ 호밀은 풍매화로서 타가수정을 하며, 자식할 때에는 임실률이 현저히 낮아진다.
① 호밀은 터기수정 작물로 다른 개체와 교잡이 잘 일어난다.
② 자가임성정도는 야생종보다 재배종에서 높다.
④ 자가불임성은 우성인 경향이며, 개체 간의 유전적 변이가 인정된다.
031 ① 아밀라제의 작용력이 강해지면 당화작용이 잘 이루어진다.

032 ④ 맥류는 까락이 긴 것이 내습성이 강하다.
033 ② 추파성은 맥류의 영양생장만을 지속시키고 생식생장으로서 이행을 억제하며, 내동성이 증대된다.
034 ②
① 곡피의 양은 8%가 적당하다.
② 단백질 함량은 8~12%인 것이 가장 알맞다.
④ 지방 함량이 1.5~3%인 것이 알맞으며 그 이상이면 맥주의 품질이 저하된다.
035 ③ 밀은 2배체, 이질 4배체, 이질 6배체종으로 구분되는데, 가장 널리 재배되고 있는 종은 보통계 이질 6배체(AABBDD, 2n = 42)인 보통밀이나 빵밀이다.

036 호밀의 임성에 대한 설명으로 옳은 것은?　　　14. 국가직 9급

① 자가수분 시키면 화분이 암술머리에서 발아는 하지만 화분관이 난세포에 도달하지 못한다.
② 자가불임성의 유전은 열성이며, 개체 간 유전적 변이는 없다.
③ 품종의 자가임성 정도는 재배종보다 야생종이 높다.
④ 결곡(缺穀)성이 나타나는 원인은 미수분(未受粉)이며 이는 유전되지 않는다.

037 밀가루의 분질에 대한 설명으로 옳지 않은 것은?　　　14. 국가직 7급

① 경질분은 단백질과 부질의 함량이 높아서 제빵용으로 적합하지 않다.
② 연질분은 단백질과 부질의 함량이 낮고 카스텔라, 비스킷, 튀김용으로 적합하다.
③ 반경질분은 일반적으로 빵 배합용으로 적합하다.
④ 중간질분은 단백질 함량이 연질분보다 다소 높다.

038 맥주보리의 품질 조건에 대한 설명으로 옳지 않은 것은?　　　14. 국가직 7급

① 충분히 건조한 것이어야 하고 숙도가 적당한 것으로 협잡물, 피해립, 이종립 등이 없어야
　한다.
② 단백질이 많으면 발아 시 발열이 적고 초자질의 양이 많아 맥주 제조에 유리하다.
③ 곡피의 양은 8% 정도가 적당하며, 곡피가 두꺼우면 곡피 중의 성분이 맥주의 품질을 저하
　시킨다.
④ 아밀라아제의 활성이 강해야 전분에서 맥아당으로의 당화작용이 잘 이루어진다.

039 맥류의 내동성을 증대시키는 체내의 생리적 요인으로 적합하지 않은 것은?　　　14. 서울시 9급

① 체내의 단백질 함량이 많아야 한다.
② 체내 원형질의 수분 투과성이 커야 한다.
③ 체내의 수분 함량과 당분함량이 적어야 한다.
④ 세포액의 pH값이 커야 한다.

040 종자가 발아할 때 어린뿌리는 배의 끝에서, 어린싹은 배의 반대 끝에서 나오는 작물로만 묶인 것은?　　　14. 국가직 7급

① 쌀보리, 호밀　　　　　　　② 귀리, 호밀
③ 겉보리, 귀리　　　　　　　④ 겉보리, 쌀보리

041 맥주보리의 품질조건에 대한 설명으로 옳지 않은 것은? 15. 국가직 9급

① 발아가 빠르고 균일하여야 맥주의 품질이 좋다.

② 종실이 굵어야 전분함량이 많아 맥주수율이 높아진다.

③ 곡피가 두꺼워서 주름이 적으면 맥주량이 많아진다.

④ 지방함량이 3% 이상이면 맥주의 품질이 저하된다.

042 맥류에 대한 설명으로 옳지 않은 것은? 15. 국가직 9급

① 동해를 방지하려면 휴립구파를 하고 습해를 방지하려면 휴립휴파를 하는 것이 유리하다.

② 맥주보리의 검사항목에는 수부함량, 정립률, 피해립의 비율, 발아세와 색택 등이 있다.

③ 작물체 내에 수분 함량과 단백질 함량이 감소하면 내동성은 증가한다.

④ 늦게 파종하거나 지력이 낮은 경우에는 파종량을 증가시킨다.

05

043 맥류의 발아 시 유근과 유아가 모두 배단에서 나오는 양상을 보이는 것은? 12. 국가직 9급

① 껍질보리, 밀   ② 밀, 호밀

③ 호밀, 귀리   ④ 귀리, 껍질보리

🌾 **정답찾기**

036 ①

② 호밀의 자가불임성은 우성인 경향이며, 개체 간에 유전적 변이가 인정된다.

③ 품종의 자가임성정도는 야생종보다 재배종에서 높다.

④ 결곡성은 유전된다.

037 ① 경질분은 단백질과 부질의 함량이 많고 장시간에 걸쳐 신전성(펴는 성질)이 있으므로 빵을 만들 때 잘 부풀어서 알맞다.

038 ② 단백질 함량이 많은 것은 전분 함량이 적고 곡피가 적어지며, 발아할 때 발열하기 쉽고 용해가 불량한 발아가 되어 맥즙수량이 적어지며, 초자질의 양이 많아 제맥하기 어렵고, 맥주에 침전오염이 생기기 쉽다.

039 ③ 체내의 수분 함량이 적고, 체내의 당분 함량이 많아야 한다.

040 ③ 껍질을 쓰고 있는 겉보리와 귀리의 경우 유근은 배단에서, 그리고 유아는 배의 반대 단에서 나오는 모양을 보이지만, 종자가 나출된 밀과 호밀의 경우에는 유근과 유아가 모두 배단에서 나온다.

041 ③ 곡피의 양은 8% 정도가 적당한데, 곡피가 두꺼우면 곡피 중의 성분이 맥주의 맛을 저하시킨다.

042 ③ 체내의 수분 함량이 적고, 단백질 함량이 많으면 내동성이 증가한다.

043 ② 껍질을 쓰고 있는 껍질보리와 귀리의 경우 유근은 배단에서, 그리고 유아는 배의 반대 단에서 나오는 모양을 보이지만, 종자가 나출된 밀과 호밀의 경우에는 유근과 유아가 모두 배단에서 나오는 모양을 보인다.

정답   **036** ①   **037** ①   **038** ②   **039** ③   **040** ③   **041** ③   **042** ③   **043** ②

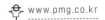

044 밀의 단백질에 대한 설명으로 옳지 않은 것은?   15. 국가직 9급

① 단백질 함량이 높은 강력분은 글루텐 함량도 높다.
② 토양수분이 낮아지면 단백질 함량은 증가된다.
③ 결정입자가 없는 연질밀은 경질밀보다 단백질 함량이 높다.
④ 밀 종실의 단백질 중에서 글루텐이 80%를 차지하고 있다.

045 밀의 성분과 품질에 대한 설명으로 옳은 것은?   15. 서울시 9급

① 단백질 함량은 경질밀보다 연질밀이 많다.
② 분상질부는 세포가 치밀하여 반투명하게 보인다.
③ 글루테닌과 글리아딘은 추파밀보다 춘파밀에서 다소 높다.
④ 강력분은 비스킷, 가락국수 등의 제조에 알맞다.

046 맥류의 출수기와 관련이 있는 생리적 요인들에 대한 설명으로 옳지 않은 것은?   15. 서울시 9급

① 추파성은 맥류의 영양생장만을 지속시키고 생식생장으로의 이행을 억제하는 성질이 있다.
② 춘파성을 추파성으로 전환시키기 위하여 버널리제이션을 이용한다.
③ 추파성을 완전히 소거한 다음 고온에 의하여 출수가 촉진되는 성질을 감온성이라고 한다.
④ 협의의 조만성은 고온장일(20~25℃ 24시간 일장)하에서 검정한다.

047 호밀의 결곡성에 대한 설명으로 옳지 않은 것은?   15. 서울시 9급

① 포장 주변의 개체나 바람받이에 있는 개체는 미수분되기 쉽다.
② 개화 전의 도복, 강우에 의해서 쉽게 일어난다.
③ 불가리아의 호밀은 염색체이상에 의해 유전된다.
④ 화분불임성과 웅성불임성, 파성소거의 불완전성이 해당한다.

048 맥류의 파성에 대한 설명으로 옳은 것은?   11. 국가직 7급

① 추파성은 영양생장이 짧고 생식생장으로 빠르게 전환되는 성질이다.
② 추파형을 가을에 파종하면 저온단일조건에서 추파성이 소거된다.
③ 북부 지방의 내동성이 강한 품종들은 추파성이 낮다.
④ 추파성이 높은 품종은 늦게 파종할수록 월동 후 출수 및 성숙이 빨라진다.

049 밀의 제분율을 높이는 데 유리한 조건에 해당하지 않은 것은? 08. 국가직 9급

① 1,000립중이 크다.
② 배유율이 낮다.
③ 밀알의 건조가 좋을수록 높다.
④ 잔분율이 낮다.

050 맥류의 춘화처리에 대한 설명으로 옳은 것은? 15. 국가직 9급

① 가을보리를 저온처리할 경우에는 암조건이 필요하다.
② 춘파형 품종을 봄에 파종하였을 경우에 춘화가 이루어지지 않아 좌지현상이 발생한다.
③ 추파맥류는 최아종자 때와 녹체기 때 모두 춘화처리 효과가 있다.
④ 춘화처리가 된 맥류는 파성과 관계없이 저온과 단일조건에서 출수가 빨라진다.

05

정답 찾기

044 ③ 연질분
1) 밀가루 중에 결정입자가 없기 때문에 손끝으로 비벼 보면 매우 부드럽다.
2) 단백질과 부질 함량이 적으며, 신전성이 다소 강한 것은 가락국수를 만드는 데 알맞고, 신전성이 약하며 단백질 함량이 적은 것은 카스텔라, 비스켓 및 튀김용으로 알맞다.
3) 연질분이 되는 것은 연질소맥이라고 한다.

045 ③
① 경질분은 단백질과 부질의 함량이 많다.
② 초자질은 세포가 치밀하고 광선이 잘 투입되어 반투명하게 보인다.
④ 연질분은 단백질과 부질 함량이 적으며, 신전성이 다소 강한 것은 가락국수를 만드는 데 알맞고, 신전성이 약하며 단백질 함량이 적은 것은 카스텔라, 비스켓 및 튀김용으로 알맞다.

046 ② 춘화: 추파성을 춘파성으로 전화시키기 위하여 추파성의 최아종자를 저온에 일정기간 보관하는 방법

047 ④ 호밀의 결곡성은 화분불임성과 자성불임성 두 가지이다.

048 ②
① 추파형 맥류는 영양생장만을 지속시키고 생식생장으로의 이행을 억제한다.
③ 추파성이 높은 품종일수록 내동성이 강하다.
④ 추파성이 낮고 춘파성이 높을수록 출수가 빨라지는 경향이 있다.

049 ② 배유율이 높은 것일수록 제분율이 높다.

050 ③
① 최아종자의 저온처리의 경우에는 광의 유무가 버널리제이션에 관계하지 않으나, 고온처리의 경우에는 암조건이 필요하다.
② 춘파형 품종을 봄에 파종하면 춘화가 이루어져서 원하는 수량을 얻을 수 있다.
④ 맥류의 겨우 완전히 춘화된 식물은 고온장일에 출수가 빨라지고, 저온단일에 출수가 지연된다.

051 보리의 파종방법에 대한 설명으로 옳지 않은 것은?   11. 지방직 9급

① 보리는 월동 전에 잎이 5~7장 정도 나올 수 있도록 파종하는 것이 그 지역에 알맞은 파종이다.
② 춘파성이 강한 품종을 너무 일찍 파종하면 월동 전 어린이삭이 형성되어 동해가 우려된다.
③ 늦게 파종할 때에는 종자의 양을 기준량의 20~30%까지 늘려주고, 질소 시비량도 10~20% 늘려준다.
④ 늦게 파종할 때 싹을 미리 틔워서 파종하면 싹이 나오는 일수를 2~3일 정도 앞당길 수 있다.

052 작물명과 학명이 잘못 짝지어진 것은?   11. 지방직 9급

① 2조종보리 : *Hordeum vulgare* L.
② 귀리 : *Avena sativa* L.
③ 수수 : *Sorghum bicolor* L. Moench
④ 땅콩 : *Arachis hypogeal* L.

053 맥류의 종자수명에 대한 설명으로 옳은 것은?   15. 국가직 7급

① 일반적으로 상온에 보존하면 5년 이상 유지된다.
② 5~14% 범위에서 종자수분 함량을 낮게 할수록 길어진다.
③ 저장고의 온도에 반비례하고 상대습도에 비례한다.
④ 콩이나 땅콩에 비하여 짧다.

054 맥류의 종자휴면과 발아에 대한 설명으로 옳지 않은 것은?   15. 국가직 7급

① 맥류 종자의 휴면은 건조종자와 흡수종자에 관계없이 저온에서 일찍 끝난다.
② 겉보리 종자는 발아에 적합한 조건하에서 종자근이 유아보다 먼저 출현한다.
③ 밀과 호밀 종자는 유근과 유아가 모두 배단에서 나온다.
④ 겉보리 종자의 유근은 배단에서 나오고 유아는 배의 반대단에서 나온다.

055 작물의 학명이 옳은 것은?   16. 국가직 9급

① 밀 : *Triticum aestivum* L.   ② 옥수수 : *Arachis mays* L.
③ 강낭콩 : *Vigna radiate* L.   ④ 땅콩 : *Zea hypogeal* L.

056 보리에 대한 설명으로 옳지 않은 것은?　　　16. 국가직 9급

① 사료용, 주정용으로 활용할 수 있다.
② 내도복성 품종은 기계화재배에 용이하다.
③ 맥류 중 수확기가 가장 늦어서 논에서의 답리작에는 불리하다.
④ 일부 산간지대를 제외하면 거의 전국에서 재배가 가능하다.

057 트리티케일에 대한 설명으로 옳은 것은?　　　16. 국가직 9급

① 밀과 호밀을 인공교배하여 육성한 동질배수체이다.
② 밀과 호밀을 인공교배하여 육성한 이질배수체이다.
③ 밀과 보리를 인공교배하여 육성한 동질배수체이다.
④ 밀과 보리를 인공교배하여 육성한 이질배수체이다.

058 맥류에 대한설명으로 옳지 않은 것은?　　　16. 국가직 9급

① 밀의 개화온도는 20℃ 내외가 최적이며 70~80% 습도일 때 주로 개화한다.
② 출수 후 밀이 보리에 비해 개화와 수정이 빨리 이루어진다.
③ 우리나라에서는 수발아 억제 방법으로 조숙품종을 재배하는 방법이 있다.
④ 맥주보리는 단백질 함량과 지방 함량이 낮은 것이 좋다.

정답찾기

051 ③
파종기가 적기보다 훨씬 늦어졌을 경우의 조치
1) 파종량을 늘린다.
2) 최아하여 파종한다.
3) 추파성 정도가 낮은 품종을 선택한다.
4) 월동을 조장하도록 골을 낮춘다.
5) 부숙퇴비나 비토를 충분히 준다.

052 ① 6조종보리: *Hordeum vulgare* L.
2조종보리: *Hordeum distichum* L.

053 ②
① 보리, 밀 등 맥류 종자는 상명종자로, 일반 상온에서 2년동안 수명이 유지된다.
③ 건조한 보리 종자를 저온에 저장하면 장기간 저장할 수 있으나 수분 함량이 높으면 온도가 낮더라도 저장기간이 매우 짧아져서 종자 활용이 어렵다.
④ 땅콩은 단명종자로서 수명이 1~2년이다.

054 ① 맥류종자의 휴면은 건조종자의 경우에는 고온에서 속히 끝나고, 흡수종자의 경우에는 저온에서 일찍 끝난다.

055 ①
• 옥수수: *Zea mays* L.
• 땅콩: *Arachis hypogeal* L.
• 강낭콩: *Phaseolus vulgaris* L.

056 ③ 보리는 맥류 중에서 수확기가 가장 빨라(밀보다 약 10일 빠름) 밭에서 두과 등과의 2모작이나 논에서 답리작을 할 때 가장 유리하다.

057 ② 트리티케일: 밀×호밀의 배수성육종을 이용한 속간 교잡에 의해 만들어진 식물이다.

058 ② 보리에서는 대체로 출수와 동시에 개화가 이루어지지만, 밀에서는 출수 후 3~6일에 개화가 이루어진다.

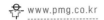
059 맥류에서 흙넣기의 생육상 효과로서 적절하지 않은 것은? 16. 지방직 9급

① 수발아   ② 잡초 억제
③ 도복 방지   ④ 무효분얼 억제

060 보리의 파종기가 늦어졌을 때의 대책으로 옳지 않은 것은? 16. 지방직 9급

① 파종량을 늘린다.
② 최아하여 파종한다.
③ 골을 낮추어 파종한다.
④ 추파성이 높은 품종을 선택한다.

061 보리의 재배적 특성에 대한 설명으로 옳지 않은 것은? 16. 지방직 9급

① 내한성이 강할수록 대체로 춘파성 정도가 낮아서 성숙이 늦어진다.
② 수량에 영향이 없는 한 조숙일수록 작부체계상 유리하다.
③ 습해가 우려되는 답리작의 경우 껍질보리보다 쌀보리가 유리하다.
④ 휴면성이 없거나 휴면기간이 짧은 품종은 수발아가 잘된다.

062 다음 설명에 해당하는 작물로만 묶은 것은? 17. 국가직 9급

• 양성화로서 자웅동숙이다.
• 자가불화합성을 나타내지 않는다.
• 호분층은 배유의 최외곽에 존재한다.

---

① 호밀, 메밀, 고구마   ② 밀, 보리, 호밀
③ 콩, 땅콩, 옥수수   ④ 벼, 밀, 보리

063 밀알 및 밀가루의 품질에 대한 설명으로 옳지 않은 것은? 17. 국가직 9급

① 출수기 전후의 질소 만기추비는 단백질 함량을 증가시킨다.
② 밀가루에 회분 함량이 높으면 부질의 점성이 높아져 가공적성이 높아진다.
③ 입질이 초자질인 것은 분상질보다 조단백질 함량은 높고 무질소침출물은 낮다.
④ 밀 단백질의 약 80%는 부질로 되어 있고 부질의 양과 질이 밀가루의 가공적성을 지배한다.

064 밀과 보리의 뿌리, 줄기, 잎의 특성에 대한 설명으로 옳지 않은 것은?　　17. 국가직 9급

① 밀은 보리보다 더 심근성이므로 수분과 양분의 흡수력이 강하고 건조한 척박지에서도 잘 견딘다.
② 밀은 보리보다 줄기가 더 빳빳하여 도복에 잘 견딘다.
③ 밀은 보리보다 엽색이 더 진하여 그 끝이 더 뾰족하고 늘어진다.
④ 밀은 보리에 비해 엽설과 엽이가 더 잘 발달되어 있다.

065 보리를 적기보다 늦게 파종할 경우 재배기술로 적합하지 않은 것은?　　10. 국가직 7급

① 싹을 미리 틔워서 파종한다.
② 질소 시비량을 10~20% 늘린다.
③ 적기 기준량보다 종자 파종량을 늘린다.
④ 월동피해를 줄이기 위하여 퇴비를 시용한다.

066 수확기에 가까운 보리가 비바람에 쓰러져 젖은 땅에 오래 접촉되어 있을 때 이삭에서 싹이 트는 현상은?　　17. 지방직 9급

① 도복
② 습해
③ 수발아
④ 재춘화

정답찾기

059 ①

060 ④ 월동이 안전한 한도에서 추파성 정도가 낮은 품종을 선택한다.

061 ③ 내습성이 강한 정도 : 밀 > 껍질보리 > 쌀보리

062 ④ 자가수분하는 작물들에 대한 설명이다.

063 ② 회분 함량이 많으면 부질의 점성을 경감시켜 가공적성이 낮아지고, 또 백도도 낮아지므로 회분 함량이 적은 것이 좋은 밀가루이다.

064 ④ 보리와는 달리 밀의 초엽은 적자색의 줄이 있는 것도 있고, 정상엽도 보리보다 빛깔이 더 진하며 그 끝이 더욱 뾰족하고 늘어지며 협착부도 더욱 뚜렷한 경향이 있는데, 엽설과 엽이의 발달은 보리만 못하다.

065 ② 월동이 안전한 한도에서 추파성 정도가 낮은 품종을 선택하고, 월동을 조장하도록 골을 낮춘다. 부숙퇴비나 비토를 충분히 준다.

066 ③

정답　**059** ①　**060** ④　**061** ③　**062** ④　**063** ②　**064** ④　**065** ②　**066** ③

067 맥주 제조를 위한 맥주보리의 품질 조건으로 가장 옳지 않은 것은? 　　17. 서울시 9급

① 단백질 함량이 20~25%인 것이 가장 알맞다.
② 지방 함량이 3% 이상이면 맥주품질이 저하된다.
③ 종실이 굵고 곡피가 얇은 것이 좋다.
④ 전분으로부터 맥아당의 당화작용이 잘 이루어진다.

068 밀가루 반죽의 탄력성과 점착성을 유발하는 주요 성분은? 　　18. 지방직 9급

① 글루텐　　　　　　　　　② 글로불린
③ 알부민　　　　　　　　　④ 프로테아제

069 추파성이 강한 보리를 늦봄에 파종할 경우 예상되는 현상은? 　　18. 지방직 9급

① 수발아 현상이 나타난다.
② 출수되지 않는다.
③ 천립중이 커진다.
④ 종자가 자발적 휴면을 한다.

070 보리의 도복 방지 대책에 대한 설명으로 옳지 않은 것은? 　　18. 국가직 9급

① 질소의 웃거름은 절간신장개시기 전에 주는 것이 도복을 경감시킨다.
② 파종은 약간 깊게 해야 중경이 발생하여 밑동을 잘 지탱하므로 도복에 강해진다
③ 협폭파재배나 세조파재배 등으로 뿌림골을 잘게 하면 수광이 좋아져서 도복이 경감된다.
④ 인산, 칼리, 석회는 줄기의 충실도를 증대시키고 뿌리의 발달을 조장하여 도복을 경감시키
　　므로 충분히 주어야 한다.

071 답리작으로 보리가 밀보다 많이 재배되는 이유로 옳은 것은? 　　09. 국가직 7급

① 보리가 밀보다 생육기간이 짧기 때문이다.
② 보리가 밀보다 용도가 다양하기 때문이다.
③ 보리가 밀보다 산성토양에 강하기 때문이다.
④ 보리가 밀보다 추위에 강하기 때문이다.

072 맥류의 파성에 대한 설명으로 옳지 않은 것은?   18. 국가직 9급

① 추파성이 낮고 춘파성이 높을수록 출수가 빨라지는 경향이 있다.

② 추파성은 영양생장만을 지속시키고 생식생장으로의 이행을 억제하며 내동성을 증대시키는 것으로 알려져 있다.

③ 추파형 품종을 가을에 파종할 때에는 월동 중의 저온단일 조건에 의하여 추파성이 자연적으로 소거된다.

④ 맥류에서 완전히 춘화된 식물은 고온장일조건에 의하여 출수가 빨라지며, 춘화된 후에는 출수반응이 추파성보다 춘파성과 관계가 크다.

073 맥류의 환경적응성에 대한 설명으로 옳지 않은 것은?   18. 국가직 7급

① 등숙기에 비 피해가 발생하면 단백질과 전분이 감소하여 품질이 손상된다.

② 유수가 형성되고 절간이 신장될 때 저온에 의해 상해를 받을 수 있다.

③ 답리작의 경우 절간신장 이후 지하수위가 높으면 피해가 크다.

④ 맥류의 최저적산온도는 봄밀이 가을밀보다 높다.

074 호밀과 귀리에 대한 설명으로 옳지 않은 것은?   18. 국가직 7급

① 호밀은 풍매화로 타가수정을 한다.

② 귀리는 수분 및 양분의 보급이 부족한 경우 백수(白穗)가 발생하기 쉽다.

③ 귀리는 내동성과 내건성이 약하지만 척박지와 산성토양에 적응성이 크다.

④ 호밀은 다습한 환경에 대한 적응성이 크지만, 바람 등에 의하여 도복이 잘 된다.

정답찾기

067 ① 단백질 함량이 8~12%인 것이 가장 알맞다.

068 ① 글루테닌과 글리아딘은 불용성 단백질로서 이들 혼합물을 보통 글루텐이라 부르는데, 전체 종실 단백질 중 80%를 차지한다.

069 ② 추파형 품종을 가을에 파종할 때에는 월동 중의 저온단일조건에 의하여 추파성이 자연적으로 소거되므로 정상적으로 출수하여 개화 결실하지만, 이듬해 봄에 파종하면 추파성의 소거에 필요한 저온단일의 환경을 충분히 만나지 못하므로 추파성이 소거되지 못하여 좌지하게 된다.

070 ① 질소의 추비기가 너무 빠르면 하위절간의 신장이 증대되어 도복을 조장하므로 절간신장개시기 이후에 사용이 안전하다.

071 ① 보리는 맥류 중에서 수확기가 가장 빠르다.

072 ④ 추파형 품종의 경우 생육초기에는 저온단일조건이 추파성 제거에 가장 효과적이고 추파성이 사라진 후에는 고온장일조건이 출수를 촉진시킨다.

073 ④ 맥류를 재배할 수 있는 최저적산온도는 대체로 봄보리 1,200°C, 봄밀 1,500°C, 가을보리와 호밀 1,700°C, 가을밀 1,900°C이다. 벼의 3,500°C에 비하면 극히 낮다.

074 ④ 호밀은 다습한 환경을 꺼리고, 강우, 바람 등에 의하여 도복이 잘된다.

정답   **067** ①   **068** ①   **069** ②   **070** ①   **071** ①   **072** ④   **073** ④   **074** ④

075 맥류의 파성에 대한 설명으로 옳지 않은 것은?　12. 국가직 7급

① 우리나라는 파성을 Ⅰ～Ⅶ 등급으로 나누며, Ⅰ등급은 추파성이 낮고 Ⅶ 등급은 추파성이
　 높은 것을 의미한다.
② 저온처리가 끝난 종자도 고온처리하면 이춘화현상이 나타난다.
③ 녹체춘화는 맥류가 발아한 후 어느 정도 생장한 녹체기에 저온으로 처리하는 것이다.
④ 춘파성 맥류를 가을에 파종하면 좌지현상이 나타난다.

076 보리의 파종에 대한 설명으로 옳지 않은 것은?　19. 국가직 9급

① 남부지방의 평야지는 10월 중순에서 하순이 파종 적기이다.
② 월동 전에 주간엽수가 5～7개 나올 수 있도록 파종기를 정한다
③ 파종량을 적게 하면 이삭수는 증가하지만 천립중은 가벼워진다.
④ 파종 깊이가 3cm 정도일 때 제초제의 약해를 피하는데 적당하다.

077 맥류의 재배적 특성에 대한 설명으로 옳지 않은 것은?　19. 국가직 9급

① 보리는 산성토양에 강하고 쌀보리가 겉보리보다 더 잘 견딘다.
② 호밀을 논에 재배해서 녹비로 갈아 넣을 때 이앙 전에 되도록이면 빨리 시용하는 것이 좋다.
③ 귀리는 여름철 기후가 고온건조한 지대보다 다소 서늘한 곳에서 잘 적응한다.
④ 밀은 서늘한 기후를 좋아하고 연강수량이 750mm 전후인 지역에서 생산량이 많다.

078 맥류 깜부기병 중 종자로만 전염하는 병해는?　11. 지방직 9급

① 비린깜부기병　　　　　　　② 줄기깜부기병
③ 겉깜부기병　　　　　　　　④ 속깜부기병

079 맥류의 도복에 대한 설명으로 옳지 않은 것은?　19. 지방직 9급

① 광합성과 호흡을 모두 감소시켜 생육이 억제된다.
② 일반적으로 출수 후 40일경에 가장 많이 발생한다.
③ 뿌리의 뻗어가는 각도가 좁으면 도복에 약하다.
④ 잎에서 이삭으로의 양분전류가 감소된다.

080 맥류의 생리생태적 특성에 대한 설명으로 옳은 것은?
19. 지방직 9급

① 호밀은 맥류 중 내한성이 커서 −25℃에서 월동이 가능하다.
② 겉보리의 종실은 영과로 외부의 충격에 의해 껍질과 쉽게 분리된다.
③ 맥류에서 춘파성이 클수록 더 낮은 온도를 거쳐야 출수할 수 있다.
④ 보리는 밀보다 심근성이어서 건조하고 메마른 토양에서도 잘 견딘다.

081 보리의 이삭과 화기에 대한 설명으로 가장 옳지 않은 것은?
19. 서울시 9급

① 수축에 종실이 직접 달린다.
② 꽃은 1쌍의 받침껍질에 싸여 있다.
③ 보리의 까락은 벼의 까락에 비하여 엽록소 함량이 적다.
④ 까락이 길수록 호흡량보다 광합성량이 많아진다.

082 〈보기〉에 해당되는 밀의 수형은?
19. 서울시 9급

〈보기〉
이삭의 기부에는 소수가 성기게 착생하여 가늘고, 상부에는 배게 착생하여 굵으므로 이삭 끝이 뭉툭하다.

① 곤봉형　　② 봉형
③ 방추형　　④ 추형

정답찾기

075 ④ 맥류가 정상적으로 출수하려면 절간신장이 이루어지고 이삭과 화기가 발달해야 한다. 가을에 파종하는 맥류는 이듬해에 정상적으로 출수하지만, 이듬해 봄 늦게 파종하면 경엽만 무성하게 자라다가 출수하지 못하고 주저앉는 좌지현상을 일으키고 이와 같은 맥류가 추파형이다.

076 ③ 보리의 파종량을 적게 하면 천립중은 무거워지지만 수수가 감소하고, 파종량이 많으면 수수는 증가하지만 천립중 및 일수립수가 적게 되는 동시에 도복이나 병해도 발생한다.

077 ① 맥류 생육에 적당한 토양의 pH는 보리 7.0~7.8, 밀 6.0~7.0, 호밀 5.0~6.0, 귀리 5.0~8.0이다. 보리는 5.5 이하, 밀은 5.0 이하에서는 생육이 저하와 수량이 감소한다. 강산성토양에 견디는 정도는 호밀, 귀리 > 밀 > 껍질보리 > 쌀보리 순이다.

078 ③ 줄기깜부기병, 비린깜부기병, 속깜부기병은 종자 뿐만 아니라 토양에 의해서도 전염된다.

079 ① 줄기와 잎에 상처가 나서 양분의 호흡소모가 많아지므로 등숙이 나빠져서 수량이 감소된다.

080 ① 내동성은 호밀 > 밀 > 보리 > 귀리 순이다.
② 겉보리는 씨방벽으로부터 유착 물질이 분비되어 바깥껍질과 안껍질이 과피에 단단하게 붙어있다.
③ 맥류에서 추파성이 클수록 더 낮은 온도를 거쳐야 출수할 수 있다.
④ 밀은 보리보다 심근성이어서 수분과 양분의 흡수력이 강하고 건조한 척박지에서도 잘 견딘다.

081 ③ 맥류의 까락은 벼의 까락에 비하면 굵고 엽록소 함량도 많다.

082 ①

083 밀의 성분과 품질에 대한 설명으로 가장 옳은 것은? 19. 서울시 9급

① 경질밀은 연질밀에 비해 열량은 유사하나 단백질 함량이 낮다.
② 피틴산은 나트륨의 체내흡수를 줄여주는 효과가 있다.
③ 단백질 함량은 초자율이 낮을수록 많아진다.
④ 알부민, 글로불린은 밀의 주요 단백질이다.

084 작물의 형태적 특징에 대한 설명으로 옳지 않은 것은? 18. 국가직 7급

① 보리, 밀, 호밀 및 귀리의 종실은 모두 영과이다.
② 벼, 보리, 밀, 호밀 및 귀리는 모두 엽설과 엽이를 가지고 있다.
③ 보리와 호밀의 이삭은 수상화서이고, 벼와 귀리의 이삭은 복총상화서이다.
④ 발아할 때 벼와 호밀은 배의 끝에서 유아가 나오고, 겉보리는 배의 반대편 끝에서 유아가 나온다.

085 호밀에 대한 설명으로 가장 옳지 않은 것은? 19. 서울시 9급

① 자가수정작물로 자가수정율이 90%이다.
② 1이삭에 50~60립의 종자가 달린다.
③ 채종 시 격리 거리를 300~500m로 한다.
④ 종실이 가늘고 길며 표면에 주름이 잡힌 것이 많다.

086 밀의 수발아 현상에 대한 설명으로 가장 옳지 않은 것은? 19. 서울시 9급

① 백립종은 적립종에 비하여 수발아가 잘된다.
② 이삭껍질에 털이 많거나 초자질인 것이 수발아 위험이 적다.
③ 조숙성 품종을 재배하여 수발아를 회피하는 방법도 있다.
④ 응급대책으로 MH를 살포하면 억제효과가 있다.

087 귀리에 대한 설명으로 옳지 않은 것은? 19. 국가직 7급

① 내건성은 강하지만 내동성이 약해서 냉습한 기후에서 재배하기 어렵다.
② 염색체수에 따라 2배종, 4배종, 6배종으로 구분하며, 2배종은 *A. strigosa*, 4배종은 *A. abyssinica*, 6배종은 *A. sativa*이다.
③ 주성분은 당질이고 단백질, 지질, 비타민 B와 같은 영양도 풍부하며 소화율도 높다.
④ 꽃은 복총상화서로서 한 이삭에 20~40개의 소수가 착생하고, 이삭의 수형은 산수형과 편수형으로 구분된다.

088 보리의 휴면과 발아에 대한 설명으로 옳은 것은?   19. 국가직 7급

① 대부분의 품종은 수확 후 100일 이상 경과해야 휴면이 타파된다.
② 쌀보리의 경우 대체로 종자가 작은 것이 출아력이 강하다.
③ 토양용수량이 30%의 건조 상태이면 보리의 발아가 밀보다 늦다.
④ 건조종자는 저온에서, 흡수종자는 고온에서 휴면이 일찍 끝난다.

089 맥류 재배 시 토양의 조건에 대한 설명으로 옳지 않은 것은?   15. 국가직 7급

① 양토~식양토가 가장 알맞으며, 사질토는 수분과 양분의 부족을 초래할 우려가 있다.
② 답리작의 경우 생육 초기에 지하수위가 높으면 생육 후기에 영향을 받는 것보다 감수가 크게 발생한다.
③ 맥류의 생육에 가장 알맞은 토양의 pH는 보리 7.0~7.8, 밀 6.0~7.0 정도이다.
④ 강산성 토양에는 퇴비의 경우 10a당 1,000kg 이상 사용하고, 석회는 pH 6.5정도로 토양을 중화시킬 수 있는 양을 사용한다.

정답 찾기

083 ②
① 경질분이 되는 것은 회분과 단백질 함량이 높고, 초자율도 높으며, 밀알의 압쇄강도가 크기 때문에 경질소맥이라고 한다.
③ 초자질일수록 단백질, 회분 함량이 높고 지방, 전분 함량이 낮으며 종자의 비중이 큰 경향이 있다.
④ 글루텐과 글리아딘이 주요 단백질이다.

084 ② 귀리의 잎은 밀의 잎보다 넓으며 엽신의 기부 및 초엽에 단모가 있는 것도 있고 엽설는 희며 짧은 박막으로서 주변에 톱니가 있고 엽이는 없다.

085 ① 호밀은 타화수정작물로서 자가불임성이 매우 높다.

086 ② 수확이 늦은 것이 수발아의 위험이 크고, 이삭에 털이 많은 것이 빗물이 더디게 빠져 수발아가 조장되는 경향이 있다.

087 ① 귀리는 토박한 땅이나 산성이 강한 땅에도 잘 견디고, 특히 다른 맥류가 적응하기 어려운 여름철의 냉습한 기후에 잘 견딘다.

088 ③
① 수확 후 60~90일이 경과하면 우리나라에서 재배되고 있는 보리 품종은 대부분 휴면이 끝난다.
② 쌀보리의 출아력은 토양수분 8~15%의 범위에서는 15% 이상의 경우보다 강하고 종자가 큰 것이 출아력이 강하다.
④ 맥류종자의 휴면은 건조종자의 경우에는 고온에서 속히 끝나고, 흡수종자의 경우에는 저온에서 일찍 끝난다.

089 ② 답리작은 생육 및 수량이 지하수위에 따라 민감한 영향을 받는데, 생육 초기부터 중기까지는 지하수위가 높아도 많은 해를 받지 않지만, 절간신장 이후 수수와 입수를 결정하는 생육 후기에 지하수위가 높으면 피해가 커서 감수한다.

090 밀의 후숙기간에 대한 설명으로 옳은 것은?

19. 국가직 7급

① 후숙기간이 긴 품종의 후숙을 빨리 완료시키려면, 1일간 고온에서 흡수시킨 후 상온에 16시간 처리하면 된다.
② 후숙이 끝나지 않은 종자는 저온에서 발아가 양호하지만, 후숙이 진전됨에 따라 발아 가능한 온도범위는 높아진다.
③ 후숙기간이 짧은 품종은 성숙기에 오래 비를 맞아도 수발아 현상이 나타나지 않는다.
④ 수발아 현상은 품종 특성에 따라 다르며 적립종은 백립종에 비해 수발아가 잘 된다.

091 작물의 이삭 및 화기에 대한 설명으로 옳지 않은 것은?

20. 국가직 9급

① 보리의 수축의 각 마디에 3개의 소수가 착생하고, 꽃에는 1개의 암술과 3개의 수술이 있다.
② 밀의 수축에는 약 20개의 마디가 있고, 각 마디에 1개의 소수가 달린다.
③ 귀리는 한 이삭에 3개의 소수가 있으며, 꽃에는 1개의 암술과 3개의 수술이 있다.
④ 벼의 수축에는 약 10개의 마디가 있고, 꽃에는 1개의 암술과 6개의 수술이 있다.

092 맥류의 식물적 특성에 대한 설명으로 옳지 않은 것은?

22. 지방직 9급

① 2줄보리 - 3개의 작은 이삭 중 바깥쪽 2개는 퇴화하고 이삭줄기 양쪽으로 2줄의 종실이 있는 형태이다.
② 호밀 - 자가불임성이 높은 작물이며 내동성이 극히 강하다.
③ 귀리 - 종실에 비타민 A 함량이 높으며 수이삭이 암이삭보다 먼저 성숙하는 자웅동주 이화식물이다.
④ 밀 - 6배체가 일반적인 게놈형태이며, 단백질의 함량에 따라 가공적성이 달라진다.

093 밀에 대한 설명으로 옳은 것만을 모두 고르면?

20. 국가직 9급

> ㄱ. 가장 대표적인 재배종인 보통밀의 학명은 *Triticum aestivum* L. 이다.
> ㄴ. 밀속에는 A, B, C, D 4종의 게놈이 있다.
> ㄷ. 밀은 보리보다 심근성이어서 수분과 양분의 흡수력이 강하고 건조한 지역에서 잘 견딘다.
> ㄹ. 밀 단백질 중 글루테닌과 글리아딘은 수용성이다.

① ㄱ, ㄷ
② ㄱ, ㄹ
③ ㄴ, ㄷ
④ ㄴ, ㄹ

094 작물의 수확 후 관리 및 품질에 대한 설명으로 옳지 않은 것은?   20. 국가직 9급

① 알벼의 형태로 저장할 때, 현미나 백미 형태로 저장할 때보다 저장고 면적이 많이 필요하다.
② 보리의 상온저장은 고온다습하에도 곡물의 품질이 떨어질 위험이 적다.
③ 밀가루로 빵을 만들 때에는 단백질과 부질 함량이 높은 경질분이 알맞다.
④ 감자의 솔라닌 함량은 햇빛을 쬐어 녹화된 괴경의 표피 부위에서 현저하게 증가한다.

095 맥류의 발육 과정에 대한 설명으로 옳지 않은 것은?   17. 서울시 9급

① 아생기는 발아 후 주로 배유의 양분에 의하여 생육하며 분얼은 발생하지 않는다.
② 이유기는 아생기 말기로서 대체로 주간의 엽수가 2~2.5매인 시기다.
③ 유묘기는 이유기 이후 주간의 본엽수, 즉 엽령이 4매인 시기까지다.
④ 수잉기는 출수 및 개화까지이며, 유사분열을 거쳐 암수의 생식세포가 완성되는 시기다.

096 밀가루의 품질에 대한 설명으로 옳지 않은 것은?   07. 국가직 7급

① 회분 함량이 많으면 부질의 점성이 낮아지는 경향이 있다.
② 강력분은 반죽의 점성은 높으나 신전성은 낮다.
③ 강력분은 비스킷보다는 빵을 만드는 데 적합하다.
④ 배유의 투명도가 높은 밀가루일수록 신전성이 강하다.

정답 찾기

090 ②
① 후숙기간이 긴 품종의 후숙을 빨리 완료하려면 1일간 실온하에서 흡수시킨 후 5°C의 저온에 6시간 처리하면 된다.
③ 후숙기간이 짧은 품종은 성숙기에 비를 맞으면 수발아가 나타난다.
④ 백립종은 적립종에 비해 수발아가 잘 된다.

091 ③ 귀리의 꽃은 복총상화서로서 한 이삭에 20~40개의 소수가 착생한다. 꽃의 기본구조는 다른 맥류와 같으며, 안껍질, 바깥껍질, 암술 각각 1개와 3개의 수술 및 1쌍의 인피가 있다.

092 ③ 종실에 비타민 A 함량이 높으며 수이삭이 암이삭보다 먼저 성숙하는 자웅동주 이화식물은 옥수수이다.

093 ①
ㄴ. 밀속에는 A, B, D 3종의 게놈이 있다.
ㄹ. 글루테닌과 글리아딘은 불용성 단백질로서 이들 혼합물을 보통 글루텐이고, 전체 종실 단백질 중 80%를 차지한다.

094 ② 병충해와 변질을 막기 위해서는 온도 10~15°C, 습도 75% 이하가 되도록 하고 가능한 저온에 저장해야 장기간 보존할 수 있다.

095 ④ 맥류의 수잉기 동안에 이삭과 영화가 커지며 생식세포가 형성되고, 감수분열을 거쳐 암수의 생식세포가 완성된다.

096 ② 강력분은 단백질과 부질의 함량이 많고 장시간에 걸쳐 신전성이 있다.

097 다음 중 우리나라에서 보리에 발생하는 병을 모두 고른 것은?
11. 국가직 7급

ㄱ. 흰가루병	ㄴ. 붉은곰팡이병
ㄷ. 줄무늬병	ㄹ. 호위축병

① ㄱ, ㄴ   ② ㄱ, ㄷ, ㄹ

③ ㄴ, ㄷ, ㄹ   ④ ㄱ, ㄴ, ㄷ, ㄹ

098 맥류 작물에서 출수와 관련 있는 성질에 대한 설명으로 옳지 않은 것은?
20. 국가직 9급

① 맥류의 출수에 대한 감온성의 관여도는 매우 낮거나 거의 없다.

② 밀의 포장출수기는 파성, 단일반응, 내한성과 정의 상관이 있다.

③ 보리의 포장출수기는 단일반응, 협의의 조만성과 정의 상관이 있다.

④ 춘화된 식물체는 춘, 추파성과 관계없이 고온, 장일조건에서 출수가 빨라진다.

099 보리의 발육에 대한 설명으로 옳은 것은?
20. 국가직 7급

① 유수형성기부터 지상부의 생장은 급속히 커지나 발근력이 급속히 쇠퇴하여 새뿌리 발생이 어렵다.

② 추파성의 만생종에서 분얼수가 적고, 춘파성의 조생종에서 분얼수가 많다.

③ 완전히 춘화된 식물은 고온, 장일에 의하여 출수가 늦어지고, 저온, 단일에 의하여 출수가 빨라진다.

④ 먼저 분얼한 대의 이삭부터 개화하고 한 이삭에서는 위에서부터 아래로 개화한다.

100 밀의 품질에 대한 설명으로 옳은 것은?
12. 국가직 7급

① 밀에는 7~15%의 단백질이 함유되어 있는데, 단백질의 약 20%는 gluten으로 되어 있다.

② 경질분은 단백질과 gluten 함량이 많고 장시간에 걸쳐 신전성이 있으므로 제빵용으로 적합하다.

③ 회분 함량이 많으면 gluten의 점성을 증가시켜 가공적성이 높아진다.

④ 제분율은 배유율이 낮은 것일수록 높은 경향이 있다.

101 밀 단백질의 특성에 대한 설명으로 옳은 것은? 20. 국가직 7급

① 밀 종실 발달기간 중에 고온건조하면 단백질 함량이 낮아진다.
② 글루텐은 글루테닌과 글리아딘으로 구성되며 글루테닌은 점착성, 글리아딘은 탄력성에 관여한다.
③ 박력분은 강력분에 비해 단백질 함량이 높다.
④ 밀 종실의 단백질 함량은 출수기 전후에 만기추비를 줄 경우 증가한다.

102 보리의 이삭과 종실에 대한 설명으로 옳지 않은 것은? 20. 국가직 7급

① 여섯줄보리는 수축을 중심으로 양쪽에 3줄씩 종실이 달리는 이삭형태를 갖는다.
② 두줄보리는 3개의 소수 중에 바깥쪽 2개의 소수만 임성을 갖는다.
③ 겉보리는 씨방벽으로부터 유착물질이 분비된다.
④ 호분층은 3층의 두꺼운 호분세포조직으로 되어 있다.

103 호밀의 결곡성에 대한 설명으로 옳지 않은 것은? 21. 국가직 9급

① 호밀에 나타나는 불임현상을 말한다.
② 직접적인 원인은 양수분의 부족이다.
③ 결곡성은 유전된다.
④ 염색체 이상으로 발생되기도 한다.

정답찾기

097 ④ 보리의 병 : 겉깜부기병, 속깜부기병, 줄기녹병, 줄녹병, 좀녹병, 맥류오갈병(맥류위축병), 보리누른모자이크병(대맥호위축병), 백류북지모자이크병, 붉은곰팡이병, 보리줄무늬병, 맥류흰가루병

098 ② 밀에 있어서 포장출수기와 파성, 단일반응, 협의의 조만성 등과는 정의 상관이 있지만 내한성과는 부의 상관이 있다.

099 ①
② 일반저으로 추파성의 만생종에서 분얼수가 많고, 춘파성인 조생종에서 분얼수가 적다.
③ 완전히 춘화된 식물은 춘·추파성에 관계없이 고온, 장일에서 출수가 빨라진다.
④ 개화순서는 오래된 분얼순서이고, 한 이삭에서는 이삭의 중앙부 부근에서 개화하여 위, 아래로 진행한다.

100 ②
① 밀에는 7~15%의 단백질이 함유되어 있는데, 단백질의 약 80%는 글루텐으로 되어 있다.
③ 회분 함량이 많으면 gluten의 점성을 경감시켜 가공적성이 낮아진다.
④ 제분율은 배유율이 높은 것일수록 높은 경향이 있다.

101 ④
① 고온건조한 지대에서는 고단백질의 밀이 생산된다.
② 글루테닌은 탄력성, 글리아딘은 접착성에 관여한다.
③ 강력분은 박력분에 비해 단백질 함량이 높다.

102 ② 두줄보리는 각 3개의 작은 이삭 중 바깥쪽 2개는 퇴화하여 종실을 맺지 못하고 중앙의 한 개 영화만이 종실을 맺어 이삭 줄기 양쪽으로 2줄의 종실이 달려있는 이삭 형태이다.

103 ② 결곡성의 원인은 미수분인데 포장주위의 개체나 바람받이에 있는 개체는 미수분이 되기 쉽다.

104 보리의 까락에 대한 설명으로 옳지 않은 것은?

21. 국가직 9급

① 길수록 광합성량이 많아져 건물생산에 유리하다.
② 제거하면 천립중이 증가한다.
③ 삼차망으로 변형될 수도 있다.
④ 흔적만 있는 무망종도 있다.

105 8배체 트리티케일(AABBDDRR)을 얻을 수 있는 맥류의 교배조합은?

21. 국가직 7급

① durum밀 × 호밀
② 밀 × 귀리
③ 보통밀 × 호밀
④ 호밀 × 보리

106 밀의 기원에 대한 설명으로 옳은 것은?

21. 국가직 7급

① 빵밀은 2배체인 야생밀 두 종간의 자연교잡으로 만들어졌다.
② 밀이 재배화된 연대는 호밀이나 보리보다 매우 늦다.
③ 보통밀의 원산지는 아프가니스탄에서 코카서스에 이르는 지역이다.
④ 2립계 마카로니밀은 동질 4배체이다.

107 보리에 대한 설명으로 옳은 것은?

21. 국가직 7급

① 두줄보리와 여섯줄보리는 하나의 야생원종으로부터 발생하여 유전적으로 근연이다.
② 겉보리는 유착물질이 분비되지 않아 껍질이 쉽게 분리된다.
③ 눌린보리쌀은 가용성무질소물이 주성분이고, 사료로 이용하는 보릿겨는 전분이 주성분이다.
④ 보리는 대체로 출수와 동시에 개화가 이루어지며 한 이삭의 개화일수는 4~5일이다.

108 보리의 도복 대책으로 옳지 않은 것은?

22. 국가직 9급

① 키가 작고 대가 충실한 품종을 선택한다.

② 다소 깊게 파종하여 중경을 발생시킨다.

③ 이른 추비를 통해 하위절간 신장을 증대시킨다.

④ 흙넣기와 북주기를 실시한다.

109 밀의 품질 특성으로 옳은 것은?

22. 국가직 9급

① 초자질 밀은 분상질 밀에 비하여 단백질 함량이 높고 종실의 비중이 큰 편이다.

② 전분의 아밀로스 함량이 낮을수록 호화전분의 점도가 낮아진다.

③ 글루테닌과 글리아딘은 수용성 단백질로서 전체 종실 단백질 중 80%를 차지한다.

④ 출수기 전후 질소를 시비하면 단백질 함량이 낮아진다.

05

정답찾기

104 ② 까락을 제거하게 되면 천립중이 저하된다.

105 ③ 트리티케일은 밀과 호밀을 인공교배하여 육성한 이 질배수체이다.

106 ③
① 밀의 종분화는 2배체 밀이 자연적으로 잡종을 형성 하여 에머밀이 생겼으며, 약 8,000년전 에머밀이 또 다 른 2배체의 야생밀과 자연적으로 잡종을 형성함으로써 지금의 빵밀(보통밀)이 탄생하였다고 한다.
② 밀이 재배화된 연대는 호밀이나 보리보다 빠르다.
④ 2립계 에머밀(마카로니 재료)은 이질 4배체이다.

107 ④
① 보리에서는 6조종과 2조종이 별개의 야생원종으로 부터 발생하였다는 이원발생설이 가장 유력시되고 있다.
② 겉보리는 씨방벽으로부터 유착 물질이 분비되어 바 깥껍질과 안껍질이 과피에 단단하게 붙어있다.
③ 눌린보리쌀의 주성분은 당질이다.

108 ③ 질소의 추비기가 너무 빠르면 하위절간의 신장이 증대되어 도복을 조장하므로 절간신장개시기 이후에 사용하는 것이 안전하다.

109 ①
② 전분의 아밀로스 함량이 낮을수록 호화전분의 점도 가 높아진다.
③ 글루테닌과 글리아딘은 불용성 단백질이다.
④ 질소시용량이 많을 경우에는 단백질 함량이 증가되 고, 출수기 전후의 만기추비가 가장 단백질 함량을 증 가시키는 경향이 있다.

정답 **104** ②　**105** ③　**106** ③　**107** ④　**108** ③　**109** ①

합격까지 함께
농업직 만점 기본서 ✦

박진호 식용작물학

합격까지 박문각

06

잡곡류

Chapter 01 옥수수

1 기원 및 전파

1. 기원

(1) 식물적 기원

> • 벼과 작물
> • 학명: *Zea mays* L.
> • 염색체수 2n = 20

(2) 지리적 기원

원산지는 남아메리카 안데스산지의 열대원산이다.

2. 성분

(1) 주성분은 당질(전분)이 70%, 단백질 11%, 지질 3.5%, 섬유소 1%, 수분 13%로 구성되어 있다.

(2) 전분은 아밀로오스와 아밀로펙틴으로 구성되어 있고, 메옥수수는 아밀로오스 25%와 아밀로펙틴 75%로 구성되어 있고, 찰옥수수는 아밀로펙틴만으로 구성되어 있다.

(3) 수염에 함유된 메이신(maysin)은 플라보노이드의 일종으로 항산화 작용을 일으킨다.

3. 생산

(1) 세계의 분포 및 생산

열대원산인 옥수수는 고온지대에서 재배하는 게 알맞지만 품종의 분화가 다양하여 조생종을 선택하면 고위도나 고표고지대까지 재배할 수 있다. 즉, 재배북한은 유럽에서는 47~50°N이고, 표고한계는 칠레의 경우 3,500m이다.

(2) 한국의 재배 및 생산

국내 생산은 전체 필요량의 3~4%에 불과하다.

2 옥수수의 이용

1. 직접 식용

(1) 옥수수의 주성분은 당질(70%)이며, 단백질(11%)과 지질(3.5%)도 적지 않고, 비타민 A가 풍부하다. 특히 종실용 옥수수의 배에는 전분보다 지방 함량이 높다.

(2) **옥수수는 필수 아미노산의 조성이 불량하기 때문에, 주식으로 사용 시 감자나 콩과 섞어서 이용하여야 한다. 식량으로는 주로 경립종을 사용한다.**

2. 생식 및 가공식품

(1) 감립종

통조림, 분말 등으로 가공하거나 냉동 저장한다.

(2) 폭열종

팝콘

(3) 경립종

콘플레이크

(4) 유숙기, 호숙기에 생식용

단옥수수, 초당옥수수, 찰옥수수 및 경립종이

3. 공업용

제분하여 빵 등을 만들고, 전분으로 과자 등을 만들며, 배에서는 옥수수기름을 만든다.

4. 사료용

(1) 곡실

농후사료로 쓰인다.

(2) 청예사료

① 보통 사일리지로 이용한다.
② 단위면적당 에너지 수량은 목초에 비하여 1.5배 이상이다.

3 형태

1. 종실

(1) 종실의 형태와 크기는 종류에 따라 큰 차이가 있다. 모진 것(마치종), 둥근 것(경립종), 방추형 (폭열종) 등이 있고, 크기에서는 1,000립중이 400g 이상인 것(마치종)부터 100g 정도인 것(폭열종)도 있다.

(2) 종실은 영과로서 과피와 종피가 밀착해 있고 과육은 발달되지 않고, 과피는 보통 딱딱하고 투명한 껍질이며, 과피 안의 종피는 얇은 층으로 되어 있으며 종피에 싸인 배유가 있다.

(3) 배유의 외층은 호분층으로 단백질과 지방이 많고, 그 안의 전분세포층은 배유의 주부로서 단백질과 다량의 전분립을 함유하고 있다.

(4) 배는 종실의 10~14%를 차지하며, 33~40%의 지방을 함유하고 있다.

(5) 옥수수는 비타민 A의 함량이 많고, 우성황색유전자(Y) 1개는 종실 1g당 비타민 A 함량을 2.5 단위로 증가시킨다.

2. 뿌리

발아하면서 1개의 종근이 나오고 이어 그 부근에 2~3개의 부정근이 나와 초기의 흡수작용을 하며, 발아 7일 후부터 지근이 나오기 시작한다.

3. 줄기 및 잎

(1) 줄기는 굵고 둥글며, 단단한 껍질에 싸여 있고, 내부에 속이 차 있다.

(2) 옥수수는 벼·보리 등과 동일한 단자엽 식물의 특징을 가져 유관속이 분산되어 있으며, 벼과 식물의 특징을 가지므로 잎에 엽설 및 엽이가 있다.

(3) 엽초는 대를 싸고, 엽신은 장대하며, 엽설은 환상구조이며, 엽이는 작은 막편이다.

4. 화서

♀ 옥수수의 수이삭의 일부와 암이삭

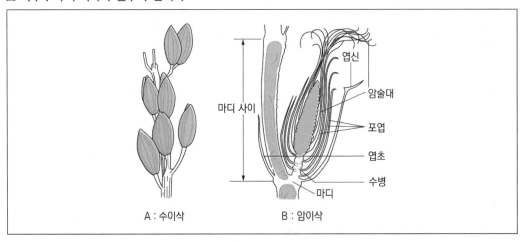

A : 수이삭　　　　　　B : 암이삭

옥수수는 줄기 끝에 숫이삭(웅성화서), 중간 마디에는 암이삭(자성화서)이 착생하는 자웅동주식물이다. 단성화이지만 때로는 웅성화서에 암꽃, 자성화서에 수꽃이 혼생하는 경우도 있다.

(1) 숫이삭

① 긴 수축에서 10~20개의 1차 지경이 분기하고, 다시 2차 지경이 분기하여 각 마디에 2개의 웅성 소수가 착생하는데, 그 중 하나는 병이 긴 유병소수이고, 다른 하나는 병이 짧은 무병소수이다.

② 한 이삭에 보통 2,000개의 소수가 착생하여 약 2,000만 개의 화분립을 가진다.

③ 웅성소수는 1쌍의 큰 받침껍질에 싸여 2개의 수꽃이 있으며, 수꽃은 바깥껍질과 안껍질에 싸여 있고, 그 안에 3개의 수술과 1개의 인피가 있고 암술이 없다.

(2) 암이삭

① 보통 1개의 옥수수 줄기에 1~3개의 암이삭이 달리며, 기부에 수병이 있고 7~12매의 포엽(husk)으로 싸여있다.

② 종축(웅예, cob)에 자성소수가 쌍으로 착생하여 암이삭의 입렬은 우수열(偶數列)되어 있다.

③ 자성소수의 구조는 1쌍의 받침껍질에 싸인 2개의 암꽃으로 되어 있는데, 하나는 바깥껍질과 안껍질뿐인 불임화이고 다른 하나는 바깥껍질과 안껍질에 싸여서 1개의 암술이 있는 임성화이다.

④ 자방에는 50cm에 달하는 수염이 달리는데, 이것이 숫이삭 개화보다 늦게 포엽 밖으로 나온다.

⑤ 수염은 암술대와 암술머리 역할을 하며 수염 전체에 화분 포착 능력이 있다. 수염의 색은 담홍색, 자색, 홍색 등이 있으며 수염에 함유된 메이신은 플라보노이드의 일종으로 항산화 기능으로 신장병약으로 쓰인다.

4 생리 및 생태

1. 발아

(1) 발아 최저온도는 6~11°C, 최적온도는 34~38°C, 최고온도는 41~50°C이다.

(2) 발아에 필요한 최소흡수량은 전립의 경우 30%, 배는 60%이다.

(3) 최대흡수량은 종자 무게에 대하여 마치종은 74%, 감미종은 113%이다.

(4) 종자의 수명은 상온에서 2~3년이다.

2. 곁가지(얼자)의 발생

(1) 줄기 기부의 엽액에서 자란 곁가지에는 암이삭이 달리지 않는 것이 보통이다.

(2) 곡실용 옥수수는 곁가지의 발생이 많은 품종이 종실 수량이 적어서 재배에 불리하다.

(3) 곁가지 없는 품종이 유리하다.

3. 출수 및 개화

(1) 웅성선숙

국내 옥수수는 대체로 숫이삭의 출수 및 개화가 암이삭의 개화보다 앞서는 웅성선숙이다.

(2) 개화일수

① 수이삭에서 출수 3~5일 후 중앙 상부부터 개화하고, 개화 기간은 7~10일이다.

② 개화 시각은 저온에서 9시~오후 2시로 길고, 평야지 고온 조건에서는 오전 10~11시이다.

(3) 암이삭의 수염

① **암이삭의 수염은 중앙 하부부터 추출되기 시작하여 상하로 이행되는데, 선단부분이 가장 늦다.**

② **암이삭의 수염추출은 숫이삭의 개화보다 3~5일 정도 늦는 것이 보통이지만 재배 여건이 나쁠수록 암이삭의 수염추출이 늦어지고 불임개체가 많아진다.**

4. 광합성 능력

(1) **옥수수는 재배작물 중에서 가장 다수성에 속하는데, 그 가장 큰 이유는 옥수수가 C_4 식물이기 때문이다.**

(2) **광합성 초기 탄소원자 4개인 물질을 만들어 탄소의 효율을 높이는 C_4 식물은 C_3 식물에 비하여 광포화점은 높고, 이산화탄소 보상점은 낮다.**

(3) **광이나 온도의 이용한계가 매우 높으며 광호흡이 없어서 저농도의 이산화탄소 중에서도 외견상의 광합성이 높게 유지되는 특징이 있다.**

(4) 고온·다조 환경을 선호하며 하위엽이 수평인 것, 상위엽이 직립한 것이 수광태세가 좋아 광합성 효율이 좋다.

5. 수분·수정 및 등숙

(1) 수분거리

옥수수는 풍매화이며, 바람이 없을 때는 2m, 최대 수분거리가 800m에 달한다.

(2) 수분능력

① 꽃가루는 꽃밥을 떠난 뒤 24시간 이내에 사멸한다.

② 암이삭의 수염은 10~15일 간의 수분능력을 갖는다.

(3) 수정

① 옥수수는 한 개의 수염에서 여러 개의 화분이 발아할 수는 있지만, 씨방에 도달하는 것은 하나뿐이고, 수분 후 수정까지는 약 24시간이 걸린다.

② 옥수수는 수수와 달리 타가수정을 원칙으로 하므로 자가채종을 통해 종자생산은 수량이 감소한다.

(4) 크세니아(xenia, 화분직감) 현상

종실의 배유에서 나타나는 현상으로 백립종(yy)에 황립종(YY)의 꽃가루가 수정되거나 감미종, 초당종, 나종, 오페이크-2 등과 같은 열성인자를 가진 옥수수에 보통 옥수수의 화분이 수정되면, F_1 잡종의 배유가 황색이 되는 크세니아가 나타난다.

(5) 불임자수의 발현

① 옥수수를 지나치게 밀식하거나 수광량이 부족하면 암이삭의 비대가 불량하거나 수염추출이 안되어 불임자수가 발생한다.

② 후기에 일사량이 좋아져도 기형이삭이 발생한다.

③ 수염추출 전 20일간의 조건이 불임에 영향이 크다.

6. 잡종강세와 교잡종

> • 자웅동주이화 작물이고, 풍매수분을 하는 옥수수는 타화수정을 원칙으로 하므로 교잡이 용이하여 잡종강세를 효과적으로 이용할 수 있는 교잡종(hybrid)이 크게 발달한다.
>
> • 잡종강세(heterosis)는 두 교배친의 우성대립인자들이 발현하여 우수형질을 보이는 것이므로, 타식성 작물은 자가채종을 통해 종자생산을 하면 잡종강세가 없어 수량이 감소한다.
>
> • 잡종강세 육종법은 타식성인 옥수수와 자식성인 수수, 벼에도 적용되나 자식성 작물이 타식성 작물에 비해 잡종강세효과가 작다.

(1) 자식열세와 잡종강세

① 방임수분품종이나 교잡종의 자식된 후대는 대의 길이나 암이삭이 작아지고 저항성도 떨어지게 되는데, 이것을 자식열세라 한다.

② 자식열세는 자식을 반복할 때 5~10세대에 이르면 열세현상이 정지하며, 유전적으로 각 형질의 순도가 높아지기 때문인데 이를 자식계통이라고 한다.

③ 자식계통 간에 교잡된 1대 잡종은 자식계통의 친품종보다 생육과 생산력이 높고 저항성도 높아지는 잡종강세현상이 나타난다.

④ 잡종강세는 고정될 수 없기 때문에 매년 새로 교잡된 종자를 이용해야 한다.

⑤ 1대 잡종 종자는 1회 교배당 종자수가 많고, 파종의 종자수가 적어야 좋다.

(2) 조합능력과 잡종강세

① 잡종강세를 나타내는 척도로서 조합능력이 있다. 다수의 자식계통과 교잡하였을 때 어느 자식계통에 대해서도 어느 정도의 잡종강세를 나타내는 자식계통을 일반조합능력이 높다고 말한다.

② 특정한 자식계통에 대해서만 높은 잡종강세를 나타내는 자식계통을 특수조합능력이 높다고 한다.

③ 우수한 교잡종을 만들기 위해서는 조합능력이 높고, 기타의 다른 형질도 우수한 자식계통을 육성해야 한다.

④ 자식계통 또는 모집단을 개량하기 위한 옥수수의 육종법으로는 집단선발법, 계통육성법, 여교잡법, 순환선발법 등이다.

7. 기상생태형

(1) 옥수수는 단일성으로 8시간 단일은 출수를 촉진하고, 16시간 이상이면 출수가 지연된다.

(2) 단일 감광성의 정도는 만생종이 조생종보다 높으며, 감온성의 정도는 조생종이 만생종보다 높아서 조생종은 감온성이고, 만생종은 감광성이다.

5 분류 품종 및 채종

1. 분류

♀ 옥수수의 종류와 종류별 입형과 입질

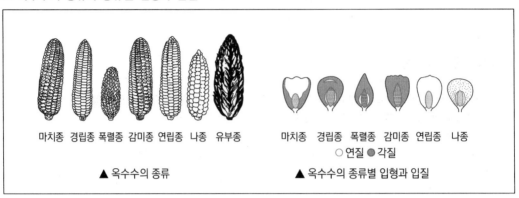

마치종 경립종 폭렬종 감미종 연립종 나종 유부종

마치종 경립종 폭렬종 감미종 연립종 나종
○ 연질 ● 각질

▲ 옥수수의 종류   ▲ 옥수수의 종류별 입형과 입질

(1) 마치종(오목씨, dent corn)

① 굵고 길며 황색이 많지만 백색 등 다른 색도있다.

② 정부가 연질이기 때문에 등숙되면서 수분이 감소되면서 오목하게 수축되어 말의 이빨처럼 굽어 들고 측면이 각질이다.

③ 각질부가 비교적 적고 과피가 두꺼워 식용에는 적합하지 못하나, 이삭이 크고 다수성이어서 사료나 공업원료 등으로 이용된다.

(2) 경립종(굳음씨, flint corn)

① 마치종 다음으로 굵고 정부가 둥글고 백색과 황색이며 종자가 단단하고 매끄러우며 윤기가 난다.

② 마치종보다 조숙이므로 고위도 및 고표고 지대에서도 재배할 수 있으나 수량이 적다.

③ 과피가 다소 얇고 대부분이 각질로 되어있어 식용, 사료 또는 공업원료로도 이용된다.

④ 마치종과의 중간형을 반마치형(semi dent), 반경립형(semi flint)이라고 한다.

(3) 폭립종(폭렬종, 튀김씨, pop corn)

① 종실이 작고 대부분이 각질로 되어 있으며 황적색인 것이 많다.

② 끝이 뾰족한 쌀알형과 끝이 둥근 진주형으로 구별되며, 각질 부분이 많아 잘 튀겨지는 특성을 지니고 있으므로 간식으로 이용된다.

③ 수량은 수량 최다인 마치종의 절반 정도이다.

(4) 감미종(단씨, sweet corn)

① 광합성에 의해 생성된 당이 전분으로 합성되는 것을 억제해 주는 유전인자를 가지고 있는 변이종으로 단옥수수와 초당옥수수가 있다.

② 종실은 성숙하여 건조되면 쭈글쭈글해지고 반투명하다.

③ 당분 함량이 높고 섬유질이 적으며 껍질이 얇기 때문에 쪄 먹는 간식이나 통조림으로 이용된다.

(5) 연립종(가루씨, flour corn)

종실에 각질부가 없고 연질의 전분만으로 되어있으며 모양이 둥글고 크기가 중간 정도이며 청자색이 많다.

(6) 나종(찰씨, waxy corn)

① 식물체의 모양이 경립종과 비슷하고, 종실의 전분도 각질이라는 점이 경립종과 비슷하지만 유백색(우윳빛)으로 불투명한 점은 경립종과 다르다.

② 보통 옥수수는 아밀로펙틴의 함량이 78%인데 반하여 찰옥수수는 100%에 가까우므로 찰성을 띄고, 요오드화칼륨을 처리하면 전분이 적색 찰반응을 나타낸다.

③ 우리나라 재래종은 황색도 있지만 일반적으로는 백색찰옥수수가 가장 많다.

④ 나종은 찰기가 있어서 풋옥수수로 수확하고, 일반적으로 조숙성이다.

(7) 아밀로스종

전분에서 아밀로스 함량이 70~80%로 높아 과자의 포장용으로 이용되는 투명필름을 만든다.

2. 품종의 분류

(1) 방임수분 품종

방임수분 품종은 복합 품종이나 합성 품종에 비해 좋은 특성이 떨어지며, 재래종이 이에 해당한다. 방임수분종 및 교잡종들을 자식하게 되면 후대에서 자식열세 현상이 나타난다.

(2) 복합 품종

다수의 방임수분 품종을 교잡하여 만든 집단을 말한다.

(3) 합성 품종

① 합성 품종이란 다수의 자식계통을 교잡하여 방임수분시킨 것

② 종자회사에서 개발 판매하는 대부분은 1대교잡종이며 일부는 합성품종이다.

③ 합성품종의 과정[(A×B)×(C×D)]×E×F×G]

자식계통을 만들어 여러조합으로 인위적인 교잡 → 우수교잡종 선발 → 우수잡종의 부모를 확인하고 특성이 다른 우수 부모계통을 섞어 심은 뒤 자연상태의 상호교잡 → 종자 보급

④ 합성품종도 초기과정은 1대교잡품종 육성과 비슷한 후기과정은 방임수분품종과 유사하여 후기 육성 과정은 방임 수분 품종과 유사하므로 초기 육성과정에 자식계통의 유지 및 증식, 격리포 채종, 일반 조합능력 검정 등의 조치가 필요하다.

⑤ 방임수분품종은 완전 임의로 개체들 간 자연교잡에 의해 교잡되지만 합성품종의 경우는 미리 여러 부모계통 중 우수한 1대잡종을 생산할 능력이 있는, 조합능력이 있는 우수한 유사 계통들을 선발한 뒤 자연상태에서 교잡하므로 개량효과가 더 크다는 차이가 있다.

⑥ 합성품종의 경우 1대잡종에 비해 잡종강세의 발현정도가 다소 낮고 개체 간 균일성도 떨어지지지만, 종자생산이 쉽고 지역적응성이 우수하고 합성 품종은 조합능력이 높은 여러 계통을 다계 교배한 것이므로 세대가 진전되어도 이형 집합성이 높아서 비교적 높은 잡종강세를 유지한다. 또한 유전적 변이 폭이 넓어서 환경 변동에 대한 안정성이 높으므로 영양번식이 가능한 타식성 사료작물에 널리 이용된다.

⑷ 1대잡종 품종

① 우수한 특성을 가진 계통을 선택하여 5세대 정도 자가수분(자식)시켜 자식계통을 만들면 그 후 대는 옥수수개체가 크기가 작아지고 수량은 낮아지나 유전적으로 균일한 특성을 보이는데 이를 자식계통이라 한다.

② 자식계통을 확보하여 이들을 상호교잡하여 얻어낸 1대잡종의 특성을 조사하는데, 이를 조합능력검정이라고 한다.

③ 그중 특성이 뛰어난 잡종개체를 선택하여 부모를 확인하고, 이들을 매년 심은 뒤 종자를 생산하면 1대잡종 품종이 된다.

④ 1대잡종 품종의 잡종강세는 이형접합성(양친 간 유전거리)이 높을 때 크게 나타나므로 동형접합체인 자식계통을 육성하여 잡종 종자 생산을 위한 교배친으로 사용한다.

⑤ 자식계통으로 1대잡종 품종을 육성하는 방법

  ㉠ 단교배[A×B] : 우량 조합 선정이 용이하고, 교배친은 동형접합체이므로 F₁은 분명한 이형접합체가 되어 잡종강세현상이 뚜렷하나 교배친(어버이식물)이 동형접합체이므로 발아력 등의 생육이 불량하여 종자의 생산량은 잡종강세육종법 중 가장 적다.

  ㉡ 3원교배[(A×B)×C]] : 단교잡을 모본으로, 자식계통을 부본으로 한다. 종자의 생산량이 많고 잡종강세현상도 높으나 균일성이 떨어진다.

  ㉢ 복교배[(A×B)×(C×D)] : 여러 품종의 형질을 하나로 모을 때 사용하는 방법으로 단교배보다 생산성이 떨어지고 생산물의 품질도 균일하지 않으나, 채종량이 많고 환경에 대한 안전성이 크다. 사료처럼 균일성이 크게 문제되지 않으면 이들을 사용한다. 복교배를 통하여 개발된 종자는 합성 품종이 될 수 있다.

⑥ 1대잡종은 잡종강세가 나타나 매우 왕성한 생육을 보이며 수량도 높다. 유전적으로 균일한 부모간의 교잡에 의해 얻은 품종이므로 개체 간이 유전적으로 거의 동일하여 집단 내 개체들은 균일한 생육과 특성을 보인다.

⑸ 교잡종

① 자식 계통 간 교배종 : 단교배종[A×B], 3교배종[(A×B)×C], 복교배종[(A×B)×(C×D)]

② 품종계통 간 교배종 : 방임수분 품종과 합성 품종의 교배종, 복합 품종과 자식계통 간의 교배종

③ 품종 간 교배종 : 방임수분 품종, 합성 품종, 복합 품종 간의 교배종

3. 채종

이형 불량 유전은 제거하고, 잡종강세가 잘 발현되는 종자 확보가 최우선이다.

(1) 방임수분품종의 채종

① 1수1열 선발(ear-to-row selection)을 가미한 집단선발법이 사용되기도 하나 조작이 복잡하고 노력이 많이 들어 실용화를 못하고 있다.

② 격리된 밭에서 우량개체만을 선발하는 집단선발법이나 지력의 불균일성에서 나오는 편향을 줄이기 위한 개량집단선발법이 이용된다.

③ 합성 품종이나 복합 품종의 채종도 이에 준한다.

(2) 교잡종의 채종

① 자식계통의 유지 및 증식

ㄱ **순도가 높은 자식계통을 유지하고, 대면적에서 교잡종자(1대 잡종종자)를 생산할 교배친의 종자증식을 하는 일이 교잡종자 생산의 중요한 기본이다.**

ㄴ 순도가 높은 자식계통을 유지하기 위해서는 일수일렬법을 적용하여 열악형질의 개체와 이형주(타화수정된 개체 등)를 제거하여야 한다.

ㄷ 자식계통 육성은 우량 개체를 선발해 5~7세대 동안 자가수정을 시키는 방법으로 하며, 자식계통의 유지에는 일반적으로 인공수분을 한다.

ㄹ **자식계통을 유지하는 중에 나타나는 심한 자식열세를 회복시키기 위해 형매수분으로 세력을 회복시키기도 한다.**

ㅁ **이형주는 철저히 제거한다.**

② 채종포의 선정 : 채종포는 풍매화이므로 다른 옥수수 밭과 약 400m 이상 떨어져 있고, 건조해나 습해가 없는 비옥한 곳이어야 한다.

③ 재식방법 : 종자친의 비율은 화분친의 능력에 따라 결정된다.

ㄱ **단교잡이나 3원 교잡과 같이 화분친이 자식 계통인 경우는 2:1 또는 4:2의 비율로 심는다.**

ㄴ **복교잡이나 품종 간 교배 및 단옥수수와 같이 화분친의 능력이 좋은 경우는 3:1 또는 6:2로 심는다.**

ㄷ **화분친은 수분의 임무가 끝나면 역할이 끝나는 것이므로, 수분이 끝나는 대로 제거하는 것이 종자친의 공간을 넓혀서 등숙을 촉진하게 된다.**

ㄹ 종자친을 전면적에 재식하고, 종자친의 2~3열 사이에 화분친을 심고 수정 후 제거함으로써, 종자친의 채종량을 늘리는 웅주간파법(male inter planting)을 이용한다.

④ 제웅

ㄱ **제웅은 종자친의 수이삭이 개화하기 전에 제거하는 것이다.**

ㄴ **수이삭의 개화는 오전 10~11시에 가장 왕성하게 이루어지므로 아침 일찍 제거하는 것이 유리하다.**

⑤ 관리 : 자식계통은 생육이 빈약하므로 충분한 시비, 배수, 제초, 병해충 방제 등의 관리에 힘써야 하고, 이형 개체는 빨리 제거하는 것이 좋고, 늦어도 개화 전에는 제거하여야 한다.

6 환경

1. 기상

(1) 35℃ 이상의 고온에서는 꽃가루가 12시간 내에 사멸한다.

(2) 옥수수에서 가뭄에 의한 피해는 출수개화기 전후 약 1개월간의 기간에 가장 심하다.

2. 토양

(1) 옥수수는 토양적응성이 높아 비옥하고 배수가 잘되는 양토이고, 사양토~식양토에서도 잘 자란다.

(2) 토양반응은 pH 5.5~8.0이 알맞지만, 산성과 알칼리성 토양 모두에 대한 적응성이 수수처럼 높고, 토양수분은 최대용수량의 60~80%이다.

(3) 토양통기가 잘 되는 곳이 좋고, 중습토는 부적당하다.

7 재배

1. 작부체계

옥수수는 연작을 해도 기지현상이 크지 않으므로 윤작을 매년 실시할 필요는 없으나, 콩과 작물과 윤작하면 좋다.

2. 종자

(1) 교잡종의 종자는 종자검사기관의 검사를 거친 것이다.

(2) 종자소독은 종자중량의 0.3%의 벤레이트티, 오더사이드 등의 종자소독제로 분의된다.

3. 파종

(1) 경운 및 정지

심경의 증수 효과는 다비가 수반되어야 하며, 3년째부터 나타난다.

(2) 파종기

출아 직후의 어린 옥수수는 생장점이 지하에 있어 늦서리의 피해를 입더라도 재생하여 생육에 별 영향이 없으므로 일찍 심는 것이 좋다.

(3) 재식밀도

휴폭과 주간에 의해 재식본수가 결정되는데, 휴폭은 60cm가 알맞다.

(4) 파종법

골을 만들어 시비한 다음 5~6cm 덮고 3~5cm 깊이로 1립씩 또는 1 − 1 − 2립씩 심는다.

4. 시비

(1) 옥수수는 흡비력이 강하고 거름에 대한 효과가 크므로 적박한 토양에서도 시비량에 따라 많은 수량을 올릴 수 있다.

(2) 질소의 흡수량이 가장 많고, 다음이 칼리이고, 인산은 가장 적다.

(3) 칼리는 출수개화기까지 거의 흡수되고, 질소와 인산은 성숙기까지 계속 흡수된다.

(4) 인산과 칼리의 전량 및 질소의 반량은 기비로 시용하며, 질소의 나머지 반은 전개엽수가 7~8엽기 (표고 50cm 정도)일 때 추비로 시용한다.

(5) 토양의 비옥도나 양분 및 수분의 보유력을 크게 하기 위하여 유기질 비료를 충분히 시용해야 하고, 개간지에서는 특히 인산질 비료의 효과가 크므로 이를 많이 주어야 한다.

(6) 종실수량을 목적으로 한 교잡종 옥수수의 경우 질소시비량은 재래종에 비해 많아야 한다.

5. 관리

(1) 밀식의 경우 이외에는 솎음이 필요없다.

(2) 광엽잡초에는 시마진 제초제가 효과적이고, 화본과 잡초에는 라쏘 제초제가 효과적이다.

6. 수확 및 조제

(1) 황숙기의 끝 무렵에 종실의 밑부분을 제거해 보면 검은 층이 발달되어 있는 것을 볼 수 있는데, 이 시기를 생리적 성숙기라 하며, 생리적 성숙기부터 양분의 이동이 차단되므로 생리적 성숙기가 지난 후에는 양분 이동없이 종실의 수분 함량도 감소하여 건물중 감소한다.

(2) 생리적 성숙기 후에 빨리 수확할수록 수확량은 많다고 할 수 있지만, 수분이 너무 많기 때문에 종실용 옥수수는 생리적 성숙기로부터 1~2주 지나서 수분 함량이 50% 정도인 황숙기 후반에 수확하는 것이 좋다.

(3) 평야지는 9월 중순, 산간지는 9월 중순~10월 상순에 수확한다.

(4) 풋옥수수인 찰옥수수는 생리적 성숙기 1~2주 전인 유숙기(출수 후 20~25일경)에 수확하고, 사일리지용 옥수수는 황숙기 전반에 수확하는 것이 좋다.

(5) 수분 함량이 16% 이하로 건조하여 정선한 다음 작석(作石 : 곡식에 섬을 담아서 한 섬씩 만드는 과정)하여 보관한다.

8 병해충 방제

1. 병해

(1) 깜부기병(흑수병)

① 암이삭, 숫이삭, 줄기, 잎 등에 광택이 있는 흰 껍질로 싸인 혹 같은 것이 생기는데, 뒤에 터져서 검은 부분이 나출되고 검은 가루가 나온다.

② 마치종은 강하다.

(2) 그을음무늬병(매문병)

① 깨시무늬병보다 서늘한 조건인 산간지대에서 많이 발생하고, 질소와 칼리가 부족해도 많이 발생한다.

② 방제법 : 내병성 품종, 충분한 비료시비, 윤작, 다이센 M-45 살포

(3) 깨씨무늬병(호마엽고병)

그을음무늬병과 깨시무늬병은 진균병으로 7~8월에 많이 발생한다.

(4) 검은줄오갈병(흑조위축병)

① 검은줄오갈병은 온도와 습도가 높은 곳에서 발생하는 바이러스병이다.

② 애멸구에 의해 매개되며, 식물체의 마디 사이가 짧아지고, 잎이 농록색으로 변하며, 초장이 작아진다.

③ 완전한 내병성품종은 없으나 진주옥이 저항성 품종, 살충제인 푸라단으로 애멸구를 죽인다.

2. 충해

(1) 조명나방

조명나방 유충은 줄기나 종실에도 피해를 주며 침투성 살충제를 뿌려주면 효과적이다.

(2) 멸강나방

멸강나방 유충은 떼를 지어 다니며 주로 밤에 식물체를 폭식하여 피해를 끼친다.

9 특수재배

1. 사일리지용 옥수수 재배

(1) 품종

① 종실용으로 수량이 많은 품종은 사일리지용으로서도 수량이 많으므로 품종 선택에 큰 차이는 없으나, 사일리지용은 종실용보다 빨리 수확하므로 숙기가 다소 늦어도 무방하다.

② 사일리지용은 종실용보다 밀식하기 때문에 도복과 검은 줄 오갈병 발생이 많다.

③ 파종기 : 종실용에 준하되 되도록 빨리 파종해야 한다.

④ 재식 밀도 : 종실용보다 20~30% 밀식하나 너무 과도한 밀식은 도복과 병 발생을 유발한다.

⑤ 시비량 : 사일리지용 옥수수는 생육기간은 짧아도 밀식이므로 시비량은 종실용에 준하거나 10~20% 증비한다.

⑥ 수확기

　㉠ 생초수량은 유숙기나 호숙기에 가장 높지만 건물수량이나 가소화양분수량은 생리적 성숙 단계인 황숙기에 가장 많고, 이때의 수분 함량도 사일리지 제조에 적합하다.

　㉡ 사일리지 옥수수는 종자가 누렇게 변하면서 끝이 들어가기 시작하며 종자를 손톱으로 누르면 약간 들어갈 정도로 딱딱해지는 호숙기~황숙기가 수확적기이다. 수분 함량은 65~70%이다.

2. 단옥수수 재배

(1) 품종

　① 일반단옥수수(sweet corn), 초당형단옥수수(super sweet corn)

　② 골든크로스반탐 70 : 최근 도입된 단옥수수품종, 극조생종품종

(2) 작형

　① 단옥수수는 주로 멀칭재배를 많이 한다.

　② 조기출하를 목적으로 하우스재배도하고, 멀칭재배와 하우스재배의 중간 형태인 터널재배도 한다.

(3) 파종기 육묘 및 정식

옥수수는 이식 적응성이 낮으므로 이식 시에는 반드시 포트에서 키워 본엽이 4~5매일 때 정식해야 한다.

(4) 곁가지 치기

곁가지가 양분을 손실시키지는 않으므로 따 줄 필요는 없다.

(5) 수확

　① 단옥수수는 출사 후 20~25일경에 수확한다.

　② 너무 늦게 수확하면 당분 함량이 떨어지고, 너무 일찍 수확하면 알이 덜 찬다.

　③ 단옥수수는 온도가 낮은 아침 일찍 수확하여 출하해야 하고, 냉동저장을 하지 않는 경우에는 수확 후 30시간 이내에 식용으로 하거나 가공하는 것이 좋다.

　④ 단옥수수는 생리적 성숙기로부터 1~2주 전인 유숙기(양분 이동이 활발히 이루어지는 시기)에 수확한다.

　⑤ 초당옥수수는 단옥수수보다 단맛과 수분이 많으므로 단옥수수보다 2~3일 늦게 수확해도 된다.

　⑥ 온도가 낮은 아침 일찍 수확하여 출하하고, 수확 후 30시간 이내에 식용과 가공처리를 한다.

Chapter 02 수수

1 기원

1. 식물적 기원

> • 학명 : *Sorghum bicolor* L.

2. 지리적 기원

> • 원산지는 아프리카 이디오피아와 수단 부근이다.
> • 열대원산인 수수는 옥수수보다 고온·다조를 좋아하고 내건성이 강하다.

2 재배종 수수의 이용

1. 곡용 수수

(1) 곡용 수수는 알곡 생산을 목적으로 한다.

(2) 찰수수는 식용, 메수수는 사료나 양조용이다.

(3) 종실 종피에 탄닌 함량이 적은 것이 사료용으로 적합하다.

(4) 탄닌 함량
갈색립 > 황색립 > 백색립

2. 당용 수수

(1) 대에 당분이 함유되어있어 단수수(사탕수수, sorgo)라고 불린다.

(2) 즙액으로 시럽을 만들어 제과원료로 이용되고, 줄기에 단 즙액이 풍부하여 사일리지나 청예용이 알맞고, 물엿의 생산에도 이용된다.

3. 청예용 수수

수단그라스와 존슨그라스가 이에 속한다.

4. 소경수수

소경수수(장목수수)는 이삭의 지경이 특히 발달되어 빗자루를 만드는 데 이용된다.

3 재배경영상의 특성

(1) 토양적응성과 내건성이 강하여 척박지, 모래땅, 저습지에서도 잘 재배된다.
(2) C_4 식물로 건물생산능력이 크다는 특성이 있다.
(3) 콩과의 혼작이 가장 보편적인 혼작방식이다.

4 형태

1. 종실

(1) 종실은 영과이며, 단단하고 광택이 있는 호영으로 싸여 있고, 영과 전체가 싸여 있거나 영과의 선단만 노출되는 것이 있다.
(2) 중간껍질에 종종 전분입자가 함유되어 있는데, 수수와 진주조에서만 볼 수 있는 독특한 특성이다.
(3) 재배종의 1,000립중은 10~80g으로 보통은 25~30g이고, 1L중은 700~740g이다.

2. 뿌리

(1) 종근은 1본이고 제4엽이 신장할 때부터 최하위절에서 관근이 발달한다.
(2) 발아하면 하나의 종근이 나오고 이후 관근이 발생한다.
(3) 심근성으로 흡비력과 내건성이 강하고, 부정근이 발달한다.

3. 줄기 및 잎

(1) 줄기는 장간인 경우 6m에 달한다.
(2) 줄기 표면에 피랍(wax)이 현저하고, 상처입은 곳에 적갈색의 색소가 형성된다.
(3) 엽설은 갈색의 환상막편으로 있으나 엽이는 없다.

4. 이삭

수경의 절수는 약 10마디인데, 각 마디에서 5~6개의 지경이 윤생하고, 다시 2~3차 지경이 착생하여 소수가 달린다. 한 이삭의 입수는 1,500~4,000립이다.

5. 소수

(1) 수수의 작은 이삭에는 유병소수와 무병소수가 쌍을 지어 붙어 있다.

(2) 무병소수는 1쌍의 큰 받침껍질에 싸여 바깥껍질만의 퇴화화(退化花)와 임실되는 완전화가 들어 있어 종자가 달린다.

(3) 유병소수는 1쌍의 좁고 긴 받침껍질에 싸여 바깥껍질만의 퇴화화(退化花)와 암술이 없는 수꽃이 들어 있어 임실하지 못한다.

6. 꽃

수술은 3개이고 암술머리는 갈라져 있으며 1쌍의 인피가 있다.

5 생리 및 생태

1. 발아온도

발아온도는 최저 6~7℃, 최적 32~33℃, 최고 44~45℃이다.

2. 분얼

청예전용 수수인 수단그라스나 존슨그라스를 제외한 수수는 분얼성이 작은데도, 분얼 간의 이삭은 대부분 결실하지 못한다. 따라서 분얼에서 수량을 기대할 수는 없다.

3. 내건성

수수의 내건성은 극히 강하다.

(1) C_4 식물이므로 내건성이 매우 강하다.

(2) 요수량이 300g 정도로 적다.

(3) 잔뿌리의 발달이 좋고 심근성이다.

(4) 기동세포가 발달하여 가뭄 시 엽신이 말려 수분증산이 억제된다.

(5) 잎과 줄기의 표피에 각질이 발달되어 있고 피람이 많기 때문에 수분증산이 적다.

4. 개화 및 수정

(1) 출수 후 3~4일에 이삭 끝부분부터 개화하기 시작하여 4~6일에 개화성기에 달하고, 한 이삭의 개화에는 10~15일이 소요된다.

(2) 수수는 자가수정을 원칙으로 하지만 자연교잡률이 2~10% 정도 또는 그 10% 이상인 경우도 있다.

(3) 수수의 꽃은 작고 단단하여 인공제웅이 어렵지만 완전한 웅성불임을 이용하면 교잡에 제웅이 필요 없다.

5. 웅성불임의 이용

유전적 및 세포질적 웅성불임을 이용하는 1대교잡종의 재배가 미국에서 일반화되어 있다.

6 환경

(1) 수수는 열대원산으로 고온 다조한 지역에서 재배하기에 알맞고 내건성이 특히 강하다.

(2) 옥수수보다 저온에 대한 적응력이 낮지만, 고온에 잘 견뎌 40~43°C에서도 수정이 가능하고, 20°C 이하에서는 생육이 늦으며, 무상기간 90~140일을 필요로 한다.

(3) 수수는 배수가 잘되고 비옥하며 석회 함량이 많은 사양토부터 식양토까지가 알맞다.

(4) 강산성 토양은 알맞지 않지만 산성과 알칼리 토양에 강하며 침수지에 대한 적응성이 높은 편이다. 따라서 생육 후기에 내염성이 높다.

(5) 알칼리성 토양이나 건조한 척박지에 잘 적응하며 침수지에 대한 적응성도 높은 편으로 옥수수 재배에 불안정한 지대에 많이 재배한다.

7 재배

1. 이식 및 혼작

(1) 맥후작 콩밭에 수수를 혼작하는 경우가 있는데, 이때는 수수의 모를 키워 이식한다.

(2) 콩과 수수를 혼식하면 이들은 생리적으로 서로 생육을 조장하므로 콩의 수량을 저하시키지 않고 수수를 수확할 수 있다.

2. 병충해 방제

(1) 병해

줄무늬세균병, 탄저병, 자줏빛구름무늬병, 깜부기병

(2) 수수 이삭의 개화가 끝나고 등숙이 시작할 때 이삭 끝에서부터 밑부분까지 망을 씌우면 왕담배나방의 피해를 예방할 수 있다.

8 청예재배

(1) 단수수, 수단그라스, 수수 × 수단교잡종, 단수수 × 수단교잡종 등의 도입종자를 많이 이용한다.

(2) 청예재배의 예취는 보통 2~3회 실시하는데, 예취 시 밑동을 15~20cm 정도로 충분히 남겨야 재생력이 왕성하다.

(3) 어릴수록 청산 함량이 많지만, 건조시키거나 사일리지로 만들면 무해하다. 따라서 가축에 건초나 사일리지를 다량 공급하여도 청산 중독은 일어나지 않는다.

Chapter

03 조

www.pmg.co.kr

1 기원과 생산 및 이용

1. 식물적 기원

> • Setaria 속
> • 학명 : *Setaria ialica* Beauvois
> • 조의 원형이 강아지풀(*Setaria viridis* B.) 2n = 18

2. 지리적 기원

원산지는 중앙아시아이다.

3. 생산 및 이용

(1) 생산

전세계적으로 생산량이 극감하였으며, 조류의 먹이 정도로 생산하고 있다.

(2) 이용

주성분은 당질(72%)이며 단백질(10%)과 지질(3%)도 많고 비타민 B도 많다.

2 재배의 특징

(1) 생육기간이 짧고 척박한 토양에서 잘 견디므로 산간지대에서 안전하게 재배되며, 이와 같은 지대의 주식으로 알맞다.

(2) 북한의 서부 평야지에서 밀 - 콩 - 조의 2년 3작 체계는 중요한 작물이다.

3 형태

1. 종실

(1) 종실은 영과이며 메조와 찰조로 구별된다.

(2) 1,000립중은 2.5~3g이고, 1L의 입수는 21~26만 입이다.

2. 뿌리

(1) 1개의 종근이 있고 관근이 다수 발생하지만, 다른 잡곡은 심근성인데 비해 비교적 천근성이다.

(2) **지표 가까운 마디에서는 부정근(기근)이 발생한다.**

3. 줄기(대)

(1) **조의 줄기는 속이 차 있으며, 일반적으로 분얼이 적다.(1~2본)**

(2) 분얼 간의 이삭은 발육이 떨어져 단위면적당 이삭수가 적고 수량이 낮다.

4. 잎

엽설에는 털이 밀생하며, 엽이가 없다.

5. 이삭

(1) 조는 지경이 짧아 이삭이 뭉뚝하다.

(2) 조의 수형 6종류

원통형, 곤봉형, 선단분기형, 방추형, 분기형, 원추형

6. 소수 및 꽃

(1) 1개의 작은 소수에는 한 쌍의 크고 작은 받침껍질에 싸여 있는 2개의 꽃이 있는데, 상위의 꽃은 종자가 달리는 임실화이고, 하위의 꽃은 퇴화하여 불임화이다.

(2) **임실화에는 바깥껍질과 안껍질에 싸여 있는 1개의 암술과 3개의 수술 및 1쌍의 인피가 있다.**

(3) 불임화는 바깥껍질과 작은 막편인 안껍질만 있으며 암술과 수술은 퇴화되었다.

4 생리 및 생태

1. 발아온도

발아온도는 최저 4~6℃, 최적 30~31℃, 최고 44~45℃이다.

2. 개화 및 결실

(1) 출수 후 1주일 후부터 개화하기 시작하여 약 10일 이내에 개화한다.

(2) 개화 순서는 이삭의 선단 1/3이 거의 동시에 개화하기 시작하여 아래로 내려간다.

3. 자연교잡

조는 자가수정 작물이나 자연교잡률(0.2~0.7%, 평균 0.6%)이 비교적 높다.

4. 기상생태형

(1) 조의 품종은 조파(단작)에 알맞은 봄조와 만파(후작)에 알맞은 그루조로 나눌 수 있으며 그 중간 형도 있다.

(2) 봄조

① 봄조는 감온형이고, 우리나라에서는 고온기가 단일기보다 먼저 오므로 파종기의 조만에도 불구하고 봄조는 그루조보다 먼저 출수하여 성숙한다.

② 봄조는 그루조보다 조숙성이고 건조에 강하고 다습에 약해 빨리 심는 것이 수량이 많다.

③ 산간부의 단작지대에서 재배하며 충분한 관개가 필요 없다.

(3) 그루조

① 그루조는 단일감광형으로 파종기에 상관없이 출수 및 성숙이 늦으며, 만파에 의한 출수, 성숙의 촉진일수가 봄조에 비하여 크다.

② 저온이나 건조에 약하고 상당한 온도와 습기가 있어야 하며, 조파하여 생육기간이 길어지면 조명나방의 피해가 커지므로 좋지 않아, 어느 정도 늦게 심는 것이 좋다.

5 품종

(1) 모래조(강원도 재래종)

(2) 호조(봄조, 메조, 중부지방)

(3) 천안조(봄조, 차조)

(4) 청미실(제주도 재래종, 그루조, 메조)

(5) 강돌립(제주도 재래종, 메조)

6 환경

1. 기상

(1) 조는 천근성이지만 요수량이 적고, 수분 조절 기능이 높아 한발에 강하므로 고온, 다조 기상 조건이 생육에 가장 알맞다.

(2) 비가 많이 오면 좋지 않다.

(3) 내동성은 약한 편이므로 저온, 다습이 가장 나쁜 영향을 끼치며, 출수 후의 고온도 좋지않다.

2. 토양

(1) 배수가 잘되고 비옥한 사양토로, pH 4.9~6.2이다.

(2) 저습지를 제외한 모든 토양에 적응하고, 산성토는 물론 알칼리성 토양에서도 잘 생육한다.

7 시비와 수확 및 조제

(1) 질소의 비효가 가장 크지만, 토양에 따라 인산, 칼리의 비효도 크다.

(2) 조는 흡비력이 강하고 척박지나 소비재배에도 적응하지만 다비재배에 대한 적응성도 높다.

(3) 조의 성숙은 출수 후 30~35일 정도 걸린다.

(4) 줄기, 잎 등이 황변하면 수확해야 하는데, 봄조는 9월에, 그루조는 10월에 수확한다.

Chapter 04 기장

1 기원과 생산 및 이용

1. 식물적 기원

> • 기장의 학명 : *Panicum miliaceum* L.

＊ 옥수수, 수수, 기장은 모두 C_4 식물

2. 지리적 기원

원산지는 중앙아시아이다.

3. 생산

(1) 기장은 고온, 건조한 기후를 좋아하여 열대부터 온대에 걸쳐 재배되고 있다.

(2) 생육기간이 짧고 조생종은 70일 내외로 성숙할 수 있으므로 상당히 고위도 지대에서도 재배되고 있다. 고온성 작물인 옥수수 조생종도 고위도 지대에서 가능하다.

(3) 기장은 수량성이 낮고 주식으로 이용하기에도 우수하지 못한 작물이어서 많이 재배하지는 않는다.

4. 이용

(1) 기장의 주성분은 당질(65%)이며, 단백질(11%)과 지질(5%)의 함량도 적지 않고 비타민 A가 많이 함유되어 있다.

(2) 찰기장은 단백질 11.4%, 지질 4.8%이고, 메기장은 단백질 8.6%, 지질 4.2%이다.

2 재배와 경영상의 특징

(1) 생육기간이 짧아 조보다 성숙이 빠르다.

(2) 건조한 척박지에서도 재배된다.

3 형태

1. 종실

(1) 기장의 종실은 영과로 소립, 1L의 입수는 12~13만 립이다.

(2) 형태는 방추형~짧은 방추형, 입색은 황백색~황색이다.

2. 뿌리

(1) 기장의 종근은 1본이고 지표에 가까운 지상절에서는 부정근이 발생한다.

 ＊ 벼의 종근은 1본, 보리나 밀은 3본 이상이다.

(2) 근군은 조보다 굵으며 비교적 심근성이고 내건성 흡비력이 강하다.

3. 줄기 및 잎

(1) 기장의 줄기는 조의 줄기와 비슷하고, 간장이 1~1.7m이며, 지상절의 수가 10~20마디이고, 둥글며 속이 비어 있다.

 ＊ 옥수수는 속이 차 있다.

(2) 엽설은 극히 짧고 엽이는 없다.

4. 이삭

(1) 기장은 이삭의 지경이 대체로 길어 조, 피와 다르고 벼나 수수와 비슷하다.

(2) 이삭 모양

산수형, 편수형, 밀수형

5. 소수 및 꽃

(1) 소수는 큰 받침껍질과 작은 받침껍질에 싸여서 임실화(상위화)와 불임화(하위화)가 1개씩 들어 있다.

(2) 불임화에는 암술과 수술이 없고 바깥껍질이 커서 받침껍질로 보인다.

(3) 임실화에서는 1개의 암술과 3개의 수술 및 1쌍의 인피가 바깥껍질과 안껍질에 싸여 있다. 성숙하면 탈립하기 쉽다.

4 생리 및 생태

1. 발아온도 및 분얼

(1) 발아온도는 최저 6~7°C, 최적 30~31°C, 최고 44~45°C이다.

(2) 기장은 분얼이 적어 줄기 기부로부터 2~3개의 분얼만 발생하지만 모두 이삭을 맺는다.

2. 개화 및 수정

(1) 출수 후 7일경부터 개화한다.

(2) 기온이 높을 때 개화한다.

(3) 기장은 자가수정을 원칙으로 하지만 자연수분도 이루어진다. 출수 후 30~35일되면 성숙이 완료된다.

3. 기상생태형

조와 같이 감온형인 봄기장과 감광형인 그루기장으로 분화된다.

4. 버널리제이션과 옥신 처리

기장은 고온에 의한 춘화처리로 출수가 촉진되고, 헤테로옥신이나 NAA 처리로 이삭무게(穗重)가 증가한다.

5 환경

1. 기상

(1) 기장은 전생육기간을 통하여 고온·다조인 것이 좋으며, 특히 생육성기부터 개화기에 고온이 유리하고, 등숙기에는 약간 저온이 유리하다.

(2) 기장은 심근성이고, 요수량이 적어 내건성이 강하며, 생육기간이 짧아 산간 고지대 재배에 적합하다.

2. 토양

(1) 배수가 잘되는 비옥한 양토나 사질토가 가장 알맞지만, 적응성이 강해 척박지, 신개간지 등에도 적응한다.

(2) 토양산도는 조와 비슷하게 산성과 알카리 모두에서 강하고, 저습지에는 맞지 않다.

6 수확 및 조제

(1) 수확기는 조보다 약간 빠르며, 수확적기는 산간지대 봄기장이 8월 하순 ~ 9월 상순이고, 평야지대 그루기장은 9월 하순~10월 상순이다.

(2) 이삭의 선단으로부터 점차 성숙하는데 성숙한 종실은 탈립하기 쉬워 이삭의 70~80%가 성숙하면 수확한다.

1 기원과 생산

1. 식물적 기원

> • 메밀은 마디풀과이며, 잡곡류에 속하는 일년생 쌍떡잎식물
> • 마디풀목 마디풀과
> • 학명 : *Fagopyrum esculentum*

2. 지리적 기원

바이칼호가 원산지이다.

3. 생산

(1) 메밀은 서리에는 약하나 생육 온도가 20~25℃이므로 서늘한 기후에 알맞고, 생육 기간도 짧아 (60~80일) 고위도(70°N)와 고표고 지대(히말라야에서는 4,300m)까지 적응이 가능하다.

(2) 우리나라에서 잡곡류 중 옥수수 다음의 재배면적을 가지고 있다.

2 이용

1. 일반 성분

(1) **메밀은 구황작물로 이용되며 쌍떡잎식물로, 종실의 주성분은 전분이지만 잡곡 중 단백질 함량이 가장 높다.**

(2) 메밀종실의 주요 구성성분은 탄수화물, 단백질, 지방, 수분이다.

(3) 단백질이 12~15%, 라이신 5~7%을 포함한 아미노산 구성이 좋아서 좋은 식품이며, 비타민도 많이 함유되어 있다.

(4) 단백질의 주성분은 글로블린이다.

(5) 메밀의 영양 성분은 호분층이 있는 벼와 달리 열매 중에 영양성분이 균일하게 분포하여 제분 시에 영양분 손실이 적다.

(6) 메밀 종실의 중심부만으로 가루를 만들면 가루 색깔이 희지만, 가루를 많이 낼수록 검어진다.

2. 루틴

(1) 루틴은 플라보노이드의 일종인 flavonol glycoside를 함유한 항산화 물질로 혈관벽을 튼튼히 하며 혈압강하제 등으로 쓰인다.

(2) 종실, 잎, 줄기, 뿌리 등 각 조직에 루틴이 함유되어있고, 특히 어린잎에 다량이 함유되어있다.
  * 루틴 함량은 잎 > 줄기 > 뿌리순이다.

(3) 파종 후 35~45일에 루틴함량이 최고에 달한다.

(4) 메밀의 루틴 함량은 개화 시 꽃에서 가장 높다.

(5) 쓴메밀의 루틴 함량은 보통메밀에 비해 20~70배 정도로 매우 높다.

(6) 루틴 함량은 여름메밀이 가을메밀보다 높다.

(7) 껍질 부분에 약간 유해한 물질인 살리실아민, 벤질아민이 포함되어, 제독을 위해 무를 사용하여, 막국수에는 무생채, 메밀국수엔 무즙을 이용하는 이유이다.

3. 기타 이용

(1) 메밀은 대파작물, 경관식물, 밀원식물이다.

(2) 어린잎은 채소로 이용하고, 머리가 맑아져 베겟속 재료로도 이용한다.

3 형태

1. 종실

(1) 종실은 수과(achene)이고, 모양은 대개 3각능형이며 간혹 4릉, 2릉을 이룬 것이 있다. 성숙하면 갈색·암갈색, 은회색을 띠며 주로 곡물로 이용된다.

(2) 종자는 과피로 싸여 있고, 그 속의 종자는 종피로 싸여 있는데, 종자는 배와 배유로 되어 있고 배에는 S자형으로 접혀진 자엽이 있다.

(3) 메밀은 지방도 적은데, 옥수수, 고추 등과 같이 단명 종자이다.

(4) 천립중은 25~30g이고, 1L중은 630~640g이다.

2. 뿌리

발아할 때 1본의 유근이 발생한다.

3. 줄기 및 잎

(1) 줄기는 길이가 60~90cm이고, 원통형이며, 속이 비어 있어 연약하다.

(2) 초생엽과 하부의 1, 2엽은 대생하지만 그 위의 잎은 호생한다.

(3) 엽병은 아랫잎이 길며 위로 갈수록 점점 짧아지며, 선단부의 잎은 엽병이 거의 없다.

4. 꽃

(1) 메밀꽃은 자웅동주이며 양성화로, 줄기 끝이나 엽액에서 짧은 화병에 꽃이 착생한다.

(2) 수술은 8개이고, 암술머리는 3갈래로 갈라졌으며, 암술과 수술의 기부에 밀선이 있어 꿀을 분비한다.

① **장주화** : 암술대가 수술보다 긴 꽃

② **단주화** : 암술대가 수술보다 짧은 꽃

③ **자웅예동장화** : 드물지만 양자의 길이가 비슷한 꽃

④ **이형예 현상** : 동일 품종이라도 장주화와 단주화가 반반씩 생기는 것으로 자가불화합성을 나타낸다.

  ✻ **메밀은 이형예현상으로 타화수분이다.**

4 생리 및 생태

1. 발아온도

발아온도는 최저 0~4.8℃, 최적 25~31℃, 최고 37~44℃이다.

2. 개화

(1) **고온단일에서 촉진되며, 하부로부터 선단으로 개화하며, 한 포기의 개화기간은 20~30일로 매우 길다.**

(2) 오전부터 개화하고, 수정되지 않은 꽃은 다음날 다시 개화한다.

3. 기상생태형

(1) **메밀은 단일 식물이므로 개화는 12시간 이하의 단일에서 촉진되고, 13시간 이상의 장일에서 지연되며, 개화기에는 체내의 C/N율이 높아진다.**

(2) 메밀의 생육형

① **여름메밀(개량종)**

㉠ 봄에 파종 후 여름에 수확하는 감광성이 낮고 감온성이 높은 감온형 품종이다.

㉡ 대체로 생육기간이 짧은 북부나 산간지에서 일찍 재배하는데 파종이 빠를수록 수량이 많고 생육기간도 짧아진다.

② **가을메밀(재래종)**

㉠ 여름에 파종하여 가을에 수확하는 감광성 품종이다.

㉡ 주로 남부나 평야지대에서 재배하며, 일찍 파종하면 줄기가 도장하고 결실이 불량하다.

③ **중간형메밀** : 감광형과 감온형이 모두 낮고 생육기간이 주로 기본영양생장성에 영향을 받아 파종기의 조만에 둔감하다.

5 수정 및 결실

1. 수분 및 수정의 일반 특성

(1) 메밀은 일반적으로 충매에 의한 타화수정으로 동화되고, 동형화 사이는 수분되지 않고, 자가불화합성을 가진다.

(2) 고온은 수정과 임실을 저해한다.

2. 적법수분과 부적법수분

(1) **적법수분**

메밀의 수정은 장주화와 단주화, 즉 이형화 사이의 수분에서 잘 이루어 이를 적법수분이라 하고, 수정률은 36~70%이다.

(2) **부적법수분**

동형화 사이의 수분에서는 수정이 잘 안 되어 부적법수분이라 한다.

3. 온도와 수정

(1) 17~20℃ 이상에서 임실이 나빠지고, 주야의 일교차가 클 때 임실이 조장된다.

(2) 고온에서는 암술의 발육불량으로 임실이 나빠진다.

6 메밀의 분류와 환경

1. 분류

(1) 보통종

우리나라와 세계전역에서 재배된다, $2n = 8$

(2) 달단종

① 메밀가루에 쓴맛, 자연수분

② 보통종보다 내동성이 강하고 척박지에서 견딜 수 있다.

③ 달단종의 자가화합성을 보통종에 도입하려하였으나 보통종의 화분이 달단종에 수정이 되나, 달단종의 화분은 보통종에 수정되지 않는다.

(3) 유시종

우리나라를 포함한 아시아 온대지방에 서식한다.

2. 환경

(1) 메밀의 생육적온은 20~31°C이지만 임실에는 17~20°C가 알맞고, 밤과 낮의 일교차가 클 때 수정 및 결실이 좋다.

(2) 메밀은 서늘한 기후가 알맞고 산간지방, 개간지에서 많이 재배되며, 내건성이 강해 가뭄 때 대체작물로 이용되지만 파종기에는 수분이 있어야 발아와 초기생육이 좋다.

(3) 고온다습한 환경에서는 착립과 종실 발육이 불량하다.

(4) 메밀은 밤낮의 기온차가 큰 것이 임실에 좋다.

(5) 메밀은 사양토~식양토가 좋고 중점토, 습지 및 극단의 건조지가 아니면 가능하다.

(6) 재배에 알맞은 토양 산도는 pH 6.0~7.0이나, 산성 토양에 강하다.

(7) 토양은 배수가 양호하고 약간 건조한 것이 좋으며, 비옥한 토양에서는 도복에 주의해야 한다.

7 재배

1. 작부체계

(1) 보통메밀은 우리나라 평야지대에서 겨울작물이나 봄작물의 후작으로 유리하다.

(2) 메밀밭에서는 충해가 적어 무, 배추 등을 혼작한다.

2. 병충해 방제

메밀에는 비교적 병충해가 적지만 흰가루병과 멸강나방의 피해가 발생하기도 한다.

3. 시비

메밀은 흡비력이 강하여 무비~소비재배를 원칙으로 한다.

4. 수확 및 조제

메밀은 성숙하면 검어지고 굳어지는데, 여문 종실은 떨어지기 쉬우므로 70~80%가 검게 성숙하면 수확한다.

Chapter 06 율무

1 기원과 생산 및 이용

1. 지리적 기원

율무의 원산지는 동남아시아의 열대지방이다.

2. 생산 및 이용

(1) 우리나라는 약용으로 소규모 재배한다.

(2) 율무는 약용, 식용으로 사용되고, 종실에는 단백질과 지질이 함유되어 좋은 건강식품이다.

(3) 종자는 지질보다 단백질을 더 많이 함유(단백질 10.3%, 지질 5.5%)하고 있다.

(4) 약용

자양강장제, 건위제, 이뇨제, 소염제, 폐결핵용

2 형태

1. 종실

(1) 종실은 두껍고 단단한 총포로 싸여 있다.

(2) 내부의 입(粒)은 엷갈색, 박피상의 호영에 싸여 있으며, 내 · 외영을 가진 영과가 다시 그 속에 들어 있다.

(3) 1,000립중이 100g이다. (비교 : 보리, 밀, 귀리의 35~45g, 조 2.5~3g)

(4) 율무의 전분은 찰성이다.

2. 뿌리

(1) 종근은 맥류와 비슷하게 4본이며, 근군이 다수 발생하여 옥수수와 비슷하게 발달한다.

(2) 과습조건에서는 뿌리가 지상으로 뻗고, 기근의 발달이 충실하여 도복에 강하다.

3. 줄기 및 잎

(1) 지중경이 발달하였다.

(2) 율무 엽신의 길이는 30~50cm이고 엽설은 매우 짧고 엽이는 없다.

4. 소수 및 꽃

(1) 율무는 유한화서로 상위 6~9절에 이삭이 착생한다.

(2) 대부분 타가수분

(3) 율무의 꽃은 암수로 구별되고 암꽃은 총포에 싸여 있으며, 수꽃은 총포 밖으로 자라서 5~8개의 웅성소수가 달린다.

(4) 율무의 자성화서는 보통 3개의 소수로 형성되지만 2개는 퇴화되고 1개만이 발달한다.

3 품종과 생리 및 생태

1. 염주

(1) 율무와 비슷하고 율무와 교잡이 잘된다.

(2) 염주는 이삭이 성숙한 후 빳빳하게 서지만 율무는 벼이삭처럼 늘어진다.

(3) 율무의 전분은 찰성이고, 염주의 전분은 메성이며, 야생종 염주는 다년생 숙근성이다.

2. 율무의 생태특성

(1) 발아적온은 25~30℃이고 20℃ 이하에서는 발아가 늦어진다.

(2) 율무는 타가수정 작물이다.

(3) 출수는 줄기 윗부분의 이삭으로부터 시작하여 아래로 진행하는데, 출수기간이 매우 길다.

(4) 율무와 형태가 비슷한 염주는 율무와 교잡이 잘 되며, 율무는 일년생이고 야생종 염주는 다년생 숙근성이다. 염주는 곡피가 두껍고 단단하여 염주알의 원료이다.

4 환경

(1) 율무는 열대원산이므로 따뜻한 기후에 알맞다.

(2) 연평균기온이 10℃ 이상이고 7월의 평균기온이 20℃ 이상인 지역에서 재배된다.

(3) 토양에 대한 적응성이 넓어서 논밭을 가리지 않고 재배할 수 있으며 산성 토양에도 강하다.

5 재배

(1) 재식거리는 이랑 60cm, 포기 사이 10cm 정도에 1본으로 하거나 포기 사이 20cm에 2본으로 한다.

(2) 과숙하면 탈립이 심하므로 메밀처럼 종실이 흑갈색으로 변했을 때 바로 수확한다.

Chapter 07 피

1 기원과 생산 및 이용

(1) 피의 원산지는 인도이다.

(2) 피는 불량 환경에 대한 적응성이 높아 동양에서는 예로부터 구황작물로 재배되어 왔으나 현재는 종실용으로는 재배하지 않고, 사료작물 또는 새모이로 조금 재배한다.

(3) 핍쌀은 다른 화곡류처럼 당질이 주성분이지만 단백질과 지질이 쌀보다 풍부하여 영양가가 높다. 새 모이용으로도 조보다 우량하다.

2 형태

1. 종실

(1) 피의 종실은 영과, 단단하고 광택이 있는 껍질로 싸여 있고, 타원형~구형이며, 미숙립의 빛깔은 녹색 또는 자색이며, 성숙립은 회백색 또는 암갈색이다.

(2) 1,000립중은 3g 내외이다.

(3) 피도 메성과 찰성으로 구분한다.

2. 뿌리

종근은 벼와 같이 1본이고, 근계의 발달이 좋고, 심근성이고 흡비력이 강하다.

3. 줄기 및 잎

(1) 재배종 피의 잎은 형태적으로 벼잎과 비슷하지만, 침엽일 때에는 가늘고, 유엽은 엽신 끝에 자주빛을 띠는 것이 많다.

(2) 잎은 벼잎보다 늘어지며 표면이 거칠고 중록이 희며 굵고, 엽설과 엽이가 없다.

4. 이삭

한 이삭에 3000립 정도가 붙으므로 조처럼 보인다.

5. 소수 및 꽃

(1) 소수 및 꽃의 구조는 조와 같다.

(2) 1쌍의 큰 받침껍질에 싸여 임실화와 불임화가 1개씩 들어 있다.

(3) 임실화는 크고 딱딱한 바깥껍질과 얇은 안껍질로 싸여 있으며 암술 1개, 수술 3개 및 인피 1쌍이 들어있다.

3 생리 및 생태

(1) 발아온도는 조와 비슷하고, 분얼수는 조보다 많고 지표로부터 7, 8본씩 분얼하고, 특히 만생종에서 많다.

(2) 피는 자가수정 작물인데 불임률이 높다. 불임률은 품종에 따라 변이가 심하고, 절반 이상의 품종에서 불임률이 20%를 넘는다.

(3) 출수 후 30~40일에 성숙하고, 탈립성이 크다.

4 환경

(1) 생육기간 중 기온이 높은 것이 좋으며, 특히 출수개화기에 기온이 높은 것이 좋다.

(2) 피는 내냉성이 강하여 냉습한 기상에 잘 적응한다.

(3) 토양은 양토~식양토가 알맞고 사질토나 중점습지에도 적응하며, 너무 비옥한 토양에서는 도복의 우려가 있다.

(4) pH 5.0~6.6이 알맞지만 산성과 알칼리성 토양에도 강하며, 개간지, 해수침입답, 간척지 및 냉수답에도 적응한다.

5 재배

(1) 청예재배를 하면 재생력이 강하여 한 해에 2~3회 예취할 수 있다.

(2) 피의 이삭은 밑에서부터 점차 성숙하며 완숙립은 탈립되기 쉬우므로 이삭의 대부분이 성숙하면 빨리 수확해야 한다.

잡곡류

001 **옥수수의 특성에 관한 설명으로 옳은 것은?** 10. 국가직 7급

① 대체로 웅성선숙이다.
② 고온조건에서 수이삭의 개화는 주로 오후 늦게 이루어진다.
③ 재배여건이 나쁠수록 암이삭의 수염추출이 빨라진다.
④ 꽃가루는 꽃밥을 떠난 뒤 10~15일간의 수분능력을 갖는다.

002 **옥수수 재배 시 시비에 대한 설명으로 옳지 않은 것은?** 15. 국가직 7급

① 옥수수는 흡비력이 강하고 거름에 대한 효과가 크다.
② 종실수량을 목적으로 한 교잡종 옥수수의 경우 질소시비량은 재래종에 비해 많다.
③ 토양의 비옥도나 양분 및 수분의 보지력을 크게 하기 위하여 유기질비료를 충분히 시용해야 한다.
④ 인산은 전량을 기비로 주고 질소와 칼리는 반량을 기비로 시용하며 나머지는 전개엽수가 7~8엽기일 때 추비로 시용한다.

003 **옥수수의 합성 품종에 대한 설명으로 옳은 것은?** 16. 국가직 9급

① 종자회사에서 개발하여 상업적으로 판매하는 품종의 거의 대부분은 합성 품종이다.
② 합성 품종의 초기 육성과정은 방임수분 품종과 유사하고, 후기 육성과정은 1대잡종 품종과 유사하다.
③ 합성 품종은 방임수분 품종에 비해 개량의 효과가 다소 떨어진다.
④ 합성 품종은 1대잡종 품종에 비해 잡종강세의 발현 정도가 낮고 개체 간의 균일성도 떨어진다.

정답 찾기

001 ① 옥수수는 대체로 수이삭의 출수 및 개화가 암이삭의 개화보다 앞서는 웅성선숙이다.
② 고온조건에서 수이삭의 개화는 주로 오전 10시~11시이다.
③ 재배여건이 나쁠수록 암이삭의 수염추출이 늦어진다.
④ 꽃가루는 꽃밥을 떠난 후 24시간 이내에 사멸한다.

002 ④ P, K와 N의 절반을 기비로 사용하고, 질소의 반은 초고가 50cm 정도, 즉 전개엽수가 7~8엽기에는 추비로 사용한다.

003 ④
① 종자회사에서 개발하여 상업적으로 판매하는 품종의 거의 대부분은 1대교잡종이며 일부가 합성 품종이다.
② 합성 품종의 후기육성과정은 방임수분 품종과 유사하다.
③ 합성 품종은 조합능력이 우수한 유사계통을 선발한 뒤 자연상태에서 교잡시키므로 방임수분 품종에 비해 개량의 효과가 더 크다.

정답   **001** ①   **002** ④   **003** ④

004 **옥수수 품종에 대한 설명으로 옳지 않은 것은?**   22. 국가직 9급

① 5세대 정도 자식을 하면 식물체의 크기가 작아지고 수량이 감소한다.
② 1대잡종 품종 개발을 위해 자식계통의 조합능력이 우수한 것을 선택하는 것이 유리하다.
③ 종자회사에서 개발하여 상업적으로 판매하는 품종은 대부분 합성품종이다.
④ 단교잡종은 복교잡종에 비해 잡종강세가 높으나 종자생산량이 적다.

005 **옥수수에 대한 설명으로 옳은 것은?**   11. 국가직 7급

① 단성화이며 자웅동주 식물이다.
② 일반적으로 암이삭의 개화가 수이삭보다 앞선다.
③ 유전자의 연관군 수는 20개이다.
④ 암이삭의 출사는 수병의 기부에서 시작한다.

006 **옥수수의 생리생태에 대한 설명으로 옳지 않은 것은?**   19. 지방직 9급

① 곡실용 옥수수는 곁가지의 발생이 많은 품종이 종실수량이 많아서 재배에 유리하다.
② 일반적으로 수이삭의 출수 및 개화가 암이삭의 개화보다 앞서는 웅성선숙작물이다.
③ 광합성의 초기산물인 탄소원자 4개를 갖는 C_4 식물로 온도가 높을 때 생육이 왕성하다.
④ 이산화탄소 이용효율이 높기 때문에 이산화탄소 농도가 낮아도 C_3 식물에 비해 광합성이 높게 유지된다.

007 **옥수수의 출수 및 개화에 대한 설명으로 옳지 않은 것은?**   16. 지방직 9급

① 일반적으로 웅성선숙이다.
② 수이삭의 개화기간은 7~10일이다.
③ 암이삭의 수염추출은 수이삭의 개화보다 3~5일 정도 빠르다.
④ 암이삭의 수염은 중앙 하부로부터 추출되기 시작하여 상하로 이행된다.

008 **우리나라의 옥수수에 대한 설명을 옳은 것은?**   09. 지방직 9급

① 암이삭의 수염추출은 수이삭의 출수보다 빠르다.
② 옥수수는 고온 장일조건에서 출수가 촉진된다.
③ 복교잡이 단교잡보다 종자생산량이 많다.
④ 연작을 하면 기지현상이 크므로 윤작을 매년 실시하여야 한다.

009 옥수수의 1대잡종 채종에 대한 설명으로 옳지 않은 것은? 　　12. 국가직 9급

① 단교잡은 복교잡보다 종자생산량이 적다.
② 복교잡에서 재식 시 화분친과 종자친의 비는 2:1 또는 4:2로 한다.
③ 복교잡은 단교잡보다 잡종 종자의 균일도가 떨어진다.
④ 자식계통 육성은 우량 개체를 선발해 5~7 세대 동안 자가수정을 시킨다.

010 광합성을 할 때 탄소를 고정하는 기작이 다른 것은? 　　22. 지방직 9급

① 벼　　　　　　　　　② 담배
③ 보리　　　　　　　　④ 옥수수

011 옥수수에 대한 설명으로 옳지 않은 것은? 　　11. 지방직 9급

① 일반적으로 옥수수는 수이삭과 암이삭으로 구별되는 자웅동주 식물이다.
② 우리나라 옥수수는 대체로 수이삭의 출수 및 개화가 암이삭의 개화보다 앞서는 웅성선숙이다.
③ 암이삭의 수염추출은 상부에서부터 시작하여 중앙 및 하부로 이행된다.
④ 옥수수는 C_4 식물이며 고립상태에서의 광포화점은 벼보다 높다.

정답 찾기

004 ③ 종자회사에서 개발하여 상업적으로 판매하는 품종은 거의 대부분 1대교잡종 품종이며 극히 일부는 합성품종이다.

005 ① 옥수수는 자웅동주이화식물이며, 자웅양화서가 모두 단성화이다.
② 수이삭이 먼저 피는 웅예선숙이다.
③ 유전자의 연관군 수는 10개이다.
④ 기부에 수병이 있고 암술의 자방에 50cm에 달하는 수염이 달린다.

006 ① 곁가지는 종류와 품종에 따라 차이가 크며, 줄기 기부의 엽액에서 자란 곁가지에는 암이삭이 달리지 않는 것이 보통이다.

007 ③ 암이삭의 수염추출은 수이삭의 개화보다 3~5일 정도 늦는 것이 보통이지만 품종 간에 차이가 있고 재배여건이 나쁠수록 수염추출이 늦어지고, 심하면 수염이 추출되지 않아 불임개체가 많아진다.

008 ③ 복교잡은 단교잡 간에 다시 교잡을 시키는 방법이다. 종자의 생산량이 많고, 잡종강세의 발현도도 높지만, 균일성이 다소 낮아지며, 4개의 어버이 계통을 유지해야 하는 불편이 있다.

009 ② 종자친과 화분친의 비율은 화분친의 능력에 따라 정해지는데, 단교잡이나 3계교잡과 같이 화분친이 자식계통인 경우에는 2:1 또는 4:2의 비율로 심고, 복교잡이나 품종간교잡 및 단옥수수와 같이 화분친의 능력이 충분한 경우에는 3:1 또는 6:2 비율로 심는 것이 보통이다.

010 ④ C_4 식물인 옥수수는 광이나 온도의 이용한계가 매우 높으며 광호흡이 없어 저농도의 이산화탄소중에서도 외견상의 광합성이 높게 유지되는 특징을 지니고 있다. 나머지는 C_3 식물이다.

011 ③ 암이삭의 수염은 중앙 하부로부터 추출되기 시작하여 상하로 이행되는데 선단부분이 가장 늦다.

정답　004 ③　005 ①　006 ①　007 ③　008 ③　009 ②　010 ④　011 ③

012 옥수수 자식계통을 유지하는 방법 중 자식열세를 회복시키기 위한 가장 적절한 방법은?

11. 국가직 7급

① 형매수분을 시킨다.
② 자식을 계속 시킨다.
③ 톱교잡을 시킨다.
④ 여교잡을 시킨다.

013 옥수수의 종류에 대한 설명으로 옳지 않은 것은?

15. 국가직 9급

① 마치종 옥수수는 껍질이 두껍고 주로 사료용으로 이용된다.
② 찰옥수수의 전분은 대부분 아밀로오스로 구성되어 있다.
③ 경립종 옥수수는 종자가 단단하고 매끄러우며 윤기가 난다.
④ 단옥수수는 섬유질이 적고 껍질이 얇아 식용으로 적당하다.

014 옥수수의 화서에 대한 설명으로 옳은 것은?

14. 국가직 7급

① 암이삭과 수이삭은 개화 시기가 서로 다른 경우가 많은데 암이삭이 먼저 피는 자예선숙 현상이 일반적이다.
② 웅성화서에 암꽃, 자성화서에 수꽃이 혼생하는 경우도 있다.
③ 이차지경이 분기하여 각 마디에 착생하는 2개의 웅성소수는 모두 유병소수이다.
④ 자성소수의 구조는 1쌍의 받침껍질에 싸인 1개의 암꽃으로 되어 있다.

015 단옥수수의 수확 적기에 대한 설명으로 옳은 것은?

12. 국가직 9급

① 출사 후 20~25일경에 수확한다.
② 온도가 높은 한낮에 수확한다.
③ 생리적 성숙기로부터 1~2주 지난 후에 수확한다.
④ 양분이동이 더 이상 일어나지 않는 완숙기에 수확한다.

016 옥수수 병충해에 대한 설명으로 옳지 않은 것은?

17. 국가직 9급

① 그을음무늬병과 깨씨무늬병은 진균병으로 7~8월에 많이 발생한다.
② 검은줄오갈병은 온도와 습도가 높은 곳에서 발생하는 세균병이다.
③ 조명나방 유충은 줄기나 종실에도 피해를 주며 침투성 살충제를 뿌려주면 효과적이다.
④ 멸강나방 유충은 떼를 지어 다니며 주로 밤에 식물체를 폭식하여 피해를 끼친다.

017 교잡종(F1) 옥수수에 대한 설명으로 옳지 않은 것은?

15. 국가직 9급

① 복교잡종자가 단교잡종자에 비하여 균일도가 우수하고 수량성이 높다.

② 1대 잡종종자는 잡종강세 효과가 크게 나타나 자식계통보다 수량성이 높다.

③ 1회 교배당 결실종자수가 많고 단위면적당 파종에 필요한 종자수가 적어야 좋다.

④ 옥수수는 타식성작물이므로 자가채종을 통해 종자생산을 하면 수량이 감소한다.

018 옥수수의 생리적 성숙기에 대한 설명으로 옳은 것은?

08. 국가직 7급

① 풋옥수수로 이용하는 찰옥수수는 생리적 성숙기에 수확하는 것이 적합하다.

② 생리적 성숙기 이후에 종실의 수분 함량은 감소하나 건물중은 증가한다.

③ 엔실리지용 옥수수는 생리적 성숙기 2~3주 후에 수확해야 한다.

④ 생리적 성숙기부터 양분의 이동이 차단된다.

019 옥수수 재배에서 교잡종의 채종에 대한 설명으로 옳지 않은 것은?

15. 국가직 7급

① 순도가 높은 자식계통을 유지하고 대면적에서 교잡종자를 생산할 교배친의 종자증식이 교잡종자생산의 기본이 된다.

② 자식열세가 심한 경우에는 형매수분을 하여 세력을 회복시키기도 한다.

③ 화분친은 수분의 임무가 끝나도 종자친의 등숙을 촉진시키므로 제거하지 않는 것이 좋다.

④ 자식계통은 생육이 빈약하므로 관리에 힘써야 하고, 이형개체는 빨리 제거해야 한다.

정답찾기

012 ① 자식열세가 심한 경우에는 형매수분을 하여 세력을 회복시키기도 한다.

013 ② 보통 옥수수는 아밀로펙틴의 함량이 78%인데 비해 찰옥수수는 98~100%이다.

014 ②
① 옥수수는 암이삭과 수이삭은 개화 시기가 서로 다른 경우가 많은데 일반적으로 수이삭이 먼저 피는 웅예선숙이다.
② 이차지경이 분기하여 각 마디에 2개의 웅성소수가 착생하는데, 하나는 유병소수, 다른 하나는 무병소수이다.
④ 자성소수의 구조를 보면 1쌍의 받침껍질에 싸여서 2개의 암꽃이 있다.

015 ① 초당옥수수는 단옥수수보다 단맛과 수분이 많아 단옥수수보다 2~3일 늦게 수확해도 된다.
온도가 낮은 아침 일찍 수확하여 시장에 출하해야 하고, 냉동저장을 하지 않는 한 수확 후 30시간 이내 식용 또는 가공처리해야 한다.

016 ② 검은줄오갈병은 바이러스병이다.

017 ① 복교잡 : 두 개의 단교잡종 사이의 교잡으로 종자의 생산량이 많고 잡종강세의 발현도도 높지만, 균일성이 다소 낮아진다.

018 ④ 황숙기의 끝 무렵에 종실의 밑부분을 제거해보면 검은 층이 발달되어 있는 것을 볼 수 있는데, 이러한 시기를 생리적 성숙기라 한다. 생리적 성숙기부터 양분의 이동이 차단된다.
① 풋옥수수로 이용하는 찰옥수수는 생리적 성숙기 1~2주 전인 유숙기에 수확하는 것이 좋다.
② 수분 함량이 감소하여 건물중이 감소한다.
③ 엔실리지용 옥수수는 황숙기 전반에 수확한다.

019 ③ 화분친은 수분만으로 임무가 끝나는 것이므로 수분이 끝나는 대로 제거하는 것이 종자친의 공간을 넓혀서 등숙을 촉진한다.

정답   **012** ①   **013** ②   **014** ②   **015** ①   **016** ②   **017** ①   **018** ④   **019** ③

020 옥수수는 크세니아 현상에 대한 설명으로 옳은 것은?　　　09. 국가직 9급

① 백립종에 황립종의 꽃가루가 수정되어 F₁ 잡종의 배가 백색이 되는 것
② 백립종에 황립종의 꽃가루가 수정되어 F₁ 잡종의 배유가 황색이 되는 것
③ 백립종에 황립종의 꽃가루가 수정되어 F₁ 잡종의 배유가 백색이 되는 것
④ 백립종에 황립종의 꽃가루가 수정되어 F₁ 잡종의 배가 황색이 되는 것

021 옥수수 육종에 대한 설명으로 가장 옳지 않은 것은?　　　19. 서울시 9급

① 합성 품종 육성의 후기과정은 방임수분 품종 육성과 유사하다.
② 복교잡은 단교잡보다 F1 종자생산량이 많다.
③ 종자회사에서 잡종강세를 이용하는 품종은 대부분 합성 품종이다.
④ 방임수분 품종육성은 형질개량효과가 미미하다.

022 찰옥수수에 대한 설명으로 옳지 않은 것은?　　　21. 국가직 9급

① 우리나라 재래종은 황색 찰옥수수가 가장 많다.
② 전분의 대부분은 아밀로펙틴으로 구성되어 있다.
③ 요오드화칼륨을 처리하면 전분이 적색 찰반응을 나타낸다.
④ 종자가 불투명하며 대체로 우윳빛을 띤다.

023 옥수수의 입질·입형 등에 따른 분류와 그 특성으로 옳지 않은 것은?　　　14. 국가직 7급

① 마치종: 이삭이 크고 다수성이어서 주로 식용으로 이용된다.
② 경립종: 과피가 다소 얇고 대부분이 각질로 되어 있어 식용으로 많이 쓰이며, 사료 또는 공업원료로도 이용된다.
③ 폭렬종: 각질부분이 많아 잘 튀겨지며 간식에 이용된다.
④ 감미종: 당분 함량이 높고 과피가 얇기 때문에 간식이나 통조림으로 이용된다.

024 옥수수의 생리 및 생태에 대한 설명으로 옳지 않은 것은?　　　17. 서울시 9급

① 엽신의 유관속초세포가 발달하고 다량의 엽록소를 가지고 있어 광합성 능력이 높다.
② 수분된 꽃가루가 발아하여 수정되기까지는 약 24시간이 걸린다.
③ 보통 암이삭의 수염추출은 수이삭의 개화보다 3~5일 정도 빠르다.
④ 꽃가루는 꽃밥을 떠난 뒤 24시간 이내에 사멸한다.

025 옥수수와 비교하여 벼에서 높거나 많은 항목만을 모두 고른 것은?

16. 국가직 9급

> ㄱ. 기본염색체(n)의 수   ㄴ. 이산화탄소보상점
> ㄷ. 광포화점   ㄹ. 광호흡량

① ㄴ   ② ㄱ, ㄷ
③ ㄱ, ㄴ, ㄹ   ④ ㄱ, ㄴ, ㄷ, ㄹ

026 당분이 전분으로 전환되는 것을 억제시키는 유전자를 가진 옥수수종과 찰기가 있어서 풋옥수수로 수확하여 식용하는 종을 옳게 짝지은 것은?

17. 지방직 9급

① 마치종 – 나종
② 감미종 – 경립종
③ 경립종 – 마치종
④ 감미종 – 나종

정답 찾기

020 ② 옥수수 종실의 배유에서 백색립(yy)에 황색립(YY) 또는 감미종, 초당종 등과 같은 열성의 인자를 가진 옥수수에 보통 옥수수의 꽃가루가 수정되어 크세니아 현상이 나타난다.

021 ③ 종자회사에서 개발하여 상업적으로 판매하는 품종은 거의 대부분 1대교잡종 품종이며 극히 일부는 합성 품종이다.

022 ① 우리나라에는 백색인 것이 많다

023 ① 마치종 : 사료·공업용이고, 대립종이다.

024 ③ 암이삭의 수염추출은 수이삭의 개화보다 3~5일 정도 늦는 것이 보통이지만 품종 간에 차이가 있고 재배 여건이 나쁠수록 수염추출이 늦어지고, 심하면 수염이 추출되지 않아 불임개체가 많아진다.

025 ③ 염색체수 벼(2n = 24), 옥수수(2n = 20). C_4 식물인 옥수수는 광이나 온도의 이용한계가 매우 높으며 광호흡이 없어 저농도의 이산화탄소 중에서도 외견상의 광합성이 높게 유지된다.

026 ④
1) 감미종(sweet corn) : 당이 전분으로 합성되는 것을 억제하는 유전인자를 갖는 변이종으로 단옥수수와 초당옥수수가 있다. 종실은 성숙하면 쭈글쭈글해지고 반투명. 당분이 높고 섬유질이 적고 껍질이 얇아 쪄 먹는 간식이나 통조림으로 이용된다.
2) 나종(waxy corn) : 식물체의 모양이 경립종과 비슷하고, 종실의 전분도 각질이라는 점이 경립종과 비슷하지만 유백색으로 불투명한 점은 경립종과 다르다. 보통 옥수수는 아밀로펙틴의 함량이 78%인데 반하여 찰옥수수는 100%에 가까운 찰성을 띄고, 요오드화칼륨을 처리하면 전분이 적색 찰반응을 나타낸다. 찰기가 있어서 풋옥수수로 수확하고, 조숙성이다.

---

027 옥수수 교잡종의 종자채종에 대한 설명으로 옳지 않은 것은?　　18. 국가직 7급

① 제웅은 통상 수이삭이 개화하기 전에 실시한다.
② 단교잡에 비해 복교잡에서 화분친 계통의 재식비율을 높게 한다.
③ 채종포는 다른 옥수수밭과 400m 이상 격리시키고, 건조하지 않고 습해가 없는 곳을 선택한다.
④ 순도가 높은 자식계통을 유지하기 위해 일수일렬법을 적용하여 열악형질 개체와 이형주를 제거한다.

028 옥수수 종실의 특성에 대한 설명 중 옳지 않은 것은?　　08. 국가직 7급

① 종실용 옥수수의 배에는 전분보다 지방 함량이 높다.
② 종실전분의 아밀로펙틴 함량은 종실용 옥수수보다 찰옥수수가 많다.
③ 튀김용 옥수수는 종자가 매우 크고 대부분이 연질로 이루어져 있다.
④ 단옥수수 및 초당옥수수의 종실은 성숙하여 건조되면 쭈글쭈글해지고 반투명하다.

029 사일리지용 옥수수재배에 대한 설명으로 옳지 않은 것은?　　15. 서울시 9급

① 생육기간은 다소 짧지만 양분 흡수면에서는 종실용과 거의 같으므로 종실용에 준하거나 10~20% 증비한다.
② 사일리지용 옥수수의 수확 적기는 건물수량이나 가소화양분수량이 가장 높은 생리적 성숙 단계인 호숙기이다.
③ 호맥과 같은 겨울작물의 후작으로 심을 경우에는 토양수분이 허용되는 한 빨리 심는 것이 좋다.
④ 보통 종실용보다 20~30% 밀식하지만 과도한 밀식은 도복과 병해를 조장한다.

030 옥수수의 형태와 생육에 대한 설명으로 옳은 것만을 모두 고르면?　　19. 국가직 7급

ㄱ. 벼, 보리 등과 동일한 특징으로 엽설 및 엽이가 있다.
ㄴ. 발아 시 최대흡수량으로 마치종은 113%, 감미종은 74%이다.
ㄷ. 자방에서 자란 수염은 암술대와 암술머리 역할을 하며 수염 끝부분만 화분 포착 능력이 있다.
ㄹ. 수이삭의 2차지경이 분기하여 각 마디에 2개의 웅성소수가 착생한다.

① ㄱ, ㄷ　　　　② ㄱ, ㄹ
③ ㄴ, ㄷ　　　　④ ㄴ, ㄹ

031 옥수수의 출사 후 수확이 빠른 순으로 바르게 나열한 것은? 20. 국가직 9급

> ㄱ. 단옥수수　　　　　　ㄴ. 종실용 옥수수　　　　　　ㄷ. 사일리지용 옥수수

① ㄱ → ㄴ → ㄷ　　　　　　　　　　② ㄱ → ㄷ → ㄴ
③ ㄴ → ㄱ → ㄷ　　　　　　　　　　④ ㄴ → ㄷ → ㄱ

032 옥수수의 자식열세와 잡종강세에 대한 설명으로 옳지 않은 것은? 19. 국가직 7급

① 방임수분종 및 교잡종들을 자식하게 되면 후대에서 대의 길이나 암이삭이 작아지는 열세 현상이 나타난다.

② 특정한 자식계통에 대해서만 높은 잡종강세를 나타내는 자식계통을 특수조합능력이 높다 고 한다.

③ 1대잡종 품종은 개체 간 유전적으로 차이가 많아 집단내 개체들은 균일한 생육과 특성을 보이지 않는다.

④ 자식열세는 자식을 반복할 때 5~10세대에 이르면 열세현상이 정지하게 된다.

06

정답찾기

027 ② 옥수수 종자친과 화분친의 재식비율은 화분친의 능력에 따라 정해지며, 단교잡, 3계교잡과 같이 화분친이 자식계통인 경우는 2:1 또는 4:2, 복교잡이나 품종간교잡 및 단옥수수와 같이 화분친의 능력이 충분한 경우 3:1 또는 6:2이다.

028 ③ 튀김용 옥수수는 종실이 잘고 대부분이 각질로 이루어져 있다.

029 ② 사일리지용 옥수수는 종자가 누렇게 변하면서 끝이 들어가기 시작하며 종자를 손톱으로 누르면 약간 들어 갈 정도로 딱딱해지는 호숙기 말기가 수확 적기이다. (수분 함량은 65~70%)

030 ②
ㄴ. 발아 시 최대흡수율은 종자무게에 대하여 감미종 113%, 마치종은 74%이다.
ㄷ. 수염은 암술대(화주)와 암술머리(주두)의 역할을 함께 하며 꽃가루를 받는 능력은 수염 전체의 어느 부분에나 있다.

031 ②
ㄱ. 단옥수수는 유숙기 초기나 중기가 수확 적기인데, 수염이 나온후 27일 전후이다.
ㄴ. 사일리지용 옥수수는 종자가 누렇게 변하면서 끝이 들어가기 시작하며 종자를 손톱으로 누르면 약간 들어갈 정도로 딱딱해지는 호숙기 말기가 수확 적기이다.
ㄷ. 종실용 옥수수는 알이 단단해지고 이삭껍질이 누렇게 변하는 시기에 수확한다.

032 ③ 1대잡종 품종은 수량이 높고, 균일한 생산물을 얻을 수 있으며, 우성유전자를 이용하기 유리하다는 이점이 있다.

033 사일리지용 옥수수 재배에 대한 설명으로 옳은 것은?   08. 국가직 9급

① 종실용보다 늦게 수확하므로 숙기가 다소 빨라야 한다.
② 종실용보다 소식하기 때문에 병 발생이 적어 유리하다.
③ 종실용에 준하여 파종은 되도록 빨리 하는 것이 좋다.
④ 시비량은 생육기간이 짧아 종실용보다 감비하여 사용한다.

034 사일리지용 옥수수의 건물중과 가소화양분 수량이 가장 많은 시기는?   09. 지방직 9급

① 유숙기   ② 호숙기
③ 황숙기   ④ 완숙기

035 옥수수와 수수의 공통적 특징이 아닌 것은?   20. 국가직 7급

① C_4 식물에 속한다.
② 열대지방에서 유래한 작물이다.
③ 화본과의 타식성 작물이다.
④ 발아하면 1개의 종근이 먼저 나오고 이후 관근이 발생한다.

036 메밀에 대한 설명으로 옳지 않은 것은?   16. 지방직 9급

① 서리에는 약하나 생육기간이 짧으며 서늘한 기후에 잘 적응한다.
② 수정은 타화수정을 하며, 이형화 사이의 수분을 적법수분이라고 한다.
③ 동일품종에서도 장주화와 단주화가 섞여있는 이형예현상이 나타난다.
④ 생육적온은 17~20℃이고, 일교차가 작은 것이 임실에 좋다.

037 기장의 재배특성에 대한 설명으로 옳지 않은 것은?   09. 지방직 9급

① 한발과 산성토양에 강하다.
② 생육기간이 길어 저습지 재배에 적합하다.
③ 고온에 의한 춘화처리로 출수가 촉진된다.
④ NAA 처리로 이삭무게 증대가 가능하다.

038 다음에서 설명하는 작물은?

09. 국가직 9급

> • 내건성과 흡비력이 강하고 병해충의 발생이 적다.
> • 서늘한 기후가 알맞으며 산간지방에서 많이 재배된다.
> • 대파작물로 유리하고, 루틴함량이 높다.
> • 개화 후 수정되지 않은 꽃은 다음날 다시 개화한다.

① 옥수수   ② 수수
③ 메밀   ④ 기장

039 잡곡에 대한 설명으로 옳지 않은 것은?

22. 국가직 9급

① 메밀은 13시간 이상의 장일에서는 개화가 촉진되며, 개화기에는 체내의 C/N율이 높아진다.
② 피는 자가수정을 원칙으로 하고 출수 후 30~40일에 성숙한다.
③ 율무의 꽃은 암·수로 구별되고, 자성화서는 보통 3개의 소수로 형성되지만 그중 2개는 퇴화되어 1개만이 발달한다.
④ 조는 줄기가 속이 차 있고, 분얼이 적으며 분얼간의 이삭은 발육이 떨어진다.

06

🌱 **정 답 찾 기**

033 ③ 종실용에 준하여 빨리 심을수록 좋으며 호맥과 같은 겨울작물의 후작으로 심을 경우에도 토양수분이 허용되는 한 빨리 심는 것이 좋다.
① 종실용보다 빨리 수확하므로 숙기가 다소 늦어도 무방하다.
② 종실용보다 20~30% 밀식하나, 과도한 밀식은 도복과 병 발생을 유발한다.
④ 시비량은 10~20% 증가한다.

034 ③ 건물수량이나 가소화양분수량은 생리적 성숙단계인 황숙기에 가장 높고 수분 함량도 사일리지제조에 적합한 수준이기 때문에 우수하다.

035 ③ 수수는 자가수정을 원칙으로 하지만 자연교잡률이 높아 2~10% 또는 10% 이상인 경우도 있다.

036 ④ 메밀의 생육적온은 20~31℃이지만 임실에는 17~20℃ 이하가 알맞고, 일교차가 큰 것이 임실에 좋다.

037 ② 기장은 생육기간이 길고, 저습지 재배에 적합하지 않다.

038 ③ 메밀은 생육기간이 짧으며 서늘한 기후에 알맞고 내한성이나 흡비력이 강하여 병충해도 적은 등의 유리한 특성이 있다.

039 ① 메밀은 12시간 이하의 단일에서 개화가 촉진되고, 장일에서는 개화가 지연되며 개화기에는 체내의 C/N율이 높아진다.

정답   033 ③   034 ③   035 ③   036 ④   037 ②   038 ③   039 ①

040 메밀의 작물적 특성과 환경에 대한 설명으로 옳지 않은 것은?   10. 지방직 9급

① 메밀꽃은 좋은 밀원이 되며, 어린잎은 채소로도 이용할 수 있다.
② 메밀은 서늘한 기후를 좋아하고, 산간지방에서 재배하기에 알맞다.
③ 재배에 알맞은 토양산도는 pH 6.0~7.0이며, 산성 토양에는 약하다.
④ 여문 종실은 떨어지기 쉬우므로 70~80%가 성숙하면 수확한다.

041 메밀의 이형예현상에 대한 설명으로 옳은 것은?   22. 지방직 9급

① 수술이 긴 꽃을 장주화라고 한다.
② 수술이 짧은 꽃을 단주화라고 한다.
③ 장주화 × 단주화 조합은 수정이 잘된다.
④ 장주화 × 장주화 조합은 수정이 잘된다.

042 주요 잡곡의 재배에 대한 설명으로 옳지 않은 것은?   15. 서울시 9급

① 조는 흡비력이 강해 척박지나 소비재배에는 잘 적응하지만 다비재배에 대한 적응성은 낮다.
② 율무는 과숙할 경우 탈립이 심하므로 종실이 흑갈색으로 변했을 때 바로 수확한다.
③ 메밀은 한랭지에서는 단작을 하지만 평야지에서는 여러 작물의 후작으로 재배한다.
④ 중남부지방에서 맥후작 콩밭에 수수를 혼작하는 경우에는 수수의 모를 키워서 이식한다.

043 봄 조의 기상 생태형에 대한 설명으로 옳지 않은 것은?   10. 지방직 9급

① 감온형 작물   ② 고온에 출수 촉진
③ 만파에 유리   ④ 내건성 작물

044 작물의 생식방법에 대한 설명으로 옳은 것은?   11. 지방직 9급

① 콩은 자식을 주로 하지만, 타식률도 5% 이상으로 높다.
② 메밀은 양성화이며, 자가불화합성을 나타낸다.
③ 수수는 자가수정작물이며, 자연교잡율이 0.1% 미만으로 낮다.
④ 아포믹시스는 수정을 거쳐서 형성된 종자이다.

045 **기장에 대한 설명으로 옳지 않은 것은?** 22. 국가직 9급

① 소수는 크고 작은 받침껍질에 싸여서 임실화와 불임화가 1개씩 들어 있다.
② 종근은 1본이고, 근군은 조보다 굵으며 비교적 천근성으로 내건성과 흡비력이 약하다.
③ 줄기는 조의 줄기와 비슷하고, 간장이 대부분 1~1.7m이며, 지상절의 수는 10~20마디이다.
④ 종실은 방추형~짧은 방추형이고, 색은 황백색~황색인 것이 많다.

046 **조의 재배 특성에 대한 설명으로 옳지 않은 것은?** 09. 지방직 9급

① 그루조는 봄조보다 먼저 출수하여 성숙한다.
② 봄조는 건조에 강하며 다습을 싫어한다.
③ 그루조는 저온과 건조에 약하다.
④ 봄조는 감온형이고 그루조는 감광형이다.

06

047 **메밀의 생육특성에 대한 설명으로 옳은 것은?** 09. 지방직 9급

① 자가수정 작물이다.
② 단일조건에서 개화가 촉진된다.
③ 여름메밀은 주로 남부다 평야지에서 재배한다.
④ 장주화와 장주화간 수분은 적법수분이다.

048 **수수와 조의 공통적 특성이 아닌 것은?** 11. 지방직 9급

① 1개의 암술과 3개의 수술이 있다.
② 한발에 견디는 힘이 비교적 강하다.
③ 곡실의 성분 함량은 탄수화물, 지질, 단백질 순으로 높다.
④ 자가수분을 원칙으로 하지만, 자연교잡을 하는 경우도 있다.

정답찾기

040 ③ 재배에 알맞은 토양산도는 PH 6.0~7.0이지만, 산성 토양에도 강하다.

041 ③
① 수술이 긴 꽃을 단주화라고 한다.
② 수술이 짧은 꽃을 장주화라고 한다.
④ 장주화×장주화 조합은 수정이 안 된다.

042 ① 조는 흡비력이 강하고 척박지나 소비재배에도 적응하지만 다비재배에 대한 적응성도 높다.

043 ③ 만파에 의한 출수촉진의 정도는 감광형인 그루조에서 크다.

044 ② 메밀은 같은 꽃 속에 암술 1개와 수술 8개를 가진 양성화이며, 자가불화합성을 나타낸다.

045 ② 뿌리는 종근은 1본이고, 근군은 조보다 굵으며 비교적 심근성이고 내건성과 흡비력이 강하다.

046 ① 봄조는 그루조보다 먼저 출수하여 성숙한다.

047 ② 메밀은 12시간 이하의 단일에서 개화가 촉진되고, 13시간 이상의 장일에서는 개화가 지연된다.

048 ③ 수수 및 조 곡실의 성분함량 : 탄수화물 > 단백질 > 지질

정답 **040** ③ **041** ③ **042** ① **043** ③ **044** ② **045** ② **046** ① **047** ② **048** ③

049 옥수수와 수수의 공통적인 특성으로 옳지 않은 것은? 09. 국가직 7급

① 화본과식물로서 주로 타화수정을 한다.
② 광호흡을 거의 하지 않는다.
③ 종실의 주성분은 전분이다.
④ 고온·다조환경을 선호한다.

050 수수의 내건성에 관한 설명으로 옳지 않은 것은? 10. 국가직 7급

① 기동세포가 발달하여 가뭄 시 엽신이 말려 수분증산이 억제된다.
② 잎과 줄기의 표피에 각질이 잘 발달되어 있고 피납이 많아 수분증산이 적다.
③ 근계는 잔뿌리의 발달이 좋고 심근성이다.
④ 요수량이 600g 이상으로 커서 가뭄에 견디는 힘이 강하다.

051 다음 중 고온·건조한 환경조건에서 적응력이 가장 큰 작물은? 07. 국가직 9급

① 수수 ② 메밀
③ 강낭콩 ④ 완두

052 잡곡류에 대한 설명으로 옳지 않은 것은? 17. 서울시 9급

① 메밀은 서늘한 기후에 잘 적응하며 생육기간이 비교적 짧다.
② 피는 지상경의 수가 7~11마디이며 대가 굵고 속이 차 있다.
③ 율무는 7월의 평균 기온이 20℃ 이하인 서늘한 지역이 재배지역이다.
④ 수수는 옥수수보다 고온다조를 좋아한다.

053 조의 기상생태형에 대한 설명으로 옳지 않은 것은? 11. 국가직 7급

① 그루조는 만파(후작)에 알맞으며 만파에 의한 출수촉진의 정도가 봄조보다 크다.
② 봄조는 감온형이고 그루조는 단일감광형이다.
③ 그루조는 봄조보다 저온이나 건조에 강하다.
④ 봄조는 그루조보다 조숙성이므로 산간부의 단작지대에서 재배한다.

054 메밀에 대한 설명으로 옳은 것은?

① 메밀은 타화수정을 하며 이형화 사이의 수분에서 수정이 잘된다.

② 생육적온은 17~20℃이지만 임실에서 20~31℃가 알맞다.

③ 개화기에는 체내의 C/N율이 낮아진다.

④ 14시간 이상의 장일에서 개화가 촉진된다.

055 잡곡류의 작물적 특성에 대한 설명으로 옳지 않은 것은?

① 기장은 고온, 건조한 기후를 좋아하며 열대로부터 온대에 걸쳐 재배되고 있다.

② 수수는 옥수수보다 고온, 다조환경을 좋아하고 내건성이 강하다.

③ 옥수수는 고온성 작물이지만 조생종을 선택하면 고위도지대에서도 재배 할 수 있다.

④ 조는 수분조절능력이 높아 고온, 다습한 기상조건이 생육에 가장 알맞다.

056 작물의 합성 품종에 대한 설명 중 옳지 않은 것은?

① 합성 품종은 단교잡과 복교잡에 의한 F1에 비하여 생산력이 떨어진다.

② 영양번식이 가능한 타식성 사료작물에 널리 이용된다.

③ 초기에는 높은 잡종강세가 이루어지나 세대가 진전되면 잡종강세의 효과가 급격히 감소한다.

④ 유전적 변이 폭이 넓어서 환경 변동에 대한 안전성이 높다.

06

정답 찾기

049 ① 옥수수는 자웅동주이화식물로 타화수정을 하며, 수수는 자가수정을 원칙으로 하지만 자연교잡율이 높은 편이다.

050 ④ 수수는 요수량이 300g 정도로 적어서 가뭄에 견디는 힘이 강하다.

051 ① 수수는 옥수수보다 고온다조를 좋아하며 내건성이 극히 강하다.

052 ③ 율무는 열대지방원산으로서 따뜻한 기후에서 재배된다.

053 ③ 그루조는 저온이나 건조에 약하고 상당한 온도와 습기가 있어야 생육이 좋다.

054 ① 메밀은 충매에 의한 타화수정을 하는데, 동화 또는 동형화 사이의 수분은 수정되지 않는다.

055 ④ 조는 천근성이지만 요수량이 적고 수분 조절기능이 높아 한발에 강하며, 고온다조인 기상이 알맞고 비가 많이 오면 생육에 좋지 않다.

056 ③ 합성 품종은 여러 계통이 관여된 것이기 때문에 세대가 진전되어도 비교적 높은 잡종강세가 나타나고, 유전적 폭이 넓어 환경변동에 대한 안전성이 높으며, 자연수분에 의하여 유지되므로 채종노력과 경비가 절감된다.

정답 **049** ①   **050** ④   **051** ①   **052** ③   **053** ③   **054** ①   **055** ④   **056** ③

057 호밀과 옥수수에서 사일리지 제조에 가장 적합한 수확 시기가 올바르게 짝지어진 것은?

08. 국가직 9급

① 호밀 – 수잉기, 옥수수 – 유숙기
② 호밀 – 유숙기, 옥수수 – 유숙기
③ 호밀 – 수잉기, 옥수수 – 황숙기
④ 호밀 – 유숙기, 옥수수 – 황숙기

058 메밀에 대한 설명 중 옳지 않은 것은?

09. 국가직 7급

① 장주화와 단주화가 공존하는 이형예형태이며 타화수분이 원칙이다.
② 한 포기의 개화기간은 2주 정도이며 온도가 높은 것이 수정에 유리하다.
③ 개화는 12시간 이하의 단일에서 촉진되며 13시간 이상의 장일에서는 지연된다.
④ 생육기간이 짧은 북부나 산간지역에서는 주로 여름메밀을 재배한다.

059 다음 중 메밀의 수분·수정이 가장 잘 이루어지는 경우는?

09. 지방직 9급

① 장주화와 장주화간의 수분
② 단주화와 단주화간의 수분
③ 장주화와 단주화간의 수분
④ 어느 경우나 동일함

060 기장의 형태에 대한 설명으로 옳은 것은?

20. 지방직 9급

① 줄기는 지상절의 수가 1~10마디이고, 둥글며 속이 차 있다.
② 종근은 1개이고, 지표에 가까운 지상절에서는 부정근이 발생하지 않는다.
③ 종실은 영과로 소립이고 방추형이다.
④ 이삭의 지경이 대체로 짧아 조, 피와 비슷하고 벼나 수수와는 다르다.

061 주요 밭작물의 생육 특성에 대한 설명으로 옳지 않은 것은?

12. 국가직 9급

① 메밀은 생육 적온이 20~31℃이고, 내건성이 강하여 가뭄 때의 대파작물로 이용된다.
② 고구마의 괴근 비대에는 단일조건이 좋으며 20~30℃의 온도 범위에서 일교차가 크면 유리하다.
③ 옥수수는 암술대가 포엽 밖으로 나오는 시기가 수이삭의 개화보다 7일 정도 빠르다.
④ 콩은 생육적온까지는 온도가 높을수록 개화가 빨라진다.

062 수수의 내건성을 강하게 하는 원인으로 옳지 않은 것은? 12. 국가직 7급

① 잔뿌리의 발달이 좋고 천근성이다.

② 요수량이 적다.

③ 잎과 줄기의 표피에 각질이 발달되어 있고 피랍이 많다.

④ 기동세포가 발달하여 가뭄 시 엽신이 말린다.

063 다음과 같은 특징을 나타내는 작물은? 20. 지방직 9급

• 단성화	• 웅예선숙
• 자웅동주	• 타가수분

① 완두   ② 벼

③ 감자   ④ 옥수수

06

064 메밀에 대한 설명으로 옳은 것은? 12. 국가직 7급

① 메밀은 자웅동주이며 단성화를 가진다.

② 여름메밀 품종보다 가을메밀 품종의 루틴 함량이 많다.

③ 메밀은 잡곡류에 속하는 일년생 외떡잎식물이다.

④ 메밀은 단일조건에서 개화가 촉진되고, 장일조건에서 개화가 지연된다.

🌾 정답찾기

057 ④ 호밀을 청예사료로 이용할 때에는 수잉기에 예취하는 것이 좋고, 엔실리지로 이용할 때에는 유숙기가 적기이다. 옥수수의 건물수량이나 가소화양분수량은 생리적 성숙 단계인 황숙기에 가장 높고 수분 함량도 사일리지 제조에 적합한 수준이다.

058 ② 한 포기의 개화기간은 20~30일로서 매우 길고, 고온은 수정과 임실을 저해한다.

059 ③ 장주화와 단주화, 즉 이형화 사이의 수분에서는 수정이 잘되는 적법수분이다.

060 ③
① 줄기는 조의 줄기와 비슷하고, 지상절의 수가 10~20마디이며 둥글고 속이 비어 있다.
② 종근은 1본이고 근군은 조보다 굵으며 비교적 심근성이고 내건성과 흡비력이 강하다.
④ 이삭의 모양이 조나 피와는 다르고 벼나 수수와 비슷하다.

061 ③ 옥수수 암이삭의 수염추출(암술대가 포엽 밖으로 나오는 시기)은 수이삭의 개화보다 3~5일 정도 늦는 것이 보통이다.

062 ① 수수는 잔뿌리의 발달이 좋고 심근성이다.

063 ④

064 ④
① 메밀은 자웅동주이며, 양성화이다.
② 여름메밀 품종이 가을메밀 품종보다 루틴 함량이 많다.
③ 메밀은 쌍떡잎식물이며, 마디풀과에 속하는 일년생 초본이며 곡물로 이용되어 잡곡류에 속한다.

정답   **057** ④   **058** ②   **059** ③   **060** ③   **061** ③   **062** ①   **063** ④   **064** ④

065 수수와 조의 공통점이 아닌 것은? 14. 국가직 9급

① Setaria속에 속한다.
② 자가수정을 원칙으로 한다.
③ 관근과 부정근이 발생한다.
④ 내건성이 강하다.

066 잡곡에 대한 설명으로 옳은 것은? 21. 국가직 7급

① 피는 기온이 높은 곳에 잘 적응하고 내냉성이 강하다.
② 조는 심근성이고 요수량이 많아 한발에 약하다.
③ 기장은 천근성이고 요수량이 많아 내건성이 약하다.
④ 율무는 서늘한 기후를 좋아하여 고온에서는 생육이 불량하다.

067 메밀에 대한 설명으로 옳은 것만을 모두 고른 것은? 14. 국가직 7급

> ㄱ. 화본과이며 외떡잎식물이다.
> ㄴ. 타가수정 작물이다.
> ㄷ. 이형화 사이의 수분에서는 수정이 잘 안 된다.
> ㄹ. 가을메밀은 온도에 비해 일장에 민감하게 반응한다.

① ㄱ, ㄷ   ② ㄱ, ㄹ
③ ㄴ, ㄷ   ④ ㄴ, ㄹ

068 조에 대한 설명 중 틀린 것을 고르시오. 14. 서울시 9급

① 조의 야생종 식물은 강아지풀이다.
② 조는 자가불화합성이 있는 타가수정 식물이다.
③ 조의 꽃은 임실화와 불임화로 구성되어 있다.
④ 땅 표면 가까운 마디에서 부정근이 발생한다.
⑤ 중국이 원산지로 추정되며 오랜 재배 역사를 가지고 있다.

069 전작물의 분류에서 맥류에 속하는 식물이 아닌 것을 고르시오. 14. 서울시 9급

① 메밀　　　　　　　　　　　② 귀리

③ 보리　　　　　　　　　　　④ 밀

⑤ 호밀

070 잡곡의 재배환경에 대한 설명으로 옳은 것만을 모두 고르면? 19. 지방직 7급

> ㄱ. 조는 천근성으로 한발에 약하다.
> ㄴ. 조는 알칼리성 토양에서 잘 생육한다.
> ㄷ. 기장은 개화기에 고온이 유리하다.
> ㄹ. 기장은 등숙기에 약간 고온이 유리하다.
> ㅁ. 메밀은 토양적응성이 낮다.
> ㅂ. 메밀은 산성토양에 강하다.
> ㅅ. 수수는 고온·다조인 환경에서 재배하기 알맞다.
> ㅇ. 수수는 건조에 강하고 내염성이 약하다.

① ㄱ, ㄷ, ㄹ, ㅂ　　　　　　② ㄱ, ㄹ, ㅁ, ㅇ

③ ㄴ, ㄷ, ㅂ, ㅅ　　　　　　④ ㄴ, ㅁ, ㅅ, ㅇ

정답찾기

065 ① 수수 – *Sorghum bicolor*(Sorghum속) / 조 – *Setaria italic*(Setaria속)

066 ①
② 조는 천근성이고 요수량이 적고 수분조절 기능이 높아 한발에 강하다.
③ 기장은 심근성이고 내건성과 흡비력이 강하다.
④ 율무는 열대지방원산으로서 따뜻한 기후에 알맞다.

067 ④
ㄱ. 메밀은 쌍떡잎식물 마디풀목 마디풀과이다.
ㄷ. 메밀은 충매에 의한 타화수정을 하는데, 동화 또는 동형화 사이의 수분으로는 수정되지 않는데 이형화 사이의 수분에서는 수정이 잘되는 적법수분을 한다.

068 ② 조는 자가수정을 원칙으로 하지만 자연교잡률이 비교적 높다.

069 ① 맥류 : 보리, 밀, 호밀, 귀리 등
잡곡류 : 옥수수, 수수, 기장, 조, 메밀, 율무 피 등

070 ③
ㄱ. 조는 천근성이지만 요수량이 적고, 수분조절능력이 높아 한발에 강하며, 고온다조에 알맞고 비가 오면 좋지 않다.
ㄹ. 기장은 전생육기간을 통하여 특히 생육성기로부터 개화기에 고온다조가 좋고, 등숙기는 약간 저온이 좋다.
ㅁ. 메밀 재배토양은 토양적응성이 크다.
ㅇ. 수수는 알칼리토양에 강하고 내염성도 강하며 건조한 척박지에서 잘 적응하여 옥수수 재배가 어려운 지대에서 재배된다.

071 메밀의 생리·생태적 특성에 대한 설명으로 옳지 않은 것은?　　15. 국가직 9급

① 수정은 이형화보다는 동형화에서 잘된다.
② 생육온도는 20~25℃, 재배기간은 60~80일 정도이다.
③ 고온다습한 환경에서는 착립과 종실발육이 불량해진다.
④ 낮과 밤의 일교차가 클 때 수정과 결실이 좋아진다.

072 잡곡에 대한 설명으로 옳지 않은 것은?　　17. 국가직 9급

① 율무의 자성화서는 보통 2개의 소수로 형성되지만 그중 1개는 퇴화하고 종실 전분은 메성이다.
② 조에서 봄조는 감온형이고 그루조는 단일감광형인데 봄조는 그루조보다 먼저 출수하여 성숙한다.
③ 기장은 심근성으로 내건성이 강하고 생육기간이 짧아 산간 고지대에도 적응한다.
④ 메밀에서 루틴은 식물체의 각 부위에 존재하며 쓴메밀은 루틴 함량은 보통 메밀에 비해 매우 높다.

073 수수의 작물학적 특성에 대한 설명으로 옳지 않은 것은?　　15. 국가직 9급

① 식용 단옥수수는 수확적기가 지나면 당분함량이 떨어진다.
② 전형적인 C_4 식물로 유관속초세포가 발달하였다.
③ 수이삭이 암이삭보다 빨리 성숙하는 경우가 많아 타식이 용이하다.
④ 옥수수는 콩보다 광포화점과 이산화탄소보상점이 높다.

074 잡곡에 대한 설명으로 옳은 것은?　　15. 국가직 7급

① 기장은 줄기 기부로부터 2~3개의 분얼이 발생하지만 이삭을 맺지 못한다.
② 봄조는 그루조보다 조숙성이지만 건조에 약하여 충분한 관개가 필요하다.
③ 수수는 분얼성이 작지만 분얼 간의 이삭은 대부분 결실하는 것이 보통이다.
④ 메밀의 개화는 12시간 이하의 단일에서 촉진되고 13시간 이상의 장일에서 지연된다.

075 메밀에 대한 설명으로 옳지 않은 것은?　16. 국가직 9급

① 꽃가루가 쉽게 비산하므로 주로 바람에 의해 수분이 일어난다.
② 자가불화합성을 가진 타식성 작물이다.
③ 종자가 주로 곡물로 이용되나 식물학적으로는 과실이다.
④ 메밀의 생태형은 여름생태형, 가을생태형 및 중간형으로 구분된다.

076 벼에는 잎집과 줄기사이 경계부위에 있지만 잡초인 피에는 없는 조직은?　17. 지방직 9급

① 지엽　② 입혀
③ 초엽　④ 잎맥

077 밭작물의 특성에 대한 설명으로 옳지 않은 것은?　18. 국가직 9급

① 내한성은 호밀 > 밀 > 보리 > 귀리순으로 강하다.
② 완두는 최아종자나 유식물을 0~2℃에서 10~15일 처리하면 개화가 촉진된다.
③ 피는 타가수정을 하며 불임률은 품종에 따라 변이가 심한데 50% 이상인 품종이 반수 이상이다.
④ 단옥수수는 출사 후 2~25일경에 수확하는데, 너무 늦게 수확하면 당분 함량이 떨어진다.

정답찾기

071 ① 메밀: 충매에 의한 타화수정, 동화, 동형화 사이의 수분은 수정되지 않는다. 고온은 수정과 임실을 저해한다.

072 ① 율무의 자성화서는 보통 3개의 소수로 형성되지만 그중 2개는 퇴화되고, 종실 전분은 찰성이다.

073 ④ C4 식물인 옥수수는 C3 식물인 콩보다 이산화탄소 보상점이 낮아서 낮은 농도의 이산화탄소 조건에서도 적응하며, 이산화탄소 포화점도 높아서 광합성효율이 뛰어나며 광포화점도 높다.

074 ④
① 기장의 분얼은 적고 기부로부터 2~3개의 분얼이 생겨 모두 이삭을 맺는다.
② 봄조는 그루조보다 조숙성이고 건조에 강하며 다습을 싫어하므로 빨리 심는 것이 수량에 좋다.
③ 수수는 분얼된 줄기에서는 이삭이 제대로 달리지 않아 분얼성이 적으며 분얼 간의 이삭은 결실되기 어렵고, 수량을 분얼에서 기대할 수 없다.

075 ① 메밀은 충매에 의한 타화수정을 하는데, 동화 또는 동형화 사이의 수분으로는 수정되지 않는다.

076 ② 피의 잎은 벼잎과 비슷하지만 침엽일 때 벼잎보다 가늘고, 유엽일 때에는 엽신 끝에 자줏빛을 띠는 것이 많다.

077 ③ 피는 자가수정을 원칙으로 하며, 불임률은 품종에 따라 변이가 심하고 2.3~57.5%인데, 20% 이상인 품종이 반수 이상이다.

078 기장의 생리 및 생태적 특징에 대한 설명으로 옳은 것은? 21. 국가직 7급

① 기장의 발아온도는 최적 15~20℃이다.
② 감온형인 봄기장과 감광형인 그루기장으로 분화되어 있다.
③ 분얼수는 피보다 많아 7~8본 분얼하고, 개화기는 출수 후 7~10일 전후이다.
④ 저온춘화에 의하여 출수가 촉진되고, NAA 처리에 의하여 수량이 증가된다.

079 풍매수분을 주로 하는 작물로만 짝지은 것은? 18. 지방직 9급

① 메밀 – 호밀   ② 메밀 – 보리
③ 옥수수 – 호밀   ④ 옥수수 – 보리

080 메밀의 형태와 생육특성에 대한 설명으로 옳지 않은 것은? 18. 국가직 7급

① 여름생태형은 온도보다 일장에 감응한다.
② 개화기에는 체내 C/N율이 높아진다.
③ 밤과 낮의 일교차가 클 때, 수정 및 결실이 좋다.
④ 보통메밀은 타가수정작물이다.

081 잡곡에 대한 설명으로 옳은 것은? 19. 국가직 9급

① 옥수수, 수수, 기장은 모두 C_4 식물이다.
② 옥수수, 조, 피는 모두 타가수정 작물이다.
③ 조는 심근성이고, 피와 기장은 천근성이다.
④ 기장은 내건성이 약하고, 수수는 내염성이 강하다.

082 잡곡에 대한 설명으로 옳지 않은 것은? 19. 지방직 9급

① 메밀은 구황작물로 이용되어 왔던 쌍떡잎식물이다.
② 수수는 C_4 식물이며 내건성이 매우 강하다.
③ 조는 자가수정 작물이나 자연교잡률이 비교적 높다.
④ 기장의 단백질 함량은 5% 이하로 지질 함량보다 낮다.

083 수수의 재배환경에 대한 설명으로 옳지 않은 것은? 18. 국가직 9급

① 강산성 토양에 강하며 침수지에 대한 적응성이 높은 편이다.

② 배수가 잘되고 비옥하며 석회함량이 많은 사양토부터 식양토까지가 알맞다.

③ 옥수수보다 저온에 대한 적응력이 낮지만 고온에 잘 견뎌 40~43℃에서도 수정이 가능하다.

④ 고온·다조한 지역에서 재배하기에 알맞고 내건성이 특히 강하다.

084 잡곡의 특성에 대한 설명으로 가장 옳지 않은 것은? 19. 서울시 9급

① 수수의 뿌리는 심근성으로 흡비력과 내건성이 강하다.

② 메밀의 엽병은 아랫잎이 길며 위로 갈수록 점점 짧아진다.

③ 율무의 전분은 찰성이며, 꽃은 암·수로 구별된다.

④ 기장의 경우 고온버널리제이션에 의하여 출수가 촉진되고, 토양적응성이 극히 강하며 저습지에 알맞다.

06

정답찾기

078 ②

① 기장의 발아온도: 최저 6~7℃, 최적 30~31℃, 최고 44~45℃

③ 기장은 분얼이 적고 기부로부터 2~3개의 분얼이 생겨 모두 이삭을 맺는다. 출수 후 7일경부터 개화하여 4~5일 동안에 60% 정도 꽃이 피고 10일 후에는 개화가 거의 끝난다.

④ 고온버널리제이션에 의하여 출수가 촉진되고, 헤테로옥신이나 NAA처리로 수중이 증가한다.

079 ③ 호밀은 풍매화로서 타가수정을 하며, 자식할 때에는 임신률이 현저히 낮아진다. 옥수수는 풍매수분을 하며 수분거리는 바람이 불지 않을 때에는 약 2m, 바람이 불 때 300m 또는 800m에 달한다.

080 ① 여름메밀: 봄에 뿌려 여름에 수확하는 메밀로 감광성이 낮고 감온성이 높다.

081 ①

② 조와 피는 자가수정 작물이다.

③ 피와 기장은 심근성이다.

④ 수수는 내염성이 강하다.

082 ④ 기장의 주성분은 당질이며, 단백질과 지질의 함량도 적지 않고 비타민 A가 충분하다. 찰기장은 단백질 11.4%, 지질이 약 4.8%이며, 메기장은 단백질 약 8.6%, 지질이 약 4.2%이다.

083 ① 수수는 알칼리토양에는 강하며 내염성도 상당히 높고 토양산도는 pH 5.0~6.2이다.

084 ④ 기장은 고온버널리제이션에 의하여 출수가 촉진되고, 헤테로옥신이나 NAA 처리에 의하여 수중이 증가된다. 토양적응성이 극히 강하여 척박지, 신개간지 등에서도 적응한다.

정답 **078** ② **079** ③ **080** ① **081** ① **082** ④ **083** ① **084** ④

085 잡곡의 재배환경에 대한 설명으로 옳지 않은 것은?   20. 국가직 9급

① 피는 내냉성이 강하며 냉습한 기상에 잘 적응하지만, 너무 비옥한 토양에서는 도복의 우려
가 있다.

② 수수는 생육 후기에 내염성이 높고, 알칼리성토양이나 건조한 척박지에 잘 적응한다.

③ 조는 심근성으로 요수량이 많지만, 수분조절기능이 높아 한발에 강하다.

④ 옥수수는 거름에 대한 효과가 크므로 척박한 토양에서도 시비량에 따라 많은 수량을 올릴
수 있다.

086 보통메밀에 대한 설명으로 옳지 않은 것은?   20. 지방직 9급

① 대부분 자웅예동장화이다.

② 흡비력이 강하다.

③ 루틴 함량은 개화 시 꽃에서 가장 높다.

④ 우리나라 평야지대에서는 겨울작물이나 봄작물의 후작으로 유리하다.

087 율무에 대한 설명으로 옳지 않은 것은?   21. 국가직 9급

① 꽃은 암·수로 구분되며, 대부분 타가수분을 한다.

② 자양강장제, 건위제 등의 약용으로 이용된다.

③ 출수는 줄기 윗부분의 이삭으로부터 시작한다.

④ 보통 이랑은 30cm, 포기사이는 10~30cm로 심는다.

088 수수에 대한 설명으로 옳은 것은?   21. 국가직 7급

① 약알칼리성 토양에 약하고 강산성 토양에 강하다.

② 고온에 약하여 40~43°C 에서는 수정이 불가능하다.

③ 재배지의 무상일수는 50~60일이 필요하다.

④ 콩과작물보다 물이용 효율이 높아 내건성이 강하다.

089 염주에 관한 설명으로 옳은 것을 모두 고른 것은?

10. 국가직 7급

> ㄱ. 염주는 율무와 교잡이 잘 된다.
> ㄴ. 야생종 염주는 일년생이고 율무는 다년생 숙근성이다.
> ㄷ. 염주의 전분은 찰성이고 율무는 매성이다.
> ㄹ. 염주는 이삭이 성숙한 후 빳빳하게 서지만 율무는 벼이삭처럼 늘어진다.

① ㄱ, ㄴ   ② ㄴ, ㄷ
③ ㄱ, ㄹ   ④ ㄴ, ㄷ, ㄹ

06

정답찾기

085 ③ 조는 천근성이지만 요수량이 적고 수분조절기능이 높아 한발에 강하며, 고온다조인 기상이 알맞고 비가 많이 오면 좋지 않다.

086 ① 암술과 수술의 길이가 다른 이형예현상이 일어난다.

087 ④ 율무의 재식거리는 이랑 60cm, 포기사이 10cm 정도에 1본으로 하거나 포기사이 20cm에 2본으로 한다.

088 ④
① 알칼리토양에 강하고 내염성도 상당히 강하다.
② 고온에 잘 견뎌 고온에서도 수정이 가능하고, 20°C 이하에서 생육이 늦다.
③ 무상기일 90~140일을 필요로 한다.

089 ③
ㄴ. 야생종의 염주는 율무와 달리 다년생 숙근성이다.
ㄷ. 율무의 전분은 찰성이고 염주는 매성이다.

박진호 식용작물학

합격까지 박문각

07

두류

Chapter 01 콩

1 기원과 생산 및 이용

1. 기원

- 학명 : *Glycine max* (L.) MERRILL
- 영명 : soybeen 한국명 : 대두
- Glycine속, 2n = 40

2. 지리적 기원

(1) 중국의 동북부인 만주지역을 원산지로 추정된다.

(2) 우리나라에서도 야생콩, 중간형 등이 많이 발견되어 콩의 2차 기원지로 추정된다.

3. 분포 및 생산

(1) 콩은 열대지방에서부터 중부지방에 이르기까지 재배 적응 범위가 넓은 온대성 작물이다.

(2) 조생종이도 최저 2,000°C 정도의 적산온도가 필요하며, 일평균기온이 12°C 이상인 일수가 120일 이상이어야 한다.

(3) 고온과 다소 축축한 기후를 좋아하며 음랭하면 성숙하기 힘들다.

(4) 우리나라에서는 전국적으로 고르게 콩을 재배하고 있으며, 전남 및 경북에서 가장 많이 재배한다.

4. 이용

(1) 콩의 주성분인 단백질 함량은 39~45%로서 높은 편이고, 지방 함량은 16~21%이고, 비타민 A, B, D, E도 풍부하여 우리나라 국민 영양의 중요한 작물이다.

(2) 콩 단백질은 메티오닌(methionine)이나 시스틴(cystine)과 같은 황을 함유한 단백질로 육류의 단백질만은 못하지만 식물성단백질 중에서는 가장 우수하다.

(3) 우리나라의 콩은 대립이고, 종피가 얇으며 단백질 함량이 높고 지방 함량이 낮다.

(4) 등숙기 고온은 지유 함량을 높이고, 인산농도가 높으면 지유 함량이 증가되지만 단백질 함량은 낮아지며, 칼리를 시용하지 않고 질소나 인산을 시용하면 단백질 함량이 높아지고 지유 함량이 낮아지는 반면, 질소를 시용하지 않고 인산 및 칼리를 시용하면 지유 함량이 높아지고 단백질 함량이 낮아진다.

　① 지방 함량도 높아 전 세계에서 이용되는 식용유 중 가장 비중이 크다.

　＊ 당류, 전분, 지질, 단백질 중 가장 낮은 성분은 지질이다.

② 콩에는 당류가 함유되어 있는데 라피노오스와 스타키오스는 올리고당이라 불리는 다당류로서, 대장 내의 비피더스균이 분해하여 이용한다. 비피더스균의 생육이 증가하면 장의 산도가 산성화되어 산에 약한 대장균과 같이 해로운 균의 증식을 억제하는 효과가 있다.

③ 풋베기한 사료의 성분도 화곡류에 비하여 우수하다.

④ 콩깻묵도 품종에 따라서 크게 다르지만 단백질과 가용무질소물을 함유하여 우수한 농후사료로 이용된다.

＊ 날콩의 비린 맛 : lipoxygenaea

2 재배와 경영상의 이점

1. 특성

(1) 질이 좋은 단백질이 풍부하고 곡류를 주식으로 하는 우리나라에 영양상 중요하다.

(2) 광범위하고 다양한 용도를 지니고 있어 판매에 문제가 없다.

2. 재배의 이점

생육이 왕성하고 비료를 많이 필요로 하지 않으며 토양적응성도 강한 편으로서 강산성토양을 제외하면 어디에서나 안전하고 쉽게 재배할 수 있다.

3. 작부체계와 지력유지의 이점

(1) 윤작의 전작물로 알맞고, 맥류와 1년 2작 체계와 수수, 고구마, 깨 등과 혼작 또는 교호작으로, 논두렁, 채소밭, 과수원의 주위작으로도 적당하다.

(2) 뿌리혹박테리아(근류균)에 의하여 콩이 흡수하는 질소성분의 1/3~2/3의 양을 공중질소로 고정한다.

(3) 토양표면에 염기가 증가하여 pH가 높아지므로 토양반응을 좋게 한다.

(4) 토양 중의 인산은 Ca형으로 유지하고, Al형이나 Fe형으로의 이행을 억제하여 인산을 유효태로 유지한다.

(5) 콩의 뿌리는 질화작용이 강하여 콩을 재배한 후에는 질산태질소가 증가하고 뿌리가 굳은 땅도 잘 뚫어 토양의 물리성을 개선한다.

3 형태

1. 종실

(1) 구조

배꼽(꼬투리에 접착된 부분), 배부(다소 튀어나온 부분), 주공(배꼽과 배부사이), 합점(배꼽의 주공 반대쪽)으로 이루어져 있다.

(2) **무배유종자이며 종자중에 대비 자엽 90~92%, 종피 6~9%이고, 배 2%이다.**

(3) 종실의 크기는 품질과 밀접한 관계가 있다. 1,000립중에 따라

① 콩나물콩, 쥐눈이콩 : 130g 이하 극히 소립

② 좀콩 : 131~210g 비교적 소립

③ 중콩 : 211~310g 중립

④ 굵은콩 : 311~400g 대립

⑤ 왕콩 : 400g이상 극대립

(4) 종피의 색은 단색과 혼색으로 구분된다.

① 단색 : 누렁콩(가장 많음), 흰콩, 푸른콩 또는 청태, 밤콩 또는 붉은콩, 검정콩

② 혼색(얼룩콩) : 우렁콩(청록색 바탕에 검은빛의 둥근 무늬), 매눈이콩(녹색 바탕에 검은빛의 점무늬), 선비재비콩(녹색, 황색 또는 담갈색 바탕에 배꼽을 중심으로 하여 자줏빛 또는 검은빛의 무늬가 말안장모양을 이룸), 아주까리콩(종피의 표면에 흰빛의 그물모양)

✻ 검정콩의 기능성 물질 : 이소플라본, 안토시아닌, 사포닌

③ **배꼽의 빛깔에 따라 백목(백색, 담황색, 담회색), 적목 또는 다목(갈색), 흑목(농회색, 흑갈생, 흑색)등으로 구별하기도 하는데, 보통은 배꼽의 빛깔이 엷은 것이 품질이 우수한 경향이 있다.**

2. 뿌리 및 뿌리혹

(1) 뿌리

① 콩은 쌍떡잎식물로 발아 시 1본의 뿌리가 발생하여 주근으로 생장하며, 이 주근으로부터 많은 지근이 발생하고, 다시 세근이 발생한다.

② 북주기를 하면 많은 부정근이 발생한다.

③ 뿌리의 분포범위는 보통 60~70cm이고, 깊이 80~100cm까지 뻗는다.

(2) 뿌리혹박테리아

① **콩의 뿌리는 플라보노이드를 분비하고, 이에 반응하여 뿌리혹 세균의 nod 유전자가 발현하여 뿌리혹이 착생하며, 뿌리혹 속의 뿌리혹박테리아는 공중질소를 고정하여 콩의 생육과 수량이 증대한다.**

② 뿌리혹박테리아는 근모에 감염구를 만들고 피층세포 안에 침입하여 구슬모양 또는 신장형의 뿌리혹을 형성하는데, 뿌리로부터의 트립토판이나 그밖의 물질분비는 뿌리혹박테리아의 신속한 생장을 조장한다.

③ 뿌리혹의 외부에 피층세포가 있고 안쪽에 후막세포층이, 그 안쪽에 관다발이 있어서 뿌리의 관다발과 연결되고, 중심부에는 박테로이드세포층이 있어서 여러 개의 박테로이드세포를 포함하며, 박테로이드세포 내에는 수천 개의 뿌리혹박테리아가 서식한다.

④ 뿌리혹박테리아는 호기성이고 식물체 내의 당분을 섭취하여 자라며 생활한다.

⑤ 콩이 어릴 때에는 뿌리혹이 작고 수효도 적어 질소고정량도 적으며, 식물체로부터 당분을 흡수하기 때문에 어린 식물의 생육이 오히려 억제되지만, 개화기경부터는 질소고정이 왕성하게 이루어져 많은 질소성분을 식물체에 공급하고 성숙기에는 뿌리혹의 내용이 비어 기주식물인 콩으로부터 쉽게 떨어지게 된다.

⑥ 뿌리혹박테리아는 온도가 25~30°C이고, 토양산도가 pH 6.45~7.21로서 산성이 아니며, 토양수분이 넉넉하고, 토양통기가 잘되며, 토양 중에 질산염이 적고, 석회, 칼리, 인산 및 부식이 풍부한 곳에서 생육과 질소고정이 왕성하다.

3. 줄기

(1) 콩의 주경은 둥글고 속이 차있으며 목질화되어 외부는 단단하고, 분지는 6~9마디에서 발생한다.

(2) 원줄기 길이는 고온일수록 길어지며 25°C 전후에서 최고에 달한다

(3) 조파, 다비밀식, 불순한 일기나 간혼작 등에 의하여 수광이 부족할 경우에 도장만화되는 경향이 있다.

(4) 콩의 신육형(伸育型)

① **유한신육형**

㉠ 개화기에 도달하면 원줄기 및 가지의 신장과 잎의 전개가 중지되고 개화기간이 짧으며, 개화가 고르고 가지가 짧아 꼬투리가 조밀하게 붙는다.

㉡ 꽃 피는 방향이 일정하지 않고 대부분의 마디에서 수일 내에 동시에 개화하여 꼬투리가 거의 같은 시기에 형성되어 자란다.

㉢ 우리나라 재래종 및 대부분의 보급된 장려 품종이다.

② **무한신육형**

㉠ 개화가 시작된 후에도 영양생장이 계속되어 원줄기 및 가지의 신장과 잎의 전개가 계속되어 개화기간이 길며 가지가 길고 꼬투리가 드문드문 달린다.

㉡ 꽃이 중심줄기의 아래쪽 마디로부터 피기 시작하여 점차 윗마디로 피기 때문에 꼬투리의 크기에서 차이가 난다.

㉢ 만주지역과 미국에서 상업적으로 재배되는 품종이다.

③ **반무한신육형**: 유한신육형과 무한신육형의 중간형이다.

4. 잎 및 털

(1) **자엽이 전개한 후에는 엽병이 길고 단엽인 초생엽이 제2마디에서 대생하고 그 윗마디에서부터는 보통 3매의 소엽(leaflet)을 가지는 정상복엽(compound leaf)이 호생한다.**

(2) 자엽, 초생엽 및 제 1복엽이 큰 것은 대체로 콩알이 굵고, 장엽인 것은 꼬투리당 종실수가 많다.

(3) 콩잎은 낮에는 구부러지고, 아침과 저녁에는 수평으로 취면운동을 한다.

(4) 대체로 콩의 털이 갈색이고 억세거나 무모종으로서 꼬투리의 조직이 견고한 품종은 충해가 적다.

5. 꽃 및 꼬투리

(1) 쌍떡잎식물은 꽃잎이 4나 5의 배수로, 외떡잎식물은 3의 배수로 구성되어 있다.

(2) 꽃은 백색인 것과 자색인 것이 있다.

(3) 꽃은 접형화(蝶形花)로서 꽃받침에는 털이 많으며, 화관은 1매의 기판과 2개의 익판 및 2매의 용골판으로 되어 있으며, 수술은 10본인데 9본은 합착되어 있고 1본은 분리되어 이생웅예(二生雄蕊)를 이루고 있으며, 암술은 수술보다 약간 길고 끝에는 돌기가 있으며 기부에는 털이 있다.

(4) 꼬투리는 보통 다소 납작하지만, 통통하고 원통형에 가까운 것도 있다. 길이는 보통 4cm 내외이고 꼬투리당 1~4립, 보통 2~3립의 종실이 들어 있다.

(5) 성숙 시 꼬투리의 빛깔은 황색으로부터 흑색에 이르고 농담의 차이도 심하다. 근래에 육성된 품종들은 일반적으로 성숙 후에 탈립이 잘 되지 않는다.

(6) 품종에 따라 꼬투리 당 평균 종자수가 차이가 나는 이유는 수정 후 배주의 수가 다르기 때문이다. 배주의 수는 유전적인 영향이 크다.

4 생리 및 생태

1. 콩의 일생

파종기도 여름콩은 4~5월, 가을콩은 6~7월이며, 여름콩은 생육일수가 짧고 가을콩은 길다. 콩은 단일식물로서 꽃눈의 분화 및 발달, 개화, 결협 및 종실의 비대 등이 모두 단일조건에 의하여 촉진된다.

(1) 출아기
① 파종 후 전체의 40~50%가 출아할 때까지의 시기이다.
② 어린 식물체의 목이 먼저 나오고 이어 자엽이 출현하여 전개하며 초생엽이 대생으로 전개하고 계속해서 정상복엽이 차례로 전개된다.
③ 수분이 충분할 경우 15℃에서 4일, 25℃에서 1일이 소요된다.

(2) 유묘기
① 출아 후 제3복엽이 전개할 때까지의 시기이다.
② 솎기, 보식, 조기배토 및 적심을 실시한다.

(3) 신장기
① 뿌리나 줄기 및 가지가 신장하는 시기(개화 전 25일 내외)이다.
② 분지 발생은 출아 후 40일경에 시작된다.
③ 잎과 줄기가 이랑 사이에 가득 퍼지고 엽액부에서 꽃눈형성이 시작되는 시기를 번무기 또는 화아분화기라고 하는데, 이때 과반무는 잎, 줄기가 도장하고 꽃눈형성이 좋지 않아 수확량이 감소한다.

(4) 개화기
① 40~50%가 개화하기 시작하는 시기이다.
② 개화기 전에 김매기와 북주기를 완전히 마친다.

(5) 유협기

① 꼬투리와 종실이 급격히 비대하는 시기(수정 후 10일경)이다.

② 최상위의 잎이 전개할 무렵부터 1~2주간이 가장 엽면적이 큰 때(개화 후 10~25일경)이다.

(6) 황변기

① 꼬투리가 황색으로 변하는 시기를 협(꼬투리)황변기라 한다.

② 잎과 줄기가 황변하는 시기를 경엽(잎줄기)황변기(수정 후 35~40일)라 한다. 뿌리는 쇠퇴되고 종실의 크기는 최대에 달하여 실용적인 발아능력을 갖게 된다.

③ 꼬투리는 개화 후 20일경에 크기가 최대, 생체중은 25일경, 건물중은 30일경에 최대에 달하며, 종실의 경우 생체중은 개화 후 30일경에, 건물중은 35일경 최대에 달한다.

(7) 낙엽기

반수에 가까운 포기가 낙엽되었을 때이다.

(8) 성숙기

고유한 빛깔이 나타나고 꼬투리가 경화되어 종실이 건조한 시기로 종실이 꼬투리에서 이탈되어 흔들면 소리가 난다.

♀ 콩의 발육시기 표시방법

영양생장			생식생장		
발육시기	약호	발육상태	발육시기	약호	발육상태
발아	VE	자엽이 지상에 나타났을 때	개화기	R1	원줄기 상에 첫꽃이 피었을 때
자엽	CV	초생엽이 전개 중인 때	개화성	R2	완전 전개엽을 착생한 최상위 2마디 중 1마디에 개화했을 때
초생엽	V1	초생엽이 완전 전개 되었을 때	착협시	R3	완전 전개엽을 착생한 최상위 4마디 중 1마디에서 5mm에 달한 꼬투리를 볼 수 있을때
제1복엽	V2	제1복엽까지 완전히 전개되었을 때	착협성	R4	완전 전개엽을 착생한 최상위 4마디 중 1마디에서 2cm에 달한 꼬투리를 볼 수 있을 때
제2복엽	V3	제2복엽까지 완전히 전개되었을 때	입비대시	R5	완전 전개엽을 착생한 최상위 4마디 중 1마디에서 종실이 3mm에 달했을 때
⋮	⋮	⋮	입지대성	R6	완전 전개엽을 착생한 최상위 4마디 중 1마디의 꼬투리의 공극에 푸른콩이 충만되었을 때
			성숙시	R7	원줄기에 착생한 정상 꼬투리의 하나가 숙색을 나타났을 때
제(n-1)복엽	Vn	제(n-1)엽까지 완전히 전개되었을 때	성숙	R8	95%의 꼬투리가 숙색을 나타냈을 때

2. 발아

(1) 발아온도는 최저 2~7℃, 최적 30~35℃, 최고 40~44℃이고, 실제로 포장에서는 15~17℃에서 출아 및 초기 생육이 양호하다.

(2) 콩은 발아에 필요한 수분요구량이 크기 때문에 발아에 필요한 흡수량은 종자 풍건중의 1.2배이며, 발아에 가장 알맞은 토양수분은 최대용수량의 70% 내외이고, 적어도 50% 이상이어야 하며 토양 수분이 부족하면 발아율이 크게 떨어진다.

(3) 콩은 상명종자로서 2년 정도 발아력을 가지며 3년 정도 지나면 발아력이 떨어진다.

3. 개화 및 결실

(1) 한계일장이 긴 품종일수록 일찍 일장반응이 일어나 개화가 빨라지고, 한계일장이 짧은 품종일수록 늦게 일장반응이 일어나 개화가 늦어진다. (조생종은 11~13시간, 중생종은 10~12시간, 만생종은 8~10시간)

(2) 일장감응의 최저조도는 만생종에서 낮고 조생종에서 높으며, 감응도는 정상 복엽이 높고, 자엽은 거의 감응하지 않고 초생엽은 감응도가 낮다.

(3) 화아분화 후 25일경 개화한다.

(4) 유한신육형은 원줄기에서는 3~5마디, 하위의 분지에서는 4~5마디, 상위의 분지에서는 1~2마디 부터 개화하여 상·하에 이르는데, 한 꽃송이에서는 밑의 꽃부터 개화한다.

(5) 개화기간은 30일 이상으로 화본과 작물보다 길고, 특히 무한신육형 품종이 더욱 긴데, 대체로 개화하기 시작하여 4~5일이 지나면 개화 수가 급격히 많아지고 15일 내외가 되면 대부분이 개화하고 개화성기는 전기와 후기의 두 차례가 있다.

(6) 개화 적온은 25~30℃이고, 일반적으로 오전 7~9시에 대부분이 개화하며, 오전 중에 개화가 끝난다.

(7) 수분은 개화 직전 또는 직후에 이루어지며 자가수정을 원칙으로 하고, 자연교잡률은 보통 1% 미만이다.

(8) 개화 후 12~27일까지 급격히 단백질 함량 감소와 지방 함량이 증가되며, 개화 후 28일부터 40~47일까지 단백질 및 지방 함량이 서서히 증가된다.

(9) 개화기 이후에 온도가 20℃ 이하로 낮아지면 개화수가 감소되고, 개화기간이 연장된다.

(10) 어린 식물에 고온처리를 하면 개화가 촉진되며 개화기 이후의 고온은 결실일수를 단축시키는데, 고온에 의한 종실발달 촉진 정도는 종실발달 후기의 영향이 전기의 영향보다 크다.

4. 화기탈락과 종실의 발육정지

(1) 화기탈락

① 콩은 착화수가 매우 많지만, 결협률이 20~45%에 불과하고, 그 밖 낙뢰(落蕾)·낙화(落花)·낙협(落莢) 등으로 화기가 탈락하며 종실의 발육정지 등으로 손실된다.

② 화기탈락의 70% 이상, 그리고 종실 발육정지의 15% 이상은 배의 발육정지가 그 원인이 되어 꼬투리와 종실의 발육을 정지시키기 때문에 일어난다.

③ 화기손실은 원래 착화수가 많고 등숙과정에서 발육단계를 달리하는 많은 꽃이나 어린 꼬투리 또는 종실 등이 심한 경합으로 약세화나 약세립이 발육과정에서 영양부족으로 발생한다.

(2) 결협률의 요인

① 낙화율은 대립종에서 높다.

② 먼저 개화한 것보다 꼬투리가 비대하는 시기에 개화하는 것이 낙화하기 쉽기 때문에 전기에 개화한 것을 제거하면 후기에 개화한 것의 결협이 증가한다.

③ 발육정지립은 기립일수록 그 비율이 높다.

④ 착협수는 경엽중·총절수·분지수 등과 정의 상관이 있어 왕성하게 생육한 것이 결협수가 많다.

⑤ 수분이나 비료분, 광선 등이 불량한 영양조건은 결협률을 떨어뜨린다.

⑥ 온도가 15℃ 이하로 낮으면 냉해를 입어 결협률이 떨어진다.

⑦ 곤충의 식상(喰傷)은 화기의 탈락 및 종실의 발육정지를 조장한다.

(3) 결협률 증대방안

① 이식·적심 재배에 의하여 2단 개화를 조절한다.

② 개화기에 요소 엽면을 살포한다.

③ 건조하지 않게 관수를 충분히 실시한다.

④ 배토한다.

⑤ 질소 균형시비로 과도한 영양생장을 억제하고, 뿌리혹의 착생을 좋게 하여 알란토인질소의 농도를 높여 생식생장을 조장한다.

⑥ 노린재 등의 해충을 방제한다.

5. 생육, 개화 및 결실의 온도와 일장

(1) 감온성

① 콩에서는 고온버널리제이션(고온춘화)에 의해 개화가 촉진된다.

② 생육적온까지는 온도가 높을수록 생육이 조장되고 개화가 촉진되는데 이것을 감온성이라고 하고 감온성 정도는 조생종이 만생종보다 크다.

(2) 감광성

① 최적일장조건에서 자연상태에 비해 화아분화 및 개화가 빨라지는 성질을 감광성이라 하고, 만생종일수록 감광형 정도가 크다.

② 추대두형은 하대두형에 비해 개화시기가 온도보다 일장에 민감하게 반응하므로, 저위도지역은 만생, 감광형이 재배된다.

6. 기상생태형

(1) 하대두형(여름콩)

① 감광성이 낮고, 한계일장이 길며, 감온성이 높은 품종군으로 일찍 개화 성숙한다.

② 주로 평야지대에서 봄에 단작형식으로 파종하여 늦여름~초가을에 수확하는 품종(올콩은 유월두)이다.

③ 대체로 대립·연질이어서 밥밑콩(혼합용) 또는 콩장(장용) 등으로 이용한다.

(2) 추대두형(가을콩)

① 감광성이 높고, 한계일장이 짧으며, 감온성이 낮은 품종군으로 늦게 개화 성숙한다.

② 남부 평야지대에서 맥후작 형식으로 여름에 파종하여 늦가을에 수확하는 그루콩이다.

③ 북부지방이나 산간지대에서는 성숙이 늦어 안전하게 재배할 수 없다.

(3) 중간형

① 하대두형과 추대두형의 중간으로 북부지방이나 산간지대에서 늦은 봄에 파종하여 가을에 수확하는 품종이다.

② 남부 평야지대에서는 성숙이 빨라 수량이 떨어진다.

7. 수량 구성 요소와 증수재배 기술

♀ 콩의 수량 구성 요소와 규제 요인

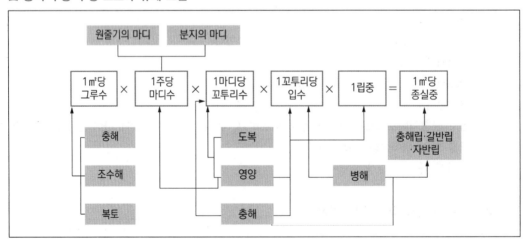

(1) 대두의 수량 구성 요소

1m²당 개체수, 개체당 꼬투리 수, 꼬투리당 평균입수, 100립중 등으로 이루어지고, 개체당 꼬투리 수는 개체당 마디 수와 마디당 꼬투리 수로 이루어진다.

(2) 입중은 품종의 특성으로 환경에 따른 변동이 적다. 증수를 위해서는 1m²당 꼬투리수를 많이 확보하는 것이 중요하므로 단위면적당 개체수를 충분히 확보하는 동시에 꼬투리수를 증가시켜야 한다.

(3) 콩 입중의 증대 기술
   ① **입중은 품종적 특성으로서 줄기의 길이(경장) · 분지수 · 꼬투리수(협수)는 환경변이가 작지만 개체의 생육량 · 생육후기의 영양조건 등에 의해 적지 않은 영향을 받는다.**
   ② 대체로 재식밀도의 증대에 따른 개체 생육량의 저하는 입중을 떨어뜨리므로 적정 재식밀도가 필요하며, 퇴비의 시용 등에 의한 양분공급량의 증대, 특히 생육 후기의 양분공급량의 증가는 종실의 비대를 촉진한다.
   ③ 해충에 의한 꼬투리의 식해는 종실의 비대를 극도로 억제하며 심한 경우에는 낙협이 발생하므로 충분한 방제가 필요하다.

(4) 꼬투리 수가 결정된 다음 후기의 양분공급조건 및 수광태세를 좋게 하여 불임립을 적게 하고, 꼬투리당 입수를 증가시켜 임실비율을 향상시켜야 한다. 꼬투리당 임실비율은 생육 후기의 양분공급조건과 수광태세에 의해 크게 영향을 받는다.

(5) 각 수량구성요소에는 각종 규제요인이 작용하기 때문에 이들 규제요인을 제거하거나 그 작용을 적게 하는 일이 다수확을 할 수 있는 요건이 된다.

(6) 수량구성요소들은 그들 상호 간에 정 또는 부의 상관이 있다.

8. 엽면적 및 광합성과 수량

(1) 엽면적지수
   ① 잎은 그의 광합성산물에 의하여 영양기관의 생장과 동시에 꼬투리 및 종실을 발육시키므로 단위포장면적당 엽면적인 엽면적지수(LAI)는 수량과 밀접한 관계가 있다.
   ② 다수확을 위한 최적엽면적지수는 4~6이고, 기상조건이나 재배시기, 토양비옥도, 수광태세 등에 따라 다르다.

(2) 밀식조건
   ① 밀식조건에서는 수광량을 현저히 감소시키는데, 상대조도가 정엽의 20% 정도로 낮아지면 잎이 황화되어 낙엽된다.
   ② 질소 과다 시 과번무로 도복을 초래하고 투광이 불량하여 광합성능률이 떨어진다.

(3) 생장과정에 따른 건물축적
   ① 개화 중기에서부터 종실 발육 후기까지는 본질적으로 직선적인 경향이 있다.
   ② 종실 발육중기경에 영양기관의 건물중이 최대에 이르며, 종실 발육후기에 이르면 영양기관 및 꼬투리의 건물중이 감소한다.

(4) 작물생장률(CGR)
   ① 수광량의 증대에 따라 거의 직선적으로 증대한다.
   ② 종실수량에는 일생장비율보다도 종실 발육기간의 장단이 더욱 관여한다.

(5) 잎의 동화능력
   품종 간 잎의 동화능력에 차이가 있고, 광합성능은 양적형질의 유전양상을 보인다.

5 분류 및 품종

1. 분류

(1) 용도

일반용, 혼반(混飯)용, 유지용, 두아(豆牙)용, 청예용

(2) 종실의 크기

왕콩, 굵은콩, 중콩, 나물콩

(3) 종피의 색깔

흰콩, 누렁콩, 청태, 밤콩, 우렁콩, 아주까리콩

(4) 줄기의 생육습성

정상형, 대화(帶化)형, 만화형

(5) 신육형

무한신육형, 유한신육형, 중간형

(6) 생태형

올콩, 중간콩, 그루콩

(7) 종실 배꼽의 색

백목, 적목, 흑목

2. 용도에 따른 품질조건

(1) 일반용 콩(장콩, 두부콩, 메주콩)

① 된장, 간장, 두부, 두유 원료로 이용되는 우리나라에서 가장 많이 재배되는 종류이다.

② 일반적으로 황색 껍질의 100립중이 17g 이상인 대립종이다.

③ 무름성이 좋고 단백질 함량이 높을수록 유리하고 두부용은 수용성 단백질의 함량이 높은것이 좋다.

④ 대원콩이 콩알이 굵고 모양이 좋아 재배 농가가 가장 선호하며, 대풍에 대한 반응도 좋은 편이다.

(2) 밥밑콩

① 밥 지을 때 섞어 먹었던 콩으로, 흑색·갈색·녹색 등의 색깔을 지닌 대립종이다.

② 껍질이 얇고 물을 잘 흡수하며 무름성이 좋고 당함량이 높은 품종이 적합하다.

③ 검정콩 1호, 일품검정콩, 선흑콩, 흑청콩, 청자콩, 청자2호, 청자3호

(3) 나물콩

① 나물콩(두채용)은 빛이 없는 조건에서 싹을 키워 콩나물을 생산하기 위한 종류이다.

② 100립중 13g 이하의 소립종으로 알맹이가 작을수록 원료콩에 비해 생산되는 콩나물 수량이 많아져서 유리하다.

③ 가을에 수확한 종자를 이듬해까지 사용해야 하는데 저장기간에도 종자의 활력이 떨어지지 않게 저장조건이 매우 중요하다.

④ 은하콩, 풍산나물콩, 다원콩, 소명콩, 수원콩, 소진, 보석, 탐나

(4) 기름콩

① 식용유(콩기름)

② **세계 식용유 시장에서 가장 큰 비중이 콩기름이고 전량 수입해서 식용유를 생산한다.**

③ 지방 함량이 높으면서 지방산 조성이 영양학적으로 유리한 품종이다.

(5) 풋콩

① **풋콩은 꼬투리가 완전히 익기 전인 풋콩 상태 때 꼬투리째 사용한다.**

② **일반적으로 조생종(여름콩) 품종들로서 이른 봄에 파종하여 여름에 수확한다.**

③ 꼬투리에 털이 없거나 적고 선명한 녹색을 띠는 것이 좋으며 당 함량이 높고 무름성도 좋아야 한다.

④ 큰올콩, 석량풋콩, 검정올콩, 새올콩, 다올, 단미, 다진 단미2호

(6) 청예용(풋베기콩)

종실이 작고 수량이 많을 뿐만 아니라 잎과 줄기의 생장이 무성하여 풋베기의 수량이 많고 영양분도 많아야 한다.

3. 재배를 고려한 품종선택

(1) 숙기가 알맞은 품종

① 단작일 때 서리가 내리기 전에 성숙할 수 있고, 맥후작은 맥류의 파종에 지장이 없어 안전하게 성숙할 수 있는 생태형을 선택한다.

② 수량이 많으며 품질이 우수하다.

③ 내병충성이 높아야 한다.

④ 토양 적응성이 높아야 한다.

⑤ 내도복성이 강해야 한다.

⑥ 간작할 경우 이에 대한 적응성이 높아야 한다.

⑦ 내습성 및 내건조성이 우수해야 한다.

⑧ 성숙기에 탈립이 없어야 한다.

4. 장려품종

(1) 일반콩(장류콩)

광교, 다장콩, 단백콩, 단원콩, 대원콩, 만리콩, 무한콩, 밀양콩, 백운콩, 백천, 보광콩, 삼남콩, 새알콩, 소담콩, 소양콩, 신팔달콩, 신팔달콩2호, 장경콩, 장미콩, 장백콩, 장수콩, 장엽콩, 큰올콩, 태광콩, 황금콩

(2) 두아용(콩나물콩)

한남콩, 단엽콩, 은하콩, 힐콩, 다원콩, 방사콩, 광안콩, 푸른콩, 남해콩

(3) 혼합용(밥밑콩)

검정콩1호, 검정콩2호, 일품검정콩

(4) 두부용

금강콩, 송학콩

(5) 풋콩

선흑콩, 석량풋콩, 화엄풋콩, 화성풋콩

(6) 비린내 없는 고품질 신품종

진품콩

(7) 고단백콩

단백콩, 장경콩, 광안콩, 무한콩

(8) 밀식적응성품종

단경콩, 단원콩, 신팔달콩2호

(9) 무한신육형

장수콩, 장경콩

6 환경

1. 기상

(1) 온도

① 극조생종이라 하더라도 최저 2,000℃의 적산온도가 필요하고 일평균기온이 12℃ 이상인 일수가 120일 이상이어야 한다.

② 파종·발아기에는 15~17℃ 이상이 알맞으며, 생육적온은 25~30℃이고, 근류균의 최적온도는 25~30℃이며, 결실기에는 야온이 20~25℃이어야 알맞다.

③ 밭 상태에서는 기온이 17℃ 이상이어야 싹이 잘 트며 25~30℃ 범위에서 잘 자란다.

④ 꽃눈이 형성되는 시기부터 개화가 시작되는 시기까지는 15℃ 이상으로 유지되는 것이 좋은데 이보다 낮을 경우 화아분화가 어렵고, 어린 꽃과 꼬투리가 많이 떨어진다.

⑤ 성숙기에 고온 상태에 놓이면 종자의 지방 함량은 증가하나 단백질 함량은 오히려 감소하며, 종자가 충실하게 비대하지 못한다.

⑥ 변온조건은 결실과 품질향상에 좋은 영향을 끼치며, 성숙기의 비교적 큰 일교차가 종자 발달에 유리하여 낮 기온이 25℃ 이상, 밤 20~25℃ 정도로 유지하는 것이 유리하다.

⑦ 개화기의 저온(13~15℃)은 임실 장해를 일으키고 꼬투리 내의 배주수를 감소시킨다.

⑧ 개화기 이후에 온도가 20℃ 이하로 낮아지면 폐화수가 늘어 개화수가 감소되고 개화기간이 연장되며, 밤의 온도가 30℃ 이상으로 높을 경우에는 개화가 불규칙해지고 폐화가 많이 생긴다.

⑨ 개화기 이후의 고온은 또한 결실일수를 단축시키는데, 고온에 의한 종실 발달의 촉진 정도는 종실 발달 후기의 영향이 전기의 영향보다 크다.

⑩ 결실기의 고온은 결협률을 떨어뜨리고 지유함량을 증가시킨다.

⑪ 성하기의 고온다습은 과번무를 초래하고, 고온건조는 낙화, 낙협 및 종실의 발육정지 등을 유발하며 결실일수도 단축시켜 감수요인으로 작용한다.

⑫ 냉해에 의한 감수

　　㉠ 장해형 냉해 : 유효화분수 감소, 화분발아능력 저하, 꽃밥의 불열개, 수정률의 저하를 초래

　　㉡ 지연형 냉해 : 개화 및 결실의 지연, 종실의 소립화를 초래

　　㉢ 생육불량형 냉해 : 생리기능의 저하와 분지, 절수 및 화수의 감소 초래

⑬ 냉해에 의한 감수요인

　　㉠ 저온, 일조부족 및 다우에 의한 영양생장의 저하로 총절수가 감소되는 것이 가장 크게 작용한다.

　　㉡ 개화지연에 의한 입중의 감소가 그 다음에 일어난다.

　　㉢ 그 다음은 마디 당 꼬투리수의 감소가 일어난다.

(2) 일조

① 장해를 입지 않는 범위 내에서는 많을수록 생육과 개화 및 결실에 좋다.

② **콩의 광포화점은 군락상태에서 최대일사량의 60% 이하(40~60Klux)로 어느 정도의 응달에서도 잘 견디어 혼작, 간작에 적응할 수 있는 특성이 있다. (예 콩과 옥수수의 혼작)**

(3) 강수

건조에 적응하는 성질이 강하여 최대용수량의 30% 이상이면 발아가 가능하지만, 요수량이 비교적 큰 편이고, 토양수분이 넉넉할 때 생육이 왕성하므로 생육 중에는 넉넉한 비가 필요하다.

2. 토양

(1) 콩은 생육이 왕성하며 토양적응성이 강한 편이고, 다수확을 위해서는 뿌리혹박테리아의 활동이 왕성한 토양조건이 필요하다.

(2) 부식과 인산, 칼리 및 석회가 풍부하고 배수가 잘 되는 사양토~식양토이고, 난지는 한지보다 토양이 다소 차진 것이 알맞다.

(3) 콩은 건조에도 잘 적응하지만 토양수분이 넉넉해야 하며, 최적토양함수량은 최대용수량의 70~90%이다.

(4) 토양의 산도는 중성이 가장 좋고, 산성일수록 생육이 떨어지며 뿌리혹박테리아의 활력도 떨어져 수확량이 감소하므로 토양이 산성일 때는 석회로 개량해야 한다.

(5) 콩은 염분농도가 0.03% 이상이면 생육이 크게 위축되고 수확량도 많이 줄어든다.

7 재배

1. 작부체계

(1) 윤작

① 밭작물의 작부체계는 거의 모든 경우에 콩이 조합되어 있는데, 콩재배로 경지이용도를 높이고, 토양의 입단형성을 조장하여 화곡류 재배로 인한 지력소모를 회복한다.

② 높은 수준의 다수확을 위해서는 윤작과 동시에 퇴비의 시용이 필수적이다.

③ 콩의 윤작

㉠ 1년 1작 : 맥류재배가 곤란한 북부지방 매년 콩과 조, 옥수수, 감자 등과 바꾸어 재배

㉡ 2년 3작 : 추파 소맥지대인 서부지방 2년에 걸쳐 밀 - 콩간작 - 조

㉢ 1년 2작 : 중남부 평야지대 교호작 및 주위작 콩 - 옥수수, 수수

(2) 간작 및 후작

① 남부지방은 충분한 생육기간이 보장되어 재식밀도를 조절하면, 생육 기간이 상대적으로 짧은 맥후작의 경우에도 수량이 별로 떨어지지 않고 파종 및 재배관리에 편리하고 생력기계화 재배에 유리하므로 맥후작이 유리하다.

② **맥후작은 밀식재배가 유리 : 생육기간이 충분하지 못하므로 개체의 생육량을 증대시키는 것보다는 일정면적당 생장량을 증대한다.**

③ 맥간작은 불리한 점

㉠ 토양이 건조하기 쉽고, 장마철에 배수 불량이다.

㉡ 일사량 부족으로 도장이 유발되고 저온에서의 생육장해가 발생한다.

㉢ 근권 발달이 저해된다.

㉣ 작업이 불편하고, 증수를 위한 충분한 재식밀도를 확보하기 어렵다.

(3) 혼작

① 콩은 수수, 옥수수와의 혼작에 이롭다.

② 고구마, 감자, 참깨, 들깨 등과 혼작한다.

(4) 논에서 재배할 때 품종선택

① **뿌리썩음병에 강한 품종**

② **내습성이 강한 품종**

③ **내도복성이 강한 품종 선택**

2. 종자준비

(1) 콩은 분얼이 없으므로 분얼이 많은 화곡류에 비해 우량종자의 중요성이 크다.

(2) 채종

대립이고 결실이 잘 된 것으로, 진딧물이 적은 냉랭 지대가 채종지로 적당하다.

(3) 선종 및 종자소독

대립인 것이 생산력이 높고, 탄저병 등 많은 종자전염에 의한 병해를 방제하기 위해 캡탄(Captan)과 같은 살균제를 종자 중의 0.3% 정도와 잘 섞어 분의 소독한 후 파종한다.

3. 파종

(1) 파종시기

① 파종의 적기는 단작은 도장이나 만화(蔓化)가 없는 한도 내에서 아른 시기로 이보다 파종이 늦어지면 수량이 줄어든다.

② 파종기의 지연에 따른 수량저하는 추대두형보다 하대두형이, 난지보다 한지에서 크다.

③ 가을콩은 감광성이 커서 일정 일장에 도달해야 화아분화가 되므로, 너무 조파하면 과번무가 되고, 만파하면 영양생장기간이 단축되어 착협수가 감소한다.

(2) 작형에 따른 파종기와 재식밀도

① 단작

㉠ 파종기 : 중부지방은 5월 중하순이고, 남부지방은 5월 상하순이다.

㉡ 재식밀도 : 중북부 이랑나비 60cm × 포기사이 15~20cm, 1주 2본

② 맥후작

㉠ 파종기 : 중부지방(6월 중하순), 남부지방(6월 중순)

㉡ 재식밀도 : 이랑나비 50~60cm × 포기사이 10cm, 1주 2본

③ 맥간작

㉠ 파종기 : 5월 중순이다.

㉡ 재식밀도 : 이랑나비 90cm × 골나비 30cm, 60cm의 이랑사이에 콩을 2줄로 20cm 간격으로 심되, 1주 2~3본으로 한다.

(3) 정지 및 파종

① 단작 평이랑 재배 : 소요량의 석회를 뿌리고 경운과 정지 후 뿌림골을 만들고 시비한 후 흙과 잘 섞고 일정 간격으로 한 포기당 3~4립씩 점파하며, 가뭄이 심할 때는 진압하고 2~3cm 정도로 복토한다.

② 네가웃지기 파종 : 퇴비와 석회를 전면에 뿌리고 경운하여 넓은 이랑을 만들고 시비한 다음 흙과 잘 섞고 간격에 따라 4열로 구덩이를 만들어 3~4립씩 심는다. 네가웃지기 이랑은 생육 초기 및 후기의 건조해와 생육중기의 습해를 적게 하는 데 유리하다.

③ 간작 : 이랑사이를 다듬고 소정 간격으로 심을 구덩이를 만든 다음 시비하고, 흙과 잘 섞은 후 3~4립씩 파종하고 복토한다.

4. 시비

(1) 일반적인 밭 작물의 시비 방법

① 전면시비 : 가장 간편하고 노력이 적게 드나 비료를 고르지 못한다.

② 무경운시비 : 아주 간편하나 비료의 유실이 많다.

③ 파종렬시비 : 고랑이나 고랑 바로 옆을 파서 미리 비료를 주는 것으로, 비료의 이용효율이 가장 높지만 노력이 많이 든다. 종자가 비료에 직접 닿지 않도록 주의해야 한다.

④ 엽면시비 : 특정 성분이 부족한 증상을 보이거나 우려가 있는 경우, 습해 등으로 뿌리의 기능이 떨어졌을 경우, 혹은 생육이 부진할 경우에 이용한다.

(2) 콩의 비료요소의 흡수와 효과

① **콩은 뿌리혹박테리아가 공중질소를 고정하여 공급할 뿐만 아니라 흡비력이 강하기 때문에 지력의 영향을 더욱 받으며, 다른 작물에 비하여 시비효과가 낮은 편이다.**

② 콩의 종실은 질소함유율이 극히 높고 인산, 칼리, 석회도 화본과작물에 비하여 높으며, 줄기도 질소, 인산, 석회의 함유율이 높다.

③ 10a에서 1섬의 콩을 수확하는 비료의 양: 총 10~12kg, 인산 2.5~3.0kg, 칼리 및 석회가 각각 3~5kg, 마그네슘 1.5~2.0kg이 흡수된다.

④ 마그네슘: 종실의 지유축적을 조장한다.

⑤ 석회 결핍: 낙화, 낙협이 증대된다.

⑥ 철분은 질산염, 인산이 지나치거나 석회시용량이 과다하여 중성~알칼리성이 되면 결핍현상으로 황백화 증상을 보인다.

⑦ 강산성토양에서는 붕소 결핍을 유도한다.

(3) 콩의 엽면시비

개화기를 전후하여 0.5~1.0%의 요소를 10a 당 110~130L로 몇 차례 살포하면 종실수량 증가와 단백질 함량도 증가되며, 특히 선충의 피해 시 더욱 증수효과가 크다.

(4) 콩 재배의 뿌리혹박테리아 접종

① 뿌리혹박테리아를 접종하면 수량과 단백질 함량이 증가되고, 특히 개간지에서 그 효과가 크다.

② 토양 중에 무기태요소가 과다하거나 강산성이면 접종효과가 적으며, 토양 통기가 좋고 인산, 칼리, 석회 및 부식이 풍부하여야 접종효과가 크다.

③ 생육 초기에 비료로 시용한 질소를 흡수하면 영양생장이 현저히 좋아지고 장기간에 걸쳐 뿌리혹박테리아의 활동이 계속되어 질소 고정량이 증대되므로, 뿌리혹박테리아의 작용을 장기간 높은 수준으로 유지하는 것이 효과적이다.

④ 뿌리혹박테리아의 접종은 순수배양한 우량 균주를 종자에 접종하여 파종한 후 바로 복토한다. 또한 뿌리혹 형성이 좋은 밭의 주변 표토를 채취하여 콩을 파종한 후에 뿌리고 복토하기는 하는데, 대체로 10a 당 10~60kg의 접종토를 뿌린다.

5. 관리

(1) 솎기, 김매기

① 김매기의 일반

㉠ 발아 후 초생엽이 전개하면 김매기의 효과가 크다.

㉡ 제초제는 라쏘입제 등을 파종 직후나 파종 후 2~3일 살포하는데 종자가 3cm 이상 묻히도록 균일하게 복토하고 시행한다.

㉢ 김매기를 위한 잡초와의 경합생리

• 초형이 분지수가 적고, 직립형인 품종이 잡초와의 경합력이 낮다.

• 재식밀도가 높고 적기 파종한 경우가 재식밀도가 낮고 만파의 경우보다 경합력이 높다.

② 단작: 파종 20~30일 경과 후 실시하고, 장마철이 끝난 후 골걷이한다.

③ 간작: 맥류 수확 후 첫 김을 매고 두벌김을 맨 후 골걷이한다.

④ 맥후작 : 파종 후 20일경에 1차례 정도 김매기를 하고 장마가 끝난 후 골걷이한다.

⑤ 잡초제거 : 잡초의 종류나 밀도에 따라 정도는 달라지는데, 보통 잡초를 완전히 제거한 경우에 비해 종자수량이 약 32~77% 감소한다.

(2) 북주기(배토)

① 북주기는 김매기와 겸하여 실시하는 것이 보통이다.

② 배수와 통기를 조장하고, 지온조절 및 도복방지의 효과와 새로운 부정근 발생을 조장한다.

(3) 순지르기(적심)

① 생육이 왕성할 때 시행하면 근계가 발달하고 근류근의 착생을 촉진시킨다.

② 과도한 생장을 억제하고 도복 경감을 위해 제5엽기 내지 제7엽기 사이에 가볍게 순지르기를 하는 것이 효과적이다.

③ 조파와 생육이 왕성할 때 도복 방지와 증수 효과가 있다.

④ 다비밀식으로 도장경향이 있을 때 순지르기를 하면 줄기가 짧아져서 도복이 경감되고 분지 발육이 촉진된다.

⑤ 만파와 생육이 불량할 때는 수량이 감소한다.

8 병충해 방제

1. 병해

(1) 바이러스병

① 잎에 모자이크 모양의 무늬가 생기며, 잎이 오그라들면서 식물체가 왜소해지고 생육이 위축된다.

② 종자전염을 하고 진딧물이 매개이다.

③ 방제법 : 장엽콩, 황금콩, 팔달콩 등과 같은 내병성품종을 재배하고, 무병지에서 채종하며 살충제로 진딧물을 구제한다.

(2) 흑점병(검은점병, 미이라병)

① 지상부의 줄기와 꼬투리를 통하여 병균이 침입하는데 종자가 쭈글쭈글해지거나 모양이 고르지 않으며 껍질에 밀가루를 바른 것처럼 하얗게 보이며, 꼬투리나 종실에 감염 후 하얗게 변색되어 상품가치를 저하시킨다.

② 생육 후기에 많은 비와 습할 경우 발생하며, 특히 여름콩에서 많이 나타난다.

(3) 세균성점무늬병

① 주로 잎에 발생하며, 처음에는 다각형의 암록색 병반, 그 후 적갈색 내지 암흑색의 큰 병반으로 변한다.

② 비가 많이 오거나 토양이 습할 때 많이 발생한다.

③ 내병성품종 재배, 무병지 채종, 종자소독, 윤작, 보르도액 살포 등으로 방제한다.

(4) 자줏빛무늬병(자반병)

① **콩알의 표면에 자색의 병반이 생기고 때로는 종피에 균열이 생기는 것도 있다.**

② **잎에는 자흑색 병반, 줄기 및 꼬투리에는 적갈색 병반이 생긴다.**

③ **종자전염을 하며 수량에는 큰 영향이 없다.**

④ 내병성품종 재배, 무병지 채종, 종자소독, 피해주의 조기제거, 윤작, 약제 살포 등으로 방제한다.

(5) 탄저병

① 꼬투리를 중심으로 잎, 줄기 등에 발생하며 종자 및 토양을 전염시킨다.

② 잎에 발생하면 둥근 갈색 병반, 꼬투리는 흑색의 겹둘레 병반을 형성하며, 병반표면에는 흑색의 소립이 밀생하여 종실이 불충실하게 된다.

③ 종자소독, 윤작, 보르도액 살포 등으로 방제한다.

(6) 노균병

① 잎 표면에 담황색 반점이 생겨 점차 황갈색으로 확대되며, 꼬투리나 종자에도 발생하여 죽게 된다.

② 병반의 뒷면에는 회갈색 곰팡이가 생기며, 습기가 많은 곳에서 흔히 발생하고, 종자 및 피해주를 통하여 전염된다.

③ 무병지에서 채종, 종자소독, 피해주의 조기제거, 윤작, 보르도액 살포 등으로 방제한다.

(7) 불마름병

① 지상부의 모든 부분에서 발생하는데, 잎에서는 갈색 수침상의 병반이 생기고, 그 둘레에 황색의 훈위가 생기며 나중에는 병반이 터진다.

② 꼬투리나 줄기에서는 약간 오목한 적갈색의 병반, 꼬투리의 병반 밑에 있는 종실의 표면이 황색으로 변한다.

③ 종자나 또는 피해주를 통하여 전염된다.

④ 세균성점무늬병에 준하여 방제한다.

2. 충해

(1) 콩나방

① **성충은 어린 콩 꼬투리에 알을 낳는데 알에서 부화한 유충이 꼬투리를 뚫고 들어가 어린 콩을 갉아먹으면서 자란다.**

② 꼬투리 속에서 자라기 때문에 농약을 쳐도 잘 죽지 않으므로 성충이 알을 낳는 시기인 8월 중순에서 하순 무렵 살충제가 효과적이다.

(2) 노린재

① 콩에서 볼 수 있는 노린재는 약 20종이 있는데 대표종은 풀노린재, 톱다리허리노린재, 알락수염노린재 등이 있다.

② **성충이 꼬투리에 침을 질러 넣어 수액을 빨아먹기 때문에 빈 깍지가 되거나 종자 모양이 찌그러지는 기형이 된다.**

③ 다이아지논, 에토펜프록스, 페니트로티온 등 많은 살충제가 개발되어 있는데 노린재 종류는 기주 범위가 넓고 워낙 잘 날아다니며 활동력이 크기 때문에 어린 유충 시기에 방제하는 것이 효과적이다.

⑶ 진딧물

① 피해를 주는 종류는 11종이 있는데 대표적인 것이 콩진딧물이다.

② 잎의 뒷면에서 수액을 빨아 먹는데 초기에는 잎에 아주 작은 여러 개의 노란 반점이 나타나다가 나중에는 갈변한다.

③ **직접적인 피해보다는 콩모자이크바이러스병을 옮기기 때문에 이로 인한 피해가 크다.**

④ 진딧물 방제약을 사용한다.

3. 기생식물

⑴ 실새삼

① 콩에 감겨 오르는 황색의 기생식물인데, 흡근을 콩줄기에 박고 양분을 흡수하여 피해를 준다.

② 방제 : 조기에 식물체 또는 종자를 제거하여 윤작을 실시한다.

9 수확 및 조제

1. 수확 및 건조

⑴ **수확시기**

잎이 황변·탈락하고 꼬투리와 종실이 단단하며, 꼬투리에서 종실이 이탈하여 흔들면 소리가 나는 시기이다.

⑵ 성숙기로부터 7~14일 이후가 수확 적기로 꼬투리와 종자의 수분 함량은 18~20%정도이다.

⑶ 건물중이 최대인 생리적 성숙기 이후에는 실제 수확량 증가는 없고 수분 함량이 점차 떨어지나 생리적 성숙기에는 수분 함량이 40~60% 정도로 높아 성숙기가 지난 다음에 수확해야 한다.

⑷ 수확시기를 늦추면 탈립되어 불리하고, 미이라병 또는 자줏빛무늬병 등의 병에 걸려 종자의 품질이 크게 감소한다.

⑸ 그루콩의 수확기

중부지방 10월 상, 중순, 남부지방은 10월 중·하순경이다.

2. 탈곡 및 조제

⑴ **꼬투리의 수분 함량이 20% 이하가 탈곡이 용이하다.**

⑵ 탈곡한 것은 갈퀴로 굵은 깍지를 제거하고, 선풍기로 불리어 협잡물을 제거한 후, 다시 어레미나 키로 불충실한 것을 선별하고, 수분 함량이 14% 이하가 되도록 말린 다음 포장한다.

10 특수재배

1. 이식적심 재배

(1) 의의 및 효과

① 육묘 후 이식하고 순지르기와 북주기 작업은 개화가 늦어지지만, 성숙기는 빨라지고, 분지수 증가와 낙화 및 낙협률이 감소되어 증수가 된다.

② 단작 조파 시에 직파의 파종적기보다 20일 정도 더 일찍 파종, 육묘하여 이식할 수 있으며, 이때 조기 순지르기와 집약적 관리로 생육이 왕성과 도장 억제로 증수가 가능하다.

③ 맥후작은 미리 모판에서 육묘하여 맥류를 수확한 후 곧 이식하면 생육기간이 연장되어 증수된다.

④ **이식적심재배는 직파재배에 비하여 50~70% 정도 증수된다.**

⑤ 이식재배는 많은 노력이 필요하고, 특히 이식시기에 가물면 물을 주고 이식해야 하는 불편이 있다.

⑥ 품종이 알맞고 지력이 상당히 좋은 곳이어야 하며, 육묘, 이식, 순지르기 등의 재배기술이 알맞아야 증수가 가능하다.

(2) 이식재배 품종과 시기

① **이식재배용 품종 : 생육기간이 길고 분지수가 많으며 생육이 왕성한 가을콩이 있다.**

② 토양조건 : 토양은 비옥하며 수분과 비료가 충분해야 효과가 있다.

③ 이식시기 : 초생엽이 전개한 후가 알맞지만, 토양수분만 넉넉하면 파종한 후 20~25일 경인 제1~2복엽기까지도 활착이 좋다.

2. 밀식재배

(1) 밀식재배의 의의 및 효과

① 증수의 주요인은 밀식에 의해서 광에너지의 이용이 높아지는 것이다.

② **밀식은 개체의 생육량은 감소되지만 조기에 적정군락을 형성하여 작물군락의 수광태세가 일찍부터 향상되어 광합성과 동화물질의 전류가 모두 증대되어 일정면적당 총경수, 총절수, 총협수, 입수 등이 증대되어 증수가 가능하다.**

③ 토양수분, 토양의 물리화학적 조건, 도복, 병충해 등이 콩의 생육에 있어서 제한요인으로 작용할 경우에는 증수효과를 나타내기 어렵다.

(2) 밀식적응성 품종과 유의점

① **분지수가 적고 짧으며 잎이 가늘고 작으며 두텁고 분지각도 및 엽병각도가 작은 협초폭형의 품종이 밀식에 유리하다.**

② **키가 크고 원줄기의 밑부분까지 꼬투리가 달려 주경의존도가 크고 줄기가 탄력성이 있어 도복과 병해에 강해야 한다.**

③ 우리나라에서 밀식적응성이 큰 품종 : 단엽콩, 장백콩, 밀양콩, 팔달콩

④ 밀식재배 시에는 도복을 줄이기 위한 북주기를 충분히 하고, 병충해도 발생하기 쉬우므로 철저히 방제해야 한다.

⑤ 밀식재배는 지력이 좋으며 토양수분과 비료가 충분한 조건에서 발전한다.

3. 기계화재배

(1) 콩을 기계화 재배하면 소형기계화 체계의 경우에도 관행재배에 비해 50~80% 노력이 절감되고, 수량도 떨어지지 않는다.

(2) 밀식적응성이 크고, 도복하지 않으며, 탈립이 잘 되지 않고, 맨 아래 꼬투리의 착생 높이가 10cm 이상이어야 한다.

4. 풋콩 조기재배

대체로 하우스 안에서 이식하여 조기재배되는데, 흰가루병과 콩나방의 발생이 많아지기 쉬우므로 그 방제를 철저히 해야 한다.

5. 논콩재배

(1) 내습성과 내도복성이 강한 품종을 선택하고, 흑색뿌리썩음병에 대한 내병성이 강해야 한다.

(2) 키가 작고 조숙성 품종은 필요한 엽면적 확보를 위해 밀식이 유리하다.

02 땅콩

1 기원과 생산 및 이용

1. 기원

- 학명 : *Arachis hypogea* L.
- 낙화생(洛花生), peanut
- 원산지 : 남아메리카의 중부산악지대

2. 생산 및 경영상 특징

(1) 땅콩은 고온작물로서, 고랭지나 고위도 지대에서는 재배하기 어렵다.

(2) 사질토에서 잘 적응하고 침수에도 강하여 강변의 사질토에서 많이 재배한다.
   예 우리나라의 낙동강과 한강 지역

(3) 기호성이 높지만 주식으로는 이용할 수 없고 간식으로 이용하기 때문에 수요량에 한계가 있다.

(4) **주성분은 지질로서 대체로 43~45%가 함유되어 있어서 기름의 원료로도 알맞지만 유지수량이 유채를 따르지 못한다.**

(5) **생육기간이 비교적 길고, 연작하면 기지현상이 발생한다.**

(6) **두류 중에서 단위생산량이 많고, 내건성이 강한편이며 사질토에도 잘 적응하는 장점이 있다.**

(7) **환금작물로 유리한 특성이 있다.**

(8) **버지니아형 재배**
   적산온도가 3,400°C, 연평균기온이 14°C 이상인 곳

(9) **스페니쉬형 재배**
   적산온도가 2,800°C 정도이고, 연평균기온이 11°C 이상인 곳

3. 이용

(1) **땅콩 종실의 주성분은 지질(43~45%)과 단백질 함량(28%)이고 비타민 B가 있다.**

(2) **땅콩의 종실을 볶거나, 버터피넛, 엿이나 과자 및 부식 간식 기호식품으로 만들어 먹고, 식용유, 오레오마가린의 원료로도 이용된다.**

(3) 비누, 기계유, 윤활유로 이용되고, 깻묵은 사료나 비료로 이용된다.

(4) 잎과 줄기는 건초와 녹사료로 이용되고, 깍지는 연료 및 제지의 원료로 이용된다.

2 형태

1. 종실

(1) 장원형으로서 끝이 뾰족한 형태로, 대립종은 장형, 등적색이며, 소립종은 단형, 황백색 또는 적자색

(2) 100립중은 소립종은 40~50g, 중립종은 50~70g, 대립종은 70g 이상이다.

＊ 다른 작물과 비교 : 1000립중으로 율무(100g), 보리, 밀, 귀리(35~45g), 조(2.5~3g)

2. 뿌리

(1) 발아할 때 1본의 직근이 나와 주근이 되어 땅속 깊이 뻗어 들어가며 측근이 발달, 일반적으로 대립종이 소립종에 비하여 깊게 뻗는다.

(2) 배축과 분지의 기부에서 부정근이 발생하여 측근의 분기점에 뿌리혹이 착생된다.

3. 줄기

(1) 한 개체에 20~25개의 분지가 발생하고, 첫째 마디의 분지는 대생하고, 둘째는 첫째 마디와 90° 각도로 대생하고, 그 이상의 마디는 호생한다.

(2) 가지의 발생각도나 신장상태에 따라 입성(立性), 포복형 및 중간형으로 나눈다.

(3) 양분지와 생식지의 가지가 있는데, 영양지로부터 영양지와 생식지의 착생이 반복된다.

(4) **양분지는 생육이 왕성하고 잎과 가지가 발생하고, 생식지는 짧으며 생육이 빈약하고 꽃과 잎만이 착생하지만, 품종에 따라서 끝에 본엽이 착생하는 비교적 생육이 왕성한 생식지도 있다.**

(5) 양분지가 건전하게 발육할 수 있도록 생육초기 환경을 조성하는 일이 매우 중요하다.

4. 꽃 및 꼬투리

(1) 꽃은 보통 기부에 가까운 생식지의 각 마디에 1개씩 피지만 때로는 2~3개가 피기도 한다.

(2) **꽃은 비교적 크고 황색의 접형화(蝶形花, 나비모양)로서 무병(無柄, 자루 병)이며, 긴 꽃받침통이 있고, 땅콩은 쌍떡잎식물로서 꽃잎은 5매이며, 수술은 10개이다.**

(3) 수술은 꽃밥이 일부 퇴화되어 보통 8개 정도의 정상적인 꽃밥을 가지고 있다.

(4) 수정이 이루어지고 꽃이 떨어지면 씨방의 기부조직인 자방병이 급속히 신장하여 땅 속 3~5cm 까지 들어가 꼬투리를 형성한다.

(5) 자방병이 신장하는 길이는 16cm정도이고 햇빛이 강하면 신장이 억제되고, 건조하면 빈 꼬투리 가 발생한다.

3 생리 및 생태

1. 발아

(1) 땅콩은 단명종자이다.

(2) 발아온도는 최저온도는 12°C, 최적온도는 소립종 23~25°C, 대립종 25~30°C이다.

(3) 발아소요일수

꼬투리째 파종하면 20일 이상이지만 종실만을 파종하면 고온에서는 3~5일로 짧고, 고온보다 저온에서 길다.

(4) 두류 중 생육기간과 휴면기간이 가장 길다. 휴면기간은 대체로 소립종은 9~50일이고, 대립종(버지니아형)은 110~210일로 대립종에 비해 소립종이 휴면기간이 짧다.

(5) 휴면 타파

40~45°C에서 15일 간의 고온처리, 에틸렌처리, 종피 제거 등을 통해 휴면 타파할 수 있다.

2. 개화 및 수정

(1) 개화기간이 상당히 길어 본엽이 9~10장 전개한 7월 초부터 개화하기 시작하여 가을까지 계속되는데, 수확 전 약 60일 전인 8월 중순까지 개화한 것이 성숙하므로 이 시기를 유효개화한계기이다.

(2) 오전 4시경~오전 5~6시(또는 8~9시)에 일제히 개화하였다가 정오에 오므라들지만, 날씨가 흐리거나 비가 올 경우는 저녁에 오므라든다.

(3) 땅콩은 자가수정을 원칙으로 하지만 자연교잡도 0.2~0.5% 이루어진다.

(4) 수정이 되었더라도 씨방이 땅속에 들어가기 전에 말라 죽는 것이 많으며, 완전히 결실하는 것은 총 꽃수의 10% 내외에 불과하다.

3. 결협, 결실과 환경

(1) 수정 후 5일 이후 씨방 기부의 자방병이 급속히 땅을 향하여 신장한다.

(2) 자방병이 땅속에 들어가면 5일 정도가 지나서 씨방이 수평으로 비대하기 시작하여 자방병의 신장은 정지하며, 자방병이 지하에 침입해서 땅속 3~5cm에서 씨방이 비대해진다.

(3) 꼬투리의 생체중은 자방병이 땅속에 들어간 후 3주일 경에 최대가 된다.

(4) 자방병의 길이는 16cm이며 최대 20cm이다.

(5) 결협률은 평균적으로 10% 정도에 불과하며, 결협이 높아지기 위해서는 씨방이 비대해져야 한다.

(6) 등숙일수

소립종 70~80일, 대립종은 100일이다.

(7) 협실비대 환경

① 기본조건은 암흑과 수분이며, 짧은 빛이라도 결실개시 및 자방병의 신장을 저해하고, 토양이 건조하면 빈 꼬투리가 발생한다.

② 땅속 5cm인 곳의 지온이 10℃ 이상이어야 한다.

③ 석회가 부족하게 되면 공협 발생이 많아지고 종실의 발아율 및 줄기의 생장도 저해하므로 결협권에 석회가 필수적이다.

4 분류 및 품종

1. 분류

(1) 초형에 따라서 포복형, 중간형, 직립형으로 나눌 수 있다.

(2) 종실의 크기에 따라 대립종, 중립종, 소립종으로 나눌 수 있다.

(3) 형질의 종합적인 기준에 따라 스페니쉬형, 발렌시아형, 버지니아형, 사우쓰이스트러너형으로 나눌 수 있다.

☞ 땅콩의 분류

구분	스페니쉬형	발렌시아형	버지니아형	사우쓰이스트러너
분지수	적다	적다	많다	많다
개화기	빠르다	약간 빠르다	늦다	늦다
초형	직립	직립	직립, 포복	포복
종실크기	작다	작다	크다	작다
지유함량	많다	많다	적다	많다
휴면성	약	약	강	강
내병성	약	약	강	강

2. 품종선택 시 고려할 사항

(1) 재배면

① 직립형 및 중간형 품종은 포복형 품종에 비하여 1포기당 종실수량이 적지만 밀식으로 증수가 가능하다.

② 초장이 너무 크면 수광태세가 불량하다.

③ 숙기가 너무 늦어지면 미숙한 꼬투리가 많다.

(2) 용도면

① 식용은 단백질 함량이 많은 대립종이, 유지용은 유지 함량이 많은 소립종이 유리하다.

② 장려품종 중에서 장대땅콩의 씨알이 가장 크다.

5 환경

1. 기상

(1) 땅콩은 고온작물로 적산온도는 3,600°C, 생육적온은 25~27°C이다.

(2) 소립종은 발아 및 생육적온이 낮고, 생육기간도 짧아서 적산온도도 낮다.

(3) 결실기간의 온도가 높을수록 종실 중의 지방 함량이 증가한다.

2. 토양

(1) 석회가 풍부하고 배수가 좋으며 부식이 부족하지 않은 사질토양 및 양토이다.

(2) 최적함수량은 최대용수량의 50~70%이며, 심한 모래땅은 너무 건조하거나 온도가 너무 높기 쉽고 석회 부족이 유발된다.

(3) 결협부위 통양이 건조하면 빈 꼬투리가 생기고 종실이 작아지며, 단백질 함량은 증가되나 지방은 감소한다.

(4) pH 6~8로 강산성은 좋지 않고, 척박한 토양과 침수에도 비교적 강하여 강변의 사질토지대나 개간 지에서도 많이 재배된다.

6 재배

1. 작부체계

(1) 주로 단작 재배이나, 남부지방은 맥간작 재배도 한다.

(2) 두과작물중 땅콩, 완두는 기지현상이 일어나기 때문에 1~2년 정도 윤작한다.

(3) 연작은 2년째에는 첫해 수량의 20~50%, 3년째에는 30~70%의 감수와 근류 선충, 검은무늬병, 갈색무늬병이 발생하며 토양 중 석회도 감소하였다.

2. 종자준비

(1) 땅콩을 최아하여 심으면 불량한 종자를 제거하고, 발아가 촉진되며 발아기간을 단축시킴으로써 발아기간 중의 피해를 줄일 수 있다.

(2) 최아는 5mm이상 되지 않아야 손상이 없다.

3. 파종

(1) 파종온도 18~20℃이며 지나친 조파는 출아가 늦고 출아기간 중의 피해도 증대되며 초기생육이 불량하며 그 후의 생육도 장해를 받기 쉽다.

(2) 결실기에 15℃ 이상의 유효적산온도가 500℃ 이상 되도록 파종기를 결정한다.

(3) 남부지방은 4월 하순~5월 상순, 중부지방은 5월 상순, 맥간작의 남부지방은 맥류 수확 전 20~25일경인 5월 상・중순이 적기이다.

4. 시비

(1) 땅콩은 시비반응이 둔감한 작물이지만 품종에 따라 현저한 차이가 있으며, 다수확을 위해 충분한 시비가 필요하다.

(2) 질소 흡수량이 가장 많고, 다음은 칼리이며, 석회, 인산과 마그네슘의 흡수량도 적지 않다.

(3) 표준시비량은 10a당 질소 3kg, 인산 7kg, 칼리 10kg이고, 시비량은 퇴비 750~1,000kg, 질소 2~3kg, 인산 3~4kg, 칼리 4~6kg, 석회 40~80kg이다.

5. 관리

(1) 자방병의 지중침입을 위해 개화초기와 그 후 15일 정도의 간격으로 북주기를 한다.

(2) 자방병이 땅속에 침입한 후 4주 동안에 수분의 영향이 특히 크므로 관수관리를 한다.

(3) 땅콩은 내건성이 강하기는 하지만 특히 결협부위의 수분결핍은 결실의 발육을 현저히 저해한다.

(4) 제초제 처리 시

파종, 복토한 후 라쏘(Lasso), 로록스(Lorox) 등을 콩에 준하여 살포하고 1개월 후에 김매기를 한다.

7 병충해 방제

1. 병해

(1) 대균핵병

① 성숙기에 발생하며 줄기 표피가 갈색으로 변하였다가 회색으로 변하며 가늘게 쪼개지고 껍질이 벗겨져서 백색의 줄기가 노출되며 검은 균핵이 형성되어 황변, 고사한다.

② 방제 : 윤작, 추경

(2) 검은무늬병

① 고온, 다습 시에 잎과 줄기에 주로 발생하며, 갈색 병반이 생기고 나중에 흑갈색으로 변하며, 잎 뒷면에 흑색 소립이 생기고 잎이 말라 일찍 떨어진다.

② 방제 : 피해주의 제거, 윤작, 종자소독, 황분제(50%)의 살포

(3) 갈색무늬병

① 잎과 줄기에 암갈색의 병반이 생기고, 잎 뒷면에 회색 곰팡이가 생기며 잎이 떨어지고 썩는다.

② 병반 둘레에 담황색의 훈위는 검은무늬병과 다르며, 검은무늬병에 준하여 방제한다.

2. 충해

선충, 점박이 응애, 줄표주박바구미 등이 있으므로 다이아지논 등의 살충제나 살비제로 구제한다.

8 수확 및 조제

(1) 잎, 줄기의 황변과 하엽이 떨어지는 시기로 꼬투리에 그물무늬가 형성되면 수확기가 되나, 일시에 개화하지 않기 때문에 꼬투리의 성숙이 고르지 못해 일찍 수확해도 미숙한 것이 있고 늦게 수확하면 땅속에 떨어지는 것이 많으며 품질도 떨어진다.

(2) 수확기는 9월 하순 내지 10월 상순 경이다.

(3) 땅콩의 꼬투리에서 종실이 나오는 비율은 중량으로 약 50%, 종실 1섬은 132kg이고 1ton은 7.5섬이다.

Chapter

03 강낭콩

1 기원과 생산 및 이용

1. 기원

- 학명 : *Phaseolus vulgaris* L.
- 채두(菜豆), common bean
- 염색체수 2n = 22(팥, 녹두와 같다)
- 지리적 기원 : 중남미와 남아메리카

2. 생산 및 경영상의 특성

(1) 강낭콩은 팥과 비슷한 용도로 사용되나 품질이 팥보다 떨어지고, 콩에 비해 질소고정능력이 낮아 질소비료가 필요하며, 습해에 약하다.

(2) 생육기간이 짧아 조생종이나 녹협용의 경우 여름의 고온기를 이용하여 고랭지나 고위도지방에서도 재배가 가능하다.

(3) 혼식이나 채소로 이용되어 적은 규모이지만 전국적으로 재배한다.

(4) 생육적온이 콩이나 팥에 비하여 낮아 저온에 잘 견디고 생육기간도 비교적 짧으며 만파에 잘 적응하고 재배가 용이하다.

(5) 가을채소의 앞그루, 감자나 여름 밭작물의 주위작이나 혼작으로 많이 재배한다.

(6) 상명종자로 2년째에는 발아율이 70~80% 유지되지만 3년 이상이 되면 거의 발아하지 않는다.

(7) 발아온도는 최저 10℃, 최적 26~37℃, 최고 38~42℃이다.

(8) 왜성종은 동일 개체 내에서 거의 동시에 개화하지만, 만성종은 6~7마디에서 먼저 개화하고 점차 윗마디로 개화해 올라간다.

3. 이용

(1) 강낭콩의 주성분은 당질이고 탄수화물 함량이 콩보다 높으며, 단백질 함량도 21%로 많은 편(콩은 38%)이고, 녹협에는 단백질과 비타민 A, B_1, B_2 및 C가 풍부하다.

(2) 경엽은 조단백질 6~10%, 당질 30~40%, 조섬유 33~44%를 함유하여 좋은 사료가 된다.

07

2 환경

1. 기상

(1) 생육적온은 10~25°C로서 콩이나 팥보다 약간 낮은 온도이고, 조만성의 폭이 넓으며, 또 종실용과 채소용이 있기 때문에 재배 및 분포지역이 넓다.

(2) 따뜻한 기후를 좋아하며 서리에는 극히 약하다.

(3) 고온에서 생육과 개화가 촉진되고, 야간 온도가 낮아야 결실이 조장되며, 야간 고온은 불임의 원인이다.

(4) 개화기에 고온, 건조는 수정과 결실이 저해되고, 비가 많이 내리면 병해의 발생과 뿌리의 발육이 저해되며, 특히 수확기에 비가 많이 내리면 종실의 부패와 도복의 피해가 크다.

(5) 생육기간에는 토양이 건조하지 않는 한 다조가 증수면에서 유리하다.

2. 토양

(1) 강낭콩은 질소고정능력이 떨어져서 지력이 높아야 하며, 배수가 잘되고 표토가 비옥한 양토나 식양토가 가장 알맞다.

(2) 과습 및 과건에는 모두 약하고 적기가 아니면 생육이 현저히 떨어지고, 척박지에서는 생육이 나쁘고, 인산 및 마그네슘의 부족에도 민감하다.

(3) 산성토양에 대해서는 두류 중 가장 약하며, 알맞은 토양산도는 pH 6.2~6.3이고, 염분에 대한 저항성도 약하다.

3 재배

(1) 생육기간이 짧고(조생종 90일, 만생종 130일) 짧고 또 품종에 따른 변이도 심하기 때문에 작부체계상 유리한 특성을 지니고 있어 중남부지방의 평야지대에서는 가을채소의 전작으로 알맞고 고위도지대나 산간지대에서도 화곡류 등과 윤작하기에 알맞다.

(2) 소규모 재배에 그치는 경우가 많기 때문에 감자밭이나 채소밭 또는 원두밭 및 그 밖의 여름작물의 주위작이나 혼작으로 재배하는 경우가 많다.

(3) 꼬투리의 70~80%가 황변하고 마르기 시작할 때 수확한다.

Chapter

04 팥

1 기원과 생산 및 이용

1. 기원

> • 학명 : *Vigna angularis*
> • 소두(小豆), azuki bean
> • 지리적 기원 : 중국 남부

2. 생산

(1) 동양의 온대지방에서 재배되며 콩에 비하여 수량과 이용면에서 떨어지지만, 늦심기에 더욱 잘 적응하여 밀의 후작으로도 안전하게 재배할 수 있다.

(2) 떡, 빵, 과자 등으로 이용되고 지력 유지에도 유리한 특성으로 중부지방을 비롯하여 전국적으로 재배한다.

3. 성분 및 이용

(1) 성분

① 주성분인 당질 중 전분이 34%로 많이 함유되어 있다.

② 단백질 함량은 20% 내외로서 높은 편이지만 영양가는 콩에 비하여 현저히 떨어진다.

③ 지질은 0.7% 정도로 다른 두류 중 가장 낮다.

④ 팥의 전분은 세포섬유에 싸여 있기 때문에 혀에 닿으면 독특한 감촉을 주고 삶아도 전분이 풀리지 않는 장점을 지니고 있지만, 소화효소인 디아스타제의 작용을 받기 어려워 소화력이 떨어진다.

(2) 팥의 효능

① 통변, 이뇨 작용 : 외피에 함유된 섬유질과 사포닌은 장을 자극한다.

② 해독 작용 : 숙취해소와 연탄가스를 들이마셨을 때 치료에 도움이 된다.

③ 항각기 작용 : 티아민은 각기병의 예방과 치료에 효과적이다.

2 형태

1. 종실

(1) 보통 원통형에 가깝고 구형 또는 타원형에 가까운 것도 있다.

(2) 배꼽이 크고 배꼽의 중앙에 흰줄이 있으며, 100립중은 5~18g이지만 보통 13~16g이고, 1L중은 800~840이다.

(3) 종실이 균일하게 성숙하지 않는 특성이 있다.

2. 뿌리 및 뿌리혹

(1) 콩의 뿌리와 비슷하지만 선단이 다른 두류보다 많이 분기하는 경향이 있다.

(2) 뿌리혹의 착생과 공중질소의 고정은 콩의 경우보다 떨어진다.

3. 줄기 및 잎

(1) 줄기도 콩과 비슷하지만 다소 가늘고 길며 취약하고 만화되는 경향이 있어 콩보다 도복에 약한 편이다.

(2) 잎도 콩과 비슷하지만 자엽이 지상에 나타나지 않는다.

(3) 소엽은 보통 원형이지만 갸름하고 끝이 뾰족한 검선형도 있고, 정상엽의 모양도 넓고 둥근 것과 길고 좁은 것이 있다.

(4) 줄기와 잎에는 털이 있지만 콩의 경우처럼 거칠지는 않으며, 백·녹·암갈색 등으로 구별할 수 있다.

4. 꽃 및 꼬투리

(1) 엽액에서 긴 꽃자루(화경)가 나와 그곳에 2~3쌍이 착화된다.

(2) 꽃은 접형화로서 기본구조가 콩과 비슷하지만, 콩꽃보다 크고 빛깔은 황색이다.

(3) 꼬투리는 콩과는 달리 가늘고 길며 둥글고, 미숙한 것은 녹색 또는 적자색이지만 성숙하면 회백색 등으로 변한다.

(4) 1개의 꼬투리에는 대체로 4~8립의 종실이 들어있다.

3 분류 및 품종

1. 분류

(1) 보통종

보편적으로 재배되는 직립성인 보통종이다.

(2) 만생종

잎이 가늘고 땅에 포복하거나 다른 것에 감아 올라가는 성질이 있으며 생육이 왕성하여 불량한 환경에도 잘 견디지만, 관리하기에 불편하고 품질이 떨어진다.

2. 우리나라 재래품종들의 주요 특성

(1) 개화기는 8월 초~9월 상순으로 남부지방 품종일수록 개화기가 늦은 경향이 있다.

(2) 초장은 60~70cm가 대부분이다.

(3) 줄기색은 85%가 녹색으로 대부분이며 자색은 개화기가 늦은 경향이 있다.

(4) 엽형은 많은 변이가 있고, 종피색은 단색, 특히 적색의 것이 많다.

(5) 100립중은 10g 내외지만 남부지방의 것이 다소 작은 경향이 있다.

(6) 일반적으로 적색이고 대립이며 수량이 많은 품종이 좋으며, 성숙기가 늦지 않고 내도복성이며, 내충성인 품종이 유리하다.

3. 장려품종

(1) 우리나라의 우수 품종

홍천적두(조숙, 대립, 다수성), 진천적두(조생계통), 영동적두, 문의적두(만생종)이 있다.

(2) 현재는 장려품종인 충주팥과 준장려품종인 중원흑두가 가장 우수한 품종으로 알려져 있다.

07

4 생리 및 생태

1. 발아

(1) **장명종자로, 일반저장의 경우 3~4년간 발아력이 유지된다.**

(2) 종자의 발아온도는 최저 6~10℃, 최적 32~34℃, 최고 40~44℃이지만 실제로 파종기에는 평균 기온이 15~16℃ 이상이 적합하다.

(3) 첫 잎은 품종사이에 차이가 없이 타원형이면서 끝이 뾰족하다.

(4) **출아할 때에는 콩과는 달리 자엽이 지상으로 나타나지 않고 땅속에 남아 있다.**

＊ 콩은 떡잎이 땅 위로 올라와 뿌리와 떡잎 마디 사이인 배축 부분도 지상부에 있게 되는 에피길(epigeal) - 종류 : 콩, 녹두, 강낭콩, 동부
팥은 떡잎과 배축부분이 지하부에 있는 하이포길(hypogeal) - 종류 : 팥, 완두

(5) **발아 시 소요흡수량은 종자중의 100% 내외이고, 종자의 수분흡수 속도가 매우 느려 발아 소요 기간도 길어진다.**

2. 개화 및 결실

(1) 꽃눈 분화는 보통개화 전 21~23일에 이루어지고, 개화온도는 26℃ 이상이어야 좋으며, 이른 아침부터 개화하여 오전 중에 완전히 개화한다.

(2) 착화수는 원줄기 및 분지의 3~5마디에 많고, 낙뢰는 개화기간의 후반에 발생하기 쉬우며, 낙화는 적다.

(3) 팥은 대부분 자가수정이며, 개화 수는 늦게 파종할수록 적고 낙화 수는 적기에 파종했을 때 가장 많다.

(4) 결실일수는 31~79일이지만 보통 50~59일이고, 어떠한 개체의 꼬투리나 종실도 균일하게 성숙하지 않는 성질이 있다.

(5) 만파는 성숙기가 지연과 개화까지의 일수 및 결실일수가 단축된다.

(6) 성숙한 꼬투리의 탈립성은 콩에 비하여 크며, 따뜻한 지방에서는 비가 많이 올 경우 가을에 꼬투리에서 발아하기도 한다.

3. 기상생태형

(1) 팥은 콩과 비교하여 감온성이 둔하다.

(2) **여름팥은 봄에 파종하여 여름에 수확한다.**

(3) 가을팥은 여름에 파종하는 것이 결실이 좋고 봄에 파종하면 도장하여 결실이 좋지 않다.

(4) **팥의 만생종은 단일에 감응하는 감광형이고 조생종은 감온형이다.**

(5) 우리나라는 북부에 조생종, 남부에 만생종이 분포하는 경향이 있다.

5 환경

1. 기상

(1) **콩보다 더욱 따뜻하고 축축한 기후를 좋아하지만, 냉해와 서리의 해를 받기 쉬우므로 고랭지나 고위도지대에서는 콩보다 재배상의 안전성이 낮다.**

(2) **생육기간 중에는 고온, 적습조건이 필요하며 결실기에는 약간 서늘하고 일조가 좋아야 한다.**

(3) 생육기간 중에 건조할 경우에는 초장이 작아지며 임실이 불량해지고 진딧물과 오갈병이 발생으로 수량과 품질이 떨어진다.

(4) 과습 시에 생육이 불량해지며 잘록병 등이 발생하기 쉽다.

2. 토양

(1) **토양은 배수가 잘 되고 보수력이 좋으며 인산, 칼리, 석회 및 부식질이 풍부한 식양토 및 양토가 알맞지만 토양 적응성이 커서 극단적인 척박지나 과습지 외에는 어디서나 재배가 가능하다.**

(2) **콩보다 토양수분이 적어도 발아할 수 있으나 과습과 염분에 대한 저항성은 콩보다 약하다.**

(3) pH6.0~6.5가 알맞고 강산성 토양은 알맞지 않다.

6 재배

1. 작부체계

(1) **연작을 하면 해가 있어 윤작을 실시한다.**

(2) 일사량 제한에 의한 영향이 적고 기상 조건이나 병충해에 의한 피해도 적은 편이고 주작물과 경합에서 양분탈취도 비교적 적어서 혼작에 유리한 작물이다.

(3) 팥의 작부체계는 콩과 비슷하나 늦심기에 잘 적응하여 밀의 후작으로도 가능하다.

2. 종자준비

종자중의 0.3% 정도가 되는 캡탄, 베노람 등의 종자소독약으로 분의소독한다.

3. 정지 및 파종

(1) 토양통기가 좋고 배수가 알맞아야 좋으므로 15cm 정도 깊이로 갈고 흙덩이를 곱게 부수어 정지한다.

(2) 파종량은 10a 당 단작 조파 3~4L, 맥후작 만파 5~7L 소요되며, 파종방법은 콩에 준하며 파종 후에 3cm 정도 복토한다.

(3) 시비 및 관리

① **토양질소의 흡수량이 콩보다 많고 질소의 시용효과도 커서 질소시용량이 콩보다 많은 것이 유리하다.**

② 표준시비량은 10a 당 질소 4kg, 인산 6kg, 칼리 5kg이 필요하다.

③ 10a 당 퇴비 400~800kg을 기준으로 시용하고, 산성토양에서는 석회 40~50kg을 전량 기비로 한다.

7 병충해 방제

1. 병해

(1) 갈색무늬병

① 서늘하고 비가 많이 내릴 때 발생한다.

② 잎, 줄기 및 꼬투리에 발생하며 잎에서는 황색 병반이 생겼다가 흑갈색으로 변하는데, 결협 후에 많이 발생하여 일찍 낙엽된다.

③ 방제 : 윤작, 피해주 제거, 종자소독

(2) 탄저병

① 여름철 고온 시에 발생하기 쉬우며 잎 뒷면에 황록색의 작은 반점이 생겨 점차 암록색~갈색으로 변하고, 지름 1cm 정도의 다각형 병반으로 된다.

② 갈색무늬병에 준하여 방제한다.

(3) 바이러스병

① 생육중기부터 많이 발생하며 심할 경우에는 30~40%나 감수된다.

② 전염경로와 방제는 콩과 같다.

2. 충해

(1) 팥나방

① 크기가 15mm 정도인 유백색 내지 담황색의 유충이 줄기를 먹어 들어가 말라 죽게 하거나 종실을 식해한다.

② 다이아지논 등의 살충제로 방제한다.

(2) 팥바구미

① 수확하기 전에 알을 꼬투리에 낳아 부화된 유충이 종실을 식해하고 성충이 되어 탈출함으로써 종실에 큰 구멍이 생겨 피해가 크다.

② 종실을 잘 건조하여 저장하고 저장 중에는 훈증소독을 하여 방제한다.

8 수확 및 조제

1. 수확

수확기는 잎이 황변하여 탈락하지 않더라도 꼬투리가 황백색 또는 갈색으로 변하고 건조하면 70~80%가 성숙한 때로 대체로 10월 상, 중순에 수확한다.

2. 탈곡 및 조제

(1) 낫으로 베거나 뿌리째 뽑아 들인 후 탈곡 조제하고 잘 건조시켜서 저장한다.

(2) 팥 1섬은 150kg이고 1ton은 6.7섬이 나온다.

Chapter

05 완두

1 기원과 생산 및 이용

1. 기원

> • 학명: *Pisum sativum* L.
> • 완두(豌豆), pea
> • 지리적 기원: 오스트리아

2. 생산 및 이용과 경영상의 특성

(1) 완두는 두류 중에서 가장 서늘한 기후를 좋아하고(7~24°C), 추위에도 비교적 강하여 온대의 중남부지대에서는 월동이 가능하며 생육기간도 짧다. 주재배지역은 50~55°N이다.

(2) 완두의 주성분은 당질이며 그 주체는 전분이고, 단백질도 풍부하지만, 지질은 적다.

(3) 어린 꼬투리에는 단백질과 비타민 A, B, C가 풍부히 함유되어 있다.

(4) 과습한 토양에 약하고 강산성 토양에 극히 약하고 기지현상이 심하여 널리 재배되지 못하고 각 농가에서 소규모로 재배되는 경우가 많다.

(5) 답전작으로도 재배할 수 있으며 품질이 매우 우수하여 잘 재배하면 수익성도 높은 편이다.

(6) 수량이 많지 않고 만성품종이 많아 지주를 세워야 한다.

07

2 생리 및 개화 특성

1. 발아

(1) 완두는 장명종자로서 4년 정도 발아력을 지니고 있다.

(2) **두류 중에서 가장 발아온도가 낮아 최저 1~2°C, 최적 25~30°C, 최고 35~37°C이다.**

(3) 출아 시 팥처럼 자엽이 지상으로 나타나지 않고 땅속에 남아있는 지하자엽형인 하이포길(hypogeal)이다.

2. 개화 및 결실

(1) 저온 버널리제이션의 효과가 인정되어 최아종자나 유식물을 0~2°C에서 10~15일 처리하면 개화가 촉진된다.

(2) 대체로 줄기나 꽃송이의 아랫부분부터 개화하는데, 아침 4시경에 시작하여 오전 11시 30분부터 오후 3시 사이에 활발하게 일어나며 오후 5시경까지 개화가 지속되는 것도 있다.

(3) 꽃은 저녁에 시들었다가 다음날 다시 피는데, 개화기간은 14~16일이 걸린다.

(4) 완두는 거의 자가수정을 하며 자연교잡률이 매우 낮기 때문에 채종상 유리하여 멘델의 연구가 가능하다.

3 환경

1. 기상

(1) 비교적 서늘한 기후를 좋아하고 생육기간 중의 고온은 좋지 않다.

(2) 건조나 과습은 생육에 지장을 주므로 생육기간 중의 건조와 등숙기의 과습은 좋지 않다.

(3) 유식물은 냉해나 서리에 잘 견디지만 꽃과 꼬투리는 냉해를 입기 쉽다.

2. 토양

(1) 토양은 배수가 잘되고 부식이 풍부한 양토나 사양토가 가장 알맞고, 건조와 척박한 토양에 대한 적응성은 낮다.

(2) pH 6.5~8.0이 알맞으며, 강산성토양에는 극히 약하고, 석회가 풍부한 중성 내지 약염기성의 토양이 알맞다.

4 재배 및 수확

1. 작부체계

(1) 완두는 단작 채소의 전작, 혼작, 간작 등의 방식으로 재배되고, 추파 또는 춘파한다.

(2) 우리나라에서는 아직 넓은 면적에서 큰 규모로 재배되는 경우가 드물고 대부분이 소규모로 봄 채소밭의 주위작이나 혼작으로 재배한다.

(3) **남부지방은 답리작으로 추파하기도 하지만 중부지방에서는 답리작이 어렵다.**

(4) **연작하면 기지현상이 심하여 생육상태가 불량해지고 심하면 식물체가 왜화되어 수량이 심히 감소되므로 윤작을 하며 산성토양에서는 기지현상이 더욱 현저하게 나타나므로 석회를 시용한다.**

(5) 답리작은 연작을 해도 피해가 심하지 않다.

2. 수확

(1) 연협종(軟莢種)을 재배하여 꼬투리째 식용 할 경우는 종실이 굵어지기 전인 개화 후 14~16일경부터 수확한다.

(2) 푸른 종실을 식용으로 하고자 할 경우에는 꼬투리가 변색되어 완전히 마르기 전에 수확해야 하는데, 특히 종실이 녹색을 잃지 않도록 유의해야 한다.

07

Chapter

06 동부

1 기원과 생산 및 이용

1. 기원

- 학명 : *Vigna unguiculate*
- 강두(豇豆), cowpea
- 원산지 : 아프리카 동부

2. 생산 및 경영상 특징

(1) 열대원산의 고온작물로서 음지에서도 잘 자라지만 저온에 매우 약하고, 특히 야간의 온도가 낮으면 생육이 불량하다.

(2) 강낭콩보다 분포지역이 좁아 열대지역으로부터 북위 및 남위 30°까지가 재배적지이지만 48°N까지도 재배된다.

(3) 토양적응성이 비교적 높아서 산성토양에서도 잘 견디고 염분에 대한 저항성도 큰 편이다.

(4) 건조에 대한 저항성도 큰 편이지만 과습에는 잘 견디지 못한다.

3. 이용

(1) 동부의 주성분은 당질이고, 단백질 함량도 많은 편이며 비타민 B도 풍부하다.

(2) 완숙한 종실은 혼반용, 떡고물, 조미료의 원료, 죽, 커피대용 원료 등으로 이용한다.

(3) 녹채는 채소로 많이 이용하며, 또한 사료 및 녹비로도 이용한다.

2 생리 및 생태

1. 발아

(1) 동부는 콩에 비해 고온발아율이 높은 편이며, 배축의 신장도 매우 빠르고, 저온에서는 매우 약하다.

(2) 발아적온은 30~35°C이고 발아온도는 보통 20~40°C의 범위이지만 45°C에서 발아하는 것도 있다.

2. 개화 및 결실

(1) 동부의 생육일수는 보통 80~160일이지만 열대지역의 극조생종은 60~70일이다.

(2) 개화일수에 비하여 결실일수가 매우 짧은 편인데, 파종 후 40~60일이면 개화가 시작되고, 한 꼬투리의 결실기간은 15~30일이다.

(3) 동부는 단일식물로서 보통 오전 7~9시에 개화하고 오전 10시에서 오후 1시 사이에 꽃밥이 터져 수분이 이루어진다.

(4) 자가수정을 원칙으로 하지만 자연교잡률도 비교적 높은 편이다.

(5) 개화한 꽃 중에서 꼬투리로 발달하는 결협률은 매우 낮아 16~48%이며 보통 25%에 지나지 않는다.

3 환경

1. 기상

(1) 생육적온은 20~35°C로서 27°C 내외가 가장 알맞으며, 35°C 이상의 고온에서도 잘 견디고, 45°C의 높은 온도에서도 생존이 가능하다.

(2) 응달에서도 비교적 견디지만 햇볕이 많은 것이 유리하다.

(3) 과습은 발아와 초기 생육에 매우 불리하고, 잘록병 등의 발생이 심하지만 건조에 견디는 힘은 상당히 강한 편이다.

2. 토양

(1) 배수가 잘 되는 양토가 가장 알맞지만 토양적응성도 비교적 크다.

(2) 산성토양에도 잘 견디고 염분에 대한 저항성도 큰 편이다.

4 재배 및 수확

(1) 동부는 콩보다 질소를 많이 흡수하지만, 뿌리혹박테리아의 질소고정능력은 콩에 비하여 현저히 떨어지므로 10a당 질소질비료 3~5kg을 기비로 사용하고 인산 및 칼리도 콩에 준하여 사용한다.

(2) 꼬투리가 황색 또는 갈색으로 변화되면 성숙한 것이므로 성숙하는 대로 3~4회 정도 수확한 후 뽑거나 베어 말린 다음 탈곡해야 한다.

(3) 수확이 늦어지면 병이 심하게 발생하고 종실의 품질이 급격히 떨어지므로 적기에 수확이 중요하다.

(4) 탈곡 후 종실은 충분히 건조하여야 저장 중에 발생하는 바구미의 피해를 줄일 수 있다.

Chapter 07 녹두

1 기원과 생산 및 이용

1. 기원

- 학명 : *Vigna radiata* L.
- 녹두(綠豆), green gram
- 원산지 : 인도북부와 히말라야 산맥의 저지대

2. 생산 및 경영상의 특성

(1) 녹두는 동양적인 작물로서 우리나라를 비롯하여 동양의 여러 나라에서 주로 재배한다.

(2) 조생종을 재배하면 고랭지 또는 고위도 지대까지 재배가 가능하다.

(3) 생산성이 심히 낮고 튀는 성질이 심하여 수확하는 데 많은 노력이 필요하다.

(4) 녹두는 팥보다도 수량성이 낮고 모든 두류 중에서 단위생산량이 가장 낮으며 수확에 노력을 많이 요한다.

(5) 용도면에서도 제한이 있으므로 많이 재배하지는 않지만, 팥보다 만파에 더욱 적응이 빠르다.

(6) 메마른 땅 등 척박한 토양에서도 잘 자라며 지력소모가 적으며 생육기간이 짧다.

(7) 건조에는 강하지만, 다습한 것을 싫어한다.

3. 이용

(1) 녹두의 주성분은 당질이고 그 주체는 전분이다.

(2) 단백질 함량도 많은 편으로 영양가가 높다. 조단백질은 녹두 100g당 25.59g이지만, 조지방은 0.7g으로 낮다.

(3) 녹두로 만든 식품은 혀의 감촉이 팥과 비슷하지만 향미가 높고 독특한 맛이 있어 귀한 식품으로 여겨지고 있다.

(4) 녹두는 청포, 떡고물, 녹두죽, 빈대떡 등을 만들어 즐겨 먹으며 숙주나물로도 이용한다.

(5) 공업용으로는 우수한 당면의 원료가 되는데, 값이 비싸기 때문에 감자전분과 혼용한다.

2 생리 및 생태

(1) 종자의 수명은 팥보다 현저히 길어 보통 6년 이상이나 발아력을 지니고 있어 두류 중 가장 장명종 자에 해당한다.

(2) 열대성 작물이므로 저온에서는 발아가 불량이다.

(3) 발아온도는 최저 0~2℃, 최적 36~38℃, 최고 50~52℃로서 팥에 비하여 최저온도는 약간 낮고 최고온도는 약간 높은 편으로서 발아가능온도의 범위가 넓어서 두류 중 맥류 뒷그루로 가장 적당 하다.

(4) 고온에 개화가 촉진되며, 단일에 화아분화가 촉진되고 장일에 화아분화가 지연되는데, 품종에 따라 차이가 있다.

3 재래품종의 일반적 특성

(1) 배축의 빛깔은 녹색이거나 또는 자색이다.

(2) 개화기 및 성숙기는 남부지방산이 만생인 경향이며 대체로 개화기는 8월 중·하순경이고 성숙 기는 9월 중·하순경이다.

(3) 초장은 45~75cm로서 남부지방산이 큰 경향이다.

(4) 종실중은 변이가 적고, 엽형은 특이한 것이 적다.

(5) 종피의 빛깔은 주로 녹색이지만 황색·담갈색 또는 흑갈색인 것도 있다.

(6) 종피에 광택이 있는 것이 많지만 남부지방산의 것일수록 그 비율이 낮고 종피에 피분이 있는 것이 많다.

4 환경

1. 기상

(1) 따뜻한 기후가 생육에 알맞지만 생육기간이 길지 않으므로 조생종을 선택하면 고랭지나 고위도지 방에서도 재배가 가능하다.

(2) 건조에는 상당히 강한 편이지만 다습을 꺼리며, 성숙기에 비가 심하면 썩는다.

2. 토양

배수가 잘 되는 양토나 식양토가 알맞으며 중점토에서는 생육이 불량하고 다소 가벼운 토양이 알맞다.

5 재배 및 수확

1. 작부체계

(1) 녹두는 4월 상순~7월 하순까지 파종할 수 있으므로 여름작물 중에서 가장 길다. 따라서 조파에도 잘 적응하지만 특히 밀이나 보리의 후작으로 재배하기에 알맞다.

(2) 조, 팥, 메밀과 혼작하기도 하지만 심한 그늘을 좋아하지 않기 때문에 수수 또는 옥수수와의 혼작에는 알맞지 않다.

2. 수확 및 조제

(1) 수확

① 성숙하면 튀어 탈립이 심하므로 꼬투리가 열개하여 튀기 전에 수확해야 한다.

② 한 개체 내에서도 아랫부분의 꼬투리로부터 점차 흑갈색 또는 흑색으로 변하면서 성숙해 올라가므로 적은 면적에서 재배할 경우에는 성숙한 꼬투리만을 몇 차례에 걸쳐 수확하면 소출이 많고 품질도 우수하다.

③ 아침나절에 수확하면 덜 튄다.

(2) 탈곡 및 조제

① 수확한 것은 멍석 등에 펴서 널어두면 자연히 꼬투리가 열개하여 종실이 튀어 나오는데, 꼬투리가 튀지 않은 것은 밟거나 비벼서 종실을 분리시키고 늦게 줄기째로 수확한 것은 잘 건조시킨 다음 도리깨 등으로 탈곡한다.

② 탈곡한 것은 정선하고 건조시켜 저장한다.

③ 녹두 1섬은 150kg, 1ton은 6.6섬이 나온다.

두류

핵심 기출문제

001 콩에 대한 설명으로 가장 옳은 것은?

19. 서울시 9급

① 윤작을 할 때, 콩은 전작물로 알맞다.
② 생육이 왕성하여 비료를 많이 필요로 하는 작물이다.
③ 콩은 단백질보다 지질의 함량이 높은 작물이다.
④ 원산지는 아메리카의 안데스산맥 지역이다.

002 콩 재배에서 북주기와 순지르기에 대한 설명으로 옳지 않은 것은?

17. 국가직 9급

① 북주기는 줄기가 목화되기 전에 하는 것이 효과적이며 만생종에는 북주기의 횟수를 늘리는 것이 좋다.
② 북을 주면 지온조절 및 도복방지의 효과가 있을 뿐만 아니라 새로운 부정근의 발생을 조장한다.
③ 과도생장 억제와 도복 경감을 위한 순지르기는 제5엽기 내지 제7엽기 사이에 하는 것이 효과적이다.
④ 만파한 경우나 생육이 불량할 때 순지르기를 하면 분지의 발육이 좋아져서 수량을 증진시킨다.

003 콩에 대한 설명으로 옳지 않은 것은?

19. 지방직 9급

① 강우가 많은 우리나라 기후에 적응된 작물이므로 강산성토양에서도 잘 자란다.
② 종자에는 메티오닌이나 시스틴과 같은 황을 함유한 단백질이 육류에 비해 적다.
③ 생육일수는 온도와 일장에 따라 다른데 여름콩은 생육일수가 짧고 가을콩은 길다.
④ 발아 시에 필요한 흡수량은 풍건중의 1.2배 정도이며, 최적토양수분량은 최대용수량의 70% 내외이다.

정답찾기

001 ①
② 콩은 생육이 왕성하고 비료를 많이 필요로 하지 않는다.
③ 콩은 지질보다 단백질의 함량이 높다.
④ 콩은 중국의 동북부인 만주지역을 원산지로 추정하고 있다.

002 ④ 조파할 때와 생육이 왕성할 때 도복의 방지와 증수 효과가 있다. 늦게 파종했거나 생육이 불량할 때는 수량이 떨어진다.

003 ① 콩이 생육에 알맞은 산도는 pH 6.5 내외이고, 근류균 번식에 알맞은 토양산도는 pH 6.45~7.21이다.

정답 **001** ① **002** ④ **003** ①

004 콩의 용도별 품종적 특성에 대한 설명으로 옳지 않은 것은?
16. 국가직 9급

① 장콩(두부콩)은 보통 황색 껍질을 가진 것으로 무름성이 좋고 단백질 함량이 높은 것이 좋다.
② 나물콩은 빛이 없는 조건에서 싹을 키워 콩나물로 이용하기 때문에 대립종을 주로 쓴다.
③ 기름콩은 지방 함량이 높으면서 지방산 조성이 영양학적으로도 유리한 것이 좋다.
④ 밥밑콩은 껍질이 얇고 물을 잘 흡수하여 당 함량이 높은 것이 좋다.

005 콩의 용도별 분류에 대한 설명으로 옳은 것은?
11. 국가직 9급

① 장콩 : 씨껍질은 황색 또는 녹색인 것이 좋으며, 소립으로서 백립중이 9~15g 이하인 것이 알맞다.
② 나물콩 : 소출이 많고 단백질 함량이 높아야 하며, 종실이 굵고 유색이며 광택이 있다.
③ 기름콩 : 우리나라 콩의 주체를 이루고 있으며, 황금콩, 다원콩이 대표적인 품종이다.
④ 밥밑콩 : 종실이 굵고 취반 시 잘 물러야 하고, 환원당 함량이 높아야 한다.

006 밀식적응성 콩 품종의 초형을 설명한 것으로 옳지 않은 것은?
09. 국가직 7급

① 잎이 넓고 커서 수광태세가 좋아야 한다.
② 분지수가 적고 짧아야 한다.
③ 꼬투리가 주경의 하부까지 많이 달려야 한다.
④ 줄기에 탄력성이 있어 도복에 강해야 한다.

007 콩의 생육, 개화, 결실에 미치는 온도와 일장의 영향에 대한 설명으로 옳은 것은?
20. 국가직 9급

① 추대두형은 한계일장이 길고 감광성이 낮은 품종군으로 늦게 개화하여 성숙한다.
② 자엽은 일장 변화에 거의 감응하지 않고, 초생엽과 정상복엽은 모두 감응도가 높다.
③ 어린 콩 식물에 고온 처리를 하면 고온버널리제이션에 의해 영양 생장이 길어지고 개화가 지연된다.
④ 개화기 이후 온도가 20℃ 이하로 낮아지면 폐화가 많이 생긴다.

008 콩 품종의 분류 및 특성에 대한 설명으로 옳은 것은?
10. 지방직 9급

① 생태형에 따라 무한신육형, 중간형, 유한신육형으로 구별된다.
② 밥밑콩으로 이용되는 것은 종실이 작으며 알칼리붕괴도가 낮다.
③ 콩나물용은 종실이 대체로 굵고 품질이 우수해야 한다.
④ 우리나라의 남부지역에 알맞은 품종은 감광성이 높은 가을콩이 좋다.

009 콩에 대한 설명으로 옳은 것은? 　　　　　　　　　　　　　　22. 국가직 9급

① 낙화율은 소립품종에서 높고, 늦게 개화된 꽃이 낙화하기 쉽다.

② 감온성이 낮은 추대두형은 북부지방이나 산간지역에서 주로 재배된다.

③ 밀식적응성 품종은 어느 정도 크고 주경의존도가 크다.

④ 고온에 의한 종실발달 촉진정도는 종실발달 전기의 영향이 후기의 영향보다 크다.

010 콩의 발육시기에 따른 약호 표시를 올바르게 나열한 것은? 　　　11. 국가직 9급

	자엽	제1복엽	개화시	착협시	입비대시
①	VE	V1	R2	R3	R5
②	VE	V1	R1	R4	R6
③	CV	V1	R1	R3	R5
④	CV	V2	R1	R4	R6

07

정답찾기

004 ② 햇빛과 상관없이 나물콩은 알맹이가 작을수록 원료
콩에 비해 생산되는 콩나물의 수량이 많아지기 때문에
유리하다.

005 ④ 밥밑콩으로 이용되는 것은 종실이 굵으며 알칼리붕
괴도가 높고 흡수팽창도가 크며 잘 물러야 하고 환원당
의 함량이 많으며 맛이 좋아야 한다.
①은 나물콩, ②는 장콩, ③은 장콩 설명이다.

006 ① 밀식적응성 품종은 대체로 분지수가 적고 짧으며
잎이 가늘고 작으며 두텁고 분지각도 및 엽병각도가 작
은 협초폭형의 품종이 밀식에 유리하다.

007 ④
① 추대두형은 감광성이 높고, 한계일장이 짧으며, 감
온성이 낮은 품종군으로 늦게 개화하여 성숙한다.
② 감응도는 자엽은 거의 감응하지 않고, 초생엽은 감
응도가 낮으며 정상복엽은 감응도가 높다.
③ 버널리제이션의 효과는 온도처리를 통해 화성을 유
도하고 촉진한다.

008 ④ 우리나라에서는 북부지역일수록 감온성인 하대두형
(여름콩)이, 남부지역일수록 감광성인 추대두형(가을
콩)이 알맞다.
① 생육습성에 따라 무한신육형, 유한신육형, 중간형으
로 나눈다.
② 밥밑콩은 껍질이 얇고 물을 잘 흡수하여 무름성이
좋고 당 함량이 높은 품종이 적합하다.
③ 나물콩은 종실이 작아야 한다.

009 ③
① 낙화율은 대립종에서 높다.
② 추대두형은 감광성이 높고 한계일장이 짧으며, 남
부 평야지대에서 재배한다.
④ 개화기 이후의 고온은 결실일수를 단축시키는데,
고온에 의한 종실발달 촉진정도는 종실발달 후기의 영
향이 전기의 영향보다 크다.

010 ③

011 **콩의 재배에 대한 설명으로 옳은 것은?**   19. 국가직 7급

① 결실기의 고온은 결협률을 떨어뜨리고 지유함량을 감소시킨다.
② 응달에서 생육이 약하여 혼작 및 적응성이 낮다.
③ 최적토양함수량은 최대용수량의 70~90%이다.
④ 건조 적응성이 강해 발아에 필요한 요수량이 비교적 적은 편이다.

012 **콩에서 뿌리혹박테리아의 활성에 유리하지 않은 조건은?**   11. 국가직 7급

① 온도는 25~30℃
② 토양산도는 pH 6.5~7.2
③ 질산염이 많은 토양
④ 석회, 칼리, 인산 및 부식이 풍부한 토양

013 **용도별 콩의 주요 품질특성을 설명한 것으로 옳지 않은 것은?**   15. 서울시 9급

① 두부용 콩은 대립종으로 지방 함량이 높은 것이 좋다.
② 콩나물용 콩은 소립종일수록 콩나물 수량이 많아 유리하다.
③ 기름용 콩은 지방 함량이 높고 지방산 조성이 적합해야 좋다.
④ 밥밑콩은 물을 잘 흡수하여 무름성이 좋고 당 함량이 높은 것이 좋다.

014 **콩을 논에서 재배 시 고려할 점이 아닌 것은?**   20. 국가직 9급

① 만생종 품종을 선택한다.
② 뿌리썩음병에 강한 품종을 선택한다.
③ 내습성이 강한 품종을 선택한다.
④ 내도복성이 강한 품종을 선택한다.

015 **콩의 형태·생리·생태에 대한 설명으로 옳은 것은?**   09. 지방직 9급

① 콩의 배부는 유아·배축 및 유근으로 되어 있고 배유가 잘 발달한 배유 종자이다.
② 콩은 전형적인 장일식물로서 개화·결협 및 종실의 비대가 장일조건에서 촉진된다.
③ 콩의 낙화율은 대립품종보다 소립품종에서 높다.
④ 개화기 이후의 고온은 결실일수를 단축시키고, 낙화·낙협이 증가된다.

016 콩의 근류균에 대한 설명으로 옳지 않은 것은? 09. 지방직 9급

① 근류균에 의한 질소고정은 생육초기가 개화기보다 왕성하다.
② 질소함량은 적으면서 석회, 인산, 칼리가 많은 토양조건이 활동에 유리하다.
③ 토양산도는 pH 6.4~7.2, 온도는 25~30°C 조건에서 활동이 왕성하다.
④ 근류균은 호기성 세균으로 뿌리기부에 많이 분포한다.

017 콩의 기상생태형과 재배에 대한 설명으로 옳은 것은? 10. 국가직 9급

① 생육기간 중 저온을 통과하면 개화가 빨라지는 감온성 품종이 많다.
② 고위도일수록 일장에 둔감하고 생육기간이 짧은 하대두형이 재배된다.
③ 한계일장이 짧으며 감온성이 높은 품종군은 가을콩이라고 한다.
④ 조생종이 만생종보다 만파에 있어서 개화일수의 단축률이 높다.

018 콩의 근류균에 대한 설명으로 옳지 않은 것은? 15. 국가직 9급

① 근류균은 호기성 세균으로 지표면 가까이에 많이 분포한다.
② 근류균은 최적활성은 20~25°C의 온도와 pH 5~6 범위이다.
③ 질소비료를 많이 시비하면 근류균의 활성이 떨어진다.
④ 근류균은 공중질소를 암모니아태 질소로 고정한다.

07

🌾 정답찾기

011 ③
① 결실기의 고온은 결협률을 떨어뜨리고 지유함량을 증가시킨다.
② 어느 정도의 응달에서도 잘 견디어 혼작이나 간작에 적응할 수 있다.
④ 콩은 발아에 필요한 수분요구량이 크기 때문에 토양수분이 부족하면 발아율이 크게 떨어진다.

012 ③ 뿌리혹박테리아는 토양 중에 질산염이 적은 토양에서 왕성하다.

013 ① 두부용(장콩, 일반용) 콩은 일반적으로 황색 껍질을 가졌으며 100립중이 17g 이상인 중립 내지 대립종이 많다. 두부용의 경우는 수용성 단백질 함량이 높을수록 제품 품질이 양호하다.

014 ① 숙기가 알맞은 품종, 즉 단작지대에서는 서리가 내리기 전에 성숙하고, 맥 후작지대에서는 맥류의 파종에 지장이 없이 성숙할 수 있는 생태형을 선택한다.

015 ④ 개화기 이후의 고온은 결실일수 단축시키며, 15.5~32.2°C의 온도 범위에서는 온도가 높을수록 점차 낙화, 낙협이 증가한다.

016 ① 콩의 개화기경부터는 질소고정이 왕성하게 이루어져 많은 질소성분을 식물체에 공급하고 성숙기에는 뿌리혹의 내용이 비어 기주식물인 콩으로부터 쉽게 떨어진다.

017 ② 고위도일수록 일장에 둔감하고 생육기간이 짧은 하대두형이, 저위도일수록 만생이며 감광성이 높은 품종이 재배된다.

018 ② 온도가 25~30°C, 토양산도가 pH 6.5~7.2이다.

019 콩의 재배 생리에 대한 설명으로 옳지 않은 것은? 15. 서울시 9급

① 저온일 경우 폐화수정 현상이 일어난다.
② 개화기에 건조하면 화기탈락 현상이 심해진다.
③ 성숙기 고온조건은 종자의 지방 함량을 증가시킨다.
④ 토양산도는 산성토일수록 생육이 좋아져 수확량이 늘어난다.

020 수확기에 콩을 수확하여 조사하였더니 다음과 같았다. 1헥타르(ha)당 수량은? 11. 국가직 7급

• 1m² 당 개체수: 30개	• 개체당 꼬투리수: 50개
• 꼬투리당 평균입수: 2개	• 100립중: 12g

① 1.8톤   ② 3.6톤
③ 18톤   ④ 36톤

021 콩 뿌리혹박테리아(근류균)에 대한 설명 중 옳지 않은 것은? 09. 국가직 9급

① 호기성으로 인공접종이 불가능하다.
② 토양산도 pH 6.45~7.21 범위에서 질소고정이 왕성하다.
③ 토양온도는 25~30℃의 범위에서 번식과 활동이 왕성하다.
④ 부식이 많은 토양조건에서 질소고정이 왕성하다.

022 콩의 개화에 대한 설명으로 옳은 것은? 21. 지방직 9급

① 만생종은 상대적으로 감온성이 크다.
② 콩의 한계일장은 12시간이다.
③ 한계일장이 초과되면 개화가 촉진된다.
④ 한계일장 이하에서 개화가 촉진된다.

023 콩을 분류할 때 백목, 적목, 흑목으로 분류하는 기준에 해당하는 것은? 16. 지방직 9급

① 종실 배꼽을 빛깔   ② 종실의 크기
③ 종피의 빛깔   ④ 콩의 생태형

024 콩 품종의 기상생태형에 대한 설명으로 옳지 않은 것은? 12. 국가직 9급

① 남부의 평야지대에서 맥후작의 형식으로 재배하기에는 추대두형이 적합하다.
② 추대두형은 하대두형에 비해 개화시기가 온도보다 일장에 민감하게 반응한다.
③ 우리나라는 추대두형에 비하여 하대두형의 콩이 많이 재배된다.
④ 콩에서 성숙군은 출아일부터 성숙기까지의 생육일수를 토대로 분류한다.

025 콩의 특성에 대한 설명으로 옳지 않은 것은? 16. 지방직 9급

① 콩은 고온에 의하여 개화일수가 단축되는 조건에서는 개화기간도 단축되고 개화수도 감소되는 것이 일반적이다.
② 자연포장에서 한계일장이 짧은 품종일수록 개화가 빨라지고 한계일장이 긴 품종일수록 개화가 늦어진다.
③ 가을콩은 생육초기의 생육적온이 높고 토양의 산성 및 알칼리성 또는 건조 등에 대한 저항성이 큰 경향이 있다.
④ 먼저 개화한 것의 꼬투리가 비대하는 시기에 개화하게 되는 후기개화의 것이 낙화하기 쉽다.

07

정답찾기

019 ④ 콩의 생육에 알맞은 토양산도는 pH 6.5 내외이고, 근류균의 번식과 활동에 알맞은 토양산도는 pH 6.45~7.21이다.

020 ② 콩 1m²당 수량 = 30 × 50 × 2 × 0.12 = 360g 즉, 0.36kg이다.
[1ha=100a, 1a=100m², 1ha=10,000m², 1톤=1,000kg 1헥타르(ha)당 수량=0.36×10,000=3,600m²=3.6톤]

021 ① 콩 뿌리혹박테리아는 호기성으로 인공접종이 가능하다.

022 ④ 콩은 단일식물에 속하며, 한계일장은 품종에 따라 다른데, 조생종은 보통 매일 11~13시간, 중생종은 10~12시간, 만생종은 8~10시간 이하로 햇빛을 주면 꽃이 빨리 핀다.
① 만생종은 감온성이 작다.
② 콩이 한계일장은 조생종은 11~13시간, 중생종은 10~12시간, 만생종은 8~10시간 이하이다.
③ 한계일장이 초과하면 개화는 억제된다.

023 ① 콩의 배꼽의 빛깔에 따라 백목, 적목 또는 다목, 흑목 등으로 구별하기도 하는데, 보통은 배꼽의 빛깔이 엷은 것이 품질이 우수한 경향이 있다.

024 ③ 우리나라에서는 중간형 내지 가을콩(추대두형)이 주체를 이루고 있다.

025 ② 자연포장에서 화성 및 개화가 유도·촉진되는 한계일장이 긴 품종일수록 일찍 일장반응이 일어나 개화가 빨라지고, 한계일장이 짧은 품종일수록 늦게 일장반응이 일어나 개화가 늦어진다.

026 콩의 재배 기후조건과 토양조건에 대한 설명으로 옳지 않은 것은? 18. 국가직 9급

① 성숙기에 고온 상태에 놓이면 종자의 지방함량은 증가하나 단백질 함량은 감소한다.
② 중성 또는 산성토양일수록 생육이 좋고 뿌리혹박테리아의 활력이 높아져 수확량이 증가한다.
③ 발아에 필요한 수분요구량이 크기 때문에 토양수분이 부족하면 발아율이 크게 떨어진다.
④ 토양 염분농도가 0.03% 이상이면 생육이 크게 위축된다.

027 우리나라에서 두류 중 콩을 많이 재배하는 이유로 적합하지 않은 것은? 07. 국가직 9급

① 이용면에서 볼 때 콩은 단백질이 풍부하고 그 질이 우수하여 곡류를 주식으로 하는 우리나라에서 영양상 중요하다.
② 재배면에서 볼 때 콩은 생육이 왕성하며 토양적응성도 강한 편이다.
③ 작부체계면에서 볼 때 콩은 윤작의 전작물로 알맞고 맥류와 1년2작 체계가 가능하다.
④ 콩을 재배하면 토양의 pH가 낮아지므로 토양반응을 좋게 한다.

028 콩에서 화기탈락의 주요 원인은? 09. 지방직 9급

① 배의 발육정지
② 수정장애
③ 이형예 불화합성
④ 화분의 발달 저해

029 콩의 수량구성요소와 증수재배기술에 대한 설명으로 옳지 않은 것은? 11. 지방직 9급

① 콩의 수량구성요소는 1m²당 개체수, 개체당 꼬투리수, 꼬투리당 평균입수, 100립중으로 이루어진다.
② 파종 시 토양수분 함량이나 복토의 정도는 적정재식밀도의 확보에 제한요인이 될 수 있다.
③ 콩은 추비위주의 시비를 하며, 개화기 전후에 질소비료를 엽면시비하면 결협률을 높일 수 있다.
④ 입중의 증대를 위해서는 적정재식밀도로 개체의 생육량을 증대시키고, 결실 중·후기에 양분과 수분이 충분히 공급되어야 한다.

030 콩 품종의 용도에 대한 설명으로 옳은 것은? 20. 지방직 9급

① 나물콩 – 대표품종으로 은하콩이 있고, 종실이 커야 콩나물 수량이 많아진다.

② 장콩 – 대표품종으로 대원콩이 있고, 두부용은 수용성 단백질이 높을수록 품질이 좋아진다.

③ 기름콩 – 대표품종으로 황금콩이 있고, 우리나라에서는 지방 함량이 높은 품종을 많이 개발하여 재배되고 있다.

④ 밥밑콩 – 대표품종으로 검정콩이 있고, 껍질이 두꺼워 무르지 않고 당 함량이 높아야 한다.

031 콩의 발육시기에 대한 설명으로 옳지 않은 것은? 11. 국가직 7급

① 제1복엽기(V2) : 제1복엽기까지 완전히 전개된 때

② 개화시(R1) : 원줄기 상에 첫 꽃이 피었을 때

③ 착협성기(R4) : 완전전개엽을 착생한 최상위 4마디 중 1마디에서 3mm에 달한 꼬투리를 볼 수 있을 때

④ 자엽기(CV) : 초생엽이 전개 중인 때

07

032 콩의 발육시기 표시방법 중 발육시기와 약호의 연결이 옳지 않은 것은? 08. 국가직 9급

① 발아 – VE   ② 자엽 – CV

③ 착협시 – R3   ④ 입비대시 – R7

정답찾기

026 ② 토양의 산도는 중성이 가장 좋은데 산성토일수록 생육이 떨어진다.

027 ④ 콩을 재배하면 토양의 pH가 높아지므로 토양반응을 좋게 한다.

028 ① 화기탈락의 70% 이상은 배의 발육정지가 그 원인이 되어 꼬투리와 종실의 발육을 정지시키기 때문에 발생한다.

029 ③ 콩의 수량은 일반적으로 시비보다 지력의 영향을 더욱 받으며, 다른 작물에 비하여 비료효과가 낮은 것이 보통이며, 개화기를 전후하여 요소용액을 엽면시비하면 종실수량이 증가되고 단백질 함량도 높아진다.

030 ②
① 나물콩은 알맹이가 작을수록 좋다.
③ 기름용으로는 전량수입하므로 기름용 품종개발에 별다른 관심을 두지 않는다.
④ 밥밑콩은 껍질이 얇고 무름성이 좋다.

031 ③ 착협성기(R4) : 완전 전개엽을 착생한 최상위 4마디 중 1마디에서 2cm에 달한 꼬투리를 볼 수 있을 때이다.

032 ④ R7은 성숙시를 의미하고, 입비대시는 R5로 표시한다.

정답 026 ② 027 ④ 028 ① 029 ③ 030 ② 031 ③ 032 ④

033 콩의 온도와 일장에 대한 설명으로 옳은 것은? 21. 국가직 7급

① 원줄기 길이는 고온일수록 길어지며 25℃ 전후에서 최고에 달한다.
② 올콩은 한계일장이 짧고 감온성이 낮은 품종으로 감광성이 높다.
③ 결협률은 야간온도가 30℃ 이상일 때 높다.
④ 고온에 의한 종실 발달 촉진 정도는 종실 발달 후기보다 전기가 크다.

034 콩의 재배에서 근류균(뿌리혹박테리아)에 대한 설명으로 옳은 것은? 08. 국가직 9급

① 콩의 생육기 중 개화기가 초기 어릴 때보다 생육에 효과가 크다.
② 토양 중 질산염이 풍부한 곳에서 생육이 왕성하다.
③ 혐기성이다.
④ 번식과 활동이 가장 알맞은 토양산도는 pH 5~6이다.

035 알란토인(allantoin)질소에 대한 설명으로 옳지 않은 것은? 11. 지방직 9급

① 콩 저장단백의 구성물질에 이용된다.
② 콩은 V2 시기에는 질소질 비료보다 알란토인 질소에 의존한다.
③ 콩은 알란토인 질소의 농도가 높으면 결협과 결실이 조장된다.
④ 콩의 알란토인 질소 형성은 뿌리혹박테리아가 관여한다.

036 콩에서 결협률을 증대시키기 위한 방법이 아닌 것은? 08. 국가직 7급

① 노린재류 등 해충방제를 철저히 한다.
② 개화기에 요소를 엽면시비한다.
③ 성숙시(R7)에 오옥신을 처리한다.
④ 질소비료를 알맞게 시용하여 과도한 영양생장을 억제시켜준다.

037 콩의 개화에 관한 설명으로 옳은 것은? 10. 국가직 7급

① 화성에 대한 최장일장은 조생종보다 중만생종이 더 길다.
② 한계일장이 긴 품종일수록 일장반응이 늦어 개화가 늦다.
③ 고온에 의하여 개화일수가 단축되는 조건에서는 개화기간도 단축되고 개화수도 감소한다.
④ 개화에서 한계일장은 추대두형이 하대두형보다 길다.

038 콩의 질소고정에 대한 설명으로 옳지 않은 것은? 20. 지방직 9급

① 콩의 뿌리는 플라보노이드를 분비하고, 이에 반응하여 뿌리혹 세균의 nod 유전자가 발현된다.
② 뿌리혹의 중심부에는 여러 개의 박테로이드를 포함하고 있으며, 그 안에서 질소를 고정한다.
③ 뿌리혹박테리아는 호기성이고 식물체 내의 당분을 섭취하며 생장한다.
④ 콩은 어릴 때 질소고정량이 많으며, 개화기경부터는 질소고정량이 적어진다.

039 공중질소를 고정하는 능력이 있는 작물로 옳은 것은? 09. 국가직 9급

① 땅콩, 팥, 동부
② 벼, 보리, 밀
③ 옥수수, 기장, 메밀
④ 고구마, 감자, 토란

040 콩의 입중에 대한 설명으로 옳지 않은 것은? 15. 국가직 7급

① 입중의 차이는 경장, 분지수, 협수 등에 비해 환경변이가 큰 편이다.
② 재식밀도 증대에 따른 개체의 생육량 저하는 입중을 떨어뜨린다.
③ 생육후기의 양분공급량 증가는 종실의 비대를 촉진한다.
④ 입중의 증대를 위해서는 적정재식밀도로 개체의 생육량 증대가 필요하다.

정답 찾기

033 ① 올콩은 봄에 단작형식으로 파종하여 늦여름이나 초가을에 수확하는 품종이다.
결실기의 고온은 결협률을 떨어뜨린다. 개화기 이후의 고온은 결실일수를 단축시키는데, 고온의 종실발달의 촉진정도는 종실발달 후기의 영향이 전기의 영향보다 크다.

034 ① 콩의 개화기경부터는 질소고정이 왕성하게 이루어져 많은 질소성분을 식물체에 공급하고 성숙기에는 뿌리혹의 내용이 비어 기주식물인 콩으로부터 쉽게 떨어진다.

035 ② V2 시기(제1복엽기)는 영양생장기에 해당하므로 질소질비료에 의존한다.

036 ③ 질소 균형시비로 영양생장을 억제하고, 뿌리혹의 착생을 좋게 하여 알란토질소의 농도를 높여서 생식생장을 조장한다.

037 ③ 꽃눈의 발육 내지 개화에는 화아분화에 필요한 온도보다 약간 높은 온도를 요하며, 고온에 의하여 개화일수가 단축되는 조건에서는 개화기간도 단축되고 개화수도 감소한다.

038 ④ 콩은 어릴 때에는 뿌리혹이 작고 수효도 적어 질소고정량도 적으며, 개화기경부터는 질소고정이 왕성하게 이루어진다.

039 ① 콩과작물의 경우 뿌리혹이 발생하여 뿌리혹박테리아에 의해 공중질소를 고정한다.

040 ① 입중의 차이는 경장, 분지수, 협수 등에 비해 환경변이가 적은 편이다.

041 콩의 특수재배에 대한 설명으로 옳지 않은 것은?

① 이식재배용 품종으로는 생육기간이 길고 분지수가 많으며 생육이 왕성한 가을콩이 알맞다.
② 맥후작의 경우 충분한 분지수를 확보해야만 수량을 늘릴 수 있으므로 밀식재배가 불리하다.
③ 기계화재배를 하는 품종은 탈립이 잘 되지 않으며 밀식적응성이 크고 도복하지 않는 것이 알맞다.
④ 풋콩 조기재배는 중부지방에서도 답전작이 가능하다.

042 콩의 수량구성요소에 포함되지 않는 것은?

① 1m²당 개체수
② 개체당 유효경수
③ 개체당 꼬투리수
④ 100립중

043 콩의 생리생태에 대한 설명으로 옳지 않은 것은?

① 종자의 발육과정에서 배유부분이 퇴화되고 배가 대부분을 차지하기 때문에 무배유종자라고 한다.
② 품종에 따라 꼬투리 당 평균종자수의 차이가 나는 것은 수정된 배주의 수가 다르기 때문이다.
③ 성숙기에 고온에 처할 경우 종자의 지방 함량은 감소하나 단백질 함량은 증가한다.
④ 종자크기가 최대에 도달한 시기를 생리적 성숙기라고 하는데, 이 시기를 R6로 표기한다.

044 콩과 작물에 대한 설명 중 옳은 것은?

① 팥은 종자의 수분흡수가 매우 빠르다.
② 녹두는 저온에서 발아가 우수하다.
③ 완두는 산성토양과 과습한 토양에 약하다.
④ 강낭콩은 다른 콩과 작물에 비해 생육기간이 길다.

045 땅콩에 대한 설명으로 옳은 것은?

① 버지니아형이 스패니시형보다 적산온도와 평균기온이 높은 곳에서 재배하기에 알맞다.
② 수정과 동시에 자방병이 급속히 신장하여 씨방이 땅속으로 들어간다.
③ 땅콩은 개화기간이 짧아 유효개화한계기 이전에 수확해야 한다.
④ 햇빛은 결실과 자방병의 신장을 촉진하고, 습한 토양에서 빈 꼬투리가 많이 생성된다.

046 땅콩의 종자 발아에 대한 설명으로 옳은 것은?   11. 지방직 9급

① 휴면기간은 대체로 대립종이 소립종보다 더 길다.

② 발아적온은 대립종이 소립종보다 낮다.

③ 장명종자로서 수명이 4~5년이다.

④ 꼬투리째 파종하는 것이 종실만 파종한 것보다 발아소요일수가 짧다.

047 두류에 대한 설명 중 옳은 것은?   09. 국가직 7급

① 팥은 출아할 때 자엽이 지상으로 나타난다.

② 완두는 연작하면 기지현상이 심하며 산성토양에서 더욱 심해진다.

③ 한 꼬투리에 들어 있는 종실수는 강낭콩이 동부보다 많다.

④ 땅콩은 총 꽃수의 90% 정도가 완전한 결실을 한다.

07

정답찾기

041 ② 맥후작의 경우에는 생육기간이 충분하지 못하므로 개체의 생육량을 증대시키는 것보다는 일정면적당 생장량을 증대시키는 밀식재배가 유리하다.

042 ② 대두의 수량구성요소: 1m²당 개체수, 개체당 꼬투리 수, 꼬투리당 평균입수, 100립중

043 ③ 결실기의 고온은 결협률을 떨어뜨리고 지유 함량을 증가한다.

044 ③
① 팥은 종자의 수분흡수 속도가 매우 느리므로 발아에 소요되는 기간도 길어진다.
② 녹두는 열대성 작물이므로 저온에서는 발아가 불량해진다.
④ 강낭콩은 다른 콩 종류에 비해 생육 기간이 40~50일 정도로 짧고 종류도 많아 재배법도 다양하다.

045 ①
② 땅콩은 수정 후 5일이 지나면 씨방 기부에 있는 자방병이 급속히 땅을 향하여 신장한다.
③ 땅콩은 개화기간은 상당히 길어 7월 초부터 가을까지 피지만 수확 전 약 60일 전인 8월 중순까지 개화한 것이어야 성숙할 수 있으므로 이 시기를 유효개화한계기라고 한다.
④ 협실비대의 기본조건은 암흑과 수분이며, 빛은 짧은 시간이라도 결실개시 및 자방병의 신장을 저해하고, 토양이 건조하면 빈 꼬투리 발생이 많아진다.

046 ① 땅콩의 휴면기간은 소립종보다 대립종이 더 길다.

047 ② 완두는 연작하면 기지현상이 심하여 생육상태가 불량해지며 심하면 식물체가 왜화되어 수량이 심히 감소한다.

정답   **041** ②   **042** ②   **043** ③   **044** ③   **045** ①   **046** ①   **047** ②

048 콩과 팥에 대한 비교 설명으로 옳은 것은? 12. 국가직 7급

① 콩은 팥보다 종자의 발아력이 짧게 유지된다.
② 콩은 팥보다 감광성과 감온성이 둔하다.
③ 콩은 팥보다 고랭지나 고위도 지대에서 재배상의 안전성이 적다.
④ 콩은 팥보다 토양수분이 적어도 발아할 수 있다.

049 땅콩의 줄기에 대한 설명으로 옳지 않은 것은? 12. 국가직 7급

① 첫째 마디의 분지는 호생하며, 그 이상의 마디는 대생한다.
② 생식지는 짧으며 생육이 빈약하고 가지가 없다.
③ 영양지는 생육이 왕성하고 잎과 가지를 발생하는 보통가지이다.
④ 영양지는 보통 저차 및 저위절일수록 생육이 왕성하다.

050 무한신육형 콩과 비교한 유한신육형 콩의 특성으로 옳지 않은 것은? 14. 국가직 9급

① 영양생장기간과 생식생장기간의 중복이 짧다.
② 꽃이 핀 후에는 줄기의 신장과 잎의 전개가 거의 중지된다.
③ 개화기간이 짧고 개화가 고르다.
④ 가지가 길고 꼬투리가 드문드문 달린다.

051 땅콩의 결협과 결실에 대한 설명으로 옳지 않은 것은? 10. 국가직 9급

① 땅콩은 연작할수록 결협과 결실이 좋아진다.
② 꼬투리의 지중착생위치는 보통 3~5cm 부위가 된다.
③ 꼬투리의 생체중은 자방병이 땅속에 들어간 후 3주일 경에 최대가 된다.
④ 소립종의 등숙일수는 70~80일이고 대립종은 100일 정도이다.

052 콩과 팥에 대한 설명으로 옳지 않은 것은? 16. 국가직 9급

① 콩과 팥의 꽃에는 암술은 1개, 수술은 10개가 있다.
② 팥은 콩보다 고온다습한 기후에 잘 적응하는 반면에 저온에 약하다.
③ 콩은 발아할 때 떡잎이 지상부로 올라오고, 팥은 떡잎이 땅속에 남아있다.
④ 팥 종실 내의 성분은 콩에 비해 지방 함량이 높고 탄수화물 함량은 낮다.

053 두류의 생리생태와 생육환경에 대한 설명으로 옳지 않은 것은?

① 강낭콩은 질소고정능력이 약하며, 산성토양에도 약하다.

② 콩은 착화수가 매우 많지만 결협률이 20~45%에 불과하다.

③ 녹두는 음지에서도 생육이 좋아 수수 또는 옥수수와의 혼작에 알맞다.

④ 땅콩의 소립종은 대립종에 비하여 발아 및 생육적온이 다소 낮고 생육기간도 짧아 적산온 도가 낮다.

054 두류에 대한 설명으로 옳지 않은 것은?

① 강낭콩은 콩에 비해 질소고정능력이 낮으며 종실내 당질 함량이 높다.

② 팥은 포장 발아 시 자엽이 땅위로 올라오지 않고 초생엽이 바로 출현한다.

③ 팥은 콩보다 당질 함량이 낮고 근류 착생이 적어 습해에 강하다.

④ 완두는 팥보다 서늘한 기후에서 생육이 좋으며 춘파 시 파종기가 빠르다.

055 땅콩의 생리 및 생태에 대한 설명으로 옳은 것은?

① 보통 오전 10시에 가장 많이 개화한다.

② 협실 비대의 기본적인 조건은 암흑과 토양수분이다.

③ 완전히 결실하는 것은 총 꽃 수의 30% 내외에 불과하다.

④ 결협과 결실은 붕소의 효과가 크다.

정답찾기

048 ①
② 팥은 콩보다 감광성과 감온성이 둔하다.
③ 팥은 콩보다 고랭지나 고위도 지대에서 재배상의 안전성이 적다.
④ 팥은 콩보다 토양수분이 적어도 발아할 수 있다.

049 ① 첫째 마디의 분지는 대생하고 둘째 마디의 분지는 그와 90°의 각도로 대생하며 그 이상은 호생한다.

050 ④ 유한신육형은 개화가 고르고 가지가 짧으며 꼬투리가 조밀하게 붙는다.

051 ① 땅콩은 연작하면 기지현상이 나타난다.

052 ④ 팥은 주성분인 당질과 단백질이, 당질 중에서는 특히 전분이 34%로서 많이 함유되어 있는 편이다. 단백질 함량은 20% 내외로서 높은 편이지만 영양가는 콩에 비해 떨어진다. 지질은 0.7% 정도로 다른 두류 중 가장 낮다.

053 ③ 녹두는 조, 팥, 메밀 등과 혼작하기도 하지만 심한 그늘을 좋아하지 않기 때문에 수수 또는 옥수수와의 혼작에는 알맞지 않다.

054 ③ 팥은 콩과 달리 지방 함량이 낮고 대신 탄수화물 즉, 당질 함량이 높다.

055 ②
① 개화는 보통 오전 4시경부터 오전 5~6시에 일제히 개화하였다가 정오에 오므라든다.
③ 완전히 결실하는 것은 총 꽃 수의 10% 내외에 불과하다.
④ 결협과 결실은 석회의 효과가 크게 인정된다.

---

056 땅콩에 대한 설명으로 옳은 것은? 16. 국가직 9급

① 내건성이 강한 편으로 모래땅에도 잘 적응하는 장점이 있다.
② 식용 두류 중에서 종실 내 단백질 함량이 가장 높다.
③ 꼬투리는 지상에서 비대가 완료된 후에 자방병이 신장되어 지중으로 들어간다.
④ 타식률이 4~5%로 다른 두류에 비해 높은 편이다.

057 땅콩의 종합적 분류에 있어서 초형, 종실의 크기, 지유함량에 대한 설명으로 옳지 않은 것은?
16. 지방직 9급

① 발렌시아형의 초형은 입성이고, 종실의 크기는 작으며, 지유 함량은 많다.
② 버지니아형의 초형은 입성·포복형이고, 종실의 크기는 크며, 지유 함량은 적다
③ 사우스이스트러너형의 초형은 포복성이고, 종실의 크기는 작으며, 지유 함량은 많다.
④ 스페니쉬형의 초형은 입성이고, 종실의 크기는 크며, 지유 함량은 적다.

058 동부에 대한 설명으로 옳지 않은 것은? 17. 국가직 9급

① 콩에 비하여 고온발아율이 높은 편이다.
② 단일식물이며 대체로 자가수정을 하지만 자연교잡률도 비교적 높은 편이다.
③ 개화일수에 비하여 결실일수가 상대적으로 매우 긴 편이며 한 꼬투리의 결실기간은 40~
60일이다.
④ 재배 시 배수가 잘되는 양토가 알맞고 산성토양에도 잘 견디며 염분에 대한 저항성도 큰
편이다.

059 콩과 비교할 때 팥의 특성에 대한 설명으로 옳지 않은 것은? 17. 지방직 9급

① 종자수명이 3~4년으로 상대적으로 길다.
② 고온다습한 기후에 잘 적응한다.
③ 발아 시 떡잎은 지상자엽형이다.
④ 탄수화물 함량이 더 높다.

060 다음 중 종실 내 단백질 함량이 가장 낮은 작물종은? 12. 국가직 9급

① *Vigna unguiculata* (L.) WALP.
② *Arachis hypogaea* L.
③ *Phaseolus vulgaris* L.
④ *Setaria italica* BEAUVOIS

061 자엽이 지상으로 출현하지 않는 두과작물로만 짝지은 것은? 18. 지방직 9급

① 콩 – 녹두
② 콩 – 동부
③ 팥 – 완두
④ 강낭콩 – 동부

062 땅콩 재배에서 기지현상에 대한 설명으로 옳지 않은 것은? 18. 국가직 7급

① 대체로 연작 2년째에는 첫해의 수량보다 20~50% 정도 감수된다.
② 검은무늬병 및 갈색무늬병 등의 발생이 조장된다.
③ 뿌리혹선충의 피해가 증가한다.
④ 토양 중에 석회가 증가한다.

063 녹두에 대한 설명으로 옳지 않은 것은? 18. 서울시 9급

① 종자의 수명은 땅콩과 비슷하다.
② 생산성이 낮고 튀는 성질이 심하여 수확에 많은 노력이 필요하다.
③ 우리나라에서는 4월 상순경부터 7월 하순까지 파종할 수 있다.
④ 토양 습해에 약하므로 물빠짐이 좋도록 관리해야 한다.

07

정답찾기

056 ① 땅콩은 두류 중에서 단위생산량이 많고 내건성이 강한 편이며 모래땅에서도 잘 적응한다.
② 땅콩의 주성분은 지질이다.
③ 꼬투리는 자방병이 신장되어 지중으로 들어가서 비대가 완료된다.
④ 땅콩은 자가수정을 원칙으로 한다
057 ④ 스페니쉬형 초형은 직립이고 종실의 크기는 작으며, 지유 함량은 많다.
058 ③ 개화일수에 비하여 결실일수가 매우 짧은 편인데, 파종 후 40~60일이면 개화가 시작되고, 한 꼬투리의 결실기간은 15~30일이다.
059 ③ 팥은 발아할 때 떡잎(자엽)이 땅속에 남아 있으며 첫잎(초생엽)이 바로 출현한다.

060 단백질 함량 (100g 중)
④ 조 : 9.6~10.5g
① 동부 : 23.4g
② 땅콩 : 27.5g
③ 강낭콩 : 21.0g
061 ③ 종자의 떡잎이 땅위로 올라와 배축 부분도 지상부에 있게 되는 것 (에피길 – 콩, 녹두, 강낭콩, 동부 등) / 떡잎과 배축 부분이 땅속에 있는 것 (하이포길 – 팥, 완두)
062 ④ 석회가 감소한다.
063 ① 녹두의 종자 수명은 팥보다 현저히 길어 보통 6년 이상이나 발아력을 지니고 있어 두류 중 가장 장명종자에 해당한다.

정답 **056** ① **057** ④ **058** ③ **059** ③ **060** ④ **061** ③ **062** ④ **063** ①

064 팥의 재배환경에 대한 설명으로 옳지 않은 것은? 19. 국가직 9급

① 콩보다 토양수분이 적어도 발아할 수 있지만 과습과 염분에 대한 저항성은 콩보다 약하다.

② 생육기간 중에 건조할 경우에는 초장이 길어지며 임실이 불량해지고 잘록병이 발생하기 쉽다.

③ 생육기간 중에는 고온, 적습조건이 필요하며 결실기에는 약간 서늘하고 일조가 좋아야 한다.

④ 토양은 배수가 잘되고 보수력이 좋으며 부식과 석회 등이 풍부한 식토 내지 양토가 알맞다.

065 우리나라에서 두류의 재배와 생육특성에 대한 설명으로 옳지 않은 것은? 19. 지방직 9급

① 녹두는 조생종을 선택하면 고랭지나 고위도 지방에서도 재배할 수 있다.

② 강낭콩은 다른 두류에 비해 질소고정능력이 낮아 질소시용의 효과가 크다.

③ 팥은 단명종자이고 발아할 때 자엽이 지상에 나타나는 지상자엽형에 속한다.

④ 땅콩은 연작하면 기지현상이 심하기 때문에 1~2년 정도 윤작을 해야 한다.

066 팥에 대한 설명으로 가장 옳은 것은? 19. 서울시 9급

① 단명종자로 일반저장에서 발아력은 2년 이하이다.

② 개화를 위한 온도는 20~23℃가 좋다.

③ 결실일수는 100일 정도 소요된다.

④ 팥은 콩과 비교하여 감온성이 둔하다.

067 땅콩의 생육특성에 대한 설명으로 옳지 않은 것은? 19. 국가직 7급

① 종실은 대체로 대립종에 비해 소립종의 휴면기간이 길다.

② 꼬투리는 수정 후에 자방병이 급속히 신장하여 땅속 3~5cm로 뻗어 들어간다.

③ 결실부위에 석회가 부족하면 빈 꼬투리가 많이 생긴다.

④ 토양수분은 최대용수량의 50~70%가 알맞다.

068 콩과작물의 수확적기에 대한 설명으로 옳지 않은 것은? 20. 국가직 9급

① 콩은 잎이 황변, 탈락하고 꼬투리와 종실이 단단해진 시기에 수확하는 것이 좋다.

② 팥은 잎이 황변하여 탈락하지 않더라도 꼬투리가 황백색 또는 갈색으로 변하고 건조하면 수확하는 것이 좋다.

③ 녹두는 상위 꼬투리로부터 흑갈색으로 변하면서 성숙해 내려가므로 몇 차례에 걸쳐 수확하면 소출이 많다.

④ 강낭콩은 꼬투리의 70~80%가 황변하고 마르기 시작할 때 수확하는 것이 좋다.

069 팥에 대한 설명으로 옳지 않은 것은?

① 장명종자로 구분된다.

② 종실이 균일하게 성숙하지 않는 특성이 있다.

③ 토양산도는 pH 6.0~6.5가 알맞지만, 강산성 토양에도 잘 적응한다.

④ 종자 속에는 전분이 34~35% 정도, 단백질도 20% 정도 들어있다.

070 다음 작물의 종실에 함유된 주성분을 바르게 나열한 것은?

	팥	녹두	완두	동부	강낭콩
①	당질	당질	당질	당질	당질
②	단백질	지질	단백질	단백질	단백질
③	당질	단백질	단백질	단백질	단백질
④	당질	지질	단백질	단백질	단백질

07

정답 찾기

064 ② 팥은 생육기간 중에 건조할 경우에는 초장이 작아지며 임실이 불량해지고 진딧물과 오갈병이 발생하기 쉬우며, 수량과 품질이 떨어지고 반대로 과습할 경우에는 생육이 불량해지며 잘록병 등이 발생하기 쉽다

065 ③ 팥은 장명종자이며, 자엽이 지상으로 나타나지 않고 땅속에 남아있다.

066 ④
① 팥은 장명종자이며 일반저장의 경우 3~4년의 발아력이 유지된다.
② 개화온도는 26°C 이상이어야 좋다.
③ 결실일수는 31~79일이지만 보통 50~59일이다.

067 ① 휴면기간은 대체로 소립종(스페니쉬형, 발렌시아형)은 9~50일이고, 대립종(버지니아형)은 이보다 더 길어 110~210일에 달하는 것도 있는데, 이는 품종의 유전적 특성이다.

068 ③ 녹두는 아랫부분의 꼬투리로부터 점차 흑갈색 또는 흑색으로 변하면서 성숙해 올라간다.

069 ③ 강산성 토양은 알맞지 않다.

070 ① 두류 중 콩과 땅콩을 제외한 팥, 녹두, 완두, 동부, 강낭콩의 종실 주성분은 당질이며, 콩의 주성분은 단백질, 땅콩은 지질이다.

정답 **064** ② **065** ③ **066** ④ **067** ① **068** ③ **069** ③ **070** ①

071 두류 작물의 생리 및 생태적 특성에 대한 설명으로 옳지 않은 것은? 20. 국가직 7급

① 팥은 일반저장의 경우에도 3~4년간 발아력이 유지되는 장명종자이다.

② 일반적으로 녹두는 고온에 의하여 개화가 촉진되나, 단일에 의하여 화아분화는 지연된다.

③ 강낭콩의 경우 왜성종은 동일 개체 내에서 거의 동시에 개화하지만, 만성종자는 6~7마디에서 먼저 개화하고 점차 윗마디로 개화해 올라간다.

④ 땅콩의 등숙일수는 대체로 소립종이 대립종보다 더 짧다.

072 다음 개화 특성을 갖는 작물은? 21. 국가직 7급

> • 일반적인 환경에서 개화 성기가 오후 3시까지 이어진다.
> • 대체로 줄기나 꽃송이의 아랫부분부터 개화하고, 개화기간은 14~16일 정도이다.

① 콩   ② 팥
③ 완두   ④ 땅콩

073 두류의 토양 적응 특성으로 옳지 않은 것은? 22. 국가직 9급

① 완두는 건조와 척박한 토양에 대한 적응성이 낮고 강산성 토양에 대한 적응성이 높다.

② 강낭콩은 알맞은 토양산도가 pH 6.2~6.3이고, 염분에 대한 저항성은 약하다.

③ 동부는 산성토양에도 잘 견디고 염분에 대한 저항성도 큰 편이다.

④ 팥은 토양수분이 적어도 콩보다 잘 발아할 수 있지만 과습에 대한 저항성은 콩보다 약하다.

074 콩과작물 중 다른 속에 속하는 작물은? 22. 지방직 9급

① 팥   ② 녹두
③ 동부   ④ 강낭콩

075 다음 설명과 모두 일치하는 두과작물은?

12. 국가직 7급

- 두류 중에서 발아최저온도가 낮은 편이다.
- 서늘한 기후를 좋아하고 추위에도 비교적 강하다.
- 연작하면 기지현상이 매우 심하게 나타난다.
- 남부지방에서 답리작으로 추파가 가능하다.

① 강낭콩   ② 동부
③ 완두   ④ 녹두

정답찾기

071 ② 일반적으로 녹두는 고온에 의해 개화가 촉진되며,
단일에 의해 화아분화가 촉진되고 장일에 의해 화아분
화가 지연되는데, 품종에 따라 차이가 있다.

072 ③

073 ① 완두는 서늘한 기후(7~24℃)에서 잘 자라며 산성 토
양, 과습한 토양에 약하다. 알맞은 토양산도는 pH 6.5~
8.0이며, 건조와 척박한 토양에 대한 적응성은 낮다.

074 ④ 강낭콩: Phaseolus vulgaris
① 팥: *Vigna angularis*
② 녹두: *Vigna radiata*
④ 동부: *Vigna unguiculata*

075 ③

정답 071 ②   072 ③   073 ①   074 ④   075 ③

합격까지 함께
농업직 만점 기본서 ✦

박진호 식용작물학

합격까지 **박문각**

서류

Chapter 01 감자

1 기원과 생산 및 이용

1. 기원

- 학명 : *Solanum tuberosum* L.
- 가지목 가지과
- 야생종은 2배체에서 6배체, 재배종은 2배체부터 5배체까지 다양하게 존재하는데, **재배종 감자는 4배체인** *S.tuberosum*을 **의미하며 동질배수체(2n = 4X = 48)이다.**

2. 분포 및 생산과 경영상 특징

(1) 지리적 기원

남아메리카의 칠레나 안데스산맥의 중부 고지대에 분포되어 있었다.

(2) 감자는 세계의 냉량지대에서 다른 식용작물에 비하여 유리하기 때문에 널리 재배되어 주재배지대를 이루고 있다.

(3) 저온작물이므로 서늘한 북부지방에 알맞으며 이 지방에서 수량도 많고 품질도 우수하다.

(4) 생육적온은 12~21°C이며, 23°C 이상은 생육에 부적당하다.

(5) 저온기에 파종하여 짧은 생육기간을 지낸 후 수확하며 일정기간에 생산되는 단위면적당 건물생산량이 어느 작물보다도 높다.

(6) 봄재배와 동시에 가을재배도 가능하며 답전작 육아재배(育芽栽培)도 유리해 윤작이나 토지이용률의 향상에 유리하고 지력을 높이는 데에도 유리하다.

(7) 토양적응성이 크고 작황이 비교적 안정하며, 재배가 쉽고 노력이 적게 든다.

(8) 생산 칼로리가 높은 작물에 속하며 이용범위가 넓다.

(9) 우리나라에서 감자의 주산지는 강원도와 경북이지만, 우리나라 산간부에서는 어디에서나 많이 재배되고 있다.

3. 성분과 이용

(1) 성분

① 감자의 주성분은 전분(17~18%)이고, 함유되어 단백질은 많지 않고(2%), 비타민 B와 C, 특히 비타민 C가 풍부하다.

② 수분 함량은 80%이다.

③ 우리나라 통계자료에서는 생서와 정곡의 2가지로 표기하는데 정곡, 즉 말린 감자 수량은 생서의 수분 함량을 평균 80%로 간주하여 생서중량×0.2로 표기한다.

(2) 감자의 영양저해요소

① 스테로이드 알칼로이드 성분이 함유되었고 대표적인 것은 솔라니딘이다.

② 당과 결합한 스테로이드 알칼로이드인 글리코알칼로이드는 어린 덩이줄기나 햇빛을 많이 받아 녹색으로 변한 부위에서 함량이 높아져 문제가 된다.

③ 어린감자에는 솔라니딘이 함유되어 있으며, 솔라닌이 가수분해되면 솔라닌과 글루코오스, 갈락토오스, 람노오스 1분자씩이 된다.

(3) 용도

① 식용 : 중북부 산간지대에서 찌거나 잡곡에 섞어 밥을 지어 먹음으로써 주식량의 하나가 되고, 평야지대에서는 주로 간식과 부식으로 이용되었다.

② 가공식품 : 떡, 엿 등

③ 공업용 : 전분, 주정, 당면 등

④ 사료용 : 옹근 감자나 전분을 만들고 남은 찌꺼기 등을 사료로 이용하였다.

2 형태

1. 뿌리

(1) 종자가 발아할 때에 1본의 직근이 나오고, 거기에서 많은 측근이 발생하여 섬유근을 형성하지만, 괴경에서 발아할 때는 줄기에서 섬유상의 측근만이 발생한다.

(2) 감자 뿌리는 비교적 천근성이고, 처음에는 수평으로 퍼지다가 나중에는 수직으로 뻗는다.

2. 복지 및 괴경

(1) 줄기의 지하절에서는 복지(포복지)가 발생하고, 그 끝이 비대하여 괴경(tuber)을 형성한다.

　＊ 감자의 먹는 부분은 줄기(괴경, 덩이줄기)이고, 고구마는 뿌리(괴근, 덩이뿌리)이다.

(2) 복지는 1포기당 20~30본이 발생하며, 길이는 품종에 따라 차이가 있지만 긴 것은 20cm에 달한다.

(3) 괴경이 달리지 않는 복지는 요절(夭折)하는 것이 많다.

(4) 키가 큰 품종이나 만생종은 복지의 길이가 길고 조숙종은 복지가 빨리 발생하는 경향이 있다.

(5) 괴경에는 많은 눈이 있는데, 특히 기부(basal end)보다 정부(apical end)에 눈이 많다.

(6) 눈의 다소(多少)와 심천(深淺)은 품종에 따라 차이가 심하며, 눈이 적고 얕은 것이 품질이 좋다. 눈에는 아군(芽群)이 2/5의 개도로서 나선상으로 배열되어 있는데, 아군은 단축된 측지에 해당하며 몇 개의 싹이 있고 중앙의 정아(terminal bud)만이 발육하여 측아(axillary bud)는 정아가 발육하는 한 보통 발육하지 않는다.

(7) 괴경의 단면색은 보통 백색 또는 황색이며, 잡색이 섞인 것은 좋지 않다.

(8) 찐 괴경의 육질은 분질, 중간질, 점질 등으로 구분되는데, 일반적으로 식용으로서는 분질인 것이 기호성이 높다.

(9) 괴경의 단면구조는 최외부에 주피(외피, 표피 : periderm)가 있는데, 이것은 코르크화된 얇은 막으로서 그 속에 함유되어 있는 색소에 따라 서색(藷色)이 결정된다.

(10) 주피와 유관속륜 사이의 다소 두꺼운 부분을 후피(厚皮)라고 하며, 이것은 전분립이 적은 외후피와 전분립이 많은 내후피로 구분된다.

(11) 유관속륜(verscularbundle ring : 후피와 수심부의 경계)은 복지의 접착점으로부터 시작하여 뚜렷한 윤상으로 후피와 수심부의 경계를 이루고 있으며 눈에서는 주피에 도달되어 있는데, 이것은 괴경의 비대 및 발육에 필요한 물질의 전달로가 되고, 한편으로는 균류의 침입로도 된다.

(12) 괴경의 대부분을 차지하는 수심부는 외수부와 내수부로 구분되는데, 내수부는 별모양을 이루고 수분 함량이 많으며 투명도가 높다.

3. 줄기 및 잎

(1) 줄기는 모가 있는 원통형으로서 품종에 따라 분지수가 다르다.

(2) 줄기 내부는 원형의 관다발로 이루어진 쌍떡잎식물이며, 줄기와 잎에서 감자 특유의 냄새가 난다.

(3) 생육초기에는 줄기가 직립하지만 생육 중·후기가 되면 직립형, 중간형, 포복형 등으로 구별된다.

(4) 줄기의 빛깔은 보통 녹색이지만 적자색을 띠는 것도 있으며 다양한 줄기의 빛깔을 구분한다.
  ① RP_0 : 줄기가 전부 녹색인 것
  ② RP_1 : 땅가에 약간 적자색을 띠는 것
  ③ RP_2 : 녹색 부분에 적자색의 반점이 있는 것
  ④ RP_3 : 줄기 전체가 적자색을 띠고, 특히 하부의 착색이 진한 것
  ⑤ RP_4 : 줄기 전체가 농적자색을 띠고, 검게 보이는 것

(5) 잎은 3~4쌍의 소엽을 가진 복엽으로 줄기의 각 마디에 착생하고 2/5엽서이며, 소모(疎毛)가 있고 낮에는 수평, 밤에는 상향으로의 취면운동을 한다.

4. 꽃

(1) 감자의 화서는 무한화서의 일종인 취산화서(聚繖花序)인데, 줄기의 끝에 꽃송이가 달리고 꽃자루가 2~4본으로 갈라지며, 지경에 몇 개의 꽃이 달린다. 꽃의 기부가 합착한 5장의 꽃잎 끝에 얕게 5조각으로 갈라진 모양이며, 고구마와 같이 5개의 수술과 1개의 암술로 되어 있다.

(2) 수술은 짧은 꽃실에 길고 굵은 꽃밥이 달려있고 그 속에 많은 꽃가루가 들어 있다. 암술머리는 꽃밥보다 약간 높으며, 씨방은 2실이고 다수의 배주가 있다.

5. 과실 및 종자

(1) 감자의 과실은 토마토의 과실을 소형화한 것 같은 모양이며, 장과에 속하고, 지름이 3cm 정도이다.

(2) 생육 중에는 녹색이지만 성숙함에 따라 점차 퇴색되어 담황색으로 되며, 결과 후 40~50일이면 자연낙과한다.

(3) 과실 1개에는 200~300립의 종자가 들어있고, 종자의 모양도 토마토와 비슷하다.

3 생리 및 생태

1. 생육과정

(1) 출아기(맹아기)

파종부터 출아까지의 기간으로 씨감자의 저장양분으로 생육하는 시기로 30~40일이 소요된다.

(2) 개엽기(開葉期)

① 출아 후 다음부터 꽃봉오리(하뢰)가 형성될 때까지의 기간으로서 이 기간 중에 5~6매의 잎이 전개하는데, 씨감자의 저장양분에 의존하는 시기이다.

② 엽면적은 이 기간 중에 최대엽면적의 20% 내외가 전개되며 복지가 발생하기 시작한다.

(3) 괴경형성기

① 지하줄기의 생장이 끝나고 복지의 끝이 비대하여 괴경이 형성되기 시작하는 시기로서 착뢰기(着蕾, 꽃봉오리 형성기)로부터 개화시기까지 10~15일의 기간인데, 이 기간에 괴경의 수가 결정된다.

② 잎은 7~8엽까지 전개하고, 줄기의 신장과 엽면적의 전개가 왕성하며 근군의 발달도 왕성하지만 괴경의 형성과 더불어 복지의 신장은 정지한다.

(4) 괴경비대기

① 개화시기부터 경엽황변시기(덩이줄기비대 완성시기)까지 25~30일의 기간이다.

② 줄기의 신장은 개화성기까지, 엽면적의 전개는 개화종기까지 지속되고 근군의 신장보다 흡수 위주로 된다.

(5) 괴경완성기

경엽황변기부터 경엽고조기까지 7~15일의 기간으로 괴경의 비대가 중지되며 주피가 코르크화되어 휴면체제로 들어가며 복지에서 쉽게 이탈된다.

2. 괴경의 형성 및 비대

(1) 괴경의 형성과 유인

① 감자의 괴경이 형성될 때에는 복지의 신장이 정지되고 다음에 전분립이 복지의 정부에 형성된 휴면아에 축적되어 비대하기 시작한다.

② 괴경이 형성되려면 복지의 선단부에 생장이 정지된 휴면아가 형성되고, 이에 당이 전류하여 전분으로 합성, 축적되어야 하는데, 이때에는 복지 선단부의 유관속 부근의 피층부에서 전분합성 효소인 포스포릴라아제의 활성이 왕성하다.

③ 괴경 형성은 고온, 장일에서는 이루어지지 않고 저온, 단일조건에서 형성되는데, 단일조건으로는 8~9시간의 일장, 저온조건으로는 18~20℃ 이하의 야온, 특히 12℃ 내외가 알맞다.

④ 단일에 의하여 괴경 형성능력을 얻게 되는 것을 감응이라고 하고, 감응에 의하여 일단 괴경이 형성되면 장일조건에 옮겨져도 비대가 계속된다.

⑤ 감응하게 되면 괴경 형성물질이 축적되고 식물체 내 호르몬인 GA함량이 떨어진다.

⑥ 토양 내 질소함량이 낮고, 인산과 칼륨을 충분할 때 덩이줄기의 형성이 촉진되며 광의 세기는 강한 것이 좋다.

(2) 괴경형성과 생장조절물질

① 지베렐린 : 식물의 뿌리와 종자의 세포신장과 분열 및 개화 촉진 호르몬이다.

② 감자의 괴경이 형성 시 체내의 GA함량은 저하한다.

③ 감자의 괴경에는 괴경형성을 조장하는 생장억제물질이 있는 것으로 추정하며(인히비터 - 복합체), GA는 생장억제물질의 축적을 막기 때문에 괴경이 형성되지 않으며, 고온 장일에서도 GA함량이 증대되어 괴경이 형성되지 않는다. 즉, 단일조건이라도 GA 처리로 괴경이 형성되지 않는다.

④ 인히비터 - 복합체는 휴면성호르몬인 ABA와 페놀성인 생장억제물질의 혼합물질로 ABA가 괴경형성물질의 본체로 파악된다.

⑤ 저온, 단일조건에서 GA가 감소되면 인히비터의 축적을 조장하여 괴경이 형성된다.

⑥ 장일처리한 엽편과 18℃에서 싹튼 것, 괴경과 맹아가 젊은 것, 욕광처리한 것은 GA함량이 높다.

⑦ ABA, CCC, B-9 등을 처리하면 괴경형성이 조장되는데, GA합성을 저해하기 때문이다.

⑧ 에틸렌을 처리해도 옥신의 농도가 저하되고 ABA의 축적이 유도되어 괴경형성이 조장되며, 시토키닌과 쿠마린도 괴경형성에 도움이 된다.

(3) 괴경의 비대

① 형성된 괴경은 세포분열에 의해 세포수가 증가되고, 세포가 커지면서 전분 축적하여 비대하게 되는데 장일조건에서도 비대는 계속된다.

② 둥근괴경은 길이와 너비가 병행하여 증대하지만, 긴 괴경은 길이가 증가하고 이어서 너비가 증대된다.

③ 괴경 비대는 단일과 야간의 저온이 알맞으며, 질소, 인산, 칼리가 넉넉해야 좋은데, 질소가 과다 시 엽면적이 너무 커지고 지상부의 성숙이 지연되어 괴경의 형성과 비대도 저해된다.

④ 괴경 비대에는 엽면적지수 3~4 정도가 알맞고 단일에 의한 성숙촉진은 조생종보다 만생종에서 더욱 현저하다.

⑤ GA는 괴경의 형성을 저해할 뿐만 아니라 괴경의 비대도 저해한다.

    ㉠ 괴경이 형성된 다음에는 성숙한 잎에서 만들어진 동화물질의 80% 정도가 괴경으로 전류하게 되는데, 이때 GA를 처리하면 동화물질의 전류량이 감소한다.

    ㉡ GA는 아밀라아제의 합성을 조장하여 전분의 분해를 촉진하므로 가용성당이 많아지고 전분의 축적을 저해한다.

⑥ 생장억제제인 B-9, 시토키닌을 처리하면 지상부의 생육을 억제하여 괴경의 비대를 조장한다.

⑷ 괴경의 2차 생장

① 포장이 매우 건조하거나 하여 괴경의 비대가 일단 정지되고 주피가 굳어진 다음에 다시 비가 오거나 기온이 낮아지거나, 추비를 사용하는 등 환경이 개선되면, 새로운 주피를 만들면서 새로이 비대하여 소돌기가 생기게 되는데, 이것을 2차 비대생장이라고 한다.

② 생육 도중에 고온, 장일, 건조, 통기불량 등 불리한 조건으로 인해 괴경의 비대가 저해될 경우에는 줄기에 달린 채로 괴경의 정부에서 싹이 자라게 되는데, 이것을 2차 생장이라고 한다. 2차 생장이 이루어지려면 괴경의 전분이 일부 당화되어 발아하기 쉽게 되어야 한다.

⑸ 아서와 기중괴경

① 아서(芽薯) : 저장불량과 이병된 노화 씨감자 파종 후 싹이 트기 전에 모서(母薯)의 저장물질이 이행하여 작은 새로운 괴경을 형성하는 것이며, GA나 에스렐 100ppm액을 살포로 억제된다.

② 기중괴경 : 온전한 괴경을 뽑거나 절단하여 다시 심거나, 감자의 순을 터마터의 대먹에 접목하는 등, 지하부의 괴경형성이 어려운 상황이 되면 지상경절의 맹아가 비대되어 괴경과 같은 형태가 되는 것이다.

3. 휴면 및 발아

⑴ 감자의 휴면과 그 필요성

① 감자의 괴경에는 수분이 충분하여 온도가 맞고 산소가 공급되면 발아할 수 있는데 수확 후 일정기간 동안은 충분한 발아조건이 갖추어졌다 하더라도 발아하지 않는 것을 휴면(dormancy)이라고 한다.

② 감자의 재배와 이용에 있어서 휴면은 불가결한 요인이다. 감자의 보관기간 중 싹이 트지 않게 하고 품질의 열화를 방지하려면 휴면을 하지 않는 품종의 경우에는 1~4°C의 냉온저장을 해야 하지만, 휴면기간이 긴 품종은 자연온도에 보관해도 되어서 유리하며 휴면기간에는 괴경의 호흡량이 적어 저장양분의 소모가 적다.

③ 이듬해 파종기에 이르러서도 휴면이 끝나지 않을 정도이면 재배상 지장이 있으므로 감자품종의 알맞은 휴면기간은 이듬해 파종까지는 완전히 휴면에서 깨어날 수 있는 정도이다.

④ 2기작 추파는 거의 휴면하지 않는 품종이 재배적으로는 유리하지만, 이와 같은 품종은 춘작으로 생산되는 것이 휴면이 짧아서 이용면으로 불리하여, 휴면기간이 긴 품종을 인위적으로 최아하여 추작하는 방식이 현실적으로 유리하다.

(2) 휴면기간 및 휴면타파

① 품종 : 휴면이 거의 없거나 7~8개월까지 다양한데 남작은 휴면기간이 약 4개월이다.

② 성숙도 : **미숙한 감자는 성숙한 감자에 비하여 눈 부분의 싹 조직의 분화가 덜 되어 있으므로 휴면기간이 길어진다.**

③ 저장온도

㉠ 저장온도가 높을 때에는 휴면경과가 빨라지고, 4℃ 정도 이하의 저온에서는 자발휴면이 별로 진행되지 않는다.

㉡ 감자를 심어야 하는 경우에는 휴면을 단축시켜야 한다. 물리적인 휴면 타파 방법으로서 온도처리법이 있다.

㉢ 일반적으로 저온 조건에서는 휴면상태가 길어지며, 저장온도가 10~30℃ 사이에서는 온도가 높을수록 빨리 타파된다.

㉣ 이른 봄에 씨감자를 저온저장고에서 꺼내 보온이 유지되는 시설에서 햇볕을 쪼여 주며 싹틔우기를 하는데, 이를 산광최아라고 한다. 산광최아를 하면 싹이 웃자라지 않고 튼튼해져 감자를 심었을 때 흑지병 등 토양병에 대한 저항력을 길러주고 초기 생육을 강하게 해준다.

④ 저장 중 공기 및 환경

㉠ 휴면경과의 본질은 전분의 당화이다. 수확 직후 당분농도가 낮을 때에는 고온 또는 저온 처리에 의해 전분의 당화가 촉진되어 휴면기간이 단축된다.

㉡ **휴면단축의 효과는 일반적으로 저온(5℃)보다 고온(35℃)이 더 크다.**

㉢ 저장상태에서는 저장고 안의 산소농도를 낮추고 이산화탄소 농도를 높이는 것이 유리한데(CA저장), 산소농도를 3~5%, 이산화탄소 농도를 2~4%로 조절하고 온도를 10℃로 유지하거나, 4℃의 저온에서 2주 동안 저온처리를 한 후 18~25℃의 고온으로 변온처리를 하여 어두운 곳에 저장하면 휴면타파가 촉진된다.

⑤ 화학적인 휴면타파 : 베렐린(2ppm 용액에 30~60분 침지), 린다이트, 티오우레아(0.5~1% 용액에 1시간 침지), 에틸렌 – 클로로하이드린(70ml/물1L 희석용액 살포) 등의 용액을 처리하면 휴면이 타파된다.

⑥ 상처 : **감자의 수확시기에 상처를 입거나 해충 등에 의해 상처를 받으면 휴면기간이 짧아진다. 덩이줄기가 상처를 입으면 자발적인 상처 치유를 위해 감자의 내생호르몬이 이동하면서 휴면타파가 촉진되기 때문이다.**

(3) 저장기간 연장법(휴면연장방법)

① 저장성을 높이고 이듬해 심기 전까지 휴면을 연장시키는 기술이 필요하다.

② 수확 후 2~4℃의 저온 저장된다.

③ 저장고의 산소 농도를 높이고 이산화탄소의 농도를 낮추어도 싹트는 것이 억제된다.(CA저장)

④ 식물생장조절제인 말레산하이드라지드(MH), 2.4-D, NAA, MENA(methyl ester of NAA) 처리하면 휴면기간을 연장시킬 수 있다. 너무 일찍 처리하면 덩이줄기가 자라지 않거나 기형이 생길 수 있으므로 수확하기 2주 전에 처리해야 한다.

4. 저장물질

(1) 전분

① 전분함량

㉠ 감자 괴경의 건물중 70~80%가 전분이며, 감자 이용의 주목적은 전분이다.

㉡ 우리나라 주요 품종들의 전분가는 13~16%이다.

② 전분의 품질

㉠ 괴경의 전분함량이 같더라도 전분립이 클수록 전분제조 시에 빨리 침전되어 유실량이 적은 것이 전분수율(收率)이 높아 유리하다.

㉡ 입경에 따라 전분의 품질을 0.021mm 이상을 상등, 0.021~0.0125mm를 중등, 0.0125mm 이하를 하등으로 구분한다.

③ 전분함량의 소장

㉠ 괴경이 비대함에 따라 당분이 점차 감소되고 전분함량은 점차 증대된다.

㉡ 괴경이 비대함에 따라 아스코르브산함량이 증가되고 일정량 이상이 되면 아밀라아제의 활성을 감퇴시켜 당함량이 저하되며, 포스포릴라아제의 활성이 증대되어 전분합성이 왕성하게 이루어져 전분함량이 증가한다.

㉢ 수확 후 휴면 중에는 전분이나 당분의 함량변화가 별로 없고, 휴면이 끝나면 아밀라아제의 활성이 높아져서 전분을 왕성하게 분해하여 당화되므로 당분함량이 증가되고 전분함량이 감소된다.

㉣ 일반적으로 전분립은 조생품종이 작고 만생품종은 크다.

④ 전분 함량의 산출

㉠ 전분가 = 전분 함량 + 당분 함량

㉡ 전분가는 건물 함량이니 전분 함량과 상호관계가 있다.

• 전분가 = 건물 함량 − 5.752

• 전분 함량 = 전분가 − 1

㉢ 전분가는 비중과도 밀접한 관계가 있으므로 비중을 측정하여 전분 함량 등을 간접적으로 산출한다.

(2) 당분

① 감자의 당분에는 환원당과 비환원당이 있는데, 괴경이 비대하기 시작할 때에는 거의 환원당만이 있고 비환원당은 극히 적다.

② 괴경의 비대와 더불어 환원당이 점차 감소, 비환원당이 증가하여 휴면중에는 비환원당이 많아진다.

③ 휴면이 끝날 때에는 이들 양당 모두 현저히 증가되고, 수부보다는 피부에 많이 분포하게 되나 발아, 생장함에 따라 이들 함량이 낮아진다.

(3) 솔라닌

① 아린 감자를 익히지 않고 먹으면 중독되는 경우도 있는데, 아린 맛이 알칼로이드의 일종인 솔라닌이다. 이는 감자의 줄기를 가축의 사료로 이용할 수 없다.

② 솔라닌 함량은 품종, 부위, 괴경의 크기 등에 따라 다르며, 일광(직사광선)에 쬐어 녹화된 괴경의 피부에서는 현저하게 증가된다.

08

③ 솔라닌은 괴경보다 지상부의 함량이 높다.

④ 괴경에서는 아부와 피부, 특히 피층에 함량이 현저히 높고, 껍질을 벗기면 많은 양의 솔라닌이 제거된다.

⑤ 괴경이 클수록 단위중량의 솔라닌 함량은 적어지기 때문에 큰 감자가 아린 맛이 적다.

(4) 비타민 C

① 감자는 비타민 A함량은 적으나 비타민 B와 C는 풍부히 함유되어 있다.

② 비타민 C의 중요한 급원으로 알려져 있으며, 감자가 괴혈병의 예방 및 치료에 효과가 있다.

③ **비타민 C는 형성된 괴경의 비대와 더불어 환원형이 급증하고, 수확 후 저장기간이 경과됨에 따라 감소되면서 산화형으로 바뀐다.**

④ 함량은 품종에 따라 차이가 있으며, 남작, 금시 등은 낮은 편이며, 괴경에 많이 함유되어 있는 품종은 경엽에도 많이 함유되어 있다.

⑤ 재배토양의 토성은 비타민 C의 함량에 미치는 영향이 적지만 무비구 및 무질소구에서는 비타민 C의 함량이 매우 저하된다.

5. 종자 번식

일반재배의 경우에는 종자를 파종할 필요가 없지만, 교잡육종과 계통 분리를 할 경우에는 종자번식이 필요하다.

(1) 개화 및 결실

① 고랭지에서는 자연상태에서 개화, 결실하기 쉽지만, 평야지에서는 개화는 하나 결실하기 어렵다.

② 25℃ 이하, 특히 20℃ 이하에서 장일이면 개화하지만, 임성(稔性)화분은 15~20℃에서 형성되므로 20℃ 이하에서 개화해야 수정되어 결실한다.

(2) 교배

① 감자꽃에는 밀원이 없어 곤충이 접근하지 않고 자가수정을 하기에, 개화하게 된 꽃을 골라 꽃가루가 날기 전 제웅하고, 1~2일 후 개화했을 때 인공수분한다.

② 이른 아침에 개화하고 개화 후 4일 지나면 시든다.

(3) 종자채취

개화 후 4~6주일이 지나면 과실이 성숙하므로 이것을 따서 종자를 분리하여 물로 잘 씻은 후 말려 보관한다.

(4) 실생육성

① 감자 종자를 봄에 온상이나 온실에 파종하여 키우다가 포장에 정식한다.

② 실생 1년째의 괴경은 작지만, 실생 2년째의 괴경은 거의 정상적인 괴경이 달린다.

③ 가을에 채종하여 겨울에 온실에서 실생 육성을 하면 육종연한이 단축된다.

4 품종

1. 재배유형과 요구되는 품종의 특성

(1) 평지춘작

① 조숙, 다수성

② 바이러스, 둘레썩음병, 겹둥근무늬병 등에 대한 내병성이 있다.

③ 휴면기간이 길어 저장력이 좋은 품종이다.

(2) 평지답전작

① 조기수확이 목적이므로 극조숙성이다.

② 조기에 수확을 위한 밀식이 필수로 밀식적응성이 높아야 한다.

③ 내병성이 강하고 휴면기간도 긴 품종이다.

(3) 추작

① 휴면기간이 긴 춘작품종을 추작으로 채종재배할 때에는 최아하여 추작하고, 휴면기간이 아주 짧은 품종은 추작하기는 편리하나 춘작산 감자의 저장과 이용상의 문제점 발생한다.

② 추작 초기에는 고온다습 하므로 파종 후 부패성이 적고, 바이러스성, 둘레썩음병, 역병 등에 대한 내병성이 강한 품종이다.

(4) 산간지춘하작

① 단작형식으로 재배되므로 만숙형도 무관하고, 이용면과 병충을 고려하면 조숙경향인 것이 유리하다.

② 휴면기간은 평지보다 짧고, 바이러스성, 둘레썩음병, 역병 등에 대한 내병성이 강하다.

(5) 난지 동작

① 저온에 적응하고 휴면기간이 짧은 품종이다.

② 최아처리를 하여 파종하는 경우에는 휴면기간이 길어도 무방하다.

2. 이용에 요구되는 품종의 특성

(1) 식용

① 관습적 기호상으로 굵직하고 표피가 매끄러우며, 표피의 빛깔이 백색~황색이고, 모양이 둥글며, 목부가 얕고, 육색이 백색이며, 육질이 분상질인 것이다.

② 홍영, 자심 등 품종은 샐러드나 생즙용으로 이용하고, 적색, 보라색 감자는 안토시아닌 성분이 있어 항산화작용을 한다.

③ 아린 맛이 적은 것이 좋은데, 표피의 빛깔이 홍색, 적색 및 자색인 것이나 목부(目部)가 깊은 것에는 아린 맛이 강한 것들이 많다.

(2) 전분용

전분함량이 많고 다수성이며, 전분의 품질도 좋아 전분수율이 높다.

(3) 가공식품용

① 가공용 감자 품종의 조건으로는 건물 함량이 높고, 환원당 함량이 낮다.

② 감자칩용 품종은 모양이 원형이어야 하고 저장온도는 7~10°C가 좋다.

③ 감자칩 등의 스낵식품제조용은 제품화율이 높고 원료 감자의 환원당 함량이 낮아 제품이 갈변하지 않으며, 유분 함량이 낮고, 감촉이 바삭바삭하다.

④ 환원당의 적정 함량은 0.5% 이하이다.

3. 주요 품종과 특성

(1) 남작

① 일본으로부터 도입된 품종이다.

② 조숙, 다수성으로 둥글고 굵직하며, 담황색이고 눈이 얕고 적어 모양이 아름다우며 휴면기간이 길어 저장에 유리하다.

③ 속살이 희고 분질이며, 아린 맛이 적어 품질이 매우 우수하고, 초체가 크기 않으며 복지도 짧아서 밀식적응성이 높은 등 여러 가지 장점이 있어 내병성이 약함에도 식용으로 가장 널리 재배된다.

(2) 수미

① 원명은 superior, 조숙, 다수성으로 괴경의 모양, 표피의 빛깔 및 육색은 남작과 비슷하고, 눈이 얕아 가공적성이 높다.

② 1포기 당 괴경수가 남작보다 적은 편이지만 감자 1개당 평균중은 무겁고, 전분가가 높은 편이며, 휴면기간이 짧고, 숙기와 내병성이 남작처럼 약한 편이다.

③ 경기 및 경남·북의 전작지대와 경기 이남의 답전작지대에서 재배된다.

(3) 강원계 6호

① 남작 × Saco의 교배종을 1974년에 육성한 국내 육성 품종이다.

② 만숙·다수성으로 초장이 남작보다 큰 편이고 괴경의 모양이 기름하며 눈이 얕고 표피의 빛깔과 육색이 백색이며, 휴면기간이 긴 편이고, 모자이크바이러스병, 역병 등에 대한 내병성이 강하며, 전분가는 남작과 비슷하다.

③ 강원도 및 경북의 산간지대나 해안의 1모작 지대에서 재배된다.

(4) 대지

① 원명은 대지마이며, 양질, 다수, 만숙성으로서 초세가 왕성하고 초장이 큰 편이며 휴면기간이 짧아 난지에서 봄, 가을 2기작 재배를 하기 알맞다.

② 표피의 빛깔과 육색이 담황색으로 도원과 비슷하지만 전분가는 도원보다 높다.

③ 식용과 가공용 모두 가능하며, 남부의 평야지에서 재배된다.

(5) 도원

① 추작용 품종으로 장려된다.

② 휴면기간이 짧아 60일 정도이며 담황색 괴경과 육색이 선황색이고, 초세가 왕성하고 내병성도 강한 만생형의 다수성품종으로서 춘작을 해도 매우 다수성이다.

③ 육질이 점질이어서 품질이 남작보다 떨어지며, 저장성도 약하다.

(6) 대서

① 미국에서 포테이토칩 가공용으로 육성된 품종이다.

② 덩이줄기 모양이 좋고, 고형물 함량이 높고 환원당 함량이 낮아 칩 가공용으로 적합하다.

③ 재배기의 온도반응이 민감하여 봄재배 작형에서 다수확된다.

(7) 세풍

① 조숙성이며 괴경 착색이 빠르고, 초세가 왕성하여 조기재배용으로 적합하다.

② 가공적성이 우수하며 French fry용으로 적합하다.

③ 흑지병에는 강하나 바이러스병과 역병에 약하며, 전남, 경남의 답전작 조기재배용으로 장려된다.

(8) 조풍

① Resy × 수미의 교배를 통해 육성된 극조생 장려품종이다.

② 괴경의 조기비대가 빠르고 수량이 높아 조기출하에 적합하다.

③ 역병에 비교적 강한 장점이 있으며, 경남, 전남, 제주 및 전북, 경북의 남부 지역과 해안의 조기재배에 적합하다.

(9) 남서

① 고령지농업연구소에서 육성되어 1996년 장려품종으로 등록되었다.

② 겨울시설재배 및 조기재배용 품종으로 극조생종이고 수량이 높아 시장성이 좋다.

③ 역병에는 다소 강하나 더뎅이병에 약하다.

(10) 자심

① 숙기가 늦은 만생형으로 고랭지 적응성이 좋다.

② 기능성 식품의 원료나 샐러드 등의 식품과 첨가 색소용이다.

③ 일교차가 큰 지역의 조기재배나 강원도를 중심으로 고랭지의 여름재배용이다.

④ 감자품종 중 홍영, 자심 등은 샐러드나 생즙용이다.

(11) 가원

① 숙기가 빠른 조생종으로 모자이크병과 역병에 비교적 강하다.

② 칩 가공용이나 식용으로 적합하며, 남부 및 동해안에서 조기재배한다.

(12) 추동

더뎅이병 및 생리장해 발생이 현저히 적고 수량성도 비교적 높아 2001년 장려품종으로 선정되었다.

(13) 가황

칩 가공 적성이 우수하고 역병에 강한 저항성이 있어 2003년 장려품종으로 등록되었다.

5 **환경**

1. 기상

  (1) 생육적온은 10~23°C으로, 10°C 이하에서는 생장이 억제되고, 23°C 이상은 생육에 부적합하다.

  (2) 괴경의 형성과 비대에는 9~11시간의 단일조건이 좋으며, 단일에 의한 성숙촉진은 감온성이 큰 조생종이 김광형의 만생종보다 크다.

  (3) 고온 평야지에서는 바이러스, 음랭하면 역병 발생이 심해진다.

2. 토양

  (1) 부식이 많고 경토가 깊은 사양토가 알맞다. 척박한 토양에도 적응하지만, 비옥한 토양에서 수량이 많으며, 점질토에서는 습해의 우려가 있다.

  (2) 요수량은 비교적 큰 편이며, 토양수분은 최대용수량의 80% 정도이다.

  (3) pH 6.0~6.5가 가장 알맞지만, 산성토양에 대한 적응성이 높다.

  (4) 중성~알칼리토양에서는 더뎅이병이, 강산성토양에서는 검은점박이병이 많이 발생한다.

6 **재배**

1. 작부체계

  (1) 오랫동안 연작하면 풋마름병, 무름병, 선충 등 병충해와 기지현상이 나타나므로 화곡류, 콩과작물 등과 3~4년의 윤작을 한다.

  (2) 우리나라 평야지대에서는 가을채소의 전작으로 가장 많이 재배하고, 답전작으로도 약간 재배하며, 조기재배답의 수도후작이나 밭에서의 맥후작의 추작재배도 한다.

  (3) 준산간지대에서는 콩의 전작으로 재배하고, 산간지대에서는 단작으로 재배하지만 콩, 조, 옥수수 등과 윤작한다.

  (4) 재배작형

    ① 봄재배

      ㉠ 이모작의 앞그루 작물로 재배하며 총재배면적의 60%로 가장 많다.

      ㉡ 주로 논 잎그루재배로 이루어지기 때문에 경지이용면에서 유리하다.

      ㉢ 중남부 지방의 조기재배와 중산간지방의 일반재배가 봄재배방법이고 조기재배는 싹을 틔워 아주심기나, 직파 후 비닐멀칭 재배하는 것이다.

    ② 여름재배

      ㉠ 고랭지에서 재배기간이 비교적 긴 작형이다.

      ㉡ **고랭지는 여름에도 기후가 선선하고 주야간차가 커서 괴경의 비대가 잘되고 품질도 좋다.**

③ 가을재배
 ㉠ 우리나라 가을은 기온이 낮아지며, 일교차가 커지고, 단일조건으로 변화되므로 감자 생육에 유리하다.
 ㉡ 수확기에 건조하며 수확 후 기온이 낮아 자연저장이 가능하며 가을재배는 봄재배에 이어 바로 재배해야 하므로 휴면기간이 짧은 품종을 선택해야 한다.
④ 겨울재배
 ㉠ 제주도의 2기작 품종으로 가을재배 후 겨울에 수확하지 않고 노지에서 월동 후 이듬해 봄에 수확한다.
 ㉡ 중남부지방의 시설하우스에서 비닐멀칭하여 재배한다.

2기작 품종의 특징
봄재배와 여름재배 등 1년에 한 번 재배하는 1기작 품종(수미, 남작, 대서 등)의 경우는 휴면기간이 90일 이상으로 길지만, 봄과 가을에 두 번 재배하는 2기작 품종(대지, 추백, 고운 등)의 경우에는 휴면기간이 50~60일 정도로 짧다.

2. 채종

(1) 씨감자의 퇴화의 원인

 ① **고랭지의 무병, 충실한 것을 저온기 단기간 저장한 씨감자에 비하여, 평난지에서 생산되어 충실하지 못하고 이병된 것을 고온기에 장기간 동안 저장한 씨감자는 생산력이 매우 떨어지는 씨감자의 퇴화가 된다.**
 ② 퇴화의 정도는 대체로 내병성이 약한 조생종보다 내병성이 강한 만생종에서 덜하다.
 ③ **씨감자가 퇴화의 주된 원인은 진딧물에 의해 매개되는 바이러스이기에 진딧물 발생이 적은 고랭지가 적합하다.**
 ④ 평난지에서 생산 저장한 씨감자가 고랭지대 씨감자보다 생리적 조건이 불량한 것도 퇴화의 큰 원인이 된다.
 ⑤ **평난지는 고랭지보다 감자의 생육기간이 짧고 생육기간 중의 기온도 높아 생산된 씨감자가 충실하지 못할 뿐만 아니라 고랭지에서보다 저장기간이 길며, 저장초기에 고온다습한 장마철을 경과하고 저장 중의 온도도 높아 저장 중의 소모가 심하며, 또 저장 중에 휴면에서 깨어나 발아하기도 한다.**

(2) 채종재배의 방식

 ① 고랭지 채종
 ㉠ 씨감자를 고랭지에서 알맞게 채종하면 병리적으로나 생리적으로나 퇴화되지 않은 우량한 씨감자가 생산된다.
 ㉡ 가장 좋은 채종방식으로 무상기간이 140일 이하 정도이고 8월의 평균 기온이 21°C 이하가 되는 고랭지는 생육기간이 길고 저장기간이 짧으며 바이러스병을 옮기는 진딧물의 발생이 적기 때문에 건전하고 굵은 씨감자를 생산한다.

ⓒ 고랭지채종을 할 경우에도 씨감자의 이병(罹病)을 막고, 바이러스병이나 둘레썩음병에 걸리지 않는 것을 사용해야 한다.

ⓔ 씨감자를 절단할 때에는 병에 전염되지 않도록 자를 때마다 소독한 칼을 사용한다.

ⓜ 고랭지 채종의 문제점
  • 감자의 채종재배에서는 3~4년의 윤작이 필요하다.
  • 씨감자의 증식배율 10배 정도에 불과하여 채종면적을 넓혀야 한다.
  • 대량의 씨감자를 저장했다가 재배지까지 수송해야 하는 불편이 있다.

② 추작재배
  ㉠ 여름에 파종해 가을에 수확한 것을 이듬해 춘작의 씨감자로 쓸 때에는 저장 중의 소모가 적어 전해 여름에 수확한 씨감자를 쓰는 것보다 생육이 왕성하다. 즉 추작재배로 생산된 씨감자가 춘작재배보다 이듬해 봄에 파종 시 생육이 왕성하다.
  ㉡ 해풍이 늘 불어오는 해안지대에서는 바이러스병을 매개하는 진딧물 발생이 적은데, 이러한 곳에서 고랭지채종에 준하여 병충을 철저히 방제하면서 추작재배로 채종하여 무병의 씨감자를 생산하였다가 온장을 하여 파종하면 고랭지산 씨감자에 준한 높은 생산력을 나타낸다.

③ 평난지춘작채종
  ㉠ 씨감자 생산방식으로 적합하지 않고, 바이러스병과 둘레썩음벼의 만연을 억제하는 데 힘써야 하고, 씨감자가 덜 노쇠되도록 저장에 주의해야 한다.
  ㉡ 생육 중에 살충제를 자주 살포하여 진딧물 등을 구제하고, 건전한 포기만을 골라 일찍 수확하면 바이러스이병률이 낮아지며, 육아재배로 수확기를 빠르게 하면 진딧물에 의한 바이러스병의 전염이 억제된다.

④ 소립 씨감자의 이용과 채종법
  ㉠ 절단하지 않고 파종하기 때문에 기계파종이 용이하고 절단노력이 절약되며, 결주가 생기지 않고, 절단하여 심는 것에 비해 둘레썩음병 등의 병해발생이 적다.
  ㉡ 진딧물발생성기에 지상부를 절단해도 생산할 수 있고, 수확기를 빠르게 해도 생산할 수 있으므로 바이러스병의 이병률을 낮다.
  ㉢ 소립 씨감자는 옹근 채로 심기 때문에 세력이 왕성한 정아만을 이용할 수 있어 같은 중량의 절단한 씨감자보다 생산력이 높다.
  ㉣ 밀식하고 싹솎기를 하지 않아야 빨리 수확할 수 있다.

⑤ 진정종자의 채종
  ㉠ 감자의 바이러스병은 종자전염이 없으므로 바이러스 이병률이 낮아진다.
  ㉡ 씨감자의 생산에 소요되는 비율이 절감된다.

3. 파종

(1) 파종기

① 춘하작 : 늦서리에 의한 지상부의 동사가 없는 한 일찍 파종한다.

② 추작 : 기온이 낮아진 후 파종하지만, 생육기간 확보를 위해 대체로 고온기에 파종한다.

(2) 재식밀도 및 파종량

① 재식밀도 : 산간지 75cm × 30~20cm, 남부평야지 60cm × 20cm

② 파종량 : 10a 당 140~160kg

(3) 씨감자의 처리 방법

① **채종재배로 수확한 건전 씨감자는 한 쪽당 30~40g 되도록 보통 4등분 한다.**

② **씨감자를 자를 때는 정부에 눈이 많고 세력이 강하므로 눈을 고르게 갖도록 잘라야 한다.**

③ **정아부에서 기부 쪽으로 자르며, 쪽당 1개 이상의 눈이 있어야 하고 기부의 1/5을 남겨두면 절편의 부패를 막을 수 있고 파종할 때 유리하다.**

④ **파종하기 약 10일 전에 절단하고, 15°C, 70~80% 습도에서 2~3일간 절단면을 치유한다.**

⑤ **사용하는 칼은 바이러스병, 둘레썩음병 등의 전염을 방지하기 위해 승홍수, 베노밀 수화제, 끓는 물로 씨감자를 자를 때마다 소독해야 한다.**

⑥ **절단면에 흔히 마른 재를 묻혀 심기도 하는데, 재는 칼리성분의 공급으로 생육상 유리하기는 하지만 부패방지 효과는 없고 소석회나 유황화를 묻히면 부패방지 효과가 있다.**

(4) 파종법

① 생육 초기에 북주기를 해야 하므로 골에 파종한다.

② 절단면이 밑을 향하도록 하고 잘 누른 후 5~6cm로 복토한다.

4. 시비

(1) 평야지 봄재배의 표준시비량(N-P-K, Kg/10a)은 10 - 10 - 12로 칼리의 요구량이 가장 많다.

 ＊ 고구마의 괴근 발달 및 비대에도 칼리의 시용효과가 크고 흡수량도 제일 높다.

(2) 질소는 칼리보다 흡수량은 적지만 수량을 가장 크게 지배하는 요소로 괴경비대를 위해 엽면적 지수가 3~4가 되도록 적절한 질소시비가 필요하다.

(3) 퇴비의 효과는 일반적으로 다른 작물에 비해 크지 않으나 지력유지의 측면에서 반드시 시용해야 하는데, 중거름으로 주되 출아 후 되도록 빨리 주는 것이 좋다.

(4) 괴경비중의 증대에는 황산칼리가 염화칼리보다 효과가 크다.

5. 관리

(1) 발아 후 강한 싹만 2본쯤 남기고 나머지를 밑동으로부터 완전히 제쳐내는 작업으로 덩이줄기가 굵어져 수량과 품질이 좋아진다.

(2) 적당한 김매기와 북주기(10cm내외)를 실시한다.

7 병충해 및 생리장해

1. 병해

> 감자에 발생하는 주요 병해
> 바이러스병, 둘레썩음병, 역병, 겹둥근무늬병, 더뎅이병, 검은점박이병, 풋마름병, 무름병, 검은빛속썩음병, 갈색속썩음병

(1) 바이러스병
① 감자 바이러스병은 많은 종류가 있고, 생산력을 저하시키는 가장 큰 원인이 되고 있는데, 병원이 바이러스이기 때문에 아직 치료법이 없다.
② 방제법
  ㉠ 저항성품종의 육성: 조생종보다 만생종이 강하다.
  ㉡ 채종지의 선정: 진딧물 등 바이러스병 매개곤충이 적고, 감자의 생육과 저장에도 알맞은 고랭지나, 해풍이 있어서 진딧물이 적은 서해안지대. 채종포는 진딧물의 기생원이 되는 감자, 두류 등의 포장으로부터 200m 이상 격리가 필요하다.
  ㉢ 무병종자 선택, 이병주 제거, 진딧물 등 매개곤충의 구제, 절단기구의 소독
  ㉣ 조숙재배: 잎에 전염된 바이러스가 괴경까지 도달하려면 2~3주일이 소요되므로 조숙재배로 조기수확한다.
  ㉤ 조직배양법: 생장점 부근의 조직은 왕성하게 세포분열을 하므로 바이러스에 감염된 식물이라 하더라도 바이러스병원이 없으므로 생장점 부근의 조직만을 무균적으로 절취하여 인공배양한다.

(2) 둘레썩음병
① 병든 괴경을 절단해보면 유관속이 담갈색 또는 흑갈색으로 변해있고, 그 부분이 붕괴되어 수부(髓部)와 분리되며, 유관속은 갈색으로 변하고, 복지는 투명한 갈색으로 변하며, 병에 걸린 줄기의 기부나 괴경을 절단하여 꽉 쥐면 유백색의 즙액이 침출한다.
② 주로 씨감자를 통해 전염되며, 절단할 때 병든 감자로부터 절단기구를 통하여 건전한 씨감자에 전염되기도 한다.
③ 방제법: 저항성품종을 선택하기, 무병지에서 채종하기, 씨감자의 검정, 씨감자 절단 기구의 철저한 소독, 화곡류나 두류와의 윤작 실시

(3) 더뎅이병
① **토양병해로서 감자의 외관 품질에 큰 영향을 미치는 더뎅이병은 세균성병으로 2기작 감자를 연작하는 제주도와 남부지방에서 피해가 더 심하다.**
② 가볍고 메마른 토양이나 알칼리성 토양 및 23~24℃의 토양에서 많이 발생하며 괴경의 표면에 갈색의 소반점이 생기고 3~5mm의 크기로 커지며, 중앙이 움푹해지고 가장자리가 융기한다.
③ 병반 표면이 거칠고 코르크화되어 더뎅이 모양으로 보이지만 내부육질에는 별 영향이 없다.
④ 씨감자 및 토양을 통해 전염된다.

⑤ 방제법 : 무병지에서 채종하기, 씨감자 소독, 토양반응을 산성으로 조절하기, 윤작을 한 1년 정도 담수하여 병균 죽이기(답전작, 답리작에서는 발생 우려가 없다.)

(4) 역병

① 산간지와 추작 시에 생육 중 피해가 가장 큰 병의 하나다.

② **역병은 곰팡이병으로 잎과 괴경에 피해를 주며 감염 부위가 검게 변하면서 조직이 고사한다.**

③ 잎의 표면에 갈색 반점이 생겨 점차 흑갈색으로 변해 잎이 탄 것처럼 보이고, 건전부와의 경계에 황갈색 반문, 뒷면은 흰 곰팡이가 생긴다. 병든 잎은 위로 말리면서 흑갈색으로 말라 죽고 심하면 포기 전체의 잎이 검게 오그라들면서 말라 죽으며, 줄기에는 암갈색의 조반이 생긴다.

④ 피해가 심할 때에는 괴경에도 발생하고, 표면에 움푹 패인 암색 병반이 생기며, 저장 중에나 수확 전에 부패된다.

⑤ 음냉하고 비가 잦은 경우 심히 발생하며 개화기 전후에 날씨가 서늘하여 평균기온이 18~20℃ 정도가 되고, 강우가 지속될 때 크게 발생한다.

⑥ 씨감자를 통해 전염되며, 병에 걸린 썩은 감자의 즙액에 묻어도 전염되고, 포장에서 이병식물로부터의 전염도 심하다.

⑦ 방제법 : 저항성품종 선택, 무병지에서 채종하기, 씨감자 소독, 착뢰기, 개화 초기·성화기의 3회 정도에 걸쳐 다이센 M45 1,000배액 살포하기

(5) 검은점박이병(흑지병, 검은무늬썩음병)

① **토양 내 수분 함량이 높고 온도가 낮은 산성토양에서 많이 발생하는데 괴경의 피목(皮目)을 중심으로 하여 갈색병반이 생긴다.**

② 균핵, 균사 등으로 씨감자 또는 토양에서 월동하여 전염된다.

③ 방제법 : 무병지에서 채종하기, 씨감자 소독, 토양산성 중화, 윤작

(6) 겹둥근무늬병

① 평야지 재배의 생육후기에 비료분이 결핍하여, 고온다습한 날씨의 지속으로 발생한다.

② 잎에 동심윤문(同心輪紋)의 갈색 또는 흑갈색 병반이 생기고, 심하면 잎 전체가 시들어 말라 죽는다.

③ 괴경의 표면에는 원형 또는 부정형의 움푹한 암색 병반이 생기며, 건전부와의 경계가 뚜렷하고, 피하 6mm 정도까지 갈변하며, 코르크화되어 건부한다.

④ 잎이나 괴경의 병반부에서는 검은 곰팡이가 생긴다.

⑤ 전염경로 : 피해부의 균사, 분생포자가 월동하여 이듬해 봄에 바람으로 전염되며 토마토, 가지 등의 가지과식물에도 발생하여 전염원이 된다.

⑥ 방제법 : 조생종을 재배해 일찍 수확하기, 윤작, 충분한 시비, 다이센 M45 살포하기

(7) 풋마름병

① 가지과 작물을 연작한 토양에서 비가 오랫동안 계속되다가 고온, 다조로 변화될 때 발생하고, 강산성토양에서는 발생이 적다.

② 잎과 줄기가 한낮에 시들었다가 회복되는 증상이 며칠간 반복되다가 결국에는 식물체 전체가 말라죽는 병해이다.

③ 온난화가 지속되면서 이 병의 발생이 빠르게 늘어나고 있다. 감염된 식물체의 줄기를 잘라 보면 물관부가 갈변되고 흰색의 걸쭉한 즙액이 나온다. 풋마름병은 온도가 높을 때 발병률이 높다.

④ 풋마름병은 세균병으로서 주로 토양전염을 하나 씨감자를 통해서도 전염된다.

⑤ 방제법 : 윤작, 무병지에서 채종하기, 이병주 제거, 배수관리, 1년쯤 담수, 건전한 씨감자 사용하기, 풋마름병이 발생한 밭에서는 고구마·콩 등을 이용하여 최소한 3년 이상 윤작하기

(8) 무름병

① 세균(박테리아)에 의한 병으로, 저장중 괴경에 발생하며, 괴경이 담갈색으로 변하여 즙액이 나오고 썩어 특수한 냄새가 난다.

② 씨감자와 토양을 통해 전염되며, 썩은 감자의 즙액이 묻어도 전염된다.

③ 방제법 : 병든 씨감자를 제거하기, 씨감자 소독하기, 배수, 윤작

(9) 검은빛속썩음병

① 생육말기나 저장중의 괴경에 발생하는데, 외관은 멀쩡하나 내부가 흑갈색 또는 흑색으로 변한다.

② 생리병으로서 저온, 고온, 산소결핍 등이 원인이다.

③ 방제법 : 저장할 때 너무 대량을 밀폐 저장해서 고온과 산소부족이 되지 않도록 관리하기

(10) 갈색속썩음병

① 괴경의 육질부가 검은빛속썩음병의 경우와 같이 갈색으로 변하며 썩는다.

② 생리장애로 생육말기에 고온건조하여 수분부족이 초래될 때 많이 발생된다.

③ 방제법 : 발생요인 제거

(11) 절편부패병

① **감자를 절단한 후 관리를 잘못하여 절단면이 부패되거나, 갈색 또는 흑색 반점이 생기면서 짓무르는 병해로 결주가 발생한다.**

② 씨감자 싹틔우기를 할 때 지나친 고온과 건조, 직사광선에 노출되었을 때 많이 발생한다.

③ 방제법 : 시원하고 습도가 높은 환경조건에서 씨감자의 절단면을 치유하고 파종하기

2. 충해

(1) 선충

① 연작 시 뿌리에 담갈색의 작은 반점이 선상으로 생겼다가 커지면서 썩기 시작한다. 괴경에는 큰 피해는 없으나 피해를 많이 받으면 오목한 병반이 생기며 썩기도 한다.

② 방제법 : 윤작, 피해를 입은 씨감자 제거하기, 저항성 품종 선택(대지, pungo)

(2) 왕됫박벌레붙이

① 서늘한 산간지대에서, 심할 경우에는 그물모양의 엽맥만 남긴다.

② 방제법 : 세빈수화제나 EPN유제 살포하기

(3) 도둑나방 및 진딧물

① 도둑나방의 유충이 줄기를 절단한다.

② 진딧물은 바이러스병을 전염시키고 직접 피해도 주기 때문에 메타시스톡스를 살포한다.

3. 생리장해

(1) 내부갈색반점

① **덩이줄기 착생 이후 활발한 비대기 동안 발생되며, 감자의 표면에는 증상이 나타나지 않고 감자를 잘라 보아야만 증상을 확인할 수 있으며, 가뭄 시 사질토 등에서 토양수분 부족과 기온 상승이 원인이다.**

② 고온기의 여름재배 지대에서 많이 발생하고, 괴경 내 육질부에 칼슘 부족으로 갈색반점이 생기고 저장 후 발아력이 떨어지고 육질이 단단해진다.

③ 품종에 따라 차이가 커서 저항성 품종을 선택하고, 퇴비를 많이 주고, 심경으로 보수력을 향상과 관수시설, 칼슘을 시용하면 어느 정도 효과가 있다.

(2) 중심공동

① 괴경 중심에 공동이 발생하고 주위가 변색되는 현상으로, 비료 또는 퇴비의 과다 시용, 고온다습, 불안정한 기상환경 등으로 감자가 급속하게 굵어질 때 발생한다.

② 중심공동은 품종에 따라 차이가 있으며, 주로 대서 품종에서 많이 발생한다.

③ 저항성 품종을 선택하고, 적정 재식거를 유지하거나, 배토와 일정한 생육이 유지되도록 토양수분을 알맞게 조절해야 한다.

(3) 흑색심부

① 괴경 중심부가 흑색으로 변하여 부패하는 증상으로, 저온이나 고온으로 인해 산소가 결핍될 때 발생한다.

② 씨감자의 싹을 틔우기 위해 산광처리를 하거나 저장하는 동안 발생한다.

(4) 2차생장

① 고온, 건조 및 양분의 불균형으로 괴경 생장이 정지된 후 다시 환경조건이 좋아지면서 2차적으로 덩이줄기가 발생하는 장해이다.

② 생육 중에 감자의 덩이줄기에 싹이 나거나 눈 부위가 돌출하면서 생장하여 기형 감자를 발생시킨다.

③ 적정 시비와 지속적이고 적절한 관수, 수확기에 고온이 지속될 경우에는 일찍 수확한다.

(5) 녹화

① 녹화는 감자가 생육 중에 햇볕에 노출되어 표피가 녹색으로 변하는 증상이다.

② 녹화가 발생하면 감자에 독성물질의 솔라닌이 형성되어 감자 맛이 아리게 되고 먹을 수 없게 되며 북주기(배토) 불량에서 기인한다.

(6) 피목비대

① **감자 표면의 피목이 토양에 수분이 너무 많으면 습해를 받아 하얗게 부풀어 오르는 것이다.**

② **괴경이 비대하는 동안 과다하게 관수를 하거나 장마 등으로 인해 토양이 과습하면 발생하므로 관수 시 적절한 수분이 유지되도록 관리하고, 과습 시 배수를 철저히 해야 한다.**

8 수확 및 저장

1. 수확

(1) 수확 적기는 경엽이 황변하고 괴경이 완숙하여 전분축적이 최고에 달하며, 표피가 완전히 코르크화되어 내부에 밀착하고 벗겨지기 힘들게 된 때이다.

(2) 평지는 6월 중하순~7월 중순, 고랭지는 9월 중하순에 수확한다.

(3) 너무 일찍 수확하면 수량이 적고, 전분축적이 불충분하여 품질이 떨어지고, 표피도 벗겨지기 쉬워 저장 중에 부패를 유발할 수 있다.

2. 저장

(1) 예비저장(가저장, 하계저장)

① 수확 후 겨울의 본저장까지의 보관과 관리를 말한다.

② 고랭지에서는 이 기간이 극히 짧지만, 평난지에서는 이 기간이 길고 기온도 높은 때이기 때문에 관리가 중요하다.

③ 직사광선이 들지 않고 온도가 낮으며, 바닥이 습하지 않고, 통기가 잘 되는 넓은 창고에 수확한 감자를 얇게 펴 저장한다.

④ 수확 후 오랫동안 직사광을 쬐면 감자가 녹변하고 솔라닌 함량이 증대되어 아린 맛이 더해지며, 외관과 식미가 매우 불량해진다.

(2) 큐어링

① 수확 작업 시 생긴 상처를 속히 아물게 하여 부패를 막아준다.

② 온도 12~18℃, 상대습도 80~90%의 음지에서 2~3주 보관한다.

(3) 본저장(동계저장)

① 발아와 부패 방지를 위한 조건이 필요하다.

② 온도

㉠ 1~4℃(특히 3~4℃)가 최적온도이며, 온도가 -1℃ 이하로 내려가면 동해를 입고, 7~8℃ 이상 되면 발아와 부패를 조장한다.

㉡ 이용 목적에 따라 적절한 저장온도가 다르다.

• 가공용 감자 : 환원당 함량이 증가하는 것을 막기 위하여 7~10℃에서 저장하며, 다음 작형에서 씨감자용으로 사용하기 위해서 장기 저장할 경우에는 싹의 조기발생을 억제하기 위하여 4℃ 정도에서 저장한다.

• 봄에 수확하여 가을에 씨감자로 쓰기 위한 경우 : 18~20℃의 조건에서 바람이 잘 통하는 곳에 저장하여 휴면 타파를 유도한다.

③ 상대습도 : 80~85%로 유지한다. 습도가 지나쳐 감자가 젖을 정도가 되면 부패하기 쉽고 너무 건조하면 저장 중의 감량이 커진다.

3. 저장 중의 발아억제법

(1) 3~4°C의 온도유지가 가능한 저장시설을 이용한다.

(2) 방사선 처리

(3) 도마톤, MH-30, 벨비탄K, 노나놀 등 약제 처리를 한다.

9 특수재배

1. 육아재배(난지육아조식춘작)

(1) 육아재배의 이용성

① 감자를 육아, 정식하고 생육 전반기를 폴리에틸렌으로 멀칭 재배하는 방식이다.

② 중부 평야지대의 6월 상순 상당히 높은 수량을 얻을 수 있어 조기출하용으로 알맞고, 답전작이 가능하다.

③ 조기 수확하면 진딧물의 피해기간이 짧아져서 바이러스병의 전염이 적어지므로 씨감자 생산에 알맞다.

(2) 육아 및 정식

① 육아착모기와 정식기는 지대별 기온조건에 따라 다르며, 중부 평야지대는 3월 중순에 육아를 시작하여 4월 초 정식하고 폴리에틸렌을 피복하며, 남부평야지대에서는 10일 정도 빨리 할 수 있다.

② 폴리에틸렌 멀칭재배는 만생종(대지)이 조생종(남작)에 비하여 멀칭 효과가 크다.

③ 육아온도는 15~18°C가 알맞은데, 양지바른 곳에 냉상을 설치하여 절단한 씨감자 조각을 상토에 묻고 완전히 덮일 정도로 복토한 다음 폴리에틸렌필름과 거적 등을 이용하여 보온한다.

④ 정식법은 일반재배의 파종법에 준한다.

⑤ 답전작은 미리 배수가 잘 되도록 정지하고 정식한다.

⑥ 두 이랑씩 서로 다가서 심으면 그 사이에 깊은 골을 내어 배수를 꾀할 수 있고, 또 두 이랑씩 폴리에틸렌을 피복할 수 있어서 편리하다.

(3) 관리

① 멀칭은 싹이 왕성하게 자라나기 시작하거나 기온이 높아지고 배토기가 되면 제거한다.

② 낮의 온도는 15~24°C, 밤의 온도는 10~14°C가 괴경의 형성과 비대에 알맞고, 17°C일 때 가장 좋다.

③ 중부 이북지방의 경우 후작물인 수도의 이앙기 및 수량, 그리고 감자의 시장가격을 고려하면 6월 10일 전후에 수확하는 것이 가장 경제적이다.

2. 추작재배

(1) 추작재배의 이용성과 재배체계

① 추작으로 생산된 씨감자는 저장 중에 노화되지 않고, 진딧물이 극히 적은 서해안지대에서 알맞게 재배하면 바이러스병에도 걸리지 않게 할 수 있으므로, 고랭지채종을 대신하는 채종법이다.

② 휴면기간이 긴 품종을 추작하여 강상기에 수확 저장하면 이듬해 초여름까지 저장하기 용이하여 이용하기가 유리하고, 조기재배답의 수도 후작으로 재배하면 답리용도를 높일 수 있다.

③ 채종용으로 추작할 때에는 춘작의 장려품종을 재배해야 하고, 남작 등의 춘작장려품종은 휴면기간이 길기 때문에 춘작으로 생산된 것을 다시 직파해 추작할 수는 없으므로 최아하여 추작한다.

④ 도원 등 휴면기간이 짧은 품종은 직파추작을 할 수 있으며, 극남부지방에서 육아재배 등을 하여 6월 하순경 수확하면 약 2개월 후인 8월 하순경에는 휴면에서 깨어나게 되므로 남부 평야지대에서는 이때 직파해도 추작재배를 할 수 있으므로 직파에 의한 2기작이 가능하지만, 우리나라에서는 생육기간이 충분하지 못하다.

(2) 추작의 환경과 수량

① 추작의 장점 : 괴경의 비대기인 생육 중·후기의 환경은 춘작 시의 고온장일에 비해 추작 저온단일이 되어 오히려 유리하다. 또한 춘작 시에는 생육기간 중에 강우량이 매우 적고 건조하기 쉽지만 추작 시에는 강우량이 충분하다.

② 최아추작 시의 단점 : 파종 시부터 출아해 생육이 왕성할 때까지의 씨감자 조각의 부패에 의한 결주 발생이다. 고온은 감자의 생육에 알맞지 않지만, 추작에서 충분한 생육기간을 확보하려면 일찍 고온기에 정식할 수밖에 없다. 따라서 정식기가 빠를수록 증수가 된다. 그러나 이것은 최아, 생육이 순조로울 경우인데, 정식 후에 비가 계속 내려 토양이 늘 포수 상태로 지속되면 이때가 고온기이므로 발아하기 전에 부패해 결주가 발생하기 쉽다.

③ 배수가 잘 되는 토성을 골라 배수가 잘 되도록 작휴·정식하는 것이 가장 중요하다.

(3) 최아처리

① GA 처리 : 도장을 유발하기는 하지만 저농도의 처리는 도장경향이 적으면서도 휴면타파에 효과가 있어 우리나라에서도 추작을 가능하게 한다.

② 에스렐 처리 : GA처리는 도장이 심한데 비해 에스렐은 싹이 소담하고 도장이 유발되지 않아 더욱 유리하다.

③ **GA + 에스렐 처리 : GA + 에스렐(200~500ppm)의 혼합처리가 최아 및 생육면에서 가장 유망하다.**

④ 에틸렌크롤로하이드린 처리 : 씨감자의 부패를 유발하기 쉬워 위험하다.

⑤ 박피절단법 : 남작과 같이 휴면기간이 긴 품종은 최아기간이 40~50일이나 소요되어 우리나라처럼 추작기간이 짧은 경우 실용성이 없다.

(4) 최아의 방법

① 최아상은 큰 나무의 그늘 등 직사광이 쪼이지 않고 서늘한 곳에 설치한다.

② 최아 중에는 씨감자의 절편이 늘 토양통기가 잘 되면서 축축하고 서늘하게 유지되어야 절단면이 잘 아물고 싹이 잘 튼다. 빗물이 직접 받아서 침수 상태가 오래 지속되거나 직사광선이 들어서 고온, 건조하면 부패가 심해진다.

③ 그늘진 곳에서 거친 모래에 묻고 늘 냉수를 주면 온도, 수분, 통기 등이 모두 좋은 조건으로 유지될 수 있다.

(5) 정식 및 관리

① 추작재배에서는 퇴화되지 않은 좋은 씨감자를 4절한 다음 최아하여 일찍 배수가 잘 되도록 심는 것이 증수의 요결이다.

② 최아상에서 싹이 상토 위로 나오면 정식하는데, 이때 아장은 3~5cm가 되며, GA나 GA와 에스렐의 혼합액을 처리했을 때에는 처리, 파종한 10일 후쯤이 된다.

③ 포장은 전작으로 감자, 가지, 토마토 등 가지과 작물을 심지 않았던 곳이어야 풋마름병 등이 발생하지 않으며, 토성은 사양토로 배수가 잘 되는 곳이어야 한다. 포장 전면에 4~5cm 간격으로 배수가 잘 되도록 작은 골을 낸다.

④ 재식밀도는 60cm × 20cm의 밀식이 좋다.

3. 난지최아동작재배

(1) 제주도와 남부 해안지대에서 조기출하 목적으로 겨울재배(동작재배)를 하는데, 이때는 12월중순경 씨감자를 최아하여 12월 하순경 본포에 60cm × 20cm의 재식거리로 정식한다.

(2) 온도를 높여 생육을 촉진시키기 위해 꼭 폴리에틸렌필름으로 피복하고, 터널을 동시에 설치한다.

(3) 3월 중순경부터는 낮동안 터널 안의 온도가 지나치게 높아질 우려가 있으므로 환기를 잘 해주어 고온장해를 받지 않도록 하고, 비배관리는 육아재배에 준한다.

(4) 휴면기간이 짧은 대지와 같은 품종이 알맞지만, 최아처리는 수미, 남작 등의 조생종이 알맞다.

(5) 대체로 4월 상·중순에 수확한다.

고구마

1 기원과 생산 및 경영상 특징

1. 분포 및 생산

(1) 기원

> • 학명 : *Ipomoea batatas*
> • 감저(甘藷)
> • 고구마는 메꽃과에 속하며, 온대에서는 1년생, 열대에서는 영년 숙근성식물로 분류된다.

(2) 분포 및 생산

① 원산지는 열대아메리카, 특히 멕시코를 중심으로 한 중앙아메리카이다.

② 고온·다조의 기후를 좋아하며 15~35℃에서는 온도가 높을수록 생육이 왕성하다. 따라서 고구마는 열대로부터 온대의 중남부와 여름의 고온기를 이용해 고위도 지대에서도 재배된다.

③ 우리나라에서는 전남을 비롯한 남부의 평야지 및 해안지에서 주로 재배된다.

④ 전남, 경남 및 제주에서 전체 재배면적의 약 80% 정도를 차지한다.

(3) 재배와 경영상의 특징

① 재배적 장점

㉠ 건물생산량이 많고 고능률작물로 모든 작물 중 단위수량이 가장 높다.

㉡ 작기의 이동이 비교적 용이하며 맥후작으로도 많은 수량을 낼 수 있어 토지이용상 유리

㉢ 건조, 척박지 등에 대한 토양적응성이 높고, 특히 산성토양에서도 잘 자라 재배 적지가 넓다.

㉣ 기상재해나 병충해도 적어 재배의 안전성이 높다.

㉤ 덩이뿌리의 이용범위가 넓다.

② 재배적 단점

㉠ 육묘, 이식의 노력이 많이 든다.

㉡ 기계화 생력재배에 불리하다.

㉢ 관리, 수송, 저장 등이 불편하다.

㉣ 식용으로는 품질이 곡류에 미치지 못한다.

㉤ 공업원료, 사료용은 생산시기가 한정되어 있으며 저장이 곤란하다.

(4) 성분과 이용

① 성분

㉠ 고구마의 수분 함량이 69% 정도고, 녹말과 당분이 대부분이다.

㉡ 말린 고구마의 주성분은 전분(70%)과 당분(10%)이다.

㉢ 단백질과 지질의 함량은 매우 낮지만, Julian, Centennial 등의 품종은 단백질 함량이 높다.(건물량 8~9%)

㉣ 카로틴(비타민A의 전구물질) 함량은 고구마 육색에 따라 차이가 난다.

㉤ 비타민의 종류별 함량은 품종, 생산지, 저장기간, 가공방법 등에 따라 차이가 난다.

㉥ 말린 고구마는 생고구마에 비해 비타민 A를 제외하면 영양분 함량이 훨씬 많고, 잎은 무기양분과 비타민 함량이 높다.

㉦ 고구마의 줄기나 괴근의 절단면에서 배출되는 유액인 얄라핀(Jalapin)은 공기에 접촉되면 흑색으로 변하여 가공상의 결점이 된다.

㉧ 고구마의 수량 표시

• 생저 : 수확한 직후 고구마의 무게

• 정곡 : 생저 중량 × 0.31(고구마의 평균 수분 함량 69%를 감안하여 계산한 값)

② 용도

㉠ 식용

㉡ 가공식품

㉢ 채소 대신의 부식용

㉣ 전분, 주정, 소주 등이 원료인 공업용

㉤ 사료용 : 줄기와 잎은 영양분이 많고 가축의 기호성도 높고, 엔실리지(ensilage)로도 이용되고 특히 비타민 A가 많이 함유되어 있어 젖소, 닭, 돼지 등의 사료로 사용된다.

08

2 형태

1. 뿌리

(1) 세근

비대하지 않고 가늘게 자란 뿌리이다.

(2) 경근

약간 비대하지만 정상적으로 비대하지 못한 연필 모양의 뿌리이다.

(3) 괴근

고구마의 종자를 심으면 1개의 직근이 나와 그것이 비대하여 괴근이 되지만, 묘를 심으면 엽병의 기부 양쪽에서 부정근이 발생하여 대부분은 세근이 되고 그 중 일부가 괴근으로 비대하며, 간혹 경근도 형성된다.

2. 괴근(fleshy root)

(1) 괴근의 특징

① 뿌리가 변형되어 주피, 피층, 중심주 등의 단면구조로 되어있다.

② 줄기에 착생했던 쪽의 두부, 그 반대 부위인 미부 및 이랑의 안쪽을 향했던 복부와 이랑의 바깥 쪽을 향했던 배부로 구분된다.

③ 눈은 두부에 많고 복부보다는 배부에 많은 경향이 있다.

④ 빛깔(주피색)은 적색, 홍색, 자색, 황색 등으로 구분되며, 카로틴 함량과 관계가 많다.

⑤ 괴근의 표면에 골이 많고 적음, 골의 깊이 등도 품종에 따라 차이가 뚜렷하고, 골이 없으며 매끄러운 것이 좋다.

(2) 괴근의 구조

① 주피 : 피층으로부터 분화된 생명이 없는 조직으로 얇고 전분립이 없으며, 함유하고 있는 색 소에 따라 빛깔이 결정되고 표면에 많은 근흔(root scar)이 있다.

② **피층** : 약간 두꺼우며 전분립을 함유하고 있다.

3. 줄기

(1) 둥글고 모용이 거의 없는 것으로부터 많은 것까지 있으며, 빛깔은 녹색, 적갈색 또는 적자색이 고, 선단은 기부에 비해 털이 많으며 담색이다.

(2) 생육 습성에 따라 입형과 포복형으로 구분하는데 입형은 줄기의 길이가 짧아 60cm 정도이고, 포복형은 6m에 달하는 것도 있다.

(3) 품종에 따라 차이는 있지만 지상부의 대부분은 1차분지로 구성되고, 생육후반에 2차분지가 다소 발생하는데 대체로 입형인 것이 마디도 짧고 분지도 많은 편이다.

4. 잎

(1) **고구마는 쌍자엽식물로서 종자가 발아할 때에는 2매의 자엽이 나오고, 괴근에서 발아할 때에는 자 엽이 나오지 않고 본엽만이 나온다.**

(2) 줄기의 각 마디에 2/5엽서로 착생하며, 엽면은 길어 품종에 따라 10cm에서 30cm까지 변이가 심하고, 엽형은 심장형으로부터 결각의 다소와 심천에 따라 여러가지로 구분되며, 그 크기는 환 경의 영향을 받는다.

(3) 성숙한 잎의 빛깔은 대체로 녹색이지만 농담의 차이가 있으며, 심엽이나 미성숙 잎은 자색 또는 갈색이다.

5. 꽃

(1) 고구마는 단일조건에 2~4주 정도 두거나 나팔꽃과 접목시키면 각 줄기의 마디에서 꽃송이가 나오는데 1개의 꽃송이에 나팔꽃과 비슷한 모양의 꽃이 3~10개씩 달린다.

(2) 꽃잎, 꽃받침, 수술이 각각 5개씩이며 암술은 1개이다.

(3) 엽액에서 꽃송이가 나와 긴 꽃자루(환경)에 5~10개의 꽃이 착생하는 액생집산화서(axillary cymose)로서 모양이 메꽃이나 나팔꽃과 비슷하고, 밑부분에 5매로 된 꽃받침이 있으며, 꽃부리는 담홍색으로 길이가 5cm 정도이고 끝이 얕게 5조각으로 갈라진다.

(4) 수술은 5본으로 밑부분이 꽃부리에 부착되어 있고 수술끼리는 분리되어 있고 그 중 1본이 암술보다 길며 4본은 암술보다 약간 짧은 편이고, 암술은 1본으로 길이가 1.5cm 내외다.

(5) 꽃의 내면 기부에는 황색의 밀원이 있다.

6. 꼬투리 및 종자

(1) 꼬투리는 모양이 나팔꽃과 비슷하고, 미숙 꼬투리는 녹색 또는 담적자색이지만 성숙 꼬투리는 황갈색~회갈색이다.

(2) 4편의 외피가 봉합되어 구성된 꼬투리 내에는 2~5개의 종자가 들어있으며, 100립중은 2g 내외이다.

(3) 종자도 모양이 나팔꽃의 종자와 거의 같고, 흑갈색이며, 편구형으로서 길이가 4~5mm이고 모가 져있는 경실이다.

---

3 생리 및 생태

08

1. 생육과정

♀ 고구마의 생육 과정 모식도

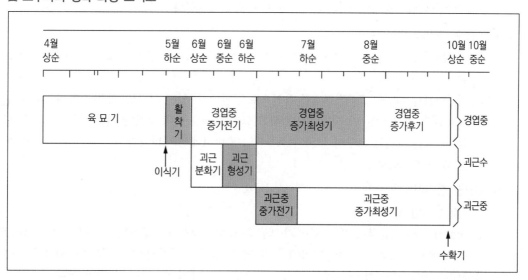

(1) 육묘기

① 육묘기간은 40~60일로 묘상에 씨고구마를 묻은 후 채묘까지의 전기간이다.

② **육묘초기**: 맹아까지 기간으로 씨고구마의 양분으로만 생육하고, 적온(30~33℃)까지 온도가 높을수록 맹아일수가 단축되므로 온도 관리가 매우 중요하다.

③ **육묘중기**: 맹아 후 경엽이 왕성하게 자라기 시작할 때까지의 기간으로 씨고구마의 저장양분과 잎에서 생산된 동화물질을 함께 생육에 이용한다. 급격한 육묘환경의 변화가 없도록 관리해야 한다.

④ **육묘후기**: 줄기와 잎의 생육이 왕성해지면서 잎에서 생산된 동화물질로만 생육하는 시기로 온도보다 상토의 양분과 수분상태, 일조 등이 중요하다.

(2) **활착기**

① 이식 후 활착하여 재생장이 개시될 때까지의 기간으로 수분이 충분할 경우 10~15일이 소요된다.

② 이식 시기는 조식 5월 하순~6월 상순, 맥후작은 6월 중하순~7월 상순이다.

(3) **경엽중 증가기**

① **전기**: 이식 후 1개월 정도로 경엽의 생장이 더딘 생육초기로 땅속에서는 괴근이 분화, 형성되지만 생육이 더디다.

② **최성기**: 7월 상·중순~8월 중·하순까지 경엽 생장이 왕성한 시기로 이 기간은 고온장일 조건이기 때문에 경엽중과 괴근의 신장도 동시에 이뤄진다.

③ **후기**: 8월 하순~9월 상순경부터 수확 직전까지 경엽중이 별로 증가하지 않는 시기로, 이 기간은 기온도 낮아지고 단일조건이며, 지하부에서는 괴근의 비대가 왕성하게 이루어지고, 지상부에서는 경엽의 생장이 미미하고 고엽도 발생한다.

(4) **괴근수 증가기**

① **괴근분화기**: 이식 후 괴근으로 될 뿌리가 분화되는 시기로 활착이 좋으면 25~30일이 소요된다.

② **괴근형성기**: 괴근으로 될 뿌리를 육안으로 구별할 수 있는 시기로, 괴근 분화 후 10~15일이 소요된다. 괴근 수는 이 시기에 결정되고 그 이후에는 비대 생장만 이루어진다. 괴근을 형성할 수 있는 뿌리는 고구마 싹의 위로부터 4~5마디에서 나타나기 시작하여 6~10마디에 가장 많이 분포한다.

(5) **괴근중 증가기**

① **전기**: 경엽 생장 시기

② **최성기**: 8월 상순부터 9월 하순까지 괴근중이 가장 왕성하게 증가되는 시기로 지상부의 생장량도 최고에 달해있고, 저온단일에서 괴근중의 증가가 왕성해지며 건물률도 최고에 달한다.

③ **후기**: 10월 이후 기온이 매우 낮아져서 괴근의 비대가 미미해 수확기가 된다.

2. 괴근의 형성

(1) 괴근의 분화형성

❀ 뿌리의 발달방향

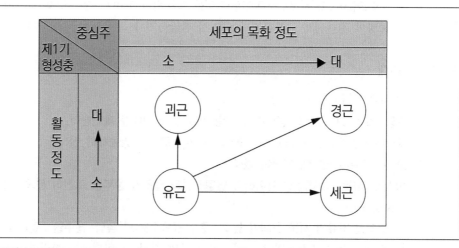

① 유근에서 괴근으로 분화되는 것은 이식 10일 후부터 중심주의 원생목부에 분화된 제 1형성층의 활동이 왕성해져서 중심주의 조직이 불어나고 유조직이 목화하지 않으며 이 조직에 전분립이 축적된다.

② 괴근은 제1기 형성층의 활동이 왕성하고 세포의 목화 정도가 낮으면 형성된다.

③ 제1기 형성층의 활동이 왕성해도 유조직이 속히 목화되면 경근이 되며, 제1기 형성층의 활동이 미약하고 유조직의 목화가 빠르면 처음부터 세근이 된다.

④ 알맞은 토양수분은 세근은 최대용수량의 90~95%, 괴근은 70~75%이다.

(2) 괴근의 형성부위

① 이식하기 전의 싹시절에도 이미 부정근의 원기가 분화형성되어 있다.

② 부정근의 원기 중에서 크기가 1mm 정도인 것을 장태부정근원기(長太不定根原基)라 하는데, 괴근형성절위와 일치하여 장태부정근원기가 괴근으로 발달하기 쉽다.

③ 장태부정근원기는 끝에서부터 밑으로 4~5마디에서부터 10마디에 이르는 부분에 많이 분포하고 있다.

④ 괴근의 비대를 위해 고구마 싹의 기부에 NAA 2%의 라놀린를 도포한다.

(3) 괴근형성에 관여하는 조건

① 육묘

　㉠ 장태부정근원기가 잘 형성된 마디가 많은 묘가 괴근형성이 잘 된다.

　㉡ 묘상은 일조, 온도, 수분, 비료 등이 알맞아야 하며, 수분과 질소가 부족하고 일조가 과다하면 싹이 빨리 목화된다.

② 이식 시

　㉠ 이식 시에는 22~24℃ 정도의 온도가 유근의 제1형성층의 활동이 왕성하고 중심주의 목화가 진행되지 않으므로 괴근형성이 잘 된다.

　㉡ 통기와 토양수분, 일조가 충분하고 칼리성분도 충분하며, 질소가 과다하지 않아야 한다.

③ 이식 직후

　　㉠ 유근이 세근, 경근, 괴근 등으로 분화되는 생리적 변화는 이식 후 5일 이내에 이루어지므로 이식 직후 토양환경은 괴근 형성에 중요하다.

　　㉡ 동화물질이 고온부로부터 저온부로 이동, 축적하기 때문에 토양 저온이 괴근 형성을 유도한다.

　　㉢ 토양이 지나치게 건조하거나 굳어서 딱딱하거나, 고온에서는 경근이 형성된다.

3. 괴근의 비대

(1) 괴근비대와 환경조건

① 토양온도는 20~30℃ 정도이며, 변온이 괴근의 비대를 촉진한다.

② 토양수분은 최대용수량의 70~75%이고, 토양통기는 양호해야 한다.

③ pH 4~8에서 생육에 지장이 없다.

④ 10시간 50분~11시간 50분이하의 단일조건과 일조가 풍부한 조건이 필요하다.

⑤ 비료효과

　　㉠ 칼리질 비료의 시용 효과가 높고, 흡수량(흡수율)도 높다.(흡수율 : 칼리 > 질소 > 인산)

　　㉡ 질소 과용은 지상부만 번무시키고 괴근의 형성 및 비대에는 불리하다.

(2) 고구마의 특성

① 고구마는 다른 작물에 비해 건물생산량이 많으나 일정기간 동안 최대건물생산량은 오히려 벼보다 낮은데, 이것은 두 작물의 광합성 능력의 차이가 아니고 고구마가 최적엽면적을 확보하지 못하기 때문이다.

② 단위면적당 건물수량은 벼보다 고구마가 높으며, 이것은 건물생산능력의 지속기간이 길기 때문이다.

(3) 고구마의 증수방안

① 활착이 잘 되도록 하고, 엽면적을 조기에 확보할 수 있도록 생육을 촉진시켜야 한다. 지상부 생육은 30~35℃에서 왕성하다.

② 고구마의 잎은 벼의 잎과 같이 수직적, 입체적 배열이 아니라 평면적으로 배열되기 때문에 이러한 불리한 수광태세를 개선하기 위한 육종적, 재배적 조치가 필요하다.

③ 광합성능력을 오랫동안 높게 유지할 수 있게 있도록 엽중 칼리농도를 높일 수 있는 비배관리가 요구된다.

④ 건물생산이 높은 기간을 길게 유지하고, 저장 중 호흡에 의한 저장양분의 소모를 최소화한다.

(4) 고구마의 기타 특성

① 고구마의 단위 영양에 대한 비용은 쌀의 20% 정도밖에 되지 않는다.

② 괴근의 비대는 경엽으로부터 동화물질이 전류, 축적되어 이루어지므로 경엽중과 괴근중과는 높은 정의 상관이며 경엽의 효과는 직접적이고 거의 전생육기간에 걸쳐 영향을 끼친다.

③ 다수성품종은 소수성품종에 비해 수확기와는 관계없이 증수되는데 극히 조기수확을 할 때 수량과 품질이 특히 우수한 품종을 조굴적응성품종이라고 하고, 만식할 때에도 수량과 품질의 저하가 덜한 품종을 만식적응성품종이라고 한다.(황미)

4. 전분 함량

(1) 전분 함량의 용어

① **전분 함량** : 생고구마 중에 함유되어 있는 전분의 중량비

② **전분수율** : 전분제조과정에서 일정량의 원료 고구마에 대한 전분생산량의 중량비

③ **전분가** : 고구마의 발효성 탄수화물의 총량을 전분으로 환산하고 생고구마에 대한 중량비로 나타낸 것

④ **절간율** : 일정량의 생고구마에서 생산되는 절간고구마의 중량비

(2) 전분함량의 변이와 관련이 있는 요인

① 품종에 따라 전분함량의 차이가 있다.

② **기상환경** : 생산지가 열대지역은 전분 함량이 낮고 당분 함량이 높은 반면, 재배극지대의 서늘한 지역은 전분 함량이 높고 당분 함량이 낮다.

③ **이식기 및 수확기** : 조식이 만식에 비해, 그리고 만기수확이 조기수확에 비해 전분가가 높다.

④ **토성** : 양토~사양토가 경식토~식질토양에 비해 전분 함량이 높다.

⑤ **시비량** : 무비료와 질소과다는 전분 함량이 낮아지고, 인산, 칼리 및 퇴비 시비는 전분 함량이 증가한다.

⑥ 저장 기간이 길어질수록 전분 함량이 낮아진다.

5. 개화 및 결실

(1) 개화의 유도 및 촉진

① **단일처리** : 8~10시간의 단일처리가 개화를 유도한다.

② **접목** : 나팔꽃의 대목에 고구마의 순을 접목하면 지상부의 C/N율이 높아지기 때문에 개화가 촉진된다.(나팔꽃이 지하부의 괴근을 형성하지 않고, 접목이 탄수화물의 지하부로의 전류를 저해한다.)

③ **절상 및 환상박피** : 지상부 동화물질의 지하부로의 전류가 억제되어 개화가 조장된다.

④ **포기의 월동** : 포기를 월동하면 단일처리가 되고, 식물체도 C/N율이 높아지므로 개화가 유도된다.

(2) 실생육성

① 고구마의 종자는 경실(硬實)이므로, 종자의 표피에 상처를 내거나 진한 황산(농황산)에 1시간 정도 침지한 다음 20분 정도 수세하여 파종한다.

② 발아 후 출현한 직근은 비대하지만 억세어 식용으로 부적당한 괴근을 형성한다. 그러나 자엽 위의 순만을 잘라서 삽식하면 일반적으로 육묘하여 이식한 경우처럼 정상적인 괴근이 형성된다.

4 환경

1. 기상

(1) 고구마는 생육적온이 높고 생육기간도 긴 작물이기에 무상기간이 길어야 수량이 증대한다.

(2) 지상부 생육은 30~35℃가 좋고, 발근은 25~30℃, 괴근 비대는 20~30℃의 지온이 알맞다.

(3) 변온은 경엽의 생장을 억제하지만 괴근의 비대는 현저하게 촉진된다.

(4) 토양의 과도한 건조를 초래하지 않는 범위에서 일조가 많은 것이 좋다.

(5) 단일조건은 경엽 생장을 억제하고 괴근 비대를 조장하는데, 대체로 10시간 50분의 단일이 좋다.

(6) 이식기 전후에는 상당한 강우가 있어야 활착과 생육이 좋으며, 생육기간 중에는 강우로 토양이 과습하면 좋지 않다. 또한 수확기에는 강우가 적어야한다.

2. 토양

(1) **연작장해가 별로 없고, 토양적응성이 극히 높고, 토양산도의 적응도가 높다.(pH 4.2~7.0)**

(2) 토양수분은 세근은 최대용수량의 90~95%, 괴근은 60~70%이고 건조에 대한 적응성도 강하다.

(3) 토양피복도가 커서 토양의 건조 및 침식을 억제하여 경사지에 대한 적응성이 높으며, 척박한 모래땅, 산성이 강한 개간지 등에서도 잘 자란다.

(4) **토양이 과습하면 괴근 비대가 억제되고, 모양이 길어지며, 맛이 나빠지고, 경근 형성의 조장과 지상절의 발근이 심해진다.**

(5) **고구마의 생육에는 토양통기가 매우 중요한데, 토양통기가 좋으면서도 수분이 부족되는 일이 적은 사양토나 양토가 알맞고, 경토가 깊은 것이 좋다.**

5 품종

1. 품종의 특성

(1) 재배적 특성

① **저온적응성**: 육묘와 종자발아 시 또는 다소 늦어진 수확기에서도 저온에 의한 피해가 적은 품종이 유리하다.

② **다비, 소비적응성**: 비료분이 충분해도 지상부가 과번무하지 않고, 소비 조건에서도 수량이 크게 감소되지 않는 품종이다.

③ **만식, 조식적응성**: 보리 뒷그루로 재배하더라도 수량의 감소가 적고, 조식 시에도 괴근이 빨리 비대되어 경제적 수량을 낼 수 있는 품종이다.

④ **조기피복성**: 줄기의 신장 및 잎의 전개가 신속히 이루어져 생육초기에 일찍 토양을 피복할 수 있는 품종이 수량도 많고 제초노력도 절감한다.

(2) 소비적 측면의 특성

① 수량성

② 고구마는 생체중의 70%가 수분이므로, 건물률 및 전분 함량이 높아야 하고 전분의 당화도 늦은 품종이다.

③ 식용은 당질이면서 단맛이 높은 품종이다.

④ 카로틴과 아스코르브산의 함량이 높을수록 좋고 육색이 붉은 포트리코계 품종이 높다.

⑤ 씨고구마(종저)는 특히 저장성이 좋아서 장기간 저장하더라도 품질이나 묘생산력에 변화가 없는 품종이다.

⑥ 식용, 전분 가공용 : 홍미, 율미, 신율미, 증미, 건미, 연미, 진홍미, 신천미, 신건미, 고건미, 주황미

⑦ 생식용, 식품 첨가색소용 : 생미, 자미, 신황미, 보라미, 신자미

⑧ 엽병채소용, 사료용 : 진미, 하얀미

6 재배

1. 작부체계

(1) 고구마는 연작장해를 받지 않는 편이지만 흡비량이 많은 작물이기 때문에, 연작하면 지력소모가 심하고 검은무늬병이나 토양선충에 의한 피해가 심해지는 등의 사실을 고려하면 윤작이 좋다.

(2) 고구마는 생육기간이 짧은 산간부에는 단작, 평야지대는 맥후작으로 재배하고 있는데, 생육시기가 콩과 비슷하여 콩과 교대로 재배하는 것이 지력유지와 기지의 회피로 유리하다.

2. 육묘

(1) 육묘환경

① 온도 : 싹이 트는 적온은 30~33°C이고 17°C 이하는 거의 싹이 트지 않는다. 싹이 자랄 때에는 23~25°C이며 그보다 높으면 도장 우려가 있다.

② 일조 : 일조 부족은 도장, 과다하면 경화될 우려가 있다. 육묘후기는 양분, 수분이 넉넉하고 일조가 충분해야 좋다.

③ 수분 : 수분은 넉넉해야 하며, 부족하면 성장 저해와 경화를 유발한다.

④ 비료 : 질소 및 칼리질비료가 충분해야 된다.

⑤ 생육밀도 : 묘가 너무 촘촘하면 연약해지기 쉽다.

(2) 묘상의 위치와 면적

① 바람이 막히고, 햇볕이 잘 들며, 지하수위가 낮고 배수가 잘 되어 침수의 우려가 없으며, 관수나 그 밖의 관리가 편한 곳이다.

② 재배본수는 10a당 4,500~7,200본이 필요한데, 일반 묘상에서 3회 채묘할 경우에는 1회에 1m²당 150~220본의 묘가 생산되어 본밭 10a당 10m²의 묘상이 필요하다.

(3) 묘상의 구조

① **묘상은 남북으로 길게 만들어야 일사를 고르게 받으며, 너비는 1.2m, 묘상과 묘상 사이는 약 30cm가 적당하며, 상면의 균일한 온도를 유지하기 위해 저면은 중앙부를 높게 한다.**

② 구덩이 깊이는 양열온상은 40cm 정도로 하는 경우가 많고, 상틀의 높이는 상토면 위 25~30cm가 되도록 해야 싹이 자란 후에도 필름이 닿지 않는다.

(4) 씨고구마

① 저장 중 냉해를 입은 것은 부패되기 쉬우므로 사용하지 않는다.

② 이형주, 검은무늬병, 무름병 등에 걸린 것도 제거한다.

③ 보통 크기의 씨고구마는 묘상 1m²당 7~10kg이 소요된다.

(5) 상

① 온상의 묵은 양열재료는 병균을 옮길 염려가 있으므로 새로운 퇴비를 사용하는 것이 안전하다.

② 묘상에는 상토를 깊이 12~15cm 정도 넣는다.

③ 1m² 당 필요한 상토의 양은 0.12~0.15m³이므로 본밭 10a에 필요한 묘상을 만드는 데는 1.2~1.5m³의 상토가 요구된다.

(6) 씨고구마 묻기와 묘상의 관리

① 씨고구마를 묻기 전에 묘상 3.3m²당 요소 30~50g, 용성인비 60~70g, 염화칼리 25~30g을 전면 시용한다.

② 묘상의 온도가 충분히 높아진 후에 줄 사이를 4~5cm로 띄어 묻는다. 이때 일정한 방향이 되도록 묻어야 발아가 고르고 좋다.

③ 싹이 틀 때까지는 30~33℃로 싹이 튼 후 부터는 25℃로 유지하며, 상토가 건조하지 않도록 관수한다.

④ 싹이 10cm 정도로 자라고 외온도 점차 높아지면 한낮에 2~3시간씩 비닐을 벗겨서 자외선을 쬐어준다.

⑤ 채묘기에 가까워지면 밤낮으로 비닐을 벗겨주어 싹을 튼튼하게 한다.

(7) 채묘

① 이식시기가 되고 싹도 25~30cm로 자란 것들이 많아지면 잘라서 심는데, 싹을 자르면 자른 그루터기에서 새싹이 돋고, 검은무늬병의 전염을 억제하는 효과가 있다.

② 싹을 자르기 3~4일 전과 싹을 자른 직후 요소 1%액을 3.3m²당 4~6L 정도 엽면을 살포한다.

③ 상황에 따라 알맞은 곳에 가식해 두고 물을 주면서 발근시키면 2주일 정도까지는 싹 자체의 생산력이 저하되지 않는다.

(8) 육묘법의 종류

① **양열온상육묘법**: 양열재료를 밟아 넣고 발열시켜 온상의 온도를 유지하는 온상이다.

　㉠ 양열온상의 재료

　　• **발열주재료: 볏짚, 새 두엄, 건초**

　　• **발열촉진재료: 겨, 닭똥, 말똥, 목화씨, 인분뇨, 황산암모늄, 요소, 석회**

　　• **발열지속재료: 낙엽**

ⓛ 양열온상의 육묘과정

- 묘상설치 및 양열재료 밟아 넣기 : 3월 중·하순
- 상토 넣기 : 밟아 넣기 후 4~5일 지나서 묘상 온도가 50~60℃로 높아졌을 때 넣는다.
- 씨고구마 묻기 : 상토 넣기 4~5일이 지나서 묘상 온도가 30~35℃로 안정되었을 때로 너무 일찍 묻어 묻은 후에 50℃ 이상이 되면 썩게 된다.
- 발아 : 10일 후에 발아한다.
- 채묘 : 발아 30~40일 후인 5월 중·하순에 첫 채묘, 7~9일 간격으로 3~4회 자른다.

② 비닐냉상육묘법

ⓐ 양열재료를 사용하지 않고, 상토 밑에 짚 등의 단열재료만을 두께 3~5cm로 넣고 비닐로 보온하는 방법으로, 싹이 트지 않은 씨고구마를 묻어 육묘하는 방식이다.

ⓑ 외부 기온이 어느 정도 높아진 후에야 안전하므로 육묘시기가 늦어지고, 또한 싹의 자람도 늦어 극남부지대에서 늦게 이식할 때 이용한다.

ⓒ 고구마를 축축한 상태로 32~33℃에 4~5일 보관하여 2~10mm로 최아시킨다.

ⓓ 싹튼 후 육묘적온인 23~25℃로 비닐냉상을 유지하며 최아시킨 씨고구마를 묻는다.

③ 전열온상육묘법

ⓐ 바닥에 전열선을 깔아 온도조절을 자유로이 할 수 있게 만든 온상이다.

ⓑ 육묘기간이 양열온상의 경우보다 10~15일정도 단축되나 온도관리에 항상 주의하고 특히 자주 관수해야 한다.

  ✱ 고구마의 싹의 길이에 따라 45~50cm 크기의 싹을 큰싹(대묘), 25~30cm 크기를 표준싹(표준묘), 15cm 내외의 것을 작은싹(소묘)로 구분한다.

3. 이식

(1) 이식기

① **지온이 17~18℃이면 정상적 발근이 가능하며, 이 시기가 되면 빨리 이식할수록 수량이 증대된다.**

② 평야지대의 남부 5월 상순, 중부 5월 중순 이후에 이식한다.

(2) 정지 및 작휴

흙덩이를 곱게 부수고 비료를 이랑의 상당히 깊은 곳까지 시용하며, 이랑을 높게 세우고 이랑 위에 심는다.

(3) 재식밀도

① 이식기, 시비량, 묘의 조건 등에 따라 크게 달라진다.

② 토양과 비료의 조건이 좋고, 우량 묘를 조식할 경우 90cm × 20cm 또는 75cm × 25cm로, 묘가 작을 때에는 길이에 비례하여 포기 사이도 좁히는 것이 좋다.

③ 맥후작으로 만식은 75cm × 20~15cm로 한다.

(4) 삽식법

☼ 고구마 싹 심는 방법

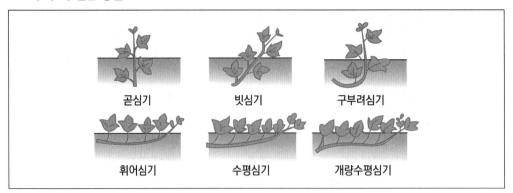

① 활착이 잘 되는 한 뉘어서 얕게 심어야 발근과 분지발생이 좋아지며, 토양수분이 적거나 묘가 짧을 때에는 이에 적용하는 방법으로 한다.
② 묘를 염화콜린 용액에 24시간 침지 후 심으면 고구마의 초기생육과 괴근의 형성이 빨라서 증수된다.
③ 심을 구덩이마다 0.5~1L씩 물을 주고 심으면 건실한 싹은 토양이 건조하더라도 잘 활착한다.
④ 묘의 선단부와 잎은 모두 지상으로 나오도록 심는다.

(5) 삽식법의 종류

> 삽식의 원칙
> 가급적 얕게 심어야 덩이뿌리 형성에 유리하지만, 건조할 경우에는 깊게 심어야 뿌리를 잘 내린다.

① 직립식 : 짧고 굵은 묘를 사질토에 밀식할 때 이용한다.
② **사식(빗심기) : 짧은 묘를 건조하기 쉬운 사질토에 심을 때 이용한다.**
③ 개량수평식 : 사질토에서 토양의 건조가 우려될 때 밑동만 깊게 심는다.
④ 수평식 : 묘가 크고 토양이 건조하지 않을 때의 재식방법이다.
⑤ 개량수평심기, 수평심기, 휘어심기 : 싹이 튼튼하고 표준묘 이상일 때 이용한다.
⑥ 곧심기, 빗심기, 구부려심기 : 작은 싹을 심거나 밭이 다소 건조할 경우에 이용한다.

(6) 멀칭재배

① 장점 : 생육초기의 지온상승을 촉진하여 이식을 앞당기고, 활착과 초기생육을 조장하며, 수분 증발, 비료분의 유실, 잡초 발생 등을 경감·방지한다.
② 단점 : 낮의 온도가 높아져서 진딧물, 응애 및 근류선충 등의 발생한다.

(7) 시비

① 비료 3요소 흡수량 : $N - P - K = 3 - 1 - 4$
② 시비와 건물생산과의 관계
　㉠ 수량의 성립
　　• 괴근수량(건물) = 건물생산능력 × 건물생산기간 × 괴근으로의 건물분배율
　　　　　　　　　 = (광합성량 − 호흡량) × 광합성기간 × 괴근으로의 건물분배율

- 건물생산능력 = 순동화율(단위광합성능력) × 엽면적
- 최대수량을 내려면 최적엽면적을 속히 전개시키고, 잎의 순동화율을 최대로 유지하여 최대광합성량과 최소호흡량의 기간의 길게 하고, 괴근으로의 광합성 물질의 분배율을 높여야 한다.

ⓛ 최적엽면적의 확보 : 고구마의 LAI는 3.2 내외이며, 일사량이 강해지면 좀 더 커진다. 생육초기에는 질소가 풍부해야 하지만, 생육후기는 과번무로 질소를 과용하지 않는다.

ⓒ 순동화율의 증대 : 순동화율 증대를 위해 엽신 중의 질소농도 2.2% 이상, 칼리는 4.0% 이상을 유지한다. 엽신 중의 탄수화물이 축적되고 전류하지 못하면 광합성속도가 저하된다.

ⓔ 호흡량의 감소 : 과번무는 불필요한 호흡량을 증대한다. 호흡량은 엽신 > 줄기 > 엽병 > 괴근 > 세근 순이다. 질소과용을 피하고 최적엽면적 확보와 과번무 억제가 필요하다.

ⓜ 건물지하분배의 조장 : K/N의 비율이 클 때 과번무가 억제되고 지하로의 전류가 조장된다.

③ 비료요소의 비효

질소는 고구마 지상부의 생육, 칼리는 덩이뿌리의 비대, 인산은 고구마의 품질과 단맛, 저장력에 영향을 주며 전량 기비로 심층시비가 효과적이다.

㉠ N : 최적엽면적과 높은 광합성능력을 유지하는 것이 필요하지만 과용은 좋지 않다.

㉡ P : 고구마는 인산의 흡수량이 적으므로 비료로서의 요구량도 적다. 결핍되면 잎이 작아지고 농녹색으로 되면 광택이 나빠지고, 인산이 풍부하면 괴근의 모양이 길어지지만 분질로 단맛이 높아지고 저장력도 증대된다.

㉢ K : 요구량이 가장 많고 시용효과가 높다.
- 광합성능력과 동화물질의 지하부로의 전류를 조장한다.
- 질소가 많을 때는 과번무현상을 억제한다.
- 괴근의 1차 형성층의 활동을 조장하고 중심세포가 목화되는 것을 억제하여 괴근형성과 비대가 촉진되어 증수한다.
- 칼리과다 시에는 절간율이 저하되는 경향이 있다.

㉣ 퇴비의 효과가 특히 커서, 토양 통기를 조장하고, 보수력과 보비력 증대와 생육 중·후기에 칼리 및 질소를 공급하는 효과가 있다.

㉤ 10a당 시비량은 대체로 퇴비는 1,000kg 이상 3,000kg까지도 많을수록 좋고, 질소 4~8kg, 인산 3~6kg, 칼리 10~20kg을 시용한다.

㉥ 미숙 퇴비나 낙엽, 생풀 등을 이식 전에 주면 건조 때문에 활착이 나빠지고 유기물의 분해에 필요한 질소를 토양으로부터 흡수하여 질소 부족이 일어난다.

4. 관리

(1) 김매기

생육초기에는 제초가 중요하다.

(2) 순지르기

좋은 조건에서 조식하였을 때 소식이면 활착 후에 순지르기로 분지 발생을 조장하는 것이 유리하지만, 재식밀도가 알맞은 때는 과번무하의 우려가 있다.

(3) 덩굴뒤치기

① 토양수분이 넉넉할 때 뿌리가 많이 발생하고, 이용성이 없는 소형의 고구마를 많이 형성할 수 있어서 덩굴을 뒤쳐 지상절의 발근을 끊어주기도 하는데, 오히려 경엽이 엉클어져서 광합성체제가 악화되어 감수를 초래하기 쉽다.

② 김매기를 할 때 덩굴을 들어 지상절의 발근을 끊고 다시 재위치로 돌려놓는 정도가 알맞으며, 덩굴이 번성한 후에는 뒤칠 필요가 없다.

(4) 짚멀칭

고구마의 덩굴이 많이 퍼지기 전에 짚을 깔아주면 잡초의 발생이 억제되고, 토양수분의 증발이 경감된다. 한여름의 지온이 과도하게 높아지는 것이 방지되고, 지상절의 발근도 경감되며, 토양이 부드러운 상태로 되고, 비료 공급효과도 있어 효과적이다.

5. 생리장해

(1) 동해 및 냉해

저장기간 중에 동해를 입을 경우 물에 젖은 것처럼 누르면 물이 나오고 물렁물렁해지며 썩게 된다.

(2) 심부병

외관상으로는 건전해 보이지만 잘라보면 괴근의 중심부에 갈색 반점이 있고, 심하면 모든 부분에 퍼지는데, 건조한 토양에서 재배하거나 건조한 저장고에 큐어링을 하여 저장할 경우 많이 발생된다.

7 병충해 방제

1. 병해

(1) 검은무늬병(흑반병, black rot)

① 전 생육시기에 발생하며, 특히 저장 중에 크게 발생한다.

② 검은무늬병에 걸린 고구마는 병반부에 쓴맛이 있는 독소가 생성되어 가축이 먹으면 식욕감퇴, 호흡곤란, 눈의 충혈, 설사, 입이나 코로부터 점액수하 등의 증상이 나타나고, 심할 경우에는 죽게 되며, 특히 소나 말이 중독되기 쉽다.

③ 씨고구마, 상토, 포장, 저장고, 사용기구 등을 통해 전염된다. 수확 전에 이병된 개체로부터 전염되어 저장 중에 확산된다.

④ 방제법 : 내병성 품종 선택, 씨고구마와 싹을 소독하기, 상토를 바꾸고 윤작하기, 저장고와 저장시설 소독, 큐어링 저장

(2) 무름병(연부병, soft rot)

① 저장고의 시설, 용기 또는 공기를 통하여 상처부위에 감염되는데 병에 걸린 부위가 갈색으로 변하면서 썩는다. 저장 중에 습하고 냉하게 저장할 때 발생하며 병이 진전되면 누런색의 진물이 흐르면서 물러지며 처음에는 흰 곰팡이가 피었다가 나중에는 검게 변한다. 진물이 흐르면 알코올 냄새가 나면서 급속도로 병이 확산된다.

② 병원균은 부생균으로서 저장시설 및 기구 등을 통해 전염되고 공기를 통해 전염되기도 한다.

③ 방제법 : 수확할 때 가급적 상처가 나지 않게 하기, 냉해를 입지 않도록 적기에 수확한 뒤 아물이를 실시하기, 저장시설과 용기의 소독, 이병개체 제거, 상처 없는 고구마 적습, 적온 저장, 큐어링 저장

(3) 건부병(dry rot)

고구마가 몹시 건조하였거나 저장고가 몹시 건조할 때 발생하기 쉬우며 갈색으로 변하면서 단단하고 마르면서 썩고, 딱지와 같은 동글동글한 병반이 생기며 무름병에 준하여 방제한다.

(4) 덩굴쪼김병

① 묘상에서도 발생하지만 주로 본포에서 발생하며 묘상에서 발생하면 잎이 황변하고 줄기가 세로로 쪼개지는 경우가 있다. 본밭에서 병에 걸린 싹을 심었을 때에는 황변·고사하거나 활착이 나빠지며, 병에 걸린 그루는 땅가의 줄기가 쪼개져서 분홍색 곰팡이가 생기고, 이곳에서 발생한 괴근에는 처음에는 담자색의 병반이 생기지만 나중에는 흑색으로 변하여 도관을 따라 병반이 내부로 침입한다.

② 피해경에 묻어 병원균이 땅속에서 월동하다 전염된다.

③ 방제법 : 연작을 피하고 무병지에서 채종하기, 소독 후 심기, 병든 포기는 일찍 제거하고, 파낸 자리에 우스풀룬을 주입하여 토양 소독하기

(5) 검은점박이병

① 괴근의 표면에 여름철부터 저장 중에 걸쳐 발생하지만 병반이 표피에 한정되고 내부조직까지 침입하지 않는다. 처음에는 표피에 검은무늬가 발생하고 점차 번져 서로 융합되어 불규칙한 큰 병반으로 변화되며, 저장 중에 발생했을 때는 병반에 주름살이 생기고 금이 가는 경우가 많다. 연작을 할 때, 여름에 비가 많을 때 또는 배수가 불량할 때 많이 발생하며 미숙퇴비에 접했던 부분에 발생한다.

② 씨고구마와 토양을 통해 전염된다.

③ 방제법 : 씨고구마와 싹 소독하기, 연작피하기, 배수, 미숙퇴비를 사용하지 않기, 산성토양

(6) 근부병(의흑반병)

① 병징이 검은무늬병과 극히 유사하고 전염경로와 방제법도 같지만, 의흑반병의 병반색이 약간 엷은 감이 있다.

② 의흑반병은 습도가 높은 상태로 월동한 병반면에 흑색 곰팡이가 심히 발생하나, 검은무늬병은 이것이 적게 발생하거나 흑색 곰팡이가 거의 발생하지 않는다.

2. 충해

(1) 선충

① 뿌리 속에 침입해 괴근의 형성과 비대를 저해한다.

② 연작을 피하고 살선충제로 토양소독, 씨고구마의 온탕소독을 실시하여 방제한다.

(2) 식엽해충

고구마검은나방과 고구마뿔나방 유충이 잎을 식해하며 살충제 살포로 방제한다.

(3) 굼벵이류

고구마의 괴근을 식해하여 구멍을 내거나, 딱지와 상처를 내어 외형을 매우 손상시킨다.

8 수확 및 저장

1. 수확

(1) 경엽중은 조식했을 경우 8월 중순경에 거의 최고에 달하지만, 괴근중은 10월 상·중순까지 계속 증대되므로 이 시기까지 두었다가 수확하는 것이 수량도 많고 전분가도 높아진다.

(2) 저장할 것은 다듬을 때 꼬리를 바싹 자르지 말고 표피가 상하지 않도록 조심해야 한다.

2. 저장

(1) 안전저장의 조건

① 저장력이 강한 품종을 선택하며, 대체로 다수성품종은 저장력이 약하다.

② 냉온에 둔 것, 된서리를 맞은 것, 상처 입은 것, 표피가 많이 벗겨진 것, 병에 걸린 것 등은 저장에 알맞지 않다.

③ 수확한 고구마는 직사광이 들지 않고 통기가 잘 되며 온도도 낮지 않은 곳에 두껍지 않게 펴 널어 10~15일간 방열시키고 저장에 부적당한 것을 추려낸 다음 저장한다.

(2) 큐어링(아물이, 치유)

① 저장 중 부패병균이 상처를 입은 곳으로 침입하므로 병균이 침입하기 전에 유합조직(callus)이 형성되도록 하면 부패를 막는다.

② 수확한 고구마를 얼마 동안 고온, 다습한 환경에 보관하였다가 방열시켜 저장하면 유합조직의 형성이 촉진되고, 검은무늬병 등의 병반도 치유되며, 당분 함량도 높아져서 냉온저항성 및 저장력이 강해지는 하는 조치를 큐어링이라고 한다.

③ 수확 후 1주일 이내에 저장할 고구마를 온도 30~33°C, 상대습도 90~95%인 환경에 약 4일간 보관하였다가 방열시키고 저장하면 된다. 큐어링이 끝난 고구마는 13°C의 저온상태에서 열을 발산한다.

④ 병발생이 크게 줄어들 뿐만 아니라 저장과정에서의 수분 증발량이 적고 단맛이 좋으며 저장력도 강해진다.

(3) 저장 환경

① 온도 : 저장가능온도는 10~17°C, 저장적온 12~15°C이다. 9°C 이하에서는 냉해를 입을 우려가 있고, 18~20°C 이상에서는 저장 중에 발아하기 쉽다.

② 습도 : 저장습도는 70~90%, 특히 85~90%가 알맞다. 과습하여 고구마의 표면이 젖을 정도가 되면 부패를 유발하기 쉽고, 과건하면 저장 중에 중량이 심하게 감소하며, 건부병도 발생하기 쉽다.

③ 저장고 : 병균이 없도록 소독한다.

(4) 저장 방법

① 굴저장법 : 가장 널리 이용되고 있는 저장법으로, 저장성적도 대체로 좋다. 배수가 잘 되고 햇볕도 쬐는 경사면에 원굴을 약 15도 경사지게 내려 파서 환기가 잘 되게 한다.

② 옥외움저장법 : 침수우려가 없는 곳으로 남부의 비교적 따뜻한 지방에서만 이용할 수 있다. 저장한 고구마더미 위에는 거적이나 가마니를 덮어 보온해야 하며 움안의 온도를 보아 덮어주는 정도를 조절해 준다.

③ **옥내움저장법** : 옥내에 움을 파서 저장하면 대량을 저장하기에는 알맞지 않지만 보온하기는 편리하므로 다소 추운 지방에서도 비교적 유리하다.

④ **옥외간이움저장법** : 방열시킨 고구마를 10월 하순에 저장하고 11월 하순경 외온이 5℃ 이하가 되면 공기통을 막아버린 다음 고구마 윗면의 왕겨는 처음에는 덮지 않다가 기온이 저하함에 따라 점차 두껍게 덮는다.

⑤ **온돌저장법** : 온돌은 불을 때서 온도를 조절할 수 있으므로 안전하게 저장할 수 있다. 그러나 거실에 저장하면 냄새가 나고 또한 온돌이 건조해 저장 중에 고구마의 중량이 감소되는 등의 결점도 있어 일반적으로 이용되고 있지 않다.

⑥ **큐어링저장법** : 전열 등을 싸게 이용할 수만 있다면 저장중에 저장고의 온도를 자유로이 조절할 수 있을 것이다. 또한 환기까지 자유로이 조절할 수 있는 저장고를 만들면 큐어링저장을 할 수 있고, 그 후의 온습도 관리도 알맞게 할 수 있어 어느 곳에서나 매우 유리하다.

9 특수재배

1. 조굴재배

(1) 조굴재배의 장점

① 고구마의 시장가격은 11월이 가장 낮고, 햇고구마가 출하되기 시작하는 8월이 가장 높다.

② 8월에 수확한 후 가을채소를 재배할 수 있어 경제성이 높으며 토지이용면에서 유리하며, 엽병을 비싼 시기에 채소로 판매할 수 있어 유리하다.

(2) 조굴재배의 유의점

① 일찍 육묘해야 하므로 남쪽 또는 서남쪽으로 경사진 사질토가 적당하다.

② 건실한 싹을 일찍 심고, 재식밀도를 보통재배보다 50% 정도 늘린다.

③ 일찍 많은 묘를 생산하기 위해 온상의 면적을 50% 정도 늘린다.

④ 시비량을 줄이고, 초기생육이 좋도록 유도한다.

(3) 비닐멀칭재배

비닐멀칭재배는 지온이 보통재배 때보다 높고, 토양수분이 보존되며, 토양 통기가 잘 유지되어 조굴재배에 적합한데, 이때에는 휴폭을 60~75cm로 밀식하는 것이 좋다.

2. 사료용 고구마재배

(1) 품종

① 줄기와 잎의 수량은 품종에 따라 다르며, 현 장려품종 중에는 수원147호, 수원94호가 있다.

② 일본에서 육성된 청예용 품종 중에는 10a당 20ton 이상이 생산되는 S916-104 및 녹계9-788이 있다.

(2) 기상조건

고온, 다조보다는 저온, 다습이 줄기와 잎의 생육이 왕성하다.

(3) 토양조건

① 토양의 수분 함량이 높고 통기가 좋지 않으며 비옥한 토양, 즉 고구마의 생육에 좋지 않은 토양이 줄기의 생육에는 좋다.

② 평휴재배가 줄기의 생산에 유리하다.

(4) 시비량

① 경엽생산을 목적으로 할 경우는 질소질비료를 중심으로 시비하되, 칼리가 잎의 단백질 함량을 다소 증가시켜 사료가치를 높이므로 반드시 함께 시용한다.

② 생육초기에는 비료의 효과가 적으므로 일찍 예취하고자 할 경우 밀식하여 초기의 예취수량을 높이고, 예취 후 추비로 비료 효과를 높인다.

③ 질소는 30kg까지 사용해도 경엽수량이 계속 증가되므로 예취하고자 하는 횟수에 따라 1/3~1/2을 기비로 사용하고 나머지는 추비로 사용된다.

(5) 재식시기

① 경엽의 수량은 싹을 심는 시기가 늦어도 차이가 거의 없으며 최고수량에 달하는 시기가 다소 늦어질 뿐이다.

② 일찍 예취하고자 하는 때를 제외하면 일찍 심는 효과가 적다.

(6) 수확시기

① 예취횟수가 많을수록 경엽의 수량이 증가되고, 반대로 고구마의 수량은 감소한다.

② 예취하는 시기는 줄기와 잎이 과번무하기 직전이고, 이때가 줄기의 재생력이 좋고 수량도 많다.

③ 예취시기가 늦으면 낙엽이 져서 잎과 줄기의 비율이 낮아지고 사료가치도 떨어진다.

④ 단작으로 적기에 삽식한 경우, 첫 예취는 7월 하순~8월 상순이고, 9월 상순에 2차 예취를 할 수도 있지만 고구마의 수량을 고려한다면 8월 상·중순에 1회 예취만을 하는 것이 총가소화양분량으로 보아 유리하다.

3. 직파재배

(1) 직파재배의 장점과 문제점

① 장점

㉠ 기계화생력재배가 용이하다.

㉡ 육묘 소요 경비를 절감할 수 있다.

㉢ 적기에 강우가 없어도 파종이 가능하다.

㉣ 직파하면 1포기 당 발아본수가 많으므로 초기생육이 왕성하고 재생력도 강하며 청예사료의 생산량이 많아진다.

㉤ 경엽이 초기에 직립생장하므로 기계제초에 유리하다.

② 문제점

㉠ 씨고구마의 양이 많이 소요된다.

㉡ 품종에 따라서는 별도의 채종이 필요하다.

㉢ 육묘이식재배의 경우보다 생육이 늦어지므로 생육기간이 짧을 경우 불리하다.

　　　ⓔ 괴근의 품질이 저하로 식용재배로는 부적당하다.

　　　ⓜ 직파재배를 하면 친근저의 비대가 두드러지는 반면 상품성이 있는 만근저의 생성량이 적
　　　　어 수익성면에서 불리하다.

　　　ⓗ 서해(쥐), 병해(검은점박이병), 선충해 등이 증가한다.

(2) 직파재배와 괴근비대

　① 친저(파종한 씨고구마 자체가 비대한 것) : 섬유질이 많아서 억세고 품질이 나빠 사료로만 이용
　　할 수 있다. 친저는 모양과 품질이 매우 불량하여 이용하기 어려우며 상품성도 거의 없다.

　② 친근저(씨고구마에서 발생한 뿌리가 비대한 것) : 품질이 친저보다 좋지만 재배환경이나 재배
　　조건에 따른 변이가 심해 안정성이 없다.

　③ 만근저(이식재배의 경우처럼 줄기의 마디에서 발생한 뿌리가 비대한 것) : 이식재배 때 형성되
　　는 보통의 괴근과 같은 것이다.

(3) 직파재배용 품종

　① 친저의 비대가 적고 만근저의 수량이 많아야 한다.

　② 씨고구마용으로 알맞은 소저가 1포기당 2~4개 정도 달려야 한다.

　③ 비교적 저온에서도 맹아가 잘 되어야 한다.

　④ 검은점박이병과 선충에 강해야 한다.

　⑤ 수량과 품질에 손색이 없어야 한다.

(4) 직파재배와 토양조건

　① 토양통기가 좋고 배수가 잘 되는 사양토가 가장 알맞으며, 건조하기 쉬운 토양이나 경사지에
　　대한 적응성도 높다.

　② 다습한 중점토에서는 발아가 불량해지기 쉬우며, 괴근의 형성과 비대가 이식재배의 경우보
　　다도 저해되기 쉽다.

(5) 직파재배법

　① 씨고구마

　　ⓖ 씨고구마는 1개의 무게가 50~100g인 소저이다.

　　ⓛ 큰 씨고구마를 절단하여 심어도 되지만, 소독하여 심어도 결주가 생기기 쉽다.

　　ⓒ 소독법으로는 씨고구마 무게의 0.002%의 퍼메이트를 분의한다.

　② 최아

　　ⓖ 직파기로 파종할 때에는 최아하지 않는 것을 파종하는 것이 편리하지만, 손으로 파종할
　　　때에는 싹의 길이가 13~15cm가 되도록 최아시켜 심는 것이 생육이 빨라 80% 증수한다.

　　ⓛ 심을 때에는 선단부가 지상에 나오도록 한다.

　③ 파종

　　ⓖ 4월 중순경부터 파종, 출아까지는 40일 정도 소요된다.

　　ⓛ 이랑을 세우고 파종하는 것이 괴근의 비대에 좋다.

　　ⓒ 괴근을 대상은 90cm × 30cm, 경엽을 대상은 70~75cm × 30cm 재식밀도로 한다. 복토는
　　　괴근 생산을 목적은 3cm, 경엽 생산을 목적은 5cm 정도 한다.

④ 시비
ㄱ 괴근을 목적으로 하는 경우에는 이식재배에 준하고, 사료용으로 경엽을 목적으로 할 경우에는 질소질비료를 많이 사용하며, 10a당 퇴비 1,500kg, 질소 18kg, 인산 8kg, 칼리 30kg 정도를 사용한다.
ㄴ 질소는 기비로 30% 정도를 사용하고 나머지는 추비로 2~3회 분시한다.

⑤ 청예
ㄱ 경엽을 몇 차례에 걸쳐 청예할 때에는 먼저 이랑의 반쪽 분을 밑동 10cm 정도만 남기고 베어 이용하고, 그 후에 다른 반쪽 분을 베어 이용하는 방식이다.
ㄴ 청예 직후마다 질소를 추비한다.

⑥ 관리
ㄱ 생육 중의 관리는 이식재배에 준하여 하면 된다.

(6) 절편최아직파
① 감자재배와 마찬가지로 씨고구마를 잘라 심어도 되지만 싹트는 것이 일정하지 않으므로 자른 고구마를 실내나 온상에서 미리 싹을 틔운 뒤 양호한 것만 골라 심을 수 있는데 이를 절편최아직파라고 한다.
② 수확한 전체 고구마 수확량은 절편최아직파가 많고, 직파와 싹심기 사이에는 큰 차이가 없으나 상품성 있는 고구마인 상저의 생산량은 싹심기가 월등히 높다. 이는 직파재배의 경우 친저가 비대하여 그 비중이 커지면서 상대적으로 상저의 비율이 낮아지기 때문이다. 그러나 채소용 잎자루를 생산할 경우에는 직파재배를 하는 것이 경영면에서 유리하다.

(7) 직파용 채종재배
① 직파용 씨고구마로 알맞은 소저를 생산하기 위하여 일반재배와는 다른 채종재배를 하는 경우가 있다.
② 극 밀식을 하고 70~75cm의 이랑에 4~6cm 간격으로 1본씩 싹을 심거나 15cm 정도의 간격으로 1포기에 3~4본씩 심는다.
③ 씨고구마는 작은 것이라 하더라도 잘 성숙한 것이 유리하며, 미숙한 고구마는 파종 후 씨고구마 자체가 비대하기 쉽다.

핵심
기출문제

서류

001 감자에 대한 설명으로 옳지 않은 것은? 22. 지방직 9급

① 재배는 서늘한 기후에 알맞고 생육적온은 12~21℃ 이다.
② 주성분은 전분이며, 보통 17~18% 함유되어 있지만 변이가 심하다.
③ 가지과에 속하는 일년생식물이다.
④ 줄기의 지하절에는 포복경이 발생하고, 그 끝이 비대하여 괴근을 형성한다.

002 감자의 괴경형성 및 비대에 대한 설명으로 옳지 않은 것은? 09. 지방직 9급

① 괴경이 형성될 때에는 복지의 신장이 정지되고 전분립이 기부에 축적되어 비대한다.
② 괴경이 형성되려면 복지 선단부에 생장이 정지된 휴면아가 형성되어야 한다.
③ 괴경이 형성될 때에는 체내의 GA함량이 저하된다.
④ 단일조건에서 괴경형성 능력을 얻게 되면 장일조건에 옮겨져도 비대는 계속된다.

003 감자의 휴면타파 방법에 대한 설명으로 옳지 않은 것은? 19. 국가직 9급

① 저장 중에 NAA나 2.4-D와 같은 약제를 처리한다.
② 저온 저장 후 보온이 유지되는 시설에서 햇볕을 쪼여준다.
③ 온도가 10~30℃ 사이에서는 온도가 높을수록 빨리 타파된다.
④ 저장고의 산소와 이산화탄소 농도를 4% 내외로 조절하고 온도는 10℃ 정도로 유지시킨다.

08

정답찾기

001 ④ 감자 줄기의 지하절에서는 복지가 발생하고, 그 끝이 비대하여 괴경을 형성한다.

002 ① 감자의 괴경이 형성될 때에는 복지의 신장이 정지되고 다음에 전분립이 정부에 축적되어 비대하기 시작한다.

003 ① 무름병, 검은무늬병은 곰팡이병이다. 2.4-D, NAA, MENA 등의 약제를 처리하면 감자의 휴면기간을 연장시킬 수 있다.

정답 **001** ④ **002** ① **003** ①

004 감자 괴경의 눈에 관한 설명으로 옳지 않은 것은? 10. 국가직 7급

① 기부보다 정부에 눈이 적다.
② 눈의 다소와 심천은 품종에 따라 차이가 심하다.
③ 눈이 적고 얕은 것이 품질이 좋다.
④ 눈에는 아군이 있고 2/5의 개도로서 나선상으로 배열되어 있다.

005 감자에 발생하는 병을 모두 고른 것은? 15. 국가직 7급

ㄱ. 바이러스병	ㄴ. 검은무늬병	ㄷ. 역병
ㄹ. 흑조위축병	ㅁ. 둘레썩음병	ㅂ. 무름병

① ㄱ, ㄴ, ㄹ, ㅁ   ② ㄱ, ㄷ, ㅁ, ㅂ
③ ㄴ, ㄷ, ㄹ, ㅁ   ④ ㄴ, ㄷ, ㄹ, ㅂ

006 감자에 발생하는 병해에 대한 설명으로 옳지 않은 것은? 19. 지방직 9급

① 역병은 곰팡이병으로 잎과 괴경에 피해를 주며 감염 부위가 검게 변하면서 조직이 고사한다.
② 흑지병은 검은무늬썩음병이라고도 하며 토양 내 수분 함량이 낮고 온도가 높을 때 발생한다.
③ 더뎅이병은 세균성병으로 2기작 감자를 연작하는 제주도와 남부지방에서 피해가 더 심하다.
④ 절편부패병은 씨감자의 싹틔우기 시 온돠 높고 건조하거나 직사광선에 노출될 때 발생한다.

007 감자의 생리 및 생태에 대한 설명으로 가장 옳지 않은 것은? 19. 서울시 9급

① 휴면기간 단축은 일반적으로 저온보다 고온이 더 효과가 크다.
② 장일처리를 한 엽편보다 단일처리를 한 엽편이, 13℃에서 싹이 튼 것보다 18℃에서 싹이 튼 것이 GA함량이 언제나 높다.
③ 괴경의 전분 함량이 같더라도 전분립이 큰 것이 품질이 좋고, 형성된 괴경이 이배함에 따라 당분이 점차 감소된다.
④ 감자에는 비타민 A가 적게 함유되어 있지만 비타민 C는 풍부히 함유되어 있다.

008 감자의 재배작형에 대한 설명으로 옳지 않은 것은?　　　　　20. 국가직 9급

① 봄재배는 이모작 시 앞그루 작물로 주로 재배되는데 재배면적이 가장 작은 작형이다.

② 여름재배는 주로 고랭지에서 이루어지며, 재배기간이 비교적 긴 작형이다.

③ 가을재배는 봄재배에 이어 곧바로 감자를 재배해야 하므로 휴면기간이 짧은 품종을 선택해야 한다.

④ 겨울재배는 중남부지방의 경우 저온기에 감자를 파종하므로 휴면이 잘 타파된 씨감자를 사용해야 한다.

009 감자의 형태에 대한 설명으로 옳지 않은 것은?　　　　　16. 지방직 9급

① 줄기의 지하절에는 복지가 발생하고 그 끝이 비대하여 괴경을 형성한다.

② 감자의 뿌리는 비교적 심근성이고, 처음에는 수직으로 퍼지다가 나중에는 수평으로 뻗는다.

③ 괴경에는 눈이 많이 있는데 특히 기부보다 정부에 많다.

④ 감자의 과실은 장과에 속하고 지름이 3cm 정도이다.

010 감자의 솔라닌에 대한 설명으로 옳지 않은 것은?　　　　　11. 국가직 7급

① 괴경을 일광에 쬐어 녹화시키면 솔라닌이 현저히 증가한다.

② 솔라닌 함량은 지상부보다 괴경이 현저히 높다.

③ 괴경이 클수록 단위중량당 솔라닌 함량은 적어진다.

④ 괴경의 껍질을 벗기면 많은 양의 솔라닌이 제거된다.

08

정답찾기

004 ① 괴경에는 많은 눈이 있는데, 특히 기부보다 정부에 눈이 많다.

005 ②

006 ② 흑지병은 검은무늬썩음병이라고도 하는데, 토양 내 수분 함량이 높고 온도가 낮을 때 산성 토양에서 많이 발생하며 씨감자를 통해서도 전염된다.

007 ② 장일처리한 엽편과 18℃에서 싹튼 것, 괴경과 맹아가 젊은 것, 욕광처리한 것은 GA함량이 높다.

008 ① 우리나라 봄감자 재배면적은 총 재배면적의 약 60%를 차지할 정도로 봄재배는 대표적인 감자 재배작형이다. 봄감자 재배는 주로 논 앞그루재배로 많이 이루어지기 때문에 경지이용 면에서 유리하며, 농촌의 인력이 부족한 최근에는 봄감자 재배에 대한 관심도가 한층 증가되고 있다.

009 ② 감자의 뿌리는 비교적 천근성이고, 처음에는 수평으로 퍼지다가 나중에는 수직으로 뻗는다.

010 ② 솔라닌은 괴경보다 지상부의 함량이 현저히 높다.

정답　**004** ①　**005** ②　**006** ②　**007** ②　**008** ①　**009** ②　**010** ②

011 **감자의 추작재배에 대한 설명으로 옳지 않은 것은?** 15. 국가직 7급

① 벼 조기재배 후작으로 추작 시 논의 이용도를 높일 수 있다.
② 추작감자는 저장 중에 노화의 우려가 적다.
③ 생육 중·후기의 저온·단일 환경은 괴경의 비대생장에 유리하다.
④ 최아추작 시 춘작에 비해 씨감자 조각의 부패에 의한 결주 발생이 적다.

012 **감자의 괴경형성, 비대와 생장조절물질 간의 관계에 대한 설명으로 옳은 것은?** 19. 국가직 7급

① 단일조건이라도 GA를 처리하면 괴경형성이 촉진된다.
② ABA는 괴경형성을 억제하는 주요물질이다.
③ cytokinin을 처리하면 괴경형성이 촉진된다.
④ 고농도의 2.4-D와 NAA는 괴경형성을 억제한다.

013 **감자 괴경의 전분에 관한 설명으로 옳지 않은 것은?** 09. 지방직 9급

① 괴경이 비대함에 따라 전분 함량이 증가한다.
② 괴경의 건물 중 70~80%가 전분이다.
③ 괴경의 전분립 크기가 클수록 전분제조 시 전분수율이 높다.
④ 수확 후 휴면기간 중 괴경의 전분 함량은 증가한다.

014 **감자에 대한 설명으로 옳은 것은?** 12. 국가직 7급

① 2기작으로 추작할 경우에는 휴면하지 않는 품종이 재배적으로 불리하다.
② 괴경의 비대화는 장일조건에서는 되지 않다가 단일조건에서 이루어진다.
③ 지베렐린(GA)은 비대화를 억제하고 휴면타파에도 도움이 된다.
④ 많이 먹었을 때 중독을 일으키는 솔라닌은 주로 괴경보다 지상부의 함량이 낮다.

015 **감자의 휴면에 대한 설명으로 옳지 않은 것은?** 15. 국가직 9급

① 2기작으로 가을재배를 할 경우 휴면기간이 긴 종서가 재배적으로 유리하다.
② 수확 전에 MH, NAA, 2.4-D 등의 약제를 처리하면 휴면기간이 연장된다.
③ 종서를 지베렐린 2ppm 용액에 30~60분간 침지하면 휴면이 타파된다.
④ 수확 후에 2~4°C의 저온에 저장하면 이듬해 봄까지 거의 싹이 트지 않는다.

016 감자의 성분에 대한 설명으로 옳지 않은 것은?

① 비타민 A보다 비타민 B와 C가 풍부하게 함유되어 있다.

② 괴경의 비대와 더불어 환원당은 감소되고 비환원당이 증가한다.

③ 감자의 솔라닌은 내부보다 껍질과 눈 부위에 많이 함유되어 있다.

④ 괴경 건물 중 14~26%의 전분과 2~10%의 당분이 함유되어 있다.

017 감자의 용도에 대한 설명으로 옳지 않은 것은?

① 감자품종 중 홍영, 자심 등은 샐러드나 생즙용으로 이용이 가능하다.

② 감자칩용 품종은 모양이 원형이어야 하고 저장온도는 7~10℃가 좋다.

③ 가공용 품종은 건물 함량이 낮고 환원당 함량이 높아야 한다.

④ 적색과 보라색 감자는 안토시아닌 색소 성분이 있어 항산화 기능성이 높다.

018 감자에 대한 설명으로 옳지 않은 것은?

① 재배종은 이질4배체이다.

② 지하줄기가 비대한 부위를 식용으로 한다.

③ 인공씨감자는 조직배양을 통해 생산된다.

④ 우리나라에서 흔히 발생하는 병은 감자바이러스병, 역병 등이다.

08

정답찾기

011 ④ 가을재배는 봄재배에 이어 곧바로 감자를 재배해야 하기 때문에 반드시 감자의 휴면기간이 짧은 2기 작용 감자를 선택해야 한다. 또한 파종기인 7월 하순에서 8월 하순경의 고온과 다습으로 인해 씨감자의 부패가 많아 제대로 발아하지 않는 경우가 있으므로 주의해야 한다.

012 ③
① GA는 이들 물질의 축적을 저해하여 괴경형성을 억제하고 고온・장일조건에서는 GA함량이 증대되어 괴경이 형성되지 않는다.
② ABA, CCC, B-9 등을 처리하면 괴경형성이 조장되는데, GA생합성을 저해하여 GA함량을 저하시키기 때문이다.
④ 2,4-D, NAA 등도 역시 괴경형성을 조장한다.

013 ④ 수확 후 휴면 중에는 전분이나 당분의 함량변화가 별로 없다.

014 ③
① 2기작으로 추작할 경우에는 휴면하지 않는 품종이 재배적으로 유리하다.
② 괴경의 비대에는 단일조건과 야간의 저온이 알맞다.
④ 많이 먹었을 때 중독을 일으키는 솔라닌은 주로 괴경보다 지상부의 함량이 높다.

015 ① 2기작으로 추파할 경우 춘작으로 생산되는 것이 휴면이 짧아서 이용면으로 불리하기 때문에 휴면기간이 긴 품종을 인위적으로 최아하여 추작하는 방식이 현실적으로 더욱 유리하다.

016 ④ 감자 괴경의 건물 중 70~80%가 전분이며, 전분은 감자의 주성분이고 이용의 주목적도 전분이다.

017 ③ 가공용 감자 품종의 조건으로는 1차적으로 건물 함량이 높아야 하며, 2차적으로 환원당 함량이 낮아 가공했을 때 제품의 색상이 밝아야 한다. 7~10℃에서 저장하며 장기 저장할 경우에는 싹의 조기발생을 억제하기 위해 4℃ 정도에 저장하도록 한다.

018 ① 재배종은 2배체부터 5배체까지 다양하게 존재하는데, 일반적인 재배종 감자는 4배체를 의미한다. 동질배수체이다.

019 씨감자의 절단에 대한 설명으로 옳은 것은? 17. 지방직 9급

① 병의 전염을 막는 데 효과적이다.
② 절단용 칼은 끓는 물에 소독해 사용한다.
③ 감자 눈(맹아)의 중심부를 나눈다.
④ 파종하기 직전에 절단해 사용한다.

020 다음 설명에 해당하는 생육형태 조정법은? 12. 국가직 7급

> 감자재배에서 한 포기로부터 여러 개의 싹이 나올 경우, 그 중 충실한 것을 몇 개 남기고 나머지는 제거하는 작업이며, 토란이나 옥수수의 재배에도 이용된다.

① 적심   ② 적아
③ 절상   ④ 제얼

021 감자의 괴경형성 및 비대에 대한 설명으로 옳은 것은? 20. 국가직 7급

① 괴경의 비대에는 장일조건과 야간의 저온이 알맞다.
② 질소가 과다하면 괴경이 지나치게 비대해진다.
③ 감자의 괴경이 형성될 때에는 체내의 지베렐린 함량이 저하된다.
④ 에틸렌을 처리하면 괴경형성이 저해된다.

022 씨감자 생산에 대한 설명으로 옳지 않은 것은? 16. 국가직 9급

① 씨감자의 생리적 퇴화는 수확한 후 저장하는 동안 호흡작용에 의하여 일어난다.
② 씨감자를 생산하는 지역은 병리적 퇴화를 일으키는 매개진딧물 발생이 적은 고랭지가 적합하다.
③ 기본종은 건전한 감자의 식물체로부터 조직배양을 통해 생산한다.
④ 진정종자를 이용할 경우 바이러스 발병률이 높아서 씨감자를 이용한다.

023 감자의 저장물질에 대한 설명으로 옳지 않은 것은? 11. 지방직 9급

① 괴경의 휴면이 끝나면 당분이 감소하고, 전분 함량은 증가한다.
② 형성된 괴경이 비대함에 따라 당분은 점차 감소하고, 전분 함량은 점차 증가한다.
③ 일광에 쬐어 녹화된 괴경의 피부에서는 솔라닌이 현저하게 증가한다.
④ 괴경이 비대하기 시작할 때에는 환원당 함량이 비환원당보다 많다.

024 감자 괴경의 휴면에 대한 설명으로 옳지 않은 것은?   15. 서울시 9급

① 수확 시기에 상처를 입으면 휴면기간이 길어진다.

② 자발휴면 후 불량한 환경조건에 놓이면 타발휴면이 나타난다.

③ 저장온도가 10~30°C 사이에서는 온도가 높을수록 휴면 타파가 빨라진다.

④ 아브시스산(ABA)이 증가하면 감자가 휴면상태에 접어든다.

025 감자의 형태에 대한 설명으로 옳은 것은?   21. 국가직 9급

① 괴경에서 발아할 때는 땅속줄기에서 섬유상의 측근이 발생하지 않는다.

② 괴경에는 많은 눈이 있는데, 특히 정단부보다 기부에서 많다.

③ 꽃송이는 줄기의 중간에 달리고 꽃은 5개의 수술과 1개의 암술로 구성되어 있다.

④ 과실은 장과이며 종자는 토마토의 종자와 모양이 비슷하다.

026 감자 덩이줄기를 비대시키는 재배적 방법으로 옳은 것은?   17. 지방직 9급

① 온도가 30~32°C 정도인 고온기에 재배한다.

② 인산과 칼리 비료를 넉넉하게 시비한다.

③ 엽면적이 최대한 확보되도록 질소비료를 충분히 시비한다.

④ 아밀라아제의 합성이 잘 되도록 지베렐린을 처리한다.

08

정답찾기

019 ②
① 종서량을 절약하기 위해 절단한다.
③ 순을 고르게 갖도록 자른다.
④ 파종하기 10일 전에 절단한다.

020 ④ 제얼은 발아가 끝난 싹만 2본만 남기고 나머지를 밑 동으로부터 완전히 제쳐내는 작업으로 덩이줄기가 굵 어져 수량과 품질이 좋아진다.

021 ③
① 괴경의 비대에는 단일조건과 야간의 저온이 알맞다.
② 인산 및 칼리가 넉넉해야 하지만, 질소가 과다하면 엽면적이 너무 커지고 지상부의 성숙이 지연되어 괴경 의 형성과 비대도 저해된다. GA는 괴경의 형성을 저해 할 뿐만 아니라 괴경의 비대도 저해한다.
④ 에틸렌을 처리하면 ABA의 축적이 유도되어 괴경형 성이 조장된다.

022 ④ 감자의 바이러스병은 종자로는 전염되지 않으므로 종자를 심어 키운 실생, 즉 진정종자를 이용하여 재배 하면 바이러스 이병률이 낮아진다.

023 ① 괴경의 휴면이 끝나면 당분함량이 증가되고 전분함 량이 감소한다.

024 ① 수확 시기에 상처를 입거나 해충 등에 의해 상처를 받으면 휴면기간이 짧아진다.

025 ④
① 괴경에서 발아할 때는 줄기에서 섬유상의 측근이 발생한다.
② 괴경에는 특히 기부보다 정보에 눈이 많다.
③ 감자의 화서는 취산화서인데, 줄기의 끝에 꽃송이 가 달리고 꽃자루가 2~4본으로 갈라지며, 지경에 몇 개의 꽃이 달린다.

026 ②
① 감자의 괴경은 저온, 단일에서 생육할 때 형성된다.
③ 토양 내 질소 함량이 낮으면 덩이줄기 형성에 유리 하다.
④ ABA, CCC, B-9 등을 처리하면 괴경 형성이 조장 된다.

정답 **019** ②   **020** ④   **021** ③   **022** ④   **023** ①   **024** ①   **025** ④   **026** ②

027 **감자의 괴경 형성 및 비대에 대한 설명으로 옳지 않은 것은?** 14. 국가직 7급

① 생장억제물질인 CCC를 처리하면 괴경 형성이 억제된다.
② 괴경은 복지의 신장이 정지된 후 전분립이 정부에 축적되어 비대하기 시작한다.
③ 아서란 노화된 씨감자를 파종하였을 때 싹이 트기 전에 모서의 저장물질이 그대로 이행되어 형성되는 작고 새로운 괴경을 말한다.
④ 감자의 순을 토마토의 대목에 접목하면 기중괴경이 형성된다.

028 **감자에 대한 설명으로 옳은 것은?** 22. 국가직 9급

① 감자속은 기본염색체수를 12로 하는 배수성을 보이며 재배종은 모두 2배체($2n = 24$)이다.
② 감자는 고온·장일조건에 생육할 때 괴경형성이 억제된다.
③ 지베렐린(GA) 처리는 괴경의 비대를 촉진한다.
④ 성숙한 감자는 미숙한 감자에 비해 휴면기간이 길다.

029 **감자의 괴경형성 및 비대에 대한 설명으로 옳지 않은 것은?** 14. 국가직 9급

① 고온·장일 조건에서는 GA 함량이 증대되어 괴경형성이 억제된다.
② 괴경이 비대하기 시작할 때는 환원당이 비환원당보다 많고 휴면 중에는 비환원당이 많아진다.
③ 괴경의 형성에는 저온과 단일조건이 좋으나 괴경의 비대에는 장일조건과 야간의 고온이 좋다.
④ 괴경의 이차생장은 생육 중의 고온, 장일, 건조, 통기불량 등으로 인해 발생하며, 괴경의 전분은 일부 당화되어 발아하기 쉽게 되어 있어야 한다.

030 **감자의 괴경형성기에 대한 설명으로 옳은 것은?** 10. 국가직 9급

① 괴경이 비대하기 시작하는 시기이다.
② 개화시기부터 경엽고사기까지 기간이다.
③ 괴경의 형성과 더불어 복지의 신장은 정지된다.
④ 지상부 잎줄기의 신장이 정지되는 경엽황변기이다.

031 감자의 괴경에 대한 설명으로 옳은 것은? 08. 국가직 9급

① 괴경의 눈은 기부보다 정부에 많다.
② 괴경의 눈이 많고 적음은 품종보다 환경에 따라 차이가 심하다.
③ 괴경의 품질은 눈이 많고 얕은 것이 좋다.
④ GA처리는 괴경 형성과 비대를 촉진시키며, B-9은 괴경 비대를 억제시킨다.

032 바이러스에 의한 병이 아닌 것은? 16. 지방직 9급

① 감자 더뎅이병
② 보리 황화위축병
③ 벼 줄무늬잎마름병
④ 옥수수 검은줄오갈병

033 감자의 휴면에 대한 설명으로 옳지 않은 것은? 17. 서울시 9급

① MH, 2.4-D, 티오우레아 등의 처리로 휴면을 연장시킨다.
② 휴면기간은 대체로 2~4개월 정도인 품종이 많다.
③ 휴면타파 방법으로는 GA, 에스렐, 에틸렌클로로하이드린 등의 처리가 있다.
④ 저장고 안의 산소 농도를 낮추고, 이산화탄소 농도를 높이면 휴면타파에 유리하다.

034 감자의 괴경형성과 비대에 관한 설명으로 옳지 않은 것은? 08. 국가직 7급

① 고온과 장일조건에서는 감자의 괴경이 형성되지 않는다.
② 지베렐린은 감자의 괴경형성을 촉진한다.
③ 괴경의 비대에는 단일조건과 야간의 저온이 유리하다.
④ 길이가 긴 괴경은 길이가 먼저 증가하고 이어서 나비가 비대해진다.

🌾 정답찾기

027 ① ABA, CCC, B-9 등을 처리하면 괴경 형성이 조장
되는데, 이것은 이들이 체내의 GA생합성을 저해하여
GA함량을 저하시기기 때문이다.

028 ②
① 일반적인 재배종 감자는 4배체인 *S.tuberosum*을
의미한다.
③ GA는 괴경형성을 억제하고 고온·장일조건에서는
GA 함량이 증대되어 괴경이 형성되지 않는다.
④ 미숙한 감자는 성숙한 감자에 비해 눈 부분의 싹 조
직의 분화가 덜되어 있으므로 휴면기간이 길어진다.

029 ③ 감자의 괴경은 저온, 단일조건에서 형성되며, 괴경
의 비대에도 단일조건과 야간의 저온이 알맞다.

030 ③

031 ①
② 괴경의 눈이 많고 적음은 품종의 차이가 크다.
③ 괴경의 품질은 눈이 적고 얕은 것이 좋다.
④ GA처리는 괴경 형성을 억제하고, ABA, CCC, B-9
은 괴경 형성을 촉진한다.

032 ① 감자 더뎅이병은 토양병해로서 감자의 외관 품질에
큰 영향을 미치는 세균병해이다.

033 ① 티오우레아는 휴면 타파 방법이다.

034 ② 지베렐린은 감자의 괴경형성을 저해한다.

035 감자의 휴면 및 발아에 대한 설명으로 옳지 않은 것은? 11. 국가직 7급

① 10~30℃ 사이의 저장온도에서는 온도가 높을수록 휴면이 빨리 타파된다.

② 2기작으로 추작을 할 경우에는 휴면기간이 긴 품종을 인위적으로 최아시켜 추작하는 방식이 유리하다.

③ 일반적으로 휴면에는 전기, 중기, 후기의 3단계가 있고, 휴면의 깊이는 중기가 전기나 후기보다 깊다.

④ 미숙한 감자는 성숙한 감자에 비하여 눈 부분의 싹 조직의 분화가 덜 되어 있으므로 휴면기간이 짧아진다.

036 감자의 괴경 형성과 비대에 대한 설명으로 옳지 않은 것은? 12. 국가직 9급

① 괴경 비대는 야간의 온도가 20~25℃에서 가장 양호하다.

② 괴경형성기는 착뢰기부터 개화시기까지 10~15일의 기간이다.

③ 고온·장일 조건에서는 GA 함량이 증대되어 괴경이 형성되지 않는다.

④ 낮길이가 8시간인 경우가 16시간인 경우보다 괴경 형성에 유리하다.

037 감자의 저장물질에 대한 설명으로 옳지 않은 것은? 18. 국가직 7급

① 괴경이 비대하기 시작할 때에는 대부분 환원당만 있고 비환원당은 극히 적다.

② 전분제조용에서는 전분립이 작고 조밀한 것이 전분수율이 높다.

③ 감자에 함유된 솔라닌은 아린 맛을 낸다.

④ 괴경 건물의 70~80%가 전분이다.

038 고구마 괴근비대의 환경조건에 대한 설명으로 옳지 않은 것은? 11. 국가직 7급

① 토양온도는 20~30℃가 알맞으며 그 온도 범위에서는 일교차가 클수록 괴근의 비대에 유리하다.

② 토양수분은 최대용수량의 70~75%가 적당하다.

③ 14시간 이상의 장일 조건이 유리하다.

④ 칼리질비료의 효과가 높다.

039 고구마의 전분함량에 대한 설명으로 옳은 것은?

① 저장기간이 길어질수록 전분 함량이 높아진다.
② 열대지역에서 생산한 고구마는 재배 극지대의 서늘한 지역에서 생산한 고구마보다 전분 함량이 낮고 당분 함량이 높다.
③ 조식재배가 만식재배에 비하여, 만기수확이 조기수확에 비하여 전분가가 낮다.
④ 질소 다비 시 전분 함량이 높아지고, 인산·칼리 및 퇴비시용은 전분 함량을 낮춘다.

040 고구마 괴근의 형성 및 비대에 관한 설명으로 옳지 않은 것은?

① 토양온도는 20~30℃가 가장 알맞으며 변온은 괴근의 비대에 불리하다.
② 질소질비료의 과용은 지상부만 번무시키고 괴근의 형성 및 비대에는 불리하다.
③ 일장은 단일조건이 괴근의 비대에 유리하다.
④ 이식 직후 토양의 저온은 괴근의 형성을 유도한다.

041 고구마의 재배환경에 대한 설명으로 옳은 것은?

① 괴근비대에 적당한 토양온도는 15~20℃ 범위이다.
② 괴근비대의 일조시간은 12시간 이상의 장일조건을 필요로 한다.
③ 식질토양에 비하여 사양토나 양토가 전분 함량 증가에 유리하다.
④ 토양산도의 적응범위는 pH 3~4 정도이다.

정답찾기

035 ④ 미숙한 감자는 성숙한 감자에 비하여 눈부분의 싹 조직의 분화가 덜 되어 있으므로 휴면기간이 길어진다.

036 ① 감자의 괴경은 고온장일에서 생육할 때에는 형성되지 않고 저온단일로 생육 때 형성되는데, 단일조건으로는 8~9시간의 일장, 저온조건으로는 18~20℃ 이하의 야온, 특히 10~14℃가 알맞다.

037 ② 괴경의 전분 함량이 같더라도 전분립이 커서 전분 제조 시에 빨리 침전되어 유실량이 적은 것이 전분수율이 높으므로 전분립이 큰 것이 품질이 좋다.

038 ③ 일장은 10시간 50분 ~ 11시간 50분의 단일조건이 좋다.

039 ② 열대산은 전분 함량이 낮고 당분 함량이 높다.
① 저장기간이 길어지면 전분 함량이 낮아진다.
③ 조식이 만식에 비해, 그리고 만기수확이 조기수확에 비해 전분가가 높다.
④ 질소는 전분 함량이 낮아지고, 인산·칼리는 전분 함량이 증가한다.

040 ① 토양온도는 20~30℃ 정도가 가장 알맞지만 변온이 괴경의 비대를 촉진한다.

041 ③
① 괴근비대에 적당한 토양온도는 20~30℃ 범위이다.
② 괴근비대의 일조시간은 10시간 50분에서 11시간 50분의 단일조건이 좋다.
④ 토양산도에 넓게 적응하며, pH 4.2~7.0에서는 생육의 차이가 별로 없다.

042 고구마의 생리·생태에 대한 설명 중 옳지 않은 것은?

09. 국가직 9급

① 질소질 비료의 과용은 괴근형성 및 비대에 불리하다.
② 단일처리와 접목방법은 개화유도 및 촉진에 효과적이다.
③ 열대산은 전분 함량과 당분 함량이 높다.
④ 건조한 토양에서 재배하면 심부병이 많이 발생한다.

043 고구마의 수량에 대한 설명으로 옳지 않은 것은?

14. 국가직 7급

① 고구마는 벼보다 단위면적당 건물수량이 높다.
② 괴근비대에 적당한 토양온도는 20~30℃이며, 변온이 괴근의 비대를 촉진한다.
③ 고구마의 수량을 높이려면 엽면적을 조기에 확보할 수 있도록 생육을 촉진시켜야 한다.
④ 고구마는 비료 3요소 중 인산 흡수량이 제일 큰 작물이므로 인산질 비료를 충분히 공급해 주어야 높은 수량을 얻을 수 있다.

044 고구마의 개화를 유도하고 촉진하는 방법으로 옳지 않은 것은?

11. 지방직 9급

① 8~10시간 단일처리하면 개화가 조장된다.
② 나팔꽃 대목에 고구마 순을 접목하여 개화를 유도한다.
③ 덩굴 기부에 절상.환상박피하면 개화가 조장된다.
④ 고구마는 C/N율이 감소하면 개화가 촉진된다.

045 고구마 전분 함량에 관한 설명 중 옳은 것은?

09. 국가직 7급

① 열대지역에서 재배할 경우 전분 함량은 낮아지고 당분 함량은 높아진다.
② 인산, 칼리, 퇴비를 시용할 경우 전분 함량이 낮아진다.
③ 양토~사양토에서 재배할 경우 일반적으로 전분 함량이 낮아진다.
④ 질소질 비료를 많이 시용할 경우 전분 함량이 높아진다.

046 고구마의 형태에 대한 설명으로 옳지 않은 것은?

15. 국가직 7급

① 종자를 심으면 1개의 직근이 나와 비대해져 괴근을 형성하지만, 묘를 심으면 엽병의 기부 양쪽에서 부종근이 발생하여 대부분 세근이 된다.
② 괴근의 줄기에 착생하였던 쪽이 두부이고 그 반대 부위가 미부, 이랑의 안쪽을 향하던 복부와 이랑의 바깥쪽을 향하던 배부로 구분된다.
③ 줄기는 생육 습성에 따라 입형과 포복형으로 구분되고 품종에 따라서 차이는 있지만 지상부의 대부분은 일차분지로 구성된다.
④ 수술은 3본으로 밑부분이 꽃부리에 부착되어 있으며 수술끼리는 연합되어 있고 그 중 2본은 암술보다 길며 암술은 1본이다.

047 비료 3요소 성분 중 고구마의 흡수율이 높은 것을 순서대로 나타낸 것은?

10. 지방직 7급

① 칼리 > 질소 > 인산
② 질소 > 인산 > 칼리
③ 인산 > 칼리 > 질소
④ 질소 > 칼리 > 인산

048 고구마의 저장에 관한 설명 중 옳은 것은?

08. 국가직 7급

① 고구마를 캘 때 입은 상처를 치유하기 위하여 살균제를 처리한다.
② 저장가능 온도는 10~17℃이고, 습도는 70~90%가 알맞다.
③ 고구마의 본 저장온도는 4℃이고, 습도는 85~90%에 하는 것이 알맞다.
④ 큐어링처리는 온도 12~15℃, 습도 70~85%에서 한다.

정답찾기

042 ③ 열대산은 전분 함량이 낮고 당분 함량이 높다.
043 ④ 고구마는 K 요구량이 가장 많고 시용효과가 가장 현저하다.
044 ④ 고구마는 C/N율이 높아지면 개화가 촉진된다.
045 ① 열대산은 전분 함량이 낮고 당분 함량이 높다.

046 ④ 고구마는 꽃잎, 꽃받침, 수술이 각각 5개씩이며 암술은 1개이다.
047 ① 고구마의 비료 3요소 흡수량: 칼리 > 질소 > 인산
048 ② 저장가능온도는 10~17℃, 저장적온은 12~15℃, 저장습도는 70~90%, 특히 85~90%가 알맞다.

정답 042 ③ 043 ④ 044 ④ 045 ① 046 ④ 047 ① 048 ②

049 고구마 괴근형성에 대한 설명으로 옳지 않은 것은?   11. 지방직 9급

① 장태부정근원기가 잘 형성된 마디가 많은 묘가 괴근 형성이 잘 된다.
② 괴근이 비대하기에 유리한 조건은 풍부한 일조량, 단일조건, 충분한 칼리질 비료 등이다.
③ 형성층 활동이 왕성하고, 중심주세포의 목화가 빠르면 괴근의 비대가 촉진된다.
④ 최대용수량의 70~75% 정도의 수분조건에서 괴근의 비대가 잘 된다.

050 고구마의 육묘에 대한 설명으로 옳은 것은?   14. 국가직 9급

① 묘상은 바람이 잘 통하고 차광이 잘 되며 침수의 우려가 없는 곳에 설치하는 것이 좋다.
② 양열온상육묘법에서 발열지속재료로는 낙엽, 발열주재료로는 볏짚, 건초 등이 쓰인다.
③ 싹이 트는 데 적합한 온도는 23~25℃이지만 싹이 자라는 데에는 30~33℃가 적합하다.
④ 묘상은 동서방향으로 길게 만들어야 일사를 고르게 받을 수 있다.

051 고구마의 저장에 대한 설명 중 옳지 않은 것은?   08. 국가직 9급

① 고구마를 수확한 직후에 예비저장 또는 방열과정을 10~15일 정도 가짐으로써 고구마 썩음을 예방할 수 있다.
② 수확 후 방열시켜 저장하면 유합조직의 형성이 촉진되고 당분 함량이 낮아져 저장성이 높아진다.
③ 저장 적온은 12~15℃가 가장 적당하며, 상대습도 85~90%로 조절하는 것이 좋다.
④ 큐어링은 수확 후 온도 30~33℃, 상대습도 90% 이상에서 약 4일간 보관하는 방법이다.

052 고구마의 큐어링에 대한 설명으로 옳은 것을 모두 고른 것은?   15. 국가직 9급

> ㄱ. 큐어링은 수확 후 1주일 이후에 실시한다.
> ㄴ. 큐어링이 끝난 고구마는 13℃의 저온상태에서 열을 발산시킨다.
> ㄷ. 큐어링을 하면 고구마의 수분증발량이 적어지고 단맛이 증가한다.
> ㄹ. 온도 20~25℃, 상대습도 70% 내외에서 4일 정도가 적합하다.

① ㄱ, ㄷ   ② ㄱ, ㄹ
③ ㄴ, ㄷ   ④ ㄴ, ㄹ

053 다음 중 고구마에 발생하는 병을 모두 고른 것은?   17. 국가직 9급

| ㄱ. 근부병 | ㄴ. 검은무늬병 | ㄷ. 더뎅이병 |
| ㄹ. 무름병 | ㅁ. 둘레썩음병 | ㅂ. 덩굴쪼김병 |

① ㄹ, ㅂ
② ㄴ, ㄹ, ㅁ
③ ㄱ, ㄴ, ㄹ, ㅂ
④ ㄷ, ㄹ, ㅁ, ㅂ

054 다음 중에서 단위면적당 생산열량이 가장 많은 작물은?   16. 국가직 9급

① 벼
② 콩
③ 보리
④ 고구마

055 고구마에서 비료요소의 비효에 대한 설명으로 옳지 않은 것은?

① 질소과다는 괴근의 형성과 비대를 저해한다.
② 고구마는 인산의 흡수량이 적으므로 비료로서의 요구량도 적다.
③ 고구마 재배에서 칼리는 요구량이 가장 많고 시용효과도 가장 크다.
④ 질소가 부족하면 잎이 작아지고 농녹색으로 되며 광택이 나빠진다.

08

정답 찾기

049 ③ 형성층 활동이 왕성하고, 중심주세포의 목화가 되지 않아야 괴근의 비대가 촉진된다.

050 ②
① 묘상은 바람이 막히고, 햇볕이 잘 통하며, 지하수위가 낮고, 배수가 잘되어 침수의 우려가 없으며, 관수나 그 밖의 관리가 편한 곳에 설치하는 것이 좋다.
③ 고구마의 싹이 트는 데 가장 알맞은 온도는 30~33℃다. 그러나 싹이 자랄 때에는 23~25℃가 알맞다.
④ 묘상은 남북으로 길게 만들어야 일사를 고르게 받는다.

051 ② 수확 후 방열시켜 저장하면 유합조직의 형성이 촉진되고 당분 함량이 높아져서 냉온저항성 및 저장력이 강해진다.

052 ③
ㄱ. 수확한 고구마를 얼마 동안은 고온 다습한 환경에 보관하였다가 방열시킨다.
ㄹ. 온도 30~33℃, 관계 습도 90% 이상인 환경에서 4일간 보관한다.

053 ③

054 ④ 다른 작물에 비해 고구마는 건물생산량이 많다.

055 ④ 인산이 결핍되면 잎이 작아지고 농록색으로 되며 광택이 나빠진다.

056 고구마 유근의 분화에 대한 설명으로 옳지 않은 것은?　17. 국가직 9급

① 뿌리 제1기형성층의 활동이 강하고 유조직의 목화가 더디면 계속 세근이 된다.
② 토양이 너무 건조하거나 굳어서 딱딱한 경우 또는 지나친 고온에서는 경근이 형성된다.
③ 괴근 형성은 이식 시 토양 통기가 양호하고 토양 수분, 칼리질 비료 및 일조가 충분하면서 질소질 비료는 과다하지 않은 조건에서 잘 된다.
④ 형성된 괴근의 비대에는 양호한 토양 통기, 풍부한 일조량, 단일 조건, 충분한 칼리질 비료 등이 유리하다.

057 고구마에 대한 설명으로 가장 옳지 않은 것은?　17. 서울시 9급

① 수확한 고구마의 수분 함량은 대체로 70% 정도이다.
② 고구마가 비대하는 데 적당한 토양온도는 20~30℃이다.
③ 단위영양에 대한 비용은 쌀과 비슷하다.
④ pH 4~8에서는 생육에 지장이 없다.

058 고구마 싹이 작거나 밭이 건조할 경우의 싹 심기 방법에 해당하는 것은?　18. 국가직 9급

① 빗심기　　　　　　　　　　② 수평심기
③ 휘어심기　　　　　　　　　④ 개량수평심기

059 다음 설명에 해당하는 고구마 병은?　20. 지방직 9급

> • 저장고의 시설, 용기 또는 공기를 통하여 상처 부위에 감염된다.
> • 병이 진전되면 누런색의 진물이 흐르고 처음에는 흰곰팡이가 피었다가 나중에는 검게 변한다.
> • 진물이 흐르면 알코올 냄새가 나면서 급속도로 병이 확산된다.

① 무름병　　　　　　　　　　② 건부병
③ 검은무늬병　　　　　　　　④ 더뎅이병

060 고구마의 재배 특성에 대한 설명으로 옳지 않은 것은?

① 토양통기와 수분유지 능력이 양호한 사양토나 양토가 재배에 적합하다.
② 순동화율을 증대시키려면 엽신 중의 질소농도를 4.0% 이상, 칼륨농도를 2.2% 이상 유지해야 한다.
③ 이식기 전후에는 상당한 강우가 있어야 활착과 생육이 좋다.
④ 씨고구마로부터 싹이 트는 데 가장 적합한 온도는 30~33℃ 정도이다.

061 고구마의 괴근 비대를 촉진하는 조건으로 옳지 않은 것은?

① 칼리질 비료를 시용하면 좋다.
② 장일조건이 유리하다.
③ 토양수분은 최대용수량의 70~75%가 좋다.
④ 토양온도는 20~30℃가 알맞지만, 변온이 비대를 촉진한다.

062 고구마의 교잡육종을 위해 인위적으로 개화를 유도하는 방법으로 옳지 않은 것은?

① 고구마 덩굴의 기부에 환상박피를 한다.
② 나팔꽃의 대목에 고구마의 순을 접목한다.
③ 고구마 포기를 월동한다.
④ 고구마 순을 장일처리(12~14시간)한다.

08

정답찾기

056 ① 제1형성층의 활동이 미약하고 유조직의 목화가 빨리 이루어지면 처음부터 세근이 된다.
057 ③ 고구마의 단위영양에 대한 비용은 쌀의 20% 정도밖에 되지 않는다.
058 ①
059 ①
060 ② 순동화율을 증대시키려면 엽신 중의 질소농도를 2.2% 이상, 칼리농도를 4.0% 이상 유지해야 한다. 엽신 중의 탄수화물이 축적되고 전류하지 못하면 광합성 속도가 저하된다.
061 ② 10시간 50분~11시간 50분의 단일 조건이 좋다.
062 ④ 고구마는 단일식물이므로 8~10시간의 단일처리를 하면 개화가 유도된다.

063 고구마 저장에 대한 설명으로 옳은 것은?

① 수확한 직후 10~15일 정도 열을 발산시키는 예비저장을 한다.
② 저장 중에 발생하는 세균성 병해는 무름병, 검은무늬병이 있다.
③ 큐어링은 온도 12~18℃, 상대습도 90~95%에서 처리하는 것이 좋다.
④ 저장고의 온도 10~17℃, 상대습도 60% 이내로 조절하는 것이 좋다.

064 고구마의 괴근 비대에 유리한 환경조건이 아닌 것은?

① 고온조건일 때
② 단일조건일 때
③ 일조량이 풍부할 때
④ 칼리성분이 많을 때

065 고구마의 괴근 형성과 비대에 적합한 환경조건이 아닌 것은?

① 괴근비대에 적절한 토양온도는 20~30℃이고, 이 범위 내에서는 일교차가 클수록 좋다.
② 토양수분이 최대용수량의 40~45%일 때 괴근비대에 가장 적절하다.
③ 이식 직후 토양의 저온이 괴근의 형성을 유도한다.
④ 이식 시에 칼리성분은 충분하지만 질소성분은 과다하지 않아야 괴근형성에 좋다.

066 고구마 재배에서 비료 관리에 대한 설명으로 옳은 것은?

① 질소 비료가 과다하면 지상부만 번성하고 지하부의 수량이 다소 감소한다.
② 칼리 비료가 부족하면 잎이 작아지고 농녹색으로 되며 광택이 나빠진다.
③ 인산 비료는 고구마의 수량에 영향을 주지만 품질과는 무관하다.
④ 미숙 퇴비나 낙엽, 생풀 등을 이식 전에 주면 활착이 좋다.

067 감자와 고구마에 대한 설명으로 옳지 않은 것은?

① 감자는 정부에, 고구마는 두부에 눈이 많이 착생한다.
② 개화를 위한 감자는 장일조건이, 고구마는 단일조건이 필요하다.
③ 감자는 가지과이며, 고구마는 메꽃과에 속하는 식물이다.
④ 감자는 실생 번식이 불가능하나 고구마는 가능하다.

068 감자와 고구마에 대한 설명으로 옳지 않은 것은?　　16. 국가직 9급

① 두 작물은 본저장 전에 큐어링을 하면 상처가 속히 아문다.
② 두 작물의 주요 저장물질은 탄수화물이다.
③ 두 작물은 가지과에 속한다.
④ 감자는 괴경을, 고구마는 괴근을 식용으로 주로 이용한다.

069 서류에 대한 설명으로 옳지 않은 것은?　　18. 국가직 9급

① 감자의 눈은 기부보다 정단부쪽에 많이 분포되어 있으며 싹이 틀 때 정단부의 중앙에 위치한 눈의 세력이 가장 왕성하다.
② 고구마의 큐어링은 수확 직후 대략 30~33℃, 90~95%의 상대습도에서 3~6일간 실시한다.
③ 감자의 꽃은 5장의 꽃잎이 갈래 또는 합쳐진 모양이며, 3개의 수술과 1개의 암술로 되어 있다.
④ 고구마재배시 질소는 주로 지상부의 생육과 관련이 있고, 칼리는 덩이뿌리의 비대에 작용한다.

070 서류의 생육에 적합한 환경조건에 해당하지 않는 것은?　　08. 국가직 9급

① 고구마에 알맞은 토양수분은 세근의 경우 최대용수량의 60~70%, 괴근의 경우 90~95%이다.
② 감자는 10℃ 이하에서는 생장이 억제되며, 23℃ 이상은 생육에 부적합하다.
③ 감자는 단일에 의한 성숙촉진은 조생종보다 만생종에서 더욱 현저하다.
④ 고구마의 지상부 생육은 30~35℃에서 가장 왕성하고 괴근 비대는 20~30℃의 지온에서 가장 좋다.

정답찾기

063 ① 예비저장(방열)이다.
② 무름병은 진균성 병해이다.
③ 큐어링은 온도 30~35℃, 상대습도를 90~95%로 4일간 실시한다.
④ 저장고의 온도는 10~17℃, 습도는 70~90%가 알맞다.
064 ① 토양 온도는 20~30℃ 정도가 가장 알맞지만 변온이 괴근의 비대를 촉진한다.
065 ② 토양수분은 최대용수량의 70~75%가 알맞다.
066 ①
② 인산의 결핍 시의 증상이다.
③ 인산은 고구마의 품질과 단맛, 저장력에 영향을 준다.
④ 미숙 퇴비나 낙엽 생풀 등을 이식 전에 주면 건조 때문에 활착이 나빠지고 유기물의 분해에 필요한 질소를 토양으로부터 흡수하여 질소 부족이 일어날 수 있다.

067 ④ 감자와 고구마 모두 실생 육성이 가능하다.
068 ③ 고구마는 메꽃과에 속하며, 온대에서는 1년생, 열대에서는 영년 숙근성식물로 분류하고 있다.
069 ③ 감자의 화서는 취산화서인데, 줄기의 끝에 꽃송이가 달리고 꽃자루가 2~4본으로 갈라지며, 지경에 몇 개의 꽃이 달린다. 꽃의 기부가 합착한 5조각의 꽃받침과 역시 기부가 합착한 5조각의 꽃부리, 5본의 수술 및 1본의 암술로 되어 있다.
070 ① 고구마에 알맞은 토양수분은 세근의 경우 최대용수량의 90~95%, 괴근의 경우 60~70%이다.

정답　063 ①　064 ①　065 ②　066 ①　067 ④　068 ③　069 ③　070 ①

071 고구마의 전분 함량 변이와 관련된 요인에 대한 설명으로 가장 옳지 않은 것은?

19. 서울시 9급

① 품종의 유전적 특성에 따른 전분 함량의 차이가 있다.
② 저장기간이 경과함에 따라 전분 함량이 낮아진다.
③ 질소질 비료를 많이 시용할 경우에는 전분 함량이 낮아진다.
④ 열대산은 전분 함량이 높고, 당분 함량이 낮다.

072 작물의 수확 및 저장조건에 대한 설명으로 옳지 않은 것은?

18. 국가직 7급

① 고구마의 저장적온은 12~15℃로 9℃ 이하에서는 냉해를 입을 우려가 있다.
② 가공용 감자를 장기저장하는 경우에는 저장고의 온도를 4℃ 이하로 유지해 주는 것이 좋다.
③ 보리의 곡립의 수분 함량이 낮을수록 저장이 양호한데, 대체적으로 수분 함량은 14% 정도가 좋다.
④ 단옥수수를 수확하여 냉동저장을 하지 않는 경우에는 수확 후 30시간 이내에 가공하는 것이 좋다.

073 서류의 수확과 저장에 대한 설명으로 옳은 것은?

12. 국가직 7급

① 고구마는 지상부의 생육이 최고에 달하는 시점에 수확하는 것이 가장 알맞다.
② 감자는 토양이 습할 때 수확하는 것보다 건조할 때 수확하는 것이 좋다.
③ 고구마의 큐어링은 온도 12~16℃, 습도 90% 이상에서 4일이 적당하다.
④ 감자의 저장적온은 12~15℃이며, 9℃ 이하에서는 냉해를 받기 쉽다.

074 작물의 수확 후 관리에 대한 설명으로 옳지 않은 것은?

10. 국가직 9급

① 벼의 화력 열풍건조에 알맞은 온도는 45℃ 정도이다.
② 감자의 큐어링은 고온, 광조건에서 2~3일간 실시한다.
③ 곡물의 전분은 저장 중에 분해되어 환원당 함량이 증가한다.
④ 수확직후의 고구마는 고온 다습한 조건에서 보관했다가 방열한다.

075 주요 밭작물의 생육 특성에 대한 설명으로 옳지 않은 것은?   12. 국가직 9급

① 메밀은 생육 적온이 20~31℃이고 내건성이 강하여 가뭄 때의 대파작물로 이용된다.

② 고구마의 괴근 비대에는 단일조건이 좋으며 20~30℃의 온도 범위에서 일교차가 크면 유리하다.

③ 옥수수는 암술대가 포엽 밖으로 나오는 시기가 수이삭의 개화보다 7일 정도 빠르다.

④ 콩은 생육적온까지는 온도가 높을수록 개화가 빨라진다.

08

정 답 찾 기

071 ④ 고구마 열대산은 전분 함량이 낮고 당분 함량이 높은 반면 재배극지대의 냉지산은 전분 함량이 높고 당분 함량이 낮다.

072 ② 장기 저장할 경우에는 싹의 조기발생을 억제하기 위하여 4℃ 정도에 저장하도록 한다.

073 ②
① 괴근중은 10월 상·중순까지 계속 증대되므로 이 시기까지 두었다가 수확하는 것이 좋다.
③ 고구마의 큐어링은 온도 30~33℃, 습도 90% 이상에서 4일이 적당하다.
④ 감자의 저장적온은 1~4℃이다. (특히 3~4℃이다.)

074 ② 감자 큐어링 온도는 15~21℃(12~18℃), 상대습도 80~90%(80~85%)의 환경에 감자를 15~20일 보관하였다가 식힌 후 저장한다.

075 ③ 암이삭의 수염추출(암술대가 포엽 밖으로 나오는 시기)은 수이삭의 개화보다 3~5일 정도 늦는 것이 보통이다.

정답 **071** ④ **072** ② **073** ② **074** ② **075** ③

박진호

[주요 약력]

현) 박문각 공무원 농업직 대표 강사
자연치유 교육학 박사, 원예학 박사수료
한세대학교 초빙교수
군포도시농업지원센터장
어울림아카데미협동조합 이사장
농림축산식품부 장관표창
의왕시민대상(교육·환경·보건분야)

[주요 저서]

박문각 공무원 박진호 재배학(개론) 기본서
박문각 공무원 박진호 식용작물학 기본서

박진호 식용작물학

초판 인쇄 2024. 7. 5. | **초판 발행** 2024. 7. 10. | **편저** 박진호
발행인 박 용 | **발행처** (주)박문각출판 | **등록** 2015년 4월 29일 제2019-000137호
주소 06654 서울시 서초구 효령로 283 서경 B/D 4층 | **팩스** (02)584-2927
전화 교재 문의 (02)6466-7202

저자와의
협의하에
인지생략

정가 34,000원
ISBN 979-11-7262-081-3